植物学

（第二版）

贺学礼　主编

科学出版社
北　京

内 容 简 介

本书是在第一版的基础上全面修订而成，以植物个体发育和系统演化为主线组织教材内容，注重理论与生产实际的结合，综合植物科学发展动态和成果，将植物形态解剖、系统分类和生态环境等基础知识有机结合，系统地介绍了植物学全貌。全书每章后简要列出各章主要内容和概念，并在书后附有植物科学主要期刊简介和网站，引导学生在阅读教材之后，再通过查阅文献获取新知识，以培养提高学生的自学能力。全书彩色印刷，图片新颖美观，科学性强，绝大部分图片为作者原创。

本书可作为各大院校植物学教材使用，也可供相关学科工作人员参考。

图书在版编目（CIP）数据

植物学 / 贺学礼主编. —2 版. —北京：科学出版社，2016
ISBN 978-7-03-049636-2

Ⅰ. ①植… Ⅱ. ①贺… Ⅲ. ①植物学 – 高等学校 – 教材
Ⅳ. ①Q94

中国版本图书馆 CIP 数据核字（2016）第 195122 号

责任编辑：刘 丹 / 责任校对：郑金红
责任印制：赵 博 / 封面设计：铭轩堂

科学出版社 出版
北京东黄城根北街 16 号
邮政编码：100717
http://www.sciencep.com
北京建宏印刷有限公司印刷
科学出版社发行 各地新华书店经销
*
2016 年 8 月第 二 版 开本：889 × 1194 1/16
2024 年 1 月第十一次印刷 印张：21 1/2
字数：510 000

定价：88.00 元

（如有印装质量问题，我社负责调换）

《植物学》（第二版）编委会成员

主　　编　贺学礼

副 主 编　陈铁山　邓洪平　冯玉龙　刘建才　唐宏亮　赵建成

编写人员　（按姓氏汉语拼音排序）

陈铁山（西北农林科技大学）
邓洪平（西南大学）
冯玉龙（沈阳农业大学）
郭晓思（西北农林科技大学）
贺学礼（河北大学）
侯小改（河南科技大学）
姜在民（西北农林科技大学）
李　敏（河北师范大学）
李　莺（西安文理学院）
李先源（西南大学）
刘桂霞（河北大学）
刘建才（西北农林科技大学）
曲　波（沈阳农业大学）
邵美妮（沈阳农业大学）
宋敏丽（太原师范学院）
宋艳波（山西农业大学）
唐宏亮（河北大学）
王建书（河北工程大学）
谢树莲（山西大学）
徐兴友（河北科技师范学院）
翟大彤（太原师范学院）
赵东平（内蒙古大学）
赵建成（河北师范大学）
周桂玲（新疆农业大学）

第二版前言

植物学是以形态解剖、系统分类和生态环境为主要内容的一门基础学科，它既有悠久的历史，也是当前迅速发展的学科之一。特别是在以分子生物学为代表的微观领域和以生态学与生物多样性为代表的宏观领域的快速发展，促进了植物科学各个分支学科的相互交叉、渗透和融合，使得人们对植物生命活动的本质和内在演化规律有了一个全新的认识，也促使我们从新的角度和高度审视和修正植物学教学内容和知识体系，并将植物学的新发展和新成果反映到教材建设中，为读者提供更多的知识信息。本书是贺学礼教授主编的《植物学》第一版（2008）的深化和拓展，并在科学出版社的大力支持下，新版全彩印刷。

根据几年来教学实践和多方反馈意见和建议，新版主要在下列方面进行了修订。

跟踪学科前沿，充分反映学科发展和科研新成果，保持教材内容新颖性，如充实了根瘤和菌根，藻类植物、地衣植物、苔藓植物的内容，补充了被子植物有关科属系统演化知识，力求引导学生从发展的角度学习植物学知识，更好地认识植物界。

强化了植物学知识体系的系统性和科学性，如删去第三章“种子和幼苗”中“人工种子”内容；将第七章“营养器官之间的联系及其变态”中“营养器官变态”调到根、茎、叶相关章节；将第八章“花”中“减数分裂”调到第一章“植物细胞”的有丝分裂之后；增加了第十三章“植物与环境”。

新版删去了各章后的小结，只简要说明本章主要内容和概念，充实了复习思考题；更新了附录中主要期刊的简介和网站。引导学生在阅读教材之后，能够主动总结归纳各个章节的主要内容和重要概念，再通过查阅文献获取新知识，以培养提高学生的自学能力。

新版改黑白版为彩色版，除署名图片外，文中照片和图片均为作者原创，图片清晰、新颖、科学性强，信息量大，反映学科的发展。这将在很大程度上提高教材的直观性和可读性，有利于提高学生的学习兴趣和对知识的理解力。

绪论，附录和各章后主要内容和概念由贺学礼编写；第一章由姜在民编写；第二章由王建书编写；第三章由宋艳波编写；第四章由郭晓思编写；第五章由曲波和邵美妮编写；第六章由唐宏亮和侯小改编写；第七章由邓洪平编写；第八章由刘建才编写；第九章由李莺编写；第十章藻类植物由谢树莲编写，苔藓植物由赵东平编写，其余内容由赵建成和李敏编写；第十一章由徐兴友编写；第十二章第一节木兰科—杨柳科由李先源和周桂玲编写，壳斗科—菊科由宋敏丽和翟大彤编写，第二节和第三节由陈铁山和唐宏亮编写；第十三章由冯玉龙编写；第十四章由刘桂霞编写。初稿完成后，全书所有内容和图片由贺学礼和唐宏亮统一修订，最后由贺学礼统稿。

本书在修订过程中，得到河北大学生物学强势特色学科经费支持，同时得到河北大学赵金莉、郭辉娟，河北工程大学卢彦琦、赵敏等多位老师的大力协助。另外，衷心感谢科学出版社给予的支持。

学科在发展，教改在推进，经过我们的不懈努力，本书虽然在第一版基础上有了很大改进，但肯定还有不妥之处，敬请同行和读者批评指正。

编　者

二〇一六年一月于保定

第一版前言

植物学是一门经典的基础学科，既有悠久的发展历史，也是近代迅速发展的学科之一。特别是现代生物学技术的快速发展，促进了植物科学各个分支学科的交叉、渗透和融合，这使人们对植物生命活动的本质和内在演化规律有了一个全新的认识。植物体各个组织结构和植物种群沿着个体发育和系统发育两条主线有机统一，相互协调，共同演绎着植物生命之歌。也促使我们从新的角度和高度审视和修正植物学教学内容和知识体系，并将新成果反映到植物学教材建设中，为读者提供更多的知识信息。

本教材在参考了国内外一些优秀教材的基础上，力争阐明植物学基本概念和基本理论，注重理论与生产实际的结合，充分体现作为基础课教材应具备的特点。尊重目前多数植物学教材的内容体系，即按照植物形态解剖、系统分类和植物资源保护和利用的顺序进行描述和介绍，对于与人类关系最为密切的被子植物予以重点阐述。

尽量以植物个体发育和系统演化为主线，组织教材内容，适当增加植物发育生物学和与农林业生产紧密相关的内容，力求引导学生从发展的角度学习植物学知识。植物各大类群部分，重点介绍各类群代表植物的生活史及其系统演化关系，使学生更好地认识植物界。

本教材尽量做到图文并茂，体现知识体系的科学性、先进性和适应性。重要的名词术语均列出英文，涉及的植物名称同时列出拉丁学名。大量采用插图，便于加深对知识体系的学习和理解。每章后附有内容提要和复习思考题。书后附有少数彩图。

为了使师生及时了解和查阅植物科学的研究成果，特在附录中收集了国内外有关植物科学领域的主要文献期刊 53 种。

绪论、第二章、第十一章由贺学礼编写；第一章由李琰编写；第三章由宋艳波编写；第四章由辛华编写；第五章由初庆刚编写；第六章由侯小改编写；第七章由孙敏编写；第八章由苗芳编写；第九章由赵书岗和王俊玲编写；第十章由赵建成、白学良和李敏编写；第十二章第一节木兰科—杨柳科由周桂玲编写，壳斗科—菊科由邓洪平和李先源编写，第二节和第三节由陈铁山编写；第十三章由郭凤根编写；附录由贺学礼和赵丽莉编写。初稿完成后，由贺学礼负责修改、补充和定稿。

在本书编写过程中，各参编学校和教务部门领导对本书的编写和出版给予了大力支持，科学出版社的甄文全编辑就教材内容提出了许多宝贵意见，河北大学学科建设与学位管理处为本书前期准备工作提供了经费支持，白春明和刘媞负责处理了大部分图片。在此一并表示衷心谢意。

本书编写集中了全国 11 所高等院校的优秀教师，他们均在植物学教学、科研一线工作多年，有丰富的教学经验。虽然我们在主观上做了很大努力，但由于水平所限，书中错误和不妥之处在所难免，敬请同行和读者批评指正。

编 者

二〇〇八年三月于保定

目 录

绪　论

植物学是以植物为研究对象，以形态解剖、系统分类、植物与环境之间的关系为主要内容的一门基础学科。通过学习植物学，不仅能够深入理解和熟知植物的结构、功能和多样性，了解植物的起源和系统进化，而且，对于人类面临的可持续发展问题，特别是合理利用和保护植物资源，进行有序的生态重建和植被恢复等有着重要意义。

第一节　植物在生物分界中的地位

人们对植物界的认识及其范围的划分是随着科学技术的进步而发展的。就目前所知，关于生物分界的理论很多，但归纳起来，主要有两界、三界、四界、五界、六界等分类系统。

1. 林奈两界系统

现代生物分类的奠基人，瑞典博物学家林奈（Carolus Linnaeus，1707～1778 年）在《自然系统》（*Systema Naturae*）一书中明确将生物分为植物和动物两大类，即植物界（Plantas）和动物界（Animalis）。这就是常说的两界系统，两界系统的划分在当时的科学技术条件下具有重大科学意义。至今，许多教科书仍沿用两界系统。

2. 海克儿的三界系统

19 世纪前后，由于显微镜的发明和广泛应用，人们发现有些生物兼有植物和动物两种属性，特别是黏菌类，在其生活史中有一个阶段为动物性特征。1860 年，霍格（Hogg）提出将所有单细胞生物、所有的藻类、原生动物和真菌归为一类，成立一个原始生物界；1866 年，德国著名生物学家海克尔（Haeckel，1834～1919 年）提出成立一个原生生物的意见，他把原核生物、原生动物、硅藻、黏菌、海绵等归入原生生物界（Protista），这就是生物分界的三界系统。

3. 魏泰克的四界、五界系统

1959 年，魏泰克（Whittaker，1924～1980 年）提出了四界系统，他将不含叶绿素的真核菌类从植物界分出，建立了真菌界（Fungi），而且和植物界一起并列于原生生物界之上。10 年后，在此基础上，魏泰克又提出了五界系统，他将细菌和蓝藻分出，建立了原核生物界（Prokaryota），放在原生生物界之下。魏泰克的分界系统，优点是在纵向显示了生物进化的三大阶段，即原核生物、单细胞真核生物和真核多细胞生物；从横向显示 了生物演化的三大方向，即光合自养植物、吸收方式的真菌和摄食方式的动物。

1974 年，黎德尔（Leedale）提出了另一个四界系统，他去掉了原生生物界，而将魏泰克五界系统中的原生生物归到植物界、真菌界和动物界中。

4. 六界和八界系统

1949 年，Jahn 提出将生物分成后生动物界、后生植物界、真菌界、原生生物界、原核生物界和病毒界的六界系统。1990 年，R.C.Brusca 等提出另一个六界系统，即原核生物界、古细菌界（Archaebacteria）、原生生物界、真菌界、植物界和动物界。1989 年，Cavalier-Smith 提出生物分界的八界系统，他们将原核生物分成古细菌界和真细菌界（Eubacteria）；把真核生物分成古真核生物超界和后真核生物超界，前一超界仅有古真核生物界，后一超界有原生动物界、藻界、植物界、真菌界和动物界。

5. 我国学者对生物分界的意见

1966 年，邓叔群根据 3 种营养方式把生物分成植物界（光合自养）、动物界（摄食）和真菌界（吸收）。1965 年胡先骕将生物分为始生总界和胞生总界，前者仅包括无细胞结构的病毒，后者包括细菌界、黏菌界、真菌界、植物界和动物界。1979 年，陈世骧根据生命进化的主要阶段将生物分成 3 个总界的五界或六界新系统，即非细胞总界（仅为病毒），原核总界（包括细菌界和蓝藻界），真核总界（包括真菌界、植物界和动物界）。1977 年，王大耜等认为应在魏泰克五界系统基础上增加一个病毒界的六界系统。迄今为止，对于病毒是否属于生物以及病毒是否比原核生物更原始，国内外尚无定论。

目前，较为一致的观点是在生物分界中应该主要依据生物的营养方式，并考虑生物的进化水平。因此，植物界的概念应是“含有叶绿素，能进行光合作用的真核生物”。按照这一概念，植物界包括的主要类群是各门真核藻类、苔藓植物、蕨类植物、裸子植物和被子植物。

第二节 植物的多样性

虽然自然界中植物达50余万种，不同植物的形态、结构、生活习性及对环境的适应性各有差异，但却具有共同的基本特征，即植物细胞有细胞壁，具有比较固定的形态；大多数种类含有叶绿体，能进行光合作用和自养生活；大多数植物个体终生具有分生组织，在个体发育过程中能不断产生新器官；植物对于外界环境的变化影响一般不能迅速做出反应，而往往只在形态上出现长期适应的变化等。

植物具有丰富的多样性。在大小方面，有直径只有0.1μm的支原体，也有枝叶繁茂的参天巨树。在结构方面，有的仅由一个细胞组成，如衣藻、小球藻；有的由定数细胞聚集成群体类型，如实球藻；在此基础上，出现了多细胞的低级类型，如紫菜、海带等；进一步演化形成多细胞的高级类型，其植物体具有高度的组织分化，产生了维管组织，形成了根、茎、叶等器官，如松、小麦、玉米等。在生命周期方面，有的细菌仅生活20～30min，即进行分裂而产生新个体；一年生和两年生草本植物，分别在一年中或跨越两个年份，经历两个生长季而完成生命进程，如玉米、棉花、冬小麦等；多年生草本植物可以生活多年，如芦苇、紫花苜蓿、菊花等；木本植物的树龄较长，有的甚至长达百年、千年。营养方式多样化，绝大多数植物都具有叶绿素，可进行光合作用，自制养料，称其为绿色植物或自养植物；尚有部分植物不含叶绿素，不能自制养料，必须寄生或腐生在其他生物体上，吸收现成的营养物质或通过对有机物的分解作用而摄取生活所需养料，它们被称为非绿色植物或异养植物。也有少数种类，如硫细菌、铁细菌可以借氧化无机物获得能量而自制养料。植物种类生态分布多样而广泛，无论是平原、高山、极地，还是江河湖泊、荒漠、沙漠地带都有不同植物的踪迹，特别是在一些特定生态环境中，相应地出现了一些特殊类型的植物，如沙生植物、盐生植物、冻原植物等类型。

植物种类的多样化来自种的持续形成过程，它是植物有机体在与环境长期相互作用下，经过遗传、变异、适应和选择等一系列矛盾运动所产生的，同时也与人类生产劳动的实践活动密不可分。

我国植物资源丰富，仅种子植物就有3万余种，其中重要的经济植物甚多。例如，稻、谷子在我国已有数千年的栽培历史，银杏、水杉、水松、银杉更有“活化石”之美称；还有杜仲、人参、当归、丹参、虫草、灵芝等名贵药用植物。西北地区独特的生态环境孕育了许多久负盛名的经济植物，如哈密瓜、沙拐枣、麻黄、沙棘、猕猴桃以及新疆的长绒棉。丰富的植物资源为我国经济发展提供了雄厚的物质基础。

当前，全球能源耗费、资源枯竭、人口膨胀、粮食短缺、环境退化及生态失调，都与植物资源开发和利用不当有直接和间接关系，这种状况严重威胁到植物的多样性。因此，我们应深入系统地研究植物的作用，合理开发和利用植物资源，在保护植物多样性的基础上，使植物资源的经济效益、社会效益和生态效益和谐发展。

第三节 植物的重要性

植物广泛分布于陆地、河流、湖泊和海洋，它们在生物圈的生态系统、物质循环和能量流动中处于最关键的地位，在自然界中具有不可替代的作用。

第一，绿色植物能够进行光合作用，把简单的无机物合成复杂的有机物，并在植物体内进一步同化为脂类、蛋白质类物质，这不仅解决了绿色植物自身的营养，也维持了非绿色植物和人类的生命。通过非绿色植物对死的有机体进行分解，又可把复杂有机物分解成简单的无机物，再为绿色植物利用。总之，植物在自然界中，通过光合作用和矿化作用，即合成和分解，使自然界的物质循环往复，永无止境。

据推算，地球上的植物为人类提供90%的能量，80%的蛋白质，食物中有90%产自陆生植物。人类食物有3000多种，其中作为粮食作物的有麦、稻、高粱、玉蜀黍等；果蔬植物有桃、苹果、梨、香蕉、萝卜、白菜等；大豆、花生、油菜为重要的油料植物；棉、大麻、苎麻、竹是纺织或造纸的原料；许多高大树木的木材可供建筑、桥梁等用。

许多植物分别含有各种生物碱、苷类、萜类、氨基酸、激素、抗生素等医药用有效成分，在防病治病、促进人类身体健康方面发挥重要作用，如薄荷、黄芪、黄芩、白术、金银花、人参、丹参、厚朴等均为重要的药用植物。医药上常用的青霉素、土霉素等，也是从低等植物的菌类中提制而成。植物不仅在农业、林业生产上具有重要作用，而且为工业生产提供原料或直接参与作用。

第二，植物在维持地球上物质循环的平衡中起着不可替代的作用，如通过光合作用吸收大量 CO_2 和放出大量 O_2，以维持大气中 CO_2 和 O_2 的平衡；通过合成与分解作用参与自然界中矿物质的循环和平衡。

第三，植物为地球上其他生物提供了赖以生存的栖息和繁衍后代的场所。

第四，植物有净化空气、检测有毒物质、防风固沙、涵养水源、调节气候、保持水土等作用。

总之，植物在自然界是第一批生产者，是一切生物（包括人类）赖以生存的物质基础，为一切真核生物（包括需氧原核生物）提供生命活动必需的氧气和生存环境，维持着自然界物质循环和平衡，甚至可以说，没有植物，其他的生物（包括人类）无法生存。

第四节 植物学简史及其分科概述

一、植物学发展简史

植物学的形成和发展与人类生产实践密切相关。早期的人类在采集植物充饥御寒和医治疾病过程中认识和利用植物，使本草学逐渐建立起来。我国在东汉时期（公元 25～220 年）的《神农本草经》，就收有中草药 365 种，是我国目前可以查考的第一部本草总结。以后各代的志书，都有关于新植物记述和栽培植物考证，并有历代相传的药用植物专书，如明代李时珍的《本草纲目》，详细描述药物 1892 种，其中有植物 1195 种，是研究我国植物的一部经典性著作。《中国植物志》是世界最大的植物巨著之一，共有 80 卷 125 册，记载植物 301 科 3408 属 31 142 种。*Flora of China* 对 80 卷 125 册的《中国植物志》进行了全面修订，并译成英文，共有文字 25 卷，图版 24 卷。

16 世纪末 17 世纪初，植物开始成为许多科学家注意的焦点，其原因与其说是在于对植物的营养和医药价值，倒不如说是在于对植物发生了兴趣，这些植物学家所写的著作标志着向植物分类迈开了极为重要的一步。而林奈作为现代植物分类的奠基人，是当之无愧的，他创立的"双名法"一直沿用至今。19 世纪英国达尔文（C.R.Darwin）的《物种起源》提出进化论观点，对植物科学的发展起着十分重要的推动作用。19 世纪，德国的施莱登（M.J.Schleiden）和施旺（T.A.H.Schwann）创立细胞学说，证明了生物在结构上和起源上的同一性，为以后深入研究生命现象提供了重要基础。

二、植物学分支学科

植物形态学（plant morphology）：研究植物外部形态，其中包括个体发育和系统发育中形态建成的规律，以及形态与环境条件关系的学科。其内容还可包括植物外部形态学、植物解剖学、植物胚胎学和植物细胞学。

植物解剖学（plant anatomy）：研究植物体的内部结构，个体发育和系统发育中的结构建成规律，以及结构与功能和生活条件关系的学科。

植物分类学（plant taxonomy）：研究植物种类的鉴定，植物之间的亲缘关系，以及植物界自然系统的学科。

植物生理学（plant physiology）：研究植物生命活动及其规律的学科。包括植物体内的物质和能量代谢、植物生长发育、植物对环境条件的反应等。

植物生态学（plant ecology）：研究植物与环境相互关系的学科。

植物胚胎学（plant embryology）：研究高等植物胚胎形成和发育规律的学科。

植物细胞学（plant cytology）：研究植物细胞的形态结构、代谢功能、遗传变异等内容的学科。

植物遗传学（plant genetics）：研究植物遗传和变异规律的学科。

植物生物学（plant biology）：研究内容涉及植物形态结构、植物生命活动、植物生态、植物系统进化等各个方面的知识。

植物地理学（plant geography）：研究地球上现在和过去植物传播和分布的学科。

植物化学（phytochemistry）：研究植物次生代谢产物的成分及其形成和代谢过程等的学科。

植物资源学（plant resource）：研究自然界所有植物的分布、数量、用途及其开发的科学。它与药用植物学、植物分类学和保护生物学有密切关系。

分子植物学（molecular botany）：专门研究和揭示植物的核酸、基因、蛋白质等大分子结构和功能规律的科学。它是随着生物大分子（核酸、蛋白质和基因）结构和功能的研究而发展起来的，是当今植物学各领域研究的前沿。

由于研究方法和实验技术不断创新，各个领域与相邻学科的不断渗透，使得植物科学迅速发展。在微观领域，由细胞水平进入亚细胞、分子水平，对植物体结构与机能有了更深入的了解，在光合作用、生物固氮、呼吸作用、离子吸收等许多方面获得了重大突破，特别在确认DNA是遗传的分子基础，并阐明了DNA双螺旋结构之后，人们开始从分子水平上认识植物。在宏观领域，已由植物的个体生态进入到种群、群落及生态系统的研究，甚至采用卫星遥感技术研究植物群落在地球表面的空间分布和演化规律，进行植物资源调查。尤其是分子生物学和基因组学的迅速崛起，对植物学发展产生了巨大影响，致使边缘学科和整合性研究领域层出不穷。可以预见，随着模式植物拟南芥、水稻等植物基因组计划的完成和基因功能的阐明，人们对植物生长发育、遗传、进化以及植物与环境之间关系等问题的认识将发生革命性飞跃。植物科学将在更高层次上和更大范围内，探索植物生命奥秘和发展规律。

植物学的各个分科在其历史发展中，都有其重要意义，为了深入细致地揭示植物的生命现象和发展规律，致力于某一方面研究，建立分科十分必要。但是生产中的实际问题非常复杂。因此，各学科在精细分工的基础上，必须加强学科间的密切协作，才能解决综合性问题。

第五节　学习植物学的目的和方法

植物学是高等院校中的一门基础课，也是进一步学好其他专业基础课（如植物生理学）和专业课（如作物栽培学）的必要条件和基础。本书是为了适应植物学教学体系改革需要而组织编写的，主要考虑植物学知识的系统性、科学性和实效性，同时兼顾高等院校教学体系和特点。本书力求阐明植物学的基本知识和基本概念，密切联系实际，充分反映本学科的发展动态。本书以被子植物为主线，阐述了植物体的形态特征、解剖结构、个体发育过程中器官的形态发生及胚胎形成特点，介绍了植物的多样性与分类的基础知识，植物界的系统进化，被子植物的分科概述，并适当加强了植物资源保护与利用的内容。认真掌握本书内容，对学好植物学课程至关重要。

学习植物学，必须注意辩证思维，把握知识间的内在联系，如形态结构与生理功能的关系，形态结构与生态环境的关系，个体发育和系统发育的关系，共性和个性的关系，多样性保护和资源开发利用的关系等。只有掌握不同植物生长发育的规律性，以及它们与环境间生态关系的规律性，科学地加以控制、促进和调节，才能从植物获得更多产品和产量。

学习植物学，要在学习植物学基本理论和基本知识的基础上，注意了解新成就、新动向和新发展。要学会和经常查阅国内外重要的植物科学期刊和参考书，以了解植物科学的新信息。

植物学和其他生物科学一样，都有相似的研究方法，通过认真观察、系统比较、归纳和实验，以了解植物生活现象、生物发育和形态结构，从而揭示植物生活、生长与发育和形态与结构变化的表现、规律和本质。植物学是一门实验性很强的学科，学习时，必须理论联系实际，将课堂系统讲授与实验和实习密切结合，按照植物生长发育过程进行学习和实践。为学习后续有关课程以及更好地工作打下坚实的植物学知识基础。

本章主要内容和概念

植物学是研究植物和植物的生活与发展规律的科学，主要研究内容包括植物生长发育过程中的形态建成、器官发育与结构、植物类群进化与分类，以及植物与环境和人类间的相互关系等内容。

植物的多样性主要体现在形态结构、生活习性和对环境的适应性等方面。植物种类的多样性来自种的持续形成过程，它是植物有机体在与环境长期相互作用下，经过遗传、变异、适应和选择等一系列矛盾运动产生的，同时也与人类生产劳动的实践活动密不可分。

不同种类的植物具有共同的基本特征，即植物细胞有细胞壁，具有比较固定的形态；大多数种类含有叶绿体，能进行光合作用和自养生活；大多数植物个体终生具有分生组织，在个体发育过程中能不断产生新器官；植物对于外界环境的变化影响一般不能迅速做出反应，而往往只在形态上出现长期适应的变化。

植物在自然界是第一批生产者，是一切生物（包括人类）赖以生存的物质基础，为一切真核生物（包括需氧原核生物）提供生命活动必需的氧气和生存环境，维持着自然界的物质循环和平衡，甚至可以说，没有植物，其他的生物（包括人类）无法生存。

由于研究方法和实验技术不断创新，各个领域与相邻学科的不断渗透，使得植物科学迅速发展。在微观领域，由细胞水平进入亚细胞、分子水平，对植物体结构与机能有了更深入的了解，特别在确认DNA是遗传的分子基础，并阐明了DNA双螺旋结构之后，人们开始从分子水平上认识植物。在宏观领域，已由植物的个体生态进入到种群、群落及生态系统的研究，甚至采用卫星遥感技术研究植物群落在地球表面的空间分布和演化规律，进行植物资源调查。尤其是分子生物学和基因组学的迅速崛起，对植物学发展产生了巨大影响，致使边缘学科和整合性研究领域层出不穷。可以预见，随着模式植物拟南芥、水稻等植物基因组计划的完成和基因功能的阐明，人们对植物生长发育、遗传、进化以及植物与环境之间关系等问题的认识将发生革命性飞跃。植物科学将在更高层次上和更大范围内，探索植物生命奥秘和发展规律。

研究植物的目的是认识和揭示植物生长、发育、遗传和分布等的规律，控制、利用、保护和改造植物，充分利用植物资源，提高农作物产量和品质，发展国民经济，改善人民生活。

学习植物学，必须确立辩证唯物主义思维，理论联系实际的科学态度，系统与进化的概念，动态发展的观点、局部和整体的观点、比较和归纳总结的观点。

复习思考题

1. 简述植物的多样性及其意义。
2. 简述植物在自然界和人类生活中的重要性。
3. 举例说明代表性人物对植物学发展的贡献。
4. 了解植物学各个分支学科的内容及其相互联系。
5. 如何才能学好植物学?

第一章 植物细胞

细胞是植物体结构和功能的基本单位。植物有机体，无论是高大乔木、低矮草本，还是微小的多细胞藻类都是由细胞组成的。植物的一切生命代谢活动都发生在细胞中。

细胞的发现依赖于显微镜的发明和发展。因为绝大多数细胞直径在30μm以下，远远超出了人们肉眼直接可见的范围（100μm以上），因此，只有借助放大装置才能观察到细胞。1665年，英国物理学家胡克（R. Hooke，1635～1703年）创造了第一台有科学研究价值的显微镜，它的放大倍数为40～140倍，胡克利用这架显微镜观察了软木（栎树皮）切片，看到了许多紧密排列、蜂窝状的小室，称之为“细胞”（cell）。他估计1立方英寸①软木包含大约1259×10^6个细胞。胡克实际上观察到的是细胞死亡后留下的细胞壁围成的空腔。由于他首先于1665年在观察植物组织时叙述了这样的结构，并提出细胞（cell）一词，因而沿用至今。此后，生物学家就用细胞“cell”一词来描述生物体的基本结构单位。

真正观察到活细胞的是与胡克同时代的荷兰科学家列文虎克（A. van Leeuwenhoek，1632～1723年），他在1677年用自制显微镜观察到池塘水中的原生动物、蛙肠内的原生动物、人类和哺乳类动物的精子等，这些都是生活的细胞。

胡克发现细胞之后200年中，由于当时所使用的显微镜比较简单，分辨率较低，清晰度也不高，限制了人们对细胞的深入认识。直到19世纪30年代，显微镜制造技术有了明显改进，分辨率提高到1μm以内，同时由于切片机的制造成功，使显微解剖学取得了长足进展。1831年，布朗（R. Brown）在兰科植物和其他几种植物的表皮细胞中发现了细胞核。施莱登（M. J. Schleiden）把他看到的核内小结构称为核仁。1839年著名显微解剖学家浦金野（Purkinje）首先把细胞的内容物称为“原生质”（protoplasm），提出细胞原生质的概念。随后，莫尔（H. von. Mohl）等发现动物细胞中“肉样质”和植物细胞的原生质在性质上是一样的。至此，人们便确定了动物、植物细胞具有最基本的共性成分——原生质。1880年Hanstein提出“原生质体”（protoplast）的概念，于是形成了“细胞是有膜包围的原生质团”的基本概念。

这一时期，学者们开始思索细胞与生物体的关系。1838年，德国植物学家施莱登论证了所有植物都是由细胞组合而成，一年以后，德国动物学家施旺（T. A. H. Schwann，1810～1882年）认为动物体也是由细胞组成的。施莱登和施旺两人共同提出：一切植物、动物都是由细胞组成的，细胞是一切动植物的基本单位，这就是著名的“细胞学说”（cell theory）。它论证了生物界的统一性和共同起源。之后，德国病理学家R. Virchow（1855）指出“细胞来自细胞”使细胞学说更加完善，其主要内容可概括为：①一切生物，从单细胞到高等动物、植物都是由细胞组成的；②细胞是生物形态结构和功能活动的基本单位；③细胞来源于细胞的分裂或融合；④卵子和精子都是细胞。

细胞的发现，使我们了解到所有植物体和动物体都是从细胞繁殖和分化中发育起来的。也使我们不仅知道一切高等有机体都是按照一个共同规律发育和生长的，而且通过细胞的变异能力有机体能改变自己的物种，并从而实现一个比“个体发育”更高的发育途径。由此可见，只有在细胞学说建立后，人们才认识到：“细胞是生物有机体结构和生命活动的单位，是生物“个体发育”与“系统发育”的基础。它在生物学发展史上占有非常重要的地位。

① 1英寸＝2.54cm，下同。

第一节 细胞的基本特征

一、细胞的基本概念

细胞是生物有机体最基本的形态结构单位。除病毒外，一切生物有机体都是由细胞组成的。单细胞生物体只由一个细胞构成，而高等植物体则由无数功能和形态结构不同的细胞组成。

细胞是代谢和功能的基本单位。在生物有机体代谢活动与执行功能过程中，细胞是一个独立的、高度有序的、能够进行自我调控的代谢功能体系，虽然细胞形态各有不同，但每一个生活细胞都具有一套完整的代谢机构以满足自身生命活动的需要，至少是部分地自给自足。除此之外，生活细胞还能对环境变化做出反应，从而使其代谢活动有条不紊地协调进行。在多细胞生物体中，各种组织分别执行特定功能，但都以细胞为基本单位而完成。

细胞是有机体生长发育的基础。一切生物有机体的生长发育都是以细胞分裂、细胞体积增长和细胞分化来实现的。细胞是生长和发育的基本单位。组成多细胞生物体中的众多细胞尽管形态结构不同，功能各异，但它们都是由同一受精卵经过细胞分裂和分化而来。

细胞是遗传的基本单位，具有遗传上的全能性。无论是低等生物或高等生物的细胞、单细胞或多细胞生物的细胞、结构简单或结构复杂的细胞、分化或未分化的细胞，它们都包含全套遗传信息，即具有一套完整的基因组。植物的性细胞或体细胞在合适外界条件下培养均可诱导发育成完整的植物体，这说明从复杂有机体中分离出来的单个细胞，是一个独立的单位，具有遗传上的全能性。

根据细胞在结构、代谢和遗传活动上的差异，把细胞分为两大类，即原核细胞（procaryotic cell）和真核细胞（eucaryotic cell）。原核细胞没有典型的细胞核，其遗传物质分散在细胞质中，且通常集中在某一区域，但两者之间没有核膜分隔；原核细胞遗传信息的载体仅为一环状 DNA，DNA 不与或很少与蛋白质结合；原核细胞的另一个特征是没有分化出以膜为基础的具有特定结构和功能的细胞器；原核细胞通常体积很小，直径为 0.2～10μm；由原核细胞构成的生物称为原核生物（procaryote），原核生物主要包括支原体（mycoplasma）、衣原体（chlamydia）、立克次氏体（rickettsia）、细菌、放线菌（actinomycetes）和蓝藻等，几乎所有的原核生物都是由单个原核细胞构成的。相比之下，真核细胞具有典型的细胞核结构；DNA 为线状，主要集中在由核膜包被的细胞核中；真核细胞同时还分化出以膜为基础的多种细胞器，其代谢活动，如光合作用、呼吸作用、蛋白质合成等分别在不同细胞器中进行，或由几种细胞器协同完成，细胞中各个部分的分工，有利于各种代谢活动的进行。由真核细胞构成的生物称为真核生物（eucaryote），高等植物和绝大多数低等植物均由真核细胞构成。原核细胞与真核细胞的主要差别见表 1-1。

表 1-1 原核细胞与真核细胞的主要差别

要点	原核细胞	真核细胞
大小	大多数很小（0.2～10μm）	大多数较大（10～100μm）
细胞核	无膜包围，称为拟核	有双层膜包围
核仁	无	有
染色体		
形状	多为环状 DNA 分子	核中多为线性 DNA 分子；线粒体和叶绿体的为环状 DNA 分子
数目	1 个基因连锁群	1 个或多个基因连锁群
组成	DNA 裸露或结合少量蛋白质	核 DNA 同组蛋白结合；线粒体和叶绿体的 DNA 裸露
DNA 序列	无或很少重复序列	有重复序列
基因表达	RNA 和蛋白质在同一区间合成	RNA 在核中合成和加工；蛋白质在细胞质中合成
细胞分裂	直接分裂或出芽	有丝分裂或减数分裂
内膜	无独立的内膜	有内膜，分化成细胞器
细胞骨架	无	普遍存在
运动细胞器	由鞭毛蛋白丝构成简单鞭毛	由微管构成纤毛和鞭毛
核糖体	70S（50S+30S）	80S（60S+40S）
营养方式	吸收，有的可进行光合作用	吸收，光合作用，内吞
细胞壁成分	肽聚糖，蛋白质，脂多糖，脂蛋白	植物细胞壁主要是纤维素和果胶

二、细胞生命活动的物质基础——原生质

原生质是一个生活细胞中所有有生命活动的物质的总称，是生活细胞内半透明胶体状物质。由多种有机物质和无机物质组成，不同的细胞类型和细胞不同代谢阶段，其物质组成差异很大。

原生质的元素组成主要有C、H、N、O、P、S、Ca、K、Cl、Mg、Fe、Mn、Cu、Zn、Mo等。其中，C、H、N、O四种元素占90%以上，它们是构成各种有机化合物的主要成分。除此以外的其他元素含量较少或很少，但也非常重要。各种元素的原子或以各种不同的化学键互相结合而成各种化合物，或以离子形式存在于植物细胞内。

组成原生质的化合物可分为无机物和有机物两大类，前者包括水和无机盐，后者主要包括核酸、蛋白质、脂类、多糖等。

（一）无机物

1. 水

水是原生质中最主要的成分，占原生质总含量的75%～80%，在胚胎细胞中甚至可达95%。水在细胞中不仅含量最大，而且由于它具有一些特有的理化性质，使其在生命起源和形成细胞有序结构方面起着关键作用。如果地球上没有水，也就不会有细胞产生，当然也就不会有生命。水在原生质中以两种方式存在：一种是游离水，约占细胞总水量的95%；另一种是结合水，通过氢键或其他化学键与蛋白质等有机大分子结合，这种水占4%～5%。水分子的重要特性在于其电荷分布不对称，一侧显正电性，另一侧显负电性，从而表现出电极性，是一个典型的极性分子。正是由于水分子具有这一特性，它既可与蛋白质中的正电荷结合，也可与负电荷结合。蛋白质中每一个氨基酸平均可结合2.6个水分子。由于水分子具有极性，产生静电作用，因而它是一些离子物质（如无机盐）的良好溶剂。例如，NaCl溶于水中，Na^+可吸引水分子中带负电性的O^{2-}，而Cl^-则可吸引带正电性的H^+，因而在Na^+和Cl^-周围分别形成了一层水。水分子之间和水分子与其他极性分子间还可建立弱作用力的氢键。在水中每1个氧原子可与另2个水分子的氢原子形成2个氢键，因而水具有较强的内聚力和吸附力。水分子的另一个重要特性就是可解离为OH^-和H^+。H^+的浓度变化直接对细胞pH产生影响。

水为细胞中各种生物化学反应提供了溶液介质；植物体内各种物质也要溶解在水中进行运输；水的内聚力使植物体导管内形成连续水柱，保证了水分的正常运输。

另外，水具有高的汽化热和比容热，保证了植物体温度的相对稳定，在炎热夏季，还有助于植物叶面温度的下降。细胞中各种生化反应、细胞膨压的维持、细胞内有序结构的形成等都需要有充足水分才能进行。

2. 无机盐

在大多数细胞中无机盐含量很少，不到细胞总重的1%。这些无机盐在细胞中常解离为离子，如K^+、Na^+、Mg^{2+}、Cl^-、PO_4^{3-}、HCO_3^-等，离子的浓度具有许多重要作用。例如，某些酶需要在某种离子一定浓度下才能保持活性。有些离子与有机物结合，如PO_4^{3-}与戊糖和碱基组成了核苷酸，Mg^{2+}参与合成叶绿素。细胞中的各种离子有一定的缓冲能力，可在一定程度上使细胞内pH保持恒定，这对于维持正常生命活动非常重要。植物细胞液泡中的各种无机离子对维持细胞的渗透平衡以及细胞对水分的吸收也有重要作用。

（二）有机化合物

1. 蛋白质

蛋白质（protein）是构成原生质的一类极为重要的生物大分子，植物体新陈代谢的各种生物化学反应和生命活动过程，如呼吸作用、光合作用、物质运输、生长发育、遗传与变异等都有蛋白质参与。蛋白质是原生质的主要结构物质，生物体内各种生物化学反应中起催化作用的酶也是蛋白质，同时，蛋白质还参与基因表达，起着调节生命活动的作用。

一个细胞中约有10^4种蛋白质，分子数量达10^{11}个。蛋白质常含有C、H、O、N四种主要元素，还有S、P、Fe、Zn等元素。

按空间构型不同，蛋白质可分为纤维状蛋白和球状蛋白，前者呈线状或片状，后者呈球状，如酶、多种蛋白质激素、各种抗体以及细胞质和细胞膜中的蛋白质都是球蛋白。蛋白质按其功能不同可分为结合蛋白、酶蛋白和储藏蛋白。结合蛋白常见的有糖蛋白、脂蛋白、核蛋白等，它们是蛋白质与糖、脂肪、核酸结合而形成的一类结构蛋白，组成细胞的结构。酶蛋白是组成酶的蛋白质，有些酶中除蛋白质外，还结合有维生素、核苷酸和一些金属离子等。酶分布在细胞特定部位，是细胞内生化反应的催化剂，在细胞代谢等生命活动中起重要作用。

2. 核酸

核酸是载有遗传信息的一类生物大分子，所有生物均含有核酸。核酸分为脱氧核糖核酸和核糖核酸两大类。脱氧核糖核酸（deoxyribonucleic acid，DNA）主要存在于各种细胞的细胞核中，细胞质中也含有少量DNA，分布在线粒体与叶绿体中。核糖核酸（ribonucleic acid，RNA）在细胞质中的含量较高。组成DNA和RNA的基本单位是核苷酸（nucleotide）。

3. 脂类

细胞内的脂类（lipid）化合物不构成大分子，这

类化合物的重要属性是难溶于水，易溶于非极性有机溶剂（如乙醚、氯仿和苯）。脂类主要组成元素是C、H、O，其中C、H含量很高，有的脂类还含有P和N。脂类是原生质的重要结构物质，是构成生物膜的主要成分；脂类分子中储藏大量化学能，脂肪氧化时产生的能量是糖氧化时产生能量的2倍多，在很多植物的种子中含有大量脂类物质，为储藏物质；脂类物质还能构成植物体表面的保护层，防止植物体失水，如角质（cutin）、木栓质（suberin）等。

脂类种类很多，包括不饱和脂肪酸、中性脂肪、磷脂、糖脂、类胡萝卜素、类固醇和萜类等。

磷脂类（phospholipid）是细胞膜系统中的重要脂类，也是许多代谢途径的参与者。磷脂又称磷酸甘油酯（phosphoglyceride）。两个脂肪酸分子通过酯桥分别连接在甘油的两个羟基上，甘油的第三个羟基被酯化成磷酸，从而形成了磷脂（图1-1）。磷脂具有一个亲水头部和一个疏水尾部，头部是由一个带负电荷的磷酸残基结合带正电荷的有机分子组成，尾部则由两个非极性脂肪酸链组成，因此，是双性脂类（amphipathic lipid）。无论是细胞内还是细胞外，它都是水相与非水相的重要连接介质。膜中磷脂的存在对于亲水性和疏水性物质的穿膜运输有重要作用。

在植物体一些器官表面，还存在着一些非极性化合物，如某些植物的幼茎、叶及果实表面等覆盖着非极性的蜡（wax），是由脂肪酸和醇化合而成的酯，能有效防止细胞失水和病菌侵入。某些细胞的细胞壁中加入角质、木栓质等，有防止细胞水分散失的作用。

4. 糖类

糖是一大类有机化合物。绿色植物光合作用的产物主要是糖类，植物体内有机物运输的形式也是糖。在细胞中，糖能被分解氧化释放出能量，是生命活动的主要能源；遗传物质核酸中也含有糖；糖能与蛋白质结合成糖蛋白，糖蛋白有多种重要生理功能；糖是组成植物细胞壁的主要成分。糖类分子含C、H、O三种元素，三者的比例一般为1∶2∶1，即$(CH_2O)_n$，因此糖被称为碳水化合物（carbohydrate）。

细胞中的糖类既有单糖，也有多糖。单糖在细胞中作为能源以及与糖有关的化合物的原料存在。重要的单糖为五碳糖（戊糖）和六碳糖（己糖），其中最主要的五碳糖为核糖，最重要的六碳糖为葡萄糖。葡萄糖不仅是能量代谢的关键单糖，也是构成多糖的主要单体。多糖在细胞结构成分中占有主要地位。细胞中的多糖可分为两类：一类是营养储备多糖；另一类是结构多糖。在植物细胞中，储备多糖主要为淀粉（starch），淀粉中有两类分子，均为由葡萄糖经α-1, 4糖苷键连接而成的多糖。一类是不分支分子，称为直链淀粉（amylose）。每一直链分子含有250个或300个葡萄糖单元。另一类淀粉分子有分支，称为支链淀粉（amylopectin）。每一支链是由24～30个葡萄糖单元以1, 4糖苷键连接成的多糖链，各支链间又以1, 6糖苷键相连。支链淀粉有1000个以上的葡萄糖单元。构成结构多糖的糖单元，有的是葡萄糖，有的是含氨基的葡萄糖。真核细胞中的结构多糖主要有纤维素、果胶、半纤维素。

除上述四大类有机物质外，细胞中还含有其他一些生理作用很重要的必需物质，如激素、维生素、抗生素等。

三、原生质的性质

（一）原生质的理化性质

原生质的理化性质主要表现在以下方面。①胶体性质。原生质中，有机物大分子形成直径1～500 nm的小颗粒，均匀分散在以水为主且溶有简单的糖、氨基酸、无机盐的液体中，成为具有一定弹性与黏度，在光学显微镜下呈不均匀的半透明亲水胶体。当水分充足时，原生质中的大分子胶粒分散在水溶液介质中，此时原生质近于液态，称溶胶，条件改变，如水分很少时，胶粒联结呈网状，而水溶液分散在胶粒网中，此时近于固态，称为凝胶，而有时原生质则呈介于溶胶与凝胶之间的状态。②黏性和弹性，又称黏滞性、黏度或内摩擦。黏性是指流体物质抵抗流动的性质，即物质流动时它的一部分对另一部分所产生的阻力。很多因素，如温度、电解质种类、麻醉剂、机械刺激等均可影响原生质的黏性。原生质黏性和生命活动强弱有关。当组织处于生长旺盛或代谢活跃状态时，原生质黏性相当低，休眠时则很高。黏性可能影响代谢活动，而代谢结果反过来也可改变原生质的黏性。弹性是指物体受到外力作用时形态改变，除去外力后能恢复原来形状的性质。细胞壁、原生质、细胞核均有弹性。Seifriz用显微镜解剖针把原生质从细胞中拉出成一条线，如令其突然折断，则折断部分即行缩回到原来位置，此试验可证明原生质弹性的存在。弹性和植物抗旱性有关，弹性大时抗旱性强。③液晶性质。液晶态是物质介于固态与液态之间的一种状态，它既有固性结构的规则性，又有液体的流动性；在光学性质上像晶体，在力学性质上像液体。从微观看，液晶态是某些特定分子，在溶剂中有序排列而成的聚集态。在植物细胞中，有不少分子，如磷脂、蛋白质、核酸、叶绿素、类胡萝卜素与多糖等在一定温度范围内都可形成液晶态。一些较大的颗粒，如核仁、染色体和核糖体也具液晶结构。液晶态与生命活动密切相关，如膜的流动性是生物膜具有液晶特性的缘故。温度高时，膜会从液晶态转变为液态，其流动性增大，膜透性加大，导致细胞内葡萄糖和无机离子等大量流失。温度过低时生物膜由液晶态转变为凝胶态，膜收缩，出现裂缝或通道，而使膜透性增大。

（二）原生质的生理特性

原生质最重要的生理特性是具有生命现象，即具有新陈代谢能力，原生质能够从周围环境中吸取水分、空气和其他物质进行同化作用，把这些简单物质同化成自己体内的物质。同时，又将体内复杂物质进行异化作用，分解为简单物质，并释放出能量。原生质同化和异化的矛盾统一过程就是新陈代谢，也就是重要的生命特征之一。

四、植物细胞的基本特征

（一）植物细胞的形状和大小

植物细胞的形状多种多样，有球状体、多面体、纺锤形和柱状体等（图 1-1）。单细胞植物体或离散的单个细胞，如小球藻、衣藻，因细胞处于游离状态，受不到其他约束，形状常近似球形。在多细胞植物体内，细胞紧密排列在一起，由于相互挤压，使大部分细胞成多面体。根据力学计算和实验观察，在均匀的组织中，一个典型的、未经特殊分化的薄壁细胞是十四面体。然而这种典型的十四面体细胞，在植物体中不易找到，只有在根和茎顶端分生组织和某些植物茎的髓部薄壁细胞中，才能看到类似的细胞形状，这是因为细胞在系统演化中适应功能的变化而分化成不同形状。种子植物的细胞具有精细分工，因此，它们的形状变化多端，如输送水分和养料的细胞（导管分子和筛管分子）呈长管状，并连接成相通的“管道”，以利于物质运输；起支持作用的细胞（纤维）一般呈长梭形，并聚集成束，加强支持功能；幼根表面吸收水分的细胞，向着土壤延伸出细管状突起（根毛），以扩大吸收表面积。这些细胞形状的多样性，除与功能及遗传有关外，还与外界条件密切相关。

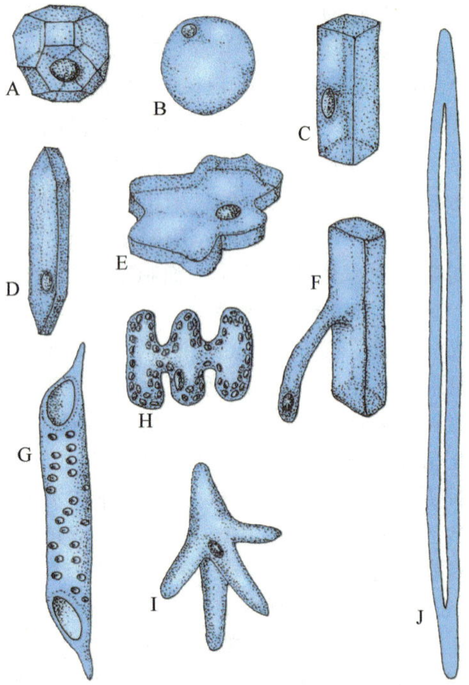

图 1-1　种子植物各种形状的细胞

A. 十四面体状细胞；B. 球形果肉细胞；C. 长方形木薄壁细胞；D. 纺锤形细胞；E. 扁平的表皮细胞；F. 根毛细胞；G. 管状导管分子；H. 小麦叶肉细胞；I. 星状细胞；J. 细长的纤维

植物细胞的大小差异很大，种子植物中，细胞直径一般为 10～100μm。但也有特殊细胞超出这个范围，如棉花种子表皮毛细胞有的长达 70mm，成熟的西瓜和番茄果实的果肉细胞，其直径约为 1mm，苎麻属（*Boehmeria*）植物茎中纤维细胞长达 550mm。

细胞体积越小，它的相对表面积越大。细胞与外界的物质交换通过表面进行，小体积大面积，这对物质的迅速交换和内部转运非常有利。另外，细胞核对细胞质的代谢起着重要的调控作用，而一个细胞核所能控制的细胞质的量是有限的，所以细胞大小也受细胞核所能控制范围的制约。

决定细胞形状和大小的主要因素是遗传性，同时，细胞生理功能、在植物体中的位置以及环境条件，如水、肥、光照等因素也对细胞形状和大小产生影响。

（二）植物细胞与动物细胞的主要区别

不同植物的细胞以及植物不同组织的细胞间虽然在形态结构上有很大差异。但其基本结构是一致的，典型的高等植物细胞如图 1-2 所示。

与动物细胞相比，植物细胞具有许多显著特征。绝大多数植物细胞都具有坚硬的外壁——细胞壁。植物的许多基本生理过程，如生长、发育、形态建成、物质运输、信号传递等都与细胞壁有关。植物的绿色细胞具有叶绿体，能进行光合作用，可能是植物祖先最早产生的有别于其他生物的重要特征。在许多植物细胞中都有一个中央大液泡，这也是植物细胞的重要特征之一。中央大液泡在细胞水分运输、细胞生长、细胞代谢等许多方面都有重要作用。在高等植物组织中，相邻细胞之间还有胞间连丝相连，是细胞间独特的通信连接结构，有利于细胞间物质和信息传递。对于动物细胞而言，细胞通常有一定的“寿命”，细胞在若干代后会失去分裂能力，但是植物分生组织的细胞通常具有无限生长能力，可以永久保持分裂能力。此外，植物细胞在有丝分裂后，普遍有一个体积增大与成熟的过程，这一点比动物细胞表现更明显，如细胞壁初生壁与次生壁形成，液泡形成与增大，质体发育等。

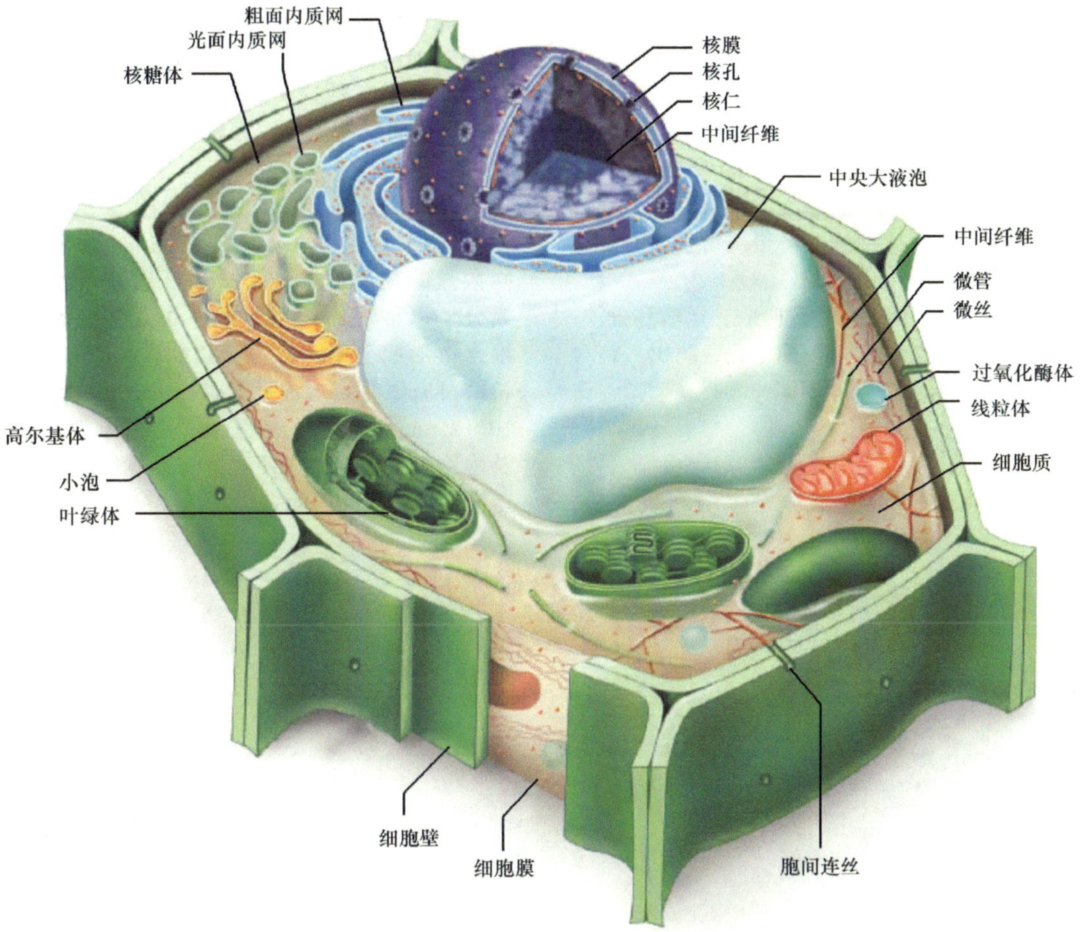

图 1-2 植物细胞结构图解

第二节 植物细胞的基本结构

真核植物细胞由细胞壁（cell wall）和原生质体两大部分组成。原生质体一词来源于原生质。原生质是指组成细胞的有生命物质的总称，是物质的概念。而原生质体是组成细胞的一个形态结构单位，是指活细胞中细胞壁以内各种结构的总称，是细胞内各种代谢活动进行的场所。原生质体包括细胞膜（cell membrane）、细胞质（cytoplasm）、细胞核（nucleus）等结构。植物细胞中的一些储藏物质和代谢产物称为后含物。

光学显微镜下，可以观察到植物细胞的细胞壁、细胞质、细胞核、液泡等基本结构。此外，绿色细胞中的质体也易于观察到；用特殊染色方法还能观察到高尔基体、线粒体等细胞器，这些可在光学显微镜下观察到的细胞结构称为显微结构（microscopic structure）。而只有在电子显微镜下才能观察到的细胞内的微细结构称为超微结构（ultrastructure）（图 1-2、图 1-3）。

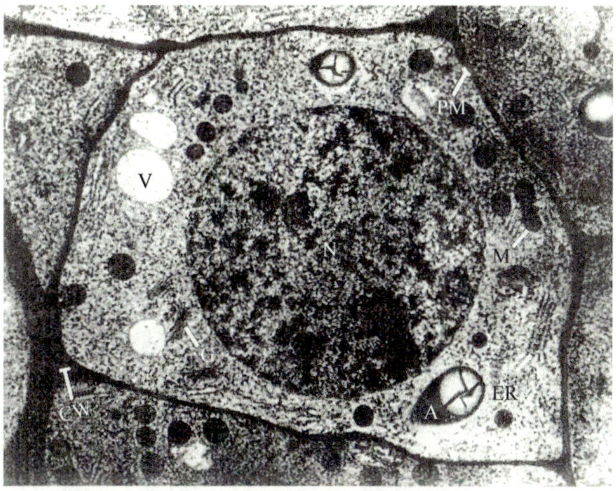

图 1-3 植物根尖细胞的超微结构

A. 造粉体；ER. 内质网；G. 高尔基体；M. 线粒体；N. 细胞核；V. 液泡；PM. 质膜；CW. 细胞壁

一、细胞壁

植物细胞的原生质体外具有细胞壁，是植物细胞区别于动物细胞的显著特征。细胞壁具有支持和保护其内原生质体的作用，还能防止细胞由于吸涨而破裂。在多细胞植物体中，细胞壁能保持植物体的正常形态，影响植物生理活动。因此细胞壁对于植物生活有重要意义。

细胞壁在植物细胞生长，物质吸收、运输和分泌，机械支持，细胞间相互识别，细胞分化、防御、信号传递等生理活动中都具有重要作用。

（一）细胞壁的化学成分

高等植物细胞壁的主要成分是多糖和蛋白质，多糖包括纤维素、半纤维素和果胶质。植物体不同细胞的细胞壁成分有所不同，如在多糖组成的细胞壁中加入了其他成分，如木质素、脂类化合物（角质、木栓质和蜡质等）和矿物质（碳酸钙、硅的氧化物等）。

纤维素是细胞壁中最重要的成分，是由多个葡萄糖分子以β-1, 4 糖苷键连接的 D- 葡聚糖，含有不同数量的葡萄糖单位，从几百到上万个不等。纤维素分子以伸展的长链形式存在。数条平行排列的纤维素链形成分子团，称为微团（micella），多个微团长链再有序排列形成微纤丝（microfibril），其直径为 10～25nm（图 1-4）。平行排列的纤维素分子链之间和链内均有大量氢键，使之具有晶体性质，有高度的稳定性和抗化学降解能力。

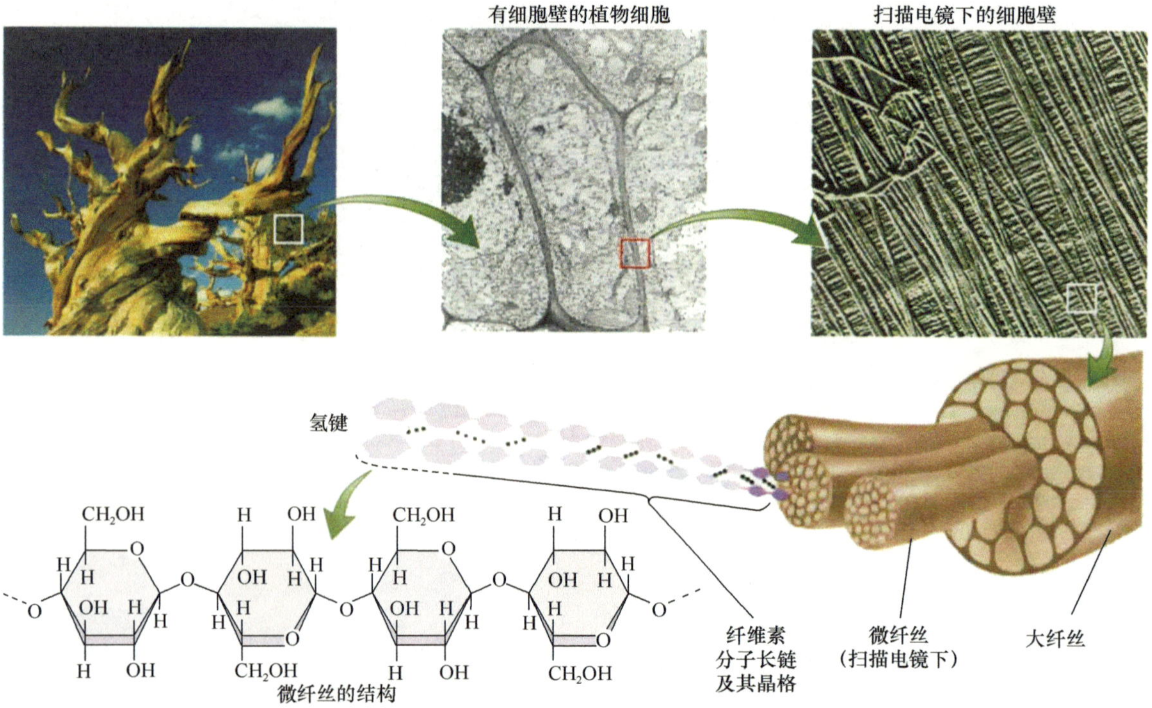

图 1-4　细胞壁的结构图解

半纤维素是存在于纤维素分子间的一类基质多糖，是由不同种类的糖聚合而成的一类多聚糖，其成分与含量因植物种类和细胞类型不同而异。木葡聚糖是一种主要的半纤维素成分。木葡聚糖的主链是β-1, 4 糖苷键连接的葡萄糖，侧链主要是木糖残基，有的木糖残基可与半乳糖、阿拉伯糖相连。

果胶是胞间层和双子叶植物初生壁的主要化学成分，单子叶植物细胞壁中含量较少。它是一类重要的基质多糖，也是一种可溶性多糖，包括果胶酸钙和果胶酸钙镁，是由 D- 半乳糖醛酸、鼠李糖、阿拉伯糖和半乳糖等通过α-1, 4 糖苷键连接组成的线状长链。除了作为基质多糖，在维持细胞壁结构中有重要作用外，果胶多糖降解形成的片段可作为信号调控基因表达，使细胞内合成某些物质，抵抗真菌和昆虫的危害。果胶多糖保水力较强，在调节细胞水势方面有重要作用。

胼胝质（callose）是β-（1, 3）葡聚糖，广泛存在于植物的花粉管、筛板、柱头、胞间连丝等处。它是一些细胞壁的正常成分，也是一种伤害反应产物，如植物韧皮部受伤后，筛板上即形成胼胝质堵塞筛孔，花粉管中形成的胼胝质常常是不亲和反应的产物。

细胞壁内的蛋白质约占细胞壁干重的 10%，主要是结构蛋白和酶蛋白。1960 年 Lamport 等发现了细胞壁内有富含羟脯氨酸的糖蛋白，当时认为这种蛋白质与细胞壁伸长有关，定名为伸展蛋白（extensin），现已证明它仅是一种结构蛋白，与细胞壁伸展无关。伸展蛋白的结构特征是富含羟脯氨酸，其含量占氨基酸摩尔数的30%～40%。所含的糖主要是阿拉伯糖和半乳糖。

伸展蛋白的前体由细胞质以垂直于细胞壁平面的方向分泌到细胞壁中，进入细胞壁伸展蛋白前体之间以异二酪氨酸为连键形成伸展蛋白网，径向的纤维素网和纬向的伸展蛋白网相互交织（图 1-5），增加细胞壁的强度和刚性。

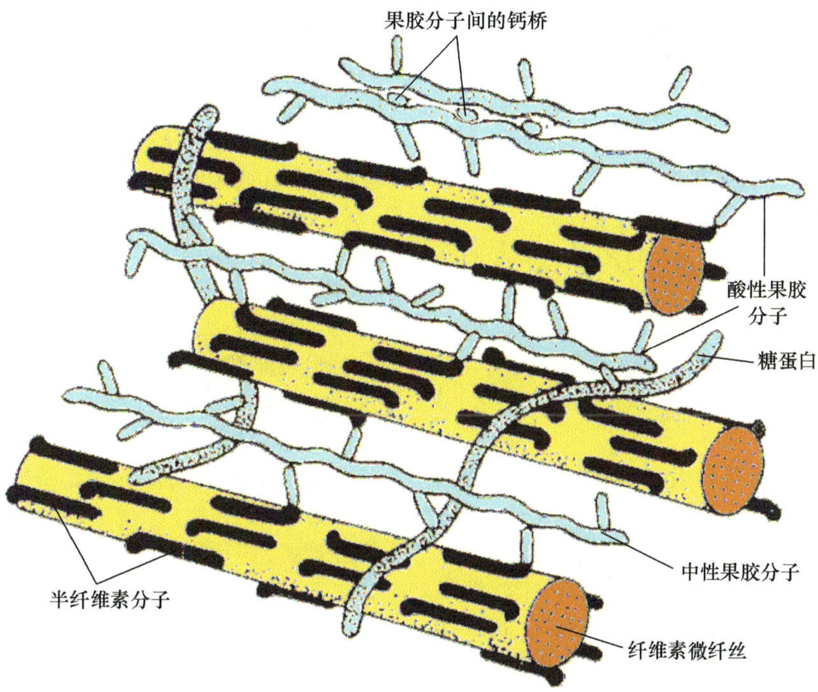

图 1-5　植物细胞壁各组成成分间网络式结构的关系图解

（引自 Alberts et al.，2008）

伸展蛋白除具结构功能外，还在植物抗病性和抗逆性中发挥作用。真菌感染、机械损伤能引起伸展蛋白增加。

迄今发现的细胞壁中的酶已有数十种，大多数是水解酶类，如蛋白酶、酸性磷酸酶、果胶酶等；还有氧化还原酶，如过氧化物酶、过氧化氢酶、半乳糖醛酸酶等。细胞壁中酶的种类、数量以及在细胞壁中存在时间长短因植物种类、组织或年龄不同而有所变化。细胞壁酶的功能多种多样，如半乳糖醛酸酶水解细胞壁果胶物质使果实软化。花粉细胞壁中的酶对于花粉管顺利通过柱头和花柱至关重要。由此可见，细胞壁积极参与了细胞的新陈代谢活动。

扩展蛋白（expansin）是具有细胞壁松弛物质性质的蛋白质，1992 年，Cosgrove 实验室从黄瓜下胚轴和燕麦胚芽鞘细胞壁中分离出两种蛋白质，它们能使热失活的离体细胞壁在酸性环境下伸展，这种蛋白质被命名为扩展蛋白。它们能打开纤维素与木葡聚糖等几种交联聚糖之间的氢键，使细胞壁松弛。扩展蛋白在植物细胞生长、花粉管伸展等过程中具有重要作用。

凝集素（lectin）是一类能够凝集细胞或使含糖大分子发生沉淀的蛋白质。几乎所有的高等植物都发现有凝集素，某些低等植物也有。茎、叶凝集素的大部分位于细胞壁中。凝集素参与植物对细菌、真菌和病毒等的防御作用。

细胞壁中含有水溶性的钙调素（CaM），是一种能与钙离子结合的蛋白质，以离子键结合在细胞壁中，具有促进细胞增殖的作用。

最近发现细胞壁中存在执行信号传导功能的多肽。

另外，随细胞所执行功能的不同细胞壁化学组成也发生相应变化。在细胞形成次生壁时常有木质素、角质、栓质、矿物质等加入其中。

（二）细胞壁的层次结构

植物细胞壁的厚度变化很大，这与各类细胞在植物体中的作用和细胞年龄有关。根据形成时间和化学成分不同可将细胞壁分成胞间层、初生壁和次生壁三层（图 1-6）。

1. 胞间层

胞间层（middle lamella）又称中层，位于细胞壁最外面，是相邻两个细胞共有的壁层，主要由果胶类物质组成，有很强的亲水性和可塑性，多细胞植物依靠它使相邻细胞粘连在一起。果胶易被酸或酶分解，导致细胞分离。胞间层与初生壁的界限往往难以辨明，当细胞形成次生壁后尤其如此。当细胞壁木质化时，

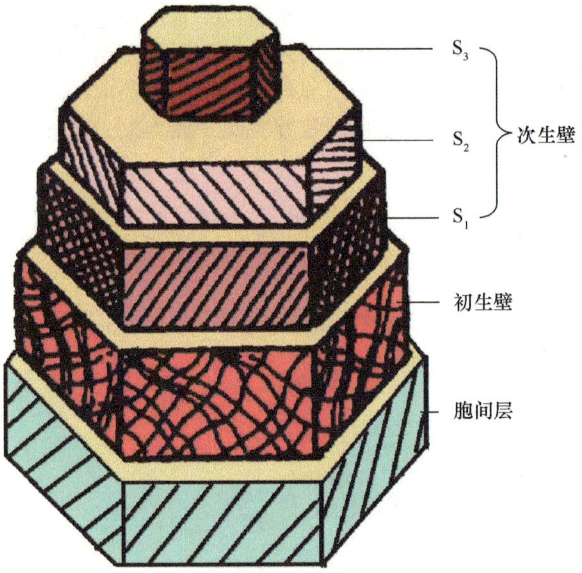

图 1-6　植物细胞胞间层、初生壁和次生壁的组成与结构

胞间层首先木质化，然后是初生壁，次生壁的木质化最后发生。

2. *初生壁*

初生壁（primary wall）是细胞生长过程中或细胞停止生长前由原生质体分泌形成的细胞壁层，初生壁较薄，为 1～3μm。除纤维素、半纤维素和果胶外，初生壁中还有多种酶类和糖蛋白，这些非纤维素多糖和糖蛋白将纤维素的微纤丝交联在一起。微纤丝呈网状，分布在非纤维素多糖基质中，果胶质使细胞壁有延展性，能随细胞生长而扩大。分裂活动旺盛的细胞，进行光合作用、呼吸作用的细胞和分泌细胞等仅有初生壁。当细胞停止生长后，有些细胞的细胞壁就停留在初生壁阶段不再加厚。这些不具次生壁的生活细胞可以改变其特化的细胞形态，恢复分裂能力并分化成不同类型的细胞。因此，只有初生壁的细胞与植物愈伤组织的形成，植株和器官再生有关。

3. *次生壁*

次生壁（secondary wall）是在细胞停止生长、初生壁不再增加表面积后，由原生质体代谢产生的壁物质沉积在初生壁内侧而形成的壁层，与质膜相邻。次生壁较厚，为 5～10μm。植物体内一些具有支持作用、输导作用的细胞，如纤维细胞、导管分子、管胞等会形成次生壁，以增强机械强度，这些细胞的原生质体往往死去，留下厚的细胞壁执行支持功能。次生壁中纤维素含量高，微纤丝排列比初生壁致密，有一定的方向性。果胶质极少，基质主要是半纤维素，也不含糖蛋白和各种酶，因此比初生壁坚韧，延展性差。次生壁还添加了木质素等，显著增强了次生壁的硬度。

由于次生壁微纤丝排列有一定的方向性，次生壁通常分为内层（S_3）、中层（S_2）和外层（S_1）三层，各层纤维素微纤丝的排列方向各不相同，这种成层叠加的结构使细胞壁的强度明显增加。

（三）细胞壁的生长和特化

纤维素微纤丝形成细胞壁骨架，组成细胞壁的其他物质，如果胶、半纤维素、胼胝质、蛋白质、水、栓质、木质等填充入各级微纤丝网架中。细胞壁的生长包括面积扩大和厚度增长。初生壁形成阶段，不断沉积增加微纤丝和其他壁物质使细胞壁面积扩大。壁的增厚生长常以内填和附着方式进行。内填方式是新的壁物质插入原有结构中，附着生长则是新的壁物质成层附着在内表面。

由于细胞在植物体内担负的功能不同，在形成次生壁时，原生质体常分泌不同性质的化学物质填充在细胞壁内，与纤维素密切结合而使细胞壁的性质发生变化。

1. *木质化*

木质素（lignin）填充到细胞壁中的变化称为木质化（lignifacation）。木质素是苯丙烷衍生物单位构成的一类聚合物，是一种亲水性物质，与纤维素结合在一起。细胞壁木质化后硬度增加，加强了机械支持作用，同时木质化细胞仍可透过水分，木本植物体内由大量细胞壁木质化的细胞（如导管分子、管胞、木纤维等）组成。

2. *角质化*

细胞壁上增加角质的变化。角质是一种脂类化合物（由不同长度的脂肪酸组成）。角质化（cutinication）的细胞壁不易透水。这种变化大都发生在植物体表皮细胞，角质常在表皮细胞外形成角质膜，以防止水分过分蒸腾、机械损伤和微生物侵袭。

3. *栓质化*

细胞壁中增加栓质的变化称为栓质化（suberization），木栓质由一种脂类和酚类化合物构成，栓质化细胞壁失去透水和透气能力。因此，栓质化细胞的原生质体大都解体而成为死细胞。栓质化细胞壁富于弹性，日用的软木塞就是栓质化细胞形成的。栓质化细胞一般分布在植物老茎、枝及老根外层，以防止水分蒸腾，保护植物免受恶劣条件侵害。根凯氏带中的栓质是质外体运输的屏障。

4. *矿质化*

细胞壁中增加矿质的变化称为矿质化（mineralization）。最普通的有钙或硅（SiO_2），多见于茎叶表层细胞。矿化的细胞壁硬度增大，从而增加植物支持力，保护植物不易受到动物侵害。玉米、稻、麦、竹子等禾本科植物的茎叶非常坚利，就是由于细胞壁含有 SiO_2 的缘故。

（四）细胞壁在细胞生命活动中的作用

细胞壁是植物细胞所特有的结构，包围在原生质体外侧，几乎与植物细胞所有生理活动有关。

1. *维持细胞形状*

细胞壁的首要作用就是维持细胞的形状。植物细胞的形状主要由细胞壁决定，植物细胞通过控制细胞壁组织，如微纤丝合成部位和排列方向，控制细胞形状。

2. 调控细胞生长

在植物细胞伸长生长中，细胞壁的弹性大小对细胞生长速率起重要调节作用，同时细胞壁微纤丝的排列方向也控制着细胞的伸长方向。

3. 机械支持

细胞壁具有很高的硬度和机械强度，使细胞对外界机械伤害有较高的抵抗能力。细胞壁不仅提高了植物细胞的机械强度，也为整个植物体提供了重要的机械支持力，高大树木之所以能挺拔直立、枝叶伸展，实际上是由每个细胞的细胞壁支撑的。

4. 维持细胞水分平衡

坚硬的细胞壁是细胞产生膨压的必要条件，因此与植物细胞水分平衡有关的生理活动也与细胞壁相关。

5. 参与细胞的识别

细胞壁中的蛋白质参与细胞间的识别反应，如花粉与柱头的识别反应是在花粉壁内糖蛋白和柱头表面的糖蛋白参与下进行的。

6. 植物细胞的天然屏障

细胞壁在抵御病原菌入侵上有积极作用。当病原菌侵染时，寄主植物细胞壁内产生一系列抗性反应，如引起细胞壁伸展蛋白积累和木质化、栓质化程度的提高，从而抵御病原微生物侵入和扩散。

此外，细胞壁形成了植物体的质外体空间，许多运输过程都在其中进行。特别是由特化的细胞壁所形成的导管在水分和矿质运输中起着不可替代的作用。某些特殊的细胞运动也与细胞壁有关，如气孔保卫细胞的变形运动就和保卫细胞细胞壁的不均匀加厚有关。细胞壁也与细胞分化有关。

（五）纹孔与胞间连丝

1. 初生纹孔场

细胞壁在生长时并不是均匀增厚。在细胞初生壁上有一些明显凹陷的较薄区域称为初生纹孔场（primary pit field）（图 1-7）。初生纹孔场中集中分布有一些小孔，其上有胞间连丝穿过。

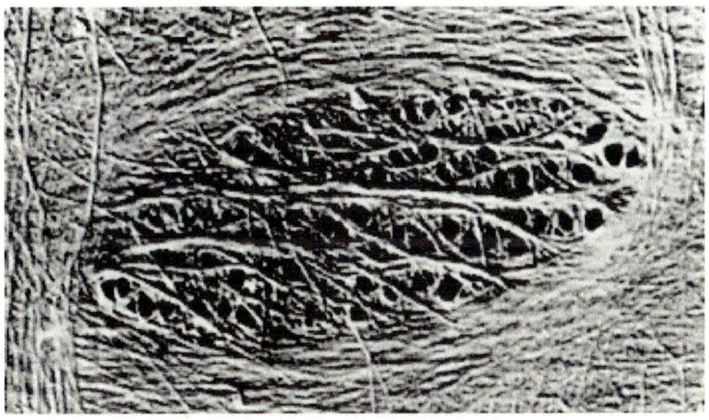

图 1-7 初生纹孔场

2. 胞间连丝

穿过细胞壁上的小孔连接相邻细胞的细胞质丝称为胞间连丝（plasmodesma），胞间连丝多分布在初生纹孔场，细胞壁其他部位也有胞间连丝。光学显微镜下能看到柿胚乳细胞的胞间连丝（图 1-8），一般细胞的胞间连丝在光学显微镜下不易观察到。在电子显微镜下，胞间连丝是直径 40～50nm 的小管状结构，目前人们普遍接受的胞间连丝超微结构模型如图 1-9 所示。这个模型认为，胞间连丝是贯穿细胞壁的管状结构，周围衬有质膜，与两侧细胞的质膜相连。中央有压缩内质网（appressed ER）通过，压缩内质网中间颜色深，称为中心柱（central rod），它是由内质网膜内侧磷脂分子的亲水头部合并形成的柱状结构。压缩内质网与质膜之间为细胞质通道（cytoplasmic sleeve），也称中央腔（central cavity）。一般认为压缩内质网中间没

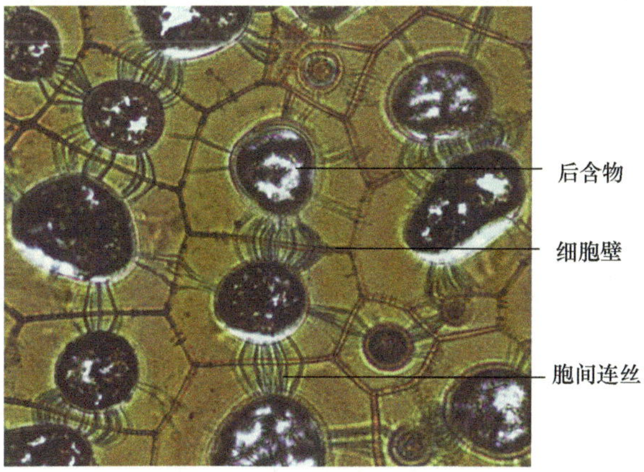

图 1-8 柿胚乳细胞的胞间连丝

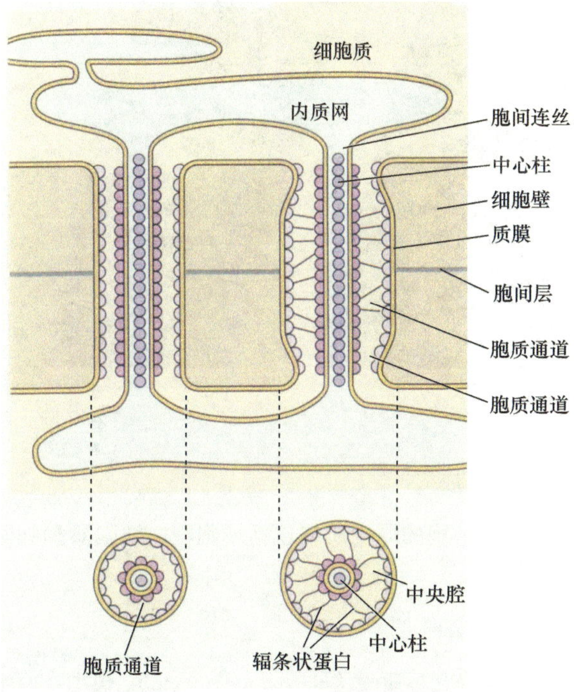

图 1-9 胞间连丝的结构模型

有腔，物质通过胞间连丝主要经由细胞质通道。胞间连丝两端变窄，形成颈区（neck region）。胞间连丝沟通了相邻细胞，一些物质和信息可以经胞间连丝传递，所以植物细胞虽有细胞壁，实际上它们彼此连成一个统一的整体。水分以及小分子物质都可从这里穿行。一些植物病毒也是通过胞间连丝而扩大感染的。某些相邻细胞之间的胞间连丝，可发育成直径较大的胞质通道（cytoplasmic channel），它的形成有利于细胞间大分子物质，甚至是某些细胞器的交流。

3. 纹孔

次生壁形成时，往往在原有初生纹孔场处不形成次生壁，这种无次生壁的较薄区域称为纹孔（pit）（图 1-10A）。纹孔也可在没有初生纹孔场的初生壁上出现，有些初生纹孔场可完全被次生壁覆盖。相邻细胞壁上的纹孔常成对形成，两个成对的纹孔合称纹孔对（pit-pair）。若只有一侧的壁具有纹孔，这种纹孔称为盲纹孔。

纹孔如在初生纹孔场形成，一个初生纹孔场上可有几个纹孔。纹孔由纹孔腔和纹孔膜组成，纹孔腔是由次生壁围成的腔，它的开口朝向细胞腔，腔底的初生壁和胞间层就是纹孔膜。根据次生壁增厚情况不同，纹孔分成单纹孔（simple pit）和具缘纹孔（bordered pit）。它们的区别是具缘纹孔周围的次生壁突出于纹孔腔上，形成一个穹形边缘，使纹孔口明显变小（图 1-10B、图 1-11）；单纹孔的次生壁没有这种突出边缘，纹孔腔呈圆筒状（图 1-10A、图 1-12）。纹孔是细胞壁较薄的区域，有利于细胞间沟通和水分运输，胞间连丝较多地出现在纹孔内，有利于细胞间物质交换。

裸子植物管胞上的具缘纹孔，在其纹孔膜中央，有一圆形增厚部分，称为纹孔塞，其周围部分的纹孔膜，称为塞缘，质地较柔韧，由许多微纤丝自纹孔塞向四周排成辐射状（图 1-13），水分通过塞缘空隙在管胞间流动，若水流过速，就会将纹孔塞推向一侧，使纹孔口部分或完全堵塞，以调节水流速度（图 1-10C）。

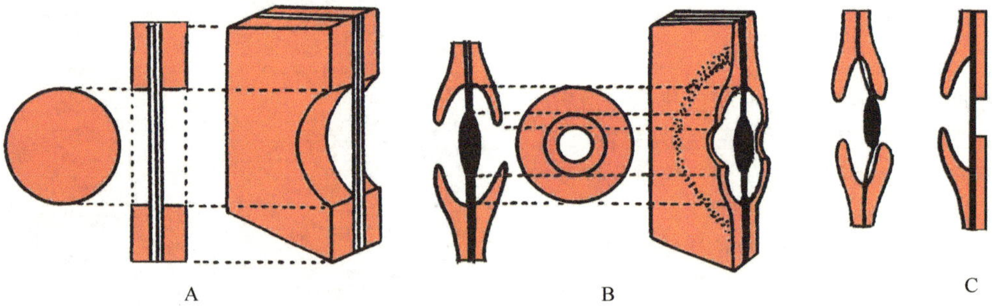

图 1-10 单纹孔（A）、具缘纹孔（B）和半具缘纹孔（C）

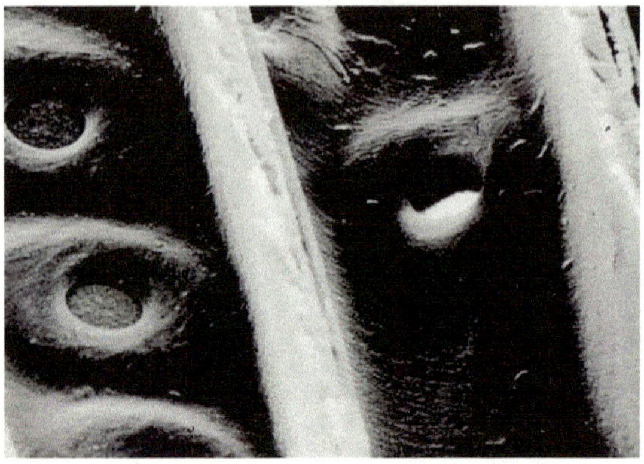

图 1-11 具缘纹孔

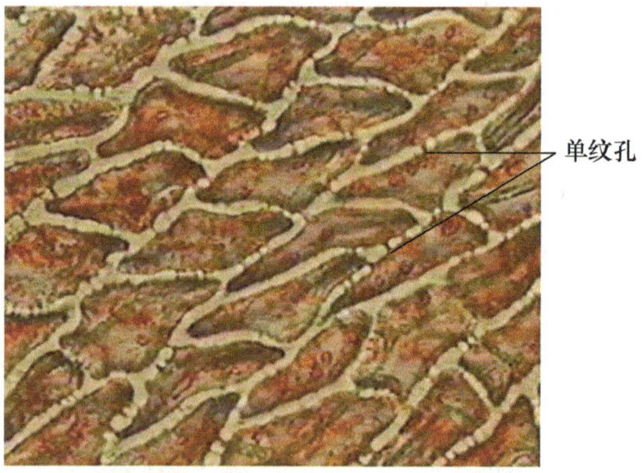

图 1-12 辣椒果皮细胞壁上的单纹孔

二、原生质体

植物细胞的原生质体包括细胞膜、细胞质和细胞核三部分。

（一）细胞膜

细胞膜又称质膜（plasma membrane），包围在原生质体表面。细胞内还有构成各种细胞器的膜，称为细胞内膜。相对于内膜，质膜也称外周膜。外周膜和细胞内膜统称为生物膜。

质膜厚 7.5～10nm，在普通光学显微镜下观察不到，因此，在相当一段时间内，只能依靠生理功能、染料吸附和显微操作来证明它的存在。电子显微镜下，用锇酸固定的样品，可以看到质膜具有暗—明—暗三个层次，内层和外层为电子致密层，均厚约 2nm，中间透明层厚 2.5～3.5nm（图 1-14）。

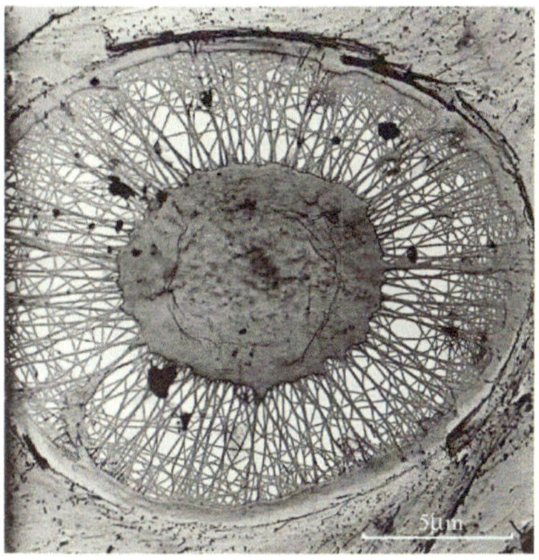

图 1-13 纹孔塞和纹孔缘

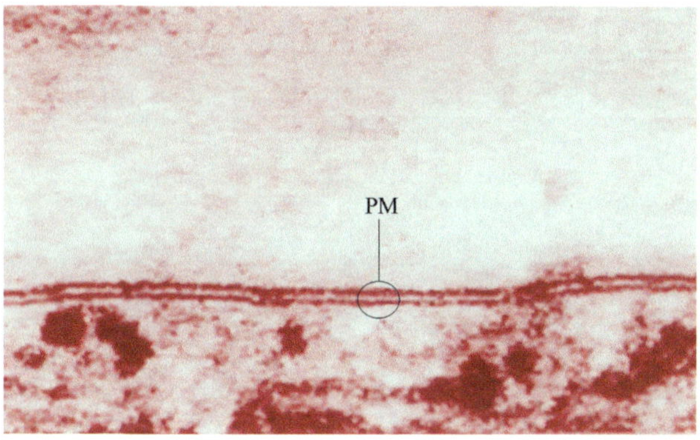

图 1-14 满江红根内皮层细胞质膜（PM）电镜图，示膜的三层结构（×120 000）（引自杨世杰，2010）

1. 质膜的化学组成

对细胞各种膜的微量化学分析结果表明，膜主要由磷脂和蛋白质两大类物质组成。蛋白质占膜干重的20%～70%，磷脂占30%～70%。各种膜所含蛋白质与磷脂的比例与膜功能有关，因为膜的功能主要由蛋白质承担，因而功能活动旺盛的膜，蛋白质含量就高。此外，质膜还含有10%的碳水化合物，这些碳水化合物均为糖蛋白和糖脂向质膜外表面伸出的寡糖链。

2. 质膜的分子结构

对膜分子结构的研究曾提出了许多模型理论。具有代表性的是1959年Robertson提出的单位膜模型以及1972年Jon Singer和Garth Nicolson提出的流动镶嵌模型。

单位膜模型（unit membrane model）认为，膜的中央为脂双分子层，在电镜下显示为明线；膜两侧为展开的蛋白质分子层，在电镜下显示为暗线，展开的蛋白质分子层厚度恰为2nm。

流动镶嵌模型（fluid-mosaic model）认为，细胞膜结构是由液态脂类双分子层镶嵌可移动的球形蛋白质而形成，即膜的脂类分子成双分子层排列，构成了膜的网架，是膜的基质，一些蛋白质分子镶嵌在网孔之中。脂类分子为双性分子，分为亲水头端和疏水尾端，头端朝向水相，疏水尾端埋藏在膜内部。疏水的脂肪酸链有屏障作用，使膜两侧的水溶性物质（包括离子与亲水小分子）一般不能自由通过，这对维持细胞正常结构和细胞内环境稳定非常重要。脂质双分子层的内外两层是不对称的。膜的另一种主要成分是蛋白质，蛋白质分子有的嵌插在脂质双分子层网架中，有的则附着在脂质双分子层表面。根据在膜上存在部位的不同，膜蛋白可分为两类：以不同深度嵌插在脂双层的，称为内在蛋白或整合蛋白（intrinsic protein）。内在蛋白分子均为双性分子，非极性区插在脂双层分子之间，极性区朝向膜表面，它们通过很强的疏水或亲水作用力与膜脂牢固结合，一般不易分离。另一类蛋白质附着于膜表层，称为外在蛋白（extrinsic protein），与膜的结合比较疏松，易于将其分离。无论是整合蛋白还是外在蛋白，至少有一端露出膜表面，没有完全埋在膜内部的蛋白质分子。它们在膜中的分布是不对称的。

流动镶嵌模型除了强调脂类分子与蛋白质分子的镶嵌关系外，还强调了膜的流动性。主张膜总是处于流动变化之中，脂类分子可以侧向扩散、旋转运动、左右摆动，甚至可以从双分子层的一层翻转到另一层。蛋白质分子也可做侧向流动和旋转运动（图1-15）。

3. 质膜的功能

质膜位于细胞原生质体表面，具有选择透性，能控制细胞与外界环境之间的物质交换以维持细胞内环境的相对稳定。此外，许多质膜上还存在激素受体、抗原结合点以及其他有关细胞识别的位点，所以，质膜在细胞识别、细胞间信号转导、新陈代谢调控等过程中具有重要作用。

（1）物质跨膜运输。生活细胞是一个开放性结构体系，它要进行各种生命活动，就必然要同环境发生物质交换关系。质膜是细胞与环境相互作用的前沿结构，物质出入细胞时必须通过质膜。而质膜对物质的通透有高度选择性，以保证细胞内各种生物化学反应有序进行。物质通过质膜的途径有简单扩散（simple diffusion）、促进扩散（facilitated diffusion）、主动运输（active transport）、内吞作用（endocytosis）和外排作用（exocytosis）等。

（2）细胞识别。是细胞对同种或异种细胞的辨认。细胞具有区分自己和异己的识别能力，具有高度选择性。同种或不同种有机体的细胞之间可通过释放信号相互影响，也可通过细胞与细胞直接接触而相互作用。细胞通过表面的特殊受体与另一细胞的信号物质分子选择性相互作用，导致细胞内一系列生理生化变化。最后产生整体的生物学效应。

无论单细胞生物或高等植物和动物，许多重要的生命活动都与细胞识别有关。例如，单细胞衣藻属（*Chlamydomonas*）有性生殖过程中配子的结合；雌蕊

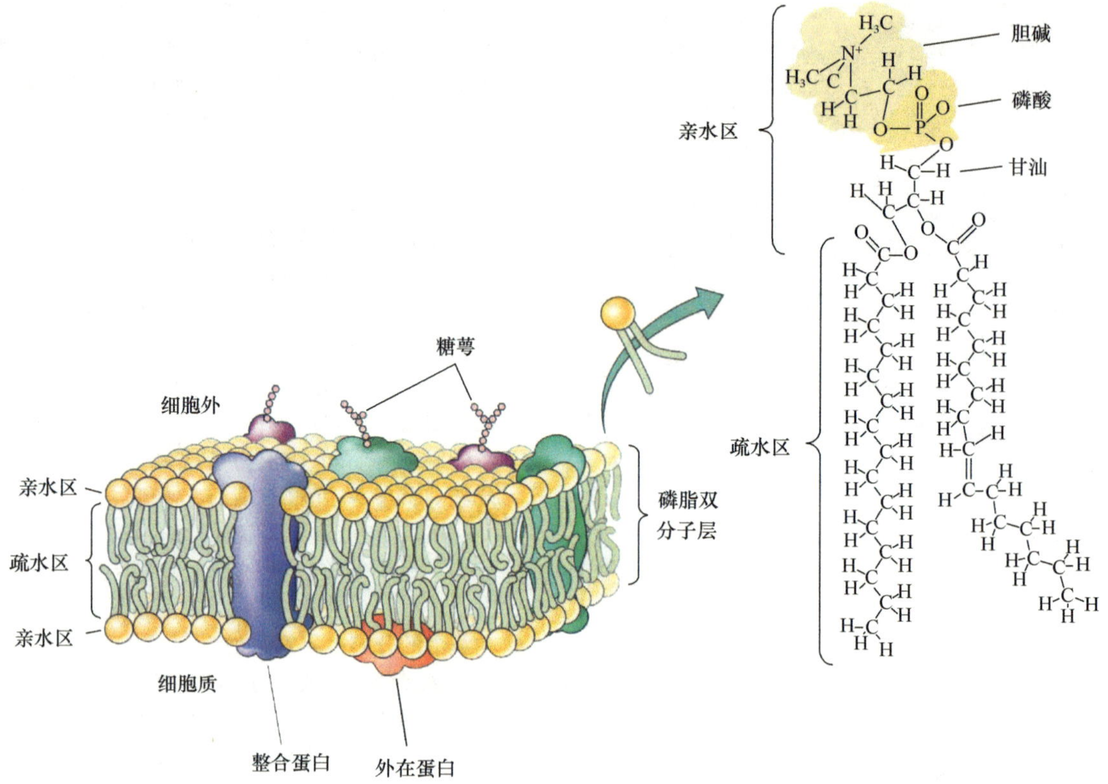

图 1-15 质膜结构模型

柱头与花粉之间的相互识别，决定能否成功进行受精作用；豆科植物根与根瘤菌相互识别，决定能否形成根瘤等。

植物细胞与动物细胞不同，它的质膜外面有细胞壁，两个细胞的质膜不能直接接触。一些起识别作用的物质，可从细胞内分泌到细胞壁，因而植物细胞之间的识别，除质膜外，细胞壁也起着重要作用。

（3）信号转换。植物生活的环境在不断变化中，组成植物体的每一个细胞经常不断地感受、接收来自外界环境的各种信号（如光照、温度、水分、病虫害、机械刺激等），并做出一定反应。作为多细胞有机体内的一个细胞，胞外信号不仅来自外界环境的信号，还包括来自体内其他细胞的内源信号（如激素等）。从细胞外信号转换为细胞内信号并与相应生理生化反应偶联的过程称为细胞信号转导（signal transduction）。质膜位于细胞表面，在细胞信号转导过程中起着重要作用。

质膜上有接受各种信号的受体蛋白，如感受光的光敏素和激素受体等。当受体与外来信号结合后，受体的构象就发生改变，引发细胞内一系列反应产生第二信使（second messenger）。许多研究工作证实，植物细胞内游离钙离子是植物细胞信号转导过程的一类重要的第二信使。钙离子与钙结合蛋白，如钙调素（calmodulin，CaM）结合后，激活一些基因的表达或酶活性，进而促进各种生理生化反应，调节生命活动。

此外，质膜也与细胞壁形成有关。质膜上有纤维素合成酶复合体（cellulose synthase complex），纤维素的微纤丝与其相连。细胞内葡糖糖基在纤维素酶作用下合成纤维素，并在此组装成微纤丝。

（二）细胞质

真核细胞中质膜以内，细胞核以外的部分称为细胞质（cytoplasm）。在光学显微镜下，细胞质透明、黏稠并能流动，其中分散着许多细胞器。在电子显微镜下，细胞器具有一定的形态和结构，细胞器之外是无一定形态结构的细胞质基质（cytoplasmic matrix）。

1. 细胞器

细胞器（organelle）是存在于细胞质中具有一定的形态、结构与生理功能的微小结构，大多数细胞器由膜包被。细胞器应该包括的范围，不同学者有不同认识。

1）质体（plastid）

质体是植物细胞特有的细胞器。根据所含色素及结构不同，可分为叶绿体、有色体与白色体三种。

（1）叶绿体（chloroplast）。叶绿体含有叶绿素（chlorophyll）、叶黄素（xanthophylls）和胡萝卜素（carotene）三种色素，是进行光合作用的质体，普遍存在于植物绿色细胞中，其中叶绿素是主要的光合色素，它能吸收和利用光能，直接参与光合作用。其他两类色素不能直接参与光合作用，只能将吸收的光能传递给叶绿素，起辅助光合作用的功能。植物叶片颜色与三种色素的比例有关。一般情况下，叶绿素占绝对优势，叶片呈绿色，但当营养条件不良、气温降低或叶片衰老时，叶绿素含量降低，叶片便出现黄色或橙黄色。某些植物的叶片秋天变成黄色或红色，就是因叶肉细胞中叶绿素分解，叶黄素、胡萝卜素和花青素占优势的缘故。在农业上，常可根据叶色变化，判断农作物的生长状况，及时采取相应的施肥、灌水等栽培措施。

叶绿体的形状、数目和大小因不同植物和不同细胞而异。例如，衣藻中有 1 个杯状叶绿体；丝藻细胞仅有 1 个呈环状的叶绿体；而水绵细胞中有 1～4 条带状叶绿体，螺旋环绕；高等植物细胞中叶绿体通常呈椭圆形或凸透镜形，数目较多，少者 20 个，多者可达 200 个以上，典型叶绿体其长轴为 4～10μm，短轴为 2～4μm。它们在细胞中的分布与光照有关，光照强时，叶绿体常分布在细胞外周，黑暗时，叶绿体常流向细胞内部。

电子显微镜下叶绿体具有精致的结构（图 1-16、图 1-17），表面有两层膜包被，其内充满了液态的、电子密度较低的基质（stroma），基质中悬浮着复杂的由膜所围成的扁圆状或片层状的囊，称为类囊体（thylakoid）。其中一些扁圆状类囊体有规律地叠置在一起好像一摞硬币，称为基粒（granum）。形成

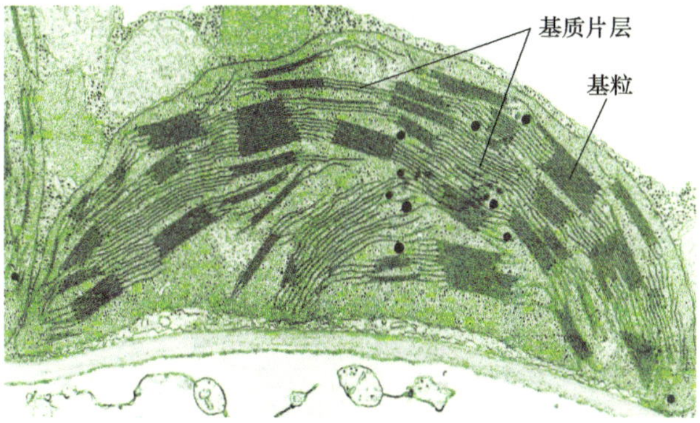

图 1-16　叶绿体超微结构

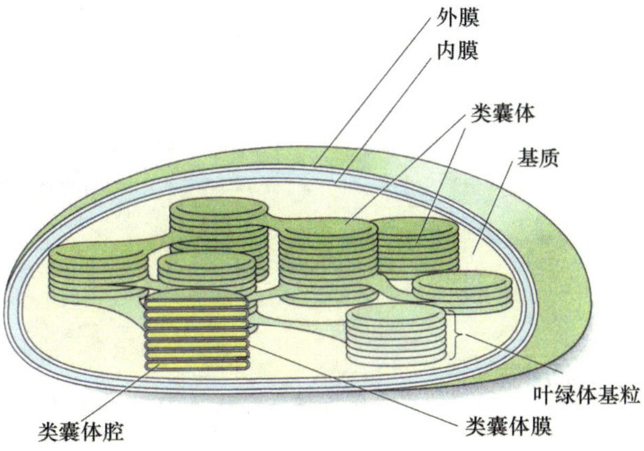

图 1-17　叶绿体亚显微结构示意图

基粒的类囊体也称基粒类囊体。基粒类囊体的直径为 0.25～0.8μm，厚约 0.01μm；而连接于基粒之间，由基粒类囊体延伸出的非成摞存在的呈分枝的管网状或片层状的类囊体称为基质类囊体或基质片层（stroma lamellae），其内腔与相邻基粒类囊体腔相通。一般一个叶绿体含 40～80 个基粒，而一个基粒由 5～50 个基粒类囊体组成，最多可达上百个。但因植物种类和细胞所处部位不同，其基粒中基粒类囊体数量差异很大。光合作用的色素和电子传递系统都位于类囊体膜上。

叶绿体基质中有环状 DNA，能编码自身的部分蛋白质，其余蛋白质为核基因编码；具有核糖体，能合成自身的蛋白质。叶绿体中的核糖体为 70S 型，比细胞质的核糖体小，与原核细胞核糖体相同。叶绿体中常含有淀粉粒。

（2）有色体（chromoplast）。有色体是含有胡萝卜素与叶黄素两类色素的质体。成熟的果实、花瓣以及秋天变黄的叶片细胞中常含有这类质体。有色体还能积累脂类。花果等因有色体而具有鲜艳的红色、橙色或橘黄色。能够吸引昆虫传粉，或吸引动物协助散布果实或种子。

有色体的结构较叶绿体简单，其外为双层膜，基质内类囊体多已解体，基质常有油滴和晶体等。

（3）白色体。白色体是不含任何色素的质体，圆球形或椭圆球形，多见于植物储藏组织细胞，在幼嫩的或不见光的细胞中以及茎、叶表皮细胞也能见到。根据其储藏物质不同可分为三类：储藏淀粉的称为造粉体或称淀粉体（amyloplast），储藏蛋白质的称为造蛋白体（proteinoplast），而储藏脂类的称为造油体（elaioplast）。

质体是由原质体（proplastid）发育形成的。原质体存在于茎顶端分生组织细胞中，一般无色，体积小，圆球形，具双层膜，内部结构简单。基质中有少量类囊体、小泡和质体小球（plastoglobuli）。当叶原基分化出来时，原质体内膜向内折叠伸出膜片层系统，在光下，这些片层系统继续发育，并合成叶绿素，发育成叶绿体。如果把植株放入暗中，质体内部会形成一些管状的膜结构，不能合成叶绿素，成为黄化的质体。如给这些黄化植株照光，叶绿素能够合成，叶色转绿，片层系统也充分发育，黄化的质体转变成叶绿体。

某些情况下，一种质体可从另一种质体转化而来。例如，马铃薯块茎中的造粉体在照光条件下可转变为叶绿体而呈现绿色；果实成熟时叶绿体转变为有色体就由绿色转为红色、黄色或橙黄色。有色体还可从造粉质体通过淀粉消失、色素沉积而形成，如德国鸢尾（*Iris germanica*）的花瓣；而卷丹（*Lilium tigrinum*）花瓣内的有色体是直接从前质体发育而来的。

质体的分化有时是可以逆转的。叶绿体可以形成有色体，有色体也可转变为叶绿体，如胡萝卜根经照光可由黄色转变为绿色。当组织脱分化而成为分生组织状态时，叶绿体和造粉体都可转变为前质体。

细胞内质体的分化和转化与环境条件有关，最明

显的例子是光照影响叶绿体的形成，但这不是绝对的，花瓣一直处于光照下，并不形成叶绿体。同样，根细胞内不形成叶绿体也并非简单地由于它生长在黑暗环境的缘故。质体的发育受它们所在细胞的控制，不同基因的表达决定着该细胞中质体的类型。

2）线粒体（mitochondrion）

线粒体普遍存在于真核细胞内，是细胞进行呼吸作用的主要场所，是细胞内的供能中心，称为细胞内的“动力工厂”。储藏在营养物质中的能量在线粒体中经氧化磷酸化作用转化为细胞可利用形式的化学能——ATP，一部分以热能形式消散。

线粒体形态多种多样，有圆形、椭圆形、圆柱形，有的呈不规则的分枝状。它的形态与细胞类型和生理状况密切相关。在光学显微镜下观察时，大多数线粒体呈线状或颗粒状。线粒体的大小因细胞类型不同而异，一般直径为0.5～1.0μm，长2～3μm。有的线粒体较大，直径可达2～4μm，长可达7～14μm。线粒体在不同类型细胞中的数目差异很大，玉米根冠一个细胞内可有100～300个线粒体，而单细胞鞭毛藻（*Chromuline pusilla*）只有1个线粒体。

电子显微镜下，线粒体是由双层膜围成的囊状结构，由外膜（outer membrane）、内膜（inner membrane）、膜间隙（intermembrane space）和基质（matrix）组成（图1-18）。外膜包围在线粒体外围，平整、光滑，内膜向腔内突出形成嵴（cristae），使内膜面积增加。嵴有不同的形状和排列方式，可以是简单的，也有分枝的，形成复杂的网。嵴的数目与细胞功能状态密切相关。一般来说，需要能量较多的细胞，不仅线粒体数目多，嵴的数目也多。嵴表面有许多圆球形颗粒，称为基粒。它由头、柄和基部组成，研究证明，它是ATP合酶（ATP synthase，又称F_0-F_1ATP酶），是一个多组分的复合物，是氧化磷酸化的关键装置。膜间隙是线粒体内外膜之间的空隙，腔隙宽6～8nm，内含许多可溶性酶类、底物和辅助因子。内膜内侧，即嵴之间的胶状物质称为基质，内含许多蛋白质、酶类、脂类、RNA、氨基酸等。

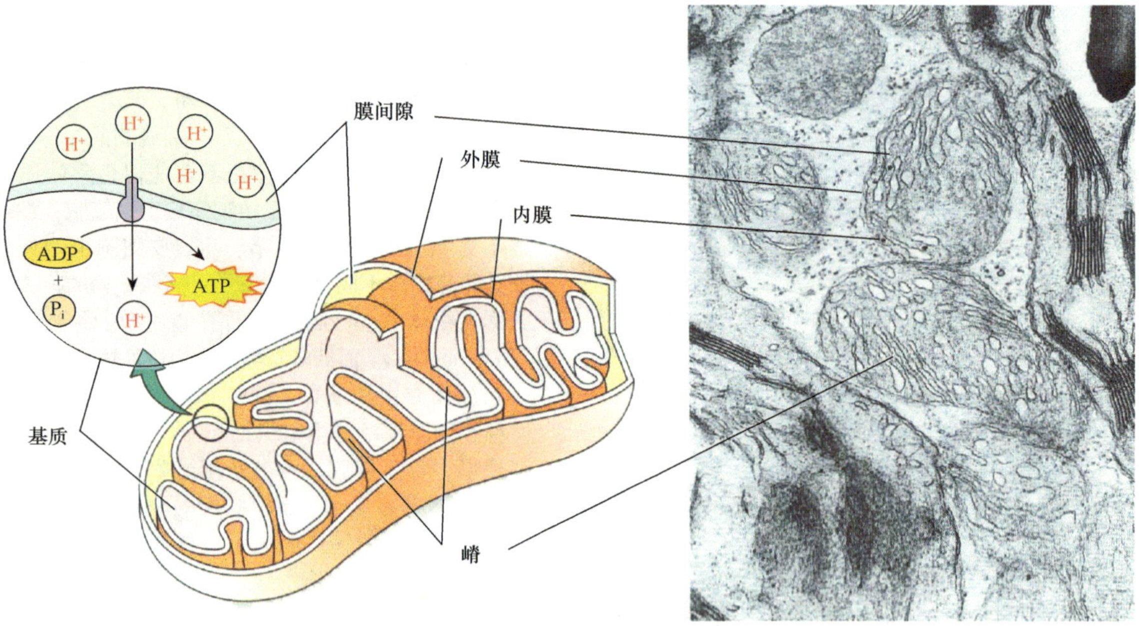

图1-18 线粒体结构模式图

此外，线粒体基质中也有环状DNA分子和核糖体。DNA能指导自身部分蛋白质的合成。线粒体在细胞中可通过分裂方式增加数量。

3）内质网（endoplasmic reticulum，ER）

内质网是由一层膜围成的小管、扁囊和腔隙交织构成的一个网状系统（图1-19）。内质网的膜厚度为5～6nm，比质膜要薄得多，两层膜之间的距离只有40～70nm。内质网的膜与细胞核的外膜相连接，内质网内腔与核膜间的腔相通。同时，内质网也可与原生质体表面质膜相连，有的还随同胞间连丝穿过细胞壁，与相邻细胞的内质网发生联系，因此内质网构成了一

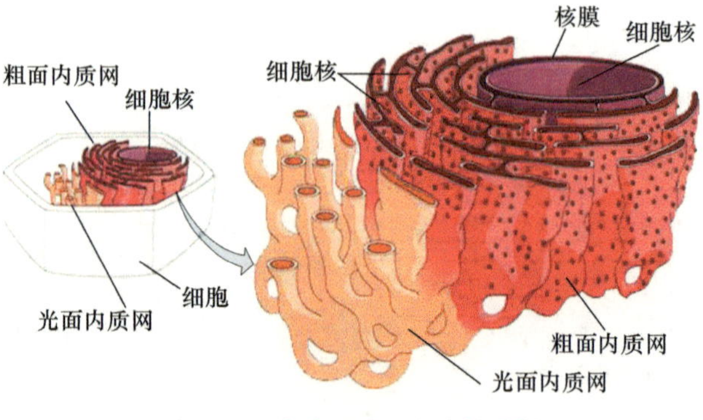

图1-19 内质网的立体结构图解

个从细胞核到质膜，以及与相邻细胞直接相通的膜系统。它不仅是细胞内的通信系统，而且还有把蛋白质、脂类等物质运送到细胞各个部分的功能。

内质网主要有两种类型：粗面内质网（rough endoplasmic reticulum，rER），其特点是膜外表面附有核糖体，典型的粗面内质网为扁囊形。光面内质网（smooth endoplasmic reticulum，sER），膜上无核糖体，多为管形（图 1-20）。

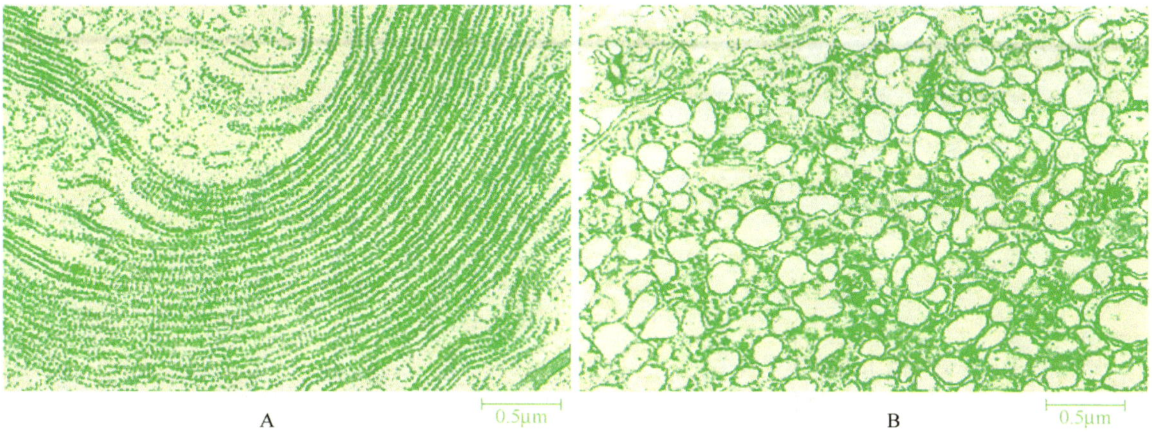

A B

图 1-20 糙面内质网（A）和光面内质网（B）的电镜图像

粗面内质网与蛋白质的合成、修饰、加工和运输有关。光面内质网与脂类、糖类和激素合成关系密切，在分泌脂类物质的细胞中，光面内质网较多。在细胞壁进行次生增厚的部位内方，也可见到内质网紧靠质膜，说明内质网可能与加到壁上的多糖类物质的合成有关。蛋白质在光面内质网的腔内经过初步加工、包装，运送到高尔基体，再进一步加工。

内质网的形态变异很大，不同细胞，甚至同一细胞不同区域往往不同，同一种细胞在不同发育时期，随着生理机能的变化，内质网也不一样。有些细胞内有呈同心圆状排列的内质网，其功能尚不清楚。

4）核糖体（ribosome）

核糖体或称核蛋白体或核糖核蛋白体，是合成蛋白质的细胞器，它能将氨基酸装配成肽链。核糖体在代谢旺盛的细胞内大量存在，呈颗粒状结构，直径 17～23nm，无膜包围，主要成分是 RNA 和蛋白质，其中 RNA 约占 40%，蛋白质约占 60%，由大小两个亚基组成（图 1-21）。小亚基识别 mRNA 的起始密码子，并与之结合；大亚基含有转肽酶，催化肽链合成。

多个核糖体能结合到一个 mRNA 分子上，形成多聚核糖体（polyribosome）。在真核细胞内，很多核糖体附着在内质网膜表面，构成粗面内质网；还有不少核糖体游离在细胞质中。已发现的核糖体有两种类型，即 70S 和 80S（S 为沉降系数，S 值越大，说明颗粒沉降速度越快）。70S 核糖体广泛存在于各类原核细胞、真核细胞线粒体和叶绿体内。真核细胞细胞质内均为 80S 核糖体。

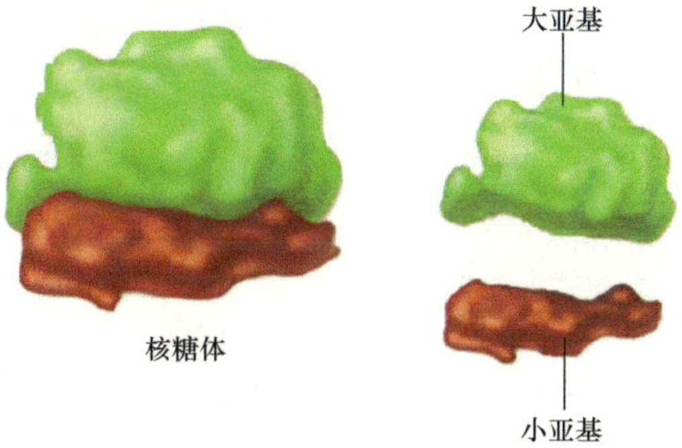

图 1-21 真核细胞中的核糖体

附着在内质网膜表面的核糖体所合成的蛋白质主要是膜蛋白、分泌性蛋白，而游离在细胞质中核糖体合成的蛋白质则主要是细胞的结构蛋白、酶和基质蛋白等。

5）高尔基体（golgi apparatus）

高尔基体是与植物细胞分泌作用有关的细胞器。它是意大利学者高尔基（C.Golgi）于 1898 年在猫的神经细胞中首先发现的。植物细胞高尔基体与动物细胞的有所不同，是分散的高尔基体，遍布整个细胞质。每个高尔基体一般由 4～8 个扁囊（saccules 或称潴泡 cisterna）平行排列在一起成摞存在（图 1-22），某些藻类高尔基体的扁囊可达 20～30 个，扁囊直径约为 1μm。每个扁囊由一层膜围成，中间是腔，边缘分枝成许多小管，周围有很多囊泡，它们是由小管顶端膨大脱落形成的。高尔基体常略呈弯曲状，一面凹，一面凸。这两个面和中间的扁囊在形态、化学组成和功能上都不相同。凸面又称形成面（forming face），多与内质网膜相联系，接近凸面的扁囊形态及染色性质与内质网膜相似；凹面又称成熟面（maturing face），成熟面周围小泡脱落形成分泌小泡。扁囊膜的形态与化学组成很像质膜；中间的扁囊与凹凸两面的扁囊在所含的酶和功能上也有区别。

植物细胞内，高尔基体的数量因细胞类型、发育状况和生理代谢状态的不同差异较大。在生长迅速的

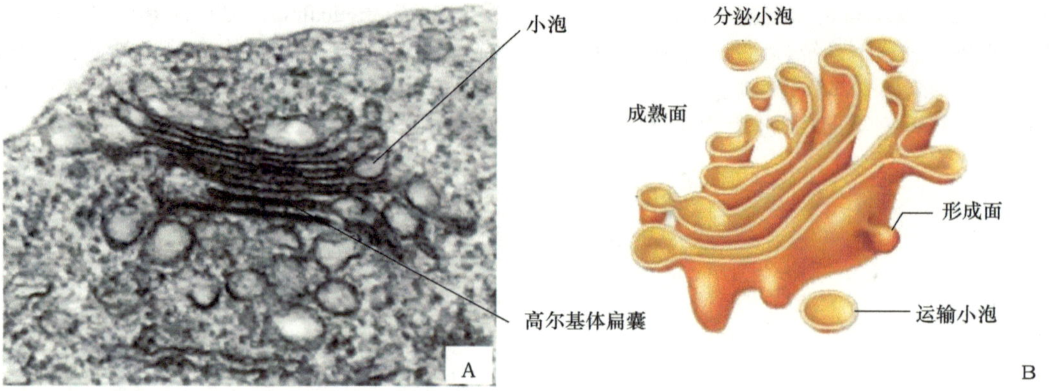

图 1-22 高尔基体
A. 电镜图；B. 结构图解

细胞中、分泌组织细胞中，高尔基体数量较多。

高尔基体的主要功能：参与植物细胞中多糖合成和分泌；糖蛋白合成、加工和分泌，如细胞壁内非纤维素多糖在高尔基体内合成，包装在囊泡内运往质膜，小泡膜与质膜融合，内含的多糖掺入到细胞壁中。细胞壁内的伸展蛋白是在核糖体上合成肽链后进入 ER 腔，进行羟基化，通过 ER 上脱落下来的囊泡运往高尔基体凸面，将泡内物质注入扁囊腔，完成糖基化，再由凹面脱落下来的囊泡运至质膜，进入细胞壁（图 1-23）。

6）液泡（vacuole）

成熟的植物细胞具有一个大的中央液泡，是植物细胞区别于动物细胞的又一显著特征。分生组织的幼小细胞，具有多个小而分散的液泡，细胞成长过程中，这些小液泡吸水膨大，逐渐彼此合并发展成数个或一个很大的中央液泡，占据细胞中央 90% 以上的空间，而将细胞质和细胞核挤到细胞周边，从而使细胞质与环境间有了较大的接触面积，有利于细胞的新陈代谢（图 1-24）。

液泡由一层液泡膜（tonoplast 或 vacuole membrane）包围，其内充满了称为细胞液的液体，细胞液是成分复杂的水溶液，其中溶有多种无机盐、糖类、水溶性蛋白质、氨基酸、有机酸、脂类、生物碱、酶、鞣酸、色素（花青素）等复杂成分。细胞液成分和浓度因植物种类和细胞类型不同而异。例如，甜菜根的液泡中含有大量蔗糖，许多果实的液泡中含有大量有机酸，烟草的液泡中含有烟碱，咖啡中含有咖啡碱。有些细胞液泡中还含有多种色素，如花青素等，可使花或植物茎叶等呈现红、蓝、紫等色。

植物细胞液泡的功能主要有以下几个。①参与细胞内物质转移与储藏。液泡是细胞内许多物质的储藏库，如 K^+、Ca^{2+}、Cl^-、磷酸盐、柠檬酸和多种氨基酸等。这些物质的输入和输出对细胞代谢起着调节和稳定作用。例如，三羧酸循环中的中间产物柠檬酸和苹果酸等常是过量的，这些过剩的中间产物如积累在

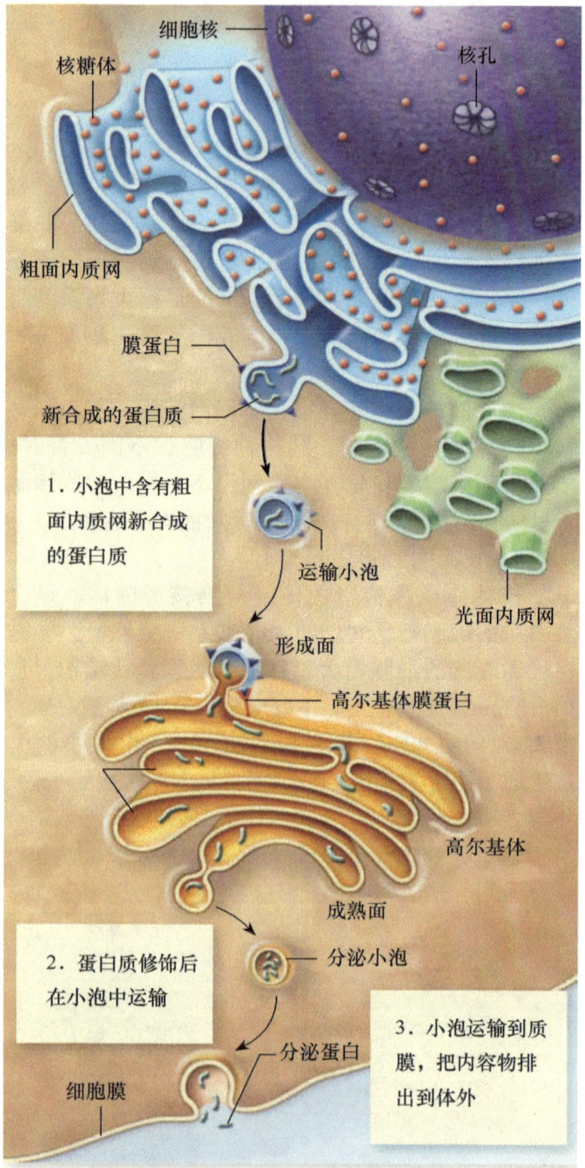

图 1-23 细胞内膜系统图解（示核膜内质网、高尔基体和质膜的相互关系）

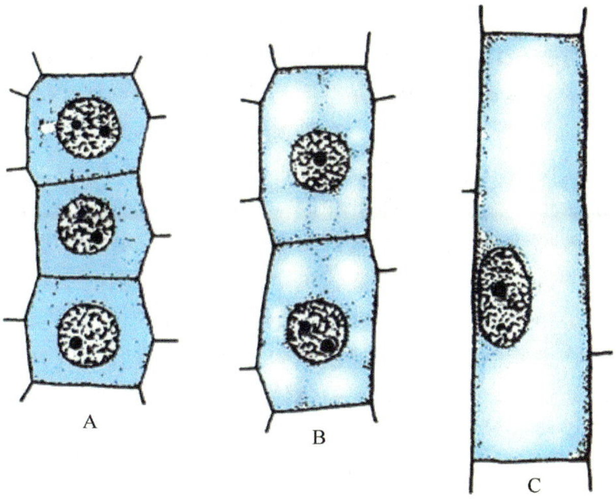

图 1-24 植物细胞的液泡及其发育
A～C. 幼期细胞到成熟细胞，随细胞的生长，细胞中的小液泡变大，合并，最终形成一个中央大液泡

细胞质中，会使细胞质酸化，引起细胞质中的酶失活。液泡吸收和储藏了这些过剩的中间产物，使细胞质pH保持稳定。液泡还是储藏蛋白质、脂肪和糖类的场所。②参与细胞内物质的生化循环。研究证明，液泡含有酸性磷酸酶等多种水解酶，通过电镜观察，可看到液泡中有残破的线粒体、质体和内质网等细胞器片段，可能是被吞噬进去，经过水解酶分解，作为组建新细胞器的原料。这表明液泡具有溶酶体性质，在细胞器的更新中有作用。③调节细胞水势和膨压。液泡内细胞液保持着相当的浓度，对于维持细胞的水势和膨压有重要作用。液泡充水维持细胞膨压，是植物体保持挺立状态的根本原因；若细胞失水，植物就发生萎蔫，影响植物生长。而保卫细胞膨压的升高与降低直接影响到气孔的开闭。④与植物的抗旱、抗寒性有关。高浓度的细胞液，在低温时不易结冰，干旱时不易失水，提高了植物的抗寒、抗旱能力。⑤隔离有害物质，避免细胞受害。细胞代谢过程中产生的废弃物，植物吸收的有害物质，都可能对细胞造成伤害，例如，草酸是新陈代谢过程中的副产品，对细胞有害，在液泡中形成草酸钙结晶，成为不溶于水的物质，减轻了对植物的毒害作用。⑥防御作用。不少植物液泡中积累有大量苦味的酚类化合物、生氰糖苷及生物碱等，这些物质可阻止食草动物的吃食，许多植物液泡中还有几丁质酶，它能分解破坏真菌细胞壁，当植物体遭受真菌侵害时，几丁质酶合成增加，对病原体有一定的杀伤作用。

液泡的发生与内质网和高尔基体有关。茎尖和根尖分生组织细胞有许多小型的原液泡（provacuole）。它来源于内质网，这种内质网位于高尔基体附近，又由于它产生的原液泡具有溶酶体性质，因此称为高尔基体-内质网-溶酶体系统。随着细胞生长和分化，原液泡通过相互融合、自体吞噬和水合作用，不断扩大形成液泡乃至中央大液泡。

7）溶酶体（lysosome）

溶酶体是由单层膜包围的、富含多种水解酶、具有囊泡状结构的细胞器。主要由高尔基体和内质网分离的小泡生成。它的形态和大小差异很大，一般为球形，直径0.2～0.8μm。溶酶体中含有多种水解酶，如酸性磷酸酶、核糖核酸酶、蛋白酶、脂酶等，它们可以分解所有生物大分子。平时由于溶酶体膜的限制，使这些水解酶和细胞质的其他组分隔开。当溶酶体外膜破裂后，其中的水解酶释放出来，造成各种化合物水解。植物细胞分化成导管、筛管、纤维细胞的过程中，都要有溶酶体的参与，分解细胞的相应部分。溶酶体的主要功能有：①正常的分解与消化。溶酶体可将细胞内吞进来的或细胞内储存的大分子分解消化，供细胞利用；②自体吞噬。某些溶酶体能吞噬细胞内一些衰老的细胞器或需要废弃的物质，进行消化、降解；③自溶作用（autolysis）。溶解衰老与不需要的细胞，在植物发育进程中，有一些细胞会逐步正常死亡，这是在基因控制下，溶酶体膜破裂，将其中的水解酶释放到细胞内，引起细胞自身溶解死亡，以利于个体发育，如导管、纤维细胞等。

8）圆球体（spherosome）

圆球体是膜包被的球状小体，直径为0.1～1μm。在电子显微镜下，圆球体的膜只有一条电子不透明带，因此可能只是一层单位膜的一半，即只含一层脂质分子（图1-25）。膜内含有脂肪酶，能积累脂肪，起储存细胞器的作用，在一定条件下，也可将脂肪水解成甘油和脂肪酸。圆球体还含有水解酶，因此具有溶酶体性质。圆球体多存在于油料植物种子中，如蓖麻、花生、油菜等植物种子都含有大量圆球体。

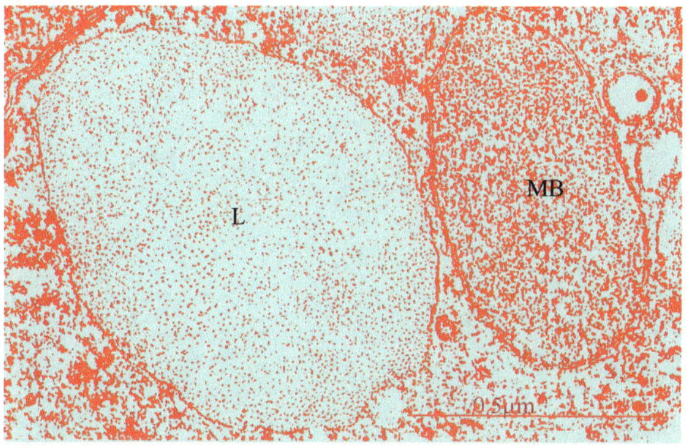

图 1-25 圆球体和微体
L. 圆球体；MB. 微体

9）微体（microbody）

微体是由单层膜包被的圆球形小体，直径为0.5～1.5μm，有时含有蛋白质晶体（图1-25）。植物体内的微体有两种类型：一种是过氧化物酶体（peroxisome）；另

一种是乙醛酸循环体（glyoxysome）。过氧化物酶体含有多种氧化酶，存在于绿色细胞中，与叶绿体和线粒体合作共同完成光呼吸作用（photorespiration），其中光呼吸的底物乙醇酸被氧化为乙醛酸的过程就发生在过氧化物酶体中。乙醛酸循环体含有乙醛酸循环酶系，存在于油料植物萌发的种子中，与圆球体和线粒体配合，通过乙醛酸循环（glyoxylate cycle）的一系列反应把脂类物质转化成糖类以满足种子萌发需要。

2. 细胞骨架

狭义的细胞骨架（cytoskeleton）是指真核细胞细胞质内普遍存在的与细胞运动和保持细胞形状有关的一些蛋白质纤维网架系统，包括微管系统、微丝系统和中间纤维系统。分别由不同蛋白质分子以不同方式装配成直径不同的纤维，相互连接形成具柔韧性及刚性的三维网架，把分散在细胞质中的各种细胞器及膜结构组织起来，相对固定在一定位置，使细胞代谢活动有条不紊地进行。细胞骨架系统还是细胞内能量转换的主要场所。在细胞及细胞内组分的运动，细胞分裂、细胞壁形成、信号转导以及细胞核对整个细胞生命活动的调节中具有重要作用。

1）微管（microtubule）

微管为中空的管状结构，由微管蛋白（tubulin）和微管结合蛋白组成，微管蛋白是构成微管的主要蛋白，占微管总蛋白质含量的80%～95%。它有两种，即α-微管蛋白和β-微管蛋白，两者连接在一起形成二聚体，二聚体再组成线性聚合体，称为原纤维（protofilament），13条原纤维螺旋盘绕装配成中空的管状结构。微管直径为24～26nm，中间空腔直径15nm（图1-26）。

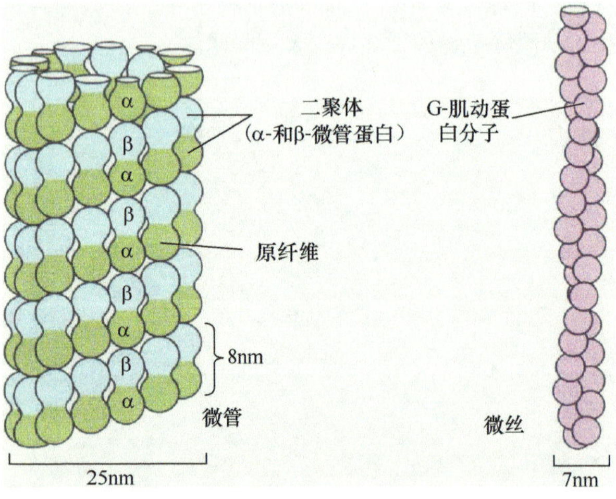

图1-26 微管和微丝

细胞内微管可以不断地装配和解聚，受细胞内多种因素影响，如低温、化学药剂等。秋水仙素（colchicine）和磺草硝（oryzalin）能明显抑制微管聚合，紫杉醇（taxol）可促进微管装配。

微管的生理功能主要有如下几个。①相当于细胞的内骨骼，能维持细胞的形状，当用秋水仙素处理后，微管被破坏，呈纺锤状的植物精子便变成球形。所以说微管起骨架作用，保持原生质体的一定形状。②参与细胞壁形成和生长。在细胞分裂时，由微管组成的成膜体，指示着高尔基体小泡，向新细胞壁方向运动，最后形成细胞板；微管在原生质膜下的排列方向，决定着细胞壁上纤维素微纤丝的沉积方向。并且，在细胞壁进一步增厚时，微管集中的部位与细胞壁增厚部位是相应的。③与细胞运动及细胞器运动有直接关系，植物细胞的纤毛与鞭毛由微管组成，细胞质环流、细胞器运动、细胞分裂、染色体运动等都受微管或由微管构成的纺锤丝控制。④为细胞内长距离物质的定向运输提供轨道，并参与物质运输。

2）微丝（microfilament）

微丝是主要由肌动蛋白（actin）组成的直径6～7nm的细丝。肌动蛋白分子近球形，微丝是由肌动蛋白亚单位组成的螺旋纤维。比较传统的模型认为，每一个肌动蛋白分子（G-actin）近球形，两根由肌动蛋白单体连成的链互相盘绕起来成右手螺旋，其形成的螺旋直径大约为36nm（图1-26）。微丝在细胞内很容易聚合和解聚，与细胞生理状态、细胞内阳离子（Ca^{2+}、Mg^{2+}、Na^{+}、K^{+}等）及ATP等条件有关。一些特异性药物，如细胞松弛素B（cytochalasin B）和细胞松弛素D（cytochalasin D）是微丝特异性抑制剂，能特异性破坏微丝。鬼笔环肽（phalloidin）可稳定微丝和促进微丝聚合。微丝参与维持细胞形状、细胞质流动、染色体运动、胞质分裂、物质运输以及与膜有关的一些重要生命活动，如内吞作用和外排作用等。

3）中间纤维（intermediate filament）

中间纤维又称中等纤维或中间丝，它是直径8～10nm的中空管状蛋白质丝，其直径介于微管和微丝之间，故称为中间纤维。不同细胞的中间纤维的生化组成变化很大，有角状蛋白、波状蛋白等。中间纤维的聚合是不可逆的。中间纤维在细胞质中形成精细发达的纤维网络，外与细胞质膜相连，中间与微管、微丝和细胞器相连，内与细胞核内的核纤层相连，因此，中间纤维在细胞形态形成和维持、细胞内颗粒运动、细胞连接及细胞器和细胞核定位等方面有重要作用。

3. 细胞质基质

细胞质中除细胞器以外均匀半透明的液态胶状物质称为细胞质基质（cytoplasmic matrix）。细胞骨架及各种细胞器分布其中。

细胞质基质的主要成分有小分子物质，如水、无机离子、糖类、氨基酸、核苷酸及其衍生物和溶解其中的气体等，还有蛋白质、RNA等大分子。基质中蛋白质含量占20%～30%，其中多是酶类。细胞中各种复杂的代谢活动是在细胞质基质中进行的；它为各个细胞器执行功能提供必需的物质和介质环境；细胞的代谢活动常导致酸碱度变化，它作为一个缓冲系统可调节 pH，维持细胞正常的生命活动。

生活细胞中，细胞质基质处于不断的运动状态，它能带动其中的细胞器，在细胞内作有规则的、持续的流动，这种运动称为胞质运动（cytoplasmic movement）。在具有单个大液泡的细胞中，胞基质常围绕着液泡朝一个方向作循环流动。而在有多个液泡的细胞中，不同的细胞质索可有不同的流动方向。胞质运动是一种消耗能量的生命现象，它的速度与细胞生理状态有密切关系，一旦细胞死亡，流动也随之停止。胞质运动对于细胞内物质的转运具有重要作用，促进了细胞器之间生理上的相互联系。

（三）细胞核

细胞核是细胞遗传与代谢的控制中心。真核细胞由于出现核被膜将细胞质和细胞核分开，这是生物进化过程中的一个重要标志。

1. 细胞核的形态及其在细胞中的分布

细胞核的形状在不同植物和不同细胞中有较大差异。典型的细胞核为球形、椭圆形、长圆形或形状不规则。禾本科植物保卫细胞的核呈哑铃形；有些花粉的营养核形成不规则的瓣裂。细胞核的形状同细胞形状有一定关系。球形细胞的核呈球形，伸长细胞的细胞核也是伸长的。细胞核的大小在不同植物中也有差别。高等植物细胞核的直径多为 10～20μm。低等菌类细胞核的直径只有 1～4μm。苏铁卵细胞的核可达 1mm 以上，肉眼可见。在幼小细胞中，细胞核常居于中央。细胞生长扩大，细胞腔中央渐为液泡所占据，细胞核则随细胞质转移到细胞边缘，靠近细胞壁。有些细胞的核也可借助于几条细胞质索四面牵引，保持在细胞中央。可见细胞核的大小、形状以及在细胞质内的位置同细胞年龄、功能及生理状况有关，也受外界因素影响。大多数细胞具一个细胞核，有些细胞是多核的，如种子植物绒毡层细胞常有 2 个核，部分种子植物胚乳发育早期阶段有多个细胞核。成熟的筛管细胞无细胞核，但在其早期发育过程中是有核的，核后来消失了。

2. 细胞核的超微结构

细胞核由核被膜、染色质、核仁和核基质组成（图 1-27）。

（1）核被膜（nuclear envelope）。包括核膜和核膜以内的核纤层（nuclear lamina）两部分。核膜由内外两层膜组成。外膜表面附着有大量核糖体，内质网常与外膜相通连。内膜和染色质紧密接触。两层膜之间有 20～40nm 的间隙，称为核周间隙，与内质网腔连通。核膜并非完全连续，其内膜、外膜在一定部位相互融合，形成一些环形开口称为核孔（nuclear pore）。核孔在核膜上有规则分布，它具有复杂的结构，常称为核孔复合体（nuclear pore complex）（图 1-28），是细胞核与细胞质间物质运输的通道。大分子通过核孔主要以主动运输方式进行，小分子通过自由扩散，细胞核中形成的核糖体也要通过核孔进入细胞质。核孔复合体直径为 80～120nm，其中间通道较小，直径仅 9nm，长约 15nm，内充满液体。核孔的数量不等，植物细胞的核孔密度为 40～140 个 /μm^2。核膜内膜内侧有一层纤维状的蛋白质网络结构，称为核纤层。它与内膜紧密结合，其厚薄因细胞不同而异。它是由中间纤维网络组成，构成核纤层的中间纤维蛋白是核纤层蛋白。核纤层为核膜和染色质提供了结构支架，并介导核膜与染色质之间的相互作用。核纤层还参与细胞有丝分裂过程中核膜的解体和重组。

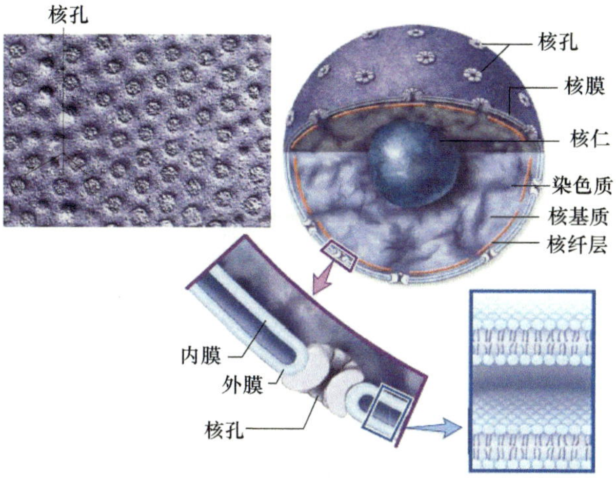

图 1-27 细胞核

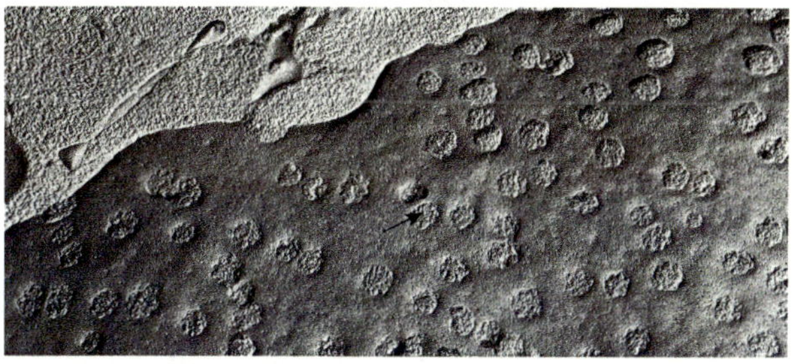

图 1-28 洋葱根尖细胞冰冻蚀刻显示细胞核上的核孔（箭头指示核孔）

（2）染色质（chromatin）。是间期细胞核内 DNA、组蛋白、非组蛋白和少量 RNA 组成的线性复合物，是间期细胞核内遗传物质的存在形式。它被碱性染料染色后强烈着色，呈或粗或细的长丝交织呈网状。染色质按形态与染色性能分为常染色质（euchromatin）和异染色质（heterochromatin）。用碱性染料染色时，前者染色较浅，后者染色较深。在间期中异染色质丝折叠、压缩程度高，呈卷曲凝缩状态，在电子显微镜下表现为电子密度高，色深，是遗传惰性区，只含有极少数不表达的基因。常染色质是伸展开的、未凝缩的呈电子透亮状态的区段，是基因活跃表达区域。

染色质的基本结构单位为核小体（nucleosome），它呈串珠状（图 1-29），其直径约为 10nm，主要结构

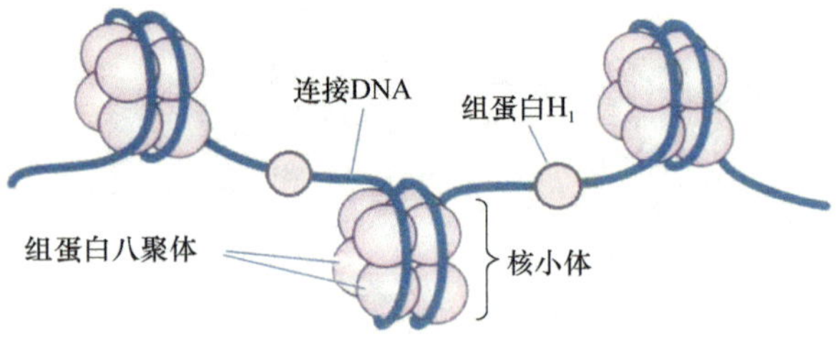

图 1-29 核小体结构示意图

要点是：①每个核小体单位包括200bp左右的DNA和一个组蛋白八聚体以及一分子的组蛋白 H_1；②组蛋白八聚体构成核小体的核心结构，由 H_{2A}、H_{2B}、H_3 和 H_4 各两个分子组成；③DNA分子以左手方向盘绕八聚体两圈，每圈83bp，共166bp；④一个分子的组蛋白 H_1 与DNA结合，锁住核小体DNA的进出口，稳定了核小体的结构；⑤两相邻核小体之间是一段连接DNA（linker DNA），长度为0～80bp。在染色质上某些特异性位点缺少核小体结构，构成了核酸酶超敏感位点，可为序列DNA结合蛋白所识别，从而调控基因的表达。

（3）核仁（nucleolus）。细胞核中椭圆形或圆形的颗粒状结构，没有膜包围（图1-27）。在光学显微镜下核仁是折光性强、发亮的小球体。细胞有丝分裂时，核仁消失，分裂完成后，两个子细胞核中分别产生新的核仁。核仁富含蛋白质和RNA。一般细胞核有核仁一两个，也有多个的。蛋白质合成旺盛的细胞，核仁大而多。电镜下核仁可区分为三个区域：一个或几个染色浅的低电子密度区域，称为核仁染色质（nucleolar chromatin），即浅染色区，含有转录rRNA基因；包围核仁染色质的电子密度最高的部分是纤维区（fibrillar component），是活跃进行rRNA合成的区域，主要成分为核糖核蛋白；颗粒区（granular area）位于核仁边缘，是由电子密度较高的核糖核蛋白组成的颗粒，这些颗粒代表着不同成熟阶段核糖体亚单位的前体。核仁是rRNA合成加工和装配核糖体亚单位的重要场所。

（4）核基质（nuclear matrix）。核内充满着一个主要由纤维蛋白组成的网络状结构，称之为核基质，网孔中充满液体。因为它的基本形态与细胞骨架相似又与其有一定联系，所以也称为核骨架（nuclear skeleton）。对于核骨架有两种概念。广义概念认为，核骨架应包括核基质、核纤层、核孔复合体和残存的核仁。狭义概念是指细胞核内除了核被膜、核纤层、染色质和核仁以外的网架结构体系。核基质为细胞核内组分提供了结构支架，使核内各项活动得以有序进行，可能在真核细胞的DNA复制、RNA转录与加工、染色体构建等生命活动中具有重要作用。

3. 细胞核的功能

细胞核是细胞内遗传物质主要存在的部位，因此，间期细胞核的主要功能是储存和复制DNA；合成和转运RNA，在细胞遗传中起重要作用。细胞核还是细胞的控制中心，它可以通过控制蛋白质合成，对细胞生理活动起调控作用。

第三节 植物细胞后含物

后含物（ergastic substance）是植物细胞原生质体代谢过程中的产物，包括储藏的营养物质、代谢废弃物和植物次生物质。它们可以在细胞生活的不同时期产生和消失。

后含物种类很多，有糖类（碳水化合物）、蛋白质、脂肪及其有关物质（角质、栓质、蜡质、磷脂等），还有成结晶的无机盐和其他有机物，如单宁、树脂、树胶、橡胶和植物碱等。这些物质有的存在于原生质体中，有的存在于细胞壁。许多后含物具有重要经济价值。

一、储藏的营养物质

（一）淀粉

淀粉（starch）是细胞中碳水化合物最普遍的储藏形式，在细胞中以颗粒状态存在，称为淀粉粒。所有薄壁细胞中都有淀粉粒存在，尤其在各类储藏器官的细胞中更为集中，如种子的胚乳和子叶中，植物块根、块茎、球茎和根状茎都有丰富的淀粉粒。

淀粉是由质体合成的，光合作用过程中产生的葡萄糖，可以在叶绿体中聚合成淀粉，暂时储藏，以后又可分解成葡萄糖，转运到储藏细胞中，由造粉体重新合成淀粉粒。造粉体在形成淀粉粒时，由一个中心开始，从内向外层层沉积充满整个造粉体。这一中心便形成了淀粉粒的脐点。一个造粉体可含一个或多个淀粉粒。许多植物的淀粉粒，在显微镜下可以看到围绕脐点有许多亮暗相间的轮纹，这是由于淀粉沉积时，直链淀粉和支链淀粉相互交替、分层沉积的缘故，直链淀粉较支链淀粉对水有更强的亲和性，两者遇水膨胀不一，从而显出了折光上的差异。

淀粉粒在形态上有三种类型：单粒淀粉粒，只有一个脐点，无数轮纹围绕这个脐点；复粒淀粉粒，具有两个以上的脐点，各脐点分别有各自的轮纹环绕；半复粒淀粉粒，具有两个以上的脐点，各脐点除有本身轮纹环绕外，外面还包围着共同的轮纹（图1-30）。

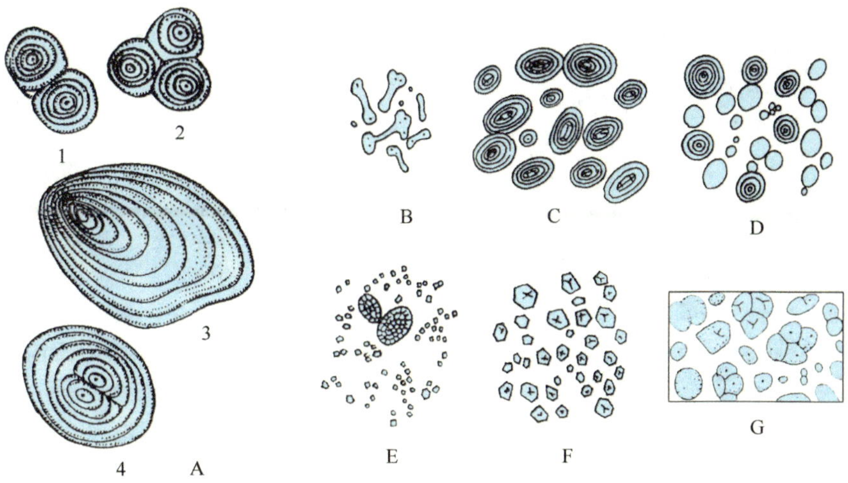

图 1-30　几种植物的淀粉粒

A. 马铃薯（1、2. 复粒；3. 单粒；4. 半复粒）；B. 大戟；C. 菜豆；D. 小麦；E. 水稻；F. 玉米；G. 甘薯

（二）蛋白质

细胞内储藏的蛋白质与构成原生质的蛋白质不同，储藏蛋白质没有生命，比较稳定。蛋白质的一种储藏形式是结晶状，结晶的蛋白质因具有晶体和胶体的二重性，因此称拟晶体，蛋白质拟晶体有不同形状，但常呈方形，如在马铃薯块茎近外围的薄壁细胞中，就有这种方形结晶的存在。储藏蛋白质的另一种形式是糊粉粒，可在液泡中形成，是一团无定形的蛋白质，常被一层膜包裹成圆球状颗粒，称为糊粉粒（aleurone grain）。

糊粉粒较多地分布于植物种子胚乳或子叶中，有时集中分布在某些特殊的细胞层中。例如，谷类种子胚乳最外面一层或几层细胞中，含有大量糊粉粒，特称为糊粉层（aleurone layer）（图 1-31）。许多豆类种子（如大豆、落花生等）子叶的薄壁细胞中，普遍具有糊粉粒，这种糊粉粒以无定形蛋白质为基础，另外包含一个或几个拟晶体。蓖麻胚乳细胞中的糊粉粒，除拟晶体外还含有磷酸盐球形体（图 1-32）。

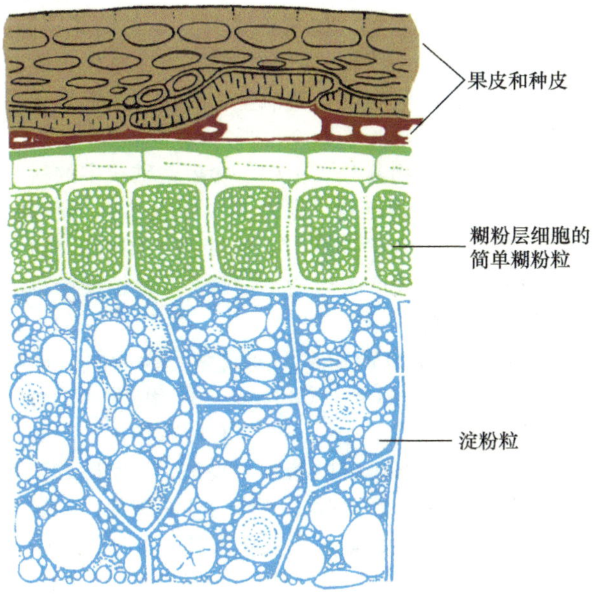

图 1-31　小麦籽粒横切面（示糊粉粒和淀粉粒）

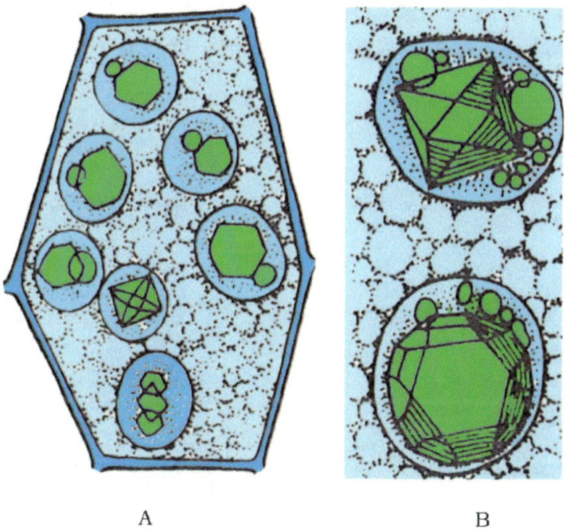

图 1-32　蓖麻种子的糊粉粒

A. 一个胚乳细胞；B. A 中一部分的放大，示两个含有拟晶体和磷酸盐球形体的糊粉粒

（三）脂类

脂肪和油类（oil）是含能量最高而体积小的储藏物质。常温下为固体的称为脂肪，液体的称为油类。它们常成为种子、胚和分生组织细胞中的储藏物质（图 1-33），以固体或油滴形式存在于细胞质中，有时在叶绿体内也可看到。

脂肪和油类在细胞中的形成可以有多种途径，如质体和圆球体都能积聚脂类物质，发育成油滴。

图 1-33　含有油滴的椰子胚乳细胞

二、晶体

植物细胞中，无机盐常形成各种形状的晶体。最常见的是草酸钙晶体，少数植物中也有碳酸钙晶体。它们一般被认为是新陈代谢的废弃物，形成晶体后便避免了对细胞的毒害。

根据晶体形状可以分为单晶、针晶和簇晶三种。单晶呈棱柱状或角锥状。针晶是两端尖锐的针状，并常集聚成束。簇晶是由许多单晶联合成的复式结构，呈球状，每个单晶的尖端都突出于球表面（图 1-34）。

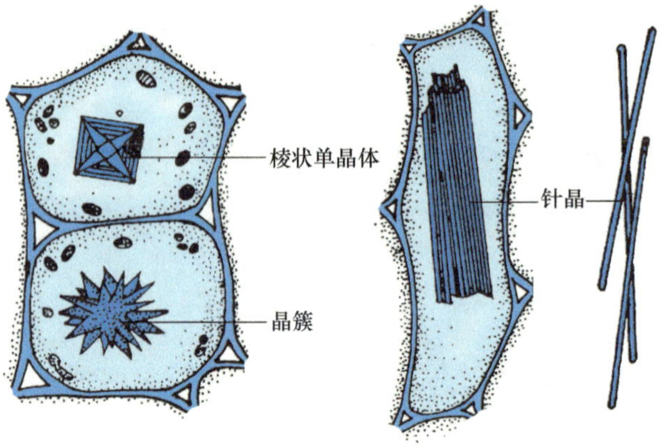

图 1-34　晶体的类型

晶体在植物体内普遍分布，不同植物以及植物体不同部分的细胞含有的晶体，在大小和形状上，有时有很大区别。晶体是在液泡中形成的。

三、次生代谢物质

植物次生代谢物质（secondary metabolite）是植物体内合成的，与植物生长发育无直接作用的一类化合物。次生代谢产物在呼吸作用、光合作用、同化物质运输等过程中没有明显或直接的作用。但这类物质对植物适应不良环境或抵御病原物侵害、吸引传粉媒介以及植物的代谢调控等方面具有重要意义。

（一）酚类化合物及其衍生物

植物中酚类化合物及其衍生物包括芳香氨基酸、简单酚类（单宁）、木质素以及类黄酮等。单宁又称为鞣质，是一种无毒、不含氮的水溶性酚类化合物，广泛存在于植物的根、茎、叶、树皮和果实中，如柿、石榴果实，柳、桉、栎、胡桃等树皮。它存在于细胞质、液泡或细胞壁中，在光镜下是一些黄色、红色或棕色粒状物。具涩味，遇铁盐呈蓝色以至黑色。单宁在植物生活中有防腐、保护作用，能使蛋白质变性，当动物摄食含单宁的植物时，可将动物唾液中蛋白质沉淀，使动物感觉这种植物味道不好而拒食；单宁还可抑制细菌和真菌的侵染。工业上用于制革，药用有抑菌和收敛止血的作用。酚类化合物还能强烈吸收紫外线，可使植物免受紫外线伤害。

类黄酮（flavonoid）是一种十五碳化合物，是植物体内一类重要次生代谢物质，目前已经鉴定的类黄酮超过 2000 种。常见的有花色苷（anthocyanin）、黄酮醇（flavonol）和黄酮（flavone）。常见的花色素与植物颜色有密切关系。主要分布于花和果实细胞液泡内，为水溶性色素。花色素是花色苷与葡萄糖基解离后剩余部分，为无氮的酚类化合物。花色素在不同 pH 条件下颜色也不同，当细胞液酸性时呈橙红色，中性时呈紫色，碱性时则呈蓝色。

类黄酮除在植物颜色方面有作用外，还有吸引动物以利传粉和受精、保护植物免受紫外线灼伤、防止病原微生物侵袭等功能。

（二）生物碱

生物碱（alkaloid）是植物体中广泛存在的一类含氮的碱性有机化合物，多为白色晶体，具有水溶性。目前已发现的生物碱超过 3000 种，有人认为生物碱是代谢作用的最终产物，也有人认为是一种储藏物质，现在普遍认为它是植物的防御物质，大多数生物碱对动物有毒，可使植物免受其他生物的侵害，有重要的生态学功能。

生物碱在植物界分布很广，含生物碱较多的科有罂粟科、茄科、防己科、茜草科、毛茛科、小檗科、豆科、夹竹桃科和石蒜科等。亲缘关系相近的植物，常含化学结构相同或类似的生物碱，一种植物中可能含有多种生物碱。

生物碱有多方面用途，金鸡纳（*Cinchona succirubra*）树皮中所含的奎宁（quinine）是治疗疟疾的特效药；烟草中的尼古丁（nicotine）有驱虫作用，因而几乎没有昆虫光顾含烟碱的植物。吗啡、小檗碱、莨菪碱和阿托平等都有驱虫作用。作为外源试剂，烟碱可抗生长素，抑制叶绿素合成；秋水仙素处理正在进行有丝分裂的细胞，它与微管结合，使纺锤体不能形成，结果形成多倍体，育种工作者常用它作为产生多倍体的试剂。咖啡和茶中的咖啡因有刺激和镇静作用。

（三）非蛋白氨基酸

非蛋白氨基酸（nonprotein amino acid）是植物体内含有的一些不被结合到蛋白质内的氨基酸。非蛋白氨基酸以游离形式存在，起防御作用，它们在结构上与蛋白氨基酸非常相似，如刀豆氨酸（canavanine）的结构就与精氨酸非常相近。

非蛋白氨基酸可以抑制动物体内蛋白质氨基酸的吸收或合成，或被结合进正常的蛋白质中，从而导致动物体内某些蛋白质功能的丧失。例如，刀豆氨酸被草食动物摄入后，在蛋白质合成过程中取代精氨酸被结合进蛋白质，导致酶丧失与底物结合的能力或丧失催化生化反应的能力。

第四节 植物细胞分裂、生长、分化和死亡

细胞分裂是生命有机体的主要特征，植物个体生长以及个体繁衍都是以细胞分裂为基础的。对于单细胞植物而言，通过细胞分裂可以增加个体数量，繁衍后代；对于多细胞有机体来说，细胞分裂与细胞扩大构成了有机体生长的主要方式。细胞分裂的方式分为有丝分裂、减数分裂和无丝分裂三种。前两者属同一类型，可以说减数分裂只不过是有丝分裂的一种独特形式。在有丝分裂和减数分裂过程中，细胞核内发生极其复杂的变化，形成染色体等一系列结构。而无丝分裂则是一种简单的分裂形式。

一、细胞分裂

（一）细胞周期

细胞周期（cell cycle）是指从一次细胞分裂结束开始到下一次细胞分裂结束之间细胞所经历的全部过程。细胞周期可划分为分裂间期和分裂期。

1. 分裂间期

分裂间期（interphase）是从前一次分裂结束到下一次分裂开始的一段时间。间期细胞核结构完整，细胞进行着一系列复杂的生理代谢活动，特别是DNA的复制，同时积累能量，为细胞分裂做准备。根据不同时期合成的物质不同，可以把分裂间期进一步分成复制前期（G_1，gap_1）、复制期（S，synthesis）和复制后期（G_2，gap_2）三个时期（图1-35）。

（1）G_1期。G_1期出现在细胞分裂结束后，在此期，细胞要发生一系列生物化学变化，为进入S期创造了基本条件。其中最主要的是要合成一定数量的RNA和一些专一性蛋白质（如组蛋白、非组蛋白及一些酶类）。其中重要的是对细胞周期有调控作用的周期蛋白（cyclin），它的积累有助于细胞通过G_1期的限制点进入S期。处于G_0期的细胞中缺乏这种蛋白质和其他一些因子，故暂时不能通过限制点。此外，还合成微管蛋白等。

G_1期细胞体积增大，各种细胞器、内膜结构和其他细胞成分的数量迅速增加，以利于细胞过渡到S期。

（2）S期。是细胞核DNA的复制期。这个时期的

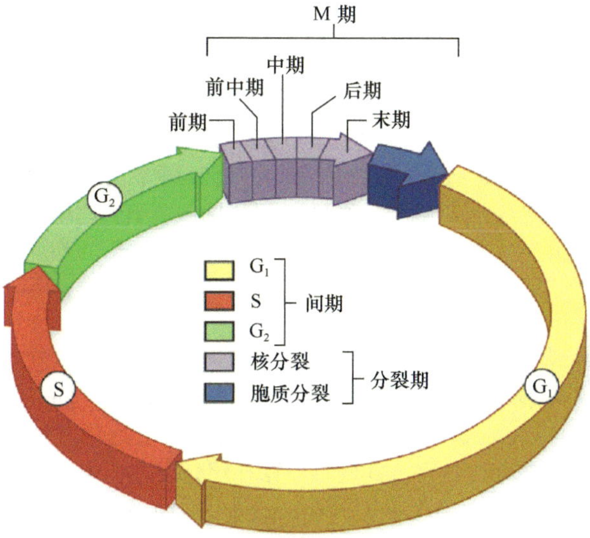

图 1-35 植物细胞周期示意图

主要特征是遗传物质的复制。包括DNA复制和组蛋白等染色体蛋白的合成。细胞核中DNA的复制是以半保留方式进行的，组蛋白是在细胞质中合成的，然后转运进入细胞核，与DNA链结合形成染色质。

S期DNA的复制过程受细胞质信号控制，只有当S期激活因子出现后，DNA合成开关才会打开，S期除合成DNA和各种组蛋白外，还合成一些其他蛋白，如细胞周期蛋白。

（3）G_2期。是DNA复制完成到细胞开始分裂的时期。G_2期1个细胞核的DNA含量为4C，较G_1期的含量（2C）增加了1倍。细胞在此期主要合成某些蛋白质和RNA。为进入M期进行结构和功能上的准备，如合成纺锤体微管蛋白等。在G_2期末还合成了一种可溶性蛋白质，能引起细胞进入分裂期。这种可溶性蛋白质为一种蛋白质激酶，在G_2期末被激活，从而使细胞由G_2期进入有丝分裂期。此种激酶可使核质蛋白质磷酸化，导致核膜在前期末破裂。在G_2期进入M期前也存在着细胞周期监控点。

2. 分裂期

细胞经过间期后进入分裂期，细胞中已复制的DNA将以染色体形式平均分配到2个子细胞中，每一个子细胞将得到与母细胞同样的一组遗传物质。细胞

分裂期（M 期）由核分裂（karyokinesis）和胞质分裂（cytokinesis）两个阶段构成。

3. 细胞周期的时间

不同细胞的细胞周期所经历的时间不同。绝大多数真核生物的细胞周期从几个小时到几十个小时不等，与细胞类型和外界因子有关。例如，蚕豆根尖细胞的周期约为 24.3h，其中 G_1 期 4.0h，S 期 9.0h，G_2 期 3.5h，M 期 1.9h。

4. 周期细胞、G_0 期细胞和终端分化细胞

从细胞增殖角度看，细胞有三种状态：周期细胞、G_0 期细胞和终端分化细胞。周期细胞是在细胞周期中运转的细胞，如分生组织细胞。G_0 期细胞为暂时脱离细胞周期的细胞，它们可在适当刺激下重新进入细胞周期，进行增殖。例如，有些细胞如茎皮层细胞通常不再进行细胞分裂，视为 G_0 期，但发育到一定阶段，其中一些细胞恢复分裂活动，转变为形成层细胞，重新进入细胞周期。终端分化细胞是指那些不可逆的脱离细胞周期，丧失分裂能力但保持生理机能的细胞，如韧皮部的筛管分子。细胞处于何种状态受有关基因及外界环境条件调控。

（二）有丝分裂

有丝分裂（mitosis）也称间接分裂（indirect division），是一种最普通的分裂方式，植物器官的生长一般都以这种方式进行。在有丝分裂过程中，因细胞核中出现染色体（chromosome）与纺锤丝（spindle fiber），故称为有丝分裂。主要发生在植物根尖、茎尖及生长快的幼嫩部位的细胞中。植物生长主要靠有丝分裂增加细胞数量。

1. 染色体和纺锤体

（1）染色体的结构。染色体是真核细胞有丝分裂或减数分裂过程中，由染色质聚缩而成的棒状结构。是细胞有丝分裂时遗传物质存在的特定形式，由染色质经多级盘绕、折叠、压缩、包装形成。

在 S 期，由于每个 DNA 分子复制成为两条，每个染色体实际上含有两条并列的染色单体（chromatid），每一染色单体含 1 条 DNA 双链分子。两条染色单体在着丝粒（centromere）部位结合。着丝粒位于染色体的一个缢缩部位，即主缢痕（primary constriction）中。着丝粒是异染色质（主要为重复序列），不含遗传信息。在每一着丝粒的外侧还有一蛋白质复合体结构，称为动粒（kinetochore）或着丝点，与纺锤丝相连。着丝粒或主缢痕在各染色体上的位置对于每种生物的每一条染色体来说是确定的，或是位于染色体中央而将染色体分成称为臂的两部分，或是偏于染色体一侧，甚至近于染色体一端（图 1-36）。

染色质中的 DNA 长链经四级螺旋、盘绕最终形成染色体，其长度被压缩了上万倍，这有利于细胞分裂中染色体的平均分配。

（2）纺锤体。有丝分裂时，细胞中出现了大量

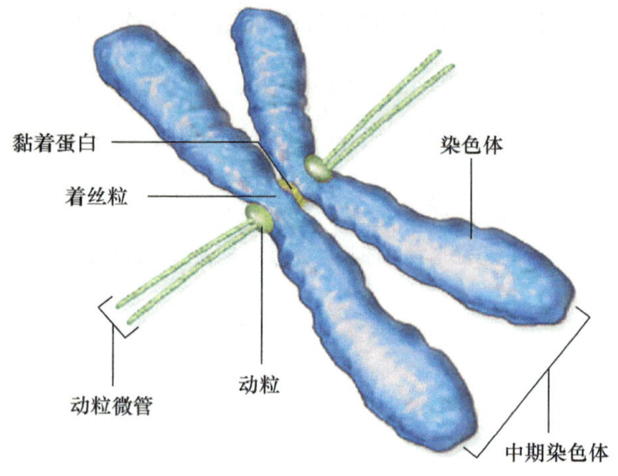

图 1-36 染色体结构模式图

由微管聚集成束组成的细丝，称为纺锤丝。由纺锤丝在细胞两极间形成形态为纺锤状的结构，称纺锤体（spindle）。从纺锤体一极伸向另一极的纺锤丝，称为连续纺锤丝（continuous fiber）或极间微管（polar microtubule）。它们不与着丝点相连（图 1-37）；还有一些纺锤丝一端和纺锤体的极（pole）连接，另一端与染色体着丝点相连，称为染色体牵丝（chromosomal fiber），也称动粒微管（kinetochore microtubule）。

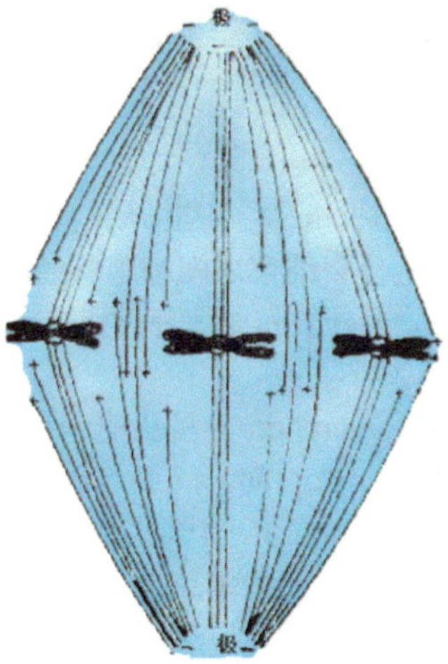

图 1-37 纺锤体

2. 有丝分裂的过程

有丝分裂包括核分裂和细胞质分裂，核分裂又根据染色体变化过程，人为地将其分为前期、中期、后期和末期。

（1）前期（prophase）。是有丝分裂的开始时期，主要特征是染色质逐渐凝聚成染色体。最初，染色质呈细长的丝状结构，以后逐渐缩短变粗，成为形态上可辨认的棒状结构，即染色体。每一个染色体由两条染色单体组成，它们通过着丝粒连接在一起。染色体在核中凝缩的同时，核膜周围的细胞质中出现大量微管，最初的纺锤体开始形成。到前期的最后阶段，核仁变得模糊以至最终消失，与此同时，染色体移向靠

近核膜的边缘，核中央变空，核膜也开始破碎成零散的小泡，最后全面瓦解。

（2）中期（metaphase）。中期细胞的特征是染色体排列到细胞中央的赤道板（equatorial plate）上，纺锤体形成。当核膜破裂后，由纺锤丝构成的纺锤体结构清晰可见。染色体继续浓缩变短，在动粒微管牵引下，向细胞中央移动，最后都以各染色体的着丝点排列在处于两极当中的垂直于纺锤体纵轴的平面，即赤道板上，而染色体的其余部分在两侧任意浮动。中期的染色体缩短到最粗短程度，是观察研究染色体的最佳时期。

（3）后期（anaphase）。当所有染色体排列在赤道板上后，构成每条染色体的两个染色单体从着丝粒处裂开，分成两条独立的子染色体（daughter chromosome）；紧接着子染色体分成两组，分别在染色体牵丝的牵引下，向相反的两极运动。这种染色体运动是动粒微管末端解聚和极间微管延长的结果。子染色体在向两极运动时，一般是着丝点在前，两臂在后。

（4）末期（telophase）。主要特征是到达两极的染色体弥散成染色质，核膜、核仁重新出现。染色体到达两极后，纺锤体开始解体，染色体成为密集的一团，并开始解螺旋，逐渐变成细长分散的染色质丝；与此同时，由粗糙内质网分化出核膜，包围染色质，核仁重新出现，形成子细胞核。至此，细胞核分裂结束（图1-38、图1-39）。

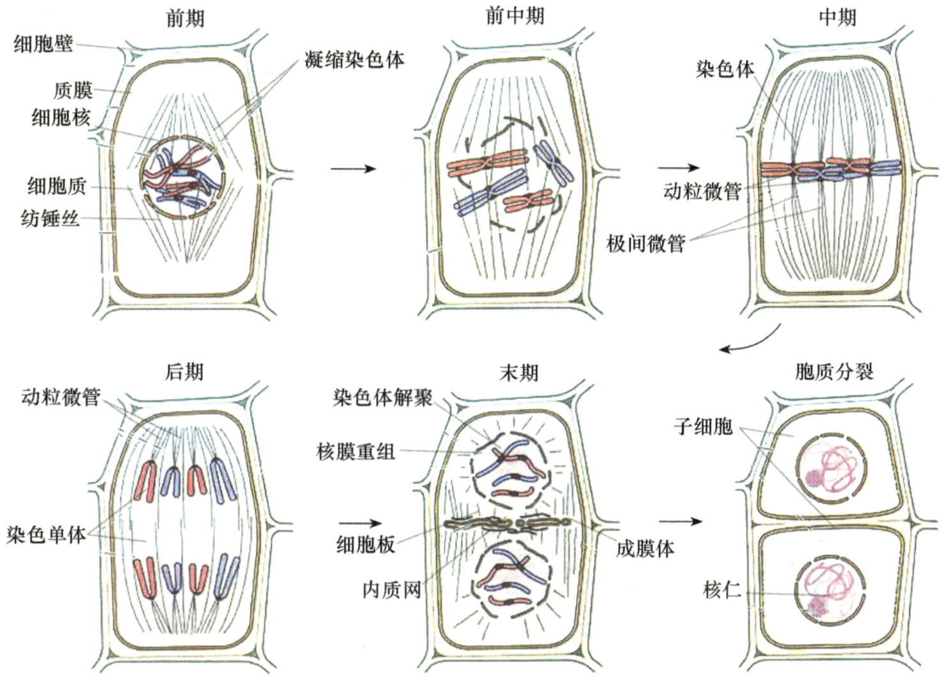

图1-38　植物细胞有丝分裂过程图解

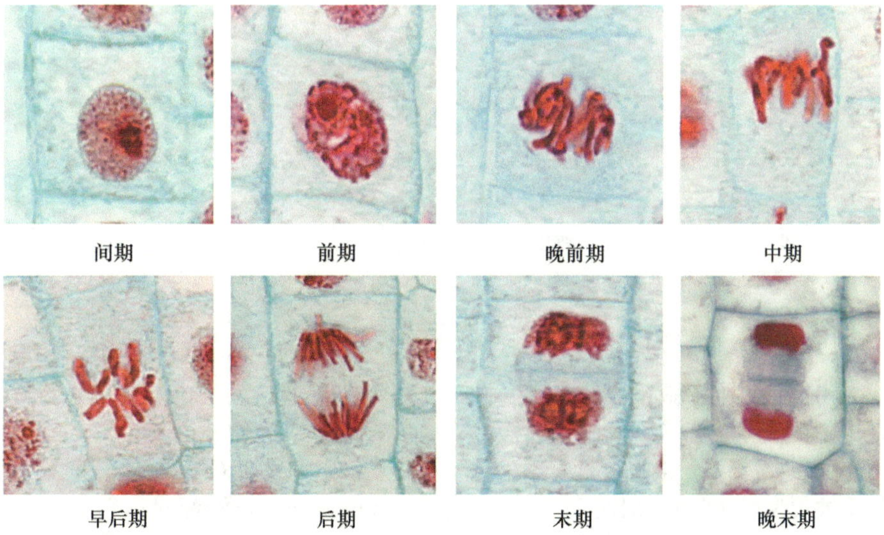

图1-39　洋葱根尖细胞的有丝分裂过程

胞质分裂是在两个新子核之间形成新细胞壁，把母细胞分隔成两个子细胞的过程。一般情况下，胞质分裂通常在核分裂后期之末、染色体接近两极时开始，这时在分裂面两侧，由密集的、短的微管相对呈圆盘状排列，构成一桶状结构，称为成膜体（phragmoplast）。此后一些高尔基体小泡和内质网小泡在成膜体上聚集破裂释放果胶类物质，小泡膜融合于成膜体两侧形成细胞板（cell plate），细胞板在成膜体引导下向外生长直至与母细胞侧壁相连。小泡的膜用来形成子细胞的质膜；小泡融合时，其间往往有一些管状内质网穿过，这样便形成了贯穿两个子细胞之间的胞间连丝；胞间层形成后，子细胞原生质体开始沉积初生壁物质到胞间层内侧，同时也沿各个方向沉积新的细胞壁物质，使整个外部的细胞壁连成一体。

有丝分裂是植物中普遍存在的一种细胞分裂方式，在有丝分裂过程中，由于每次核分裂前都进行一次染色体复制，分裂时，每条染色体分裂为两条子染色体，平均分配给两个子细胞，这样就保证了每个子细胞具有与母细胞相同数量和类型的染色体。因此每一子细胞就有与母细胞相同的遗传特性。在多细胞植物生长发育过程中，进行无数次细胞分裂，每一次都按同样的方式进行，这样有丝分裂就保持了细胞遗传上的稳定性。

（三）减数分裂

减数分裂（meiosis）是发生在植物有性生殖过程中的一种特殊的细胞分裂方式。在种子植物中，它发生在花粉母细胞形成单核花粉粒（小孢子）和胚囊母细胞形成单核胚囊（大孢子）时期。整个分裂包括两次连续分裂，DNA 复制只有一次，染色体也仅分裂一次。因此，一个花粉母细胞或胚囊母细胞经过减数分裂后形成 4 个子细胞，每个子细胞的染色体数目为母细胞的一半，减数分裂因此得名。

减数分裂第一次分裂（减数分裂 Ⅰ）可分为前期 Ⅰ、中期 Ⅰ、后期 Ⅰ 和末期 Ⅰ（图 1-40）。

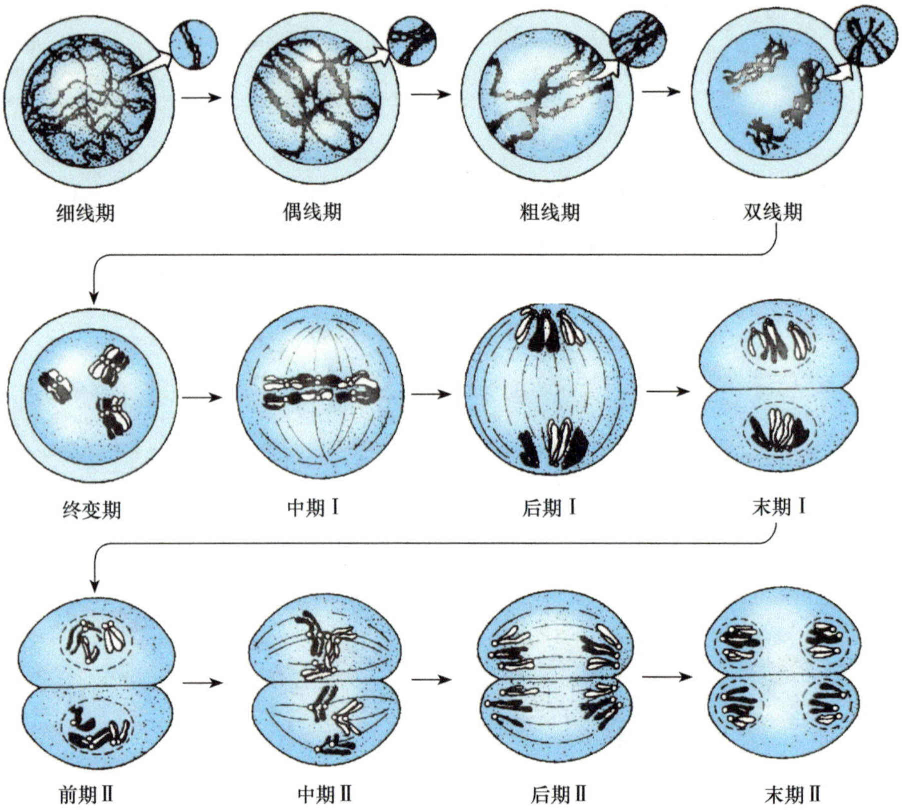

图 1-40　植物细胞减数分裂过程示意图

1. 前期 Ⅰ

细胞核进入减数分裂前期 Ⅰ（prophase Ⅰ）时，已经发生了染色体的复制。与有丝分裂相比，第一次减数分裂的前期中染色体的变化要复杂得多。根据染色体形态变化，前期 Ⅰ 被人为划分为 5 个时期。

（1）细线期（leptotene）。第一次分裂开始时，染色质浓缩为几条细而长的细线，但相互间往往难以区分。虽然染色体已经被复制，但在细线期的染色体上还看不到双重性。细线的两端通过接触斑与核膜相连，核的体积逐渐增大。

（2）偶线期（zygotene）。同源染色体（homologous chromosome）开始配对，它们一条来自父方，一条来自母方。在光镜下可见到成双存在的染色体。在偶线期之前，一对同源染色体在核中随机分布。进入偶线期后，同源染色体与核膜相连的端部通过移位相互靠拢，并侧面相连开始配对，这种现象称为联会（synapsis）。此种配对是专一性的，所形成的特殊结构称为联会复合体（synaptonemal complex）。在偶线期，还能发生DNA合成现象。

（3）粗线期（pachytene）。两条同源染色体此时配对完毕。染色体明显变粗变短，结合紧密，此时每对配对的染色体中含有4条染色单体，称为四分体（tetrad）。在四分体上可看到染色单体发生交叉，可在一条染色体上有若干个交叉点，这种现象的本质是同源染色体之间发生了染色体片段的交换。也就是说，交换后，染色体有了遗传物质的变化，含有同源染色体中另一染色体上的一部分遗传基因。粗线期持续的时间比细线期和偶线期长得多。

（4）双线期（diplotene）。同源染色体开始分开，但并不完全，仍有若干处相连。这些相连点是染色体间发生互换的结果。此时联会复合体着丝粒两端的交叉向端部移动，染色体与核被膜脱离接触。此外，双线期有mRNA与rRNA的转录现象发生。

（5）终变期（diakinesis）。染色体变成紧密凝集状态，核仁消失，四分体较均匀地分布在核中，同源染色体间依靠端部交叉相结合，姐妹染色体由着丝粒相连。终变期的完成标志着减数分裂前期Ⅰ的结束。

2. 中期Ⅰ

核膜破裂，纺锤体形成，四分体在纺锤体作用下，移向细胞的赤道面，此时两个同源染色体与方向相反的着丝粒微管相连。不同于有丝分裂中期的是，配对的同源染色体在中期Ⅰ（metaphase Ⅰ）也不分开。

3. 后期Ⅰ

进入后期Ⅰ（anaphase Ⅰ），同源染色体分开，每对同源染色体分开后分别向两极移动。在每极中，染色体的数目只有原来的一半。不同的同源染色体对向两极的分离过程是独立进行的，因而来自父母双方的染色体被随机组合。

4. 末期Ⅰ（telophase Ⅰ）

染色体完全到达两极，核膜重建，核仁重新形成。此时，染色体没有明显凝集，仍为二分体（bivalent），其数目是母细胞的一半。此时，某些植物可进行胞质分裂，在两个子细胞核间形成细胞板，如玉米。有些植物要等到第二次分裂完毕后才进行胞质分裂。

减数分裂的第二次分裂（减数分裂Ⅱ）实际上是一次普通的有丝分裂，也分为4个时期：前期Ⅱ、中期Ⅱ、后期Ⅱ和末期Ⅱ（图1-40）。从减数分裂Ⅰ到减数分裂Ⅱ，细胞中没有进行DNA复制，很快进入第二次分裂。这次分裂中减数分裂二分体中每一染色体的两条染色单体分裂成两条子染色体，分别进入细胞两极，最终形成单倍体的子细胞。这样，经过一次染色体的复制和两次连续的细胞分裂，形成了4个单倍体的子细胞。

减数分裂对保持物种遗传的稳定性和丰富变异性有重要意义。花粉母细胞和胚囊母细胞经减数分裂产生的单核花粉粒和单核胚囊以及由它们分别产生的精细胞和卵细胞都是单倍体。当精子、卵子结合后形成合子，恢复了原有染色体倍数，使物种的染色体数保持稳定，即在遗传上具有相对的稳定性。同时，由于同源染色体间的联合以及遗传物质发生交换和重组，丰富了物种遗传性的变异。这对增强后代适应环境的能力，繁衍种族有极其重要的意义。

减数分裂是一个活跃的生理过程，对外界环境条件的反应很敏感，如低温、干旱、光照不良等都能影响减数分裂的正常进行。

（四）无丝分裂

无丝分裂（amitosis）也称直接分裂（direct division），相对于有丝分裂和减数分裂，无丝分裂的过程比较简单。细胞分裂开始时，核仁先分裂成两部分，同时细胞核伸长，中部凹陷，最后中间分开，形成两个细胞核，在两核中间产生新壁形成两个细胞。无丝分裂有各种方式，如横缢、纵缢、出芽等。无丝分裂没有纺锤丝和染色体形成，消耗能量少，分裂速度快，但遗传物质一般不能平均分配到子细胞中，所以其遗传不稳定。

无丝分裂多见于低等植物，在高等植物中也比较普遍，如在胚乳发育过程中和愈伤组织形成时均有无丝分裂发生。

二、植物细胞的生长和分化

（一）细胞生长

细胞生长是指在细胞分裂后形成的子细胞体积和重量的增加过程，其表现形式为细胞重量增加的同时，细胞体积也增长。细胞生长是植物个体生长发育的基础，对单细胞植物而言，细胞的生长就是个体的生长，而多细胞植物体的生长则依赖于细胞生长和细胞数量增加。

植物细胞的生长包括原生质体生长和细胞壁生长两个方面。原生质体生长过程中最为显著的变化是液泡化程度的增加，最后形成中央大液泡，细胞质其余部分则变成一薄层紧贴于细胞壁，细胞核也移至侧面；此外，原生质体的其他细胞器在数量和分布上也发生着各种变化。细胞壁的生长包括表面积增加和厚度增加，原生质体在细胞生长过程中不断分泌壁物质，使细胞壁随原生质体长大而延伸，同时壁的厚度和化学组成也发生相应变化。

植物细胞生长有一定限度，当体积达到一定大小后，便会停止生长。细胞最后的大小，因植物细胞类型而异，既受遗传因子控制，同时，细胞生长和大小也受环境条件影响。

（二）细胞分化

多细胞植物体中的细胞由于执行不同的生理功能，在形态或结构上表现出适应性变化。例如，茎、叶表皮细胞执行保护功能，在细胞壁表面就形成明显的角质层以降低水分蒸腾；叶肉细胞中发育形成了大量叶绿体以适应光合作用的需要；输导水分的导管细胞发育成长管状、侧壁加厚、中空以利于水分输导。然而，这些细胞最初都是由合子分裂、生长、发育而成。这种在个体发育过程中，细胞在形态、结构和功能上的特化过程，称为细胞分化（cell differentiation）。植物进化程度越高，植物体结构越复杂，细胞分工就越细，细胞分化程度也越高。细胞分化使多细胞植物体中的细胞功能趋于专门化，这样有利于提高各种生理功能的效率。

细胞分化是一个非常复杂的过程，涉及许多调节和控制因素，因为组成同一植物体的所有细胞均来自于受精卵，它们具有相同的遗传组成，但它们为什么会分化成不同的形态与结构？是哪些因素导致了细胞分化？这是生物学研究领域中的热点问题之一。目前对植物个体发育过程中某些特殊类型细胞的分化和发育机制已经有了一定程度的了解，一般认为细胞分化可能有下列原因：①细胞分化是遗传基因选择性表达的结果，植物体中细胞所含的全部遗传基因，在细胞生长发育过程中有些被表达，有些不被表达；②外界环境条件的诱导，如光照、温度和湿度等；③细胞在植物体中存在的位置，以及细胞间的相互作用；④细胞的极性化是细胞分化的首要条件，极性是指细胞（或器官或植株）的一端与另一端在结构与生理上的差异，常表现为细胞内两端细胞质浓度不均等。极性的建立常引起细胞不均等分裂，即两个大小不同的细胞产生，这为它们今后的分化提供了前提；⑤激素或化学物质，已知生长素和细胞分裂素是启动细胞分化的关键激素。

生活的成熟细胞是有寿命的，也会衰老、死亡。死亡的细胞常被植物排出体外或留在体内，而这些细胞原来担负的功能将会由植物体产生新的细胞去承担。

（三）细胞全能性

植物细胞全能性的概念是 1902 年由德国著名植物学家 Haberlandt 首先提出的。他认为高等植物的器官和组织可以不断分割直至单个细胞，每个细胞都具有进一步分裂和发育的能力。

细胞全能性是指体细胞可以像胚性细胞那样，经过诱导能分化发育成一株植物，并且具有母体植物的全部遗传信息。植物体的所有细胞都来源于受精卵的分裂。当受精卵分裂时，染色体进行复制，这样分裂形成的两个子细胞里均含有与受精卵同样的遗传物质——染色体。因此，经过不断的细胞分裂所形成的成千上万个子细胞，尽管它们在分化过程中会形成不同器官或组织，但它们具有相同的基因组成，都携带着亲本的全套遗传信息，即在遗传上具有“全能性”。因此，只要培养条件适合，离体培养的细胞就有发育成一株植物的潜在能力。

细胞和组织培养技术的发展和应用，从实验基础上有力地验证了植物细胞“全能性”的理论。

三、细胞死亡

多细胞生物体中，细胞在不断进行着细胞分裂、生长和分化的同时，也不断发生着细胞的死亡。

细胞的死亡可分为程序性死亡和坏死性死亡两种形式。程序性死亡（programmed cell death），或称细胞凋亡（apoptosis），是指体内健康细胞在特定细胞外信号诱导下，进入死亡途径，于是在有关基因的调控下发生死亡的过程，这是一个正常的生理性死亡，是基因程序性表达的结果。细胞坏死（necrosis）是指细胞受到某些外界因素的激烈刺激，如机械损伤、毒性物质的毒害，导致细胞的死亡。

（一）细胞程序性死亡的特征

细胞死亡程序启动后，细胞内发生了一系列结构变化，如细胞质凝缩、细胞萎缩、细胞骨架解体、核纤层分解、核被膜破裂、内质网膨胀呈泡状，细胞质和细胞器自溶作用表现的强烈。除了这些形态特征外，在进行 DNA 电泳分析时发现，核 DNA 分解成片段，出现梯形电泳图。大量实验表明，核 DNA 断解成片段，是细胞凋亡的主要特征之一。

细胞坏死与细胞编程性死亡有明显不同的特征。细胞坏死时质膜和核膜破裂，膜通透性增高，细胞器肿胀，线粒体、溶酶体破裂，细胞内含物外泄。细胞坏死极少为单个细胞死亡，往往是某一区域内一群细胞或组织受损；细胞坏死过程中不出现 DNA 梯状条带等特征。

（二）细胞程序性死亡的生物学意义

植物生长发育过程中，普遍存在着细胞程序性死亡的现象，如管状分子分化的结果导致细胞死亡，它们在植物体内以死细胞形式执行输导水分和无机盐的功能；根冠边缘细胞的死亡和脱落；花药发育过程中绒毡层细胞的瓦解和死亡；大孢子形成过程中多余大孢子细胞的退化死亡；胚胎发育过程中胚柄的消失；种子萌发时糊粉层的退化消失；叶片、花瓣细胞的衰老死亡等均是细胞编程性死亡的过程。

细胞程序性死亡是植物有机体自我调节的主动的自然死亡过程，是一种主动调节细胞群体相对平衡的方式。在这一过程中，可清除多余的与机体不相适应的、已经完成其生理功能并不再需要的，或是其存在有潜在危险的细胞。

如前所述，植物根冠通过边缘细胞的不断死亡来保持细胞群体数量的恒定，植物胚胎发育过程中胚柄的消失也是通过细胞程序性死亡来清除已经完成功能的无用细胞。超敏性反应是植物体通过局部细胞的死亡来保证整个机体安全的保护性机制。由此可见，细胞程序性死亡是生物体内普遍发生的一种积极的生物学过程，对有机体的正常发育有着重要意义，是长期演化过程中进化的结果。

本章主要内容和概念

自然界中除了病毒、噬菌体、类病毒外，所有生物体都由细胞（cell）构成。单细胞生物体只由1个细胞构成，高等植物体则由无数功能和形态结构不同的细胞组成。构成高等植物的细胞是高度社会化的细胞，既有分工和合作，又保持形态与结构的独立性。细胞是构成有机体的基本结构单位，是代谢和功能的基本单位，是有机体生长发育的基础，也是遗传的基本单位，具有遗传上的全能性。

本章主要包括细胞基础知识（细胞的发现、细胞学说、细胞的物质构成、细胞的类型），真核细胞构造（细胞壁、细胞膜、细胞质、细胞核的构造），植物细胞后含物，细胞分裂、生长、分化和死亡等内容。

知识要点包括：

细胞学说，分辨率，原生质，原生质体，原核细胞，真核细胞，细胞壁及其分层，纹孔及其相关结构，胞间连丝，胞质运动，细胞膜，细胞质，细胞器及其类型，细胞核，染色质和染色体，后含物，细胞周期，有丝分裂，无丝分裂，减数分裂，细胞生长，细胞分化，细胞死亡，脱分化，细胞全能性。

复习思考题

1. 细胞学说的主要内容是什么？有何意义？
2. 原生质的主要化学成分有哪些？它在细胞生命活动中的重要作用有哪些？
3. 植物细胞中哪些结构保证了多细胞植物体中细胞之间进行有效的物质和信息传递？
4. 细胞膜的分子结构和化学组成是怎样的？有何功能？
5. 植物细胞中细胞器有哪些类型？简述其结构特点及主要生理功能。
6. 细胞核由哪几部分构成？简述细胞核的超微结构。
7. 何为细胞骨架？它们在细胞中的作用有哪些？怎样证明细胞骨架的存在？
8. 组成细胞壁的化学成分有哪些？它们是怎样构成细胞壁的？细胞壁有哪几层？各有何特点？
9. 何谓细胞周期？细胞周期中各阶段的主要特点有哪些？
10. 何谓后含物？细胞后含物对植物有何重要意义？
11. 怎样理解细胞生长和细胞分化？细胞分化在植物个体发育和系统发育中有什么意义？
12. 如何理解高等植物细胞形态、结构与功能之间的相互适应？

第二章 植物组织

第一节 植物组织及其形成

组织（tissue）是指由形态结构相似、生理功能相同、在个体发育中来源相同的细胞群组成的结构和功能单位。具有分裂能力的细胞逐渐到细胞分裂停止，细胞外形伸长，形成各种具有一定功能和形态结构的细胞，这种细胞分化过程导致了植物组织的形成。组织是植物体内细胞分裂、生长和分化的结果，也是植物进化过程中复杂化和完善化的产物。其形成过程贯穿由受精卵开始，经胚胎阶段，直至植株成熟的整个过程。植物进化程度越高，其体内各种生理分工越精细，组织分化越明显，内部结构越复杂。

被子植物各个器官——根、茎、叶、花、果实和种子等，都是由某几种组织构成的，在器官中每一种组织具有一定的分布规律并行使一种主要生理功能，这些组织相互依赖、相互配合。例如，叶是植物进行光合作用的器官，其中主要分化为大量同化组织进行光合作用，但在它周围覆盖着保护组织，以防止同化组织中水分过度丢失和机械损伤；输导组织贯穿于同化组织中，保证水分供应并把同化产物运输出去。这样，三种组织相互配合，保证了叶光合作用的正常进行。由此可见，组成器官的不同组织，表现为整体条件下的分工合作，共同保证器官功能的完成。

第二节 植物组织的类型

根据组织发育程度、生理功能和形态结构不同，把植物的组织分为分生组织和成熟组织两大类。分生组织具有产生新细胞的特性，是产生和分化其他各种组织的基础。成熟组织由分生组织产生的细胞分化形成，可分为保护组织、基本组织、机械组织、输导组织和分泌结构。

一、分生组织

（一）分生组织的概念

在植物胚发育早期，所有胚细胞均能分裂，而发育成植物体后，只有在特定部位的细胞保持这种胚性特点，继续进行分裂活动，由这些能继续分裂的细胞组成的细胞群，称为分生组织（meristem）。分生组织在植物一生中常持续的或周期性的保持强烈分裂能力，一方面为植物体产生其他组织的细胞，另一方面本身继续保持胚性细胞的特点。

分生组织细胞代谢活跃，有旺盛分裂能力；细胞排列紧密，一般无细胞间隙；细胞壁薄，不特化，由果胶质和纤维素构成；原生质体分化程度低，有较多细胞器和发达膜系统，但通常缺乏储藏物质和结晶体；质体处于前质体阶段。但有的分生组织也会出现一些变化，如维管形成层细胞有较多液泡等。分生组织的活动直接关系到植物体的生长和发育，在植物个体生长中起着重要作用。

（二）分生组织的类型

分生组织可根据在植物体中的分布位置、来源和性质分类。

1. 根据在植物体中的分布位置

分生组织可分为顶端分生组织、侧生分生组织和居间分生组织（图 2-1）。

（1）顶端分生组织（apical meristem）。顶端分生组织存在于根和茎的主轴及其分枝顶端，由胚性细胞

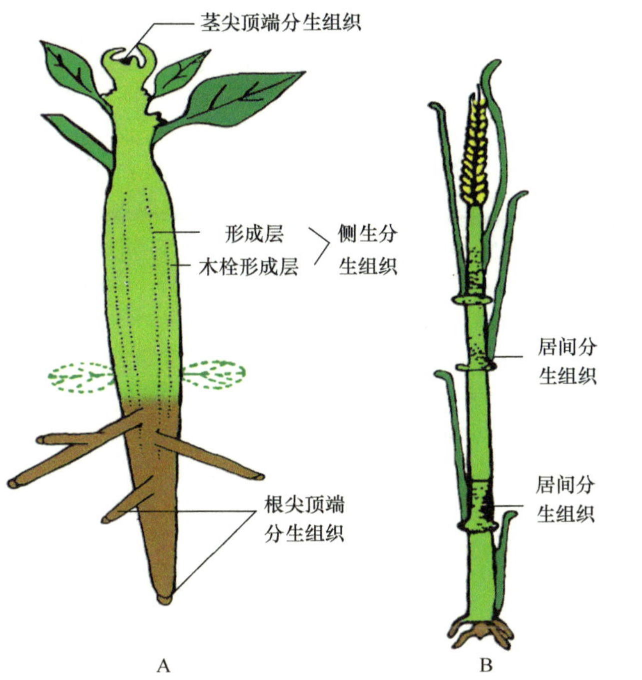

图 2-1 分生组织在植物体内的分布
A. 顶端分生组织和侧生分生组织的分布；B. 居间分生组织的分布
（引自 Esau，1977）

构成。能比较长期的保持分生能力，虽然也有休眠时期，但环境条件适宜时，又能继续进行分裂。分裂活动的结果使根和茎不断伸长，并在茎上形成侧枝，使植物体扩大营养面积。有花植物由营养生长进入生殖生长时，茎顶端分生组织发生质的变化，由营养生长转为生殖生长，形成花或花序。

顶端分生组织细胞的特征是：细胞体积小，近于等径，薄壁，细胞核位于中央并占有较大体积，液泡小而分散，细胞质丰富，细胞内通常缺少后含物。

（2）侧生分生组织（lateral meristem）。侧生分生组织位于根和茎轴心外侧周围，或靠近根、茎边缘，与所在器官的长轴平行排列（图 2-1）。包括维管形成层和木栓形成层，为裸子植物和双子叶植物所具有。维管形成层位于根或茎轴心的外侧，细胞多为长纺锤形，少数近等径，细胞不同程度液泡化。维管形成层属于初生分生组织，细胞分裂活动时间较长，产生的细胞分化为次生维管组织，使根和茎增粗。木栓形成层位于根和茎的边缘，由薄壁细胞脱分化而来，为一层长轴状细胞，分裂活动时间较短。产生的细胞分化为木栓层和栓内层，与木栓形成层共同构成根、茎表面新的保护组织——周皮。

（3）居间分生组织（intercalary meristem）。居间分生组织位于茎、叶、子房柄、花梗、花序梗等器官中的成熟组织之间（图 2-1）。它是顶端分生组织衍生而遗留在某些器官中局部区域的分生组织。居间分生组织在种子植物中并不普遍存在，只能保持一定时期的分生能力，以后则完全转变为成熟组织。例如，稻、麦等禾本科植物的节间基部具有居间分生组织，所以当茎顶端分化成幼穗后，稻、麦仍能借助于居间分生组织活动进行拔节和抽穗，使茎急剧长高，也能使茎秆倒伏后逐渐恢复直立。葱、蒜、韭菜的叶子割取上部后能继续伸长生长，也是由于叶基部居间分生组织活动的结果。有些植物的居间分生组织是由已分化的薄壁细胞恢复分裂能力而形成的，如枣花在传粉后，靠花柱一侧的花盘组织细胞恢复分裂，参与了果实的增大生长；花生受精后，由于雌蕊柄基部居间分生组织的活动把开花后的子房推入土中。

居间分生组织与顶端分生组织和侧生分生组织相比，细胞核大，细胞质浓；主要进行横分裂，使器官沿纵轴方向增加细胞数目；细胞持续活动时间较短，分裂一段时间后，所有细胞完全分化为成熟组织。

2. 根据分生组织来源和性质

分生组织可分为原生分生组织、初生分生组织和次生分生组织。

（1）原生分生组织（promeristem）。来源于胚或成熟植物体中转化形成的胚性原始细胞。细胞较小，近于等直径，细胞核体积相对大，细胞质浓，细胞器丰富，有强的持续分裂能力，分布于根尖和茎尖生长点最前端，是形成其他组织的最初来源。

（2）初生分生组织（primary meristem）。由原分生组织细胞分裂衍生而来，位于原分生组织的后部，如根尖稍后部分的伸长区，包括原表皮、原形成层和基本分生组织，都属于初生分生组织。原表皮位于最外围，主要进行径向分裂；原表皮之内是基本分生组织，基本分生组织所占比例最大，它进行各个方向的分裂，以增加分生组织的体积；原形成层细胞呈扁平长形，分布在分生组织以内。初生分生组织是一种边分裂、边分化的组织，也是原分生组织向成熟组织过渡的类型。

（3）次生分生组织（secondary meristem）。由已经分化成熟的薄壁细胞重新恢复分裂能力转变而成的分生组织，它们与根、茎的增粗和重新形成保护层有关，木栓形成层和茎中维管形成层的束间形成层是典型的例子。次生分生组织的细胞呈扁平长形或为近短轴扁多角形，细胞明显液泡化，分布部位与器官长轴平行。次生分生组织不是所有植物都有。

如果把两种分类方法对应起来看，广义的顶端分生组织包括原生分生组织和初生分生组织；而侧生分生组织一般是指次生分生组织，其中木栓形成层和茎中维管形成层的束间形成层是典型的次生分生组织；居间分生组织则属于初生分生组织。

二、成熟组织

分生组织衍生的大部分细胞，逐渐丧失分裂能力，进一步生长分化形成的具有特定形态结构和生理功能的组织，称为成熟组织（mature tissue），有时也称为永久组织（permanent tissue）。但实际上，各种成熟组织分化程度不同，有些成熟组织的细胞仍具有一定分裂潜能，在一定条件下，通过脱分化可恢复分裂活动，转变为分生组织。成熟组织可分为5类。

（一）薄壁组织

薄壁组织（parenchyma tissue）或称基本组织，广泛分布于植物体各个器官中，是构成植物体的基础。它们担负吸收、同化、储藏、通气、传递等功能。

薄壁组织虽然形态各异，但都由薄壁细胞组成。这类细胞含有多种细胞器，如质体、线粒体、内质网、高尔基体等，液泡较大，排列疏松，细胞间隙发达，细胞壁薄，仅有初生壁。薄壁组织分化程度较低，具有潜在分裂能力，在一定条件下可经脱分化，激发分裂潜能，进而转化为分生组织。同时，薄壁组织可进一步分化为其他组织。根据生理功能不同可将薄壁组织分为吸收组织、同化组织、储藏组织、通气组织、传递细胞等。

1. 吸收组织

吸收组织（absorptive tissue）位于根尖的根毛区，包括表皮细胞和由表皮细胞外壁向外延伸形成的管状结构——根毛（root hair），其功能是吸收水分和溶于水中的无机盐。根毛数目很多，壁上角质层薄，常具黏液，与土壤紧密接触，有利于根吸收水分和养料。

2. 同化组织

同化组织（assimilating tissue）细胞的原生质体含有大量叶绿体，能进行光合作用。同化组织分布于植物体绿色部分，如幼茎皮层、发育中的果实和种子中，尤其是叶片的叶肉，由典型同化组织构成。同化组织在适当条件下较容易恢复分生作用。

3. 储藏组织

储藏组织（storage tissue）常见于根和茎的皮层和髓部、果实、种子胚乳或子叶，以及块根、块茎等储藏器官中。细胞中常储藏营养物质，如淀粉、糖类、蛋白质、油类、单宁、草酸钙等。例如，水稻、小麦等禾本科植物种子胚乳细胞，甘薯块根、马铃薯块茎的薄壁细胞储藏淀粉粒；蓖麻胚乳细胞储藏糊粉粒；花生种子子叶细胞储藏油类。

某些储藏组织特化为储水组织（aqueous tissue）。这类薄壁组织细胞中储藏有大量水分。它的细胞较大，壁薄，缺乏或仅含少量叶绿体，液泡大并含有大量黏稠细胞液，这种黏稠物质明显增加了细胞的持水能力，使植物能适应干旱环境。储水组织一般存在于旱生肉质植物中，如仙人掌、龙舌兰、景天、芦荟等的光合器官。

4. 通气组织

有些薄壁组织中有发达的细胞间隙。这些间隙在发育过程中逐渐互相联结，最后形成网结状气腔和气道（图2-2）。这种具有明显胞间隙的薄壁组织称为通气组织（ventilating tissue）。气腔和气道内蓄积大量空气，有利于器官中细胞呼吸和气体交换。同时，像蜂巢状的胞间隙可以有效抵抗植物在水生环境中所面临的机械应力。例如，在水稻根、茎、叶中通气组织发达，并与叶鞘气道通连，这是对湿生或水生条件的适应。

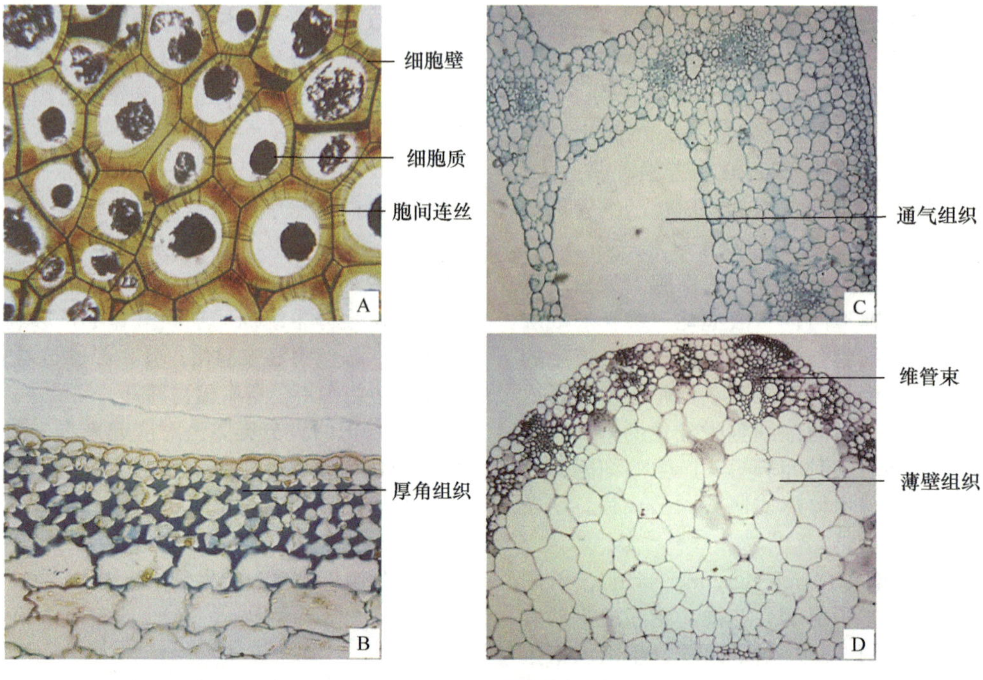

图2-2　几种薄壁组织

A. 柿种子胚乳横切面；B. 茎横切面；C. 睡莲叶片横切面；D. 玉米茎横切面

5. 传递细胞

传递细胞（transfer cell）是20世纪60年代发现的一种特化的薄壁细胞。具有发达的胞间连丝和细胞壁向内生长形成突起特性，这种特性适应短途运输的生理功能（图2-3）。

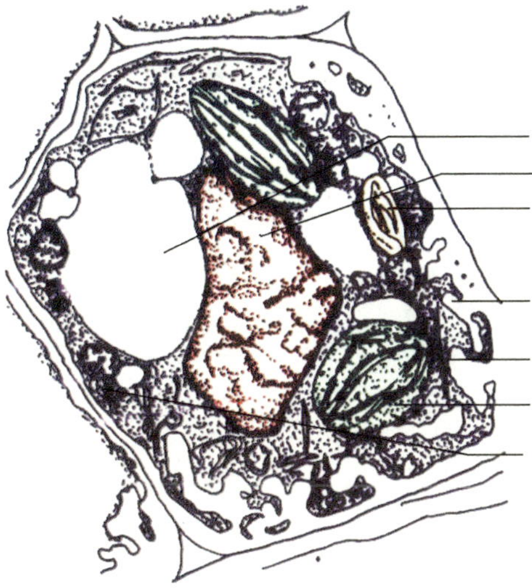

图2-3 菜豆茎初生木质部中的一个传递细胞
（仿Esau，1977）

传递细胞最显著的特征是由非木质化次生壁向内生长，突入细胞腔内，形成许多不规则的乳突状、指状、丝状或鹿角状突起，细胞质膜紧贴这种内突生长物，形成壁-膜器结构。这种构造显著扩大了质膜表面积，有利于细胞对物质的吸收和传递。

传递细胞具有大的细胞核，浓厚的细胞质以及丰富的线粒体、内质网、高尔基体、核糖体等细胞器；与相邻细胞间有发达的胞间连丝。由于它们都出现在植物体内溶质集中的部位，与溶质局部转运有密切关系，故认为它们有短途运输作用。例如，叶中小叶脉的一些木薄壁细胞和韧皮薄壁细胞可形成壁内突，同时还可由伴胞和维管束鞘细胞发育成传递细胞，成为叶肉和输导组织之间的物质运输桥梁。在植物茎或花序梗节部维管组织中，种子的子叶、胚乳或胚柄中均有传递细胞。

叶片小叶脉中传递细胞为叶肉和输导组织之间物质运输的桥梁。腺体传递细胞的功能介于吐水器和蜜腺之间。在食虫植物中，则有助于酶的释放。维管束中木质部传递细胞能从导管内上升汁液中有选择地吸收含氮物质，并把它运往韧皮部细胞。在生殖器官中，如花药绒毡层细胞、胚囊助细胞等形成的传递细胞都有利于物质吸收与传递。

（二）保护组织

保护组织（protective tissue）分布于植物体表面，由一层或数层细胞组成，主要功能是防止水分过度蒸腾，控制气体交换，抵抗外界风雨和病虫侵害。保护组织按其来源和形态结构不同可分为初生保护组织——表皮和次生保护组织—周皮。

1. 表皮

表皮（epidermis）由原表皮分化而来，通常为一层细胞，但也有少数植物的某些器官外表，可形成由多层生活细胞组成的复表皮。表皮分布于幼根、幼茎、叶、花和果实表面，由表皮细胞、组成气孔器的保卫细胞和副卫细胞、表皮毛或腺毛等附属物组成（图2-4），其中表皮细胞是最基本成分。

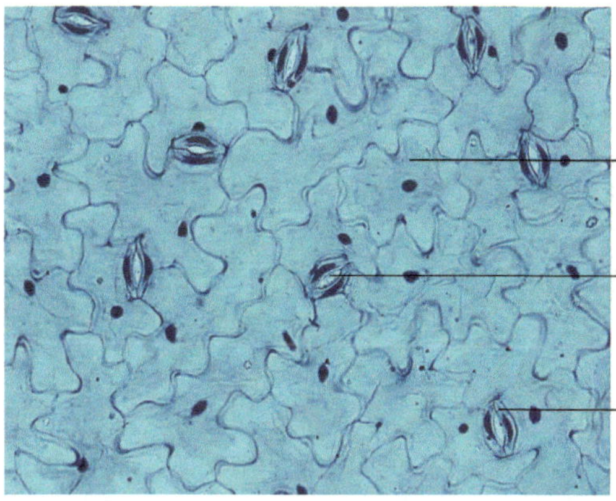

图2-4 蚕豆叶表皮
（唐宏亮摄）

（1）表皮细胞。生活细胞，呈扁平而不规则形状，侧壁波浪形凹凸镶嵌，无胞间隙。根、茎表皮细胞常为长方体形。从横切面观察，表皮细胞多呈长方形或方形，液泡化明显，一般无叶绿体，有时有白色体存在。茎和叶等植物体气生部分的表皮细胞，细胞外面的一侧壁较厚，角化形成角质层，角质层表面光滑或形成乳突、皱褶、颗粒等纹饰。角质层的形成使表皮具有高度不透水性，有效减少了体内水分蒸腾，坚硬的角质层对防止病菌侵入和增加机械支持有一定作用。有些植物（如甘蔗的茎，葡萄、苹果的果实）在角质层外还具有一层蜡质的"霜"（蜡被），它的作用是使表面不易浸湿，具有防止病菌孢子在体表萌发的作用。生产实践中，植物体表皮层的结构情况是选育抗病品种和使用农药或除草剂时必须考虑的因素。表皮的结构和角质层纹饰对于植物分类具有重要意义。

随着电子显微镜的应用，人们对角质层的结构有了进一步了解，它包括两层，位于外面的一层由角质和蜡质组成，里面的一层由角质和纤维素组成。有人提出将这两层合称为角质膜（相当于原来的角质层），而将外层称为角质层（cuticle），内层称为角化层（cutinized）。角化层和初生壁之间明显有果胶层分界（图2-5）。

（2）气孔。植物的绿色气生部分，特别是叶表皮，分布有许多气孔。表皮上一对特化的保卫细胞（guard cells）以及它们之间的孔隙、孔下室或甚至连同副卫细胞（subsidiary cell）共同组成气孔器（图2-6、图2-7）。

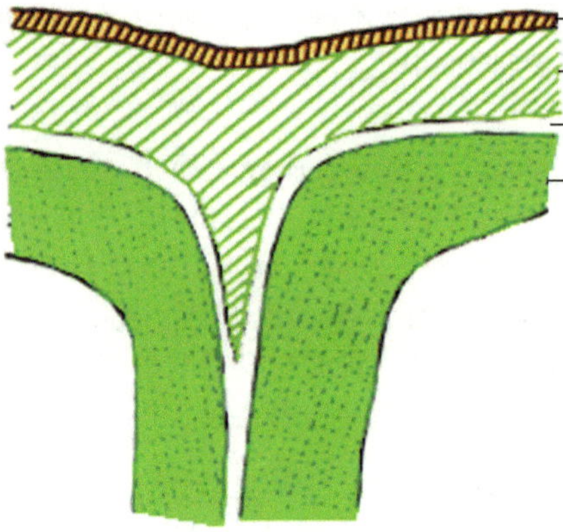

图 2-5　表皮细胞外壁上的角质膜

气孔器是调节水分蒸腾和进行气体交换的结构，与光合作用、呼吸作用和蒸腾作用密切相关。

保卫细胞的显著特点是细胞内含有叶绿体和细胞壁不均匀加厚。大多数植物的保卫细胞为肾形，其细胞壁靠近气孔的部分较厚，与表皮细胞或副卫细胞毗接的部分较薄。禾本科和莎草科植物的保卫细胞呈哑铃形，其细胞壁在球状两端的部分是薄的，而中间窄的部分有很厚的壁（图 2-7）。这些特点使保卫细胞易因膨压改变而发生气孔开闭。当保卫细胞膨压变高时，保卫细胞壁较薄处扩张较多，致使两个保卫细胞相对弯曲或保卫细胞两端膨大而相互抵撑（禾本科），将气孔缝隙拉开，气孔开放；反之，保卫细胞膨压变低时，气孔关闭。保卫细胞中的膨压改变，取决于保卫细胞内K^+浓度的变化。当保卫细胞中产生有机酸，输出H^+时，在有机酸活化的 ATP 酶控制下，引起K^+进入细胞，钾的积累使细胞膨压增加，渗透势改变，从而导致气孔开放（图 2-8）。

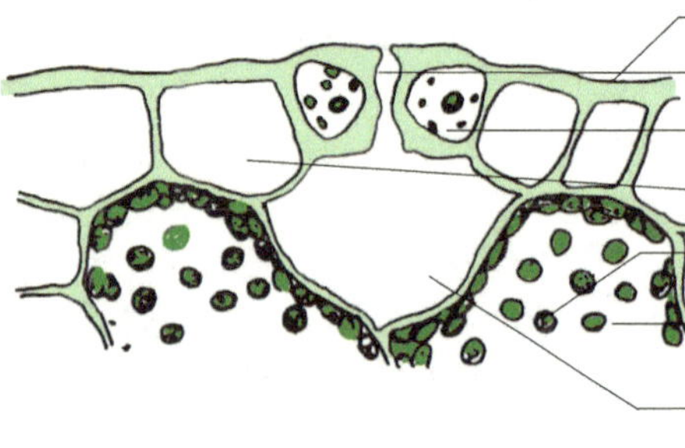

图 2-6　气孔器的剖面图

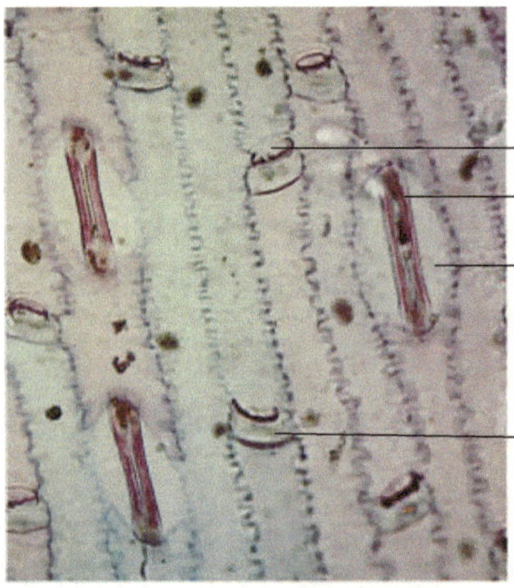

图 2-7　小麦叶表皮的表面观
（徐兴友摄）

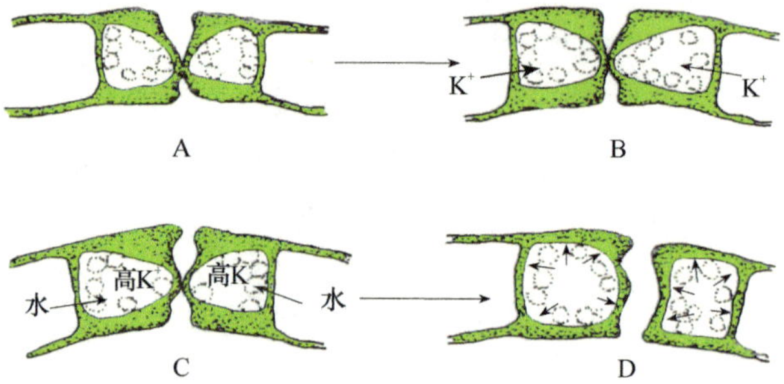

图 2-8　气孔器侧面观，示气孔开关
A. 保卫细胞中K^+含量相对较低，气孔关闭；B. 光照引发K^+进入保卫细胞；C. K^+积累的结果，使得水分从周围渗入保卫细胞；D. 保卫细胞中水分增加，膨压加大，气孔开放
（引自 Raven，2002）

副卫细胞与表皮细胞形状不同，它们的数目、分布位置与气孔器类型有关。在发育上副卫细胞与保卫细胞有密切关系；在机能上，副卫细胞被认为在保卫细胞运动时，参与了渗透压的改变。

（3）表皮毛状体。表皮上普遍存在有表皮毛（epidermal hairs）或腺毛等附属物（图 2-9），其形态结构多种多样：单细胞或多细胞的；具腺或非腺的；单条或分枝的；有些毛的壁是纤维素的，有的矿化。表皮毛加强了表皮的保护作用。表皮毛密生的植物表皮，由于折射关系，常呈白色，可削弱强光的影响，减少水分蒸发，是植物抗旱的形态结构，对于旱生植物有利。虽然在较大或较小植物类群中，毛状体的结构变

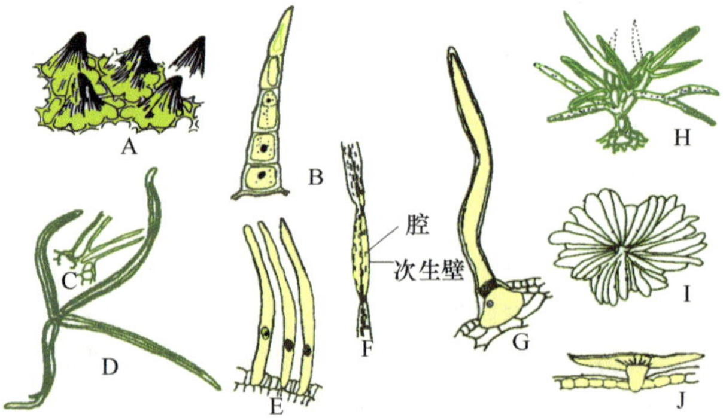

图 2-9　表皮毛状体
A. 三色堇花瓣上的乳头状毛；B. 南瓜的多细胞表皮毛；C、D. 棉属叶上的簇生毛；E、F. 棉属种子上的表皮毛（E. 幼期；F. 成熟期）；G. 大豆叶上的表皮毛；H. 薰衣草属叶上的分枝毛；I、J. 橄榄的盾状毛（I. 顶面观；J. 侧面观）
（引自 Esau，1977；Fahn，1979）

化很大，但它们有时十分一致。因而，表皮毛状体也可作为分类特征。

表皮在植物体上存在的时间，因所在器官是否具有加粗生长而异。具有明显加粗生长的器官，如裸子植物和大多数双子叶植物的根和茎，表皮会因器官增粗而破坏和脱落，被内方产生的次生保护组织（周皮）所取代。在较少或没有次生生长的器官上，如叶、果实、大部分单子叶植物的根和茎上，表皮可长期存在。

2. 周皮

有些植物的根、茎在加粗过程中，原来的表皮损坏脱落，在表皮内侧形成新的保护组织，即周皮（periderm）。周皮由侧生分生组织——木栓形成层（phellogen）分裂活动形成。木栓形成层进行平周分裂，向外分化成木栓层（phellem），向内分化成栓内层（phelloderm）。木栓层、木栓形成层和栓内层共同构成周皮（图 2-10）。

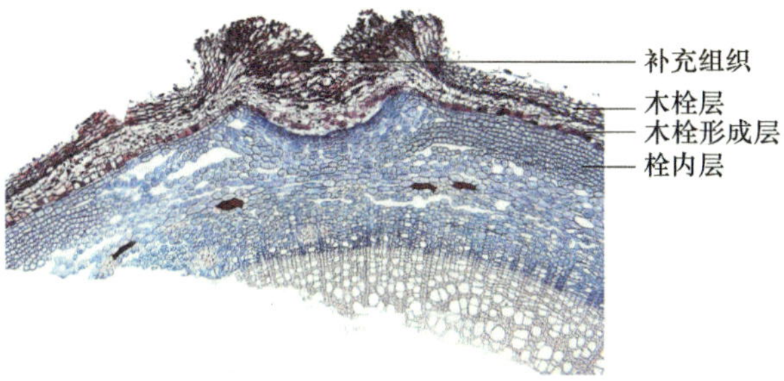

图 2-10　周皮和皮孔

木栓层具有多层细胞，细胞扁平，无胞间隙，细胞壁高度栓化，最后细胞内容物消失成为死细胞。木栓层具有抗压、隔热、绝缘等特性，有很好的保护作用。许多植物栓内层是薄壁生活细胞，常有叶绿体。所以，真正对植物起控制水分散失、防止病虫侵害、抗御其他逆境等保护作用的是周皮中的木栓层。当根、茎继续增粗时，原有周皮破裂，其内侧还可产生新的木栓形成层，再形成新周皮。

在周皮某些部位，木栓形成层细胞比其他部位的更为活跃，向外衍生出一种与木栓细胞不同，具有发达细胞间隙的薄壁细胞称为补充细胞（complementary）。它们突破周皮，在其表面形成各种形状的小突起，称为皮孔（lenticel）。皮孔是周皮上的通气结构，位于周皮内的生活细胞，能通过皮孔与外界进行气体交换（图 2-10）。

（三）机械组织

细胞壁发生不同程度加厚，具有抗压、抗张和抗曲挠性能，起巩固和支持作用的一类成熟组织，称为机械组织（mechanical tissue）。植物器官幼嫩部分机械组织不发达，随着器官成熟，器官内部逐渐分化出机械组织。细胞的共同特点是细胞壁局部或全部加厚，有的还发生木化。根据细胞形态特征和细胞壁加厚方式不同，机械组织分为厚角组织和厚壁组织。

1. 厚角组织

厚角组织（collenchyma）为初生机械组织，细胞呈短柱状或长而渐尖的纤维状，彼此相互重叠连接成束。厚角组织最明显的特征是细胞壁不均匀加厚，只在几个细胞邻接处的角隅部分加厚，且这种加厚是初生壁性质的，既有坚韧性，又有可塑性和延伸性；既可支持器官直立，又可适应器官迅速生长，它普遍存在于正在生长或摆动的器官中（图 2-11）。厚角组织常见于植物的叶柄、花梗、草质茎等部位的表皮内侧，其细胞常含叶绿体，有分裂潜能，能参与木栓形成层的形成。厚角组织的分布往往连续成环状或分离成束状，在有棱部分特别发达，以增强支持力量，如芹菜、南瓜的茎和叶柄中。叶中的厚角组织成束位于较大叶脉一侧或两侧。

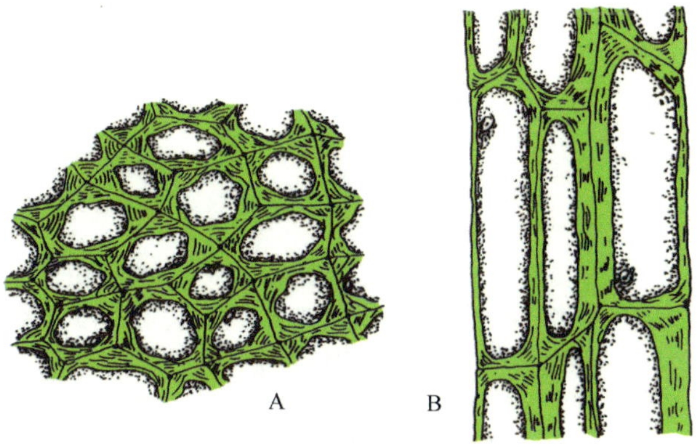

图 2-11　厚角组织

A. 横切面；B. 纵切面

（引自 Greulach and Adams，1962）

2. 厚壁组织

厚壁组织（sclerenchyma）细胞具有均匀增厚的次生壁，常木化。细胞成熟后，细胞腔小，通常没有生活的原生质体，成为只留有细胞壁的死细胞。厚壁组织细胞可单个或成群、成束分散于其他组织之间，加强组织和器官的坚实程度。厚壁组织依据细胞形状不同分为纤维和石细胞。

（1）纤维（fiber）。是两端渐尖的细长细胞，次生壁明显，木化程度不一，壁上有少数纹孔（图 2-12）；成熟时原生质体一般都消失，细胞腔中空且小（图 2-12E、图 2-12F），纤维在植物体内呈束状分布，增强植物器官的支持强度。根据在植物体内的分布和细胞壁特化程度不同，纤维分为韧皮纤维和木纤维。

木纤维（xylem fiber）分布于木质部，比韧皮纤维短，长约 1mm。细胞壁木化程度高，细胞腔小（图 2-12A、图 2-12B），坚硬且无弹性，脆而易断，可供建筑用材、造纸和人造纤维之用。

韧皮纤维（phloem fiber）分布于韧皮部内，但有时把出现在皮层和维管束鞘部分的纤维也称为韧皮纤维。韧皮纤维细胞壁虽厚，但含纤维素丰富，木化程度低，坚韧而有弹性，纹孔较少，常呈裂缝状（图 2-12C、图 2-12D）。各种植物韧皮纤维的长度不一，木化程度各异。商业上将韧皮纤维称为软纤维，其工艺价值取决于细胞长度与细胞壁含纤维素程度。

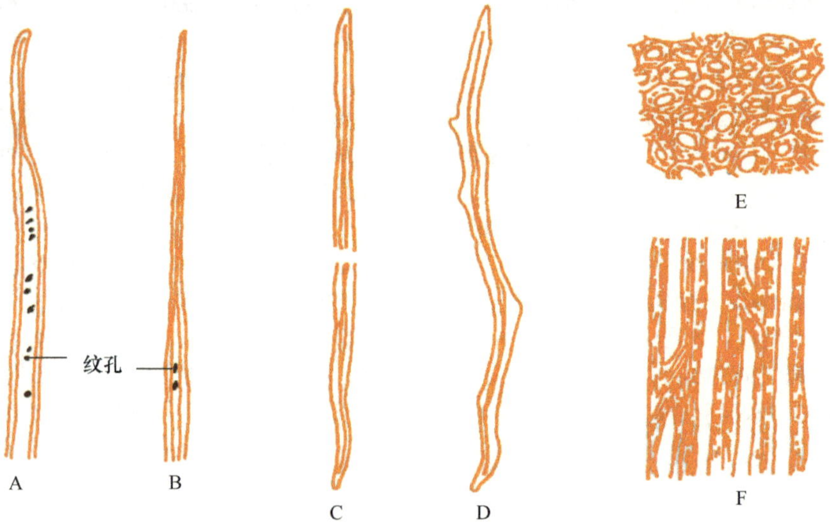

图 2-12 厚壁组织——纤维

A. 苹果的木纤维；B. 白桦的木纤维；C. 黑柳（*Salix tetradenia*）的韧皮纤维；D. 苹果的韧皮纤维；E. 向日葵的韧皮纤维（横切面）；F. 向日葵的韧皮纤维（纵切面）

（引自 Eames and MacDaniels，2002）

（2）石细胞（sclereid，stone cell）。一般是由薄壁细胞经过细胞壁强烈增厚分化而来，也可从分生组织活动的衍生细胞产生。石细胞广泛分布于植物体中，可单生或聚生于茎、叶、果皮和种皮内。石细胞形状差别很大，有分枝的、星状的、长柱形的等（图 2-13）。石细胞壁强烈次生增厚和木化，有时也可栓化或角化，呈同心环状层次；壁上有许多单纹孔，细胞腔极小，通常原生质体消失，成为仅具坚硬细胞壁的死细胞。例如，桃、李、梅、椰子等果实坚硬的“核”，水稻的谷壳，花生的“果壳”等，都有大量石细胞存在；茶、桂花叶片中有单个分枝状石细胞；豆类种皮上有呈栅栏状和骨状石细胞；梨果肉中坚硬的颗粒，便是成簇的石细胞，它们数量的多少是梨品质优劣的一个重要指标。

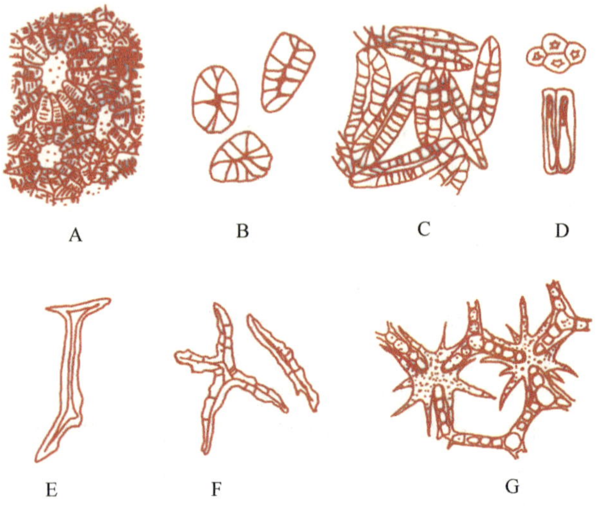

图 2-13 厚壁组织——石细胞

A. 桃内果皮石细胞；B. 梨果肉石细胞；C. 椰子内果皮石细胞；D. 菜豆种皮表皮层石细胞；E. 茶叶片石细胞；F. 山茶属叶柄石细胞；G. 萍蓬草属叶柄的星状石细胞

（引自 Cronquist，1981；Eames and MacDaniels，2002；Esau，1977）

（四）输导组织

输导组织（conducting tissue）是植物体内担负物质长途运输功能的管状结构，它们在各器官间形成连续的输导系统。根从土壤中吸收水分和无机盐，由它们运送到地上部分。叶光合作用的产物，由它们运送到根、茎、花、果实中。植物体各部分之间经常进行物质的重新分配和转移，也要通过输导组织完成。在植物体中，水分和有机物运输分别由两类输导组织承担，一类为导管和管胞，主要运输水分和溶解于其中的无机盐；另一类为筛管和筛胞，主要运输有机物质。

1. 导管

导管（vessel）普遍存在于被子植物木质部中。它们是由许多长筒形细胞顶端对顶端连接而成。每一个细胞称为导管分子（vessel element 或 vessel member）。导管直径大小不一。导管分子侧壁呈不同程度增厚和木化，端壁溶解消失，形成不同程度的穿孔（perforation），有的成为大的单穿孔（simple perforation），有的成为由数个孔穴组成的复穿孔（compound perforation）。具有复穿孔的端壁（end wall）称为穿孔板（perforation plate）。导管分子因原生质体解体而成为死细胞（图 2-14），整个导管为一长管状结构。在系统演化上，导管分子外形宽粗、端壁和侧壁近于垂直的导管比外形狭长而末端尖锐的导管进化；端壁单穿孔导管较复穿孔导管进化。

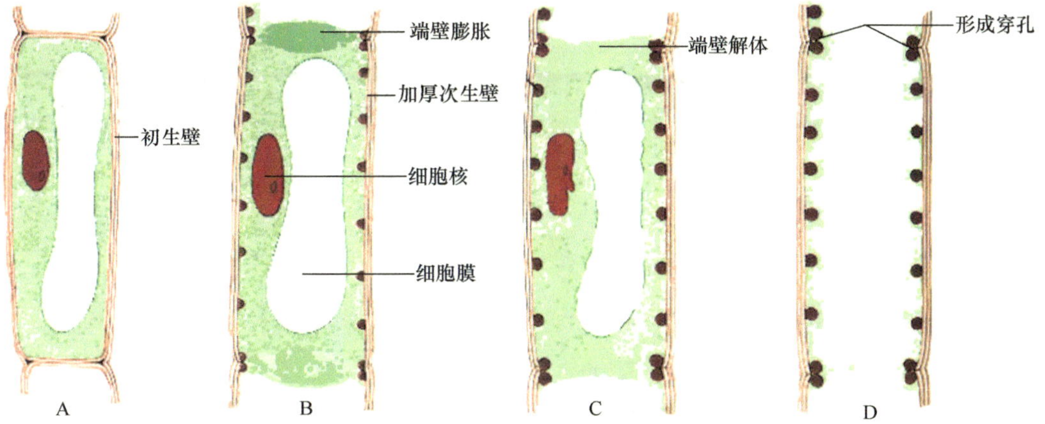

图 2-14 导管分子的发育

A. 导管分子前身，无次生壁形成；B. 细胞体积增至最大程度，细胞核增大，次生壁物质开始沉积；C. 次生壁加厚完成，液泡膜破裂，细胞核变形，壁端处部分解体；D. 导管分子成熟，原生质体消失，次生加厚壁之间的初生壁已部分水解，两端形成穿孔

（引自 Esau，1977）

根据导管发育先后及其侧壁次生增厚和木化方式不同，可将导管分为 5 种类型（图 2-15）：环纹导管（annular vessel），每隔一定距离有一环状木化增厚次生壁；螺纹导管（spiral vessel），侧壁呈螺旋带状木化增厚；梯纹导管（scalariform vessel），侧壁呈几乎平行的横条状木化增厚，与未增厚的初生壁相间排列，呈梯形；网纹导管（reticulated vessel），侧壁呈网状木化增厚，“网眼”为未增厚的初生壁；孔纹导管（pitted vessel），侧壁大部分木化增厚，未增厚部分形成孔纹。

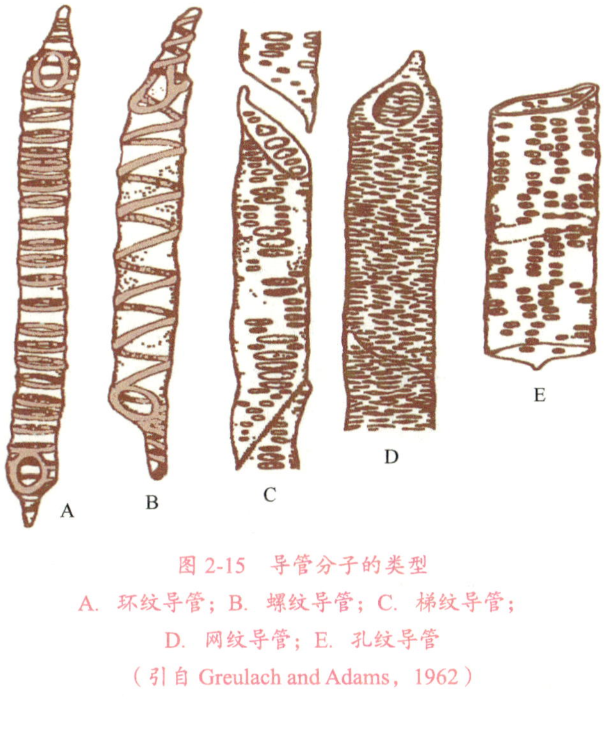

图 2-15 导管分子的类型

A. 环纹导管；B. 螺纹导管；C. 梯纹导管；D. 网纹导管；E. 孔纹导管

（引自 Greulach and Adams，1962）

上述 5 种导管类型中，前 2 种导管出现较早，常发生于生长初期的器官中，导管直径较小，输水能力较弱，未增厚的初生壁还可随器官伸长而延伸；后 3 种导管多在器官生长后期分化形成，导管直径大，每个导管分子较短，输导效率高。有时在一个导管上可见到一部分是环纹加厚，另一部分是螺纹加厚；有时梯纹和网纹之间的差别十分微小；也有网纹和孔纹结合而成网孔纹的过渡类型。导管长度从几厘米到几米不等。藤本植物的导管最长，如紫藤茎的导管可达 5m 多长。

一株植物的水分运输，不是由一条导管从根直通到顶，而是分段经过许多条导管曲折连贯向上运行。导管是一种比较完善的输水结构，水流可顺利通过导管细胞腔及穿孔上升，也可通过侧壁上的纹孔横向运输。导管的输导功能并非永久保持，其有效期因植物种类而异。在多年生植物中有的可达数年，有的长达十余年。当新导管形成后，老导管通常相继失去输导能力。这是因为导管四周薄壁细胞增大，通过导管侧壁上的纹孔，侵入导管腔内，形成大小不等的囊泡状突起，充满导管腔内。这种突入生长的囊泡状结构称为侵填体（tylosis）（图 2-16）。它包含有单宁、晶体、树脂和色素等物质，甚至薄壁细胞的细胞核和细胞质也可移入侵填体内。侵填体把导管堵塞起来，这在双子叶植物中，尤其是木本植物更为普遍，如在栎属、洋槐属、葡萄属、桑属、梓属（*Catalpa*）中大量发育；一些草本植物，如南瓜、木薯、茄、甘蔗等也有存在。侵填体的形成能降低木材透性，增强抗腐能力，防止病菌侵害，对增强木材坚实度和耐水性具有一定作用。

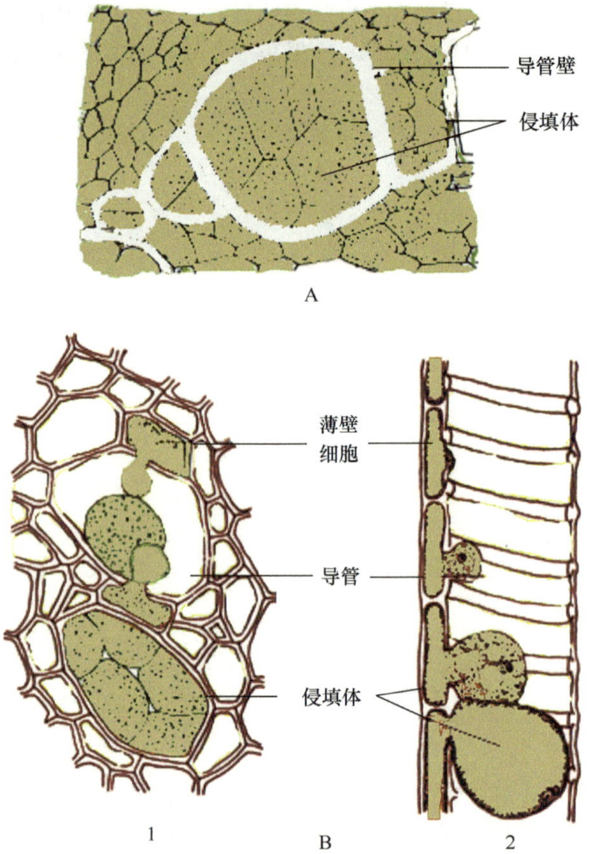

图 2-16 导管内的侵填体

A. 木薯块根导管中的侵填体；B. 刺槐茎导管中的侵填体形成（1. 横切面；2. 纵切面）

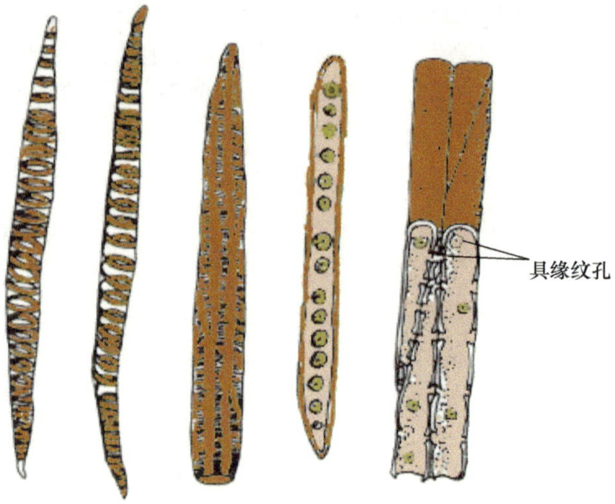

图 2-17 管胞的类型

A. 环纹管胞；B. 螺纹管胞；C. 梯纹管胞；D. 孔纹管胞；E. 4 个毗邻孔纹管胞的一部分（其中 3 个管胞纵切，示纹孔的分布与管胞间的连接方式）

（引自 Greulach and Adams，1962）

2. 管胞

管胞（tracheid）是绝大部分蕨类植物和裸子植物的唯一输水机构。大多数被子植物中，管胞和导管同时存在于木质部中。

管胞是一种狭长而两头斜尖的管状细胞，一般长 1～2mm，直径较小，细胞壁次生增厚并木化，最后原生质体消失，成为死细胞。它与导管的主要区别在于管胞端壁不形成穿孔。管胞次生壁增厚并木化时，同样形成环纹、螺纹、梯纹和孔纹等纹理（图 2-17）。裸子植物管胞壁上多具有典型的具缘纹孔，而被子植物的双子叶植物通常不显现。管胞纵向排列时，各以先端斜尖面彼此贴合，水溶液主要通过侧壁上的纹孔进入另一个管胞，逐渐向上或横向运输，故输导效率低。管胞常成群分布，尤其在裸子植物中更是如此。此外，管胞细胞壁增厚，木质化并以斜端相互穿插，结构坚固，故兼有较强的机械支持功能。

3. 筛管

筛管（sieve tube）存在于被子植物韧皮部中，由一些长管状活细胞连接而成，每一个细胞称为筛管分子（sieve element）。筛管分子的壁通常只有初生壁，主要由纤维素和果胶质组成。筛管端壁上有许多小孔，称为筛孔（sieve pore）。筛孔常成群分布于细胞壁上，壁上具筛孔的区域称为筛域（sieve area）。分布一至多个筛域的端壁称为筛板（sieve plate）（图 2-18）。筛板上只有一个筛域的称单筛板，如南瓜的筛管；具有多个筛域的称为复筛板，如葡萄的筛管。筛管分子是生活细胞，具有生活原生质体，但在成熟过程中，其细胞核解体，许多细胞器退化，液泡膜破裂，最后仅有结构退化的质体、线粒体、变形内质网、含蛋白质的黏液体（slime body）以及存留在筛管分子周缘的一薄层细胞质。黏液体中含有一种特殊的蛋白质称为 P- 蛋白质（phloem protein）。有人认为 P- 蛋白质是一种收缩蛋白，与有机物运输有关。黏

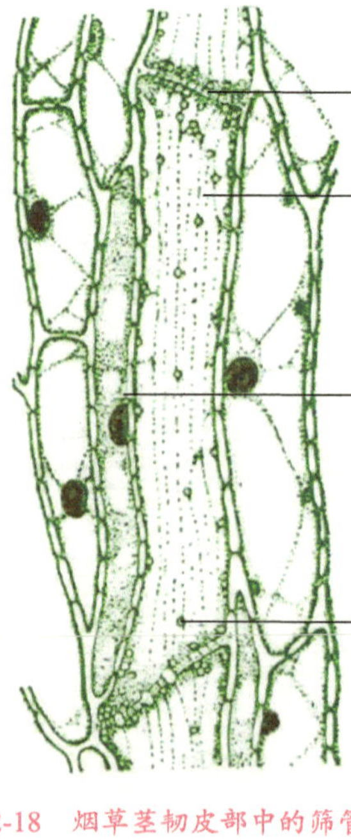

图 2-18 烟草茎韧皮部中的筛管与伴胞纵切面

液体分散在细胞中，并呈细丝状联络索（connecting strand）通过筛板上的筛孔把相邻筛管分子原生质体连接起来，从而构成有机物质运输的通道。筛孔周围衬有胼胝质（callose），随着筛管成熟老化，胼胝质不断增多，以致成垫状沉积在整个筛板上，此时联络索相应变细，以至完全消失，筛管被堵塞。这种垫状物质称为胼胝体（callosity）（图 2-19）。单子叶植物筛管的输导功能在整个生活周期内不致丧失，而一些多年生双子叶植物在冬天来临前，由于胼胝体的形成，筛管暂时丧失输导功能，到翌年春天，胼胝体溶解，筛管功能又渐恢复。此外，当植物受到损伤等外界刺激时，筛管分子也能迅速形成胼胝质，封闭筛孔，阻止营养物流失。一般筛管的长度为 0.1～2mm，宽为 10～70μm。同化产物输送速度可达 10～100cm/h，甚至 200cm/h。运输方向可上可下，通常是由营养物质丰富的部位向含量较低的部位输送。

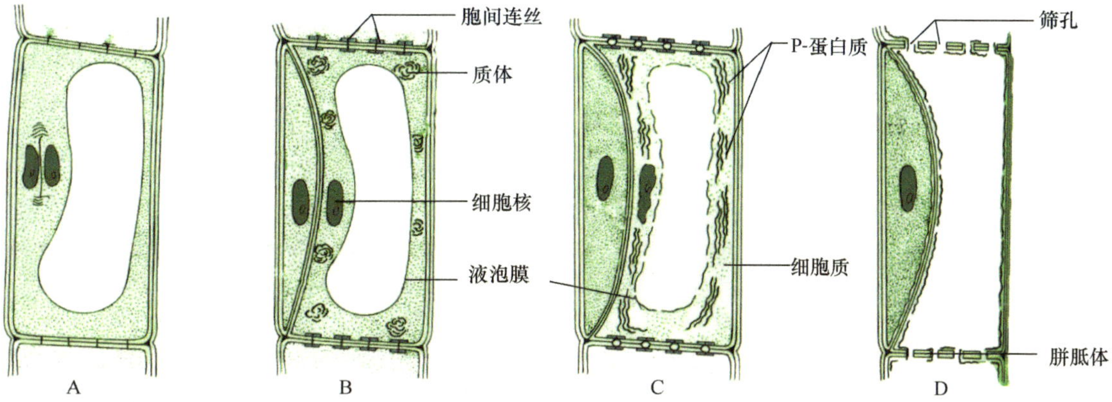

图 2-19 筛管分子的发育图解

A. 筛管分子前身在分裂；B. 筛管分子具有 P- 蛋白质，伴胞前身（深色细胞）在分裂；C. 筛管分子的核退化，液泡膜部分破裂，P- 蛋白质分散，旁有两个伴胞；D. 成熟筛管分子，在筛孔处衬有胼胝质和含有一些 P- 蛋白质，看不到内质网

（引自张宪省和贺学礼，2003）

伴胞（companion cell）是紧贴筛管分子旁边的一至数个小型、细长、两头尖的薄壁细胞。伴胞与筛管分子由同一个母细胞分裂而来，两者长度相等或伴胞较筛管稍短。伴胞有明显的细胞核，细胞质浓厚，具有多种细胞器和许多小液泡，尤其是含有大量线粒体，说明伴胞代谢活动活跃，但质体内膜分化较差。伴胞与筛管侧壁之间有胞间连丝相通，它对维持筛管质膜的完整性，进而维持筛管功能有重要作用。在某些双子叶植物中，筛管分子与邻近细胞之间物质交换特别强烈的部分，伴胞发育出内褶的细胞壁，具有传递细胞的特点，有效加强了短途运输，表明伴胞与筛管的关系是起装载和卸除的作用。

4. 筛胞

裸子植物和蕨类植物韧皮部中没有筛管，只有筛胞（sieve cell），它是单独的输导单位。筛胞是一种细长细胞，两端渐尖而倾斜，侧壁上有不甚明显的筛域。它与筛管的主要区别是端壁不形成筛板，而以筛域与另一个筛胞相通，有机物质通过筛域输送；原生质体中也没有 P- 蛋白质。筛胞输导功能较差，是比较原始的输导结构。

导管和筛管是植物体内输导组织的主要组成部分，也是某些病菌侵袭感染的途径。例如，棉花枯萎病菌的菌丝可从导管侵入，某些病毒可通过媒介昆虫进入韧皮部，引发病害发生。了解致病途径，对于研究和防治病虫害具有重要的实践意义。

（五）分泌结构

植物体中凡能产生分泌物质的有关细胞或特化的细胞组合，总称为分泌结构（secretary structure）。植物产生分泌物的结构来源各异，形态多样，分布方式不尽相同，有的以单个细胞分散于其他组织中，也有的集中分布或特化成一定结构。植物分泌物种类繁多，常见的有糖类、蜜汁、挥发油、黏液、树脂、乳汁、单宁、生物碱、盐类等，这些分泌物聚积在细胞内、胞间隙或腔道中，或通过一定细胞组成的分泌结构排出体外，这种现象称为分泌现象。有的分泌物（蜜汁和芳香油）能引诱昆虫，有利于传播花粉和果实；有的能泌溢出过多盐分，使植物免受高盐毒害；某些植物分泌物能抑制或杀死某些病菌及其他生物，以保护自身；许多分泌物质是重要的药物、香料或其他工业原料，具有重要经济价值。

根据分泌结构发生部位和分泌物溢排情况，分泌结构分为外分泌结构和内分泌结构两类。

1. 外分泌结构

外分泌结构（external secretary structure）是将分泌物排到植物体外的分泌结构。大都分布在植物体表面，如腺毛、腺鳞、蜜腺、排水器等（图 2-20）。

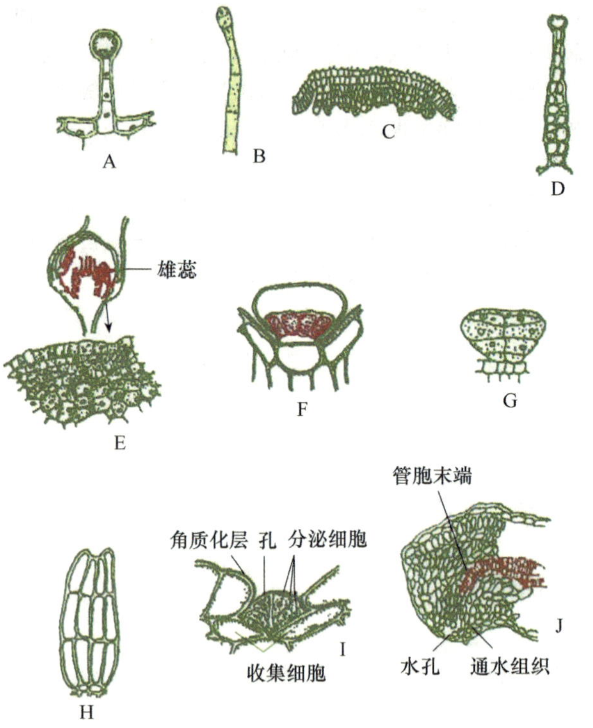

图 2-20　外分泌结构

A. 天竺葵茎上的腺毛；B. 烟草具多细胞头部的腺毛；C. 棉叶主脉处的蜜腺；D. 荨麻属花萼的蜜腺毛；E. 草莓的花蜜腺；F. 百里香（*Thymus vulgaris*）叶表皮上的球状腺鳞；G. 薄荷属的腺鳞；H. 大酸模的黏液分泌毛；I. 柽柳属（*Tamarix*）叶上的盐腺；J. 番茄叶缘的排水器（引自 Esau，1977）

（1）腺毛（glandular hair）。由一至数个细胞组成，通常分头部和柄部。头部膨大，具有分泌作用，开始时分泌物储存于细胞壁和角质层之间，以后角质层破裂而向外分泌黏液或精油，对植物具有保护作用。例如，烟草、番茄、泡桐、棉等的幼茎或叶表面有腺毛存在（图 2-20A、图 2-20B）。

（2）腺鳞（glandular scale）。鳞片状腺毛，头部大而扁平，柄部极短或无，排列成鳞片状。腺鳞普遍存在于植物中，尤以唇形科、菊科和桑科植物中常见（图 2-20F、图 2-20G）。

（3）蜜腺（nectary）。能分泌糖液，它由细胞质浓厚的一至数层分泌细胞群组成，位于植物体表面特定部位。蜜腺包括虫媒植物花部的花蜜腺（图 2-20D、图 2-20E）和位于营养体上的花外蜜腺，如油菜花托上的花蜜腺、棉叶中脉和蚕豆托叶上的花外蜜腺（图 2-20C）。蜜汁分泌量多的植物，是良好的蜜源植物，有较高经济价值。

（4）盐腺（salt gland）。分泌物是盐类。一般盐碱地上生长的植物体表有盐腺分布，用于分泌多余盐分以保持体内盐分平衡，如柽柳属（图 2-20I）等植物的茎和叶表面均分布有盐腺。

（5）腺表皮（glandular epidermis）。是植物体某些部位具有分泌功能的表皮细胞，如矮牵牛（*Petunia hybrida*）、漆树（*Toxicodendron wernicifluum*）等许多植物花的柱头、表皮均为腺表皮。细胞呈乳头状突起，能分泌糖、氨基酸、酚类化合物等柱头液，利于黏着花粉并促进花粉萌发。

（6）排水器（hydathode）。是植物将体内过多水分排出体外的结构，它的排水过程称为吐水。排水器常分布在叶尖和叶缘，由水孔和通水组织构成。水孔和气孔相似，但它的保卫细胞分化不完全，无自动调节开闭作用，故始终开放着。通水组织是排列疏松而无叶绿体的叶肉组织，细胞较小，与脉梢管胞相连。水从木质部管胞经通水组织到水孔排出体外，这种现象可作为根系正常活动的一种标志。

2. 内分泌结构

内分泌结构（internal secretary structure）分泌物积聚于植物体细胞内、胞间隙、腔穴或管道内，常见的有分泌细胞、分泌腔或分泌道和乳汁管。

（1）分泌细胞（secretary cell）。以单个细胞存在，可以是生活细胞或非生活细胞，在细胞腔内积聚特殊的分泌物（图 2-21A）。分泌细胞常大于它周围的细胞，外形有囊状、管状或分枝状，甚至可扩展为巨大细胞，容易识别，因此称为异细胞。分泌细胞根据分泌物类型不同可分为油细胞（樟科、木兰科）、黏液细胞（仙人掌科、锦葵科）、含晶细胞（桑科、蔷薇科、景天科）以及树脂细胞、芥子酶细胞等。

（2）分泌腔（secretary cavity）和分泌道（secretary canal）。是一群最初有分泌能力的细胞，后来部分细胞溶去形成囊状间隙（溶生的）或细胞分离形成的裂生间隙（裂生的）（图 2-21C）或两种方式结合而成的间隙（裂溶生的）。分泌物储存于腔穴中。例如，柑橘叶和果皮中透亮的小圆点，就是溶生分泌腔（图 2-21D），在这个腔周围可以看到有部分损坏的细胞。松柏类木质部中的树脂道和漆树韧皮部中的漆汁道是裂生型分泌道（图 2-21E、图 2-21F），它们是分泌细胞间的胞间层溶解而形成的纵向或横向长形胞间隙，完整的分泌细胞衬在分泌道周围，树脂或漆液由这些细胞排出，积累在管道中；芒果属（*Mangifrra*）的叶和茎中分泌道是裂溶生起源的。分泌腔和分泌细胞所分泌的挥发性物质，很多是重要的药物或香料。

（3）乳汁管（laticifer）。是分泌乳汁的管状结构，可分为无节乳汁管（non-articulate laticifer）和有节乳汁管（articulate laticifer）。无节乳汁管由一个细胞发育而成，随着植物体生长不断伸长和分枝，贯穿于植物体内，长度可达几米以上，如桑科、夹竹桃科、大戟属植物的乳汁管。有节乳汁管由许多圆柱形细胞连接而成，以后横壁消失，如菊科、罂粟科、番木瓜科（Caricaeae）、芭蕉科（Musaceae）、旋花科以及橡胶树属（*Hevea*）等植物的乳汁管均属这种类型（图 2-21G、

图 2-21H）。乳汁通常为白色或乳白色，少数植物为黄色、橙色甚至红色。乳汁成分很复杂，有橡胶、蛋白质、淀粉、糖类、酶、植物碱、有机酸、盐类、脂类、单宁等物质，其中许多有经济价值。

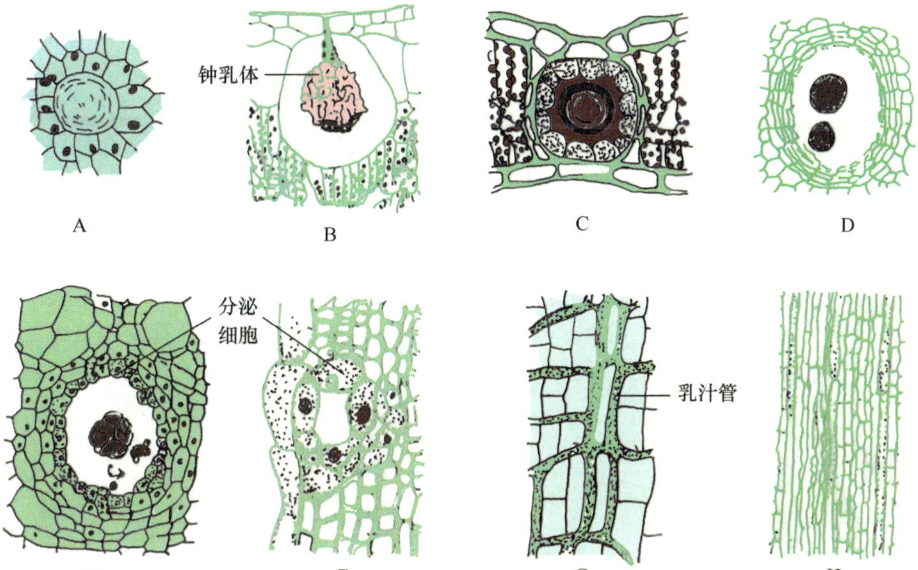

图 2-21 内分泌结构

A. 鹅掌楸芽鳞的分泌细胞；B. 三叶橡胶含钟乳体细胞；C. 金丝桃叶的裂生分泌腔；D. 柑橘属果皮的分泌腔；E. 漆树的漆汁道；F. 松树的树脂道；G. 蒲公英的乳汁管；H. 大蒜的有节乳汁管

第三节 植物组织的演化、复合组织和组织系统

一、植物组织的演化

植物的演化是从单细胞至多细胞群体，再发展为多细胞个体，多细胞个体内出现了细胞分化，产生了组织。各种组织的出现并不同步，组织的简单与复杂程度也不同。

在植物组织系统演化中，薄壁组织出现较早，而输导组织、机械组织和分泌组织出现较晚。维管组织是以输导作用为主的复合组织，它的出现是植物由水生到陆生进化的标志，蕨类植物和种子植物才有维管组织，特别是被子植物体内维管组织高度发达与完善，是它在地球上繁荣昌盛的原因之一。

保护组织中的表皮具有彼此嵌合紧密的表皮细胞、发达的角质膜、毛状体、具开闭机制的气孔器等，都是植物适应陆生生活的体现。周皮这一次生保护结构使得裸子植物和被子植物等木本植物得以在严寒、干旱环境中生存。

分泌组织，如树脂道是在次生木质部中有了木薄壁细胞后才出现的，因为构成树脂道的泌脂细胞属于薄壁细胞范畴。内分泌结构的分泌腔、乳汁管也是次生进化特征；而外分泌结构的腺体要比内分泌结构发生至少早 1 亿年。

二、复合组织

植物个体发育过程中，凡由同类细胞构成的组织称为简单组织（simple tissue），如分生组织、薄壁组织和机械组织；而由多种类型细胞构成的组织称为复合组织（compound tissue），如表皮、周皮、木质部、韧皮部和维管束等。

（一）维管组织

高等植物体内的导管、管胞、木薄壁细胞和木纤维等组成分子经常有机组合在一起形成木质部（xylem）；筛管、伴胞、韧皮薄壁细胞和韧皮纤维等组成分子组合成韧皮部（phloem）。由于木质部和韧皮部的主要组成分子是管状结构，因此将它们称为维管组织（vascular tissue）。木质部和韧皮部是典型的复合组织，在植物体内主要起输导作用，它们的形成对于植物适应陆生生活有重要作用。从蕨类植物开始，已有维管组织分化，种子植物体内的维管组织更为发达。通常将蕨类植物和种子植物总称为维管植物（vascular plant）。

（二）维管束

木质部和韧皮部在植物体内紧密结合在一起，呈束状存在。它们共同组成的束状结构称为维管束（vascular bundle）。维管束由原形成层分化而来。在不同植物或不同器官内，原形成层分化成木质部和韧皮部的情况不同，也就形成了不同类型的维管束。根据有无形成层和维管束能否继续发展扩大，将维管束分为有限维管束和无限维管束两大类。

有限维管束（closed vascular bundle）。有些植物的原形成层完全分化为木质部和韧皮部，没有留存能继续分裂出新细胞的形成层。这类维管束不能再进行发展扩大，称为有限维管束。大多数单子叶植物的维管束属有限维管束。

无限维管束（open vascular bundle）。有些植物的原形成层除大部分分化成木质部和韧皮部外，在两者之间还保留一层分生组织——束中形成层。这类维管束以后通过束中形成层的分裂活动，产生次生韧皮部和次生木质部，维管束可以继续发展扩大，称为无限维管束，如很多双子叶植物和裸子植物的维管束即为此类维管束。

另外，也可根据木质部和韧皮部的位置和排列情况，将维管束分为下列几种（图 2-22）。

外韧维管束（collateral vascular bundle）。木质部排列在器官内侧，韧皮部排列在外，两者内外并生成束。一般种子植物具有这种维管束。如果结合形成层的有无，可分为无限外韧维管束和有限外韧维管束。前者束内有形成层，如双子叶植物的维管束；后者束内无形成层，如单子叶植物的维管束。

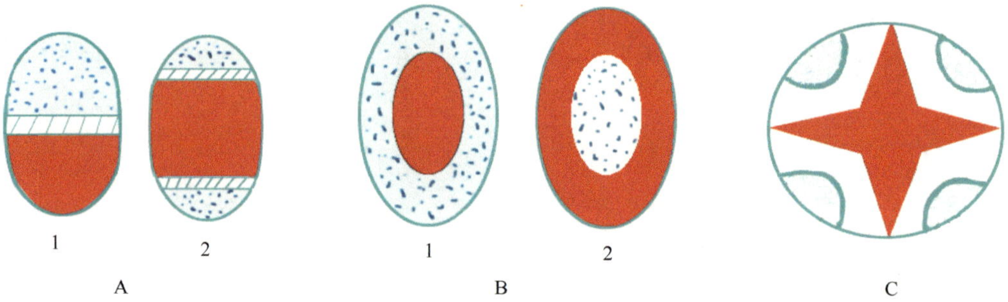

图 2-22 维管组织排列类型图解

（缀点部分表示韧皮部，红色部分表示木质部，斜线部分表示形成层）A. 并生排列（1. 外韧维管束；2. 双韧维管束）；B. 同心排列（1. 周韧维管束，2. 周木维管束）；C. 辐射排列

双韧维管束（bicollateral vascular bundle）。木质部内外都有韧皮部的维管束，如瓜类（图 2-23）、茄类、马铃薯、甘薯等茎中的维管束。

周木维管束（amphivasal vascular bundle）。木质部围绕韧皮部呈同心排列的维管束称周木维管束。例如，芹菜、胡椒科（Piperaceae）一些植物茎和少数单子叶植物（如香蒲、鸢尾）根状茎中有周木维管束。

周韧维管束（amphicribral vascular bundle）。韧皮部围绕木质部的维管束称周韧维管束。例如，被子植物的花丝、酸模（*Rumex acetosa*）、秋海棠（*Begonia grandis*）茎中，以及蕨类植物根状茎中为周韧维管束。

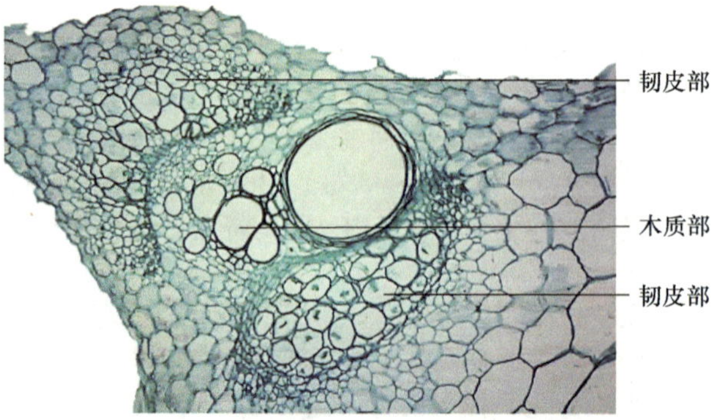

图 2-23 南瓜茎双韧维管束

（徐兴友摄）

根初生结构中，木质部有若干辐射角，韧皮部间生于辐射角之间，两者交互呈辐射排列，不互相连接，也不形成维管束。

三、组织系统

植物体内各种组织和器官都有一定的结构和形式，而且和它们的作用有密切关系。例如，维管组织是输导营养和水分的组织，它在植物体内形成了一种连续系统，连续贯穿在整个植物所有器官中。植物体内不属于维管组织的其他各种组织也是连续的，从而构成一个结构和功能上的单位，称为组织系统。通常将植物体中各类组织归纳为皮系统、维管组织系统和基本组织系统 3 种组织系统。

皮系统（dermal system）。包括表皮和周皮。表皮是覆盖植物体的初生保护组织；周皮是代替表皮的一种次生保护组织。

维管组织系统（vascular system）。主要包括两类输导组织，即输导养料的韧皮部和输导水分的木质部。

基本组织系统（ground tissue system）。植物体的基本组织，表现出不同程度的特化，并形成各种组织。包括各种各样的薄壁组织、厚角组织和厚壁组织等。

它们分布于皮系统和维管系统之间，是植物体各部分的基本组成。

植物的整体结构表现为：维管组织包埋于基本组织之中，外面覆盖着皮系统，各个器官结构上的变化，除表皮或周皮始终包被在外面，主要表现在维管组织和基本组织相对分布上的差异。

本章主要内容和概念

植物组织是指形态、结构相似，在个体发育中来源相同，担负着一定生理功能的细胞组合。植物组织是植物体内细胞生长和分化的结果，也是植物体复杂化和完善化的产物。植物体内各种组织不论是在来源、结构、功能、分布上都既有独立性，又有从属性，各种组织有机组合，共同完成植物体的整个生理活动。

本章主要包括植物组织的基本概念，各种组织特点、类型、分布及其功能，复合组织种类及组织系统等内容。

主要概念包括：

植物组织及其类型，分生组织特征、分布及其类型，成熟组织特征、类型、分布及其功能，传递细胞的特征、分布和功能，厚角组织与厚壁组织，纤维与石细胞，表皮与周皮，气孔器，气孔与皮孔，硅质细胞，栓质细胞，穿孔板，筛板，筛域，木质部与韧皮部，导管与管胞，筛管、伴胞与筛胞，分泌细胞，乳汁管，分泌现象，溶生分泌腔与裂生分泌腔，吐水作用，简单组织与复合组织，维管束的类型及其特征，组织系统。

复习思考题

1. 何为植物组织？植物组织与细胞和器官之间的关系如何？
2. 试从结构和功能上区别：分生组织和成熟组织，厚角组织和厚壁组织，木质部和韧皮部，表皮和周皮，导管和筛管，导管和管胞，筛管和筛胞，乳汁管和树脂道。
3. 传递细胞的特征和功能是什么？
4. 从输导组织结构和组成分析，为什么说被子植物比裸子植物更高级？
5. 什么是脱分化，这对植物体生长发育有何重要意义？
6. 试述植物组织系统在植物体内的分布规律及其功能。

第三章 种子和幼苗

被子植物是种子植物中进化程度最高的高等植物，在结构上不仅有了组织分化，而且出现了根、茎、叶、花和果实等器官。器官（organ）是由多种组织构成、具有一定形态和功能的结构单位。根据主要功能不同将植物器官分为营养器官和生殖器官两种。营养器官（nutritive organ）是指那些主要与植物营养物质吸收、合成、运输和储藏（即营养生长）有关的器官，如根、茎、叶；而花、果实和种子与植物产生后代（即生殖生长）密切相关，称为生殖器官（reproductive organ）。这些器官皆发源于种子，受精卵直接发育形成了种子的主要组成部分胚，因此，通常在种子离开母体植株的时候，新生一代就已孕育并完成形态上的初步分化。当种子萌发就形成了幼苗（seedling），幼苗继续生长形成具有根、茎、叶分化的植物体，以后发育又形成了花、果实和种子。

第一节 种子的基本组成

种子（seed）是种子植物的特有结构，一般都在果实中。植物种类不同，种子大小、形状和颜色等差异也很大。例如，蚕豆、菜豆种子为肾形，花生为椭圆形，而豌豆、龙眼（*Dimocarpus longan*）种子为圆球形；大豆种子呈黄色、青色或黑色，荔枝种子呈红褐色等，还有具彩纹的，如蓖麻种子；椰子球形种子直径达15～20cm，油菜、萝卜、芝麻种子较小，而烟草和兰花种子更小，其大小犹如微细沙粒，如附生兰（*Oncidium flexuosum*）5万颗种子重0.1g。这些不同植物种子的外形特点可以用来鉴别植物种类。

种子形态变化万千，基本结构却大致相同。种子通常由受精后的胚珠发育而成，其各组成部分由来如下：

胚珠
- 珠被 ——→ 种皮
- 受精卵（合子）——→ 胚
- 受精极核（初生胚乳核）——→ 胚乳（有或无）

大多数种子都是由胚、胚乳和种皮这三部分组成，如玉米、水稻等。但也有些种子的胚乳在发育过程中会被胚中的子叶吸收利用，在种子成熟时胚乳消失，形成无胚乳种子，如菜豆等。这种类型的种子只有胚和种皮两部分。

一、种皮

种皮（seed coat）包被在种子最外面，不但具有保护胚和胚乳、避免水分丧失、机械损伤和病虫害侵入等功能，有些植物种皮还控制着种子萌发。种皮常由几层细胞构成，其性质和厚度因植物种类而异。一般来说，胚珠具一层珠被，只形成一层种皮，如向日葵、番茄等；具两层珠被的，通常相应形成内、外两层种皮，外种皮常为一层硬壳，内种皮为一层薄膜，如蓖麻、油菜等。但也有些植物这两层种皮区分不明显，或虽有两层珠被，但在发育过程中，内珠被退化成纤弱的单层细胞，甚至完全消失，只由外珠被继续发育成种皮，如大豆、菜豆等。而禾本科植物的种皮极不发达，如小麦、水稻等仅剩下由内珠被的内层细胞发育而来的种皮，这种残存种皮与子房壁发育而成的果皮愈合在一起，这类种子实际上是一种果实，植物学上称为颖果。

成熟种子种皮上有种脐（hilum）、种孔（micropyle）、种脊（raphe）和种阜（caruncle）等附属结构。种脐是指种子成熟后，从种柄或胎座上脱落留下的痕迹，其颜色、大小、形状因植物种类而不同，一般呈线形、椭圆形等形状；颜色深浅不一，如菜豆种子腹面有一个明显的黑色斑痕就是种脐（图3-1）。种孔在种脐一端，是珠孔在种皮上留下的孔痕，如豆类种子的种脐上方有一个小孔就是种孔，种子吸水后如在种脐处稍加挤压，即可发现有水滴从这一小孔溢出。种阜是在种脐和种孔附近的一个小隆起，如蓖麻种子下端有一个白色隆起就是种阜。种脊是维管束集中分布的地方，为种子腹面中央一条稍隆起的纵向痕迹，由珠柄和珠被合生发育而成，只有倒生胚珠才有，如蓖麻种子的背面中央有一条明显的纵纹就是种脊。

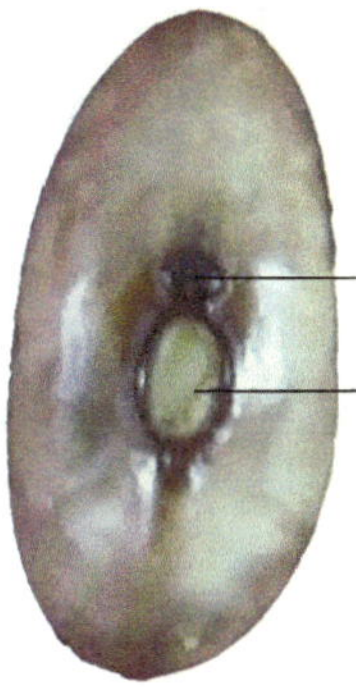

图 3-1 菜豆种子外观图

二、胚

胚（embryo）由受精卵发育而成，为多细胞结构，是构成种子最重要的部分。包括胚芽（plumule）、胚根（radlcle）、胚轴（embryonal axis）和子叶（cotyledon）4 部分。种子萌发后，胚根、胚芽和胚轴分别形成植物体的根、茎、叶及其过渡区，因而胚是植物新个体的原始体，植物器官的形态发生也从胚开始。

（一）胚芽

胚芽体积很小，常呈现雏叶的形态，由分生区、叶原基、腋芽原基和幼叶（也有幼叶尚未形成的）组成，禾本科植物种子的胚芽被胚芽鞘包围。种子萌发后，胚芽发育为植物的茎和叶。

（二）胚根

胚根一般为圆锥形，体积很小，由根端生长点和根冠组成，禾本科植物种子的胚根外有胚根鞘包围，图 3-2 为玉米种子胚纵切。种子萌发后，胚根长成主根。

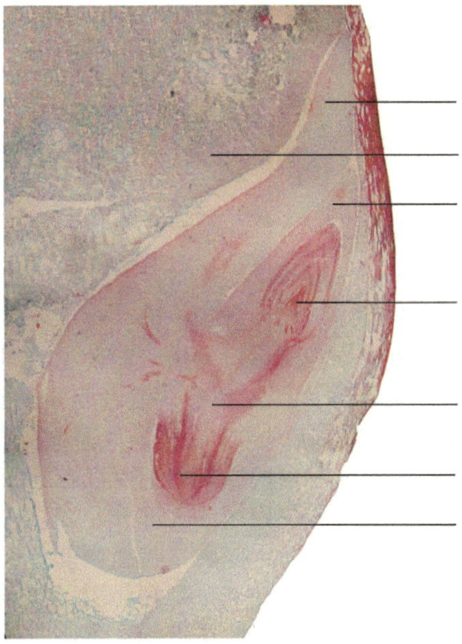

图 3-2 玉米种子胚纵切图

（三）胚轴

胚轴是连接胚芽、胚根和子叶的部分，可分为上胚轴（epicotyl）和下胚轴（hypocotyl）两部分。上胚轴是指子叶着生点至第一片真叶之间的部分；而下胚轴为子叶着生点至胚根之间的部分。胚轴一般极短，在种子中不显著，当种子萌发时，胚轴随之生长、变长，形成根茎的过渡区。

胚根和胚芽的顶端都有生长点，由胚性细胞组成，这些细胞体积小、细胞壁薄、细胞质浓厚、核相对较大、没有或仅有小液泡。当种子萌发时，这些细胞很快分裂、长大，使胚根和胚芽分别伸长，突破种皮，长成新植物的主根和茎、叶。同时，胚轴也随着一起生长，根据不同情况成为幼根或幼茎的一部分。

（四）子叶

子叶被认为是植物最早的叶子，在不同植物的种子里变化较大。首先，不同植物子叶的生理功能不完全相同。有些植物种子的子叶里储有大量养料，供种子萌发和幼苗成长时利用，如大豆、落花生的种子；有些种子的子叶在种子萌发后露出土面，进行短期的光合作用，如陆地棉、油菜等的种子；另有一些种子的子叶呈薄片状，它的作用是在种子萌发时分泌酶物质，以消化和吸收胚乳的养料，再转运到胚里供胚利用，如小麦、水稻、蓖麻等种子。

其次，不同植物子叶的数目不同。种子中有一片子叶的，如水稻、小麦、玉米、洋葱等；也有两片子叶的，如豆类、瓜类、棉、油菜等，据此将被子植物分为单子叶植物和双子叶植物两大类。当然，它们不但在种子的子叶数上有差别，而且在其他器官的形态结构上也不完全相同。种子萌发后，子叶出土或留土，最后消失。

种子植物中的另一类植物——裸子植物，通常有两片子叶的，如桧柏（*Sabina chinensis*）、银杏等；也有数片子叶的，如松、云杉、冷杉（*Abies fabri*）等。

三、胚乳

胚乳（endosperm）位于种皮和胚之间，一般为肉质，是种子内营养物质的储藏场所。有胚乳种子中，胚乳发达；无胚乳种子中，子叶发达。这是由于一些植物种子在发育早期，胚乳的养料被胚吸收，转入子叶中储藏，所以成熟时种子中无胚乳组织，营养物质储藏在子叶中。在种子萌发时，胚乳和子叶中的营养可以被胚吸收利用。

种子的胚乳或子叶储藏的营养物质主要有淀粉、脂肪、蛋白质，还有少量无机盐和维生素。不同植物种子所含养料种类和比例不同。表 3-1 表示几种常见植物种子内含有的主要养分的含量（以种子干重百分比表示）。

表 3-1　常见植物种子中主要养分的含量（单位：%）

植物种类	淀粉	蛋白质	脂质
玉米	75	12	9
小麦	75	12	2
大麦	76	12	3
豌豆	56	24	6
大豆	26	37	17
落花生	12	31	48
油菜	19	21	48

根据储藏物质主要成分不同，把作物种子分为淀粉类种子，如禾本科植物小麦、玉米、水稻和高粱中，淀粉含量较高，可占干重的 60% 以上；脂肪类种子，如花生、油菜子叶中含脂质占干重约 50%；蛋白质类种子，如大豆子叶中蛋白质含量占干重近 40%。我们食用的粮食、油料主要是这一部分。

少数植物种子在形成和发育过程中，胚珠的珠心组织并不被完全吸收消失，而有一部分残留，构成种子的外胚乳（perisperm），如甜菜种子养分储藏的主要场所就在外胚乳；也有胚乳和外胚乳并存的，如睡莲科植物中的芡（*Euryale ferox*）和这一科的其他属种。外胚乳和胚乳只是来源不同，但功能相同。

第二节　种子的基本类型

根据成熟种子内胚乳有无和子叶多少，将种子分为双子叶有胚乳种子、单子叶有胚乳种子和双子叶无胚乳种子、单子叶无胚乳种子四大类。

一、有胚乳种子

有胚乳种子（albuminous seed）由种皮、胚和胚乳组成，如双子叶植物中的蓖麻、烟草、桑、番茄、柿、辣椒等植物的种子和单子叶植物中的水稻、玉米、小麦、洋葱、高粱等植物的种子，都属于这一类型。

（一）双子叶有胚乳种子结构

1. 蓖麻种子结构

蓖麻种子呈椭圆形，稍侧扁，外种皮坚硬光滑并具有斑纹。种子一端隆起的部分是种阜，它是由外种皮延伸而形成的海绵状突起，有吸收作用，利于种子的萌发；种孔被种阜覆盖；种脐不明显。种子腹面中央有一长形隆起的条纹是种脊（图 3-3）。外种皮内侧是膜质的内种皮。剥去种皮可见到白色的胚乳，其内含有大量油脂。胚呈薄片状被包在胚乳中央，两片子叶大而薄，子叶上有明显的脉纹。两片子叶的基部与短的胚轴相连，胚轴下方突出部分是胚根，上方的小突起是胚芽。

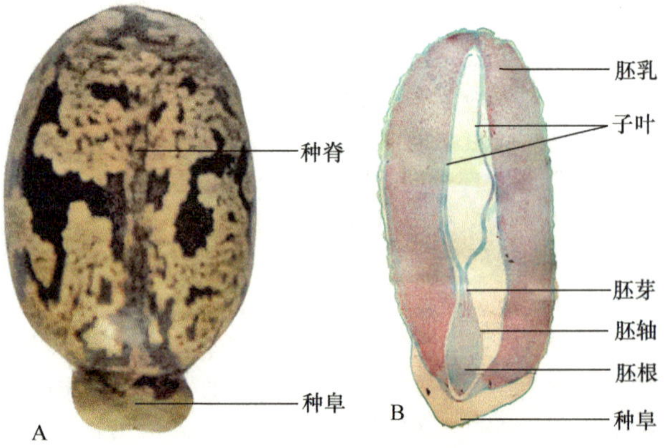

图 3-3　蓖麻种子结构图
A. 表面观；B. 与宽面垂直纵切

2. 番茄种子结构

番茄种子卵形，扁平，种皮淡黄色，有灰色或银色的表皮毛，种脐位于较小一端的凹陷处。胚显著弯曲，包藏于具有丰富脂类的胚乳中；子叶两片，细长而弯曲；胚芽是位于两片子叶之间的一个小突起；胚根长，外观上和胚轴没有明显的界限（图 3-4）。

图 3-4　番茄种子结构
（引自李扬汉，1984）

（二）单子叶有胚乳种子结构

1. 小麦“种子”结构

（1）种皮。一粒小麦俗称种子，但一粒小麦的外围保护层，并不单纯是种皮，而是果皮和种皮共同组成的复合层。果皮较厚，种皮较薄，两者互相愈合，不易分离，因此麦粒实际上是果实，称为颖果。

（2）胚乳。从小麦颖果的纵切面上可以看到胚和胚乳界限明显。果皮和种皮以内的大部分是胚乳，而胚只占基部一侧小部分位置。胚乳常包括两部分：包围在胚乳外周，与种皮紧贴的部分是糊粉层；其余大部分是含淀粉的胚乳细胞。糊粉层细胞含蛋白质、脂肪等有机养料，营养价值较高。

（3）胚。胚由胚芽、胚根、胚轴和子叶4部分构成。胚芽位于胚轴上方，由顶端生长点和周围数片幼叶组成，包围在胚芽外的鞘称为胚芽鞘（coleoptile）；胚根在胚轴下方，由生长点和根冠组成，包在外面的是胚根鞘（coleorhiza）；胚轴极短，将胚芽和胚根上下连接，胚轴的一侧与子叶相连；子叶只有一片，形如盾状，所以也称为盾片（scutellum），盾片的另一侧紧靠胚乳，所以盾片夹在胚乳和胚轴之间。盾片与胚乳交界处有一层排列整齐的细胞，称为上皮细胞或柱形细胞。当种子萌发时，上皮细胞分泌酶类到胚乳中，把胚乳内储藏的营养物质消化、吸收，并转运到胚的生长部位加以利用。在胚轴的另一侧与盾片相对处，有一片薄膜状突起，称为外胚叶（epiblast），有人认为是另一片子叶退化的部分；也有人认为是胚器官的部分裂片（图3-5），是胚根鞘的延伸部分。其他禾本科植物的种子也有类似结构。

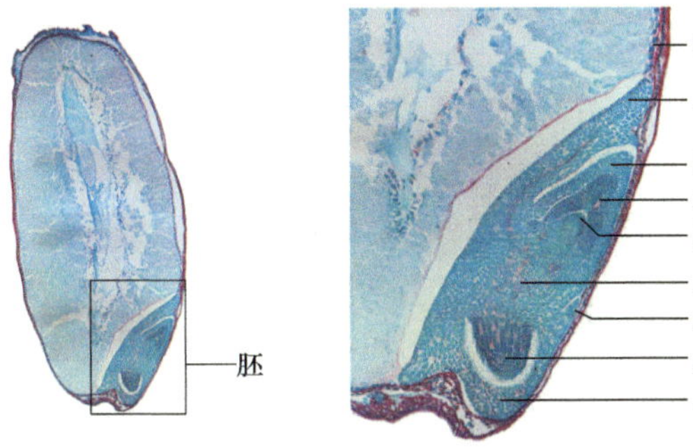

图3-5　小麦颖果结构图

A. 颖果纵切面；B. 胚纵切面

2. 洋葱种子结构

洋葱种子近于半球形，种皮深棕色。胚乳角质，主要含有蛋白质、类脂和半纤维素等营养物质。胚弯曲，包藏于胚乳之中。胚有一片长柱形子叶，其基部圆筒形，着生于胚轴上面包被着胚芽（图3-6）。

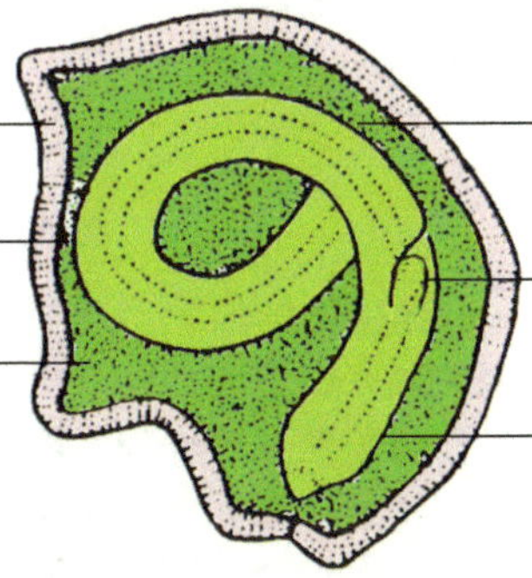

图3-6　洋葱种子结构图

（引自徐汉卿，1996；陆时万，1991）

二、无胚乳种子

无胚乳种子由种皮和胚两部分组成，缺乏胚乳，但子叶肥厚，储藏大量营养物质，代替了胚乳的功能。双子叶植物花生、棉花、荠菜、瓜类、豆类种子和单子叶植物慈姑（*Sagittaria sagittifolia*）、泽泻（*Alisma orientalis*）等种子，都属于这一类型。

（一）双子叶无胚乳种子的结构

1. 花生种子结构

（1）种皮。花生种皮红色或红紫色，膜质。在种子尖端有一微小的白色细痕为种脐；而种孔不易观察。

（2）胚。剥去种皮，可见两片肥厚的子叶，乳白色而有光泽，含有丰富的营养物质，特别是脂肪。轻轻分开子叶发现，子叶着生于短粗的胚轴两侧，把胚轴分为两段：在子叶着生点以上的一段称为上胚轴（epicotyl），子叶着生点以下的一段称为下胚轴（hypocotyl）。胚轴的下端突起是胚根，上方是由生长点和幼叶组成的胚芽（图3-7）。

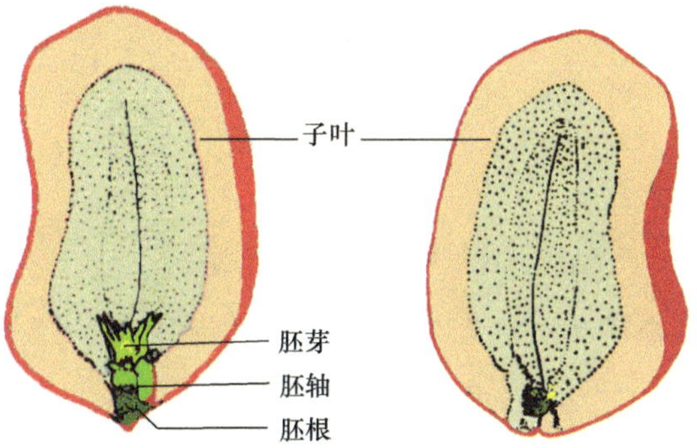

图3-7　花生种子（剥去种皮）结构图

2. 棉花种子结构

棉花种子的种皮黑色而坚硬，种皮上着生的短绒和纤维都属于表皮毛。种脐位于种子尖端的突起处，不明显。剥去种皮可见到一层乳白色的薄膜，这是胚乳的遗迹，其内部是胚。子叶皱褶，胚根圆锥状，胚轴较短，胚芽较小（图3-8）。

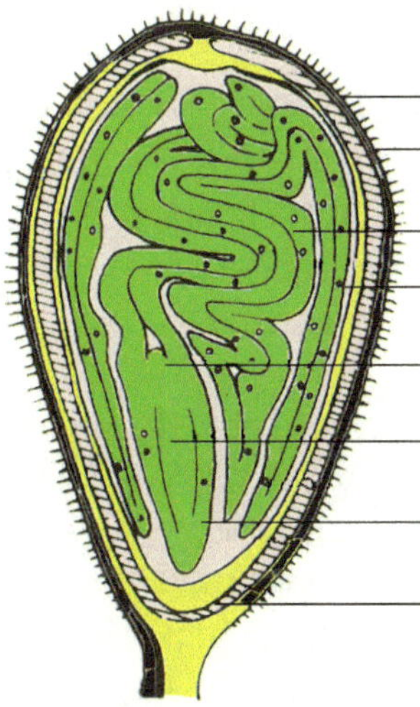

图3-8　棉花种子（去掉长表皮毛）结构图

（引自李扬汉，1984）

3. 荠菜种子结构

荠菜种子细小，千粒重 0.09g；卵圆形，种皮金黄色。在成熟的荠菜种子内，几乎见不到胚乳，仅在子叶和胚轴外侧紧贴种皮处以及合点端有少量残存的胚乳细胞，因此，荠菜种子也属于无胚乳种子。种皮之内被整个胚占满，胚弯曲，两片肥大的子叶位于远珠孔端，在两片子叶之间的小突起是胚芽，与子叶相连处是胚轴，胚轴以下是胚根（图 3-9）。

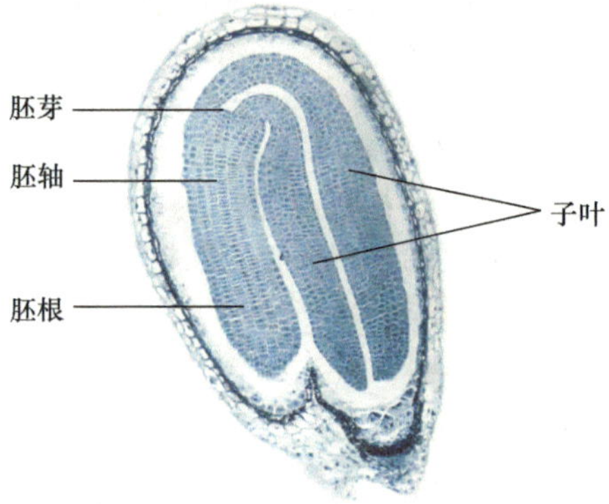

图 3-9　荠菜老胚纵切图

（二）单子叶植物无胚乳种子结构

单子叶植物无胚乳种子在农作物中少见，主要是兰科植物种子和慈姑。

慈姑种子很小，包在侧扁的三角形瘦果内，每一果实仅含一粒种子。种子由种皮和胚两部分组成。种皮极薄，仅一层细胞。胚弯曲，胚根顶端与子叶端紧相靠拢，子叶长柱形，一片，着生在胚轴上，它的基部包被着胚芽。胚芽有一个生长点和已形成的初生叶。胚根和下胚轴连成一起，组成胚的一段短轴。

根据以上内容，可以把典型种子的基本结构概括如下。

- 种皮　一般坚韧，是种子的保护层。禾本科植物种皮与果皮不易分开。
- 胚
  - 胚芽　由生长点和幼叶组成（有些植物无幼叶）。禾本科植物种子胚芽外有胚芽鞘。
  - 胚轴　连接胚芽、胚根和子叶的轴，包括上胚轴和下胚轴。
  - 胚根　由生长点和根冠组成。禾本科植物胚根外有胚根鞘。
  - 子叶　单子叶植物只有一片子叶，称盾片；双子叶植物有两片子叶。
- 胚乳（有或无）　储藏营养物质的组织。禾本科植物的胚乳由糊粉层和淀粉组织组成。

第三节　种子的萌发和休眠

植物种子是由受精卵经过胚胎发育形成的新个体。一般要经过一个静止或休眠期后，在适宜条件下，通过一系列同化作用和异化作用才开始萌发。

一、种子萌发的条件

种子萌发（seed germination）是指种子经过一系列生理、生化反应，在一定条件下伸出胚芽、胚根直至形成幼苗的过程。但风干的种子，一切生理活动都很微弱，胚的生长几乎完全停止。因此，种子萌发需要充足的水分、适宜的温度和足够的氧气，另外，少数植物种子萌发还与光照有关。

（一）水分

水分是种子萌发的先决条件。种子只有吸收了足够的水分以后，各种与萌发有关的生理生化作用才能逐步开始。首先，干燥的种皮经水浸润后膨胀软化，这不但有利于胚芽、胚根突破种皮，而且使氧气容易进入，增强胚的呼吸作用；其次，水是原生质的重要组成成分，使原生质由凝胶状态转变为溶胶状态，增强代谢、活化酶，种子内的各种储藏物才能顺利水解或氧化，由不溶态转变为可为胚吸收、利用的溶解态，供胚生长、分化之用；再者，水分可促进可溶性物质向正在生长的幼芽、幼根运输，供给呼吸需要和形成新细胞结构有机物；水分还可使种子内储藏的植物激素由束缚型转化为游离型，调节胚的生长发育。所以，充足的水分是种子萌发的首要条件。但是，水分也不宜过多，否则种子处于缺氧状态，就会进行无氧呼吸，产生二氧化碳和乙醇，发生种子中毒，并出现烂种、烂根和烂芽现象。

（二）氧气

种子萌发和胚体生长是非常活跃的生命活动过程，需要旺盛的呼吸作用来保证它的能量供应，因此在种子萌发时，呼吸作用强度显著增加，需要大量氧气供应。如果氧气不足，正常的呼吸作用就会受到影响，胚就不能生长，种子就不能萌发；甚至进行无氧呼吸。尤其是在萌发初期，呼吸作用十分旺盛，需氧量更大。作物播种前的松土，就是为种子萌发提供呼吸所需要的氧气。

（三）温度

种子萌发还需要适宜的温度。种子萌发时，细胞内部进行着复杂的物质转化和能量转化，这些转化都是在酶的催化作用下进行的。而酶的催化活动必须在一定温度范围内进行。如果温度过高或过低，酶的作用都会减弱，甚至完全停止。最低温度、最高温度和最适温度是种子萌发对温度需求的三基点。多数植物种子萌发的最低温度为0～5℃，最高温度是35～40℃，最适温度是25～30℃，低于最低温度或高于最高温度，都会使种子失去萌发能力。农业生产上也常据此确定播种适期。

（四）光照

大多数植物种子萌发不受光的影响。但有些植物种子萌发需要光，这类种子称为需光种子（light seed），如烟草、莴苣（*Lactuca sativa*）等。而另一类种子萌发受光抑制，在黑暗下才容易萌发，称为嫌光种子或需暗种子（dark seed），如瓜类、茄子等。

综上所述，种子萌发需要充足的水分、足够的氧气和适宜的温度，三者互相联系、互相制约，缺乏三者中的任何一条，都不能使种子萌发。而光照是通过植物体内一种称为光敏素（phytochrome）的特殊物质的作用促进或抑制某些植物种子萌发的；此外，土壤的酸碱性与种子萌发也有一定关系：一般种子在中性、微酸性或微碱性的情况下萌发良好，酸碱度过高一般对种子萌发不利。因此，在农业生产上要采取适当的措施满足种子萌发的条件，并要合理调整各种萌发条件的关系，才能提高种子发芽率。例如，在播种前进行整地、松土，播种时选择适当播期和播种深度等，都为种子萌发创造了良好的环境条件。

二、种子萌发过程

发育正常的种子，在适宜条件下开始萌发。通常是胚根先突破种皮向下生长，形成主根。然后胚轴伸长，使胚芽突出种皮向上生长，伸出土面而形成茎和叶，逐渐形成幼苗。在具有直根系的植物种类中，主根以后即成为根系的主轴，在上面生出各级侧根，就构成了幼苗的根系，如大豆、棉花等植物属于该类型。而在具有须根系的植物种类里，如小麦、水稻、玉米等禾本科植物，在胚根突破胚根鞘伸长不久，又有数条与主根粗细相仿的不定根，由胚轴基部伸出，组成植株的须根系。种子萌发过程中先形成根，具有重要的生物学意义，因为根发育较早，可以使早期幼苗固定于土壤中，及时从土壤中吸取水分和养料，使幼小的植物能很快地独立生长。

水稻籽实萌发时，胚芽首先膨大伸展，然后胚芽鞘突破谷壳而伸出。胚根比胚芽生长稍迟，当胚根突破胚根鞘和谷壳时就形成主根。在主根伸长不久后，其胚轴上又生出数条与主根同样粗细的不定根，在栽培学上把它们统称为种子根。同时，胚芽鞘与胚芽伸出土面后，胚芽鞘纵向裂开，真叶露出胚芽鞘外，而形成幼苗。第一叶的叶片很小，叶鞘发达。

小麦籽实萌发时，首先露出的是胚根鞘，以后胚根突破胚根鞘形成主根。然后从胚轴基部陆续生出1～3对不定根。同时胚芽鞘也露出，随后从胚芽鞘裂缝中陆续长出真叶，幼苗形成（图3-10）。

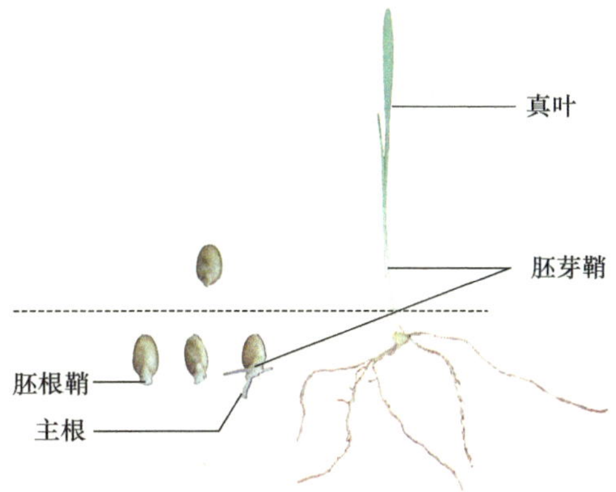

图3-10　小麦籽实的萌发过程

三、种子休眠

在植物个体发育过程中，生长暂时停顿的现象称为休眠（dormancy）。大多数植物种子成熟后，在适宜的环境条件下能很快萌发；但有些植物的种子即使在适宜条件下，也不能进入萌发阶段，必须经过一段时间的休眠才能萌发，这一性质称为种子的休眠。

种子的休眠是植物经过长期进化而获得的一种对环境条件及季节性变化的生物学适应。例如，温带地区的植物在秋季形成种子后，通过休眠来避免冬季严寒的伤害；禾谷类作物种子由于具备短暂的休眠期，可以避免谷粒在穗上萌发。但是，有的植物种子休眠期很长，需要数周乃至数月或数年，如银杏、毛茛（*Ranunculus japonicus*）、松等，这又给生产带来困难，所以有必要了解种子休眠的原因及打破休眠的方法。

种子休眠的原因是多方面的，且不同植物休眠的原因不同。只有根据不同休眠原因，采取适当措施，才能打破或缩短休眠期限，促使种子萌发。种子休眠的原因主要有以下几个方面。

1. *种皮障碍*

这类种子的种皮极其坚厚，常含有角质、角质层或酚类化合物，阻碍了种子对水分和空气的吸收或使胚无法突破种皮，如豆科、锦葵科植物中的某些属种，以及苍耳（*Xanthium sibiricum*）等种子具有这样的性质。

对这类种子可以用机械方法擦破种皮，或是用浓硫酸作短时间处理，再用清水洗净，使种皮软化，水分便可顺利地渗入种子内部。此外，将种子先在冷水内浸泡12h，然后再在沸水中放30～60s，也可以打破休眠，促使萌发。对苋属等种皮特别坚硬的种子可采用冻结或利用土壤微生物的作用，使种皮渐次软化，达到萌芽的目的。

2. 种子具有后熟作用

后熟作用是指有些植物的种子在脱离母体时，胚未发育完全或胚在生理上尚未全部成熟，还需经过一定时间，胚才能发育完全。这类种子即使环境条件适宜，也不能萌发成长。如银杏、毛茛等植物的种子或果实脱离母株时，里面的胚还没有充分发育成熟，需要经过一段休眠时期，等胚充分成熟后才能萌发。这些种子的后熟需要通过层积处理在潮湿和低温条件下完成。

3. 种子内含有某些抑制萌发的物质

有些植物种子不能萌发，是由于种子或果实内含有抑制物质。抑制物质的种类很多，因植物而异，如有机酸、植物碱、激素、氰化物、氨等。番茄、柑橘或瓜类种子在果实内不能发芽生长，只有在脱离果实后才能萌发，就是这个原因。可将这类种子脱离环境或用水冲洗，除去附着在种子上的抑制物质就可解除休眠。

综上所述，适宜的外界环境和种子休眠的解除是种子萌发好坏的决定性条件，而这一切活动又是以种子有寿命为前提的。种子是有生命的，超过了一定期限，就会丧失活力，不再萌发。种子保持生活力、能够萌发的时间即为种子的寿命。不同植物种子寿命的长短是不一样的，长的可达百年以上，短的仅能存活几周，多数栽培植物的种子只能保持一两年的生活力，有的可保持 5～10 年。寿命的长短取决于植物本身的遗传性，同时，也和种子储藏期的条件有关。储藏种子的最适条件是干燥和低温，可以延长种子的寿命，对优良种质的保存有重要意义。

第四节　幼苗的类型

不同植物种类的种子在萌发时，由于胚体各部分，特别是胚轴部分的生长速度不同，形成的幼苗在形态上也不一样。根据种子萌发时子叶的位置不同，常常把幼苗分为子叶出土幼苗（epigaeous seedling）和子叶留土幼苗（hypogaeous seedling）两种类型。

一、子叶出土幼苗

双子叶植物，如大豆、棉花和各种瓜类的无胚乳种子，以及蓖麻等有胚乳种子在萌发时，随着胚根突破种皮，下胚轴迅速伸长，把上胚轴、子叶和胚芽一起推出土面，因而形成幼苗的子叶是出土的（图 3-11）。一般子叶出土见光后，细胞内产生叶绿体，子叶变为绿色，可以暂时进行光合作用。以后，胚芽发育形成地上的茎和真叶，而子叶内营养物质被耗尽后即枯萎脱落。大豆等种子的子叶肥厚，会继续将贮存的养料运往根、茎、叶等部分，直到营养消耗完毕，子叶才干瘪脱落；棉花等种子的子叶较薄，出土后立即展开并变绿，进行光合作用，待真叶伸出，子叶即枯萎脱落。蓖麻种子萌发时，胚乳的养料逐渐供胚发育所消耗，在子叶出土时，残留的胚乳附着在子叶上伸出土面，不久也会脱落消失。

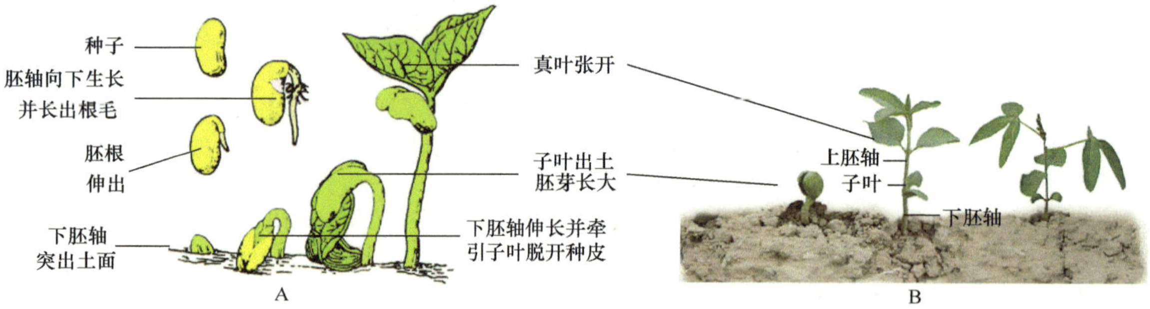

图 3-11　大豆种子子叶出土情况

A. 大豆种子萌发示意图；B. 实物图

单子叶植物洋葱的幼苗虽然也是子叶出土幼苗，但其种子萌发及幼苗形成较为特殊。当种子萌发时，最先是子叶的下部和中部伸长，将胚根和胚轴推出种皮之外；子叶除了先端仍包被在胚乳内以吸收营养物质外，其余部分很快伸出种皮。子叶的外露部分最初弯曲呈弓形，进一步生长时伸长，出现在土面上，此时胚乳营养物质已被吸收用尽。子叶出土后逐渐变为绿色，进行光合作用。不久，第一片真叶从子叶鞘的裂缝中长出，并在主根周围长出不定根。在土壤不够坚实的情况下，当子叶生长伸直时，种皮会被子叶先端带出土面。

二、子叶留土幼苗

双子叶植物无胚乳种子，如蚕豆、豌豆、荔枝、柑橘和有胚乳种子，如橡胶树及单子叶植物种子，如小麦、玉米、水稻等的幼苗，都属于这一类型。这些植物种子萌发的特点是下胚轴不伸长，而是上胚轴伸长，所以子叶或胚乳并不随胚芽伸出土面，而是留在土中，直到养料耗尽死去。例如，豌豆种子萌发时（图 3-12），胚根先穿出种皮，向下生长，成为根系的主轴；由于上胚轴的伸长，胚芽不久就被推出土面，而下胚轴的伸长不大，所以子叶不被顶出土面，而始终埋在土里。

了解这两种类型幼苗的特征可以帮助我们在播种时控制深度。在农业上一般子叶出土幼苗的种子可适当浅播，子叶留土幼苗的种子可适当深播。这里还需要知道一点，花生兼有子叶出土和子叶留土的特点。因为它的上下胚轴生长都较快，所以在种子播的深时，子叶就留土，种子播的浅时，子叶就出土（图 3-13）。

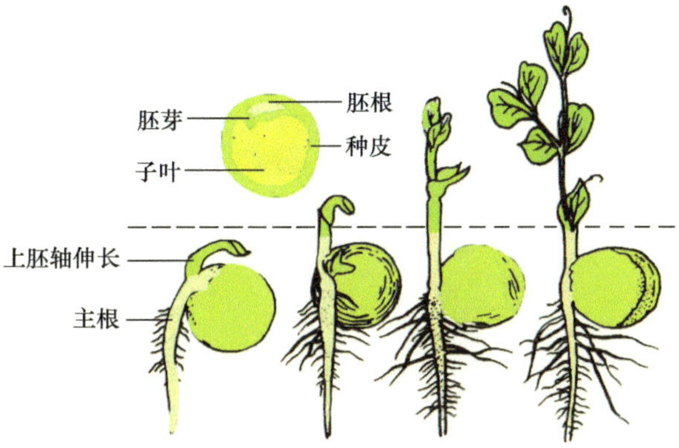

图 3-12　豌豆种子萌发过程，示子叶留土

图 3-13　花生种子萌发过程

本章主要内容和概念

种子由胚珠发育而来。植物种类不同，其种子的大小、形状和颜色等形态特征也不同，但种子的基本结构相同。一般种子由胚、胚乳和种皮三部分组成。胚是构成种子最重要的部分，由胚芽、胚根、胚轴和子叶四部分组成。种子萌发后，胚根、胚芽和胚轴分别形成植物体的根、茎、叶及其根茎过渡区，因而胚是植物新个体的原始体。胚乳位于种皮和胚之间，是种子内储藏营养物质的场所。一些植物的种子没有胚乳，种子在其发育早期，胚乳养料被胚吸收，转入子叶中储藏，在种子萌发时，胚乳和子叶中的营养被胚吸收利用。种皮包在胚及胚乳外面，是种子外面的保护结构，有些植物的种皮还与控制萌发的机制有关。

本章主要包括种子的基本组成，种子的基本类型，种子的萌发和休眠，幼苗的类型等内容。

知识要点包括：

种子基本结构，种脐，种孔，种阜，种脊，有胚乳种子，无胚乳种子，种子的休眠，后熟作用，种子萌发，种子萌发的条件，温度三基点，子叶出土幼苗，子叶留土幼苗。

复习思考题

1. 为什么说胚是植物的雏体？
2. 种子萌发需要具备哪些内、外条件？
3. 为什么种子会出现休眠现象？
4. 简述种子萌发后，种子各个部分的活动去向。
5. 形成子叶留土幼苗和子叶出土幼苗的关键原因是什么？

第四章 根

每一种高等植物（除苔藓植物）都具有根，主要是吸收和运输土壤水分和无机盐，因此根是植物三大营养器官（根、茎、叶）之一，也是种子植物和蕨类植物适应陆地生活特有的营养器官，同时，其构成植物体地下部分，形成庞大的根系。

第一节 根的形态特征和生理功能

一、根和根系类型

（一）主根、侧根和不定根

根是种子在萌发时由胚根最先突破种皮向下生长所形成，依据根发生时间和部位将根分成主根、侧根和不定根。

1. 主根和侧根

由胚根生长、发育形成的根为主根（main root），它是植物体最早形成的根，又称初生根（primary root）。当主根生长到一定长度时，在一定部位就会从内部侧向生出许多分枝，称为侧根（lateral root），又称一级侧根。当侧根长到一定长度时，又能长出新的侧根，也称二级侧根，以此类推，因此，从主根上产生的各级侧根，又称次生根。主根和侧根均由胚根生长发育而成，都有一定的产生部位，称为定根（normal root）（图 4-1）。

2. 不定根

除了产生定根外，许多植物还可从茎、叶或胚轴长出根，这些根的发生没有固定部位，把这些不发生于主根的根，称为不定根（adventitious root）。不定根也可产生各级侧根。在农林、园艺生产中，常利用植物器官产生不定根的特性，通过压条、扦插等营养繁殖技术对优良花卉、苗木进行繁殖（图 4-1）。

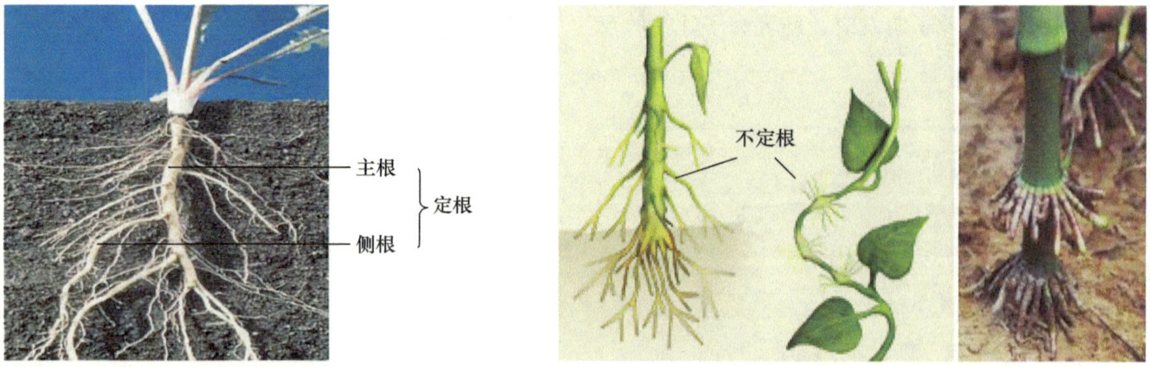

图 4-1 定根和不定根

（二）直根系和须根系

一株植物地下部分根的总体称为根系（root system）。由于根发生和形态不同，根系可分为直根系和须根系两种类型。

1. 直根系

大多数双子叶植物和裸子植物的根系，从外形上看，有一个粗壮并保持垂直和纵深生长的主根和分枝繁多、粗度依次递减的各级侧根，且主根和侧根在生长空间常成锐角，而使整个根系呈开展状（图 4-2），这样更利于对植物体的固着和支持。但有些植物的直根系（tap root system），由于侧根发育强盛，其主根相对不太显著。

图 4-2　直根系和须根系

2. 须根系

大多数单子叶植物的根系。须根系（fibrous root system）主根不发达，主要由多条从胚轴和茎上长出的不定根组成，组成该根系的根均不增粗，各条根的粗细近似，丛生如须（图 4-2）。小麦、玉米、高粱、水稻等禾本科植物的主根形成后不久，即从胚轴基部发生几条不定根，不定根的数目和伸出迟早，一般因植物种类而不同（农业栽培上将这种不定根和主根一起统称为种子根）。以后在分蘖节上继续产生不定根，它们与种子根一起构成须根系，扩大了吸收面积。组成须根系的根不进行次生生长，它与地上部分的输导联系以及支持、固着等作用主要由众多不定根承担，因此它们都是骨干根。这与禾本科作物为一年生或越年生植物、生长期短、植株矮小等特性相互适应。

（三）根系在土壤中的分布和生长

植物根系在土壤中的分布和生长主要取决于植物根系的特性，同时也受土壤条件的影响，如土壤结构、水分、温度、肥力等。通常直根系植物的主根发达，能深入到土壤深层，又称深根系，如高大树木的根系，可达 3～5m，甚至 10m 以上，能够吸收土壤深层水分。须根系向水平方向生长占优势，又称浅根系，主要生长在浅层土壤中，如小麦、水稻、玉米等。深根系和浅根系是相对的，不是绝对的，如同一株植物的根系，在土壤质地疏松、透气和排水能力好、地下水位较低、土壤肥沃条件下，其根系相对发达，可以深入到土壤深层；相反地，土壤质地黏重、透气和排水能力差、地下水位较高、土壤不肥沃时，其根系相对不发达，主要分布在土壤浅层。因此，通过深耕改变土壤结构，结合合理施肥，可促进植物根系生长。在农业、林业生产上也可依据不同植物根的特点，将浅根系和深根系植物套种，这样不同根系类型的植物就可吸收土壤不同土层的水分和无机盐，如在果园中套种小麦、大豆等农作物，提高土地利用率，以增加单位面积产量。

二、根的生理功能和经济用途

（一）根的生理功能

1. 固着、支持作用

植物体能够直立于地面，是由于植物根在地下反复分枝形成庞大根系，其范围和深度与地上部相对应，把植物体固着在陆地上，支持地上高大的茎、枝、叶系统，使它们可以经受风、雨和其他外力侵袭。对低矮草本植物而言，根也可抵抗草食性动物的侵食。

2. 吸收、输导作用

根主要依靠根尖部位的根毛和幼嫩表皮吸收土壤大量水分和溶解在水中的离子状态的矿质元素、少量含碳有机物以及溶于水中的二氧化碳和氧气完成根的吸收作用。同时，进行输导作用，通过根输导组织把吸收的水分和无机盐运输到植物茎、叶部位，把叶光合作用合成的营养物经过茎运输到根，再由根输导组织运输到根的各个部位，供给根的生长和生理活动所需。

3. 合成、分泌作用

现已发现，一些重要植物激素，如赤霉素和细胞分裂素、部分植物碱和多种氨基酸都是在根中合成的，这些物质通过根输导组织运输至植物体正在生长的部位以调节植物生长发育，或用来合成蛋白质，作为形成新细胞的材料。同时植物根能分泌黏液和多种有机物，包括糖类、氨基酸、有机酸、生物素和维生素等生长物质以及核苷酸、酶等，这些分泌物可以减少根在生长过程中与土壤的摩擦，也可使根增加吸收面积以及根系周围微生物对增强植物的代谢、吸收及抗病等作用。

4. 储藏、繁殖作用

由于根的薄壁组织发达，有些甚至肉质化，常作为大量营养物质储藏的场所，如甘薯、甜菜根中储藏的淀粉、糖类。另外利用根的不定芽可以繁殖新的植物体，如泡桐等通过根段进行繁殖苗木。

（二）根的经济用途

植物的根有多种用途，如甘薯、木薯、胡萝卜、萝卜等植物的根可食用。部分植物的根可作饲料和工业原料，如甜菜根可作提取糖的原料，甘薯可制作淀粉和乙醇的原料。人参、大黄、当归、甘草、柴胡、龙胆（*Gentiana squarrosa*）、乌头（*Aconitum sinomontanum*）等的根可药用。一些禾本科或藤本植物的根，可雕制成工艺美术品。小冠花（*Coronilla varia*）、黑麦草、薹草等的根系可用来保护坡地、堤岸。森林植物的根系可以涵养水源。沙柳（*Salix psammophila*）、花棒（*Hedysarum scoparium*）、铁杆蒿（*Artemisia gmelinii*）等的根系可以防风固沙。刺槐、锦鸡儿等的根系可防止水土流失。

第二节 根的发育及根尖结构

一般情况下植物的许多根可以一直生长，但遇到恶劣环境时，如低温、干旱等就会停止生长。植物根的最先端，即从根顶端至生有根毛的部分称为根尖（root tip）。植物的主根、侧根、不定根都有根尖，是根在土壤中伸长生长、吸收、合成、分泌等活动的最重要部分，因此根尖的损伤会影响根继续生长和吸收作用。依据其细胞形态结构和功能不同，人为将根尖分成根冠（root cap）、分生区（meristematic zone）、伸长区（elongation zone）和成熟区（maturation zone）4 个区（图 4-3）。根尖除根冠外，各区在形态上并没有严格的分界线。

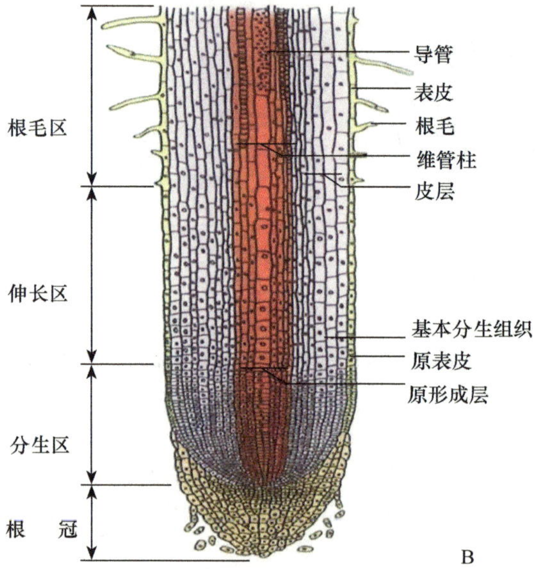

图 4-3 根尖外形和根尖纵切面模式图
A. 根尖外形；B. 大麦根尖纵切面模式图，示根尖分区及各区细胞结构

一、根冠

根冠位于根尖最先端，是根特有的结构，呈帽状套在分生区外面，保护其内幼嫩分生组织细胞，使其不暴露在土壤中。根冠由 3 种不同类型薄壁细胞组成，即根冠分生细胞、中央细胞和外围细胞。

根冠分生细胞又称根冠原，与分生区相连，通过分裂，补充根冠细胞；根冠中央细胞又称根冠柱，细胞呈纵向柱状排列，每个细胞内含 15～30 个淀粉体，根的向地性生长认为是和根冠中央细胞内的淀粉体有关，可能起到“平衡石”的作用，在自然情况下，根垂直向下生长，“平衡石”向下沉积在细胞下部，如果将正常生长的根水平放置时，根冠中“平衡石”受重力影响改变了在细胞中的位置，移向细胞近地面一侧（图 4-4），向下沉积，这种刺激引起了生长的变化，根尖细胞一侧生长较快，30min 至几小时后，使根尖发生了弯曲，根又将向下生长，从而保证了根正常的向地性生长。

现在研究认为，根的向地性反应除淀粉体外，与根冠细胞中的内质网、线粒体、高尔基体或生长激素都有关。根冠外围细胞具有很强的分泌功能，可以产生大量黏液，是由于根冠外围细胞有较多的高尔基体合成黏液，高尔基体小泡携带黏液物质与质膜融合后，黏液被释放至细胞壁与质膜之间，再分泌到细胞壁外。根冠外围细胞的脱落和解体以及分泌的黏液，在根冠外形成一层黏液状物质，这些物质可以保护根尖分生区免受损伤，防止根尖干燥、抑制其他植物根生长。这样的黏液化可从根冠一直延伸到根毛区，增加根的润滑作用，使根尖穿越土粒缝隙时减少了与土壤颗粒的摩擦，有利于根尖在土壤中生长，同时，黏液能溶解和整合某些矿物质，有利于根细胞的吸收。因此，根冠的主要作用是保护根顶端分生组织，同时使根在伸长过程中顺利穿越土壤，不受损失。根冠分生细胞不断分裂，产生新细胞，根冠中央细胞逐渐外移补充根冠外围细胞，使根冠始终保持一定的形状和厚度。

二、分生区

分生区位于根冠内方，是根的顶端分生组织，也称生长点或生长锥，长为 1～3mm。分生区细胞具有很强的分裂能力，是产生和分化根各个部分结构的基础。其细胞不断分裂，少部分补充根冠因受损而脱落的细胞，大部分细胞向后生长、分化形成根初生组织，同时，部分细胞仍保持分生区的体积和功能。从细胞形态

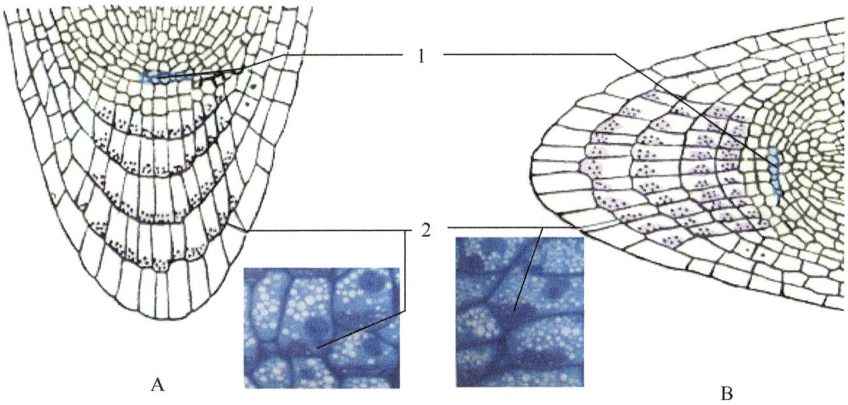

图 4-4 图解说明“平衡石”对重力的反应
A. 垂直生长的根冠；B. 水平位置的根冠（1. 根冠的原始细胞；2. 淀粉粒）

观察，分生区细胞排列紧密，是一群近等径的细胞，体积相对较小，细胞质较浓，细胞壁薄，细胞核大并位于细胞中央，液泡化程度低。根的顶端分生组织包括原分生组织和初生分生组织两部分。原分生组织位于前端，由最先形成的原始细胞（胚性细胞）和最初衍生的细胞组成，其中一部分细胞不分化，自我保留，另一部分细胞开始了细胞的初步分化，发展为初生分生组织（primary meristem），位于原分生组织的后方。在种子植物根中，原分生组织通常在结构上有两种主要类型：一种是封闭型（closed type），即原分生组织分为三层原始细胞（图 4-5A），一层将形成根冠，一层形成维管柱，一层形成皮层，而表皮或与根冠同源，或与皮层同源；另一种是开放型（open type），即所有结构来自一组原始细胞，或至少皮层和根冠是同源的，都是集中在一群横向排列的细胞中，和第一种类型具 3 个原始细胞层不同，它们具有共同的原始细胞（图 4-5B），这种类型在系统发育上较为原始。初生分生组织细胞仍保持很强的分裂能力，根据其细胞位置、大小、形状及液泡化程度不同，初生分生组织分化成原表皮（protoderm）、基本分生组织（gound meristem）和原形成层（procambium）三部分。原表皮位于最外层，细胞砖形，径向分裂，以后发育为表皮；原形成层位于中央区域，细胞小，有些细胞为长形，以后发育为维管柱；基本分生组织位于原表皮和原形成层之间，细胞多面体形，细胞大，可进行各个方向分裂，后发育为皮层，髓也来自基本分生组织，但大多数双子叶植物根中没有髓，大多数单子叶植物根中有髓。

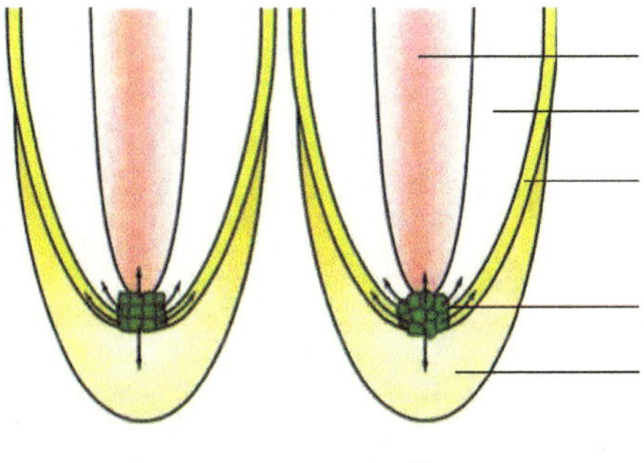

图 4-5 根尖分生区原始细胞的类型及其演化
A. 原始细胞具分层（进化）；B. 原始细胞不分层（原始）

尽管根尖顶端分生组织活动非常活跃，但许多关于原分生组织的研究发现在根尖分生区最远端有一团细胞，有丝分裂频率低于周围细胞，经细胞化学与放射自显影等技术研究发现这些细胞少有 DNA 合成，有丝分裂处于停止状态，因此，这个区域称为不活动中心（quiescent centre）或静止中心，这些细胞处于细胞周期的 G_1 期，有 500～1000 个细胞，一般在较老根中出现不活动中心，有丝分裂活跃的原始细胞位于不活动中心周围，而在胚根和幼小侧根原基时期，没有不活动中心。有研究表明，不活动中心不断变动，可随根发育进程出现、增大和变小，当根受损时，这部分细胞重新恢复分裂能力，使根顶端分生组织细胞得到补充。另外，不活动中心与根维管组织复杂性之间有着一定的相关性，同时还是激素合成的地方（图 4-6）。

三、伸长区

伸长区位于分生区和成熟区之间，细胞来源于分

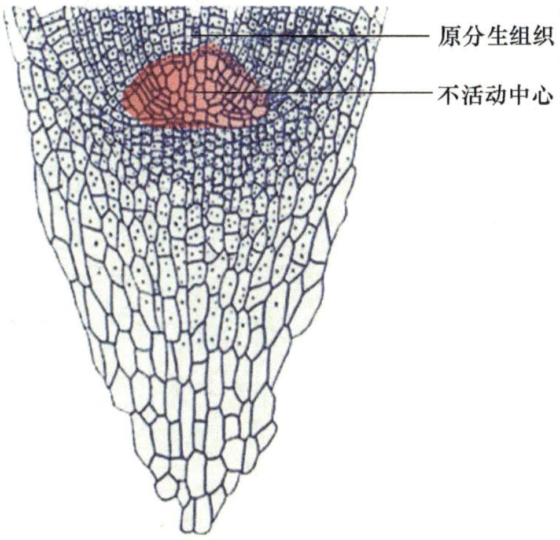

图 4-6 根尖纵切，示不活动中心

生区，该区的细胞分裂活动逐渐减弱，而细胞分化程度逐渐提高。细胞主要是纵向延伸，其长度可为原有细胞的数十倍。细胞内部结构发生了明显变化，如出现大量小液泡，逐渐形成1个或多个大液泡，位于细胞腔中心，占据细胞体积的90%或更多，而细胞质受液泡挤压成一薄层位于细胞边缘部位，从外观上看比较透明，可与分生区相区别。根的生长，是分生区细胞分裂、增大和伸长区细胞延伸共同实现的，由于这两部分细胞活动产生的力量，使根尖不断向土壤深处推进，使根不断转移到新的环境，吸收不同土层水分和矿质营养，据研究表明，伸长区每天可使根冠和分生区向地下推进4cm。伸长区的细胞除显著延伸外，在伸长区后端细胞开始了加速分化，出现了原生木质部的环纹导管和原生韧皮部的筛管。

四、成熟区

成熟区位于伸长区后方，是由伸长区细胞进一步分化形成的。细胞已停止生长，最显著的特征是密被根毛（root hair），因此又称根毛区（root hair zone），并分化成各种初生成熟组织。根毛是表皮细胞外侧壁形成的半球形突起，突起延伸形成盲管状结构，并不是独立细胞。在根毛形成时，根表皮细胞液泡增大，细胞质大多集中于外壁突起部位，有丰富的细胞器，通过顶端生长方式伸长，而核和部分细胞质移到管状根毛顶端，细胞质沿壁分布，中央为一大的液泡（图4-7）。根毛细胞壁由内、外两层构成，内层不达顶端，厚而硬，外壁覆盖整个根毛，壁薄而柔软，由于根毛的壁薄而柔软，壁外附有果胶和分泌的黏液，易与土粒紧密结合，所以根毛的存在显著增加了根的吸收表面积，该区是根吸收的主要部位，有利于根对土壤水分和矿物质的吸收，同时根毛能沿土壤空隙曲折生长，并与土粒紧密缠结，改善了根与土粒的接触，加强了根有效固着力。根毛的有无或多少因植物种类和生长环境而有差异，如在湿润环境下，每平方毫米表皮上，玉米约有420条根毛，苹果约有300条根毛，豌豆约有230条根毛，通常水生植物的根没有根毛。

根毛的寿命比较短，一般只有几天时间，个别植物的根毛可存活长达20d，由于根的发育从先端逐渐向后成熟，所以越靠近伸长区的根毛越短，而成熟区后边的根毛较长，成熟根毛一般长0.5～10mm。随着成熟区延伸和根不断向土壤深处推移，老的根毛就会死亡，随之表皮细胞也同时死亡，这时靠近伸长区的表皮细胞又不断分化出新根毛，以代替死亡根毛行使功能，根毛区也在不断进入到土壤新的区域，更换新环境，这对根吸收作用有利。

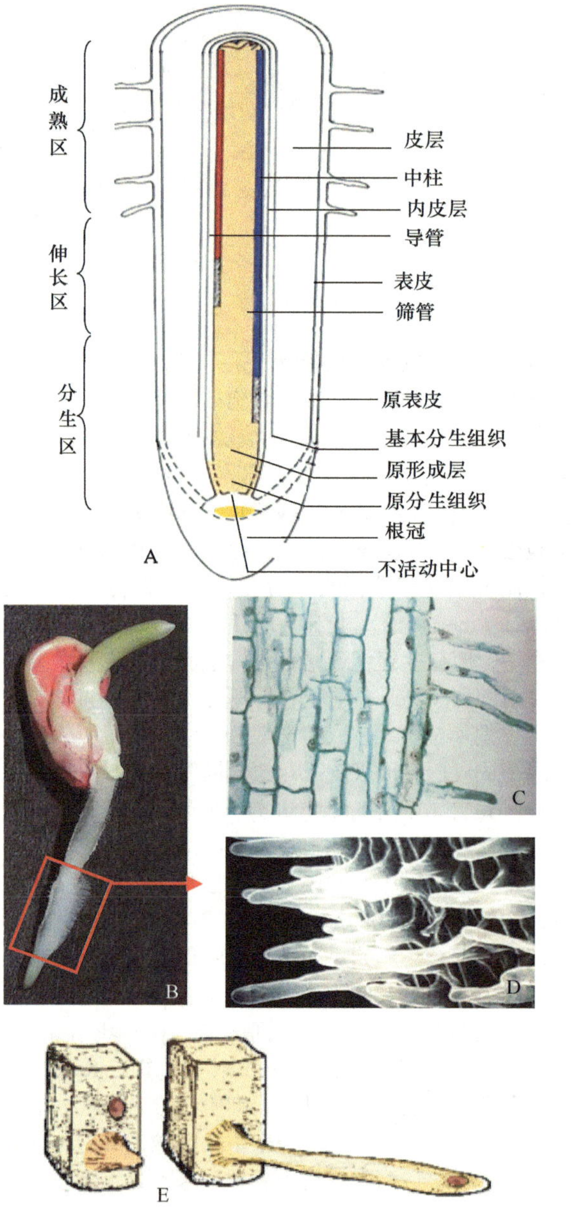

图4-7　根毛区及根毛

A. 根尖纵切示意图，示根毛区纵切；B. 根毛区外形；C. 毛莨的根毛；D. 根毛的电镜扫描；E. 水稻根毛的形成

第三节　根的初生生长和初生结构

一、根的初生生长

植物的幼根由根尖顶端分生组织细胞经过分裂、生长、分化形成根成熟结构的过程称为根的初生生长（primary growth）。由初生生长产生的各种成熟组织，都属于初生组织（primary tissue），由初生组织按照一定方式排列组成的结构，称为初生结构（primary structure），而这一结构在根成熟区（即根毛区）横切

面上能较好地显示各部分所占比例、空间位置以及细胞和所产生组织的特征，因此在成熟区做横切面是观察根初生结构的最佳位置。

二、根的初生结构

（一）双子叶植物根的初生结构

从根尖成熟区做双子叶植物根横切面，可观察到由外向内依次分为表皮（epidermis）、皮层（cortex）、维管柱（vascular cylinder）三部分（图 4-8）。

1. 表皮

表皮由初生分生组织的原表皮发育而来，包围在成熟区外方，通常由一层排列紧密的细胞组成，每个细胞略呈长方体，其长轴与根纵轴平行。横切面观察时细胞形状近于方形，无胞间隙，细胞壁薄，由纤维素和果胶质构成，其外壁覆盖一层很薄的角质膜或不甚发达，对水和溶于水中的物质吸收没有影响，可以自由通过，同时对幼根有保护作用，不具气孔。大部分表皮细胞向外突出延伸成根毛，扩大了根的吸收面积，因此根的表皮是一种吸收组织（absorptive tissue）。根毛的发生随植物种类有所不同，有的植物根表皮有长、短两种表皮细胞，只有短细胞才能形成根毛，有的植物表皮细胞同形，大部分细胞可形成根毛。只有水生植物和少量旱生植物没有根毛。生长在热带的兰科植物和一些附生的天南星科植物常形成气生根（aerial root），其表皮是经几次分裂形成多层细胞构成的复表皮，称为根被（velamen），可从空气中吸收水分，在发育后期，表皮细胞死亡，细胞壁加厚，主要作用是机械保护作用和防止皮层中过多水分的丧失。

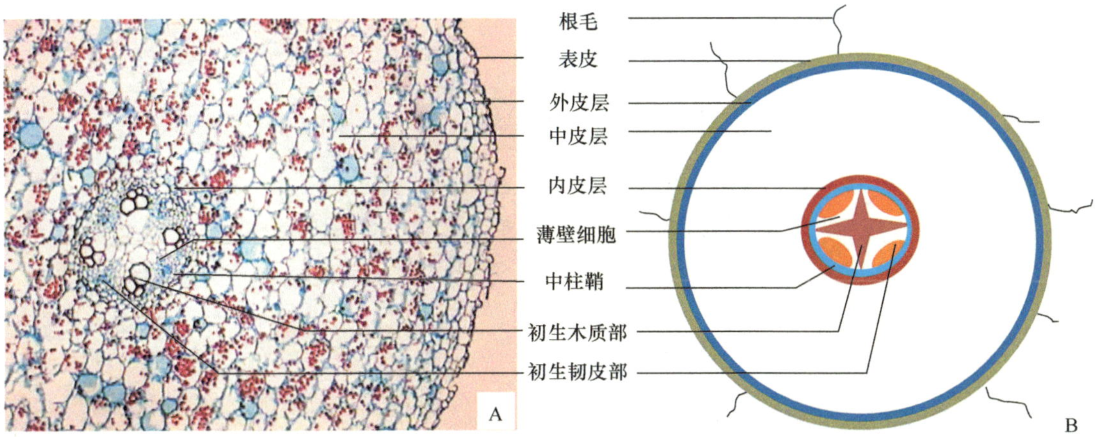

图 4-8　双子叶植物根横切面示初生结构

A. 棉花根横切面；B. 棉花根横切面示意图

2. 皮层

皮层由初生分生组织的基本分生组织发育而来，由表皮之内维管柱之外的多层薄壁细胞组成。皮层在幼根横切面中常占最大比例，细胞较大并高度液泡化，排列疏松，有明显的胞间隙，是水分和溶质从根毛到维管柱横向输导途径，同时也是营养物质的储藏场所，但细胞明显缺乏叶绿体。在水生和一些湿生植物的皮层中可发育出通气道，具有通气作用。皮层一般可分为外皮层（exodermis）、皮层薄壁细胞（parenchyma）和内皮层（endodermis）。

（1）外皮层。皮层最外一层或多层细胞，较小，排列紧密且整齐（图 4-9），当表皮破坏后，外皮层代替表皮起保护作用。在表层土壤中生长的植物根或土壤干旱时，根的外皮层更加明显，其细胞壁常木栓化，可以减缓水和无机盐外流。

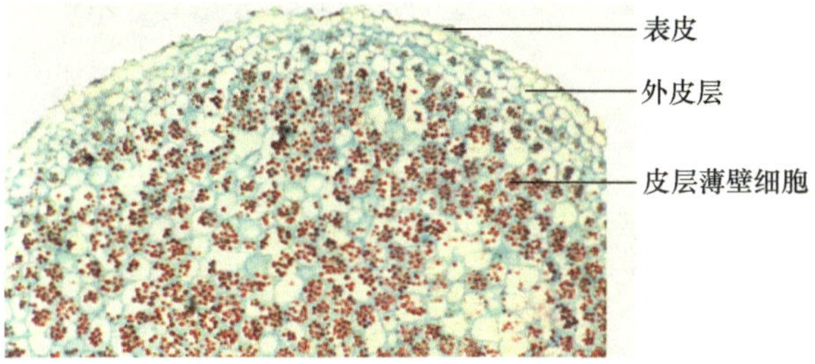

图 4-9　双子叶植物根的横切面，示外皮层和皮层薄壁细胞

（2）中皮层，也称皮层薄壁细胞。位于外皮层和内皮层之间，由多层薄壁细胞组成，体积较大，排列疏松，胞间隙明显，细胞中常储藏大量淀粉粒（图 4-9）。薄壁细胞之间有胞间连丝，通过胞间连丝把相邻细胞的原生质体互相连接起来。当表皮细胞吸收水分和无机盐后，可通过细胞壁和胞间隙穿过皮层运输到维管柱，也可通过原生质体和胞间连丝连成的共质体运输到维管柱。

（3）内皮层。由皮层最内层的一层细胞组成，细胞紧密排列，无胞间隙。在细胞上、下横向壁和两侧径向壁上有一条带状木质化或栓质化加厚，呈带状环绕细胞一周，称凯氏带（casparian strip）（图 4-10A），在横切面上相邻两个内皮层细胞的径向壁上则呈现点状结构，称凯氏点（casparian dots）（图 4-10B）。凯氏带不透水，并与内皮层细胞的质膜紧密结合，即使发生质壁分离也不分开（图 4-10C、图 4-10D），所以内皮层的这种特殊结构对根内水分吸收和运输具控制作用。由于凯氏带的存在，阻断了所有皮层与维管柱间的胞间隙、细胞壁间水分和溶质运输，而皮层细胞壁间的运输只能到凯氏带处终止，水分和溶质运输只能通过内皮层细胞质膜的选择透性，进入原生质体，再经共质体进入维管柱，使根能进行选择性吸收。一般大部分双子叶植物根内皮层常停留在凯氏带状态，只有少部分双子叶植物根内皮层细胞壁在发育早期为凯氏带形式，发育后期内皮层细胞上壁、下壁，径向壁和内切向壁全面木质化加厚，而外切向壁不加厚，形成五面加厚细胞。也有全面加厚的，如毛茛（*Ranunculus japonicus*），内皮层细胞形成六面木质化加厚，在这种情况下，少数正对原生木质部角处的内皮层细胞，仍保持原有状态，这种薄壁细胞称为通道细胞（passage cell），承担皮层与维管柱之间的物质运输。

3. 维管柱

维管柱也称中柱，由原形成层发育而来，是皮层

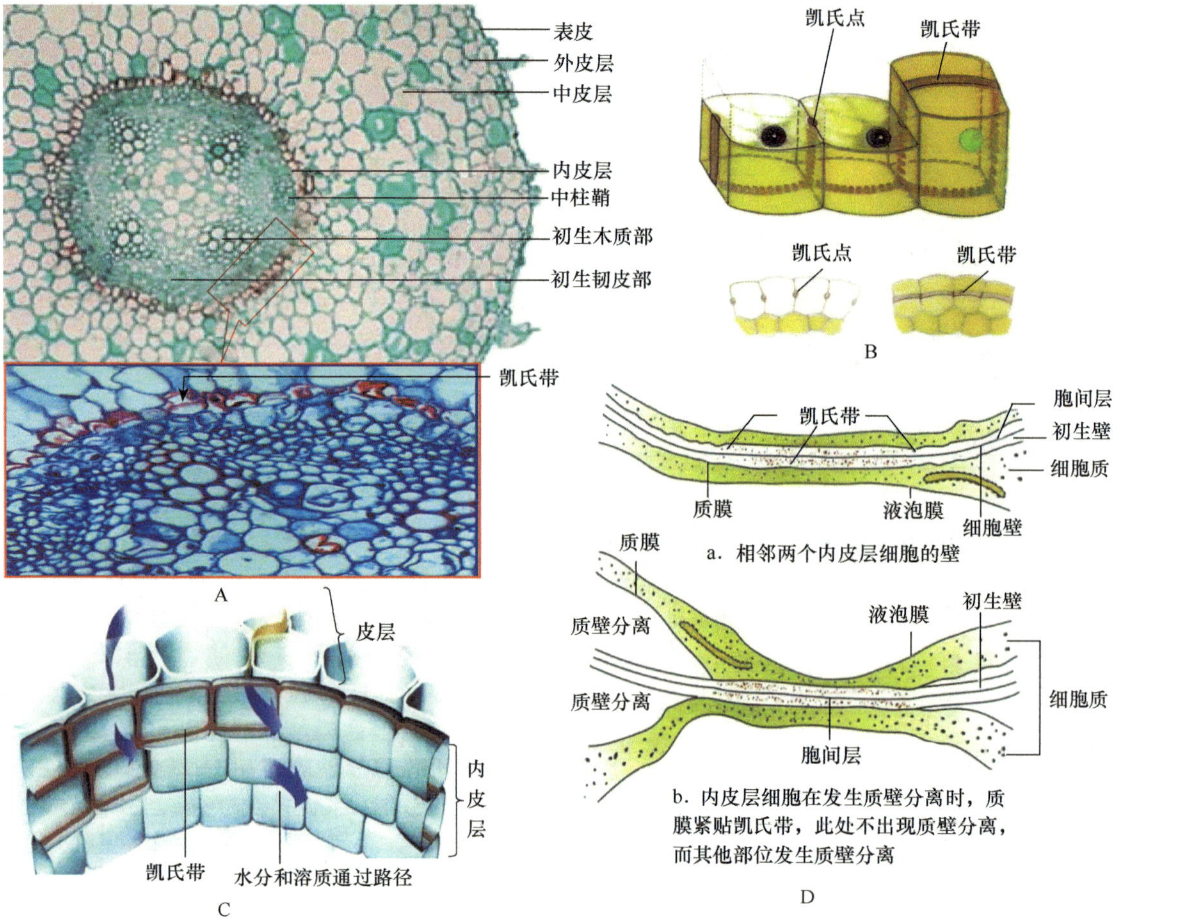

图 4-10 根的内皮层及其凯氏带结构

A. 蚕豆根横切，示内皮层位置及凯氏带；B. 内皮层细胞立体结构；C. 水分和溶质通过内皮层进入中柱的模式图；D. 电镜下内皮层径向壁凯氏带结构（a. 正常细胞的凯氏带区；b. 质壁分离细胞的凯氏带区）

以内的中轴部分，位于根中心，在幼根横切面中所占比例较小，可分为中柱鞘（pericycle）、初生木质部（primary xylem）、初生韧皮部（primary phloem）和薄壁组织 4 个部分（图 4-11），少数双子叶植物根中心还有髓。

（1）中柱鞘。维管柱最外层细胞，外接内皮层，常由一层薄壁细胞组成，少数植物由两层或多层细胞组成，细胞排列紧密，壁薄。中柱鞘细胞保持着潜在的分生能力，随着根的发育，侧根、不定根、不定芽、木栓形成层和部分维管形成层都是由中柱鞘细胞恢复分裂能力而形成的。

（2）初生木质部。位于维管柱中央，根横切面初生木质部呈辐射状，辐射角一直延伸到中柱鞘。初生木质部在分化、成熟过程中，由外方向内方逐渐成熟，这种发育方式称为外始式（exarch），细胞组成主要为导管和管胞，少有木纤维和木薄壁细胞。近中柱鞘部位，位于辐射角外方的木质部为原生木质部（protoxylem），由环纹、螺纹导管组成，其输导、支持能力较弱，而内方较晚分化成熟的初生木质部为后生木质部（metaxylem），由梯纹、网纹和孔纹等导管

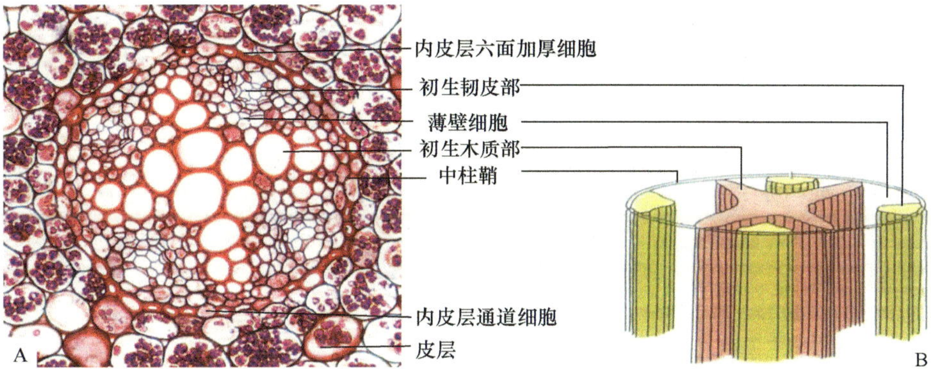

图 4-11　双子叶植物根的维管柱初生结构
A. 毛茛根的维管柱初生结构；B. 根的维管柱初生结构立体图解

组成，其输导、支持能力较强。初生木质部的外始式发育与根的吸收和输导功能相适应，在根发育早期，幼根还在生长，产生的根毛细胞数目较少，因此吸收的物质也少，而近中柱鞘的原生木质部的环纹、螺纹导管最先成熟，这就缩短了皮层和初生木质部之间的横向距离，加速了由根毛所吸收物质向地上部分运输的速度，能满足根对水分和溶质运输的需求。随着根进一步发育，伸长生长停止，产生的根毛数目增多，吸收物质量也明显增加，而后生木质部晚成熟的梯纹、网纹和孔纹等导管更能满足对水分和溶质运输的要求。

在成熟根横切面上，原生木质部构成的辐射状棱角，称为木质部脊（xylem ridge），脊的数目决定原型。根据木质部脊数不同将根分成二原型（diarch）、三原型（triarch）、四原型（tetrarch）、五原型（pentarch）、六原型（hexarch）和多原型（polyarch）等。在不同植物中，木质部脊的数目相对稳定，具有一定的分类意义，但一株植物不同根上可能出现不同的脊数，如花生主根四原型，侧根有时是两原型，豌豆主根三原型，侧根是四原型。大多数双子叶植物的根木质部是两原型至六原型，四原型常见。单子叶植物或禾本科植物大多是六或六个以上，故为多原型。木质部脊数可能与植物体内生长素高低有关。

（3）初生韧皮部。位于初生木质部脊之间，与木质部相间排列，体积相对较小，初生韧皮部的数目在同一根内与初生木质部的数目相等，细胞组成主要为筛管和伴胞，也有少数韧皮薄壁细胞，有些植物还有韧皮纤维。初生韧皮部发育方式与初生木质部一样，也是外始式，即原生韧皮部（protophloem）在外，后生韧皮部（metaphloem）在内，但原生韧皮部与后生韧皮部区别不明显。

初生木质部和初生韧皮部是由多种细胞组成的一种复合组织，主要是筛管和导管这些长管状细胞的输导作用，所以将其称为初生维管组织。

（4）薄壁组织。在初生木质部和初生韧皮部之间保留着一些薄壁细胞，在双子叶植物和裸子植物根进行次生生长时，它们与部分中柱鞘细胞共同分裂形成维管形成层，对根次生生长起着重要作用。

大部分双子叶植物根的后生木质部一直分化到根中心，只有少数双子叶植物由于后生木质部没有继续向维管柱中心分化，而形成了由薄壁细胞组成的髓（pith）。

（二）单子叶植物根的结构

由于单子叶植物大部分都是一年生或两年生，如禾本科植物，与双子叶植物根相比只有初生生长和初生结构，而不能产生维管形成层和木栓形成层，所以没有次生生长和次生结构。在幼根横切面上，单子叶植物根结构可分为表皮、皮层和中柱三部分（图 4-12）。

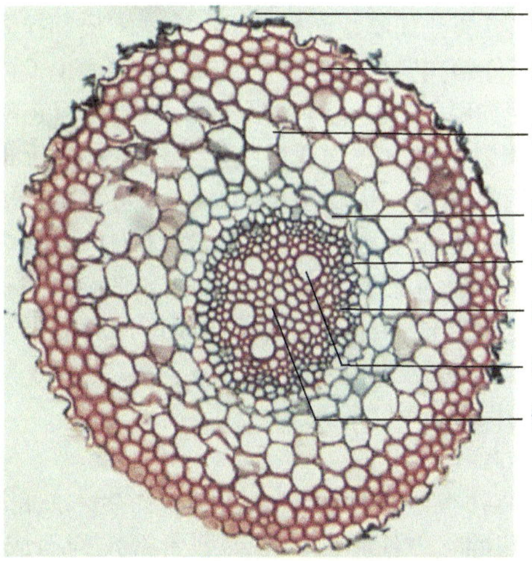

图 4-12　小麦根横切面结构图

1. 表皮

表皮由原表皮发育而来，最外一层细胞，形状近方形，无胞间隙，细胞壁薄。表皮细胞向外突出延伸形成根毛，但禾本科植物表皮细胞寿命一般较短，当根毛枯死后，表皮细胞通常解体而脱落。

2. 皮层

皮层由基本分生组织发育而来，位于表皮和中柱之间，靠近表皮的几层细胞体积较小，排列紧密，称为外皮层，在根发育后期常形成栓化的厚壁机械组织，表皮和根毛枯萎后，代替表皮行使保护和支持作用。

外皮层以内为皮层薄壁细胞，细胞体积较大，排列疏松，有明显胞间隙，特别是一些湿生植物的根在发育成老根时，皮层薄壁细胞互相分离后，解体形成大气腔（图 4-13），如水稻。湿生植物之所以能在水中生长是由于植物根、茎、叶中的气腔互相贯通，可以通气，使叶子中的氧气可通过气腔传输到根，供根呼吸所需。

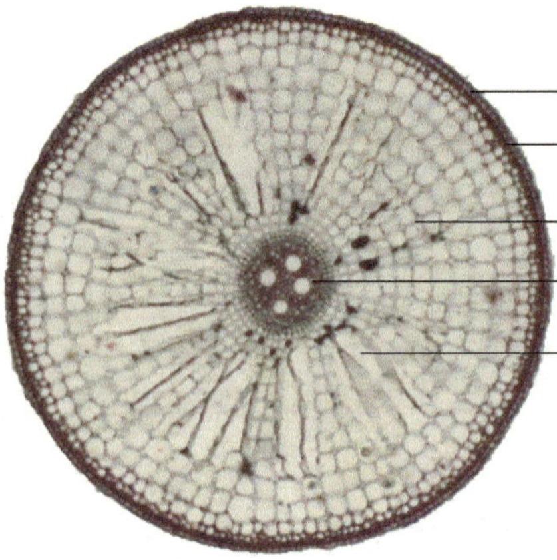

图 4-13 水稻老根横切面结构图

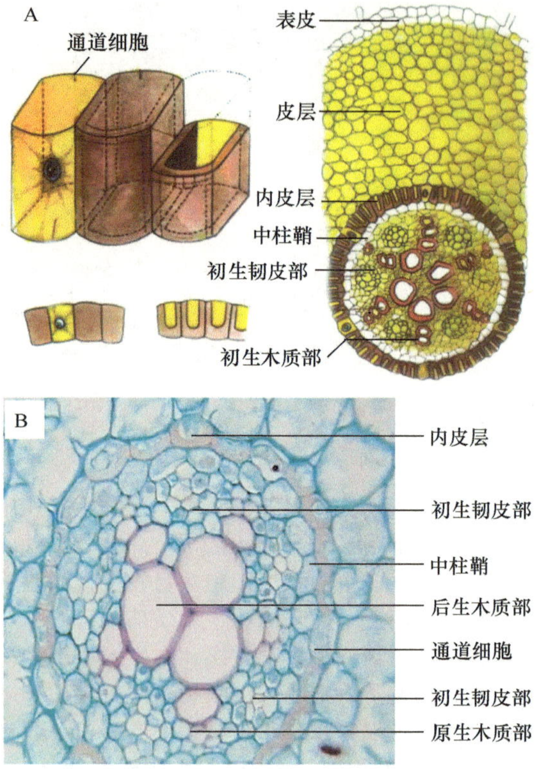

图 4-14 单子叶植物根内皮层及通道细胞
A. 单子叶植物根的内皮层及通道细胞示意图；B. 韭菜根横切，示内皮层细胞和通道细胞图

内皮层由一层细胞组成，细胞紧密排列，无胞间隙。单子叶植物根中，内皮层细胞壁的加厚和双子叶植物内皮层细胞壁加厚明显不同，发育初期为凯氏带加厚，而在发育后期内皮层细胞更为特化，不仅径向壁和横向壁木质和栓质化加厚，而且内切向壁也木质和栓质化加厚，只有外切向壁仍保持薄壁状态。横切面上，内皮层细胞五面加厚的部分呈马蹄形（图 4-14），但正对初生木质部辐射角的少数内皮层细胞常停留在凯氏带阶段，称为通道细胞，是皮层与维管柱之间物质运输的主要途径。有些植物根内皮层无通道细胞，细胞全部五面加厚，电镜观察发现加厚的内皮层细胞的壁有纹孔和胞间连丝，能使经过内皮层质膜选择后的水分和溶质通过。内皮层细胞壁的加厚，进一步增强了对维管柱结构的保护。

3. 维管柱

单子叶植物根维管柱分为中柱鞘、初生木质部、初生韧皮部和髓。中柱鞘由一层细胞紧密排列而成，在根发育初期为薄壁细胞，发育后期常部分或全部细胞木质和栓质化加厚，在其内侧为初生木质部，通常有多个，因此绝大多数单子叶植物的根一般为多原型，少数植物为四原型或五原型，如韭菜等，由原生木质部和后生木质部组成。靠近中柱鞘一方是原生木质部，由一至几个小型导管组成，靠近中央是后生木质部，由一个大型导管构成。初生韧皮部位于原生木质部之间，与原生木质部相间排列，两者之间的薄壁细胞不具有恢复分裂的能力。维管柱中央为薄壁细胞组成的髓，可以储藏营养物质，如水稻等，但有时被一个或两个大型后生木质部导管所占满，如小麦等，在根发育后期，髓薄壁细胞常木质化加厚成为厚壁组织，增加了维管柱机械支持作用。

三、侧根的形成

植物根上产生的分枝统称为侧根，其相应的起源根称为母根（maternal root），而在植物根系中产生的各级侧根在结构上基本相同。

（一）侧根的发育

由于侧根起源于中柱鞘，发生于母根内部，因此称这种起源方式为内起源（endogenous origin）。在侧根发生时，母根中柱鞘一定部位的细胞发生变化，其细胞质增加，液泡变小，恢复分裂能力，首先进行平周分裂，产生 2 层细胞，再经过多次平周分裂形成多层细胞，逐渐形成了侧根原基（lateral root primordium），以后侧根原基进一步发育，向母根皮层一侧生长，再逐步分化形成根冠、分生区和伸长区。由于侧根生长点细胞不断分裂、生长和分化，因此侧根就向外不断推进，同时由于侧根不断生长所产生的机械压力和根冠分泌的物质能使母根皮层和表皮细胞溶解，这样就使侧根穿过母根皮层和表皮，长出侧根（图 4-15）。由于侧根起源于中柱鞘，与母根维管组织紧密靠在一起，所以侧根维管组织和母根维管组织相互连通。

侧根原基在近成熟区的伸长区产生，但侧根穿过皮层和表皮露出母根外，在母根成熟区后方部位，这样使侧根的产生不会破坏母根成熟区的根毛，从而影响根的吸收功能，这是长期自然选择和植物适应环境的结果。

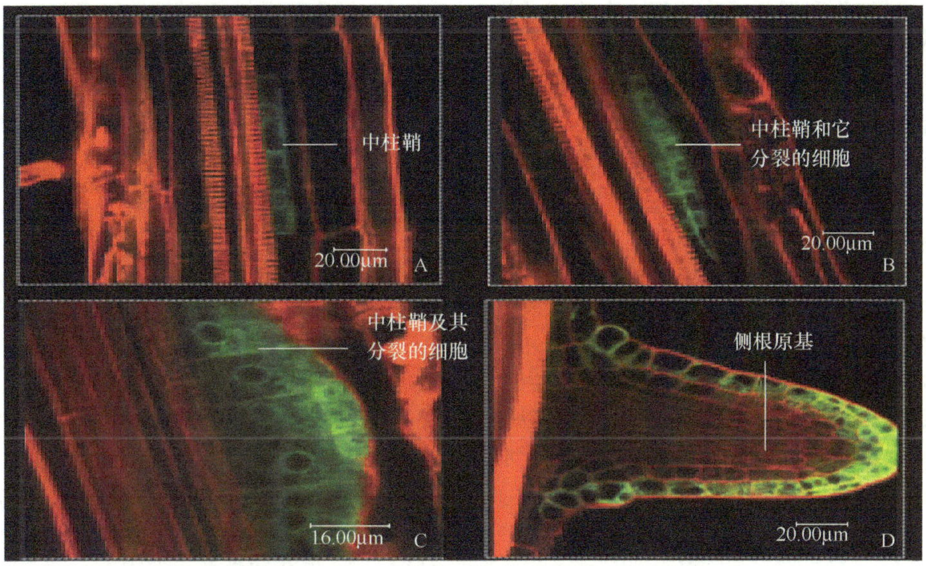

图 4-15　蚕豆侧根的发生过程

A. 侧根的发生开始于根毛区，但突破表皮露出母根外，却在根毛区之后；B～D. 侧根发生各时期细胞图

（二）侧根的发生位置

侧根在母根上发生的位置，在同一种植物上比较稳定，二原型根中，侧根一般发生于正对初生韧皮部或初生木质部与初生韧皮部之间的中柱鞘细胞；三原型和四原型根中，侧根发生在正对初生木质部的中柱鞘细胞；多原型根中，侧根发生在正对初生韧皮部的中柱鞘细胞（图 4-16）。从母根外部观察，侧根在母根表面常沿纵轴方向排列成行，其行数多等于初生木质部的数目，但随植物种类不同也有差别。

由于侧根维管组织与母根相连，所以主根和侧根的生长密切相关，当主根切断时，能促进侧根发生和生长，因此农林、园艺、园林生产过程中，在移苗木时常切断主根，以促进更多侧根发生，确保植株根系旺盛发育，促进整个植株更好生长。

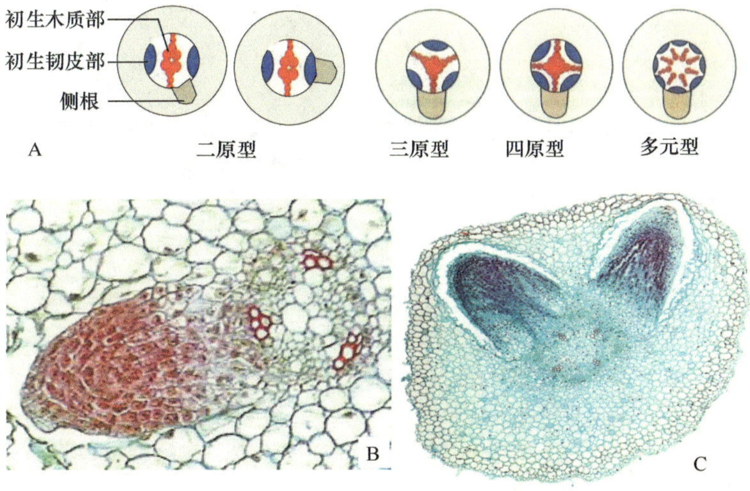

图 4-16　侧根发生位置图

A. 侧根发生位置示意图；B. 三原型根的侧根发生实际图；C. 四原型根的侧根发生实际图

第四节 根的次生生长和次生结构

大多数双子叶植物和裸子植物的根，在完成了初生生长，形成初生结构后，由于次生分生组织（即侧生分生组织）发生和活动的结果，使根不断增粗。根次生分生组织包括维管形成层（vascular cambium）和木栓形成层（cork cambium），前者细胞不断分裂、生长、分化，增加维管组织数量，使根直径增大，后者细胞分裂、生长、形成根次生保护组织，即周皮。这种生长过程称为次生生长（secondary growth）或增粗生长。次生生长过程中产生的次生维管组织和次生保护组织共同组成的结构，称为次生结构（secondary structure）。大多数单子叶植物没有次生生长，仅由初生组织构成根的结构，而许多草本双子叶植物的根也没有或仅有少量次生生长，因此它们根的结构中大部分由初生组织组成。

一、维管形成层的发生及其活动

维管形成层也称形成层，当植物根开始次生生长时，在根成熟区横切面可见位于初生木质部和初生韧皮部之间的薄壁细胞，首先开始恢复分裂活动，形成了由一些扁平的、排列整齐的细胞组成的几个弧形段状形成层，其片段个数与初生木质部脊数或初生韧皮束数相同，接着每个形成层片两端细胞也开始分裂，继续沿着初生木质部脊向左右两侧扩展，并向外推移，直到与中柱鞘相接（图 4-17），它们是维管形成层的主要组成部分。此时，正对原生木质部外面的中柱鞘细胞脱分化，恢复分裂能力，变为形成层的另一部分，这样，两部分形成层片段彼此连接，构成一个围绕初生木质部连续的波浪状形成层环。在二原型根中略呈卵形，三原型根中近似三角形，四原型根中呈四边形等（图 4-17）。维管形成层形成后，就进行平周分裂，增加细胞层数，由于初生韧皮部内侧的形成层分裂最早，向外分裂、分化形成次生韧皮部（secondary phloem），加在初生韧皮部内方，向内分裂、分化形成次生木质部（secondary xylem），加在初生木质部外方。

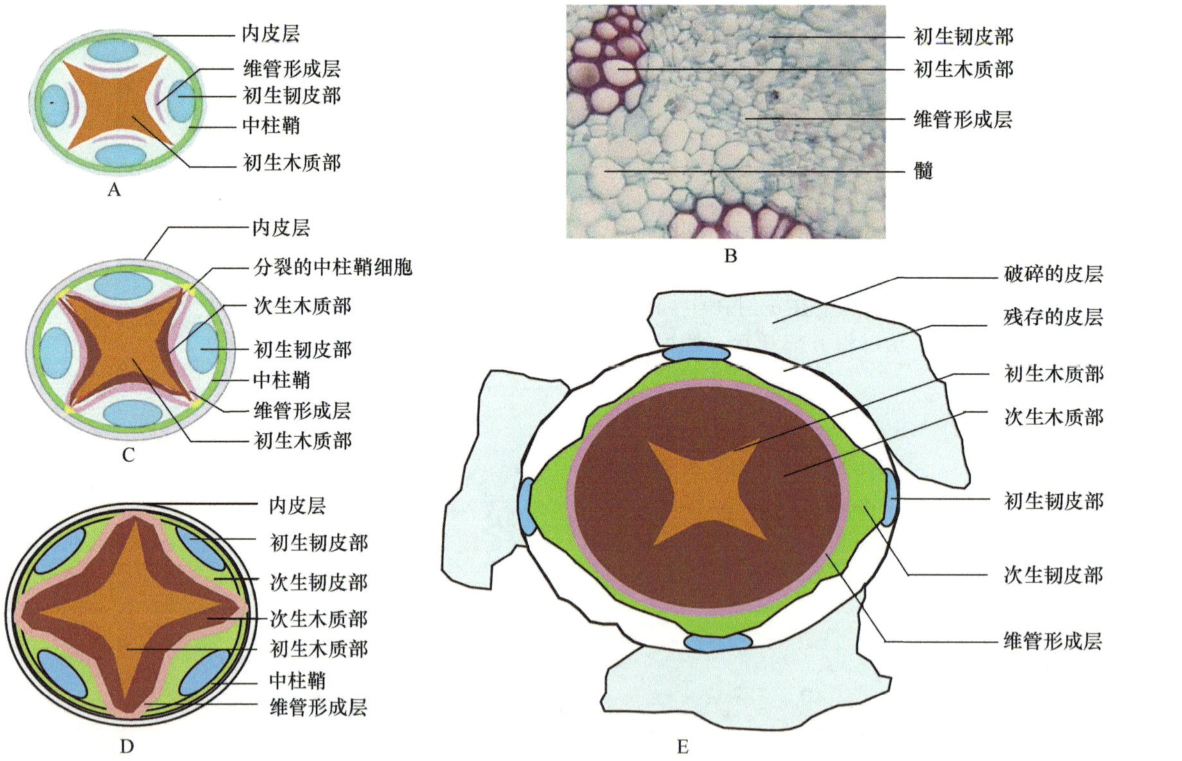

图 4-17 维管形成层的发生过程及其活动

A. 初生韧皮部和初生木质部之间薄壁细胞中未分化的薄壁细胞恢复分裂形成片段状维管形成层；B. 蚕豆根中形成的片段状维管形成层；C. 片段状维管形成层顺着初生木质部向两端延伸，直到木质部辐射角处的中柱鞘细胞，该处中柱鞘细胞恢复分裂成为维管形成层的一部分；D. 片段状维管形成层与中柱鞘处的维管形成层片段构成波浪状维管形成层环；E. 初生韧皮部内侧的那部分维管形成层发生早，分裂早，形成次生木质部多，把维管形成层向外推得快，从而使波浪状维管形成层环变成圆形形成层环但初期维管形成层环上各处分裂的速度不相等，形成次生木质部和次生韧皮部的数量有差别。通常，维管形成层分裂、分化出次生木质部细胞比次生韧皮部细胞多数十倍，同时在靠近初生韧皮部内侧的形成层向内分裂、分化的次生木质部细胞增加较快，两端增加较慢，因此向内形成的次生木质部细胞多于向外形成的次生韧皮部细胞，使得初生韧皮部及次生韧皮部不断被推向外围，所以一个波浪状维管形成层环逐渐变成了圆环状。

当维管形成层变为圆环后，各处分裂速度相等，继续不断向内形成次生木质部，向外形成次生韧皮部，使根渐渐加粗，而维管形成层的位置也逐渐外移。同时，维管形成层除了产生次生韧皮部和次生木质部外，还产生射线（ray），一般由沿半径方向排列紧密的一至三列薄壁细胞组成，依据射线所在部位，次生木质部中的射线称为木射线（xylem ray），次生韧皮部中的射线称为韧皮射线（phloem ray），通常木射线和韧皮射线相互贯通，称为维管射线（vascular ray），是根中水分和营养物质横向运输系统，有时也储藏丰富的营养物质，而导管、管胞、筛管、伴胞等组成维管组织的轴向系统。在一些植物的根中，正对初生木质部辐射角处由中柱鞘发生的形成层所产生的射线较宽，而其他部分的射线较狭窄。维管形成层细胞除了平周分裂外，还进行少量垂周分裂，以增加本身细胞数量，使其周径扩大，以适应根的增粗。

由于维管形成层活动，向内分裂、生长、分化所形成次生木质部的数量远多于向外分裂、生长、分化形成次生韧皮部的数量，所以在根横切面上，次生木质部所占面积远大于次生韧皮部所占面积（图 4-18）。在根增粗过程中，由于初生韧皮部比较柔弱，而被次生韧皮部不断挤压推向外围，大多数被挤毁，即使保留下来，也是由韧皮纤维组成的残余部分，因此，在根次生结构中，输导同化产物的功能由次生韧皮部担负。

当植物的根形成次生结构后，其直径显著增粗，但在根最中心仍保留着呈辐射状态的初生木质部，这是区分老根与老茎的一个重要特征。

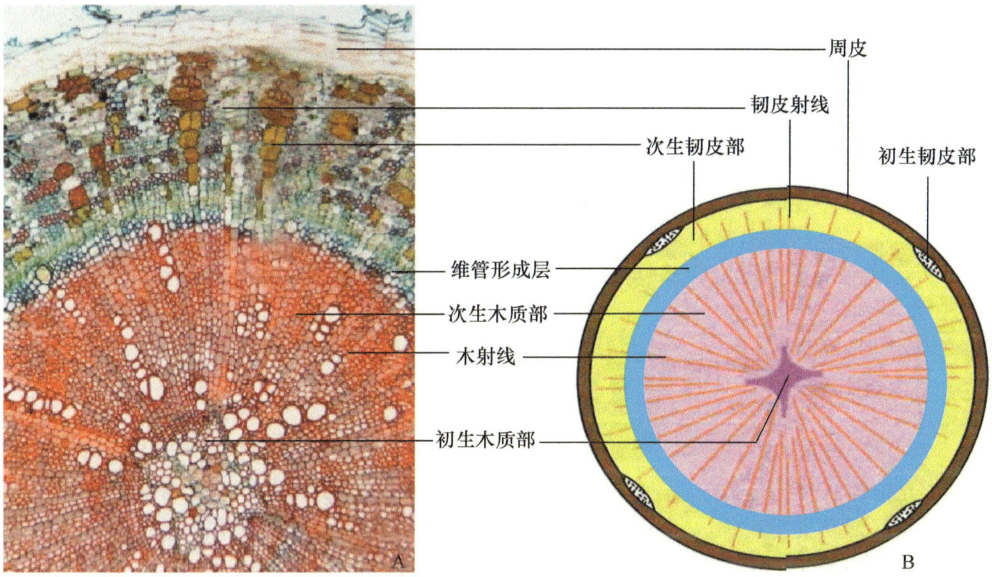

图 4-18　老根的结构
A. 棉花老根的结构；B. 老根结构示意图

二、木栓形成层的发生及活动

随着维管形成层的活动，不断产生次生木质部和次生韧皮部，使根维管柱逐渐扩大，而原来在中柱鞘外方的皮层和表皮也将不断受到挤压，面临被胀破的局面，这时中柱鞘细胞脱分化，恢复分裂能力，进行平周分裂，形成几层细胞，其中外面一层细胞变为木栓形成层（cork cambium）。在根横切面，木栓形成层像维管形成层一样也呈环状，其进行平周分裂，向外产生数层木栓细胞，称为木栓层（cork），向内产生一至几层薄壁细胞，称为栓内层（phelloderm）。这种由木栓层、木栓形成层和栓内层构成的结构称为周皮（图 4-19），是根外表的次生保护组织，这时也就产生了根的第一圈周皮。由于木栓层细胞成熟后为死细胞，原生质解体，形状砖形，排列紧密且整齐，同时细胞壁栓质化，所以不透水、不透气，因此组成的周皮可以防止根内水分散失和抵抗病虫害侵袭。当根第一圈周皮产生时，原来在中柱鞘外方的皮层和表皮将会胀破并逐渐与根其他部分分离，同时得不到水分和养料供应，最终相继死亡脱落，而由周皮代替原来的表皮执行保护作用。

多年生植物根中，由于木栓形成层不能像维管

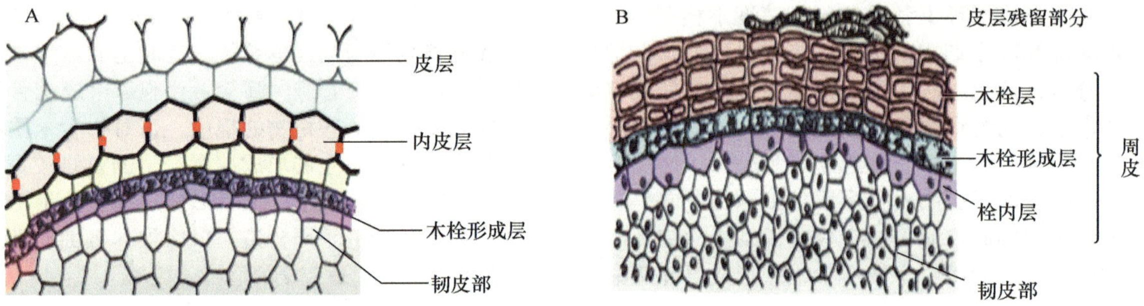

图 4-19 木栓形成层发生及其活动形成的结构
A. 葡萄根木栓形成层由中柱鞘发生；B. 橡胶树根木栓形成层活动产生周皮
（引自贺学礼，2010）

形成层那样连续活动多年，而是每年均要发生新的木栓形成层，新的木栓形成层通常发生在周皮内侧，并逐年向根内推移，最终也可由次生韧皮部薄壁细胞发生，进而形成新周皮，以适应维管形成层活动，所以在多年生植物的根部，就积累了很多每年产生和死后的周皮，并与次生韧皮部一起组成了厚树皮（bark）。

三、根的次生结构

根维管形成层和木栓形成层活动的结果形成了根次生结构，其结构由外向内依次为周皮、次生韧皮部（含韧皮射线）、维管形成层、次生木质部（含木射线）、初生木质部。

周皮：位于根次生结构最外侧，由木栓层、木栓形成层和栓内层组成（第一年生长末期，其外侧可能存有表皮和皮层残留物）。

次生韧皮部：位于周皮之内，在双子叶植物中由筛管、伴胞、韧皮纤维和韧皮薄壁细胞组成（一些植物根的次生结构中，在次生韧皮部外侧可见少量被挤毁的初生韧皮部的痕迹）。

韧皮射线：次生韧皮部内径向排列的薄壁细胞。

维管形成层：一层次生分生组织细胞，紧贴次生韧皮部之内。

次生木质部：位于维管形成层之内，占据根次生结构的大部分，双子叶植物中由导管、管胞、木纤维和木薄壁细胞等组成。

木射线：次生木质部内径向排列的薄壁细胞。

初生木质部：位于根次生结构中央，呈辐射状分布。

第五节 根的变态

众所周知，根是植物三大营养器官之一，有一定的生理功能和形态结构，通常易于辨识。但在自然界中，由于环境的变化，有些植物的营养器官因适应不同的环境，在形态和功能上会发生一些不同于正常器官的变化，其结构上也出现了不同于正常结构的改变，这种现象称为变态（abnormal organ），发生变态的器官称为变态器官（modification organ）。植物营养器官的变态是植物长期适应特殊环境条件而形成的稳定的、可遗传的变异，与病理的或偶然的变化不一样，是健康的、正常的现象。植物的根也同其他营养器官一样，可以发生各种变态，归纳起来主要有储藏根、气生根和寄生根 3 种类型。

一、储藏根

这种变态常见于两年生或多年生的草本双子叶植物，主要适应储藏大量的营养物质，如萝卜、胡萝卜、甜菜、甘薯、木薯、何首乌等的根都属于储藏根（storage root）。其特点是肥大、肉质，富含淀粉及其他碳水化合物；主要由大量薄壁组织组成，维管组织常散生期间；储藏的营养物质用于植株开花结实或作为营养繁殖、萌生新植株的营养来源。根据来源可以分为肉质直根和块根两种类型。

（一）肉质直根

这种变态类型主要是由主根发育而成，所以每株仅有一个肉质直根（fleshy taproot），如萝卜、胡萝卜和甜菜等，其上部由下胚轴发育形成，没有侧根发生，肥大的胚轴顶端在营养生长期间，还生长有节间很短的茎和莲座叶，而下部是由主根发育形成，生长二纵列或四纵列侧根，肥大的主根构成了肉质直根的主体。这些变态的肉质直根在外部形态上极为相似，但形成的内部结构却有所不同。例如，萝卜和胡萝卜的根均为二原型，当它们发生次生增粗生长以后，产生的内部结构有明显的差异。萝卜肉质直根的次生增粗是维管形成层活动的结果，但产生的次生结构中次生木质部比次生韧皮部发达（图 4-20）。在木质部中，主要由木薄壁组织组成，储藏大量的营养物质，没有纤维，导管也很少。除了正常的

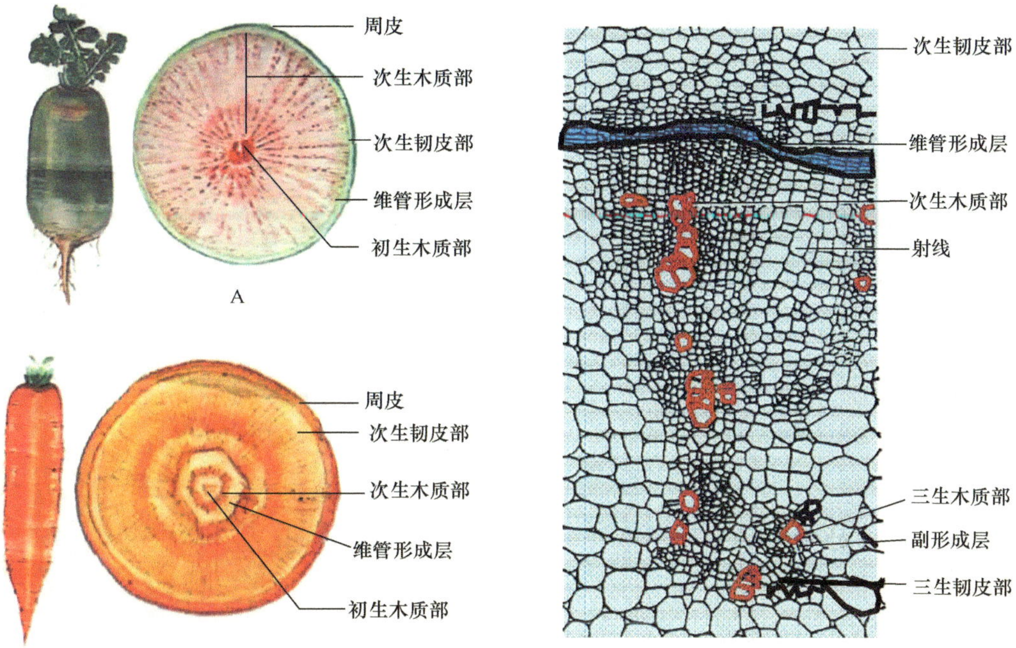

图 4-20　萝卜、胡萝卜肉质根结构

A. 萝卜肉质根及横切面结构图；B. 胡萝卜肉质根及横切面结构图；C. 萝卜肉质根横切面三生结构示意图

形成层活动外，在次生木质部的薄壁细胞脱分化后，恢复分裂能力，形成额外形成层（supernumerary cambium）或副形成层（accessory cambium），位于正常维管形成层之外，向内产生木质部，向外产生韧皮部，而所形成的结构称为三生结构，相应的木质部和韧皮部被称为三生木质部（tertiary xylem）、三生韧皮部（tertiary phloem），因此，萝卜肉质直根增粗生长是维管形成层和额外形成层活动的结果。由不发达的次生韧皮部与外面的周皮构成了肉质直根的皮部。

胡萝卜肉质直根的增粗也是维管形成层活动的结果，但在增粗的主根中次生韧皮部比次生木质部发达（图 4-20）。次生韧皮部由非常发达的薄壁组织组成，储藏大量的营养物质以及胡萝卜素，而次生木质部形成的数量较少，由木薄壁组织组成，产生的导管也较少。

甜菜肉质直根的增粗不同于萝卜、胡萝卜的肉质直根，在最初的形成层活动和次生结构产生与它们一样，而不同的是当形成层正在活动时，中柱鞘的薄壁细胞分化产生额外形成层，向内、外分别产生三生木质部和韧皮部，由此构成若干三生维管束，这些三生维管束呈环状排列。同时，也形成大量的薄壁组织，以后又在三生韧皮部外侧的韧皮部薄壁细胞产生新的一圈额外形成层，继续活动形成新一轮三生木质部和韧皮部，这样依次不断活动的结果，最终形成了一轮维管组织和一轮薄壁组织相间排列成多层同心环的结构。在甜菜肉质直根中额外形成层可达 8～12 层或更多（图 4-21）。

（二）块根

这种变态类型多半由不定根或侧根经过增粗发育而成，其形状呈块状，在一株上可以形成多个，它的组成不含茎和下胚轴部分，而是完全由根组成，如甘薯、木薯、麦冬、何首乌等的根都属块根（root tuber）。

甘薯是一种最常见的块根之一，当以扦插方式进行繁殖时，不定根在产生次生结构后开始膨大，增粗也是维管形成层和许多额外形成层活动的结果。在次生结构的形成过程中，由于次生木质部中产生的薄壁组织特别发达，这样使次生木质部中的导管和导管群被薄壁组织所隔开，而在次生木质部中呈星散分布。当块根进一步发育时，次生木质部中被隔开的导管和导管群的周围的薄壁细胞恢复分裂能力，不断地产生一些额外形成层（图 4-22），额外形成层向着导管和导管群产生含有少量管状分子和大量薄壁组织的木质部，背着导管和导管群产生含有少量筛管、乳汁管和大量薄壁组织的韧皮部。这样经过许多额外形成层的共同活动，就形成了肥大的含有大量薄壁组织的块根，其块根内储藏大量淀粉和糖分。

二、气生根

在植物的根中凡露出地面而生长在空气中的根均称为气生根（aerial root）。依据其担负的生理功能不同又可分为支柱根、攀援根和呼吸根。

（一）支柱根

有一些大型草本植物，由于根系比较浅，抗倒伏能力差，如玉米、高粱等，常在靠近地面的几个茎节上，环生不定根扎入土壤中，并可产生侧根，对植株具有支持作用，同时也可吸收土壤中的水分和无机盐。另外，

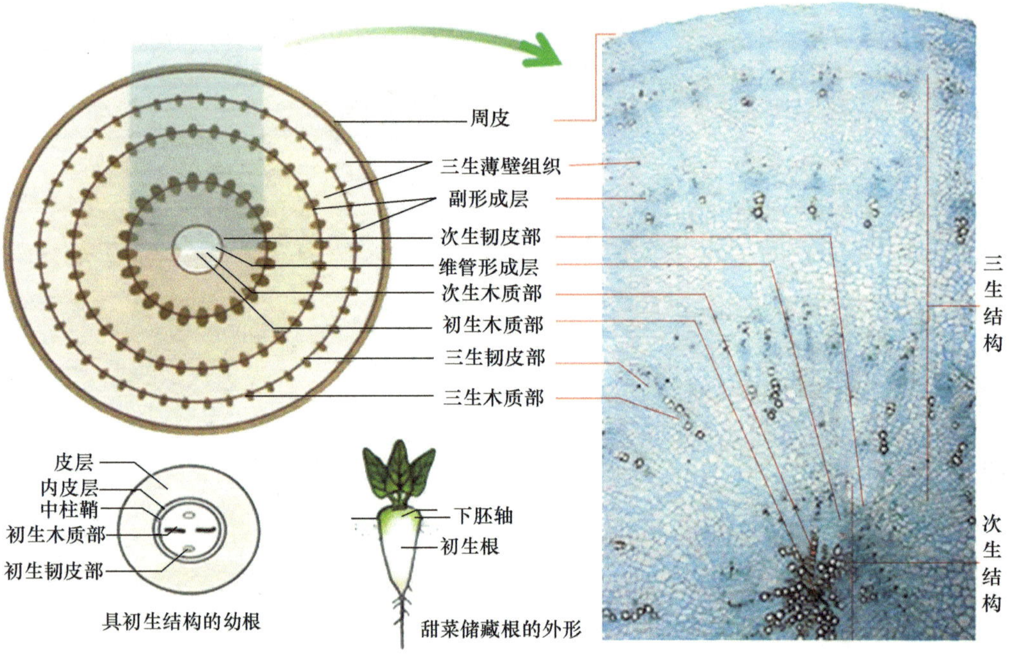

图 4-21 甜菜储藏根的结构

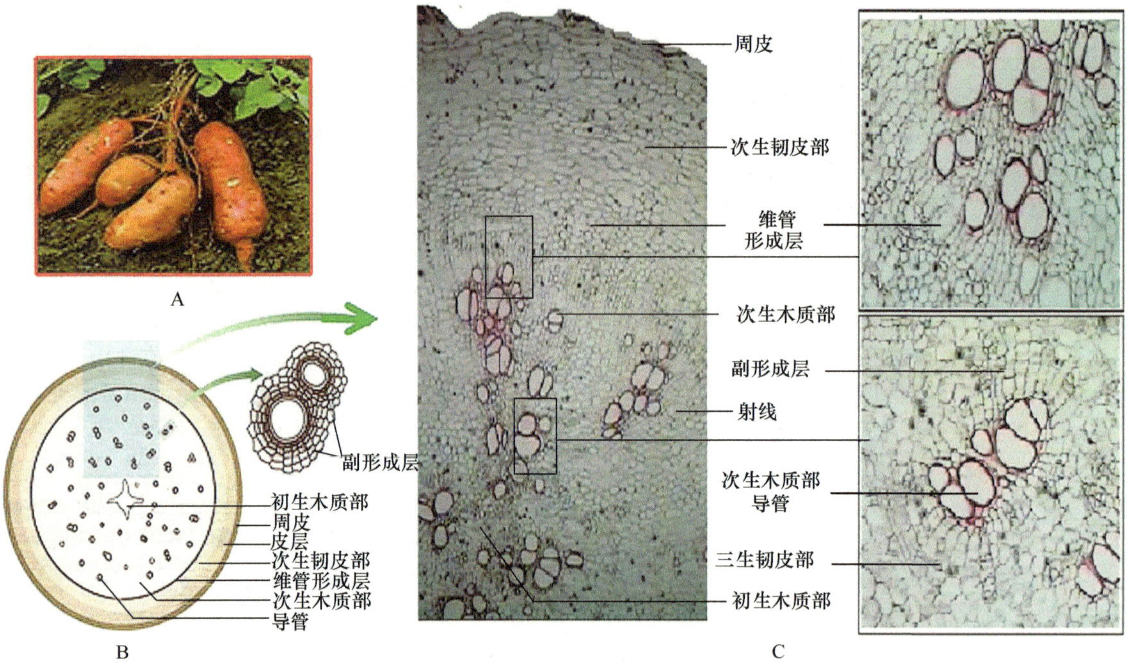

图 4-22 甘薯块根的结构

A. 甘薯块根的外形；B. 甘薯块根横切示意图；C. 甘薯块根横切面局部结构

在我国南方热带地区生长的榕树，可以从树枝上生出许多垂直向下生长的不定根，直到地面，进入土壤中，对植株生长形成的大型树冠起到支柱作用。像这类具有支持作用的不定根称为支柱根（prop root）（图 4-23）。

（二）攀援根

有一些藤本植物，由于其茎细长而柔软，不能直立生长，如爬山虎、常春藤、凌霄等常在茎上生长出许多短的、顶端扁平的不定根，且这些不定根能分泌出一种黏液，容易固着在树干、山石或墙壁上，使植物体攀援上升，向上生长。这类不定根称为攀援根（climbing root）（图 4-23）。

（三）呼吸根

一些生长在沿海或沼泽地带的植物，由于长在水中，如红树、水龙和水松等，其根部被掩埋在腐泥当

图 4-23 气生根

中，造成呼吸十分困难，因此，一部分根从腐泥中向上生长，暴露在空气中，在其表面形成呼吸孔，内部形成发达的通气组织，空气可以通过呼吸孔和通气组织输送到地下根，以供地下根进行呼吸。把这类起呼吸作用的根称为呼吸根（respiratory root）（图 4-23）。

三、寄生根

一些寄生植物，如菟丝子，其茎细长而卷曲，缠绕在寄主的枝叶上，长出许多变态的不定根，可以侵入寄主体内，与寄主的维管组织相互连通，吸收营养物质和水分以维持本身的生活，把这种不定根称为寄生根（parastic root），或称为吸器（haustorium）（图 4-24）。寄生植物中的菟丝子为全寄生植物（parasitic plant），而槲寄生为半寄生植物（semi-parasitic plant），其本身具绿色叶片，进行光合作用制造养料，寄生根只吸取寄主的水分和无机盐以供生活。

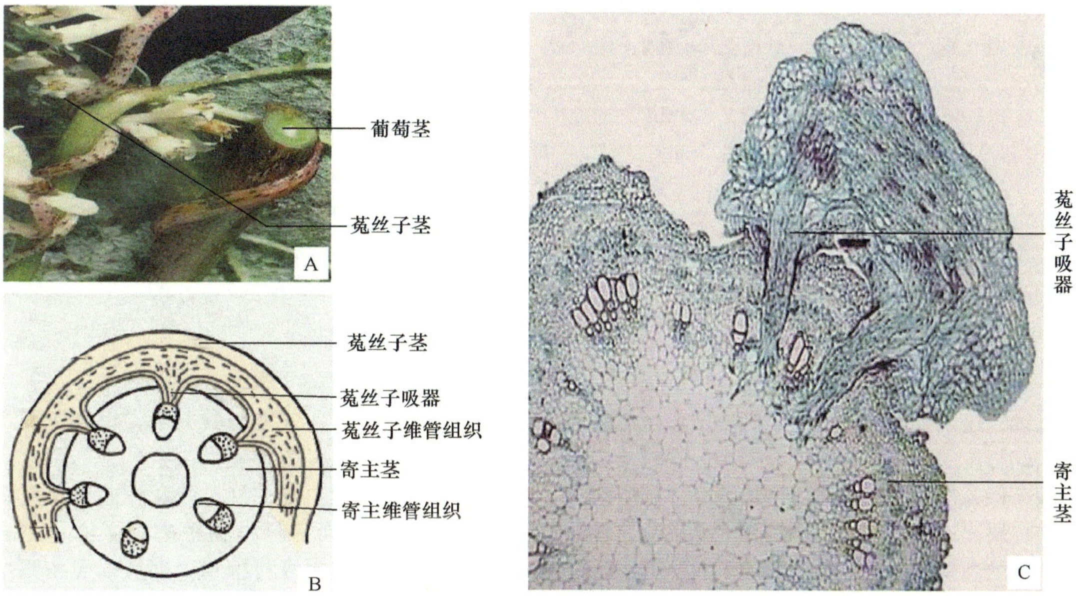

图 4-24 菟丝子的寄生根

A. 菟丝子缠绕在寄主茎上；B. 菟丝子吸器示意图；C. 菟丝子寄生根纵切面（示内部结构）

第六节 根瘤和菌根

由于植物根系分布于土壤中，其与土壤微生物（rhizosphere microbe）有着密切关系，如细菌、真菌、原生动物等，所以根分泌的多种有机物和无机物质是微生物的营养来源，而土壤微生物分泌的一些刺激生长的物质，或抗菌、有毒以及其他物质，又可直接或间接影响根生长发育。有些微生物甚至侵入到某些植物根的内部组织中，常形成特殊结构，彼此间建立互助互利的共存关系，这种关系称为共生（symbiosis）。共生关系可以是两种生物间相互进行营养物质交流，一种生物对另一种生物的生长有促进作用。种子植物和微生物间的共生关系，最常见的为根瘤（root nodule）和菌根（mycorrhiza）。

一、根瘤

在许多植物根的表面形成大量形状各异、大小不等的瘤状突起，称为根瘤（root noudle），是土壤中的一种细菌，即根瘤菌，侵入植物根部细胞而形成的共生结构，多见于豆科植物，常与根瘤菌共生（图4-25）。根瘤菌最大的特点是具有固氮作用，能够产生固氮酶，将空气中的氮气转化为能被根吸收的含氮化合物。在这种共生关系中，豆科植物为根瘤提供有机物、矿物质和水使其生长和繁殖，而根瘤菌形成的含氮化合物除满足自身外，也为豆科植物的生长提供氮素营养。

根瘤的形成开始于豆科植物的幼苗期，其根分泌一些物质吸引根瘤菌到根毛附近，进行大量的繁殖并聚集在根毛的周围，随后处在根毛周围的根瘤菌产生分泌物刺激根毛，使根毛卷曲、膨胀，同时在根瘤菌分泌的纤维素酶的作用下，使根毛顶端细胞壁溶解，根瘤菌经此处侵入根毛内，并在根毛中滋生，聚集成带，其外被黏液所包，同时根毛细胞分泌纤维素等物质包在菌带和黏液外方形成了具有纤维素鞘的内生管，这种内生的管状

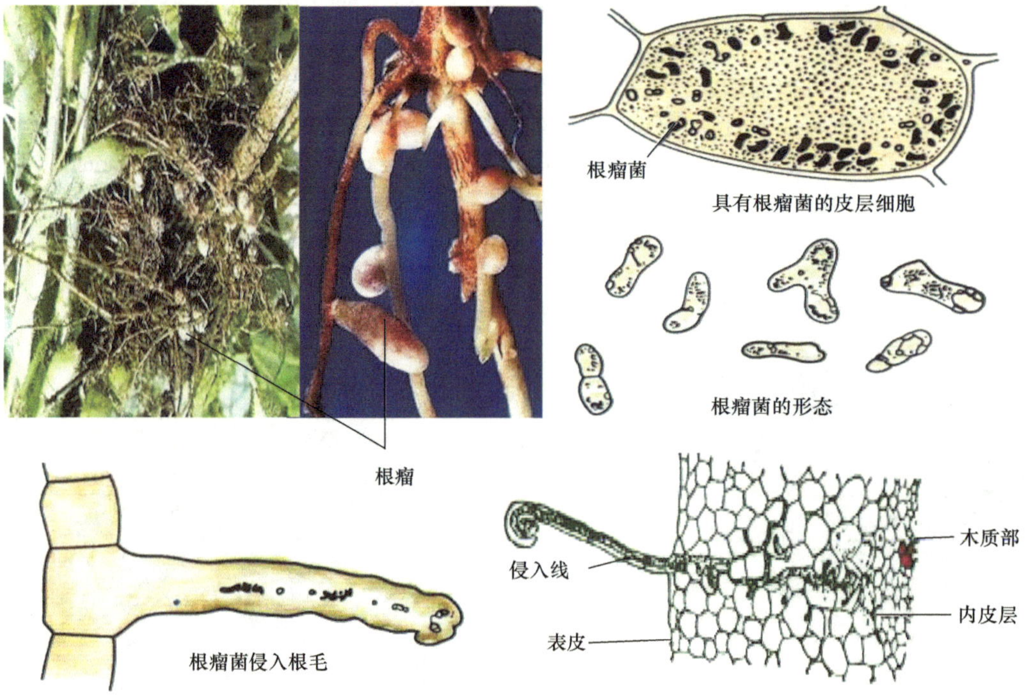

图 4-25　根瘤和根瘤菌

结构称侵入线，这条侵入线一直生长到皮层。根瘤菌沿侵入线侵入幼根皮层，并迅速在该处繁殖，同时皮层细胞受到根瘤菌侵入的刺激，也进行迅速分裂，产生大量细胞，致使皮层出现局部膨大，这种膨大的部分，包围着聚生根瘤菌的薄壁组织，这样便形成了向外突出生长的根瘤（图4-25），根瘤中的根瘤菌逐渐转变为具有固氮能力的拟菌体，进行固氮作用。

根瘤菌的种类很多，如根瘤菌属（*Rhizobium*）就有十多种，每一种根瘤菌常与一定种类的豆科植物共生，形成根瘤，进行固氮作用，但是其与宿主间有一定的专一性，如豌豆根瘤菌（*Rhizobium leguminosarum*）只能在豌豆、蚕豆、苕子等植物根上形成根瘤，而不能在大豆、苜蓿等植物根上形成根瘤，大豆根瘤菌（*Rhizobium japonicum*）只能在大豆根上形成根瘤，却不能在豌豆、苜蓿根上形成根瘤，这是由于豆科植物的根毛所分泌出的一种特殊蛋白质，能与根瘤菌细胞表面的多糖化合物发生选择性结合，不同种类豆科植物的根毛分泌的蛋白质在结构上存在一定差异，只有在细胞表面存在能与这种蛋白质相结合的多糖物质的根瘤菌，才能与其共生。根瘤所固定的氮化合物，除了为豆科植物提供氮素外，其脱落后可以提高土壤的含氮量。据估计，地球表面每年生物固氮总量约为1亿t，而豆科植物根瘤固氮的量占55%。所以，在生产上利用豆科植物根部与根瘤菌共生形成的根瘤的固氮作用，可以通过与其他作物间作、轮作以增加土壤肥力，以提高农作物的产量。植物界中还有一些非豆科植物，如胡颓子属（*Elaeagnus*）、木麻黄属（*Casuarina*）、桦木科的桤木（*Alnuscre mastogyne*）等植物所形成的根瘤，是由放线菌侵入根部细胞而形成的瘤状共生结构，其固氮菌通常为放线菌类，这些根瘤也有较强的固氮作用，有些甚至超过大豆固氮根瘤。

另外，一些豆科和非豆科植物的根系还寄生线虫，当线虫从植物根尖侵入时，周围的植物细胞由于受到线虫分泌物的刺激而加速分裂增生，而在植株根部产生许多大小不等的病害根瘤。这些病害根瘤可以造成植株根部腐烂，使植株的根系逐渐失去输送水分和矿物质的能力，因而导致植株生长缓慢，矮小，叶黄化，严重时植株枯萎，过早死亡。

二、菌根

植物的根与土壤中的真菌结合在一起，形成一种共生体，称为菌根。在这种共生关系中，真菌将所吸收的水分、无机盐类和转化的有机物质，供给种子植物，而种子植物把它所制造和储藏的有机养料，包括糖、氨基酸等物质供给真菌，因此菌根对植物的正常生长和发育有着非常重要的作用，所以大部分种子植物都具有菌根。一般菌根真菌和宿主植物之间是互利关系，但是在外部条件发生变化时，也存在兼有寄生性。

根据真菌与植物根部皮层间的关系，通常将菌根分为外生菌根（ectotrophic-mycorrhiza）、内生菌根（endotrophicmycorrhiza）和内外生菌根（ectendotrophic-mycorrhiza）。

（一）外生菌根

外生菌根是真菌的菌丝包被在植物幼根外面，形成菌根鞘或菌套结构，有时少数菌丝也侵入根皮层细胞间隙中，但不侵入细胞内，即使进入也会被宿主分解。一般具外生菌根的根尖常呈灰白色，短而粗，根毛不发达或无，在菌套表面可见许多外延菌丝，菌丝代替了根毛的作用，增加了根系的吸收面积。在维管植物中，能够形成外生菌根的植物约占10%，常见于松科、桦木科、壳斗科、榆科、桃金娘科等科植物的根上，都有外生菌根（图4-26）。

（二）内生菌根

内生菌根分为丛枝菌根（Arbuscular mycorrhiza，AM）、杜鹃花科植物菌根（Ericod mycorrhiza）和兰

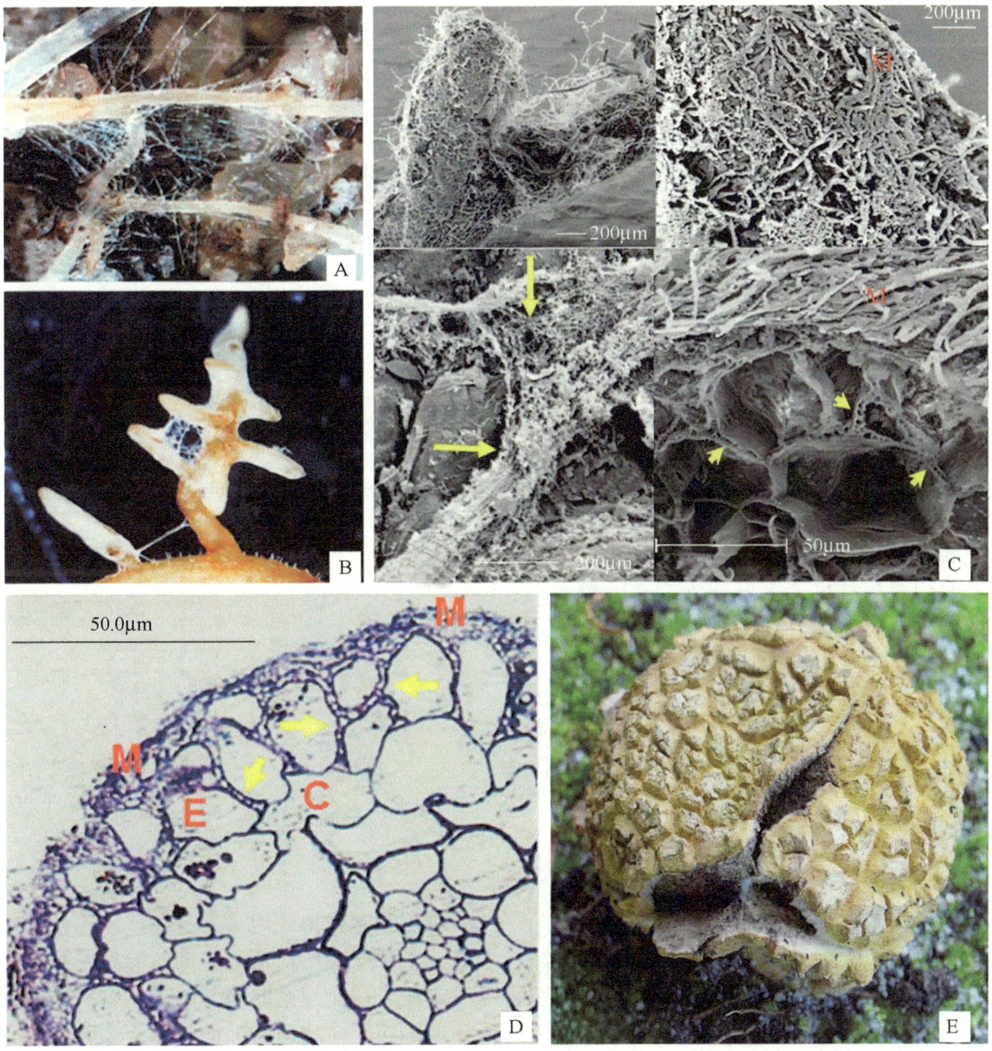

图4-26　硬皮马勃属（*Scleroderma*）真菌在桉树（*Eucalyptus robusta*）根上形成的外生菌根

A、B. 光镜下观察的根外菌丝；C. 扫描电镜下观察的外生菌根形态（字母M示菌套；长箭头示菌索；短箭头示哈蒂氏网）；D. 光镜下观察的外生菌根横切（E示表皮细胞；C示皮层细胞；箭头示围绕表皮细胞的哈蒂氏网）；E. 硬皮马勃的子实体

（陈应龙摄）

科植物菌根（Orchid mycorrhiza）。内生菌根的菌丝体侵入根细胞内，并在细胞内不断分枝，通常不破坏宿主细胞膜和液泡膜，宿主根部一般无形态和颜色变化，表面也没有特殊形态，难以用肉眼辨别，但内生菌根四周通常有松散的菌丝网。其中丛枝菌根是内生菌根中最常见和最为重要的菌根类型（图 4-27），AM 真菌入侵植物后，在宿主植物根系皮层细胞中形成泡囊（vesicules）、丛枝（arbuscules）和内生菌丝等结构；孢子、孢子果主要分布于植物根际土壤中；外生菌丝分布于根系表面和土壤中，并形成发达的菌丝网络。

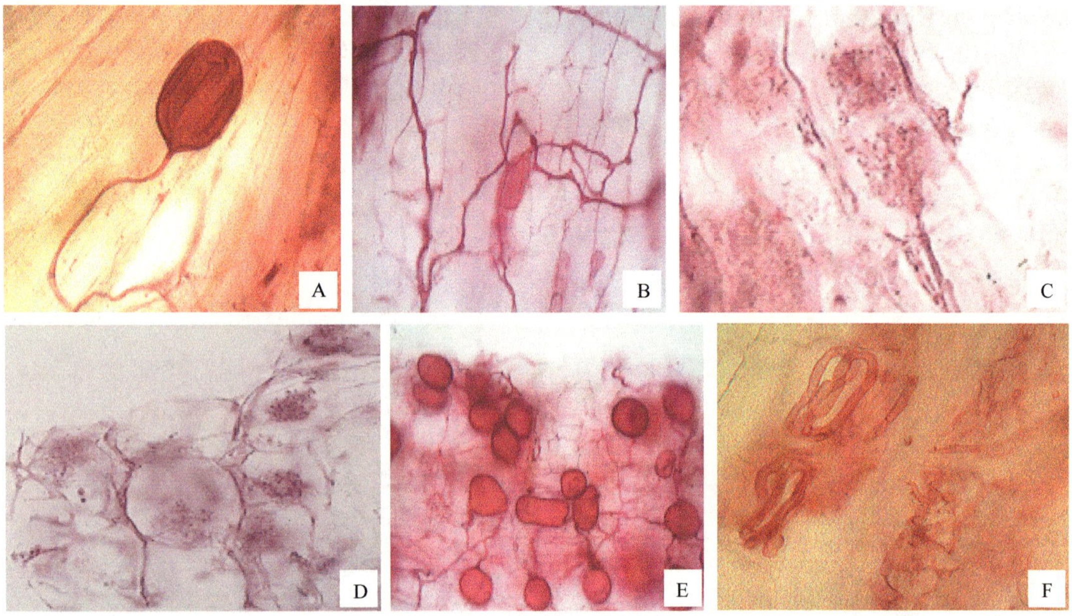

图 4-27　AM 真菌与植物形成的共生结构

A. 孢子萌发；B. 菌丝；C. 花椰菜状丛枝；D. 树枝状丛枝；E. 泡囊；F. 菌丝圈

（贺学礼摄）

根据根内丛枝和菌丝结构特点，丛枝菌根可分为疆南星型（Arum-type，A 型）、重楼型（Paris-type，P 型）和中间型（Intermediate-type，I 型）三种形态类型。疆南星型菌根特点是根皮层细胞间有大量胞间菌丝，胞间菌丝产生的侧向分枝进入皮层细胞内，顶端不断分枝形成丛枝，有时偶能观察到菌丝卷曲现象。重楼型菌根的特点是胞内菌丝强烈卷曲，并在皮层细胞之间直接传播，丛枝结构形成于卷曲菌丝结构之间，一般缺乏或很少有胞间菌丝。目前，AM 真菌尚不能纯培养，只能通过中间活体植物进行扩大繁殖。

（三）内外生菌根

内外生菌根是真菌的菌丝在植物幼根的表面既能形成菌丝鞘，又能进入生活细胞内，兼有外生菌根和内生菌根的某些形态和生理特征，如常见的蔷薇科的草莓和苹果、杨柳科的银白杨和柳树等植物有这种菌根（图 4-28）。

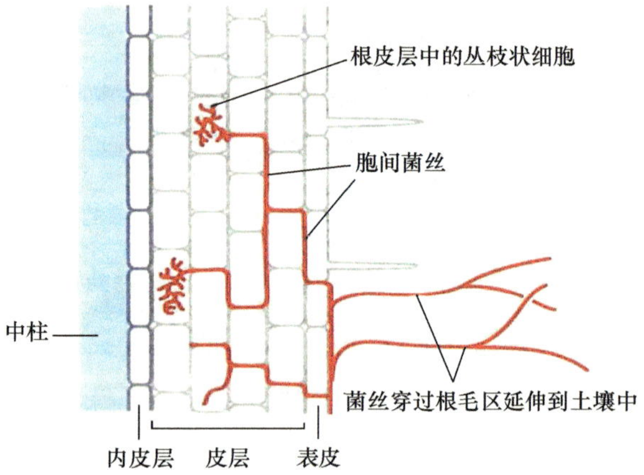

图 4-28　内外生菌根

（四）菌根的功能

菌根对宿主植物有许多有益的生理和生态学效应。①扩大宿主植物根系吸收面积。无论是外生菌根还是内生菌根，除一部分真菌菌丝在根表面形成菌丝套或进入根皮层细胞内形成泡囊和丛枝外，还有大量菌丝伸展在植物根系土壤中形成密集菌丝网，代替植物根毛吸收养分，扩大植物根系对养分的吸收面积，增强宿主植物从土壤中吸收矿物质营养的能力。②促进宿主植物对营养的吸收利用。大多数表层土壤中 20%～80% 的磷是以有机态形式存在的，植物不能直接利用，形成菌根后，菌根真菌产生磷酸酶，使不可给态磷转化为可给态磷供植物吸收，从而使土壤有机磷的有效性增加，菌根真菌还能增加对铜、钾、钙、锌等微量元素的吸收。③菌根真菌能产生生长激素。菌根真菌能产生各种植物生长激素，如细胞生长素、细胞分裂素、赤霉素、维生素、生长调节素、吲哚乙酸等，这些生长激素在形成菌根之前就能对植物生长发育起刺激作用，从而促进植物生根、萌发和生长。④加强宿主植物的生物保护作用。在植物营养根表面，由于受到根系分泌物的影响，外生菌根菌丝体聚集在根周围，形成紧密交织的菌丝套，保护植物营养根免受有害物质入侵；皮层组织内部的哈蒂氏网把皮层细胞一个个包围起来，可阻止有害物质进入，因此，外生菌根对致病菌的侵入起到一种屏障作用；另外，有些菌根真菌还能产生抗细菌、抗真菌和抗病毒的次生代谢产物，抑制病菌等的生长发育；有些菌根真菌能寄生在致病菌上形成重寄生，从而破坏病原菌的形态结构，阻碍病原菌的正常生理代谢。⑤增强宿主植物的抗逆性。许多菌根真菌能耐极端温度、湿度和酸碱度，耐土壤贫瘠和有毒物质，能在高温、干旱、贫瘠、高盐度和超量有毒物质的土壤中生长发育，增强宿主植物对不良环境的抵抗能力。⑥菌根真菌对生态系统的稳定作用。菌根真菌通过参与生态系统物质循环、改善土壤理化性质、稳定土壤结构等方式维持生态系统的稳定。⑦菌根真菌种群演替对植物群落结构的影响。在生态系统或群落中，菌根共生体通过直接或间接改变系统中宿主与其他成分的关系而影响植物的适合度、植物种间竞争、群落组成、物种多样性和演替动力。⑧退化生态系统中菌根真菌的生物修复功能。在生物群落恢复过程中，菌根真菌不仅深刻影响着植物系统的生物结构，而且人为引入菌根真菌接种剂，能够加速被破坏生境中的植被恢复。

本章主要内容和概念

根是植物体生长在地下的营养器官，依据根发生位置可分为定根和不定根，前者又细分为主根和侧根；根的结构包括根尖结构、初生结构和次生结构，但在自然界中，由于环境的变化，根因适应不同的环境，在形态和功能上会发生一些不同于正常器官的变化，其结构上也出现了不同于正常结构的改变，这种现象称为根的变态。根分布在土壤中形成根系，主要行使吸收和固着作用，特别是与土壤微生物形成的根瘤和菌根，能够促进植物生长和根际微环境良性循环。本章主要包括根的形态特征和生理功能，根的发育及根尖结构，根的初生生长和初生结构，根的次生生长和次生结构，根的变态，根瘤和菌根等内容。

知识要点包括：

根的功能，根系类型，根尖分区和生长动态，根冠结构与功能，静止中心，根毛，根初生生长与初生结构，内皮层细胞特征及凯氏带，中柱鞘，外始式发育方式，侧根发生与形成，内起源，根维管形成层发生与活动，根木栓形成层发生与活动，根次生生长与次生结构，维管射线，副形成层，三生维管束，根的变态及类型，根瘤，菌根。

复习思考题

1. 根的原分生组织细胞有哪些特点？从分生区到根次生结构的形成，原分生组织经过了哪些发育阶段，细胞发生了什么样的变化？
2. 试述根初生结构与其生理功能的相互适应关系。
3. 根是如何在坚实土壤中不断向前生长的，其主要动力是什么？
4. 根毛区是吸收的主要区域，但根毛寿命相对较短，根的功能如何能不断维持？
5. 为什么说根是植物长期适应陆生生活所形成的产物？
6. 双子叶植物根和单子叶植物根在结构上有何区别？
7. 根的维管形成层和木栓形成层是如何发生和活动的？
8. 试述双子叶植物根的初生结构及次生结构。
9. 何谓共生现象？根瘤和菌根的形成在农林业生产中有何重要意义？

第五章 茎

茎是联系根和叶，输送水、无机盐和有机养料的轴状结构。在个体发生上，由胚芽发育而成；在系统演化上，是先于叶、根出现的营养器官。茎除少数生于地下外，一般是生长在地上的营养器官。多数植物茎的顶端能无限向上生长，与叶形成庞大的枝系。

第一节 茎的功能和经济价值

一、茎的功能

（一）支持作用

茎是植物体的支架。主茎和各级分枝支持着叶、芽、花和果实，使它们合理地在空间展布，有利于通风透光、传粉、果实和种子传播。

（二）输导作用

茎是物质上下运输的通道。根吸收的水分和无机盐通过茎向上运输到叶、花和果实；叶的光合产物通过茎向下运输到根和其他器官。

（三）储藏作用

部分植物的茎有储藏功能，尤其对多年生植物而言，茎内储藏的物质为翌年春季芽萌动提供养料。马铃薯块茎、莲根状茎和荸荠球茎等都是营养物质集中储藏的部位。

（四）繁殖作用

茎可作为扦插、压条和嫁接等营养繁殖材料。扦插枝（也可插根或叶）、压条枝在合适土壤中，生出不定根后可形成新个体；用某种植物的枝条或芽（接穗）嫁接到另一种植物上（砧木），可改良植物性状。

（五）光合作用

绿色幼茎可进行光合作用，而叶片退化的植物，如仙人掌科（Cactaceae）、百合科天门冬属（*Asparagus*）和大戟科绿玉树（*Euphorbia tirucalli*）等植物，其光合作用主要在茎中进行。

此外，有些植物的茎部分变为刺，如山楂、皂荚和酸橙的茎刺，具有保护作用。有的植物一部分枝变为卷须，具攀援作用，如南瓜、葡萄和西番莲（*Passiflora coerulea*）等。

二、茎的经济价值

茎的经济价值包括食用、药用、工业原料、木材、竹材等，为工农业以及其他方面提供了极为丰富的原材料。甘蔗、马铃薯、芋、莴苣（*Lactuca sativa*）、茭白（*Zizania latifolia*）、藕、慈姑（*Sagittaria trifolia* var. *sinensis*）等都是常用食品，姜、桂皮是常用调味品；杜仲（*Eucommia ulmoides*）、合欢（*Albizia julibrissin*）、半夏（*Pinellia ternata*）、天麻（*Gastrodia elata*）、黄精（*Polygonatum sibiricum*）等都是著名药材；奎宁是茜草科植物金鸡纳属（*Cinchona*）树皮中所含的生物碱，为著名抗疟药。其他植物产品，如纤维、橡胶、生漆、软木以及木材干馏制成的化工原料等，更是用途极广的工业原料。

第二节 茎的形态

一、茎的形态特征

多数植物茎的外形呈圆柱形，少数植物的茎呈三角形、方形或扁平形。茎内有机械组织和维管组织，从力学角度看，茎的外形及结构具有支持和抵御外力的能力。

植物地上茎包括主茎和各级侧枝。茎上着生叶的部位称为节（node）。两个节之间的部分，称为节间（internode）（图 5-1）。着生叶和芽的茎，称为枝或枝条（shoot），因此，茎是枝条上除去叶和芽所留下的轴状部分。

不同种植物，节间长度不同。木本植物中，节间显著伸长的枝条称为长枝；节间短缩，各个节间紧密相接，甚至难于分辨的枝条称为短枝（图 5-2）。短枝上的叶因节间短缩而呈簇生状态，如银杏，长枝上生有许多短枝，叶簇生在短枝上；梨和苹果等果树，在长枝上生有许多短枝，花多着生在短枝上，因此短枝也称果枝，常形成短果枝群；有些草本植物的节间短缩，叶排列成基生莲座状，如车前、蒲公英等。

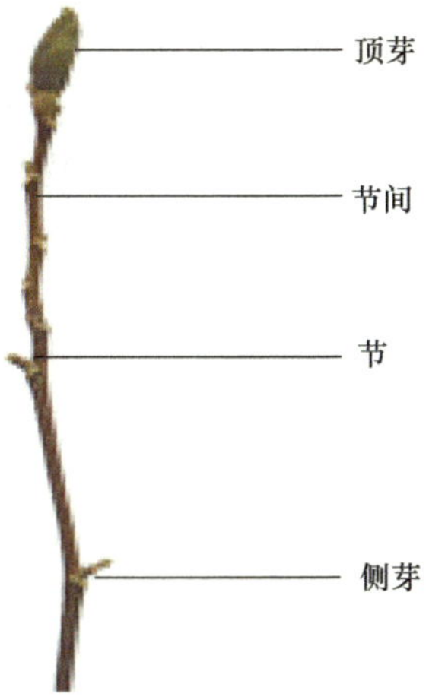

图 5-1 木兰属植物的枝条

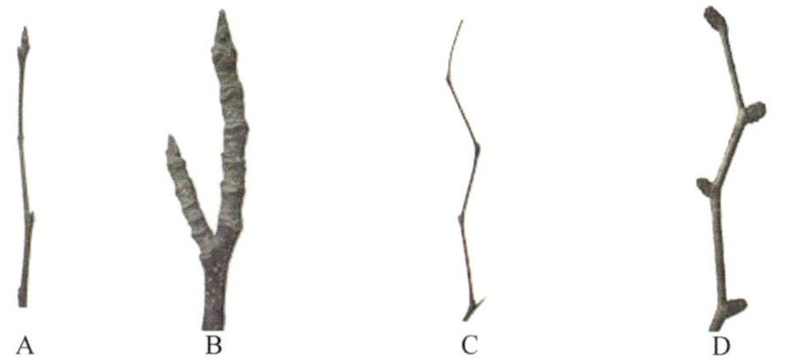

图 5-2 梨和枣的长枝和短枝

A. 梨的长枝；B. 梨的短枝；C. 枣的长枝；D. 枣的短枝

植物叶落后，在茎上留下的痕迹称为叶痕（leaf scar）。不同植物的叶痕形状和颜色各不相同；叶痕内的点线状突起，是叶柄与茎维管束断离后留下的痕迹，称为维管束痕或束痕（bundle scar）。有的植物托叶脱落后还会留下托叶痕（stipular scar）。不同植物束痕的排列形状和束数各有不同。有的植物茎上，还可看到皮孔，这是茎内外气体交换的通道。皮孔形状、颜色和分布的疏密程度因植物而异（图 5-3）。

图 5-3 不同植物茎上的叶痕（A～D）、托叶痕（E、F）、维管束痕及皮孔

A. 臭椿；B. 胡桃楸（*Juglans mandshurica*）；C. 黄檗（*Phellodendron amurense*）；D. 辽东楤木（*Aralia elata*）；E. 木兰；F. 玉兰

有的植物茎上还可看到芽鳞痕（bud scale scar），这是顶芽（鳞芽）芽鳞片脱落后留下的痕迹，其形状和数目因植物而异。顶芽每年春季展开一次，因此，可根据芽鳞痕数量来辨别茎的生长量和生长年龄（图 5-4）。因此，植物叶痕、芽鳞痕、皮孔等的形状，可作为鉴别植物种类、植物生长年龄等的依据。

图 5-4 樱属植物不同生长年龄枝条（箭头处示芽鳞痕）
A. 两年生；B. 三年生；C. 四年生

二、芽的结构和类型

（一）芽的概念

芽是未伸展的枝、花或花序的原始体。以后发育成枝的芽称为枝芽（branch bud），通常误称为叶芽（leaf bud）；发育成花或花序的芽称为花芽（floral bud）；有些芽开展后既生枝叶又有花称为混合芽（mixed bud）。

枝芽的结构通常决定着主干和侧枝的关系与数量，也就是决定着植株长势和外貌。许多乔木树冠的大小和形状，正是由各级分枝上枝芽逐年不断地开展，形成长短不一、疏密不同的分枝决定的。花芽的结构和分化会影响到开花、结果的早晚、数量和质量。它们既受遗传基因支配，也受地方性气候条件影响。在生产上，如果了解花芽的结构和分化情况，可因地制宜，选择适宜于当地气候条件、花芽分化较早或较迟的作物种类和品种进行栽培，以避免或减少不利气候条件的影响，保证农业、林业、园艺上的稳产和优质高产。

（二）芽的结构

枝芽由内向外可分为顶端分生组织、叶原基（leaf primordium）、腋芽原基（axillary bud primodium）和幼叶（图 5-5）。顶端分生组织位于枝芽上端，叶原基是近顶端分生组织下面的一些突起，是叶的原始体，即叶发育早期。由于芽逐渐生长和分化，叶原基越向下越长，较下面的已长成较长的幼叶。腋芽原基是在幼叶叶腋内的突起，将来形成腋芽，腋芽以后会发展成侧枝。因此，腋芽原基也称侧枝原基（lateral branch primordium）或枝原基（branch primordium），它相当于一个更小的枝芽。

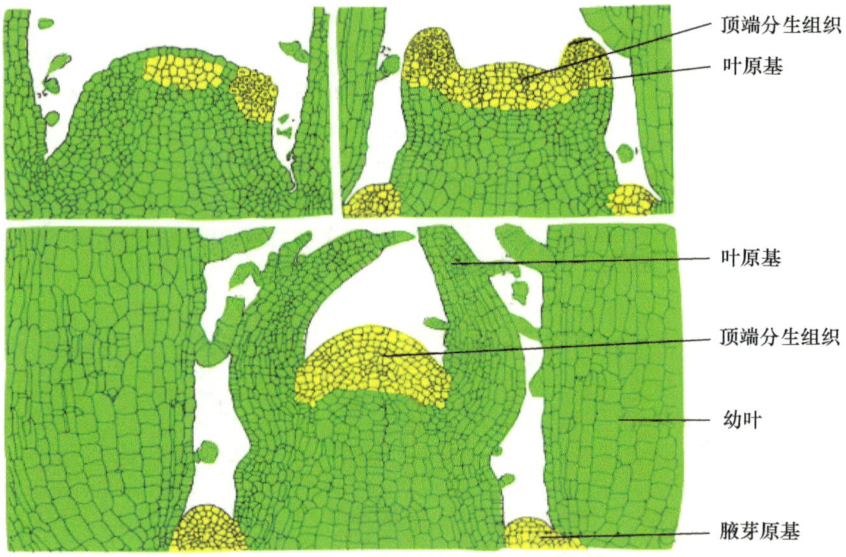

图 5-5 薄荷顶芽纵切面图，示叶原基的发育

（三）芽的类型

根据芽在枝条上的位置、芽鳞有无、所发育成的器官性质和生理活动状态等特点，把芽分为以下几种类型。

1. 定芽和不定芽

定芽（normal bud）分为顶芽（terminal bud）和侧芽（lateral bud）两种。顶芽是生长在主干或侧枝顶端的芽（图 5-6A），侧芽是生长在枝侧面叶腋内的芽（图 5-6B），也称腋芽（axillaries bud）。在一个叶腋内，通常只有一个腋芽，但有些植物，如连翘（*Forsythia suspensa*）、桃、桑、陆地棉等的部分或全部叶腋内，腋芽不止一个（图 5-6B），其中后生的芽称为副芽（accessory bud）。有的腋芽生长位置较低，被覆盖在叶柄基部内，直到叶落后，芽才显露出来，称为叶柄下芽（subpetiolar bud，图 5-6G），如火炬树（*Rhus typhina*）、悬铃木（*Platanus orientalis*）和刺槐等的腋

图 5-6　一些常见植物的芽

A、B. 水曲柳；C. 桃；D. 枫杨；E、F. 木兰；G. 悬铃木

芽。有叶柄下芽的叶柄，基部往往膨大。

不着生在枝顶或叶腋内的芽，称为不定芽（adventitious bud）。例如，甘薯、蒲公英、榆树、刺槐、火炬树等生在根上的芽，落地生根和秋海棠叶上的芽，桑、柳等老茎或创伤切口上产生的芽，都属不定芽。

2. 被芽和裸芽

多数多年生木本植物的越冬芽，无论是枝芽还是花芽，外面都有鳞片（scale）包被，称为被芽（protected bud）或鳞芽（scaly bud）（图 5-6A～C）。鳞片，也称芽鳞（bud scale），是叶的变态，有厚的角质层，有时还覆盖着茸毛或分泌的树脂、黏液等，可降低蒸腾、防止干旱和冻害，以保护幼嫩的芽，如悬铃木、杨、桑、玉兰、枇杷等。所有一年生植物、多数两年生植物和少数多年生木本植物的芽，没有芽鳞，由幼叶包着，称为裸芽（naked bud），如黄瓜、陆地棉、蓖麻、枫杨（*Pterocarya stenoptera*）等（图 5-6D）。

3. 枝芽、花芽和混合芽

枝芽包括顶端分生组织、叶原基、腋芽原基和幼叶（图 5-7A）。花芽由一些花部原基或一丛花原基（花序原基）组成，没有叶原基和腋芽原基（图 5-7B～D）。花芽顶端分生组织不能无限生长，当花或花序各部分形成后，顶端就停止生长。一个芽含有枝芽和花芽的组成部分，可同时发育成枝和花，称为混合芽，如梨、苹果、紫丁香、石楠、海棠、荞麦等。

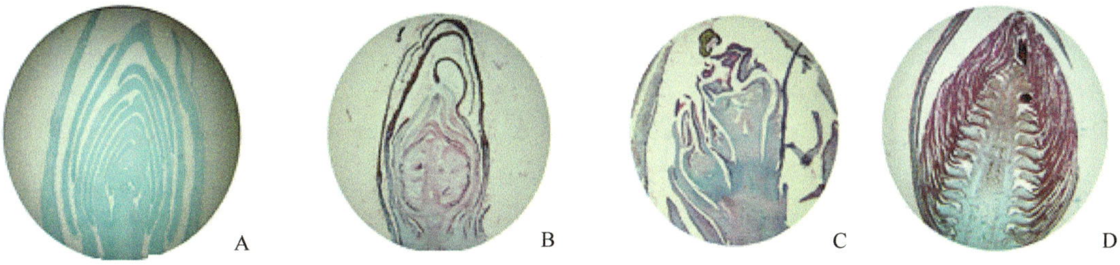

图 5-7　芽的类型

A. 紫丁香的枝芽；B. 桃的花芽；C. 苹果的混合芽；D. 杨树的花芽

4. 活动芽和休眠芽

活动芽（active bud）是指能在当年生长季节形成新枝、花或花序的芽。一年生草本植物，当年由种子萌发生出幼苗，逐渐成长至开花结果，植株上多数芽都是活动芽。温带多年生木本植物，许多枝上只有顶芽和近上端部分腋芽活动，大部分腋芽在生长季节不生长，保持休眠状态，称为休眠芽（dormant bud）或潜伏芽（latent bud）。休眠芽的存在，能使植物体内的养料大量储备，既可提供活动芽利用，也可准备未来需要时利用。有些多年生植物，休眠芽长期潜伏着不活动，只有在植株受到创伤和虫害时才打破休眠，开始活动，形成新枝。休眠芽的形成，可以调节养料在一定时间内有限量的集中使用，控制侧枝发生，使枝叶在空间合理安排，并保持充沛的后备力量，使植株稳健成长和生存，这是植物长期适应自然环境的结果。

三、茎的生长习性

不同植物的茎在长期进化过程中，适应复杂的外界环境，产生了不同的生长习性，使叶在空间合理分布，充分接受日光照射，制造本身生活需要的营养物质，以完成繁殖后代的生理功能。

茎的生长习性主要有直立茎（erect stem）、缠绕茎（twining stem）、攀援茎（climbing stem）和匍匐茎（creeping stem）等。

四、茎的分枝方式

分枝是植物生长时普遍存在的现象。主干伸长和侧枝形成是顶芽和腋芽分别发育的结果。侧枝和主干一样，也有顶芽和腋芽，因此，侧枝上继续产生侧枝，依此类推，产生大量分枝，形成枝系。分枝有多种形式，取决于顶芽与腋芽生长势的强弱、生长时间及寿命等，与植物遗传性和环境条件的影响也有关。植物分枝方式主要有下列几种类型。

（一）单轴分枝

单轴分枝（monopodial branching）也称总状分枝，主干具有明显的顶端优势，由顶芽不断向上生长而形成，侧芽发育形成侧枝，侧枝又以同样的方式形成次级侧枝，但主干生长明显并占绝对优势（图 5-8A）。裸子植物和部分被子植物，如杨树、蒙古栎（*Quercus mongolica*）等的分枝方式为单轴分枝。单轴分枝的木材高大通直，适于建筑、造船等。

（二）合轴分枝

合轴分枝（sympodial branching）没有明显的顶端优势，其主干或侧枝的顶芽经过一段时间的生长后，生长变得缓慢或停止生长，或分化成花芽，或成为卷须、茎刺等变态器官，这时紧邻下方的侧芽生长出新枝，代替原来的主轴向上生长，当生长一段时间后又被下方侧芽所取代，如此更迭，形成曲折的枝干（图 5-8B、图 5-8C）。这种主干是由许多腋芽发育而成的侧枝联合组成，所以称为合轴。这种分枝在幼嫩时呈显著曲折形状，在老枝上由于加粗生长，不易分辨。合轴分枝植株上部或树冠呈开展状态，既提高了支持和承受能力，又使枝叶繁茂。这有利于通风透光、有效扩大光合面积和促进花芽形成，因而是丰产和较进化的分枝方式。大部分被子植物属于这种分枝方式。在农业栽培上，常利用摘心、拉枝、修剪等措施人为培育合轴分枝。

（三）假二叉分枝

假二叉分枝（false dichotomous branching）是具对生叶的植物在顶芽停止生长，或顶芽变成花芽，或顶芽变成卷须或茎刺，由顶芽下两侧腋芽同时发育成二叉状分枝（图 5-8D）。所以假二叉分枝实际上是合轴分枝的一种特殊形式，它与由顶端分生组织本身分为两个、形成真正的二叉分枝（dichotomous branching）不同。真正的二叉分枝多见于低等植物，但苔藓植物（苔类、石松等）、蕨类植物（卷柏、鹿角蕨等）等高等植物也有二叉分枝。

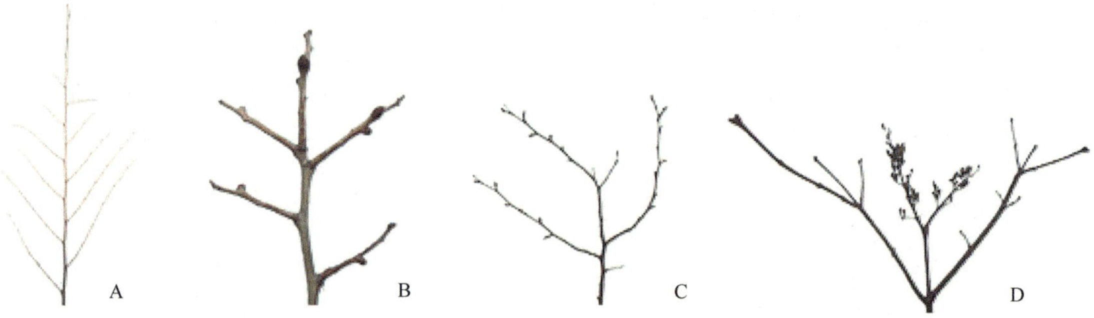

图 5-8 茎的分枝

A. 榆的单轴分枝；B. 山楂的合轴分枝；C. 山杏的合轴分枝；D. 丁香的假二叉分枝

五、禾本科植物的分蘖

禾本科植物，如水稻、小麦等的分枝和上述分枝类型不同，它们是由地面下和近地面的分蘖节（根状茎节）上产生腋芽，以后腋芽形成具不定根的分枝，这种方式的分枝称为分蘖（tiller）。分蘖上可继续形成分蘖，依次形成一级分蘖、二级分蘖，以此类推（图 5-9）。

水稻主茎基部有若干密集的茎节称为分蘖节。每

图 5-9 水稻的分蘖节

A. 水稻；B. 外形（外部叶鞘已剥去）；C. 纵剖图

个节上长1片叶，叶腋里有1个分蘖芽，成长为分蘖。着生分蘖的叶位，称为蘖位。凡是从主茎上直接长出的分蘖，称为一次分蘖，由一次分蘖上长出的分蘖，称为二次分蘖，由二次分蘖上长出的分蘖，称三次分蘖，以此类推。分蘖在主茎的节上，自下而上依次发生（图5-9）。分蘖节侧面生有大量不定根原基，以后发育成不定根。分蘖有高蘖位和低蘖位之分。所谓蘖位，就是分蘖发生在第几节上，这个节位就是蘖位。分蘖的出现顺序和蘖位有密切关系。当第一个分蘖发生后，第二个分蘖的蘖位总是在第一个蘖位之上，依次向上推移，这是小麦、水稻分蘖发生的共同规律。能抽穗结实的分蘖，称为有效分蘖，反之，称为无效分蘖。农业生产上常采用合理密植、巧施肥料、控制水肥、调整播种期、选取适合的作物种类和品种等措施，来促进有效分蘖的生长发育，控制无效分蘖发生。

第三节　茎尖结构及其生长动态

一、茎尖分生组织

茎尖分生组织也称苗端（shoot apex）、枝端或茎端（stem apex），属顶端分生组织。茎尖分生组织的活动产生了茎的有关结构，包括节和节间、叶、腋芽以及以后转变成生殖（繁殖）生长的结构。苗端分生组织比根的更为复杂，因为叶原基形成和侧枝发生，都要追溯到茎尖分生组织。因此，在讨论茎尖分生组织的结构和活动时，必然要涉及侧生器官的起源。

茎尖分生组织由许多细胞组成，有着多种方式的排列，在18世纪中叶，就开始引起植物学家的重视，以后陆续提出了多种理论，下面介绍其中的三种理论。

（一）组织原学说

1868年韩士汀（J.von Hanstein）提出了组织原学说（histogen theory）。他认为被子植物的顶端是由三个组织区（表皮、皮层、维管柱）的前身，即组织原组成的，每一组织原由一个原始细胞或一群原始细胞发生。这三个组织原分别称为表皮原（dermatogen）、皮层原（periblem）和中柱原（plerome）（图5-10），它们以后分别形成表皮、皮层和维管柱，包括髓（如果存在的话）。后来发现茎尖顶端分生组织不能显著地划分出这三层组织原，所以在茎中不适用。

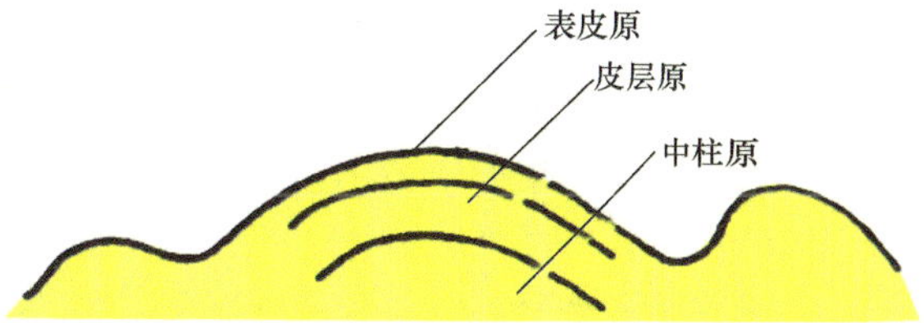

图5-10　顶端分生组织的组织原学说图解

（二）原套－原体学说

1924年，史密特（A.Schmidt）对被子植物茎尖进行研究后，提出了茎尖原始细胞分层的概念，通常称为原套-原体学说（tunica-corpus theory）。该学说认为茎尖分生组织的原始区域包括原套（tunica）和原体（corpus）两个部分。组成原套的一层或几层细胞只进行垂周分裂（径向分裂），保持表面生长的连续进行；组成原体的多层细胞进行平周分裂（切向分裂）和各个方向的分裂，不断增加体积，使苗端加大。这样，原套就成为表面的覆盖层，覆盖着下面的原体（图5-11）。原套和原体都存在着各自的原始细胞。原套原始细胞位于轴中央位置，原体原始细胞位于原套原始细胞下面。这些原始细胞都能经过分裂产生新细胞，并归入各自的部分。原套和原体都不能无限扩展和增大，因为当它们形成新细胞时，较老的细

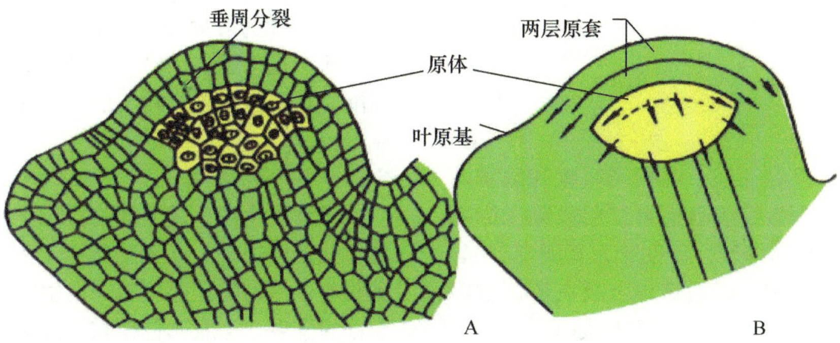

图5-11　茎尖纵切面，示原套原体
A. 豌豆茎尖细胞图；B. 豌豆属茎尖图解（引自Esau，1977）

胞就开始分化，并和茎尖分生组织下面的成熟组织结合在一起。

被子植物中原套的细胞层数各有不同，根据观察，半数以上双子叶植物具有两层，还曾发现有多至四层或五层的，但因不同学者的划分依据不同而存在争议。单子叶植物的原套，一般认为只有一层或两层细胞。原套-原体学说认为茎尖分生组织（原分生组织部分）组成上并没有预先决定的组织分区，除表皮始终是由原套表面细胞层分化形成外，其他较内各层衍生细胞的发育并不能预先知道它们将形成什么组织，这一点与组织原学说明显不同。

（三）细胞学分区概念

裸子植物的茎尖没有稳定地只进行垂周分裂的表面层，即没有原套状结构［南洋杉属（*Araucaria*）和麻黄属（*Ephedra*）除外］，因此，对于多数裸子植物茎尖的描述，原套-原体学说不适合。1938年，福斯特（A.S.Foster）根据细胞特征，特别是不同染色反应，在银杏茎尖观察到有显著的细胞学分区现象（concept of cytological zonation）（图5-12）。银杏茎尖表面有一群原始细胞，即顶端原始细胞群，在它们下面是中央母细胞区，由顶端原始细胞群衍生而成。中央母细胞区向下有过渡区。中央部位再向下衍生成髓分生组织，以后形成肋状分生组织；原始细胞群和中央母细胞向侧方衍生细胞形成周围区（或周围分生组织）。中央母细胞区的细胞特征是染色较淡，较液泡化和较少分裂。过渡区细胞在活动高潮时，进行有丝分裂，很像维管形成层。髓分生组织一般只有几层，细胞相当液泡化，能横向分裂，衍生细胞形成纵向行列的肋状分生组织。周围区染色较深，有活跃的有丝分裂，其局部较强分裂活动的结果形成叶原基。周围区平周分裂的结果能引起茎增粗，而垂周分裂能引起茎伸长。这种细胞分区现象后来在其他裸子植物和部分被子植物茎尖也观察到，但分区情况有较大变化。对茎尖进行组织化学研究，发现各区细胞不仅形态不同，生物化学方面，如RNA、DNA、总蛋白质等的浓度也有差异，这就反映出分区情况的变化是由于局部区域之间在生理上的真正不同。因此，植物茎尖的分区，在个体发育不同时期以及不同种之间都可能存在差异。由于这种分区的研究，以后不再停留在原分生组织部分，而扩展到衍生区域，因此，茎尖分生组织的概念也就扩大了。原来将原分生组织和茎尖分生组织作为同义词看，也就不再适合，因而把茎尖分生组织最远端称为原分生组织，似乎更适合些。

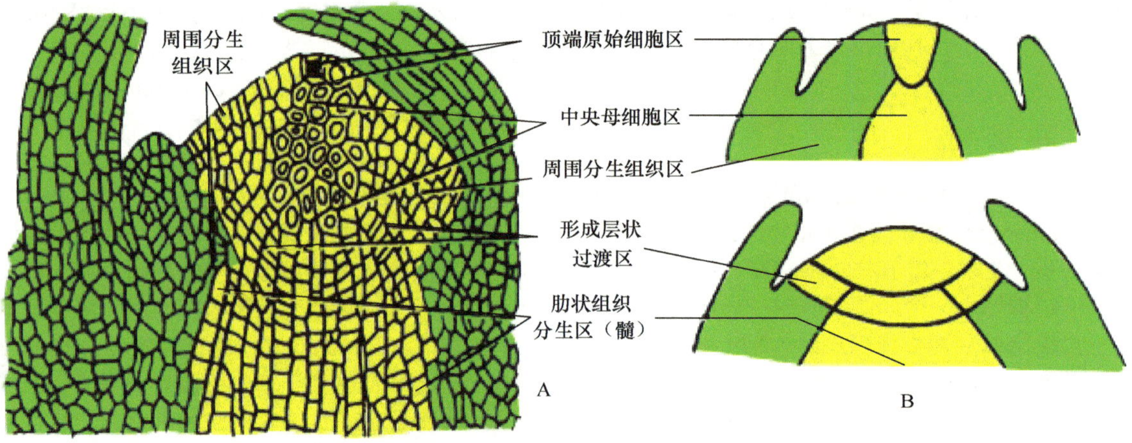

图5-12 茎尖纵切面，示细胞组织分区

A. 细胞图（仿Easu，1977）；B. 简图

二、叶原基和芽原基

（一）叶原基

叶由叶原基逐步发育而成。在裸子植物和双子叶植物中，一般在茎尖分生组织表面第二层或第三层发生的叶原基细胞进行平周分裂，促使叶原基侧面突起，突起的表面细胞垂周分裂，以后这种分裂在较深细胞层和平周分裂同时进行。单子叶植物叶原基的发生，则由表层细胞平周分裂开始。

刚开始发生的侧面突起，是叶原基形成的开始阶段，通常称为叶原座（leaf buttress），它是整个叶的萌芽，而不是叶的一部分。叶原基出现在顶端分生组织周围，其相对位置与枝上的叶序相一致。

（二）芽原基

顶芽发生在茎端（苗端或枝端），包括主枝和侧枝上的顶端分生组织，而侧芽起源于侧芽原基（图5-5）。大多数被子植物的顶芽原基，发生在叶原基叶腋处，顶芽原基的发生，一般比包在它们外面的叶原基要晚。顶芽的起源很像叶，在叶腋处的一些细胞上经过平周分裂和垂周分裂而形成突起，细胞排列与茎尖的相似，其本身也可能开始形成叶原基。不过，在顶芽形成过程中，当它们离开茎端一定距离前，一般并不形成很多叶原基。

茎上的叶和芽起源于分生组织表面第一层或第二、第三层细胞，这种起源方式称为外起源（exogenous origin）。不定芽的发生和顶芽、侧芽不同，它的发生与一般茎端分生组织无直接关系，它们可以发生在插条或近伤口的愈伤组织、形成层或维管柱外围，甚至在表皮上，以及根、茎、下胚轴和叶上。不定芽的起源依照发生位置分为外生的（靠近表面发生）和内生的（深入内部组织中发生）两种。当开始形成时，由细胞分裂形成分生组织，当这种分生组织形成第一叶时，不定芽与产生芽的原组织结构之间建立起维管组织的连接，而这种连接是由不定芽的分化和原有维管组织相接而形成的。

三、茎尖的分区

茎与根在形态建成中同样经历伸长、分枝的过程，但由于茎与根所处生活环境不同，且茎上又着生侧生器官，因此茎与根在初生生长上既有共性，又有各自的特殊性。

枝芽是短缩的枝条，通过枝芽做纵切面可以看到茎尖分为分生区、伸长区和成熟区三个部分（图 5-13）。因茎生长在气生环境中，没有类似根冠的结构存在，但有幼叶或芽鳞包被、覆盖。

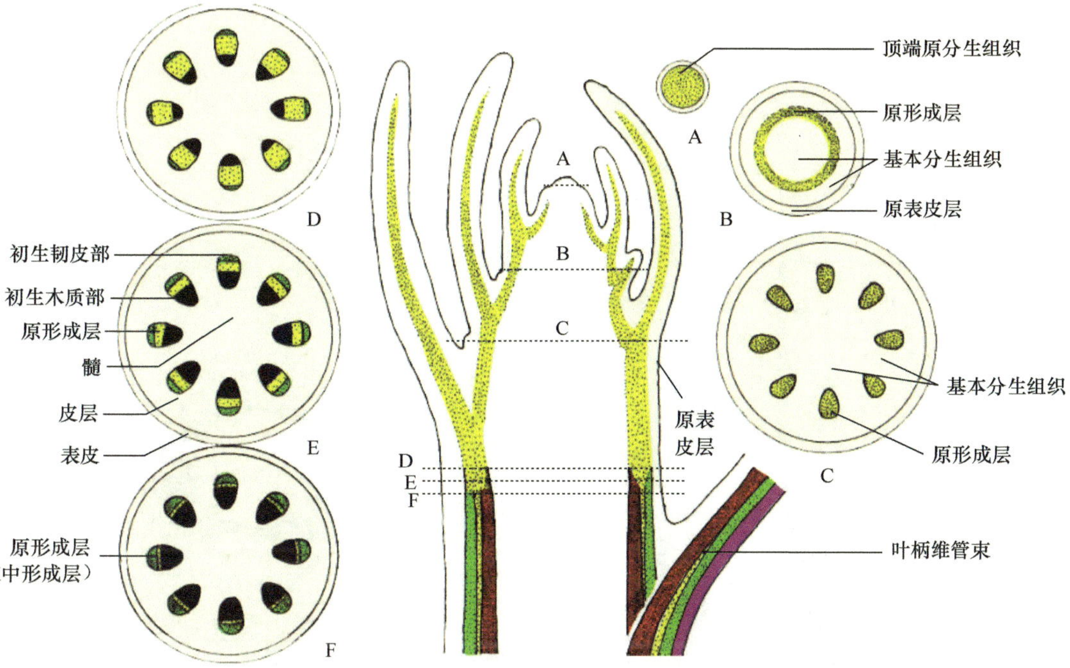

图 5-13 茎顶端原分生组织与初生分生组织以及初生木质部内始式发育和初生韧皮部外始式发育图解

A～F. 代表不同位置的横切面

（一）分生区

分生区位于茎尖前端，与根尖分生区相似，也由原分生组织及其衍生的初生分生组织构成，前者具有很强的分裂能力；后者具有一定的分裂能力并开始分化形成原表皮、基本分生组织和原形成层（图 5-13、图 5-14）。在茎尖顶端以下四周，有叶原基和侧芽原基。

（二）伸长区

伸长区的特点是细胞迅速伸长，其内部已由原表皮、基本分生组织和原形成层逐渐分化出一些初生组织，细胞有丝分裂活动逐渐减弱。

茎伸长区的细胞学特征与根基本相同，但该区长度远较根长，常包括几个尚未伸长的节与节间。其长度可随环境改变，当两年生和多年生植物进入休眠期时，伸长区变得很短，甚至难以辨认。

（三）成熟区

成熟区内部的解剖特点是细胞有丝分裂和伸长生长都趋于停止，各种组织已基本分化成熟，具备了幼茎的初生结构。

第四节　茎的初生生长和初生结构

茎尖初生分生组织所衍生的细胞，经过分裂、生长、分化而形成的组织称为初生组织（primary tissue），由这种组织组成了茎的初生结构（primary structure）（图 5-14）。

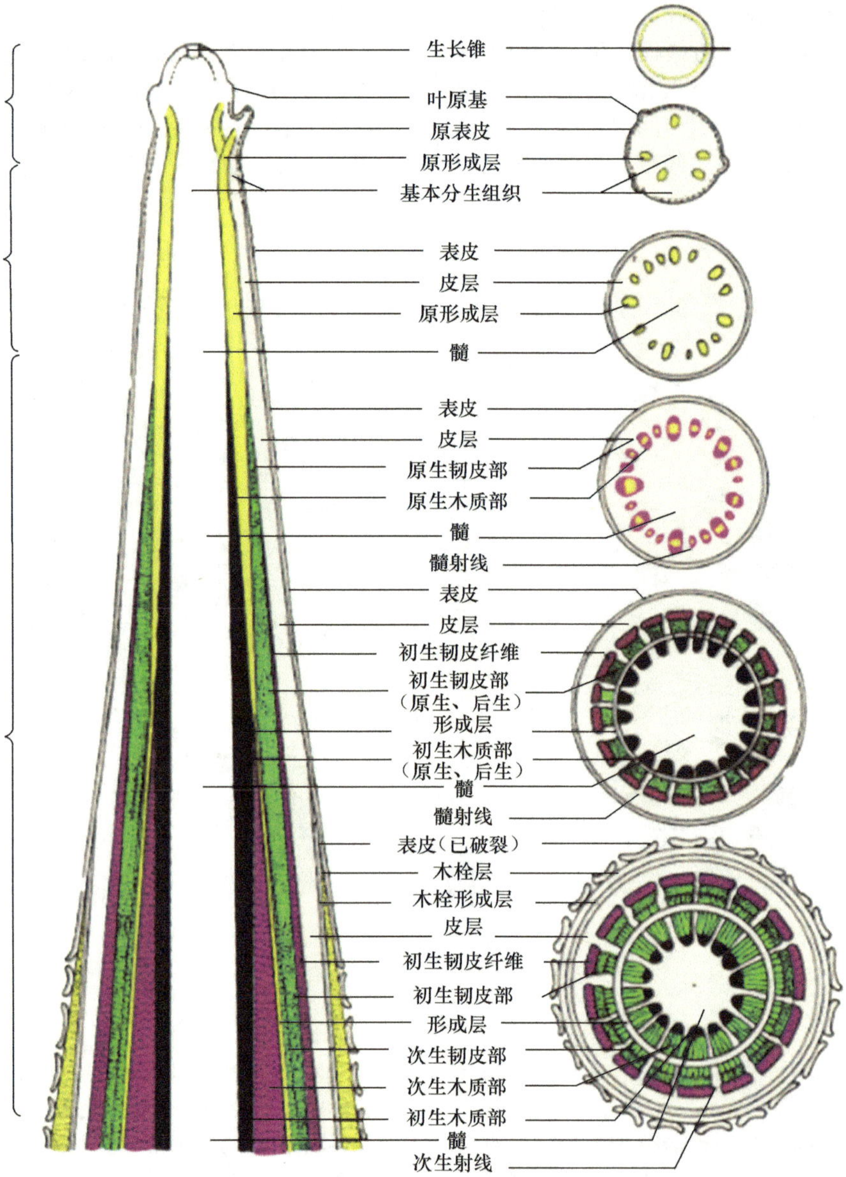

图 5-14　双子叶植物茎初生结构至次生结构的发育过程图解（仿 Strasburger，1935）

一、茎的初生生长

茎的初生生长方式较根复杂，可分为顶端生长和居间生长。

（一）顶端生长

在生长季节，茎尖分生组织不断进行分裂、伸长生长和分化，使茎节数增加，节间伸长，同时产生新的叶原基和腋芽原基。这种由于茎尖分生组织活动而引起的生长，称为顶端生长（apical growth）。

一年生植物的顶端生长始于春季或秋季，生长速度由慢而渐快，达到最高速后又渐缓，直至开花结果、死亡；亚热带地区四季气候温和，许多多年生植物每年可发生几次芽的活动和顶端生长；在季节性明显地区，多年生植物每年只进行一次顶端生长。

（二）居间生长

一些植物顶端生长时，在节间留下了称为居间分生组织的初生分生组织区，这时的节间很短。随着居间分生组织细胞的分裂、生长（主要是伸长）与分化成熟，节间才明显伸长，这种生长方式称为居间生长。

居间分生组织通常位于节间基部，如禾本科、石竹科、蓼科、石蒜科等植物（图 5-15）；但有些植物，如薄荷，则位于节间顶部；有些植物的叶柄、果梗、花序轴等部位也有居间分生组织。

二、双子叶植物茎的初生结构

茎与根皆为辐射对称的轴器官，初生结构皆由表皮、皮层和维管柱三大部分组成（图 5-16）。

（一）表皮

茎的表皮分布在茎最外面，由原表皮发育而来，通常由单层生活细胞组成，一般不具叶绿体，起着保护内部组织的作用，因而是茎的初生保护组织。有些植物茎的表皮细胞含有花青素，茎会有红、紫等色，如蓖麻、甘蔗等。表皮细胞横向面上呈长方形或方形，径向面与切向面上呈长方形，暴露在空气中的切向壁，比其他部分厚，具角质层。蓖麻等的茎有时还有蜡质，这些结构既能防止蒸腾，也能增强表皮的坚韧性，是地上茎表皮细胞的特征。在旱生植物，如猪毛菜，茎表皮细胞角质层显著增厚，而沉水植物，如菹草、茨藻等，表皮细胞角质层一般较薄，甚至不存在。

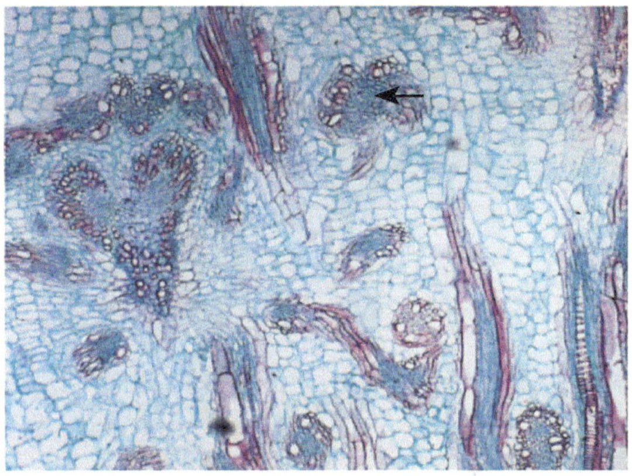

图 5-15　玉米茎节部横切面图（箭头示居间分生组织）

表皮中除表皮细胞外还有气孔，它是水汽和其他气体出入的通道。此外，表皮上有时还分化出各种形式的毛状体，包括分泌挥发油、黏液的腺毛，分泌盐分的盐腺，加强保护的星状毛、蛰毛等。

（二）皮层

皮层位于表皮内方，是表皮和维管柱之间的部分，由基本分生组织分化而来。

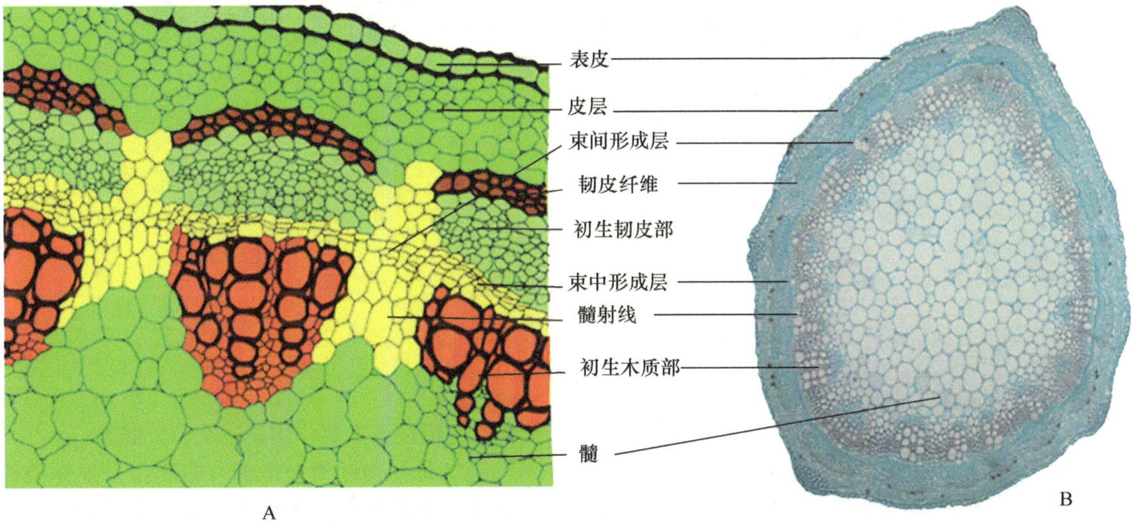

图 5-16　双子叶植物苜蓿茎横切面图，示初生结构
A. 横切面局部示意图；B. 横切面实际图

皮层由多层细胞组成，包含多种组织，但薄壁组织是主要组成部分。薄壁组织细胞是活细胞，细胞壁薄，具胞间隙，横切面上细胞一般等径。幼嫩茎中近表皮部分的薄壁组织，细胞具叶绿体，能进行光合作用，通常细胞内还储藏营养物质。水生植物茎皮层薄壁组织，具发达的胞间隙，构成通气组织（aerenchyma）。有些植物茎皮层还有分泌腔、乳汁管或其他分泌结构；有的含异细胞，如晶细胞、单宁细胞；木本植物常有石细胞群。

紧贴表皮内方一至数层皮层细胞，常分化为厚角组织，连续成层或分散成束。在方形或多棱形茎中，厚角组织常分布在四角或棱角部分（图 5-17）。厚角组织细胞是活细胞，有时还有叶绿体，一般呈狭长形，两端钝或尖锐，细胞壁角隅或切向壁部分特别加厚，

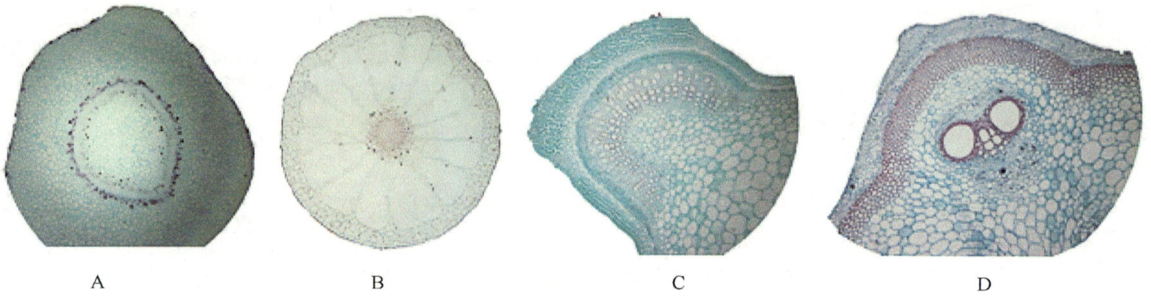

图 5-17 几种双子叶植物茎横切面，示皮层
A. 瓦松（*Orostachys fimbriatus*）；B. 金鱼藻（*Ceratophyllum demersum*）；
C. 益母草（局部）；D. 丝瓜（局部）

能继续生长，对茎有支持作用。有些植物茎的皮层还存在纤维，如丝瓜、葎草（*Humulus scandens*）等皮层中纤维与厚角组织同时存在。

通常幼茎皮层最内层不具内皮层，只有部分植物的地下茎或水生植物茎才有内皮层。

（三）维管柱

维管柱是皮层以内的中央柱状部分。多数双子叶植物茎的维管柱包括维管束、髓和髓射线等，无明显内皮层，也不存在中柱鞘，因此，茎皮层和中柱间的界限不易划分（图 5-18）。

1. 维管束

维管束是由初生木质部和初生韧皮部共同组成的束状结构，由原形成层分化而来。维管束在多数植物茎的节间排成环状，由束间薄壁组织隔离而彼此分开。

双子叶植物的维管束在初生木质部和初生韧皮部

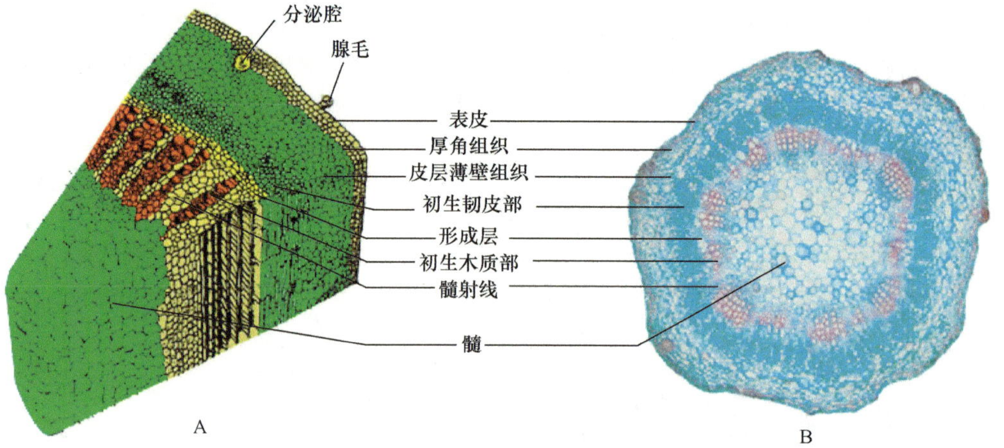

图 5-18 陆地棉茎初生结构图
A. 立体图；B. 横切面

间存在着形成层，可以继续发育，产生新的木质部和新的韧皮部，因此称无限维管束（open bundle）。初生木质部由多种类型细胞组成，包括导管、管胞、木薄壁组织和木纤维。导管在被子植物木质部中是主要的输导结构，而管胞也同时存在于木质部中。水和矿质营养的运输主要通过木质部的导管和管胞。木薄壁组织由活细胞组成，在原生木质部中较多，具储藏作用。

茎初生木质部发育顺序和根的不同，是内始式（endarch）。原生木质部居内方，由口径较小的环纹或螺纹导管组成；后生木质部居外方，由口径较大的梯纹、网纹或孔纹导管组成，它们是初生木质部中起主要作用的部分，其中以孔纹导管较为普遍。

初生韧皮部由筛管、伴胞、韧皮薄壁组织和韧皮纤维共同组成，主要作用是运输有机养料。

筛管是运输叶所制造的有机物质，如糖类和其他可溶性有机物等的一种输导组织，由筛管分子纵向连接而成。伴胞紧邻于筛管分子侧面，它们与筛管存在着生理功能上的密切联系。韧皮薄壁细胞散生在整个初生韧皮部中，较伴胞大，常含有晶体、丹宁、淀粉等储藏物质。韧皮纤维在许多植物中常成束分布在初生韧皮部最外侧。

初生韧皮部发育顺序和根的相同，也是外始式。

维管形成层在初生韧皮部和初生木质部之间，是原形成层在初生维管束分化过程中遗留下来的具有潜在分生能力的组织，在茎次生生长，特别是木质茎增粗中将起主要作用。

2. 髓和髓射线

茎初生结构中，由薄壁组织构成的中心部分称为髓（pith），是由基本分生组织产生的。有些植物（如樟）的茎，髓部有石细胞。有些植物（如椴）的髓，其外方有小型厚壁细胞，围绕着内部大型细胞，两者界线分明，这外围区常被称为环髓带（perimedullary zone）。有的植物髓中有异细胞，如晶细胞、单宁细胞、黏液细胞等间生于薄壁细胞之间。伞形科、葫芦科等植物的茎，髓部成熟较早，随着茎的生长，节间部分的髓被拉破，从而形成空腔即髓腔（pith cavity）。有些植物（如胡桃楸、枫杨）的茎，在节间还可看到存留着一些片状的髓组织。

髓射线（pith ray）是维管束间的薄壁组织，由基本分生组织发育而来，也称初生射线（primary ray）。髓射线连接皮层和髓，在横切面上呈放射状，有横向运输作用。同时髓射线和髓也像皮层薄壁组织，是茎内储藏营养物质的组织。草本及藤本植物髓射线较宽，木本植物常较窄。

三、单子叶植物茎的结构

（一）单子叶植物茎的初生结构

单子叶植物茎和双子叶植物茎在结构上有许多不同。大多数单子叶植物的茎，只有初生结构。

绝大多数单子叶植物的维管束仅由木质部和韧皮部组成，不具形成层（束中形成层）。维管束彼此明显分开，一般有两种排列方式：一种是维管束全都无规则地分散在整个基本组织中，越向外越多，越向中心越少，皮层和髓很难分辨，如玉米、高粱、甘蔗等（图 5-19）。另一种是维管束排列较规则，一般成两轮，中央为髓，如水稻和小麦（图 5-20）。有些植物的茎长大时，髓部破裂形成髓腔。维管束虽然有不同排列方式，但维管束的结构却是相似的，都是外韧维管束，同时也是有限维管束。

现以禾本科植物玉米茎为代表，说明一般单子叶植物茎的初生结构。

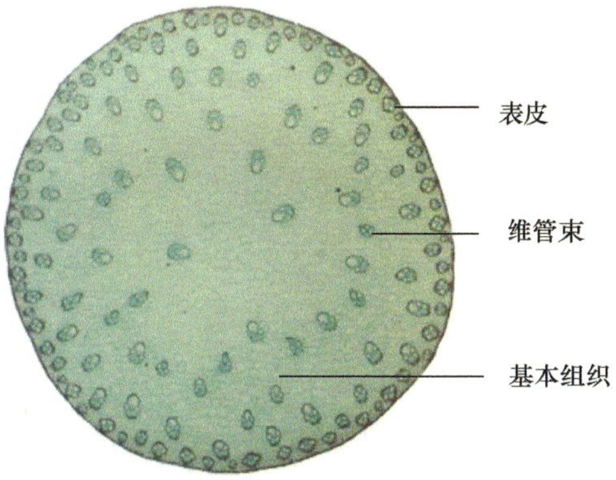

图 5-19 玉米茎秆节间横切面图，示维管束散生

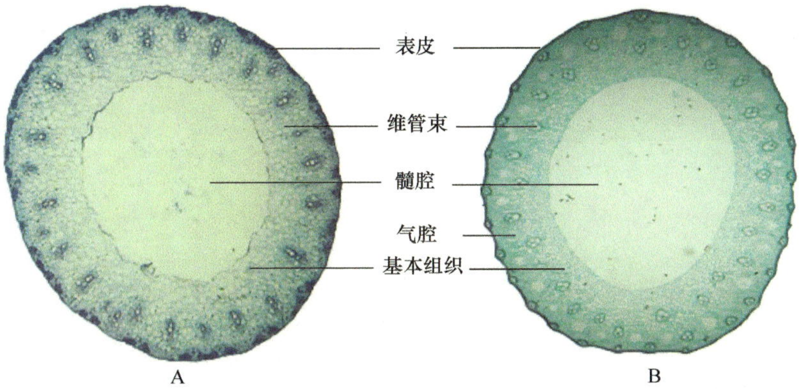

图 5-20 小麦与水稻茎秆节间横切面图

A. 小麦；B. 水稻

玉米成熟茎的节间部分，在横切面上可以明显看到表皮、基本组织和维管束三个部分。

1. 表皮

表皮在茎最外方，细胞排列较整齐。表皮由长短不同的细胞组成，长细胞夹杂着短细胞（图 5-21）。长细胞是角质化的表皮细胞，构成表皮的大部分，其长轴与茎纵轴平行。短细胞位于两个长细胞之间，其长轴与茎纵轴垂直，分为两种：木栓化的栓质细胞和含有二氧化硅的硅质细胞。此外，表皮上还有保卫细胞形成的气孔，但数量不多，排列稀疏。

2. 基本组织

整个基本组织除与表皮相接部分外，都是薄壁细胞，越向中心，细胞越大，维管束散布在它们之间，因此不能划分出皮层和髓部。基本组织具有皮层和髓的功能。

基本组织近表皮的部分由厚壁细胞组成，可加强和巩固茎的支持功能，对于茎的抗倒伏起着重要作用。幼嫩的茎，在近表面的基本组织细胞内，因含有叶绿体而呈绿色，能进行光合作用。当老茎表皮木质化时，使茎更为坚强，能支持较大重量。

也有一些单子叶植物地下茎靠近维管柱的基本组织分化出类似根中凯氏带的结构，如鸢尾属（*Iris*）植

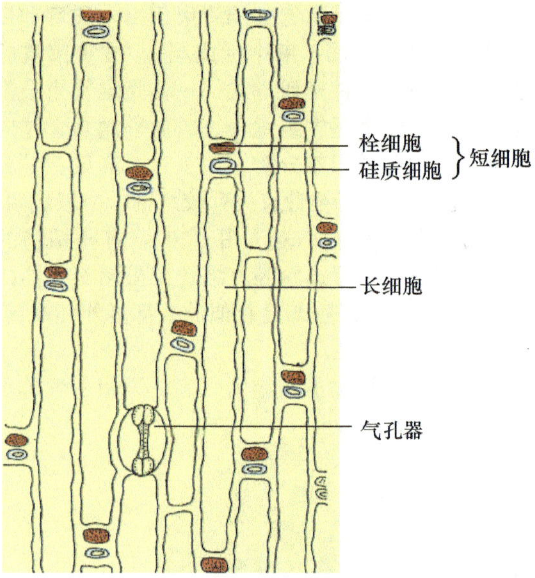

图 5-21　玉米茎秆的表皮
（引自陆时万，1991）

物根状茎；或分化出厚壁组织，如吊兰（*Chlorophytum comosum*）匍匐茎（图 5-22）；还有一些水生植物茎分化出含淀粉的淀粉鞘，如眼子菜（*Potamogeton distinctus*）。

3. 维管束

玉米茎内许多维管束，散生在基本组织中。每个成熟的维管束结构都很相似（图 5-23），在横切面上近卵圆形，最外面由机械组织（厚壁组织）包围，形成鞘状结构，称为维管束鞘（bundle sheath）。木质部和韧皮部内外排列，没有形成层，这种有限维管束是大多数单子叶植物茎的结构特点之一。

韧皮部的后生韧皮部，细胞排列整齐，在横切面上可见近似六角形、八角形的筛管细胞和交叉排列的长方形伴胞。在韧皮部外侧和维管束鞘交接处，可看到有一条不整齐的、细胞形状模糊的带状结构，它是最初分化的原生韧皮部，由于后生韧皮部不断生长分化，而被挤压破坏后留下的痕迹。

木质部在韧皮部内方。紧接后生韧皮部的部分，是后生木质部两个较大的孔纹导管，它们之间有一条由小型厚壁管胞构成的狭带。向内是原生木质部，由2～3个直列、口径较小的环纹或螺纹导管组成。有时还可看到因制片时被压碎或被抽出的环状或螺纹状次生加厚壁。维管束两个孔纹导管和直列的环纹或螺纹导管，构成“V”字形结构，这在禾本科植物茎中很明显。原生木质部中直列的两个或三个导管，有时也可能只存在一个或两个，向心的一个，往往被腔隙所替代，这是由于环纹或螺纹导管在生长过程中被拉破，以及它们周围薄壁组织相互分离造成的。从以上结构可清楚地看出，维管束中韧皮部的分化，由外向内，即外始式；而木质部的分化，由内向外，即内始式，这是茎的特点。在玉米茎横切面上，外围有较多

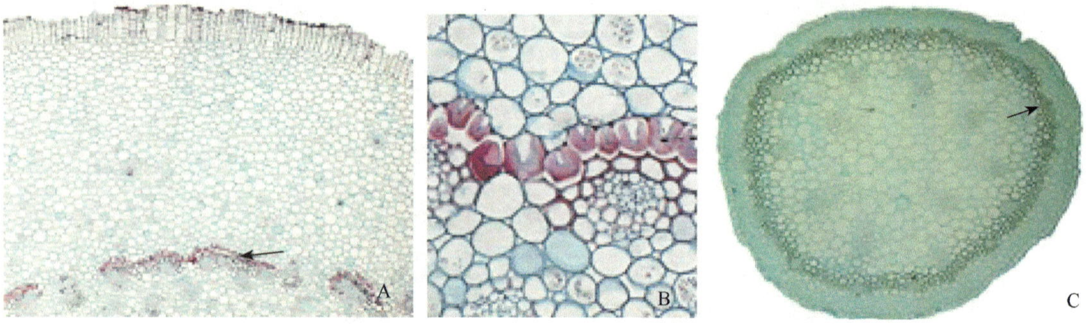

图 5-22　几种单子叶植物茎横切面
A、B. 鸢尾茎（箭头处示凯氏带）；C. 吊兰茎（箭头示厚壁组织）

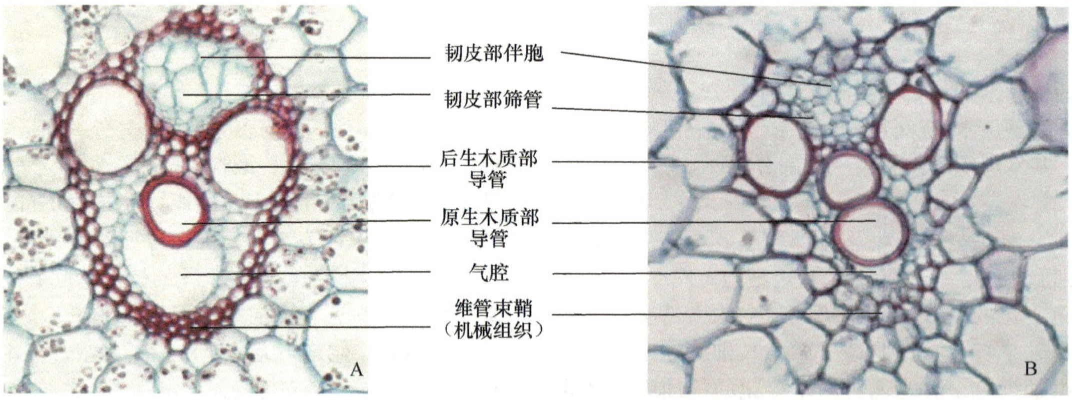

图 5-23　水稻和小麦茎的一个维管束放大
A. 水稻；B. 小麦

维管束，这是由于维管束连续进入叶内形成的复杂布局，大量维管束由茎内向外进入叶片基部。

（二）单子叶植物茎的初生加粗生长

玉米、甘蔗、棕榈等的茎，虽不能像树木茎一样长大，但也有明显的增粗。其增粗原因一方面是初生组织内成万上亿个细胞长大，导致总体积增大；另一方面，在茎尖正中纵切面上可以看到，在叶原基和幼叶内方，有几层由扁长形细胞组成的初生增厚分生组织（primary thickening meristem），也称初生增粗分生组织（图 5-24）。初生增厚分生组织整体如套筒状，与茎表面平行，进行平周分裂增生细胞，沿伸长区向下分裂频率逐渐减弱，常终止于成熟区。初生增厚分生组织的活动，使顶端分生组织下面几乎达到成熟区的粗度。初生增厚分生组织由顶端分生组织衍生，属于初生分生组织，所产生的加粗生长称为初生加粗生长。

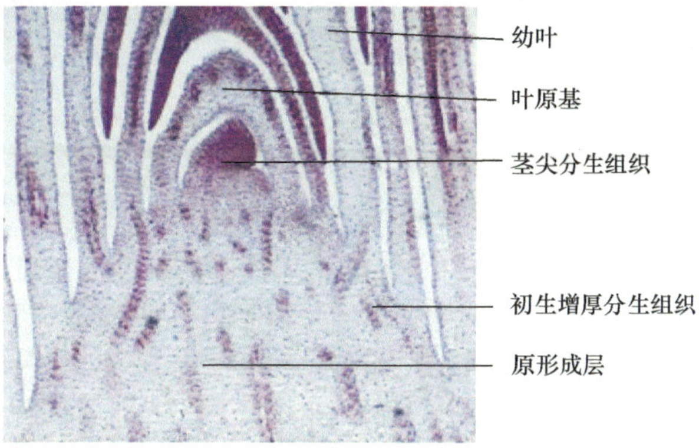

图 5-24　玉米茎苗端纵切面

第五节　茎的次生生长和次生结构

茎侧生分生组织细胞的分裂、生长和分化使茎加粗，这个过程称为次生生长，次生生长形成的次生组织组成了次生结构（图 5-25）。所谓侧生分生组织，包括维管形成层和木栓形成层。多年生双子叶木本植物

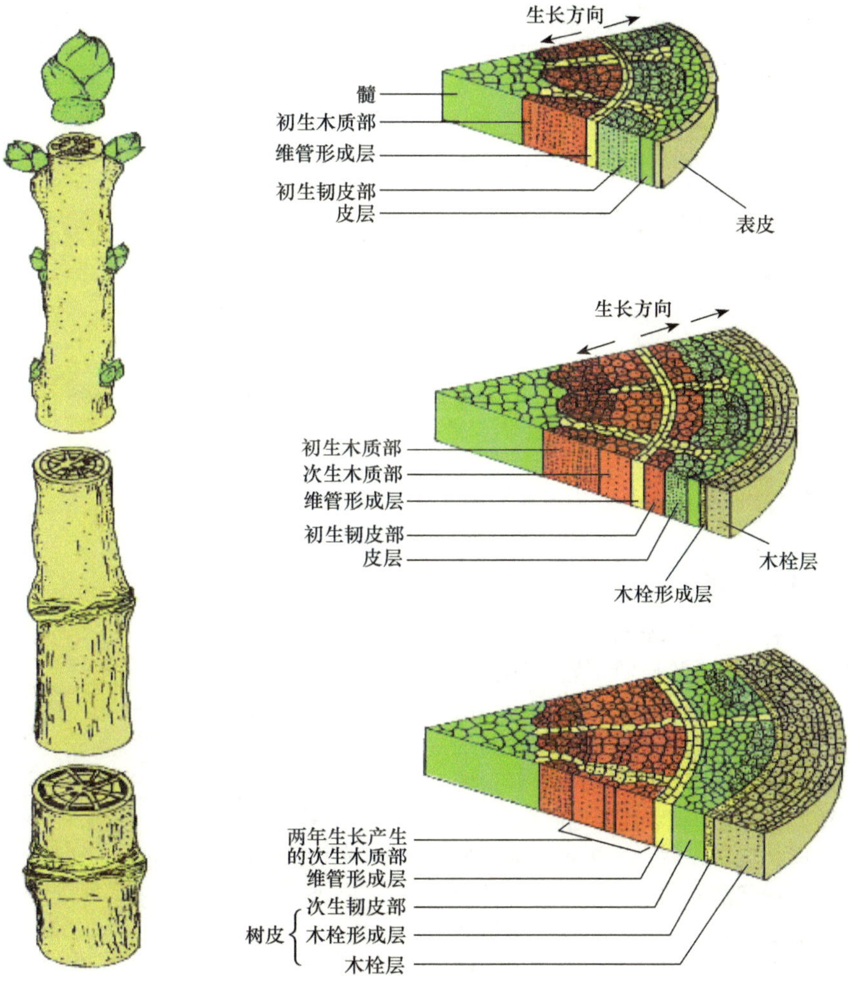

图 5-25　双子叶植物茎初生结构到次生结构发育模式图

由于形成层有规律的活动，产生次生结构而使茎不断增粗，次生结构的形成和不断发展，才能满足多年生木本植物在生长和发育上的要求，这些也正是植物长期生活过程中产生的一种适应性。

一、维管形成层的产生及其活动

（一）维管形成层的来源

初生分生组织中的原形成层，在形成成熟组织时，并没有全部分化成维管组织，在维管束初生木质部和初生韧皮部之间留下了一层具有潜在分生能力的组织，即维管形成层（简称形成层）。在初生结构中，它位于维管束韧皮部和木质部之间，因此，也称为束中形成层（fascicular cambium）。

在与束中形成层相对应部位的一些髓射线细胞恢复分生能力，形成束间形成层（interfascicular cambium）。束间形成层和束中形成层衔接起来，在横切面上，形成层成为完整的一环。从来源性质上讲，两者完全不同，束中形成层由原形成层转变而来，束间形成层由部分束间薄壁细胞恢复分生能力而成，但两者在以后分裂活动和分裂产生的细胞性质以及数量上协调一致，共同组成了次生分生组织。

不论束中形成层还是束间形成层，它们开始活动时，细胞都是进行切向分裂，增加细胞层数，向外形成次生韧皮部母细胞，以后分化成次生韧皮部，添加在初生韧皮部内方；向内形成次生木质部母细胞，以后分化成次生木质部，添加在初生木质部外方（图 5-26）。同时，髓射线部分也由于细胞分裂不断产生新细胞，也就在径向上延长了原有的髓射线。茎次生结构不断增加达一定宽度时，在次生韧皮部和次生木质部内，又能分别产生新的维管射线。

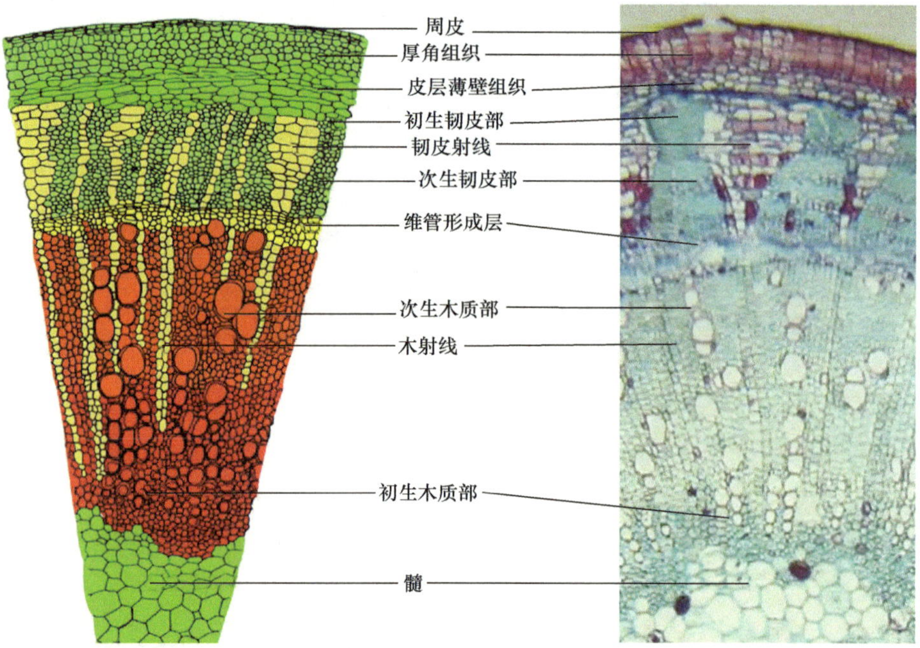

图 5-26 陆地棉茎横切面，示次生结构

（二）维管形成层的细胞组成

形成层的细胞组成有纺锤状原始细胞和射线原始细胞两种类型（图 5-27）。纺锤状原始细胞，形状像纺锤，两端尖锐，长比宽大几倍或很多倍，细胞切向面比径向面宽，其长轴与茎长轴相平行。射线原始细胞和纺锤状原始细胞不同，从稍长形到近乎等径，细胞特征很像一般的薄壁细胞。纺锤状原始细胞分裂后，衍生的细胞中有些形成次生韧皮部和次生木质部，另一些细胞却仍然形成纺锤状原始细胞，始终保持继续分裂的特性，只是这些细胞本身在不断更新。射线原始细胞也是这样，其衍生细胞一部分分化形成射线细胞，另一部分又继续成为新的射线原始细胞。

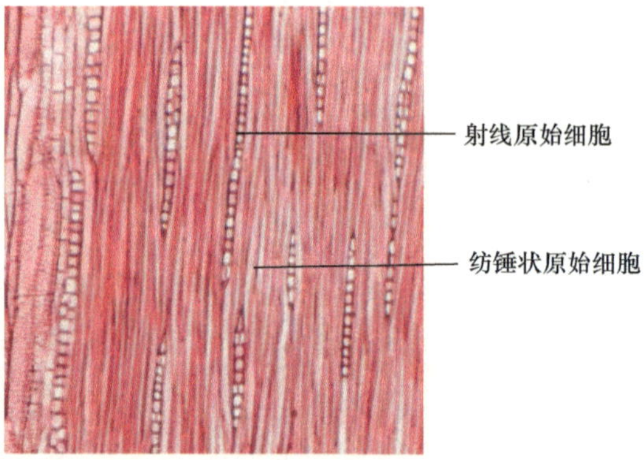

图 5-27 刺槐维管形成层的细胞组成

（三）维管形成层细胞的分裂方式和衍生细胞的发育

形成层形成次生维管组织和射线的关键是形成层细胞的分裂方式。形成层细胞以平周分裂形成次生维管组织（图 5-28）。形成层细胞（即原始细胞）只有一薄层（理论上只是一层细胞），但它活跃地进行分裂时，新的衍生细胞已经产生，老的衍生细胞还正在分裂和分化，这时候很难区分原始细胞和衍生细胞，特别是衍生细胞在分化成次生韧皮部和次生木质部细胞以前，往往也要进行一次或几次平周分裂，因而通常把原始细胞和尚未分化而正在进行平周分裂的衍生细胞所组成的形成层带（cambial zone），笼统地称为“形成层”。

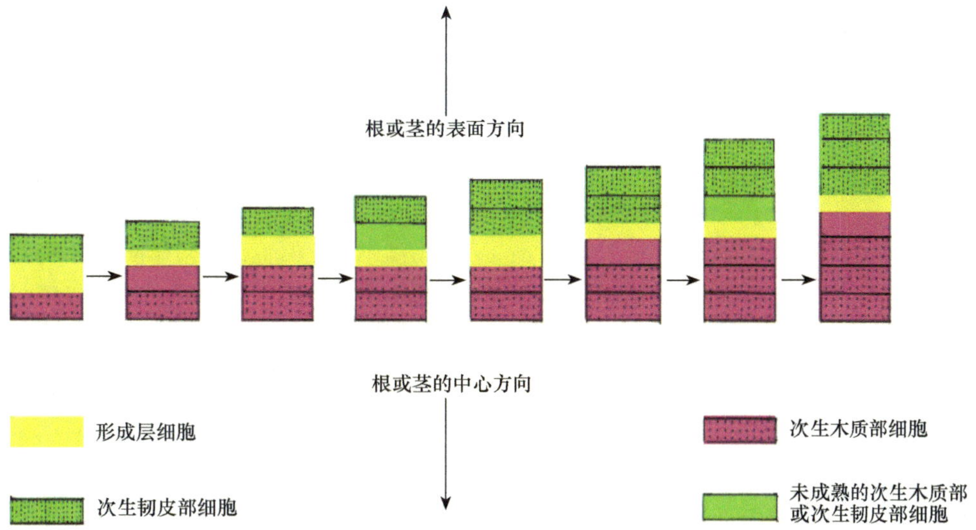

图 5-28 维管形成层细胞平周分裂产生次生木质部和次生韧皮部图解

形成层形成次生木质部细胞的数量，远比次生韧皮部细胞多。树木生长年数越多，次生木质部所占比例越大。十年以上木质茎中，几乎都是次生木质部，而初生木质部和髓已被挤压得不易识别。次生木质部是木材的主要来源，因此，次生木质部有时也称为木材。

双子叶植物茎内次生木质部在组成上和初生木质部基本相似，包括导管、管胞、木薄壁组织和木纤维，但都有不同程度的木质化。这些组成分子都是由形成层纺锤状原始细胞分裂、生长和分化而来，它们的细胞长轴与纺锤状原始细胞一致，都与茎轴相平行，所以共同组成了和茎轴平行的轴向系统。次生木质部中导管类型以孔纹导管最为普遍，梯纹和网纹导管为数不多。导管的大小、数目和分布情况，在不同植物中有很大差异。木薄壁组织贯穿在次生木质部中成束或成层，在各种植物茎中，围绕或沿着导管分子有多种分布方式，是木材鉴别的依据之一。木纤维在双子叶植物次生木质部，特别是晚材中，比初生木质部中的数量多，成为茎内产生机械支持力的结构，也是木质茎内除导管以外的主要组成分子。次生木质部与初生木质部组成上的不同，在于它还具有木射线。木射线由射线原始细胞向内方产生的细胞发育而成，细胞作径向伸长和排列，构成了与茎轴垂直的径向系统，它是次生木质部特有的结构。木射线细胞为薄壁细胞，但细胞壁常木质化。

上一年的木质茎内，由于维管形成层活动的结果，已经产生次生维管组织，其中次生木质部已明显，同时在有些植物中，表皮下也出现了木栓形成层，形成了周皮。

形成层向外方分裂的细胞，经过生长和再一次分裂后，不久就分化成次生韧皮部。次生韧皮部组成成分，基本上和初生韧皮部中的后生韧皮部相似，包括筛管、伴胞、韧皮薄壁组织和韧皮纤维，有时还有石细胞。但各组成成分的数量、形状和分布，因植物种类不同而有差异。次生韧皮部中还有韧皮射线（phloem ray），它是射线原始细胞向次生韧皮部衍生的细胞作径向伸长而成，细胞壁不木质化，形状也没有木射线那么规则，这是次生韧皮部特有的结构。筛管、伴胞、韧皮薄壁组织和韧皮纤维由纺锤状原始细胞产生，构成了次生韧皮部中的轴向系统，韧皮射线则构成次生韧皮部的径向系统。韧皮射线通过维管形成层射线原始细胞和次生木质部的木射线相连接，共同构成维管射线（vascular ray）。木本双子叶植物每年由形成层产生新的维管组织，同时增生新维管射线，横向贯穿在次生木质部和次生韧皮部内。导管或管胞中的水分，可以借助维管射线横向运输到形成层和次生韧皮部；筛管中的有机养料，也可借助维管射线横向运输到形成层和次生木质部。维管射线既是横向输导组织，也是储藏组织。维管射线和髓射线的排列方向和生理功能相似，但两者的起源、位置、数量全然不同。维管射线由射线原始细胞分裂、分化而成，因此是次生结构，所以也称次生射线（secondary ray），它位于次生木质部和次生韧皮部内，数目不固定，并随着新维管组织形成和茎增粗不断增加。髓射线是由基本分生组织的细胞分裂、分化而成，因此是在次生生长以前形成的，是初生结构，所以也称初生射线（primary ray），它位于初生维管组织（维管束）之间，内连髓部，外通皮层，虽在次生结构中能继续增长，形成部分次生结构，但其数目却是固定不变的。

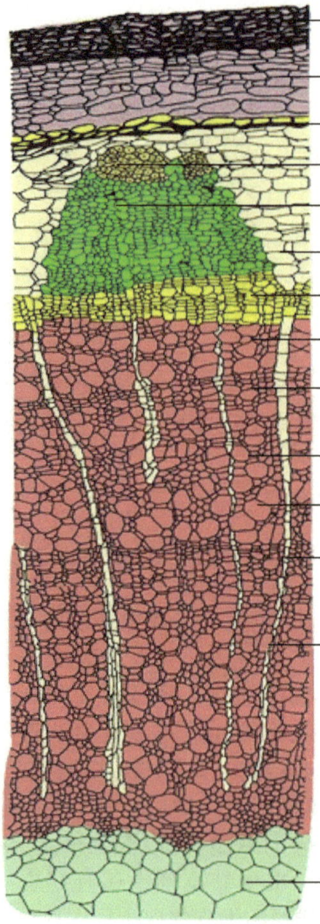

图 5-29 鹅掌楸（*Liriodendron chinense*）三年生茎横切面图

次生韧皮部形成时，初生韧皮部被推向外方，由于初生韧皮部组成细胞多是薄壁的，易被挤压破裂，所以，在茎不断加粗时，初生韧皮部除纤维外，有时只留下压挤后片断的细胞壁残余。

在茎横切面上，次生韧皮部远不及次生木质部宽厚（图 5-29）。一是由于形成层向外方分裂的次数，比向内方分裂的次数少，因而，外方新细胞数量相应减少。再是由于次生韧皮部有作用的时期较短，如筛管运输作用不过一两年，当木栓形成层在次生韧皮部发生后，木栓层以外的次生韧皮部就被破坏死亡，转变为硬树皮（即落皮层）的一部分，这样次生韧皮部的厚度大大减少。许多植物在次生韧皮部内有汁液管道组织，能产生特殊汁液，为重要的工业原料。例如，橡胶树乳汁管所产的乳汁，经加工后成为橡胶，漆树漆汁道所产漆液，经加工后成为各种生漆涂料。不论乳汁管或漆汁道，都分布在次生韧皮部内。

纺锤状原始细胞的分裂，不断增生次生维管组织，特别是次生木质部，使茎周径不断增粗。因此，形成层的周径只有随着相应扩大和位置外移，才能与次生木质部的不断增长相适应。形成层的周径究竟怎样扩大呢？简单地讲，形成层的原始细胞必须增加，即需要它自身分裂。形成层增加自身原始细胞的分裂，称为增殖分裂（multiplicative division）。纺锤状原始细胞的增殖分裂有以下三种形式（图 5-30）：径向垂周分裂，一个纺锤状原始细胞垂直或近乎垂直地分裂成两个子细胞，子细胞切向生长使切向面增宽；侧向垂周分裂，纺锤状原始细胞的一侧分裂出一个新细胞，它的生长也同样使切向面增宽；拟横向分裂（或假横向分裂，pseudo-transverse division），纺锤状原始细胞斜向垂周分裂，几乎近似横向分裂，两个子细胞通过斜向滑动，各以尖端相互错位，上面的一个向下伸展，下面的一个向上延伸，产生纵向侵入生长，也就是正在生长的子细胞插入相邻细胞间，在向前延伸中，各以尖端把另一细胞沿着胞间层处加以分离，这种生长类型称为侵入生长（intrusive growth 或 interpositional growth）。结果两个子细胞成为并列状态，通过生长使形成层原始细胞的长度和切向宽度都能增加。基于上述三种增殖分裂方式就可不断增加形成层周径，包围整个次生木质部。

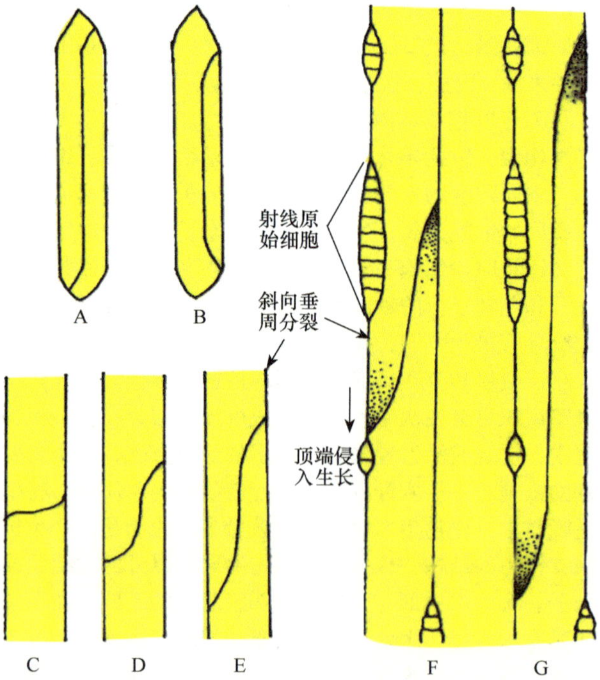

图 5-30 纺锤状原始细胞本身增生的方式

A. 由径向垂周壁分开；B. 由侧向垂周壁分开；C～E. 由各种斜向垂周壁分开；F、G. 斜向垂周分裂后，接着为顶端侵入生长（加点处为生长中的顶端）（引自 Esau，1977）

随着茎周径增粗，相应地次生木质部和次生韧皮部中也不断分别增生木射线和韧皮射线。这些射线又是怎样产生的呢？由于射线原始细胞分布在纺锤状原始细胞之间，因此，射线原始细胞的增殖分裂，也可由纺锤状原始细胞转化来增殖，通常有以下几种形式（图 5-31）：纺锤状原始细胞侧向分裂，即在原始细胞中部纵向分割出一部分，形成射线原始细胞；纺锤状原始细胞近顶端横向分割出一个射线原始细胞；纺锤状原始细胞的一半分割成单列射线原始细胞；纺锤状原始细胞的整体分割成单列射线原始细胞；纺锤状原始细胞衰退而逐渐缩短，形成射线原始细胞。一个射线原始细胞可再分裂成一列射线原始细胞；单列射线原始细胞可垂周分裂形成双列，以至形成多列。射线原始细胞的增殖分裂和细胞扩大，对形成层周径增大起一定作用。

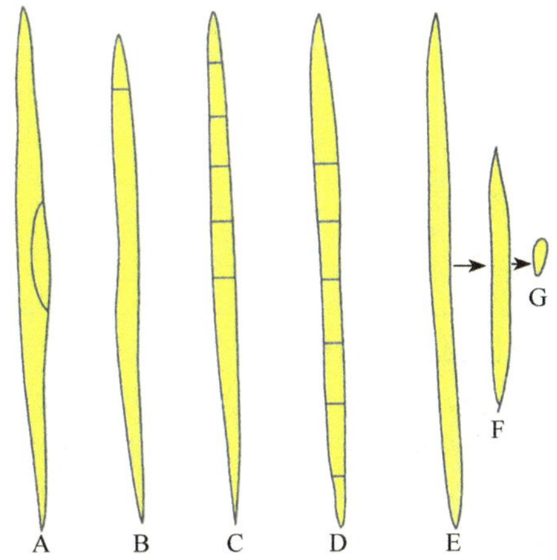

图 5-31　射线原始细胞由纺锤状原始细胞起源的图解
A. 侧裂；B~D. 横裂（B. 末端横裂形成一个射线原始细胞；C. 一半横裂形成多个射线原始细胞；D. 整体横裂形成多个射线原始细胞）；E~G. 缩短

（四）维管形成层的季节性活动和年轮

1. 早材和晚材

形成层的活动受季节影响很大，特别是在有显著冷、暖季节的温带和亚热带，或有干、湿季节的热带，形成层活动也随季节更替而表现出有节奏的快慢变化，因而产生细胞的数量有多有少，形状有大有小，细胞壁有厚有薄。

次生木质部在多年生木本植物茎内，一般比例较大。由于季节影响，它在形态结构上表现出显著差异。温带的春季或热带的湿季，由于温度高、水分足，形成层活动旺盛，次生木质部细胞，径大而壁薄；温带的夏末、秋初或热带的旱季形成层活动逐渐减弱，形成的细胞径小而壁厚，往往管胞数量增多。前者在生长季节早期形成，称为早材（early wood），也称春材。后者在生长季后期形成，称为晚材（late wood），也称夏材或秋材。横切面观，早材质地比较疏松，色泽稍淡；晚材质地致密，色泽较深。从早材到晚材，随着季节更替而逐渐变化，虽可看到色泽和质地的不同，却没有截然界限，但在上年晚材和当年早材间，却可看到非常明显的分界，这是由于两者的细胞在形状、大小、壁厚薄上有较大差异。温带地区因经过干寒的冬季，形成层活动可暂时休眠，春季湿温，形成层又开始活动，这种气候变化大，形成层活动差异大，早材和晚材的色泽与质地有显著区别。

2. 年轮

年轮也称为生长轮（growth ring）或生长层（growth layer）。在一个生长季节内，早材和晚材共同组成一轮显著的同心环层，代表着一年中形成的次生木质部。在有显著季节性气候的地区，不少植物的次生木质部在正常情况下每年形成一轮，因此，习惯上称为年轮（annual ring）（图 5-32）。但也有不少植物在一年内正常生长中，不止形成一个年轮。例如，柑橘属植物的茎，一年中可产生三个年轮，也就是三个年轮才能代表一年的生长，因此，又称为假年轮，即在一个生长季内形成多个年轮。此外，气候异常、虫害发生、出现多次寒暖或叶落的交替，造成树木形成层活动盛衰起伏，使树木生长时而受阻，时而复苏，都可能形成假年轮。没有干湿季节变化和冷暖交替的热带地区，树木茎内一般不形成年轮。

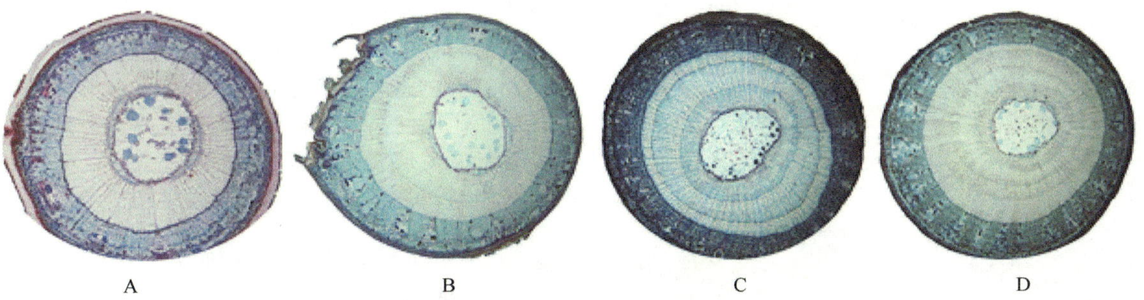

图 5-32　椴树（*Tilia tuan*）的年轮
A. 一年生；B. 二年生；C. 三年生；D. 四年生

一般可根据树干基部年轮，测定树木年龄。对年轮反映的树木历年生长情况，结合当地当时气候条件和抚育管理措施的实际情况，研究后可以总结出树木快速生长的规律，用以指导林业生产。还可从树木年轮变化中，了解到某地历年及远期气候变化情况和规律。有的树龄已达百年、千年之久，以及地下深埋的具有年轮的树木茎段化石，都是研究早期气候、古气候、古植被变迁的可靠依据。

3. 心材和边材

形成层每年都不断地产生次生木质部，因而次生木质部也就不断地逐年大量积累，多年生老茎的次生木质部内外层的性质发生变化，就有心材和边材之分（图 5-33）。

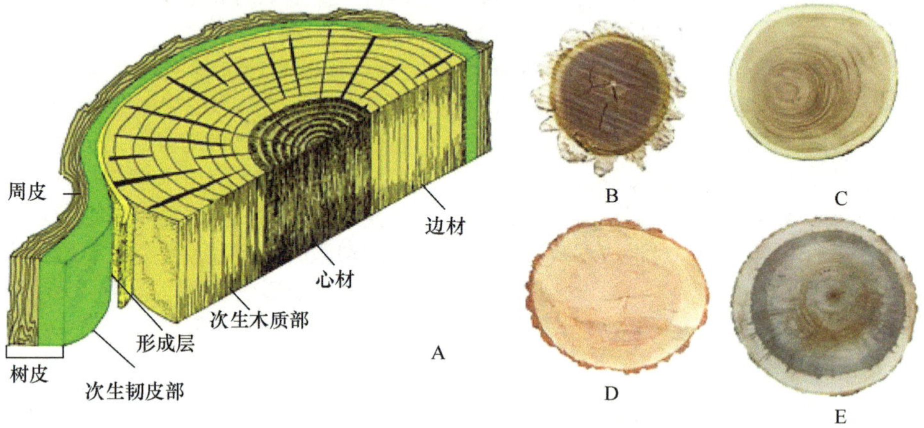

图 5-33　木本植物茎次生结构

A. 木材径向切面示意图；B. 黄檗（*Phellodendron amurense*）；C. 朝鲜槐（*Maackia amurensis*）；D. 榆树；E. 钻天柳（*Chosenia arbutifolia*）

心材（heart wood）是次生木质部的内层，也是早期的次生木质部，近茎内较深的中心部分，养料和氧不易进入，组织发生衰老死亡，因此它的导管和管胞往往已失去输导作用。导管和管胞失去作用的另一原因，是由于它们附近的薄壁组织细胞，从纹孔处侵入导管或管胞腔内，膨大并沉积树脂、丹宁、油类等物质，形成部分或完全阻塞导管或管胞腔的突起结构，称为侵填体（tylosis，图 5-34）。有些植物的心材，由于侵填体的形成，木材坚硬耐磨，并有特殊色泽，如桃、小叶鼠李（*Rhamnus parvifolia*）等的心材呈红色，胡桃楸木呈褐色，非洲乌木（*Diospyros ebenum*）呈黑色，使心材具有工艺价值。

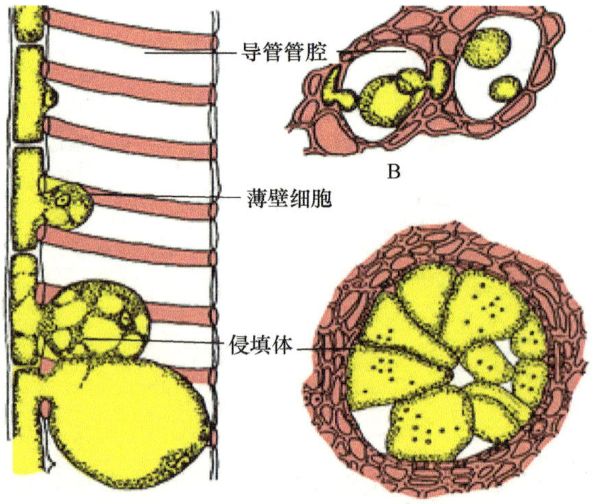

图 5-34　导管内侵填体的形成

A. 纵切面示侵填体形成过程；B、C. 横切面示导管内的侵填体

边材（sap wood）一般较湿，因此也称液材，是心材外围色泽较淡的次生木质部，也是贴近树皮较新的次生木质部。它含有生活细胞，具有输导和储藏作用。因此，边材的存在，直接关系到树木的营养。形成层每年产生的次生木质部，形成新边材，而内层边材部分，逐渐因丧失输导作用和细胞死亡，转变成心材。因此，心材逐年增加，而边材厚度较为稳定。心材和边材的比例，以及心材颜色和明显程度，各种植物差异较大。

坚实的心材，虽丧失了输导作用，而坚硬的中轴，却增加了高大树木负载量和支持力。有些木本植物不形成心材或心材不坚，易为真菌侵害，腐烂中空，但边材存在，树木仍然能生活，不过易为暴风雨等外力所摧折。因此，中空高大的行道树或观赏树木，就需用加固物质填充已经腐烂的中空部分，以免外力侵袭造成倾倒、坍塌或遭受其他生物进一步为害。

（五）木材解剖的三种切面

要充分理解茎次生木质部的结构，就必须从横切面、切向切面和径向切面三种切面上进行比较观察（图 5-35）。

横切面是与茎纵轴垂直所作的切面。在横切面上所见的导管、管胞、木薄壁组织细胞和木纤维等，都是它们的横切面观，可以看出细胞直径大小和横切面形状；所见的射线作辐射状条形，是它的纵切面，显示其长度和宽度。

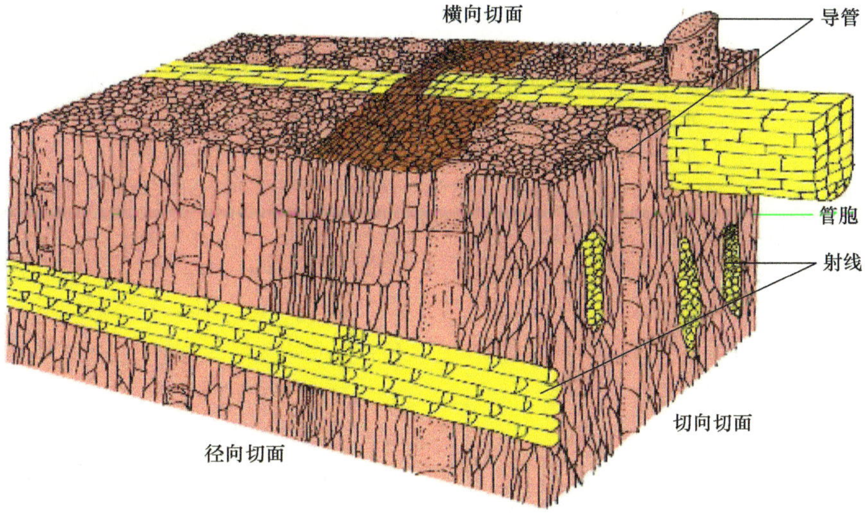

图 5-35 木本双子叶植物木材结构三种切面示意图

切向切面，也称弦向切面，是垂直于茎半径所作的纵切面，也是离开茎中心所作的任何纵切面。在切向切面上所见的导管、管胞、木薄壁组织细胞和木纤维都是它们的纵切面，能显示它们的长度、宽度和细胞两端的形状；所见的射线是它的横切面，轮廓呈纺锤状，显示了射线的高度、宽度、细胞列数和两端细胞的形状。

径向切面是通过茎中心，即通过茎直径所作的纵切面。在径向切面上，所见的导管、管胞、木薄壁组织细胞、木纤维和射线都是纵切面；细胞较整齐，尤其是射线细胞与纵轴垂直，长方形细胞排成多行，井然有序，仿佛像一段砖墙，显示了射线的高度和长度。

在这三种切面中，射线形状最为突出，可以作为判别切面类型的指标。

二、木栓形成层的产生及其活动

形成层活动过程中，次生维管组织不断增加，使茎直径不断加粗。其外围表皮由于细胞不能分裂而逐渐被挤破，失去其保护作用。取而代之的是木栓形成层形成的周皮行使次生保护作用。木栓形成层也是次生分生组织，由它所形成的结构也属次生结构。木栓形成层的结构较维管形成层简单，它只含一种类型的原始细胞，以平周分裂为主，向内形成栓内层，向外形成木栓层，共同组成周皮。

新周皮的每次形成，它外方所有活组织，由于水分和营养供应终止，而相继全部死亡，结果在茎外方产生较硬的层次，并逐渐积累，人们常把这些外层称为树皮。

在较老的木质茎上，树皮可包括死的外树皮（硬树皮或落皮层）和活的内树皮（软树皮）。前者包含新的木栓层和它外方的死组织；后者包括木栓形成层、栓内层和最内具功能的韧皮部。

周皮的形成，代替了表皮作为保护组织，但是木栓是不透水、不透气的紧密无隙组织，那么，周皮内方的活细胞，又怎样才能和外界进行气体交换呢？这就要靠皮孔，周皮的组成部分。在树木枝干表面，肉眼可见的、具有一定色泽和形状、纵向或横向凸出的斑点，就是皮孔（lenticel）。最早的皮孔，往往在气孔下出现，气孔下方的木栓形成层和邻近的木栓形成层不同，其活动不形成木栓，而是产生一些排列疏松、具有发达胞间隙、近似球形的薄壁组织细胞，它们以后栓化或非栓化，称为补充组织（complementary tissue）。以后由于补充组织逐渐增多，撑破表皮或木栓，形成皮孔。皮孔的形状、色泽、大小，在不同植物上差别明显。因此，落叶树冬枝上的皮孔，可作为鉴别树种的依据之一。

树皮的特征常成为鉴定树种的依据之一。例如，木栓形成层呈层状或条状分布，而且死亡组织较长时间不脱落，就使树皮上出现许多深裂纵沟，如洋槐、榆；如果木栓形成层相继发生时呈鳞片状分布，就形成鳞状树皮，如洋梨、松属；具环状木栓形成层者，树皮较光滑，呈套状脱落，称环状树皮，如金银花属、葡萄属植物；悬铃木属和一些桉属植物是环状与鳞状树皮的中间类型，其木栓形成层为环状，当茎直径增大时，木栓层扩张而破裂，树皮成块片状脱落，现出鳞片状的光滑斑痕。

三、单子叶植物茎的异常次生结构

大多数单子叶植物没有次生生长，因而也就没有次生结构。茎的增粗是由于细胞长大或初生加厚分生组织平周分裂的结果。但少数热带或亚热带单子叶植物茎，除一般初生结构外，还有次生生长和次生结构出现，如龙血树（*Dracaena angustifolia*）、朱蕉（*Cordyline fruticose*）、丝兰（*Yucca smalliana*）、芦荟等的茎中，它们维管形成层的发生和活动情况，不同于双子叶植物，一般是在初生维管组织外方产生形成层，形成新的维管组织（次生维管束），因植物不同而有各种排列方式。现以龙血树（图 5-36）为例加以说明。龙血树茎内，在维管束外方的薄壁组织细胞能转化成形成层，它们进行切向分裂，向外产生少量薄壁组织细胞，向内产生一圈基本组织，在这一圈组织中，有一部分细胞直径较小，细胞较长，并且成束出现，将来能分化成次生维管束。这些次生维管束也是散列的，比初生的更密，在结构上也不同于初生维管束，因为所含韧皮部量较少，木质部由管胞组成，并包于韧皮部外周，形成周木维管束。而初生维管束为外韧维管束，木质部由导管组成。

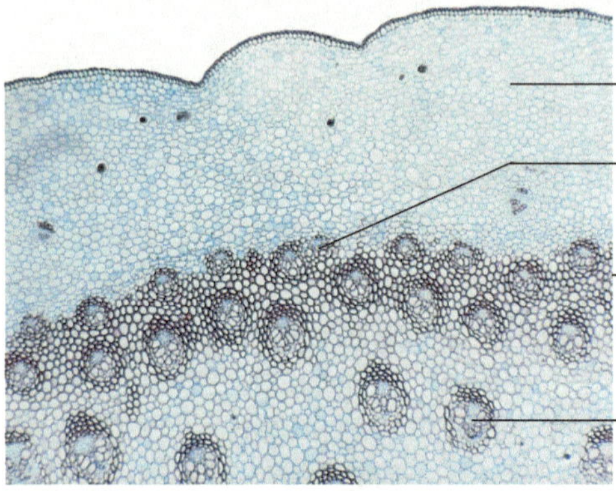

图 5-36 龙血树茎的横切面，示异常次生生长

四、裸子植物茎的结构

裸子植物都是木本植物，茎的结构基本和双子叶植物木本茎大致相同，存在形成层，能产生次生结构，使茎逐年加粗，并有显著的年轮，不同之处是维管组织组成成分上存在差异。

（一）初生结构

表皮细胞一层，外壁覆盖角质层；皮层由多层薄壁细胞和含树脂的异性细胞组成，具胞间隙，皮层具通气组织和树脂道，有的植物，如欧洲赤松（*Pinus sylvestris*）树脂道的分泌细胞由 2 层细胞组成，内层细胞为薄壁型，外层细胞为厚壁型。维管束呈环状排列，维管束发达，外韧维管束。初生韧皮部主要由筛胞和韧皮薄壁组织构成，其中韧皮薄壁组织含有大量蛋白质细胞；初生木质部全部由管胞组成。木质部成熟方式为内始式，有的植物木质部中有树脂道；初生木质部与初生韧皮部之间有维管形成层；髓细胞多，由含树脂、丹宁等物质的异细胞和薄壁细胞组成（图 5-37）。

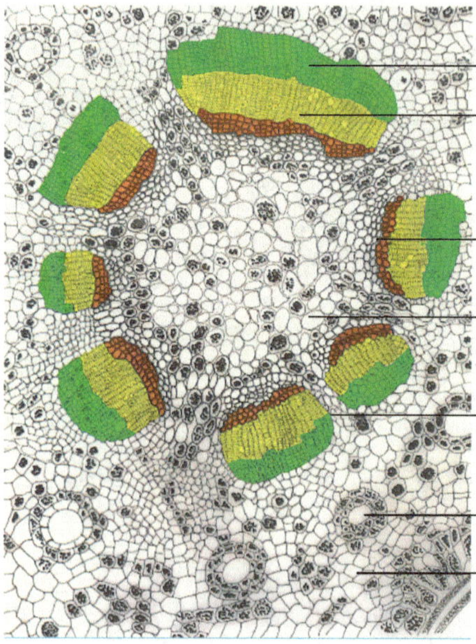

图 5-37 裸子植物茎的初生结构，示维管柱部分

（二）次生结构

裸子植物的茎在经过短暂初生生长阶段以后，就进入次生生长，产生次生结构。次生结构从外到内依次由周皮、皮层和维管柱三部分组成（图 5-38）。

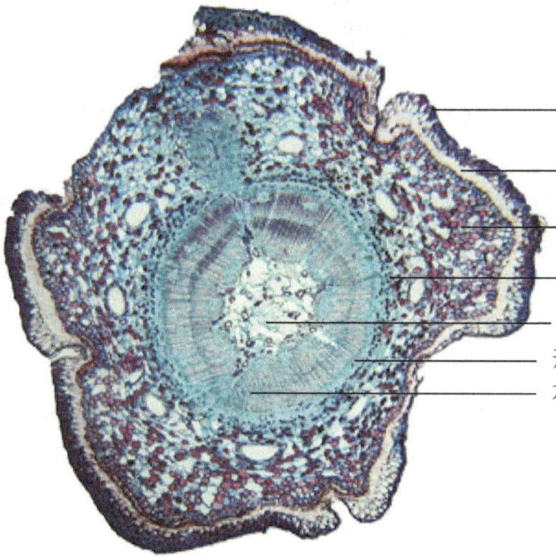

图 5-38 松属茎横切面图

1. 周皮

由于周皮组织木化、栓化，多呈片状、易碎，较难得到完整的周皮结构。通常由一些被挤毁的尚未脱落的细胞构成，形成一环较厚的外层周皮，有些细胞已经近脱落状，起到保护作用。

2. 皮层

皮层由 4～6 层排列较疏松的薄壁细胞构成。皮层细胞椭圆形、长方形或不规则形，细胞排列较为整齐，长轴平周排列，细胞大小不一，细胞质较浓，椭圆形。茎发育到一定程度，皮层部分被次生韧皮部所代替。

3. 维管组织

紧挨着皮层是次生韧皮部。次生韧皮部只含有筛胞、韧皮薄壁细胞和韧皮射线，有些种类含有韧皮纤维，有些种类还含有围绕着树脂道的薄壁组织。

茎次生木质部结构均匀，构造简单，一般只有大量管胞、少量木薄壁组织、木射线与树脂道等；在晚材中只有管胞状纤维（纤维管胞）。有的种类次生木质部完全由管胞和少量薄壁组织组成，如松属。有的种类木质部、韧皮部、皮层等部位均有树脂道，纵横排列连接成一个系统。由于次生生长形成的木材主要由管胞组成，因而木材结构均匀细致，易与双子叶植物的木材区分。木材中也有年轮、心材和边材的分化。在木材横切面上，可看到呈辐射排列的单列细胞的木射线，只有少数种类含有两列细胞的木射线。而双子叶植物茎的次生木质部中通常是单列木射线和多列木射线同时存在。

草本裸子植物茎的初生结构包括表皮、皮层和维管柱三部分。表皮层细胞外壁厚，气孔器下陷，皮层外层细胞局部发育成厚壁机械组织，皮层薄壁细胞中含叶绿体，外韧维管束，具有束中形成层，初生韧皮部由筛胞和位于外围的厚壁组织组成，初生木质部主要由管胞组成。一般具有次生生长和次生结构。

在百岁兰（*Welwitschia mirabilis*）等少数较高级的裸子植物中，木质部中出现了导管，韧皮部出现了筛管，更加强了植物对旱生环境的适应性。

第六节 茎的变态

茎的变态类型很多，按所处位置可分为地上茎的变态与地下茎的变态两大类。

一、地上茎的变态

（一）肉质茎

植物茎肥大多汁，常为绿色，既储藏水分和养料，又可进行光合作用。许多仙人掌科植物具有这种变态茎。莴苣的肉质茎粗壮，主要食用部分为发达的髓部及周围的内韧皮部。变态茎有较强的营养繁殖能力。

（二）茎刺

有些植物，如柑橘、皂荚、山楂的枝变态为刺，常位于叶腋，由叶芽发育而成，不易剥落，具有保护作用，称为茎刺（图 5-39A、图 5-39B）。蔷薇和月季等茎上有刺，数目较多，分布无规则，是茎表皮的突出物，称为皮刺。在石榴和梨等植物中可以看到生叶与花的小枝逐渐过渡到茎刺的情况。

图 5-39 地上茎的变态

A、B 茎刺（A. 柑橘；B. 皂荚）；C、D 茎卷须（C. 西瓜；D. 掌叶地锦）；

E、F. 叶状茎（E. 竹节蓼；F. 光棍树）

（三）茎卷须

有些藤本植物的一部分枝变为卷曲细丝，用以缠绕其他物体，使植物体得以攀援生长，称为茎卷须，如西瓜、南瓜和葡萄等（图 5-39C、图 5-39D）。

（四）叶状茎

有些植物，如假叶树、竹节蓼、光棍树和文竹等的叶完全退化或不发达，茎变为扁平、呈绿色的叶状体，代叶进行光合作用，这种茎称为叶状茎（图 5-39E、图 5-39F）。

二、地下茎的变态

一些植物的部分分枝生于地下，变为肉质储藏器官或营养繁殖器官。

（一）根状茎

一些禾本科经济植物、牧草或杂草，如竹、芦苇、白茅和冰草等具有根状茎。这种变态茎蔓生于土层下，仍具明显的节与节间，叶却退化为非绿色的鳞片叶。根状茎顶芽和腋芽可形成地上枝，同时在节上产生不定根（图 5-40A、图 5-40B）。

根状茎储藏着丰富的营养物质，可生活一年或数年。在耕锄时，它们往往被切断，但每小段的腋芽仍可发育为新枝。所以，一般具根状茎的禾本科植物的杂草不但蔓延迅速，而且不易根除。姜的根状茎肥短肉质。竹的根状茎就是竹鞭。莲的根状茎称为莲藕，内部具有发达的通气道。

（二）鳞茎

鳞茎是单子叶植物中常见的变态茎，是一种节间极短、其上着生肉质或膜质变态叶的地下茎，如洋葱鳞茎（图 5-40C）。鳞茎中央基部为一个扁平而节间短缩的茎称为鳞茎盘，顶端的顶芽将来形成花序，节上长肉质鳞片叶，重重包围着鳞茎盘，它们储藏着大量营养物质。肉质鳞片叶之外，还有几片膜质鳞片叶保护。叶腋有腋芽，鳞茎盘下产生不定根。大蒜和百合等鳞茎盘的顶芽，在开花后枯萎，周围的腋芽逐渐发育膨大成蒜瓣或子鳞茎。

（三）球茎

球茎是节间短缩、膨大成球形的地下茎变态。荸荠和慈姑的球茎由长入土中的纤匍枝顶发育而成。芋的球茎是由茎基部发育而成。荸荠球茎顶端有粗壮的顶芽，有明显的节与节间，在节上有腋芽及起保护作用的鳞片。球茎储有大量营养物质，可用作营养繁殖（图 5-40D、图 5-40E）。

（四）块茎

马铃薯的薯块是最常见的一种块茎，是由植物基部叶腋长出的入土匍匐枝顶端的几个节与节间经过增粗生长而成。块茎顶端有一个顶芽，四周有许多凹陷的芽眼，呈螺旋状分布在块茎上。每个芽眼内有几个芽。芽眼着生处相当于茎节的部位。块茎内部构造由外至内是周皮、皮层、外韧皮部、形成层、木质部、内韧皮部及髓（图 5-40F、图 5-41）。

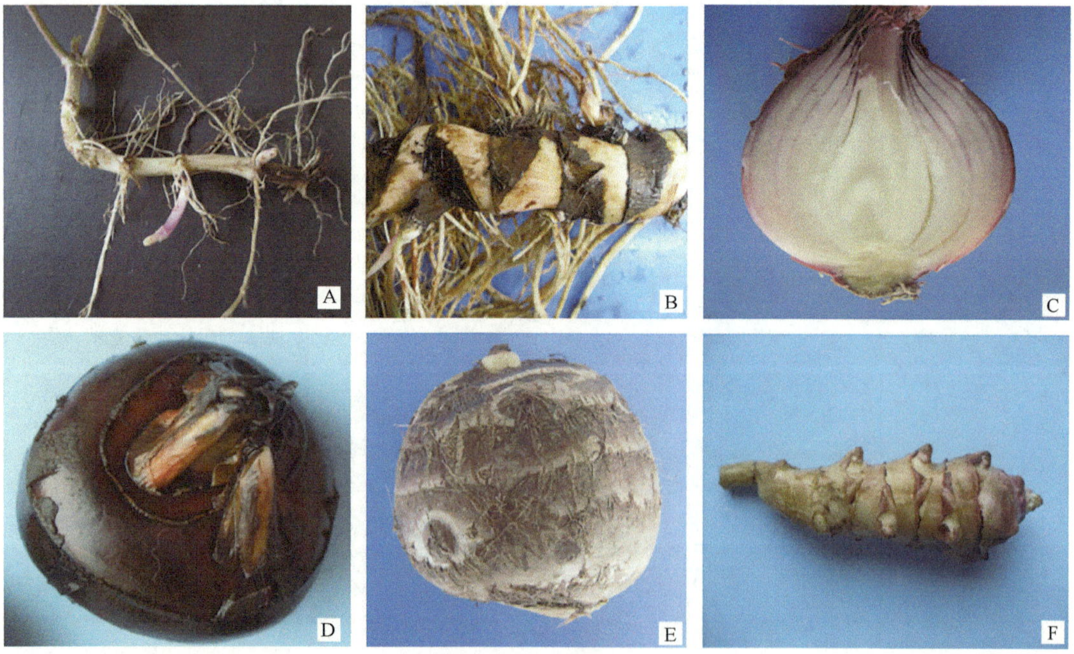

图 5-40 地下茎的变态

A、B 根状茎（A. 藿香；B. 菖蒲）；C. 鳞茎（洋葱）；D、E. 球茎（D. 荸荠；E. 芋）；F. 块茎（菊芋）

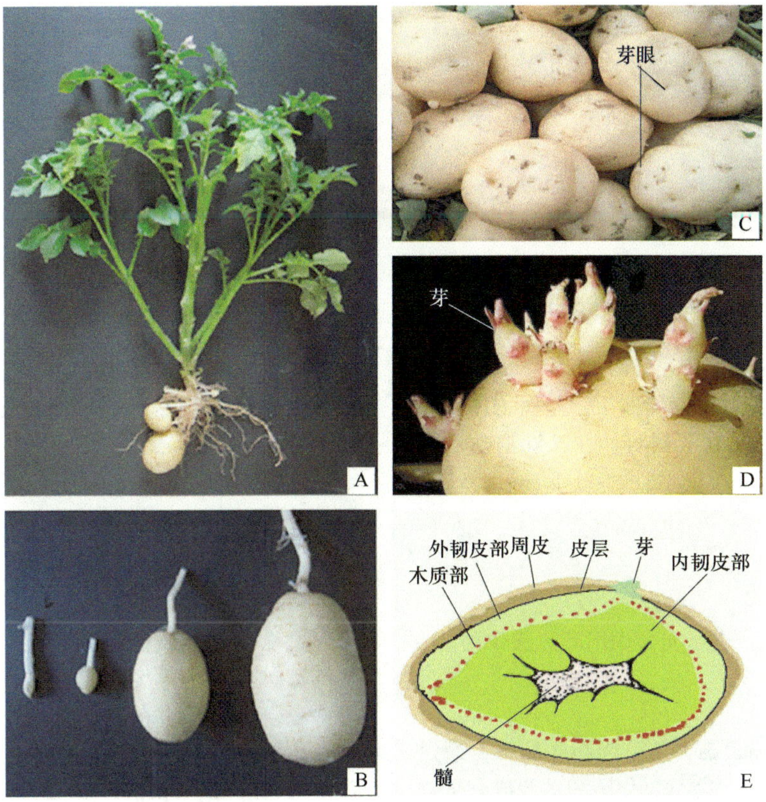

图 5-41 马铃薯的块茎
A. 植株外形；B～D. 地下茎前端积累养料膨大成块茎；
E. 块茎横剖面简图（引自 Artschwager，1918）

本章主要内容和概念

茎是连接根与叶的轴状营养器官，主茎由胚芽发育而来，各级分枝茎由侧芽分化形成；在茎顶端有顶芽，其侧面有侧芽，芽是枝、花的原始体，有多种类型，枝芽伸长后形成枝，枝的轴状部分就是茎，茎的结构包括茎尖结构、初生结构、次生结构和异常结构。本章主要包括茎的形态结构、发育过程、生理功能、变态、起源与演化等内容。

知识要点包括：

茎的形态，茎的分枝，芽的类型，茎尖的结构及其生长动态，原套-原体分层结构，茎初生生长与初生结构，内始式发育方式，束中形成层与束间形成层，髓与髓射线，茎维管形成层发生与活动，纺锤状原始细胞和射线原始细胞，茎木栓形成层发生与活动，茎次生生长与次生结构，初生射线与次生射线，生长轮，早材与晚材，边材与心材，散孔材与环孔材，侵填体与胼胝体，树皮，木材三切面，禾本科植物茎的结构，裸子植物茎的结构，茎的变态及类型。

复习思考题

1. 试述茎尖和根尖的异同点。
2. 试述双子叶植物根和茎初生结构的异同点。
3. 茎与根的初生木质部发育方式有何不同？为什么？
4. 禾本科植物茎与双子叶植物茎的结构有何不同？
5. 一棵古老的“空心”树，为什么仍能活着和生长？
6. 双子叶植物茎中维管形成层、木栓形成层怎样产生？怎样活动？形成哪些结构？
7. 纺锤状原始细胞和射线原始细胞在形态和分裂性质上有何不同？
8. 试述木材三切面的结构特点。
9. 年轮是怎样形成的？它如何反映季节变化？为什么说生长轮比年轮这一名词要正确？
10. 常言道“树怕剥皮”，为什么杜仲却能剥皮不死？
11. 为什么向日葵和玉米不能像树木那样长高和长粗，并形成周皮？
12. 比较小麦茎和玉米茎在内部结构上的异同点。
13. 举例说明茎的变态类型及用途。

第六章 叶

叶（leaf）是植物重要的营养器官，是植物体当中唯一完全暴露在空气中的营养器官。在长期自然选择过程中，植物叶形成了与其功能相适应的、复杂的形态和解剖学特征。

第一节 叶的功能

叶的主要生理功能是进行光合作用和蒸腾作用。

一、光合作用

光合作用（photosynthesis）是植物在光照下，通过光合色素和有关酶类活动，把二氧化碳和水合成有机物（主要是碳水化合物），把光能转化为化学能储存起来，同时释放氧气的过程。光合作用是地球上进行的最大规模的将无机物转变成有机物、把光能转化成化学能的过程，对于整个生物界和人类的生存发展以及维持自然界生态平衡有着重要作用。光合作用合成的有机物，不仅满足植物自身生长发育的需要，也为人类和其他动物提供了食物来源。人类生活所需要的粮、棉、油、菜、果、茶等都是光合作用产物。光合作用是一个巨大的能量转换过程，人类生产生活利用的主要能源，如煤、石油、天然气和木材也是来自于植物光合作用固定的太阳能。此外，光合作用释放氧气、吸收二氧化碳，有效维持大气成分的平衡，为地球生物创造了良好的生存环境。农业生产的主要目的是获得更多光合产物。因此，光合作用成为农业生产的核心。通过采取各种栽培措施以及选育高光合强度的品种来提高光合作用，以获得高产。

二、蒸腾作用

蒸腾作用（transpiration）是植物体内的水分以气体形式从植物体表面散失到大气中的过程。叶是植物进行蒸腾作用的主要器官。蒸腾作用是根系吸水的动力之一，并能促进植物体内矿质元素运输，还可降低叶表温度，使其免受强光灼伤。但是，过于旺盛的蒸腾作用对植物不利。

叶片还有吸收能力，如向叶面喷洒一定浓度的肥料（根外施肥）和农药，均可被叶表面吸收。有些植物的叶还能进行繁殖，在叶片边缘叶脉处可以形成不定根和不定芽。当它们自母体叶片上脱离后，即可独立形成新的植株。叶的这种生理功能常被用来繁殖某些植物。例如，在繁殖柑橘属、秋海棠属（*Begonia*）时，便可采用叶扦插方法进行。

除了上述普遍存在的功能外，有的植物叶还有特殊功能，并与之形成了特殊形态，如猪笼草属（*Nepenthes*）的叶形成囊状，可以捕食昆虫；洋葱的鳞叶肥厚具有储藏作用；豌豆复叶顶端的小叶变成卷须，有攀援作用；小檗属（*Berberis*）的叶变态形成针刺状，起保护作用。

叶有多种经济价值，食用的如白菜、菠菜；药用的如颠茄（*Atropa belladonna*）、薄荷（*Mentha haplocalyx*）；香料植物如留兰香（*Mentha spicata*）；造纸的剑麻（*Agave rigida*）等。

第二节 叶的组成

植物的叶一般由叶片（blade）、叶柄（petiole）和托叶（stipule）三部分组成（图 6-1）。

一、叶片

典型的叶片为叶的绿色扁平部分，光合作用和蒸腾作用主要通过叶片进行。叶片包括叶尖（leaf apex）、叶基（leaf base）和叶缘（leaf margin）等部分。叶片上分布着大小不同的叶脉（vein），居中最大的为中脉，中脉上的分枝为侧脉，其余较小的称细脉，细脉末端称为脉梢。植物叶片的形态特征可作为识别植物的依据之一。

图 6-1 叶的组成

二、叶柄

叶柄是紧接叶片基部的柄状部分，与茎相连，是茎与叶片之间物质交流的通道，并支持叶片伸展于空间。此外，叶柄还能扭曲生长，改变叶片位置和方向，使叶片互不重叠，以充分接受阳光，这种特性称为叶的镶嵌性（leaf mosaic）。

三、托叶

托叶是叶柄基部的附属物，常成对而生。它的形状和作用因植物种类不同而异，如棉花的托叶为三角状；梨树的托叶为线形；豌豆的托叶大而呈绿色，可进行光合作用；苎麻（*Boehmeria nivea*）的托叶为薄膜状，对幼叶有保护作用；荞麦的托叶两片合生成鞘，包围着茎，称为托叶鞘。也有的植物无托叶，如杨、桑和丁香等。

具有叶片、叶柄和托叶的叶称为完全叶（complete leaf），如梨、桃、棉花等的叶；缺少任何一部分或两部分的叶称为不完全叶（incomplete leaf），如油菜叶缺托叶；烟草叶缺叶柄；台湾相思树（*Acacia confuse*）的叶缺叶片，由叶柄扩展成为片状进行光合作用，特称为叶状柄（phyllode）。

禾本科植物的叶与一般植物的叶不同（图 6-2）。从外形上仅可区分为叶片和叶鞘（leaf sheath）两部分。叶片一般呈带状、扁平，叶鞘长而抱茎。有些植物在叶片和叶鞘交界处的内侧常有膜状突起物，称为叶舌（ligule），能防止雨水、真菌和害虫进入叶鞘内。在叶舌两侧有一对突起物，称叶耳（auricle）。叶舌和叶耳的有无及形态大小常用作鉴别禾本科植物种或品种的依据。例如，水稻有叶耳、叶舌，稗草无叶耳、叶舌；大麦叶耳大，小麦叶耳小等。有的植物（如玉米）在叶片和叶鞘连接处的外侧，有不同色泽的环带，称为叶环（vane ring）或叶颈，叶枕有弹性和延伸性，借此调节叶片位置。

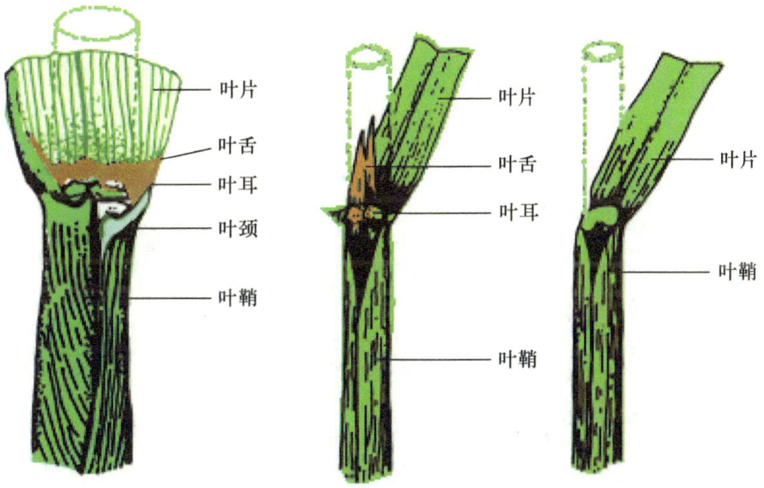

图 6-2 几种禾本科植物的叶

第三节 叶的发生和结构

一、叶的发生和生长

叶由叶原基（leaf primordium）发育而成。叶原基由生长锥侧面的表皮和表皮以内几层分生组织细胞分裂形成。叶原基形成后，其下部发育为托叶，上部发育为叶片和叶柄（图 6-3）。托叶原基生长迅速，不久即成为保护叶原基上部的雏形托叶。叶原基上部先分化出叶片，一般在芽内已具雏形，叶柄或在芽内叶形

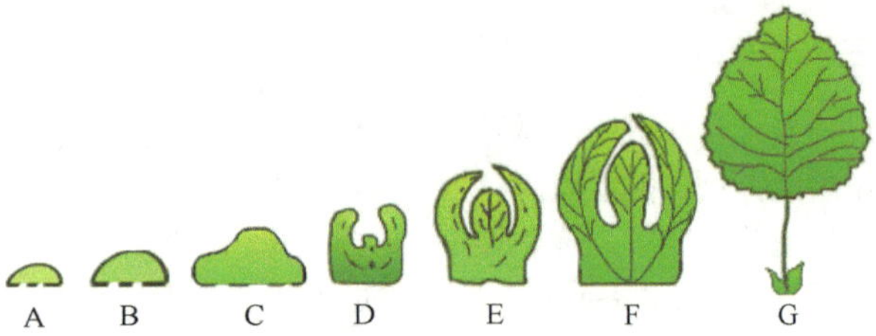

图 6-3 完全叶形成过程图解

A、B. 叶原基的形成；C. 叶原基分化为上下两部分；

D～F. 托叶原基与幼叶形成；G. 成熟的完全叶

态发生后期，或当叶片从芽中展开时才明显可见，以后随幼叶片展开而迅速伸长。

叶片由叶原基上部经顶端生长、边缘生长和居间生长形成（图 6-4）。叶原基上部顶端分生组织进行顶端生长使其延长；不久在其两侧形成边缘分生组织（marginal meristem）进行边缘生长，形成有背腹性的扁平雏形叶片；如果是复叶，则通过边缘生长形成多数小叶片。边缘生长进行一段时间后，顶端生长停止。当幼叶从芽内伸出、展开后，边缘生长也停止，此时整个叶片基本上由居间分生组织组成，并由其进行近似平均的居间生长（intercalary growth），叶片的这种初生生长，一方面使叶片继续长大，另一方面形成成熟的初生结构。在此过程中，居间分生组织因本身分化为成熟组织而逐渐消失，以后也不再形成新的分生组织。所以，叶的生长与根、茎的无限生长不同，它是一种有限生长。

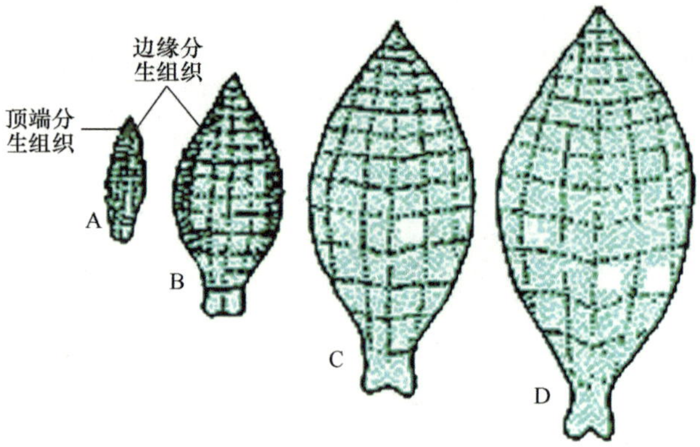

图 6-4 烟草叶的发育

A、B. 芽内顶端生长和边缘生长；

C、D. 芽外的居间生长（方格为添加标记，示近似平均生长）

二、双子叶植物叶的结构

（一）叶片

双子叶植物叶片扁平，形成较大光合和蒸腾面积。双子叶植物叶片多有背面（下面或远轴面）和腹面（上面或近轴面）之分。腹面直接受光，因而背腹两面结构有差异，这种叶称为两面叶（bifacial leaf）或异面叶（dorsi-ventral leaf）。在横切面上，叶片的结构分为表皮、叶肉（mesophyll）和叶脉（vein）三大部分（图 6-5）。

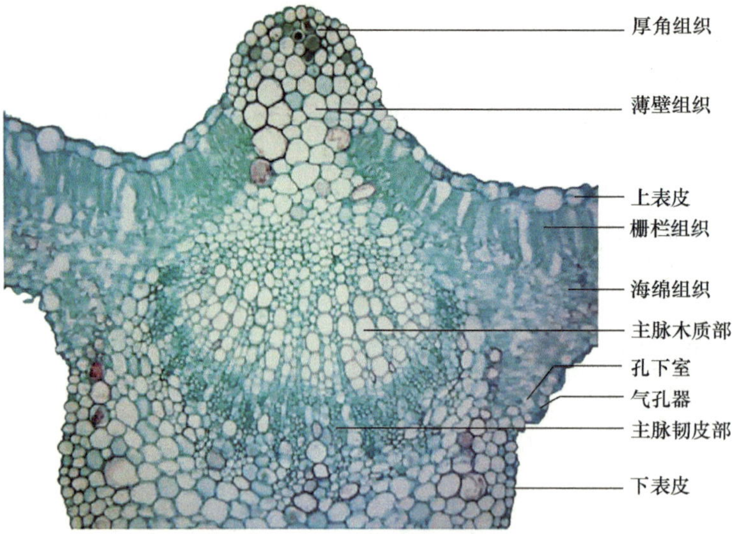

图 6-5 棉花叶经主脉的部分横剖面图

（徐兴友摄）

1. 表皮

覆盖在整个叶片外表，有上下表皮之分。表皮通常由一层生活细胞组成，但也有多层细胞组成的，称为复表皮（multiple epidermis），如海桐花（*Pittosporum robira*）、夹竹桃叶的表皮。叶表皮包括表皮细胞、气孔器，或者还有表皮毛、排水器等。

纵面观，表皮细胞一般是形状不规则的扁平细胞，侧壁凹凸不齐，彼此互相嵌合，紧密相连，无胞间隙。横切面观，为方形或长方形，外壁较厚、角质化，具角质层，有的还有蜡被，加强了表皮的保护功能，有减少蒸腾的作用。表皮细胞通常无叶绿体，有的植物含花青素，使叶片呈现红、紫等颜色。

双子叶植物的气孔由两个肾形保卫细胞围合而成，有的植物（如甘薯）还有2个或多个副卫细胞。叶表皮上的气孔分布密度比茎表皮大得多，大多数植物每平方毫米下表皮有100～300个气孔，一般多于上表皮。这些特点与叶片的功能及下表皮空间位置紧密相关。成熟叶蒸腾量的95%通过气孔进行，而气孔孔隙总面积不超过叶表的1%～2%。这是因为气孔形成“小孔扩散”的边缘效应，彼此在叶面上合理分布，使这种效应得以充分发挥的缘故。气孔也是分泌或吸收某些物质的通道。

保卫细胞的细胞壁增厚情况特殊，与表皮细胞相连的一面，细胞壁较薄，其余各方细胞壁较厚。这样的结构，使保卫细胞充水膨大时，向表皮细胞一方弯曲，将气孔分离部分的细胞壁拉开，结果气孔张开，肾形保卫细胞也变得更为弯曲。当保卫细胞失水时，膨压降低，紧张状态不再存在，两个保卫细胞恢复原来状态，气孔关闭。气孔的开闭在一天内是有周期性的。常于黎明开启，随气温升高和日照增强逐渐扩大，上午9时至10时增至最大，中午前后逐渐关闭，下午因叶内水分渐增再开启，至傍晚日落又因光合作用停止而逐渐关闭。这种周期变化因植物种类、生理状况以及气候和水分条件而异。了解气孔开闭规律，对于选择适宜的根外追肥或喷施农药的时间有实际意义。

表皮细胞间可能生有数量不等、单一或多种类型的表皮毛。有的植物还含有晶细胞，有的在叶缘具有排水器。

2. 叶肉

叶肉是上、下表皮以内的绿色同化组织的总称，富含叶绿体，是进行光合作用的场所。有的植物，如棉、柑橘还有分泌腔，茶有骨状石细胞等。

双子叶植物一般是异面叶。由于叶片背面、腹面受光情况不同，叶肉分化为近腹面的栅栏组织（palisade tissue）和近背面的海绵组织（spongy tissue）。栅栏组织由1～4层长柱形、含大量叶绿体的薄壁细胞组成，细胞长轴与表皮垂直，排列紧密，细胞间隙小。其层数因植物种类及环境而异，如棉为1层，甘薯为1层或2层；茶因品种不同可有1～4层的变化。旱生植物叶片中栅栏组织层数常较多。栅栏组织细胞内叶绿体的分布对光照有适应性变化，在强光下移向侧壁，减少受光面积，避免灼伤；弱光下分散于细胞质中以充分利用微弱光。海绵组织是位于下表皮和栅栏组织间的同化组织。含叶绿体较少，细胞的大小和形状不规则，形成短臂状突起并互相连接形成较大的细胞间隙。由于这些特点，使叶片背面色泽浅于腹面。

叶片同化组织中的细胞间隙与气孔器的孔下室一起，形成曲折而连贯的通气系统，有利于光合作用以及与光合作用有密切关系的气体交换——CO_2的进入与暂储、O_2及水汽逸出等。

3. 叶脉

叶脉是叶片中的维管组织，分布在叶肉组织中，呈网状，起输导和支持作用。叶脉内部结构随脉大小而有不同。

主脉中有数个维管束，木质部位于近叶腹面，韧皮部位于近叶背面，中间有时有活动极微弱的形成层；维管束包埋在基本组织中，这些基本组织不分化为叶肉组织，常为薄壁组织，有时在近表皮处还有厚角组织（棉、甘薯等）或厚壁组织（棉、柑橘等）。机械组织在叶背面一侧特别发达，使叶脉在叶片背面形成隆起。

侧脉常含有一个维管束，周围的基本组织分化为叶肉组织，近表皮处有机械组织。叶脉越分越细，结构也越简单，形成层消失，机械组织减少以至完全没有。木质部和韧皮部结构逐渐简单，组成分子数目减少。到了叶脉末梢，木质部只有短管胞，韧皮部只有短而狭的筛管分子和增大的伴胞。较小叶脉维管束外面常围绕着一层或几层排列紧密的细胞，形成维管束鞘（vascular bundle sheath）（图6-6）。维管束鞘由薄壁细胞或厚壁细胞组成，或两者兼有。维管束鞘一直延伸到叶脉末梢。因此，叶脉维管组织很少直接暴露在叶肉细胞间隙中。

在许多植物叶片中观察到，小脉附近有特化的、利于吸收和短途运输的传递细胞。传递细胞来源于韧皮薄壁细胞、伴胞、木薄壁细胞和维管束鞘细胞。传递细胞能有效地从叶肉组织输送光合产物到筛管分子。

（二）叶柄与托叶

叶柄结构与幼茎的初生结构基本相似，也由表皮、基本组织和维管束三部分组成。一般叶柄在横切面上呈半圆形、近圆形或三角形，外围是一层表皮层，其上有气孔器和表皮毛。表皮内主要为薄壁组织，其靠外围部分常为几层厚角组织，起机械支持作用；内方为薄壁组织，其中包埋着维管束。叶柄维管束与茎维管束相连，排列方式因植物种类不同而异，多数为半环形，缺口向上。维管束的木质部在近轴面（向茎一面），韧皮部在远轴面（背茎一面），两者之间有一层活动微弱的形成层。

托叶形状各异，外形与结构大体如叶片，可行光合作用，但内部组成较简单，分化程度较低。

三、禾本科植物叶的结构

禾本科植物叶片同双子叶植物叶片一样，也包括表皮、叶肉和叶脉三个基本组成部分（图6-7）。但在具体结构上有所不同。

（一）叶片的结构

1. 表皮

与双子叶植物相比，禾本科植物叶片的表皮细胞形状较规则，沿叶长轴成行排列，从叶片纵面观可见

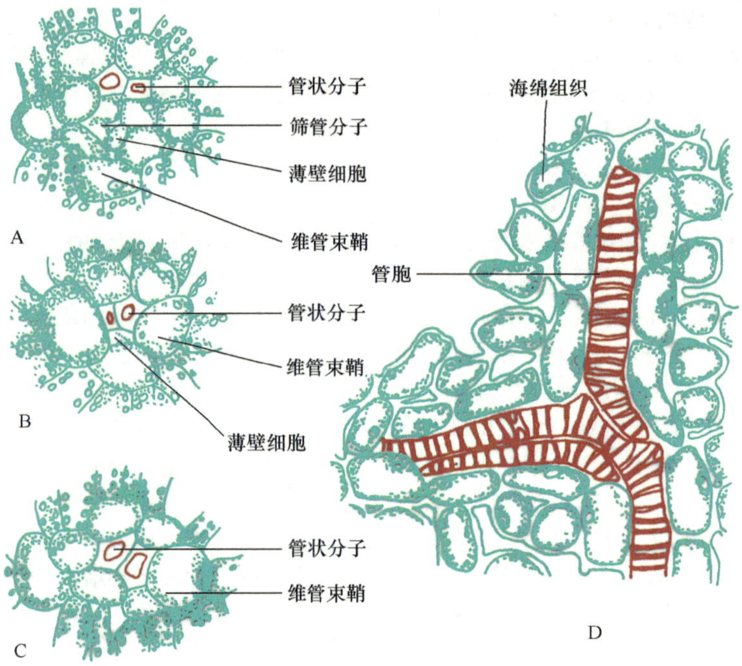

图 6-6 细脉与脉梢

A～C. 梨属叶片细脉（A、B）至脉梢（C）结构的梯度变化（横切面）；
D. 脉梢纵切面

两种形态不同的细胞类型，即长细胞和短细胞。长细胞为长方柱形，长径与叶纵轴平行，外壁角化、硅化，形成一些硅质和栓质乳突，是表皮组织的主要成分。短细胞分为硅细胞和栓细胞两种，两者有规则地纵行相隔排列，多分布于叶脉位置上方。许多禾本科植物表皮中的硅细胞常向外突出如刺或成为刚毛，使表皮坚硬而粗糙，这对于增强植物抗病虫能力有适应意义。

相邻两叶脉之间的上表皮有数列特殊的薄壁大型细胞，称为泡状细胞（bulliform cell）或运动细胞（motor cell）（图 6-7、图 6-8）。泡状细胞常 5～7 个为一组，中间细胞最大，两旁的渐小。在叶片横切面上，每组泡状细胞的排列常似展开的折扇形，又称扇形细胞，细胞中都有大液泡，不含或含有少量叶绿体。通常认为当气候干燥、叶片蒸腾失水过多时，泡状细胞发生萎蔫，于是叶片向上卷成筒状，以减少蒸腾；当气候湿润、蒸腾减少时，它们吸水膨胀，于是叶片又平展。植物叶片失水上卷，也与叶片中其他组织的差别收缩、厚壁组织分布、组织之间的内聚力等有关。

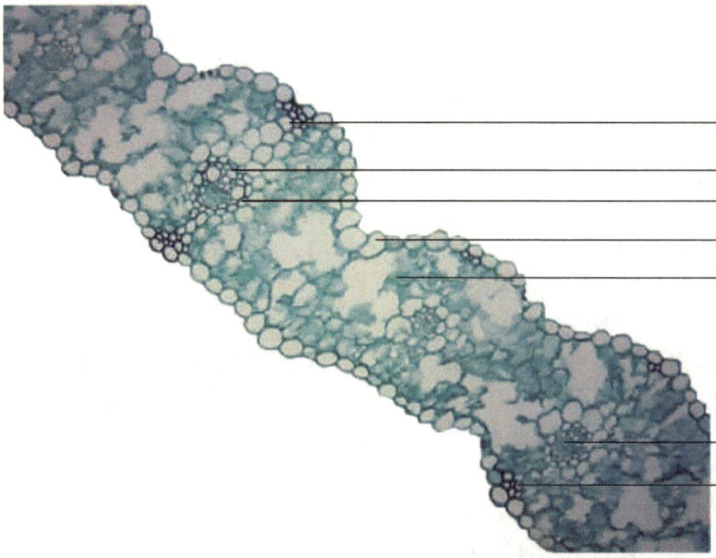

图 6-7 小麦叶片结构

（徐兴友摄）

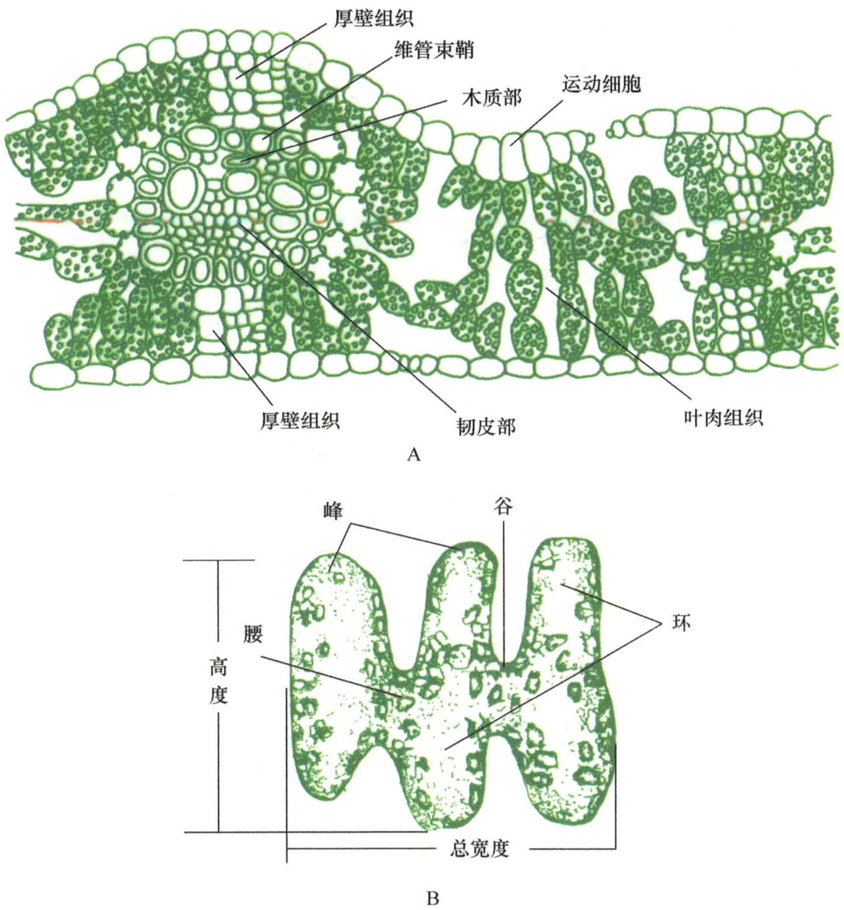

图 6-8 小麦叶片结构

A. 叶片部分横切面（引自刘穆）；B. 一个叶肉细胞（引自贺学礼，2010）

在小麦，玉米、甘蔗的生长或水稻晒田过程中，如果发现叶片上卷，傍晚仍能复原，说明叶的蒸腾量大于根系吸收量，这是炎热干旱条件下常有的现象。如果叶片到晚上仍不展开（晚上蒸腾很少），这是根系不能吸水的标志，说明植物受到干旱伤害。

禾本科植物叶片上表皮、下表皮都分布有气孔器，常与长细胞一起排成纵行。它除由两个哑铃形保卫细胞构成外，其两侧还有一对近似菱形的副卫细胞。保卫细胞中部狭窄、具厚壁，两端壁薄、膨大成球状，含有叶绿体。当保卫细胞吸水膨胀时，薄壁的两端膨大，互相撑开，于是气孔开放；缺水时，两端收缩，气孔关闭。禾本科植物叶片上表皮、下表皮的气孔数目几乎相等，这个特点是与叶片生长比较直立，上表皮、下表皮受光影响差异较小有关。气孔在近叶尖和叶缘部分分布较多。气孔多的地方，蒸腾失水增强。水稻插秧后，往往发生叶尖枯黄，这是因为根系暂受损伤，吸水量少，而叶尖蒸腾失水多的缘故。

2. 叶肉

禾本科植物的叶肉，没有栅栏组织和海绵组织的分化，称为等面型叶。各种禾本科作物的叶肉细胞在形态上有所不同，甚至不同品种或植株上不同部位的叶片中，叶肉细胞形态也有差异。例如，水稻的叶肉细胞，整体为扁圆形，细胞壁某些部位向内凹陷，成叠沿叶纵轴排列，叶绿体沿细胞壁分布；小麦、大麦的叶肉细胞，细胞壁某些部位向内凹陷，形成具有“峰、谷、腰、环”的结构（图 6-8），这有利于更多叶绿体排列在细胞边缘，易于接受 CO_2 和光照，进行光合作用。当相邻叶肉细胞的“峰、谷”相对时，细胞间隙加大，便于气体交换，同时，多环细胞与相同体积的圆柱形细胞比较，相对减少了细胞个数和细胞壁层数，对于物质运输更为有利。禾本科植物具有“峰、谷、腰、环”结构的叶肉细胞，同时具备了双子叶植物栅栏组织和海绵组织细胞的特点。

叶肉细胞含有大量叶绿体，而叶绿素是不断合成和分解的。当营养生长旺盛、氮肥充足时，叶绿素合成多于分解，含量增加，叶色变绿；在不利于叶绿素形成的条件下，它的含量减少，类胡萝卜素的橙黄色就显露出来，叶色变为黄绿。所以，水稻和其他作物叶色在不同生育期的变化，是叶绿素含量增减的表现，反映了植株新陈代谢的特点。实践证明，掌握作物叶色变化规律，可作为看苗管理的依据，从而采取适当措施，获得稳产高产。

3. 叶脉

禾本科植物的叶脉由维管束和维管束鞘组成。在大的维管束上下两侧常有厚壁组织与表皮层相连，增强机械支持力。维管束与茎内的维管束结构相似，无形成层，属有限外韧维管束。在维管束外围有一至几层细胞，构成维管束鞘。可分为两种类型：一种如水稻、大麦、小麦等三碳植物，其维管束鞘有两层细胞，内层细胞壁厚而小、无叶绿体，外层细胞壁薄而大，与叶肉细胞比较所含叶绿体小而少；另一种如玉米、甘蔗等四碳植物，其维管束鞘仅由一层较大的薄壁细胞组成，所含叶绿体比叶肉细胞的大而色深，特别是在维管束鞘周围，紧密毗接着一圈排列很规则的叶肉细胞，组成“花环型”结构（图 6-9），这种结构有利于固定还原叶内产生的二氧化碳，提高光合效率。在光合作用过程中，CO_2 同化的最初产物含有 4 个碳原子的植物称为 C_4 植物，最初产物含有 3 个碳原子的植物称为 C_3 植物。一般 C_4 植物为高光效植物，C_3 植物为低光效植物。C_3 和 C_4 植物不仅存在于禾本科植物，其他单子叶植物和双子叶植物中也有发现。例如，大豆、烟草属 C_3 植物，菊科、茄科、莎草科、苋科、藜科等科也有 C_4 植物。

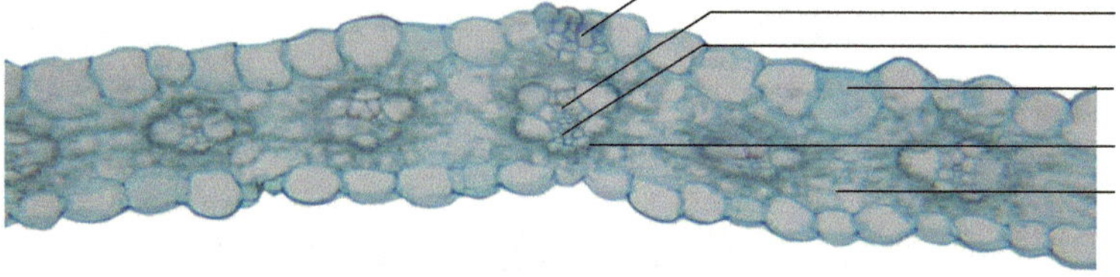

图 6-9　玉米叶片结构

（二）叶鞘、叶舌和叶耳

叶鞘表皮无泡状细胞，气孔较少，含叶绿体的同化组织，其细胞壁不形成凹陷。大小维管束相间排列，分布在近背面的位置，叶舌、叶耳结构简化，仅由几层细胞构成。

四、裸子植物叶的结构

裸子植物多为常绿植物，如松柏类，少数为落叶植物，如银杏。大多数裸子植物叶的形状常呈针形、短披针形或鳞片状。现以松属植物针形叶为例，说明松柏类植物叶的结构。

松属植物的针叶生长在短枝上，大多是两针一束，如油松、马尾松；也有三针一束的，如白皮松和云南松；五针一束，如华山松。两针一束的横切面呈半圆形，三针和五针一束的呈三角形。

松属的针叶在形态和结构上都具有旱生植物叶的特点，能够忍耐低温和干旱。分为表皮、下皮层（hypodermis）、叶肉、内皮层和维管组织等几部分（图 6-10）。

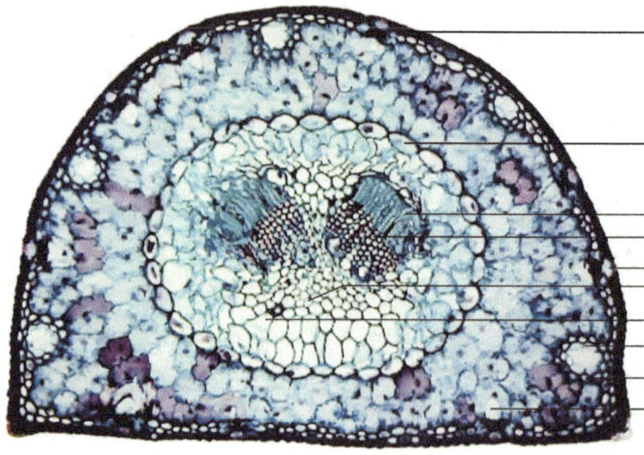

图 6-10　马尾松叶横切面
（徐兴友摄）

（一）表皮

表皮由一层细胞构成，细胞壁显著加厚并强烈木质化，外壁有厚的角质膜，细胞腔很小。气孔器在表皮上成纵行排列，保卫细胞下陷到下皮层中，副卫细胞拱盖在保卫细胞上方。保卫细胞和副卫细胞的壁均有不均匀加厚并木质化。冬季气孔被树脂性质的物质闭塞，可减少水分蒸发。

（二）下皮层

下皮层在表皮内方，为一至数层木质化厚壁细胞。发育初期为薄壁细胞，后逐渐木质化，形成硬化的厚壁细胞。下皮层除了防止水分蒸发外，还能使松叶具有坚挺性质。通常下皮层是指位于器官表皮层以内并与其内方细胞在形态结构和生理机能上有区别的细胞层。在描述叶片结构时普遍应用，在其他器官中使用较少。下皮层可起源于原表皮，也可起源于基本分生组织。起源于原表皮的下皮层与表皮同源，两者合称复表皮。复表皮中只有外表面一层细胞具有表皮组织特征。

（三）叶肉

下皮层以内是叶肉，叶肉无栅栏组织和海绵组织分化。细胞壁的某些部位向内凹陷，形成许多突入细胞内部的皱褶。叶绿体沿皱褶边缘排列，皱褶扩大了叶绿体分布面积，增加光合作用面积，弥补了针形叶光合面积小的不足。在叶肉组织中含有两个或多个树脂道，树脂道的腔由一层上皮细胞围绕，上皮细胞外还有一层纤维构成的鞘包围。树脂道的数目和分布位置可作为鉴定种的依据之一。

（四）内皮层

叶肉细胞以内有明显的内皮层，细胞内含有淀粉粒，其细胞壁上有带状增厚并木质化和栓质化凯氏带。

（五）维管组织

内皮层里面是维管组织，有一到两个维管束，木质部在近轴面，韧皮部在远轴面。初生木质部由管胞和薄壁组织组成，两者间隔径向排列。初生韧皮部由筛胞和薄壁组织组成，在韧皮部外方常分布一些厚壁组织。包围在维管束外方的是一种特殊的维管组织——转输组织（transfusion tissue），该组织包括三种细胞：一种是死细胞，细胞壁稍加厚并轻微木质化，细胞壁上有具缘纹孔，这种细胞称为管胞状细胞（tracheidal cell）；一种细胞是生活的薄壁细胞，细胞中含有鞣质、树脂，有时还有淀粉，管胞状细胞零散分布在这种细胞之间；还有一种细胞也是生活的薄壁细胞，细胞中含有浓厚的细胞质，这种细胞成群分布在韧皮部一侧，称为蛋白质细胞（albuminous cell）。转输组织的功能目前还不完全清楚，可能与叶肉组织和维管束之间物质交换有关。具有转输组织，是裸子植物叶的共同特征。

第四节　叶的变态

一、叶卷须

由叶的一部分变成卷须状，称为叶卷须，适于攀援生长。例如，豌豆复叶顶端的2~3对小叶变为卷须（图6-11A）。菝葜的托叶也变为卷须。

图 6-11　叶的变态

A. 豌豆的叶卷须；B. 小檗的叶刺；C. 刺槐的托叶刺；D. 茅膏菜的植株及捕虫叶；E. 猪笼草的捕虫囊（叶柄的变态）（唐宏亮摄）

二、鳞叶

叶变态成鳞片状，称为鳞叶。鳞叶有三种情况：一种是木本植物鳞芽外的鳞叶，也称芽鳞；另一种是地下根状茎上退化的叶——鳞叶或鳞片；还有一种是百合、洋葱鳞茎上肉质、肥厚，具储藏作用的鳞叶。

三、苞片（苞叶）

生在花下面的变态叶称为苞片（或苞叶），如棉花外面的副萼为三片苞片。苞片数多而聚生在花序外围的称为总苞，如向日葵花序外边的总苞。苞片或总苞具有保护花和果实的作用。

四、叶刺

有些植物的叶或叶的某部分变态为刺，称为叶刺。例如，刺槐、酸枣的托叶变态为硬刺，小檗的叶变为刺状叶（图 6-11B、图 6-11C）。仙人掌属的一些植物在扁平肉质茎上生有硬刺。叶刺和茎刺一样，都有维管束和茎相通。

五、捕虫叶

有些植物叶发生变态，能捕食小虫，这类变态叶称为捕虫叶。例如，猪笼草的叶柄很长，基部为扁平的假状叶，中部细长如卷须状，可缠绕他物。上部变为瓶状捕虫器，叶片生于瓶口，成一小盖覆于瓶口之上。瓶内底部生有许多腺体，能分泌消化液，将落入的昆虫消化利用（图 6-11D、图 6-11E）。

第五节　叶片结构与生态环境的关系

在植物器官中，叶形态结构最易受生态环境影响，其中以水分、光照的影响最为明显。

按照植物与水分的关系，把植物分为旱生植物（xerophytes）、中生植物（mesophytes）和水生植物（hydrophytes）。旱生植物是指在气候干燥、土壤水分缺乏的干旱环境中生长，忍受较长时间干旱仍能维持体内水分平衡和正常发育的植物。水生植物是指生活在水中的植物。中生植物生长在水分条件适中、气候温和的环境中，是介于上述两种极端类型之间的一种中间类型。前面所谈到的叶片结构主要是中生植物叶的形态结构。

一、旱生植物叶

旱生植物叶片的结构特点主要是朝着适应干旱环境、降低蒸腾和有利于储藏水分方面发展。

旱生植物的叶形成了两种不同的结构类型。一类是叶片小而硬，叶表皮细胞外壁增厚，角质层发达或密生表皮毛，气孔下陷或具多层表皮细胞；栅栏组织层数较多，海绵组织和胞间隙不发达，这些特征都利于减少水分蒸腾，如夹竹桃的叶（图 6-12）形成发达的复表皮。另一类是叶肥厚多汁，富含储水组织，细胞液浓度高，保水力强，白天在烈日下气孔关闭，以保持水分，夜间气孔开放时，进行气体交换，不会过多散失水分。夜间气孔开放时，吸进 CO_2，与细胞质内磷酸烯醇式丙酮酸（PEP）结合，形成草酰乙酸，进一步还原为苹果酸，转运到液泡中暂时存储；黎明后，苹果酸从液泡转移到细胞质，氧化脱羧，形成 CO_2 和丙酮酸。CO_2 进入叶绿体，通过 C_3 途径合成糖类，丙酮酸则进入线粒体，进一步释放出 CO_2，CO_2 又可转移出来，进入 C_3 途径。这类植物的叶片在黑暗中有机酸含量增加，淀粉减少；白天则相反，细胞内有机酸含量减少，而淀粉增多。这种代谢方式最先在景天科中发现，所以称为景天酸代谢途径（crassulacean acid metabolism，CAM 途径），如景天（*Sedum sarmentosum*）、马齿苋（*Portulaca oteracea*）等肉质植物的叶。CAM 代谢途径与 C_4 途径相似，但 C_4 植物的 CO_2 最初固定和以后的同化在空间上是分开的，CAM 植物则在时间上是分隔的。

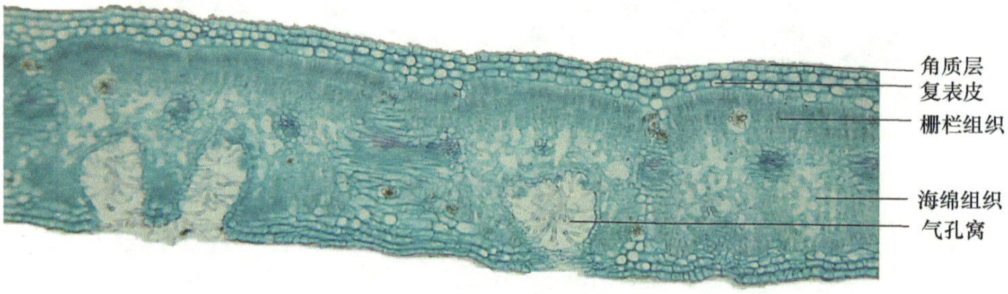

图 6-12　夹竹桃叶的结构
（曲波摄）

二、水生植物叶

整个植物体或植物体的一部分浸没在水中生活的植物称为水生植物。按照浸没在水中位置的深浅不同，水生植物分为沉水植物、浮水植物和挺水植物三种类型。水生植物可以直接从周围环境获得水分和溶解于水中的物质，却不易得到充分光照和良好通气。在长期适应水生环境过程中，水生植物体内形成了特殊结构，叶片结构的变化尤为显著。

沉水植物（submerged plant）是指整个植物体沉没在水下，与大气完全隔绝的植物，如眼子菜科（Potamogetonaceae）、金鱼藻科（Ceratophyllaceae）、水鳖科（Hydrocharidaceae）、茨藻科（Najadaceae）、水马齿科（Callitrichaceae）及小二仙科（Haloragaceae）狐尾藻属（*Myriophyllum*）等。沉水植物是典型的水生植物，叶片通常较薄，常为带形，有的沉水叶呈丝状细裂（如狐尾藻），有助于增加叶的吸收表面。由于水中光照弱，叶肉组织不发达，没有栅栏组织和海绵组织的分化，叶肉全部由海绵组织构成，叶肉细胞中的叶绿体大而多。叶肉细胞间隙很发达，有发达的通气系统（如睡莲科植物）（图 6-13），既有利于通气，又增加了叶片浮力。叶片中的叶脉很少，木质部不发达甚至退化，韧皮部发育正常。机械组织和保护组织都很退化，表皮上没有角质膜或很薄，没有气孔器，气体交换是通过表皮细胞的细胞壁进行的。表皮细胞具有叶绿体，能够进行光合作用。

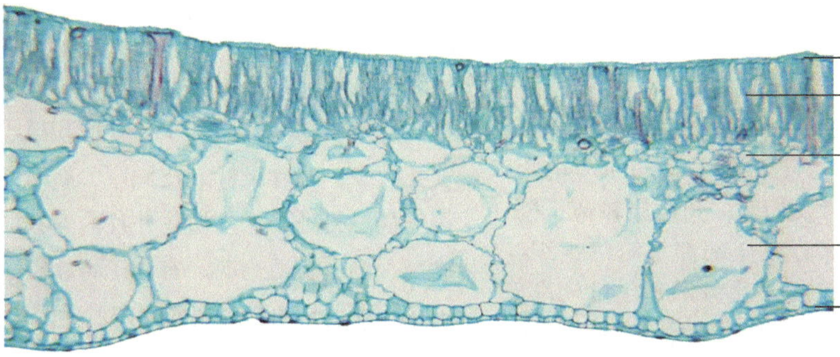

图 6-13 睡莲叶片横切面，示水生植物叶的构造（表皮细胞内含有叶绿体，叶内有大气腔）

浮水植物（floating plant）是植物体浮悬水上或仅叶片浮生水面的植物。主要有满江红科（Azollaceae）、槐叶萍科（Salviniaceae）、浮萍科（Lemnaceae）、雨久花科（Pontederiaceae）凤眼莲属（*Eichhornia*）、睡莲科（Nymphaeaceae）芡属（*Eruyale*）和睡莲属（*Nymphaea*）、水鳖科（Hydrocharidaceae）水鳖属（*Hydrilla*）、天南星科（Araceae）大薸属（*Pistia*）、胡麻科（Pedaliaceae）茶菱属（*Trapella*）及菱科（Trapaceae）植物。浮水植物常有异形叶性（heterophylly），即有浮水和沉水两种叶片，如菱除有菱状三角形浮水叶外，还有羽状细裂的沉水叶。浮水植物还有适应于浮水的特殊组织，如菱和凤眼莲（水葫芦 *Eichhornia crassipes*）的叶柄，中部膨大形成气囊，以利植物体浮生水面。浮水植物上表皮细胞具有厚的角质层和蜡质层，气孔器全部分布在上表皮，靠近上表皮一侧有数层排列紧密的栅栏组织，叶肉含有机械组织。靠近下表皮的叶肉细胞之间有大的细胞间隙，通气组织发达，下表皮细胞角质层薄或无。有的浮水植物，如王莲（*Nelu lutea*），叶片很大，叶脉中有发达的机械组织，保证叶片在水面上展开。

挺水植物（emerging plant）是茎叶大部分挺伸在水面以上的植物，如芦苇、香蒲等。挺水植物在外部形态上与中生植物相似。但由于根部长期生活在水中，所以，有非常发达的通气组织。

三、阳地植物和阴地植物叶

光照强度是影响叶片结构的另一重要因素。阳地植物（heliophytes，sun plant）是指在强光环境中生长良好的植物。需要全日照，需光最下限是全日照的1/10～1/5，在水分、温度等生态因子适合的情况下，不存在光照过度问题，在荫蔽和弱光条件下生长发育不良。这类植物多生长在旷野、路边等地，如蓟属（*Cirsium*）、蒲公英属、杨属、柳属等，旱生植物和大多数农作物也属于阳地植物。

阳地植物的叶称为阳叶，由于受光受热较强，周围空气比较干燥，蒸腾作用较强，因此，阳叶倾向于旱生植物叶的形态结构（图 6-14）。叶片厚而小，角质层较厚，气孔小而密集，栅栏组织和机械组织发达，海绵组织不甚发达，叶肉细胞间隙较小。但阳地植物不等于旱生植物，如水稻是水生植物又是阳地植物。阳地植物的气生环境与旱生植物相似，但地下环境大不相同，甚至完全相反。

阴地植物（shade plant）是指与在强光下比较，在较弱光照条件下生长良好的植物。需光量可低于全日照的 1/50，呼吸和蒸腾作用较弱。最适光合作用所需的光照强度低于全日照。阴地植物多生长在潮湿、背阴地方或密林内，如林下蕨类植物、苔藓植物以及铁杉（*Tsuga chinensis*）、红豆杉（*Taxus chinensis*）、人参、三七

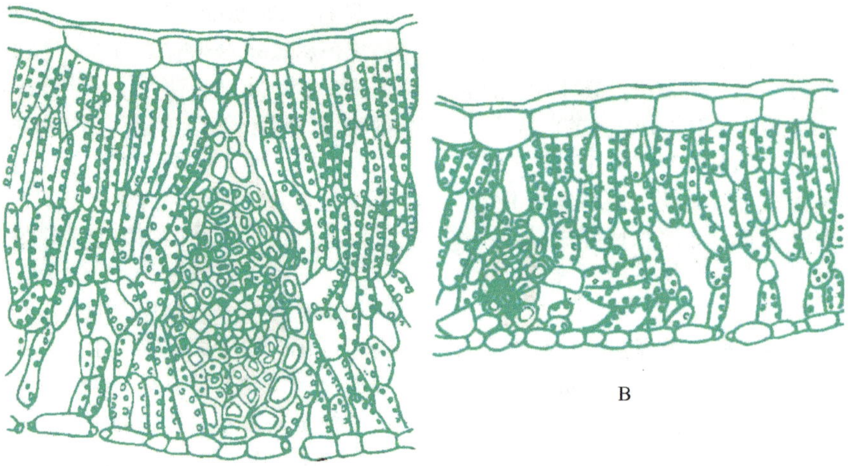

图 6-14　栎树叶片横切面
A. 阳生叶；B. 阴生叶

（*Panax pseudo-ginseng*）、半夏（*Pinellia ternata*）等。

阴地植物的叶称为阴叶，其叶片结构与水生植物叶相似（图 6-14），一般叶片大而薄，角质层较薄，栅栏组织发育不良，叶肉大部分或全部都是海绵组织，胞间隙发达，叶绿体个体较大，叶绿素 b 含量较高，表皮细胞常含叶绿体。这些特点均有利于叶对散射光的吸收和利用。

耐阴植物（shade-enduring plant）是介于上述两者之间的植物。在全日照下生长最好，但也能忍耐适度荫蔽，所需最小光量为全日照的 1/10～1/50，如麦冬、玉竹（*Polygonatum odoratum*）、党参、侧柏、青扦（*Picea wilsonii*）、云杉（*P. asperata*）等。

实际上，具有相同基因型而生长在不同环境下的两株植物以及同一株植物不同部位的叶，均会对环境条件表现出相应的适应性。一般顶部和向阳的叶倾向于阳叶结构，下部和荫蔽的叶倾向于阴叶结构。

四、盐生植物叶

盐碱是一种常见的危害植物生长的不利生境，经过长期进化和生境选择，仅有少数种类植物适应了盐生环境而能维持正常生长发育，并产生了一系列特殊形态结构。盐生植物叶片数较少，叶面积减小，单位面积上的气孔数少，叶片及叶表皮肥厚，蜡质层厚，细胞木质化程度强。另外，盐生植物叶片内含有的电解质较中生植物高，当电解质高时，有利于将盐离子排出体外，盐离子在叶片上是通过叶表面密布的盐腺（图 6-15）排出的，如獐茅（*Aeluropus sinensis*）、柽柳（*Tamarix chinensis*）、匙叶草（*Latouchea fokiensis*）和瓣鳞花（*Frankenia pulverulenta*）植物的叶。

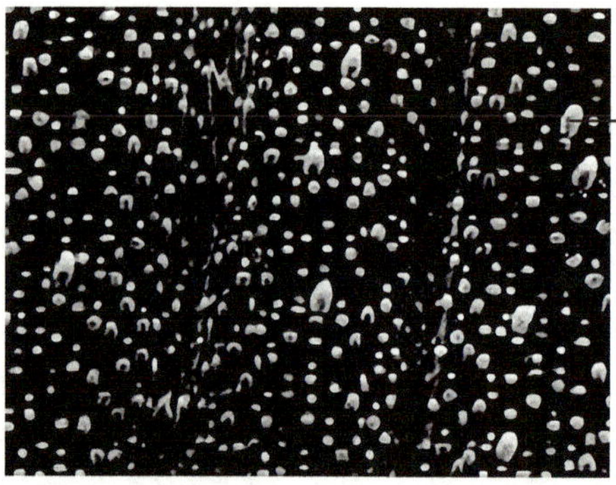

图 6-15　獐茅叶片表面观，示盐腺

第六节　叶的衰老与脱落

一、叶的衰老

叶有一定的寿命，当生活期终结时，便枯死脱落。叶生活期的长短因植物而异。草本植物的叶随植株死亡，但仍残留在植株上。多年生木本植物的叶只能生活一个生长季，在冬季来临时便全部脱落，这种树木称为落叶树（deciduous tree）；而荔枝、松、柏、女贞的叶可生活一至几年，叶在植株上次第脱落，因而全树看上去终年常绿，称为常绿树（evergreen tree）。

叶在脱落前要经历衰老变化：叶肉细胞间隙扩大、气孔关闭提前、光合效率下降、叶绿素降解，而不易被破坏的叶黄素、胡萝卜素以及液泡中的花青素显现，使叶转为黄、橙或紫红等色。

叶的衰老，就整株而言，是向顶进行的；就单叶而言，因植物类群而异，双子叶植物大多由叶基向叶尖进行，禾本科植物则向基进行。

二、叶的脱落

叶经历衰老变化后即死亡、脱落。大多数植物落叶的原因与叶柄中产生离层（abscission layer）（图 6-16）有关。叶脱落前，叶柄基部的一些细胞进行分裂，形成由几层小型薄壁细胞组成的离区（abscission zone），之后不久，该细胞群的胞间层黏液化，组成胞间层的果胶酸钙转化为可溶性的果胶和果胶酸，使离区细胞彼此分离形成离层，有的植物还伴有离区部分细胞壁甚至整个细胞的解体。在离层形成的同时，叶也逐渐枯萎，稍受外力（如风、雨）或重力作用，叶便自离层处脱落。脱落前，紧接离层附近的几层细胞壁栓质化，形成保护层（protective layer），以避免水的散失和病虫害侵入。

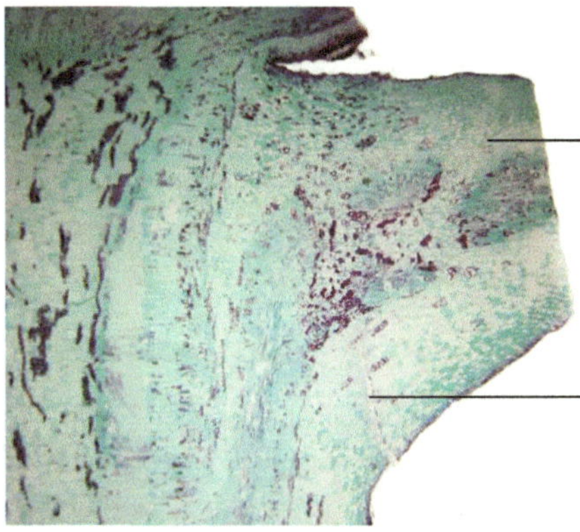

图 6-16 离区的离层

大多数单子叶植物和草本双子叶植物并无离层形成，凋萎叶的脱落似乎只是机械性折断。小麦等植物叶的凋落只限于叶片，而叶鞘仍然留存并起作用。

离层不仅在叶柄基部，在一定条件下也可在花柄、果梗基部出现，造成落花、落果。因此，研究解决植物器官脱落的问题具有重要意义。例如，常用 10～25ppm[①] 的 2, 4-D 喷洒番茄，可防止落花落果。

一般认为叶的衰老和脱落不仅是对不良生态环境的积极适应，而且在进化上也有意义。随着叶的脱落，具绿色皮层的小枝常产生周皮。此时光合作用终止，蒸腾量减少，有利于植株进入休眠，顺利越冬。对一些一年生植物而言，植株特别是叶的及时衰亡，有利于生殖器官发育和形成，加速后代增殖。在叶衰老和脱落前，其营养物质部分转移到竞争力更强的部位。例如，一年生植物主要流向果实，如水稻抽穗后，叶中的含氮量迅速下降而向穗中转移；多年生植物则将叶内部分营养转移至茎、芽和根等部位。落叶中的铝、锌、铅等含量几乎均高于生活叶，由此推测落叶可能具有一定的排泄作用。

本章主要内容和概念

叶是植物进行光合作用和蒸腾作用的主要器官，起源于叶原基，经过顶端生长、边缘生长和居间生长形成由叶柄、叶片和托叶三部分组成的双子叶植物叶，而大多数禾本科植物叶由叶片、叶鞘、叶舌和叶耳四部分构成，不同类型植物叶的叶片具有不同的解剖结构特点，但基本上都可划分为表皮、叶肉和叶脉三部分；叶还是最易受到环境影响的器官，不同生态环境下，叶在解剖构造上会有不同的适应变化，从而产生不同的生态类型。本章主要包括叶的功能，叶的组成，叶的发生和结构，叶片结构与生态环境的关系，叶的衰老与脱落等内容。

知识要点包括：

叶的功能，完全叶与不完全叶，叶的基本组成，叶的镶嵌性，叶的发生和生长，双子叶植物叶的结构，叶柄结构，禾本科植物叶的结构，花环型结构，等面叶与异面叶，气孔器的结构与类型，主脉、侧脉、细脉及脉梢的结构特征，栅栏组织与海绵组织，运动细胞，硅质细胞与栓质细胞，叶迹与叶隙，C_3 植物与 C_4 植物，CAM 植物，裸子植物叶的结构，叶的生态型，旱生植物与水生植物叶的结构特征，阳地植物与阴地植物叶的结构特征，落叶和离层。

复习思考题

1. 叶的主要生理功能有哪些？
2. 简述叶的发生和生长过程。
3. 列表比较小麦叶和棉花叶结构的异同点。
4. 比较 C_3 植物和 C_4 植物叶片结构的主要区别。
5. 简要说明裸子植物叶的结构特点。
6. 从结构与功能相统一的原则，说明干旱环境对植物叶片结构的影响。
7. 叶表皮细胞一般是透明的，细胞液无色，这对叶的生理功能有什么意义？为什么在一些阴生或水生植物叶表皮细胞中会有叶绿体？
8. 简述叶脱落的过程和原因。

① 1ppm=1×10^{-6}，下同。

第七章 营养器官之间的联系

被子植物根、茎、叶三大营养器官之间的分工，是长期对陆生环境的适应并经自然选择逐渐形成的，是进化的表现。虽然它们的形态结构和生理功能各不相同，但在植物生长发育过程中，其结构和生理功能上并不是孤立的，而是相互联系、相互协作和相互影响的，每种器官在结构上彼此相通，在生长过程中各种器官协同完成各种生理功能，体现了植物生长的整体性和相关性。

第一节 营养器官之间维管组织的联系

植物的器官是其长期适应环境进化发展起来的，是植物体高度复杂完善的标记，是自然选择的结果，器官间形态结构和生理功能各异，共同协调完成植物体生命活动的过程。但被子植物各器官之间密切相关，彼此贯通，紧密联系，表现出植物体结构上的整体性。

一、根、茎维管系统的联系部位

种子萌发时，胚轴的一端发育为主根，另一端发育为主茎，两者之间通过下胚轴相连。然而根维管组织的结构特点（即间隔排列和外始式木质部）与茎的结构特点（外韧维管束环状排列和内始式）明显不同，所以在根、茎的交界处，维管组织必须从一种形式逐步转变为另一种形式，发生转变的部位称为过渡区，一般是在下胚轴的一定部位。

二、根、茎间维管系统的分化和联系

主张根、茎间“过渡区”位于下胚轴的学者认为，根的木质部外始式星状中柱是最原始的，茎的内始式真中柱是最进化的。在根部向茎部转变过程中，根维管组织中木质部或韧皮部，或两者都发生分叉、旋转、靠拢和合并，最终转变成茎部初生维管组织的结构。转变之后的维管组织在根茎间就建立起了统一联系。

在过渡区，根部初生维管组织按某种方式发生分叉、转位及汇合三个步骤，使最终转变成茎部初生结构的差异得以统一，维管组织系统的相应部位得以连接。根据维管组织的变化，一般可将过渡区分成 4 种类型（图 7-1）。

类型 A：由四原型幼根转变为具 4 个外韧维管束的幼茎。在过渡区，根中的四束木质部均分成二叉，并转向 180°，每一分叉与相邻木质部的分叉汇合成一束，同时移位到韧皮部内方，4 个韧皮部的位置始终不变，因而使原来呈相间排列的木质部与韧皮部就转变成内外排列，即由根中维管组织的排列转变成茎中维管组织的排列，如棉花的过渡区。

类型 B：由二原型幼根转变为具有 4 个外韧维管束的幼茎。在过渡区，根中的两束韧皮部均一分为二，两个木质部分叉转向后分别移位到 4 个韧皮部内方，形成四束外韧维管束，如南瓜、菜豆的过渡区。

类型 C：由二原型幼根转变为具有两个外韧维管束的幼茎。韧皮部分成两叉，每束韧皮部的一部分与另一束韧皮部的一部分合并，重新形成两束韧皮部。根中两束木质部不分裂，只转向 180°，分别排列在韧皮部内方，形成两束外韧维管束，如苜蓿、山黎豆（*Lathyrus quinquenervius*）的过渡区。

类型 D：由四原型幼根转变为具有两个外韧维管束的幼茎。在过渡区，根中四束木质部中只有两束相对的木质部分成两叉，并转向 180°。另外两束相对的木质部不分叉，只转向 180°。然后，未分叉的木质部与相邻的两束木质部中的各一分叉汇合，重新形成两束木质部。与此同时，与未分叉的木质部相邻的两束韧皮部合并，重新形成两束韧皮部，并移位到木质部外方，形成两束外韧维管束，如知母（*Rhizoma anemarrhenae*）的过渡区。

当次生生长进行时，由于根、茎中次生维管组织系统的各组分及相对位置均基本相同，因而能直接连接。

三、茎、叶维管束系统的联结

在植物体中，维管束最初由下胚轴进入到子叶节，

图 7-1　根茎过渡区维管束结构联系
A～D. 分别代表 4 种类型
1. 根维管柱的横切面；2～4. 过渡区横切面；5. 茎维管柱横切面（引自贺学礼，2010）

或由上胚轴进入到第一叶、继而进入到各叶内，其发生特点基本规律是：维管束先旋转、交叉、增粗和合并后，再发生分离，分别进入到下一节间和所在节部的腋芽和叶柄内。进入腋芽的维管束的发育、分布和结构特点与主茎相似；进入到叶内的维管束，如果是外韧维管束，其原本位于内侧的木质部则在进入叶内后，木质部总是朝向叶片上（内）表面或叶结构上表皮一侧，而韧皮部则总是位于朝向下（外）表皮或叶结构下表皮一侧。当叶片脱落后，在茎节处总是可见到叶片脱落后留下的瘢痕——叶痕（leaf scar），而叶痕内分布的斑点，则是由茎进入叶柄维管束断裂后留下的痕迹——叶迹（leaf trace）（图 7-2）。

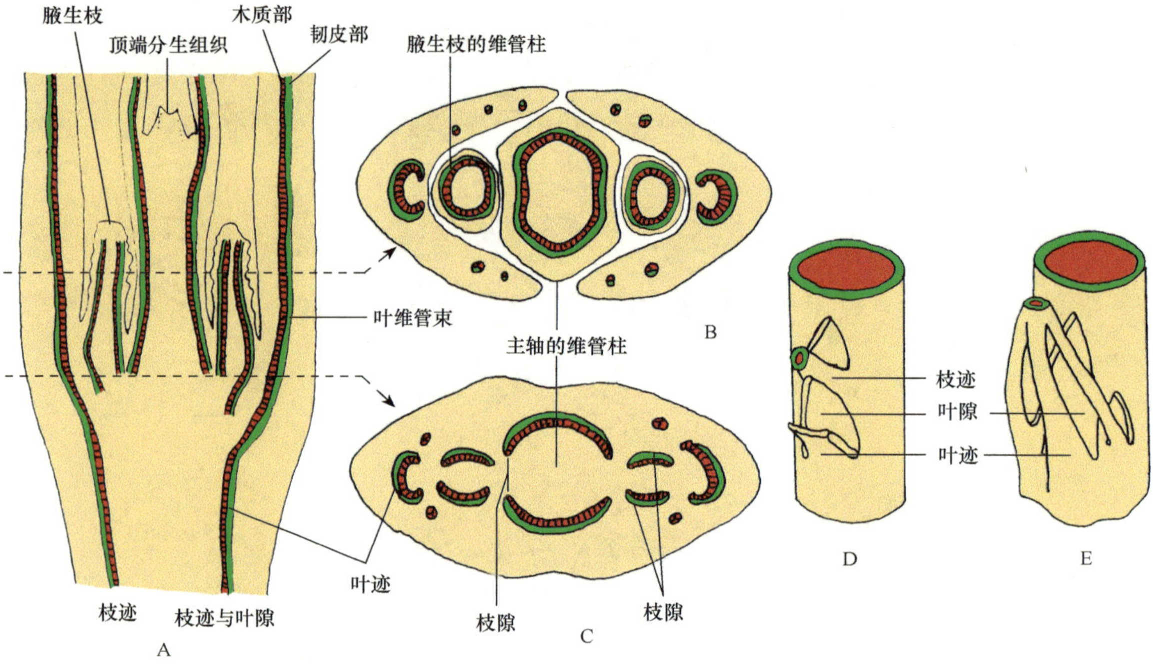

图 7-2 双子叶植物茎与分枝、茎与叶之间的结构联系图解

A. 茎、分枝、叶纵剖面；B. 茎节上部横剖面；C. 茎节横剖面（C 图中 2 个枝迹连成 B 图枝中的筒状维管柱，C 图中的 3 个叶迹分叉为 B 图叶片中的网状叶脉）；D、E. 茎维管柱立体图解，示单叶隙与单叶迹（D）及三叶隙与三叶迹（E）（引自 Esau，1977）

第二节 营养器官主要生理功能的联系

高等植物根、茎、叶三大营养器官所承担的主要生理功能各不相同。根生活在地下，主要承担吸收土壤水分和无机营养的功能。叶生活在地上，叶肉细胞含有叶绿体，叶表皮具有丰富的气孔，主要承担光合作用和蒸腾作用。茎位于根与叶之间，主要功能是将根吸收的水分和无机营养输送到叶等器官，同时将叶制造的光合产物运输到根等器官。由此可见，植物三大营养器官之间不但结构上相互贯通，而且生理功能上相互联系。

一、植物体内水分的吸收、输导和蒸腾

陆生植物生活所需的水分，主要是根尖根毛区吸收。根系吸水可分为主动吸水（由根的生理活动引起）与被动吸水两部分。正常情况下，被动吸水一般占总吸水量的 95% 左右，是由叶和幼枝等部位的蒸腾散失引起这些器官含水量的减少，水势降低，把导管中的水柱拖拽上升，结果引起根部细胞水分不足，水势降低，根部细胞就从周围环境吸收水分，如此形成贯穿整个植株的连续水流——蒸腾流。以被子植物为例，水分在整个植物体内运输的途径为：土壤水—根毛—根皮层—根中柱鞘—根导管—茎导管—叶柄导管—叶脉导管—叶肉细胞—叶肉细胞间隙—孔下室—气孔—大气，从而构成了“土壤—植物—大气”的水分连续体系（图 7-3）。

根对矿质元素是主动的选择吸收，但茎和叶参与的蒸腾作用对其输导有促进作用，其运输途径主要由根木质部经茎、叶木质部而至各所需部位。

由于维管束在植物体内纵横贯穿，水分在上升过程中又从木质部导管或管胞渗透到各部分活细胞，并通过活细胞进行侧向运输。在茎中，可沿着维管射线方向运输，这反映了植物体各部分的整体性。同时，在水分运输过程中，也促进了矿质盐类和其他溶质的输送，及时供应了植物生长的需要。

二、植物体内有机物质的制造、运输、利用和储藏

叶片是进行光合作用的主要器官，通过光合作用形成的有机物质是植物体全部生命活动的物质和能量基础。根、茎、叶生长以及花、果实、种子发育都依赖于叶片的光合产物。

有机物质的转运是一个十分复杂的过程。从运输方向看，首先遵循从“源”（source）到“库”（sink）的原则，所谓“源”就是产生同化物的器官或部位，如进行光合作用的叶子、吸收和转化无机盐的根；

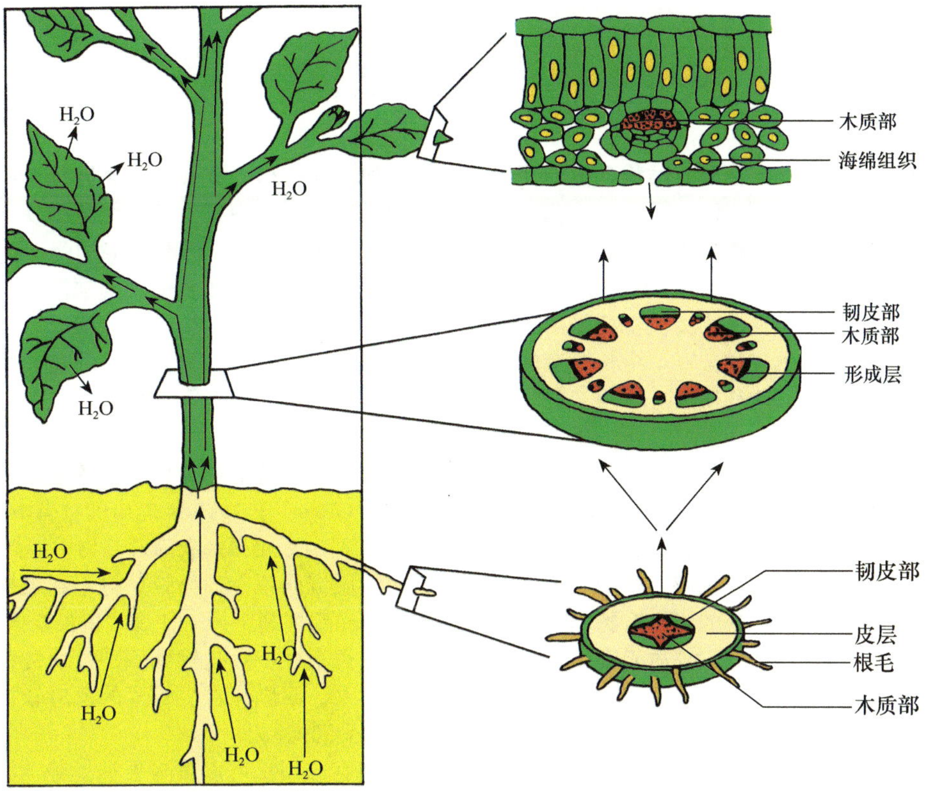

图 7-3 土壤—植物—大气连续系统（引自杨继，2007）

“库”是指利用或储藏同化物的器官或部位，如茎生长点、正在发育的果实、种子、块根和块茎等。“源”中输出的养料不是平均到“库”中，而是相对集中地输送到一个分配中心，而这个输送中心，主要受生育期和叶位的影响。植物一生中的输送中心（或生长中心）不断变化。通常生长前期以营养器官为输入中心（根、茎、叶等），进入生殖生长后，其输入中心转移到生殖器官。植物在营养生长期，输入中心受叶位的影响，主要是就近供应，即成年叶片的光合产物主要运入邻近的生长中心。

有机物质在植物体内的运输，主要通过韧皮部筛管进行。筛管上下贯穿于植物体内，形成了统一的运输途径。筛管中运输的糖类主要以蔗糖形式出现。叶片光合作用制造的己糖通常要转化为蔗糖才能送到其他器官。

有关韧皮部运输的机理，目前多用压力流动学说（pressure-flow hypothesis）加以解释。压力流动学说认为，同化物从源向库的运输是沿着由细胞渗透作用建立起来的膨压梯度进行的。在源端，叶肉细胞光合作用产生的蔗糖通过一种主动转运过程不断装载到叶脉末梢的筛管，它引起筛管细胞水势下降，从而使随着蒸腾流到达叶片的水分通过渗透作用到达筛管，形成很大的压力势；另外，同化物在库端被卸出，用于生活细胞的呼吸作用或转化为不溶性储藏物质，因此库端的筛管维持较低的压力势和较高的水势，这样筛管中的汁液就会沿着压力势降低的方向运动，从叶片到达根部，而水分从库端筛管中排出，进入木质部并在蒸腾流中再循环。

通常认为有机物的主动运输与呼吸作用密切相关。糖从叶肉细胞进入上端筛管细胞，以及从下端筛管细胞释放到茎、根活细胞中，都需要呼吸作用中形成三磷酸腺苷（ATP）来提供能量。同时韧皮部运输有机物的速率除因植物种类而有差异外，也与呼吸强度的大小有关。若用一些代谢抑制剂（如 CO）处理某些植物的叶柄，则同化物从叶片的输出就受到抑制。此外，植物体局部组织中的有机物运输还可通过活细胞的胞间连丝进行。

有些植物具有储藏大量有机物的能力，将叶片制造、运来的有机物积蓄于块茎、块根等储藏器官以及果实、种子等结实器官中。这些储藏器官在发育初期生理活性很强，促使有机物以可溶性状态迅速向内运输，最后转变为不溶性高分子状态，如淀粉、脂肪、蛋白质等储藏起来，因而促使有机物源源不断地向储藏器官转移。

以上说明在营养物质的制造、运输、利用和储藏过程中，植物所进行的光合作用、输导作用、呼吸作用以及生长发育等各种生理功能都是相互依存的。同时，植物的生理活动又与植物器官形态结构统一协调。在这个过程中，不但营养器官之间存在着相互联系，而且营养器官与生殖器官也有一定联系。

第三节 营养器官的生长相关性

高等植物的各个营养器官在形态结构和生理功能上各不相同，它们之间既有明确分工，又密切配合，使植株成为一个统一整体。在营养生长过程中，各个器官之间表现出既相互依赖，又相互制约的相关关系，这种关系称为生长相关性。生长相关性主要是由于各器官之间有机营养物质的供应和分布、生长激素的调节，以及水分和矿质营养的影响引起的。

一、地上部分与地下部分的相互联系

地下部分是指植物的根、块茎、鳞茎等地下器官，而地上部分是指植物体的茎、叶、花、果实等。植物地下部分和地上部分的生长相互依赖。植物地下部分的生命活动必须依赖于地上部分的光合产物和生理活性物质，而地下部分吸收的水分、矿质元素以及合成的细胞分裂素等运往地上部分供其生活。它们相互促进，共同发展，“根深叶茂”、“本固枝荣”就是对这种依赖关系的具体写照。

地下部分和地上部分的生长也存在相互制约的一面。主要表现在对水分和营养等争夺上。例如，当土壤缺乏水分时，地下部分一般不易发生水分亏缺而照常生长，而地上部分因水分不足，其生长受到一定程度的抑制；相反，当土壤水分较多时，由于土壤通气性差，根的生长受到不同程度的抑制，但地上部分因水分供应充足而保持旺盛生长。“旱长根、水长苗”就是这个道理。

地下部分和地上部分的相关性可用根冠比（root/top ratio，R/T 比），即根重 / 茎、叶重的比值来表示。虽然它只是一个相对数值，但它可以反映出植物的生长状况，以及环境条件对植物地下部和地上部的不同影响。一般说来，温度较高、水分较多、氮肥充足、磷肥供应较少、光照较弱时，有利于地上部生长，根冠比降低；反之则有利于地下部生长，根冠比增大。在农业生产上，常用水肥措施调节作物的根冠比，以促进收获器官的生长而达到增产目的。例如，以收获地下器官（块根）为主的甘薯来说，前期应保证充足水肥供应，促进茎叶生长，加强光合作用；后期则应减少氮肥和水分供应，增施磷肥、钾肥，以利于光合产物下运及淀粉积累，促进薯块长大。

二、主茎和侧茎以及主根和侧根的相关性

一般来说，植物的顶芽生长较快，而侧芽生长则受到不同程度的抑制；主根和侧根之间也有类似现象。如果说将植物顶芽或根尖除掉，侧枝和侧根就会迅速长出。这种顶端生长占优势的现象称为顶端优势（apical dominance）。顶端优势的强弱，与植物种类有关。松、杉、柏等裸子植物的顶端优势强，近顶端侧枝生长缓慢，远离顶端的侧枝生长较快，因而树冠呈宝塔形；向日葵、玉米、高粱等植物也有明显的顶端优势，但水稻、小麦等植物顶端优势很弱或没有顶端优势。

有关顶端优势的原因，目前主要有两种假说。一种是 K.Goebel 于 1990 年提出的“营养学说”，认为顶芽高浓度 IAA 使顶芽成为营养物质最大的“库”，多数营养物质流向顶芽，而腋芽得不到维持正常生长所需营养而受到抑制。另一种是“生长素假说”，认为顶芽合成生长素并极性运输到侧芽，使侧芽附近的生长素浓度增大，而侧芽对生长素的反应较顶芽敏感，故使其生长受到抑制。

细胞分裂素可以解除顶端优势，赤霉素有加强顶端优势的作用，但在顶芽被去掉的情况下，赤霉素不仅不能抑制侧芽生长，反而引起侧芽强烈生长。

利用顶端优势，生产上可根据需要来调节植物的株型。对于松、杉等用材树种需要高大笔直的茎干，要保持其顶端优势；对于以果树和以观花为主的观赏植物，需要消除顶端优势，促进侧枝生长，多开花多结果；栽培上常采用移栽方法，切断植物主根，使其产生更多侧根以提高存活率。

三、营养器官和生殖器官的相关性

营养器官和生殖器官之间的相互关系也表现为既相互依赖，又相互制约的关系。营养生长是生殖生长的基础，只有在根、茎、叶营养器官健壮生长的基础上，才能为花、果实、种子的生殖生长创造良好的条件；而果实和种子的良好发育则又表现在对营养物质的争夺上。如果营养物质过多消耗在营养器官生长上，营养生长过旺，就会推迟生殖生长或使生殖生长发育不良。如果营养器官生长势和生长量下降，就会导致植株过早衰老和死亡。果树上的大小年现象，就是营养生长和生殖生长相互制约造成的。大年时，果树开花结实多，消耗了大量养分，植物体内积累养分减少，影响第二年的花芽分化，使花果减少；小年时的情况刚好相反。因此，在果树生产中，通过疏花疏果等措施，调节营养生长和生殖生长的矛盾，达到年年丰产。

本章主要内容和概念

被子植物根、茎、叶三大营养器官之间的分工，是长期对陆生环境的适应并经自然选择逐渐形成的，是进化的表现。虽然它们的形态结构和生理功能各不相同，但在植物生长发育过程中，其结构和生理功能上相互联系、相互协作和相互影响，每种器官在结构上彼此相通，在生长过程中各种器官协同完成各种生理功能，体现了植物生长的整体性和相关性。本章主要包括营养器官之间维管组织的联系，营养器官主要生理功能的联系，营养器官的生长相关性等内容。

知识要点包括：

过渡区根茎维管组织的变化类型，茎与叶维管组织的联系途径，水分和有机物在整个植物体内的运输途径和动力，压力流动学说，生长相关性及其意义，顶端优势及其意义，根冠比率。

复习思考题

1. 根、茎、叶之间的维管组织是如何形成一个连续整体的？
2. 从植物生长相关性方面解释“根深叶茂”，“本固枝荣”的科学道理。
3. 举例说明营养器官之间，营养器官与生殖器官之间的生长相关性。

第八章 花

植物的全部生命活动周期包含两个互为依存的方面：一是维持它本身一代的生存；二是保持种族延续。植物本身一代的生存是有一定时限的，尽管不同植物生存时限有长有短，但都要经过衰老阶段，以至于最后趋向死亡。所以植物生长发育到一定阶段，通过一定方式，从它本身产生新的个体来延续后代，即是植物的繁殖（reproduction）。

植物繁殖方式包括营养繁殖、无性繁殖和有性生殖三种形式。营养繁殖（vegetative reproduction）是植物通过自身营养体的一部分从母体分离形成新个体的方式。农业生产上应用的扦插、分株、压条、嫁接、组培快繁等都属于营养繁殖（图 8-1）；无性繁殖（asexual reproduction）是植物产生具有繁殖能力的特化细胞——孢子（spore），孢子离开母体后直接萌发成新个体。无性繁殖也称为孢子繁殖，如藻类、菌类、苔藓和蕨类植物的繁殖；有性生殖（sexual reproduction）是通过两性配子（gamete）结合产生新个体的形式，配子为单倍体，雌雄两性配子结合后形成合子，合子发育成新个体，被子植物的繁殖主要是有性生殖。有性生殖是最进化的繁殖方式，通过有性生殖产生的后代具有丰富的变异和遗传，提供了选择的可能性。

被子植物的生长包括营养生长和生殖生长两个阶段。被子植物从种子萌发开始，首先进行根、茎、叶等营养器官的生长，这一过程称为营养生长。经过一定时间的营养生长，植物体的某些部位感受光照、温度等外界条件的改变，通过内部因素，如某些激素的诱导作用开始形成花，经过开花、传粉、受精再形成果实和种子。花、果实、种子的形成过程属于生殖生长。被子植物的有性生殖就是由花中的雌蕊和雄蕊产生有性生殖细胞——卵细胞和精细胞，经过彼此融合形成受精卵，再由受精卵发育为胚，即新一代植物体的过程。研究植物生殖器官的形态建成和有性生殖过程的规律，对于调控植物的发育和繁殖有重要指导意义。

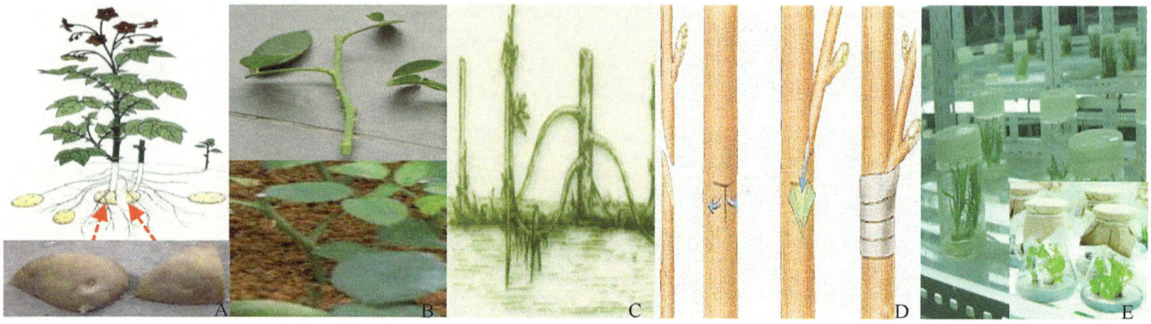

图 8-1 营养繁殖类型

A. 马铃薯切块分离繁殖；B. 月季的扦插；C. 压条；D. 嫁接；E. 组织培养

第一节 花的概念及基本组成

一、花的概念

自从德国大诗人歌德（1790）的“植物的变态”学说（Metamorphose der Pflanzen）发表以来，植物学家认为，花是一种不分枝且节间极度缩短的、适于生殖的变态短枝（modified shoot），由一种变态的茎和几种变态的叶组成。变态的茎分为两部分：圆柱形柄状体称为花梗（pedicel），花梗顶端稍膨大部分称为花托（receptacle）。变态的叶有4种，即花萼（calyx）、花冠（corolla）、雄蕊群（androecium）和雌蕊群（gynoecium）。这4种变态的叶紧密着生在花托上，形成了花。花萼是花的最外轮，花冠是花的第二轮，雄蕊群位于花冠内，雌蕊群位于花中心。

被子植物有性生殖过程以花的形成开始，以果实和种子的形成结束，所以花也是果实和种子的先导，花、果实、种子三者成为一体，但出现先后、发展性质和结构互有不同。

二、花的基本组成

一朵完整的花可分为6个部分，即花梗、花托、花萼、花冠、雄蕊群和雌蕊群（图8-2），其中不育的部分是花梗、花托、花萼和花冠；能育的部分是雄蕊（小孢子叶）和雌蕊（大孢子叶）。

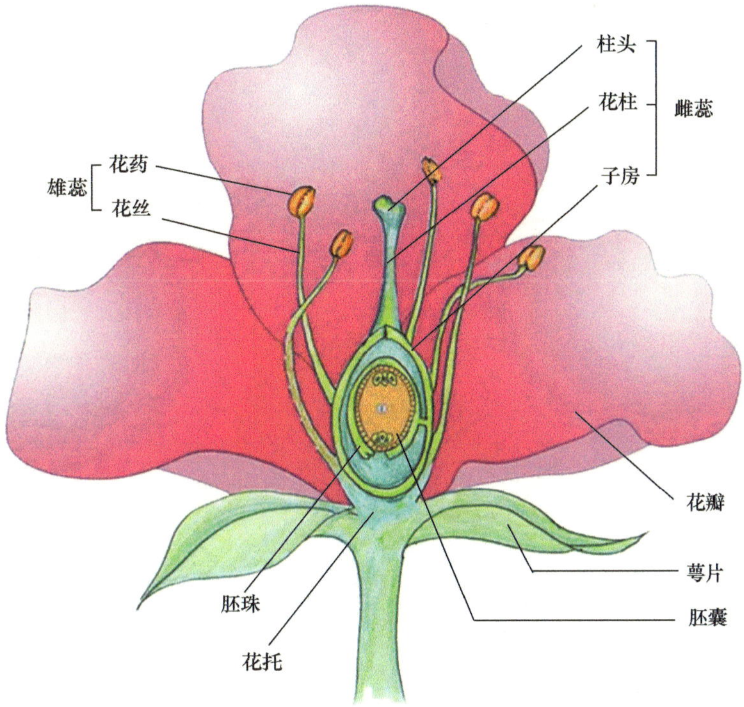

图8-2　花的组成

（一）花梗

花梗（pedicel）也称花柄，是着生花的小枝，它将花展布在一定的空间位置，也是花与茎相连的通道。多数植物的花都有花梗，但也有无梗的花，如小麦的花。开花结果后，花梗发育成果实的柄，称为果柄（fruit stalk）。当花梗发育成果柄后，有的还可产生出次生构造，如南瓜的果柄。花梗内部构造和茎的初生构造相同，也包括表皮、皮层和中柱三部分。

（二）花托

花托（receptacle）是花梗顶端膨大部分，花的其他部分按一定方式排列在花托上。花托的形状因植物种类而异，常见的有圆柱状花托，如木兰、含笑的花；圆锥状，如草莓、蛇莓的花；中央部分凹陷呈杯状或瓶状，如桃、蔷薇、苹果、梨等；膨大呈倒圆锥形，如莲花；柑橘的花托在雌蕊基部形成膨大的盘状，能分泌蜜汁，称为花盘。此外，落花生的花托在雌蕊基部向上延伸为柄状，称为雌蕊柄，雌蕊柄在花完成受精作用后迅速延伸，将先端子房插入土中，形成果实。西番莲（*Passiflora coerulea*）、苹婆属（*Sterculia*）等植物的花托，在花冠以内的部分延伸成柄，称为雌雄蕊柄或两蕊柄；也有花托在花萼以内的部分伸长成花冠柄，如剪秋萝属（*Lychnis*）和某些石竹科植物（图8-3）。

（三）花萼

花萼位于花最外轮，由若干萼片（sepal）组成，多为绿色叶状体，也有鲜艳颜色的。具有鲜艳颜色的萼片称为花瓣状萼片（petaloid sepal）。一朵花中萼片互相分离，称为离萼，如油菜等。一朵花中所有萼片互相联合，称为合萼，如刺槐等。合萼下端联合呈筒状的部分称萼筒。上部分离部分称萼裂片。有的花萼在一边延伸成短小管状突起称为萼距（spur），如凤仙花（*Impatiens balsamina*）、旱金莲（*Tropaeolum majus*）（图8-4）。花萼通常只有一轮，但也有两轮的，其外轮称为副萼

(accessory calyx)，如棉花、草莓。萼片通常在开花后脱落称为落萼，如油菜；有些植物的萼片比花瓣先脱落称为早落萼，如罂粟、虞美人；也有些植物花萼直至果期依然存在称为宿存萼(persistent calyx)，如柿树、番茄、茄子等。花萼和副萼具有保护花蕾和幼果的作用，绿色的花萼和副萼能进行光合作用，为子房发育提供营养物质。有些植物，如一串红的花萼颜色为鲜艳的红色，引诱昆虫传粉；蒲公英等菊科植物的花萼变成冠毛，有助于果实传播。花萼结构与叶相似，但无栅栏组织与海绵组织分化。

玉兰的柱状花托

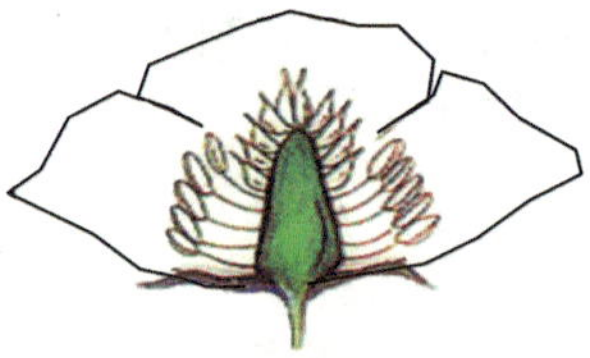
毛茛的圆锥状花托

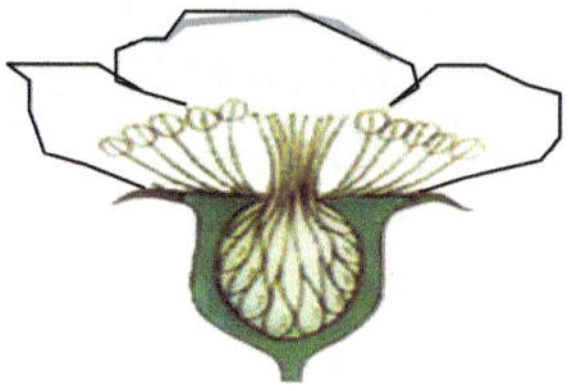
蔷薇属的杯状花托

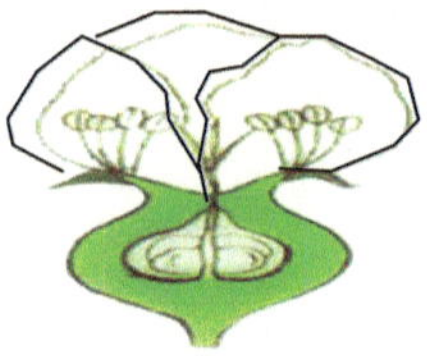
梨属的壶状花托

莲的倒圆锥状花托

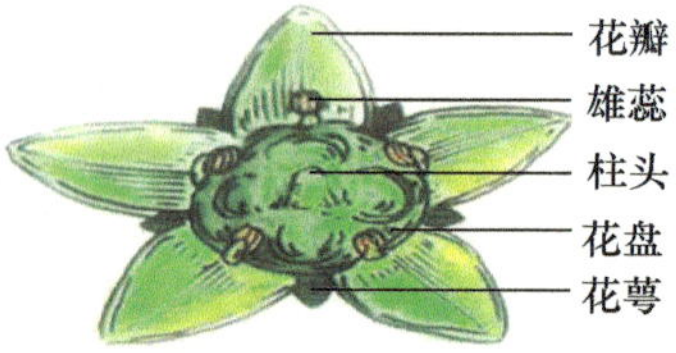

葡萄的花托膨大成花盘

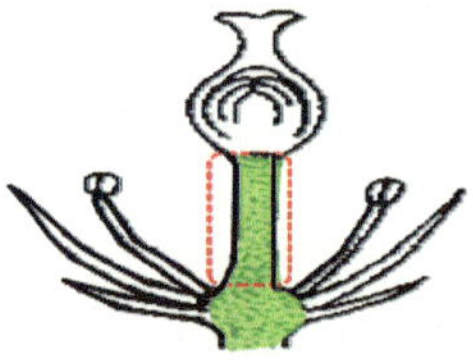
雌蕊柄（红线内部分）

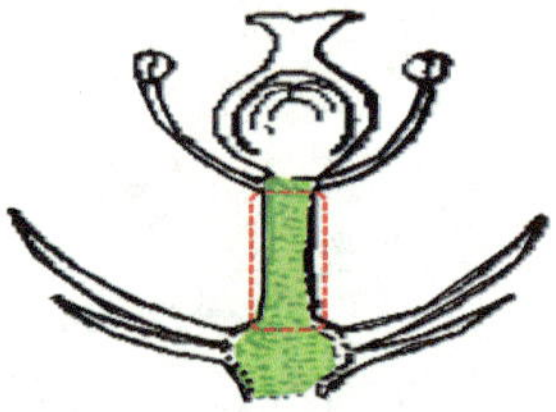
雌蕊、雄蕊柄（红线内部分）

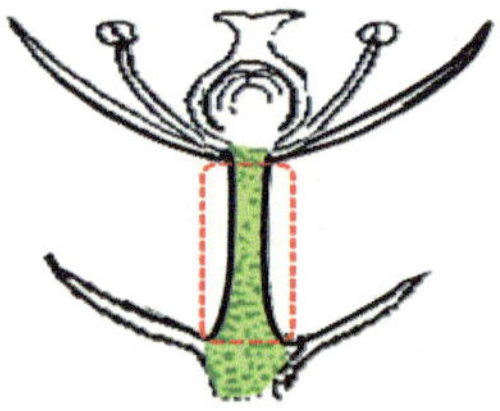
花冠柄（红线内部分）

图 8-3　花托形状

油菜

一串红

旱金莲

图 8-4　花萼类型

(四)花冠

花冠(corolla)位于花萼内侧，由若干花瓣(petal)组成，排列为一轮或多轮，结构上由薄壁细胞组成。花瓣比萼片薄，多具鲜艳色彩。花瓣的色彩主要是因为花瓣细胞内含有色体和花青素所致。如果花瓣中含有色体，花瓣呈黄色、橙色或橙红色；含花青素的花瓣显示红、蓝、紫等颜色(主要由液泡内细胞液的酸碱度决定)；有的花瓣既含有色体又含花青素，它的色彩往往绚丽多彩。如果不含有色体和花青素，花瓣便呈白色。花瓣基部常有分泌蜜汁的腺体存在，可以分泌蜜汁和香味。多数植物的花瓣细胞还能分泌挥发油类，产生特殊香味。所以花冠除具有保护雌蕊、雄蕊的作用外，它的色泽、芳香以及蜜腺分泌的蜜汁都有招引昆虫传送花粉的作用。

花瓣的大小、形状相同的花称为整齐花，如桃花、油菜花；反之，则为不整齐花，如豌豆、蒲公英。一朵花中，各花瓣之间彼此完全分离的花，称为离瓣花，如桃花、油菜。如果各花瓣之间部分或全部连合在一起的花，称为合瓣花，如牵牛花、丁香。合瓣花下端连合的部分称花冠筒，上部分离的部分称花冠裂片（图 8-5）。

花萼和花冠总称为花被（perianth）。很多植物的花同时具有花萼和花冠，称为两被花，如白菜、桃、豌豆；缺少花萼或花冠的花，称为单被花，如桑、菠菜、荞麦；完全没有花被的花，称无被花，如杨、柳、胡椒。花被在花中主要起保护作用，有些花的花被还有助于花粉传送。

油菜的离瓣花　　南瓜的合瓣花　　柳穿鱼的花冠距

图 8-5　花瓣类型

（五）雄蕊群

雄蕊群（androecium）是一朵花中雄蕊的总称，花中雄蕊的数目因植物种类而不同，有的雄蕊是多数，如桃、牡丹等。有的少数而有定数，如油菜、小麦等。绝大多数被子植物的雄蕊由花丝和花药两部分组成（图 8-6）。花丝细长，基部着生在花托或贴生在花冠上，顶端与花药相连，具有支持、伸展花药和运输的作用。花药是产生花粉粒的地方，是雄蕊的主要部分，着生在花丝顶端，通常由 2～4 个花粉囊组成，分为左右两半，中间以药隔相连。当花粉粒发育成熟后，花粉囊自行开裂，花粉由裂口散出。

图 8-6　雄蕊及结构

（六）雌蕊群

一朵花内所有雌蕊（pistil）的总称为雌蕊群（gynoecium）。位于花中央，着生在花托上。有些植物的一朵花内只有 1 个雌蕊，有些植物一朵花内有多个雌蕊。雌蕊在形态和功能上虽与叶差别很大，但它们的发生、生长方式和维管系统与叶类似，每一雌蕊为一个变态叶或多个变态叶的结合。雌蕊由柱头（stigma）、花柱（style）、子房（ovary）组成（图 8-7）。柱头位于雌蕊顶端，是接受花粉的地方，也是传粉后，花粉粒与雌蕊之间相互作用或识别过程中决定花粉是否萌发的地方。花柱是连接柱头和子房之间的部分，是花粉萌发后，花粉管进入子房的通道。它的长短、粗细因植物种类而异。玉米的花柱细长，小麦的极短，顶端部分表皮细胞突起，形成羽毛状柱头。子房是雌蕊基部的膨大部分，是产生雌性生殖细胞、受精和世代交替的场所，是种子的形成地，受精后发育成果实。

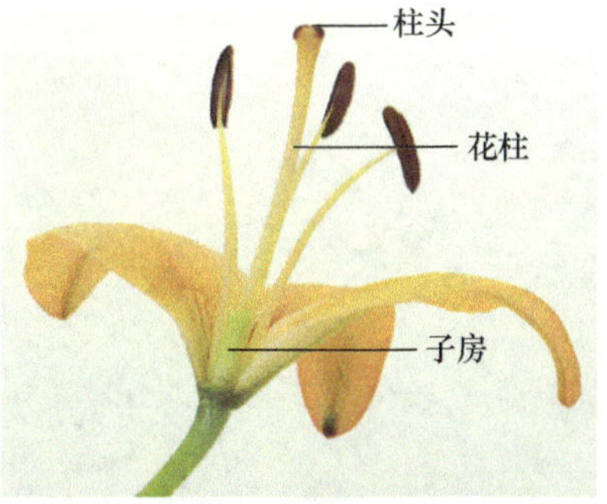

图 8-7　雌蕊的结构

雌蕊因心皮数目和离合情况不同而有不同类型。由 1 个心皮构成的雌蕊，称为单雌蕊（simple pistil），如蚕豆、大豆；由 2 个或 2 个以上心皮连合而成的雌蕊，称为复雌蕊（compound pistil），如向日葵、番茄；一朵花中具有多个心皮，但各个心皮彼此分离，各自形成1个雌蕊，称为离生单雌蕊（apocarpous pistil），如草莓、蔷薇。在植物演化过程中，离生单雌蕊为原始类型，由此向复雌蕊类型演化。

三、禾本科植物的花与小穗

水稻、小麦、大麦、玉米、高粱等禾本科植物的每一朵花外面有2个鳞片状结构，称为稃片，相当于花的苞片（变态叶）。外边的称为外稃（lemma），里边的称为内稃（palea）。外稃中脉明显，并外延成芒（awn）。在子房基部有2个小片状结构称为浆片（lodicule），相当于花被，在开花时浆片膨胀，可使内外稃张开，露出花药和柱头。花中央有3个或6个雄蕊及1枚雌蕊。雌蕊柱头二裂并呈羽毛状，子房一室。

禾本科植物的花和内稃、外稃组成小花（floret），再由1朵至多朵小花与1对颖片（glume）组成小穗（spikelet）。颖片着生于小穗基部，相当于花序分枝基部的小总苞（变态叶）。具有多朵小花的小穗，中间有小穗轴（rachilla）。只有1朵小花的小穗，小穗轴退化或不存在。不同的禾本科植物可由许多小穗集合成不同的花序类型。

小麦复穗状花序顶生、直立，穗轴每节有1个小穗，小穗两侧压扁，颖近革质、长卵形，5～9脉，主脉隆起成脊，顶端有尖头，每个小穗含3～5朵小花，一般基部的2～3朵小花能正常发育结实，称为能育花（fertile flower）；上部几朵小花往往发育不全，不能结实，称为不育花（sterile flower）；小花无柄，单生于穗轴各节，外稃具芒（图8-8）。

水稻的圆锥花序顶生；小穗两侧压扁，小穗含3朵小花，仅1朵花结实，其余2朵小花退化，仅存披针形外稃，位于顶生两性小花之下，内颖片、外颖片退化成小穗柄顶端的两半月形突起；孕花外稃坚硬、较宽，具5脉，内稃有3脉；浆片2；雄蕊6；花柱2，柱头扫帚状（图8-9）。

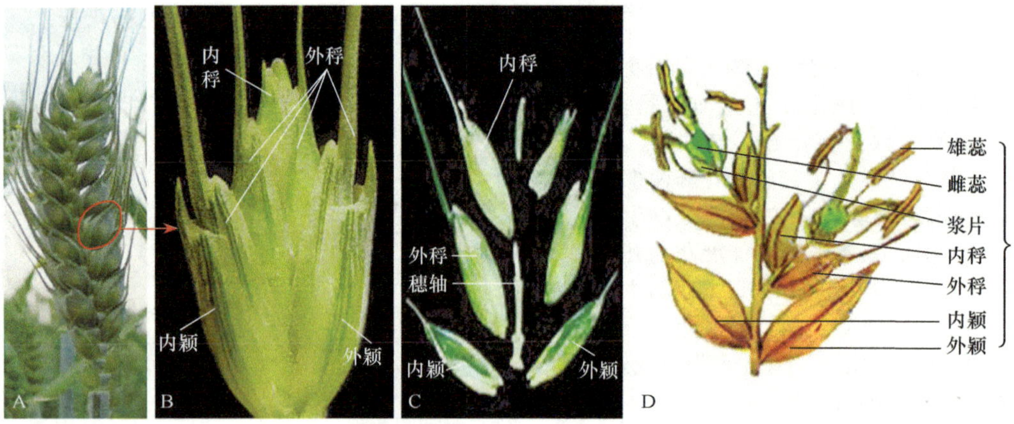

图8-8 小麦复穗状花序、小穗和小花

A. 小麦穗；B. 小穗；C. 小穗解剖；D. 小穗图解

图8-9 水稻的花序及形态结构

A. 圆锥花序；B. 部分花序放大；C. 小穗、小花和花。

1. 退化的内颖片、外颖片；2. 退化小花的外稃；3. 孕花内稃；4. 孕花外稃；5. 浆片2枚；6. 雄蕊6枚；7. 雌蕊

第二节　花 芽 分 化

一、花芽分化的概念

被子植物的花虽然大小、形态、颜色各异，但都是由茎顶端花芽发育而来，花芽分化的开始则是被子植物从营养生长进入生殖生长的重要标志。植物在营养生长到一定阶段，其感受器官（叶感受光周期、茎生长锥感受温度）感受了光照、温度等外界条件的改变，使一些芽的生长锥不再产生叶原基和腋芽原基，而逐渐形成花原基和花序原基，进一步分化成花或花序的过程称为花芽分化（flower bud differentiation）。

二、花芽分化过程

花和花序都是由花芽发育而来，植物在完成其幼年期生长，即由营养生长转入生殖生长，幼年期的长短各种植物不同。一般木本植物较长，草本植物较短。当植物完成了幼年期生长，在一定的光周期、温度、营养条件下，有些芽的分化随之发生质的变化。芽内顶端分生组织即生长点停止叶原基分化，生长点横向扩大，向上突起并逐渐变平。以后按一定规律先后形成若干轮小突起，这些小突起就是花各部分的原基，它们是一些幼嫩的细胞群。花原基可以分为花萼原基、花瓣原基、雄蕊原基、雌蕊原基几部分。由这些原基发育成花的各部分。这一过程称为花芽分化。花芽形成后，生长锥的分生组织全部分化，生长锥也就不存在。下面以桃和小麦为例说明花及花序分化过程。

（一）桃的花芽分化

桃的花芽着生在腋芽两侧，分化始于夏季，持续时间较长，分化初期，生殖茎顶端的营养生长锥隆起成宽圆锥状至短柱状而成为生殖生长锥，生殖生长锥顶部逐渐增宽，渐趋平坦，先在生长锥周围产生5个小突起，即萼片原基。萼片原基内方，出现5个花瓣原基，秋季，随着萼片、花瓣原基顶端生长和边缘生长，其内侧陆续分化出许多雄蕊原基，此后，萼片原基伸长并向心内曲，最后，生长锥中央逐渐向上突起，形成雌蕊原基，也称为心皮原基。此后，经进一步发育形成具有5枚萼片、5枚花瓣、多数雄蕊和1枚单心皮雌蕊的桃花。萼片、花瓣和雄蕊上部各自分离，下部贴生成托杯筒，着生在花托上，共同构成托杯。中央的雌蕊与托杯分离（图8-10）。

（二）小麦的幼穗分化

禾本科植物花序的形成，一般称为幼穗分化。小麦开始幼穗分化时，叶片仍处于丛生状态，穗分化经过以下几个时期（图8-11）。

（1）生长锥伸长期。茎的半球形生长锥显著伸长，扩大成长圆锥形，此时不再形成新的叶原基。

（2）单棱期。在茎生长锥继续伸长的同时，生长锥基部两侧，自下而上出现一系列环状突起，即苞叶原基，它包围着茎枝的轴。

（3）二棱期。从幼穗中部开始，以向基和向顶次序发育，在各苞叶原基叶腋中分化出小穗原基。由于小穗原基也隆起，故在茎尖两侧出现了由两种原基突起形成的双棱，上方的一个棱为小穗原基，继续增大；下方的一个棱为苞叶原基，以后逐渐消失。

（4）颖片分化期。幼穗中部的小穗首先开始分化，先在基部分化出2个颖片原基，随后向上、向下依次排列的小穗原基陆续分化出各自的颖片原基。

（5）小花分化期。当小穗分化出颖片原基后，在小穗轴两侧自下而上进行小花分化，出现小花原基。此时，苞叶原基停止发育，小穗发育迅速超过苞叶原基。每一朵小花依次发育出外稃原基、内稃原基、2个浆片原基、3个雄蕊原基和1个雌蕊原基。

（6）雌蕊、雄蕊分化期。当小花中发育出两枚浆片原基后，小花中部分化出三个圆形突起，为雄蕊原基，稍后在小花中心部位发生出雌蕊原基。小麦的雌蕊由2个心皮组成，雌蕊原基初发生时，心皮合生，呈环状结构，包围着突起的胚珠，以后环状结构闭合，上部形成花柱，发育出二叉羽毛状柱头。位于小穗上部的小花，其雌蕊、雄蕊常退化，形成不育花。

花芽分化是植物体由营养生长进入生殖生长的转折点，花和花序分化的好坏，直接关系到作物的产量。植物花序的分化，需要一定的温度、光照条件、水分和肥料等。因此，在农业、林业生产上应掌握各种植物花芽分化的时期和规律以及它们对各种条件的要求，在花芽分化前后时期，采取各种相应的栽培措施，促进生殖生长，为花芽分化和穗大粒多创造有利条件。例如，小麦拔节孕穗期是生长发育最旺盛，需水、需肥最多时期，此时适施水肥，可促进小花分化，增加结实粒数。

三、花器官发育的ABC模型

通过对拟南芥和金鱼草（*Antirrhinum majus*）花同源异型突变体的研究，Coen 和 Meyerowitz（1991）提出了花发育的ABC模型，它使人们能够通过改变ABC三类基因表达而控制花的结构。

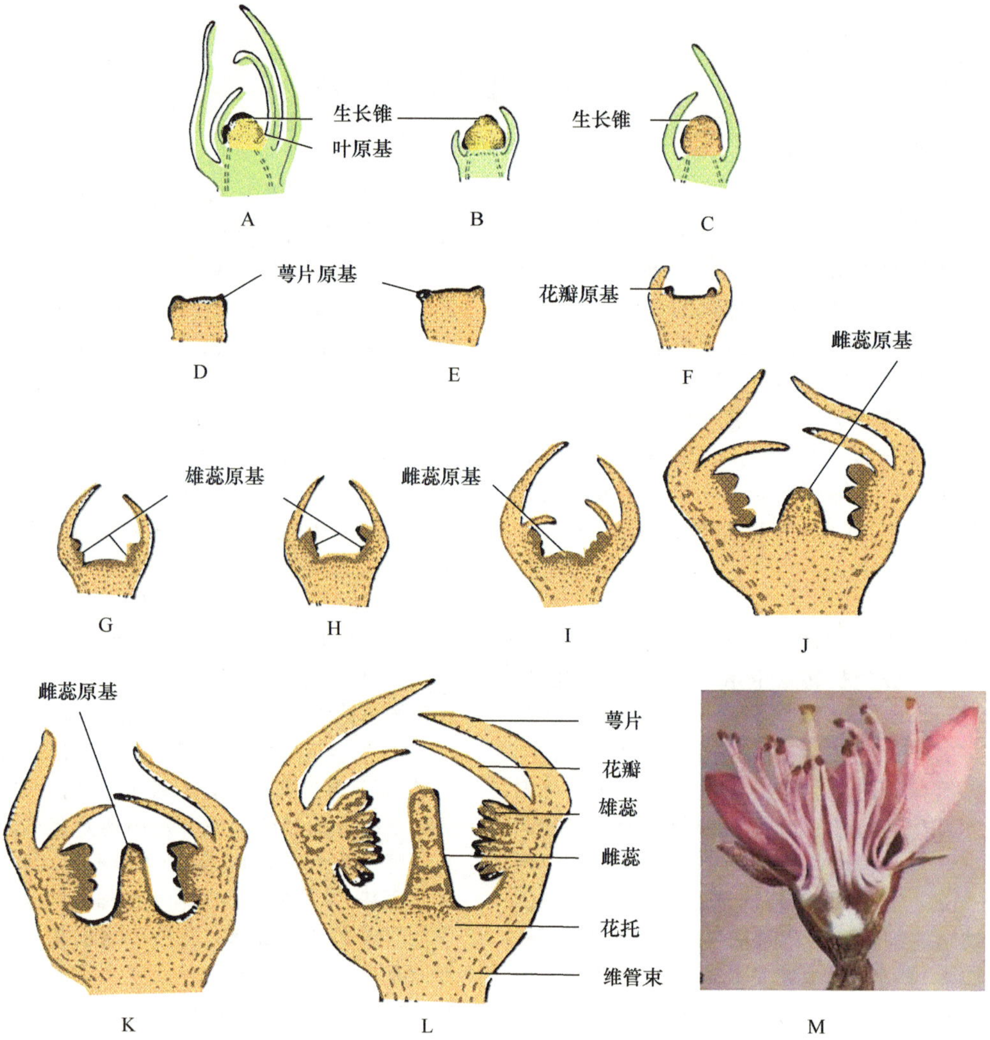

图 8-10 桃花花芽分化

A. 营养生长锥；B、C. 生殖生长锥分化初期；D、E. 萼片原基形成期；F. 花瓣原基形成期；G、H. 雄蕊原基形成期；I～L. 雌蕊原基形成期；M. 桃花的结构

拟南芥的花由外向内由花萼、花瓣、雄蕊和雌蕊 4 轮同心花器官组成，在经典的 ABC 模型中，4 轮花器官是 A、B、C 三类器官特征基因共同表达的结果，每类基因组分别控制相邻两轮花器官发育，A 类基因单独控制花萼发育，A 类和 B 类基因共同控制花瓣发育，B 类和 C 类基因共同控制雄蕊发育，C 类基因单独控制雌蕊发育。此外，A、C 两类基因相互拮抗，即 A 功能基因能够抑制 C 功能基因在 1～2 轮的表达，C 功能基因反过来也能抑制 A 功能基因在 3～4 轮表达。

随着研究的深入，人们在对矮牵牛中影响胚珠发育突变体的研究中发现了与 C 类基因功能部分重叠的 D 类基因，拟南芥的研究也进一步证明了控制胚珠发育的 D 类基因的存在，于是 Angenent 和 Colombo（1996）提出将 ABC 模型延伸为 ABCD 模型，把控制胚珠发育的基因列为 D 功能基因。后来，人们在寻找与 ABC 类基因相互作用的蛋白质时发现了另一类花特征基因，这类基因和 BC 类基因联合作用可以完成由营养器官向花器官的转变，但它们既不属于 B 类基因，也不属于 C 类基因，被命名为 E 类功能基因。从而使花器官发育的 ABC 模型进一步发展形成 ABCDE 模型（图 8-12）。

通过对花器官特征基因 ABCE 的研究，花器官发育基因是以蛋白质复合体形式决定花器官的发育，通过对这些基因表达蛋白的相互作用研究，人们推测这些复合体以四聚体形式存在：2A+2SEP 决定萼片；A+2B+SEP 决定花瓣；2B+C+SEP 决定雄蕊；2C+2SEP 决定心皮，即花器官发育的四聚体模型（图 8-13）。

图 8-11　小麦幼穗分化

A. 生长锥未伸长；B. 生长锥伸长期；C. 苞叶原基分化期（单棱期）；D. 小穗分化期开始（二棱期）；E. 小穗分化期末期；F. 颖片分化期；G. 小花分化期；H. 小穗；I. 雄蕊原基分化；J. 雌蕊形成期；K. 雄蕊原基分化成 3 个雄蕊；L. 花；M. 幼穗。sd. 小穗圆顶；ca. 小花 2 的雌蕊；an. 小花 1 的 1 个花药；ld. 浆片；fs. 羽状柱头；f1. 小花 1；f2. 小花 2

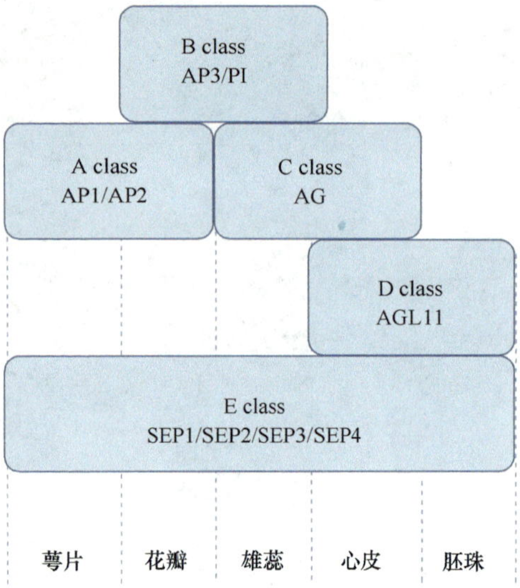

图 8-12　拟南芥花器官发育的 ABCDE 模型及相关基因

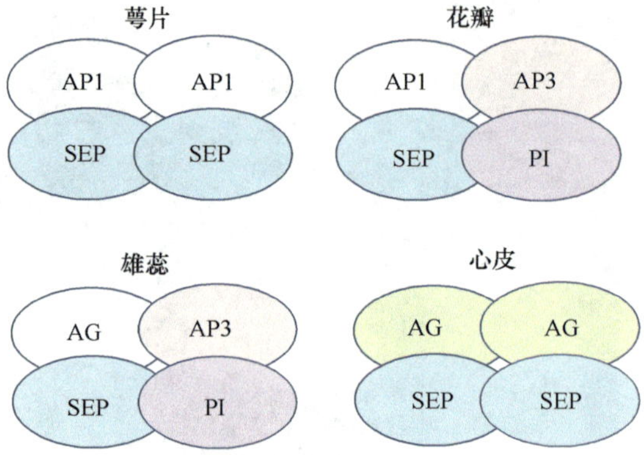

图 8-13　花器官发育的四聚体模型，显示每轮器官均由 4 个蛋白质组成的复合体决定

第三节　雄蕊的发育和结构

一、雄蕊的发育

花芽中雄蕊原基形成后，经过细胞分裂、生长和分化，在其基部，即与花托相连的部分迅速伸长形成花丝（图 8-14）。花丝与生殖无直接关系，它的作用是把花药托展在空间，以利传粉。花丝的结构一般简单，最外层是一层角质化的表皮细胞，有的还附生毛茸、气孔等，表皮以内是薄壁组织，中央有一条维管束贯穿，上连药隔，下连花托。

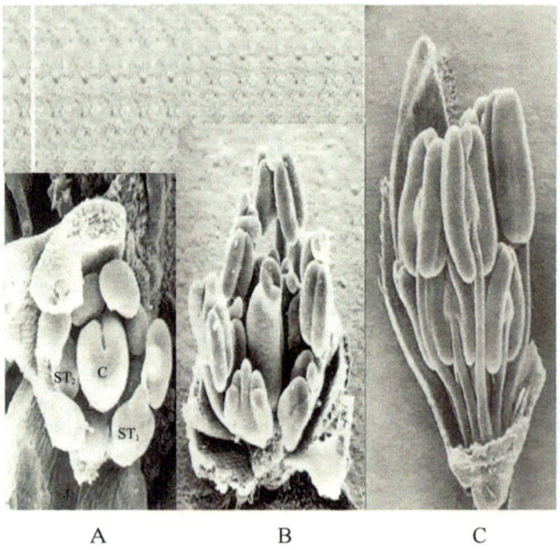

图 8-14　雌蕊、雄蕊发育
A. 雌蕊、雄蕊原基（ST. 雄蕊原基，C. 雌蕊原基）；
B. 幼小的雌蕊、雄蕊；C. 未成熟雄蕊

在雄蕊原基经生长分化形成花丝的同时，花丝顶端膨大发育为花药。花药是雄蕊的主要部分，是产生花粉（pollen）或小孢子（microspore）的地方，与生殖有直接关系。多数被子植物的花药由 4 个花粉囊组成，分为左、右两半，中间由药隔相连，药隔中含有一个维管束自花丝通入。也有少数种类的花药仅由 2 个花粉囊组成，如棉花。花粉囊外由囊壁包围，内生许多花粉粒。花药成熟后，药隔每一侧的 2 个花粉囊之间的壁破裂消失，花粉囊相互沟通。裂开的花粉囊散出花粉，为下一步进行传粉做好准备。

二、花药的发育和结构

（一）花药的发育

最初形成的花药是由一群具有高度分裂能力的细胞组成，随着这群细胞不断分裂，幼小花药逐步形成在横切面上具有四棱外形的花药雏体，它的最外面分化出一层表皮。随之，在四个棱角处的表皮细胞内侧，分化出一纵列或几纵列的孢原细胞（archesporial cell）。孢原细胞体积和细胞核均较大，细胞质较浓，通过一次平周分裂，形成内外两层细胞，外层为初生壁细胞（primary wall cell），内层为造孢细胞（sporogenous cell）。以后初生壁细胞再进行平周分裂和垂周分裂，产生呈同心排列的数层细胞，自外向内依次为药室内壁（endothecium）、中层（middle layer）和绒毡层（tapetum），它们连同包被整个花药的表皮构成了花药壁，将造孢细胞及其衍生细胞包围起来。在初生壁细

胞分裂的同时，造孢细胞也进行分裂，形成多个花粉母细胞（pollen mother cell），少数植物的造孢细胞不经过分裂，可直接形成花粉母细胞。花药原基的中部细胞逐步发育成药隔（图 8-15）。

成熟花药由 4 个或 2 个花粉囊以及它们中间的药隔组成。花粉囊由花粉囊壁（又称药壁）、囊室（又称药室）和囊室内许多花粉粒（pollen grain）组成。花药成熟时，花粉囊壁开裂，由裂口散出其内成熟的花粉粒，为传粉做好准备。花药各部发育过程如下。

（二）花药壁的结构

1. 表皮

表皮（epidermis）是花药最外一层细胞，来源于原表皮，外切向壁外凸，有薄角质层，有的有气孔和表皮毛，以垂周分裂增加细胞数目以适应内部组织生长，并逐渐扩展成扁长形，起保护作用，在成熟花药中依然存在。

2. 药室内壁

药室内壁（endothecium）位于表皮内侧，通常为单层细胞，源于初生壁细胞，初期常储藏大量淀粉和其他营养物质。在花药接近成熟时，细胞径向增大，细胞内储藏物质逐渐消失。细胞壁除外切向壁外，其他各面壁多产生不均匀条纹状加厚，加厚成分一般为纤维素，略有木质素。由于条纹状加厚，所以这部分的药室内壁发育成纤维层（fibrous layer），而同侧两个花粉囊交界处的药室内壁不发生条纹状加厚，仍为薄壁状态，称为唇细胞，为成熟花药裂开处。花药成熟后，纤维层失水，由于其细胞壁加厚特点所形成的拉力，致使花药在抗拉力弱的、仍为薄壁状态的唇细胞处纵向开裂，使同侧 2 个花粉囊连通、裂开，花粉沿裂缝散出。一些水生植物和闭花受精植物，其药室内壁不发生条纹状加厚。

3. 中层

中层（middle layer）位于药室内壁内方，通常由

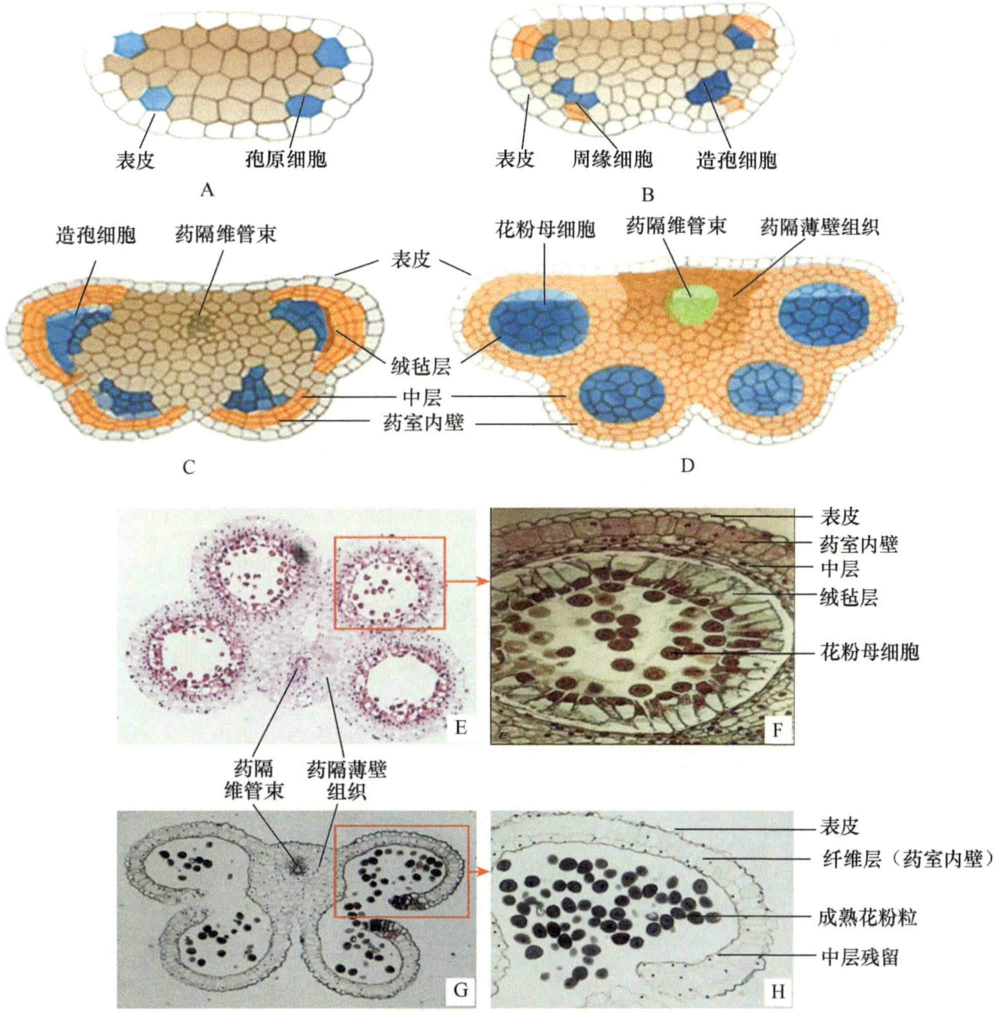

图 8-15　花药发育过程

A. 孢原细胞时期；B、C. 造孢细胞时期；D. 花粉母细胞时期；E. 减数分裂时期；F. 成熟花粉粒时期；G、H. 成熟花药和花粉粒

1～3 层较小的薄壁细胞组成，源于初生壁细胞，早期含淀粉和其他储藏物。在造孢细胞向花粉母细胞发育过程中，中层细胞内储藏物质渐被其消耗而减少，同时由于受到花粉囊内部细胞增殖和长大所产生的挤压，中层细胞较早解体而被吸收。所以，成熟花药一般无中层。少数植物，如百合花药中层细胞的外层一些细胞，细胞壁也有一定程度条纹状加厚，在成熟花药仍有残留。

4. 绒毡层

绒毡层（tapetum）是花粉囊壁最内一层细胞，源于初生壁细胞，它与花粉囊的造孢细胞直接毗连，对于花粉粒发育有重要作用。绒毡层细胞大，细胞核较大，细胞质浓，细胞器丰富。初期含单核，后来发生核分裂，但不伴随细胞壁形成，就形成了双核、多核或多倍体核结构，表明绒毡层细胞具有高度代谢活性。绒毡层细胞含有较多的 RNA、蛋白质和酶，丰富的油脂、类胡萝卜素和孢粉素等物质。它对花粉粒发育形成起着重要的营养和调节作用。绒毡层细胞能合成和分泌胼胝质酶，能适时分解花粉母细胞之间、四分体子细胞之间的胼胝质壁，使其互相分离而保证正常发育；能合成一种识别蛋白，运转到花粉壁构成花粉外壁蛋白质，在花粉与雌蕊相互识别中，对决定亲和与否起重要作用。如果绒毡层的发育和活动不正常，常会导致花粉发育不正常，出现雄性不育现象。绒毡层细胞在花粉母细胞减数分裂形成四分体时期，发育达到顶峰，以后开始出现退化，待花粉粒成熟时，绒毡层已完全解体。花粉粒发育完成后，花药也已成熟，此时，花药壁一般仅存表皮和纤维层，少数植物有部分中层细胞残留。

（三）花粉粒的发育与结构

1. 花粉粒的发育

花粉粒发育包括小孢子（microspore）发生和雄配子体形成。在初生壁细胞分裂、并与表皮细胞形成花粉囊壁的同时，孢原细胞产生的造孢细胞，经过分裂或不分裂直接发育成花粉母细胞，由花粉母细胞通过减数分裂形成四分体，四分体分离成单核花粉粒即小孢子，然后进一步发育成成熟花粉粒即雄配子体。其过程大体分为以下几个时期。

（1）造孢细胞时期。孢原细胞平周分裂产生初生造孢细胞，初生造孢细胞进一步分裂形成多个次级造孢细胞，再发育形成花粉母细胞。少数植物（如锦葵科和葫芦科部分植物）的造孢细胞不分裂直接发育成花粉母细胞。

（2）花粉母细胞时期。花粉母细胞体积较大，初期常多边形，稍后渐近圆形，细胞核大，细胞质浓，没有明显液泡（图 8-16）。花粉母细胞之间，以及与绒毡层细胞之间都有胞间连丝存在，特别是相邻花粉母细胞间，常形成直径为 1～2μm 的胞质管，将同一花粉囊内的花粉母细胞连接成合胞体。并发现有染色体、内质网片段等细胞器和营养物质通过胞质管进行交流。这种现象有利于花粉囊中花粉母细胞的减数分裂同步化及营养物质、生长物质迅速运输及分配。花粉母细胞发育到一定时期便进入减数分裂期。

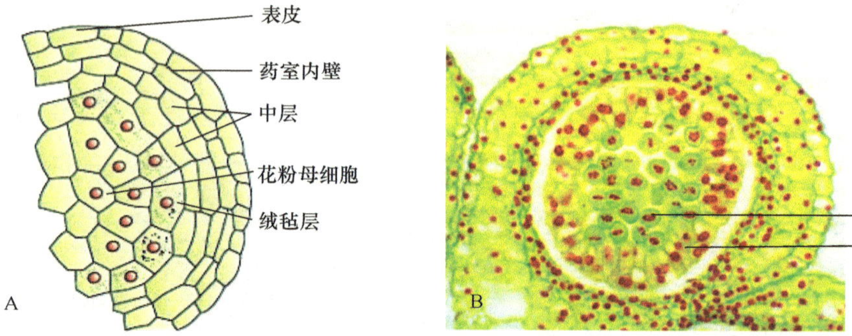

图 8-16　花粉母细胞

A. 花粉母细胞初期示意图；B. 花粉母细胞后期

（3）减数分裂期。花粉母细胞进行减数分裂形成 4 个含单相核的大孢子。不同种类植物，花粉母细胞减数分裂中细胞质分裂情况不同，细胞质分裂分为连续型和同时型两种。

连续型（successive type）。减数分裂两次核分裂时，均相继伴随胞质分裂。第一次分裂完成，形成 2 个子核后，在赤道板处形成细胞板，发生胞质分裂，将母细胞分隔成 2 个子细胞。此时，2 个子细胞因连在一起，所以称为二分体；然后在第二次分裂末期，在二分体各自细胞的赤道板上产生细胞板，形成 4 个连在一起的子细胞，称为四分体。因第二次分裂面与第一次分裂相垂直时，四分体排列在一个平面上呈四方体（图 8-17）。其壁的发育为离心式，即胼胝质先在细胞板中央沉积然后向两侧扩展，直到和母细胞外围胼胝质壁相接。这种类型在单子叶植物中占多数，如水稻、小麦、玉米、百合等，少数双子叶植物，如金鱼藻（*Ceratophyllum demersum*）、夹竹桃等也属于此类型。四分体呈四方体排列时，分离后的单个花粉粒多为椭圆形（如油菜、梨、苹果），也有其他形状。

同时型（simultaneous type）。第一次核分裂不伴随细胞质分裂，仅形成一个二核细胞，直到减数分裂第二次分裂末，形成4个子细胞核后，才发生细胞质分裂形成四分体，这种四分体呈四面体（图8-18）。其壁的发育为向心式，即先在4个核之间发生成膜体，逐渐向四分体中央积累，同时把四分体中的细胞彼此隔开。这种类型在双子叶植物中占多数，如棉花、油菜、烟草、花生、茶等，单子叶植物的兰科、灯心草科及莎草科等也属于此类型。四分体呈四面体排列时，一般分离后的单个花粉粒多为球形（如水稻，小麦）、三角形（如茶）。

多数植物减数分裂产生的四分体分离形成单个花粉粒，有些植物的四分体不分离，则发育为含4个、8个、16个、32个、64个花粉粒的复合花粉，如杜鹃花科、夹竹桃科、豆科、灯心草科部分植物。

一般植物在花粉母细胞减数分裂期间，对环境条件变化敏感。例如，水稻花粉母细胞减数分裂时期，正是水稻生育中的孕穗期，此时如遇干旱、低温、营养缺乏等都会影响花粉粒正常形成，从而影响结实，

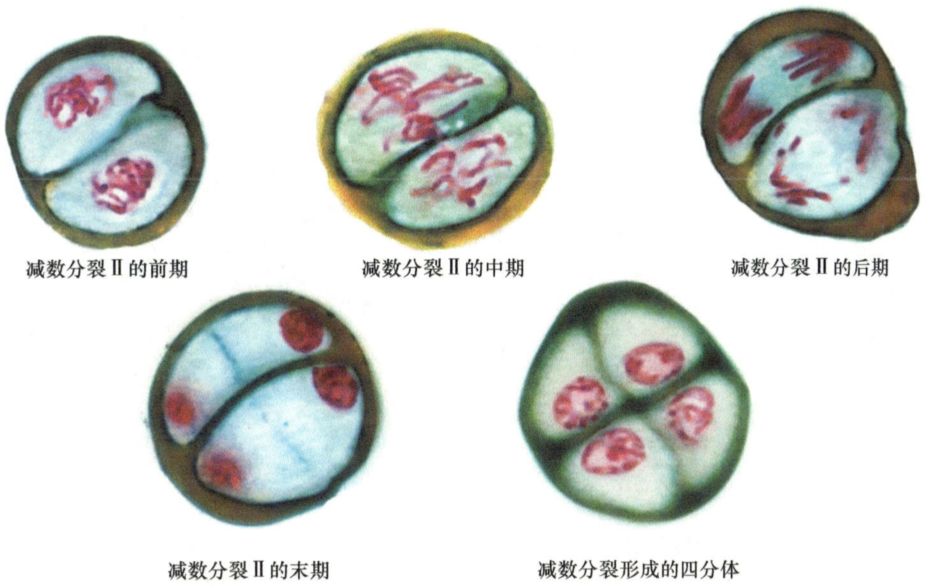

图8-17 花粉母细胞减数分裂中的细胞质分裂连续型

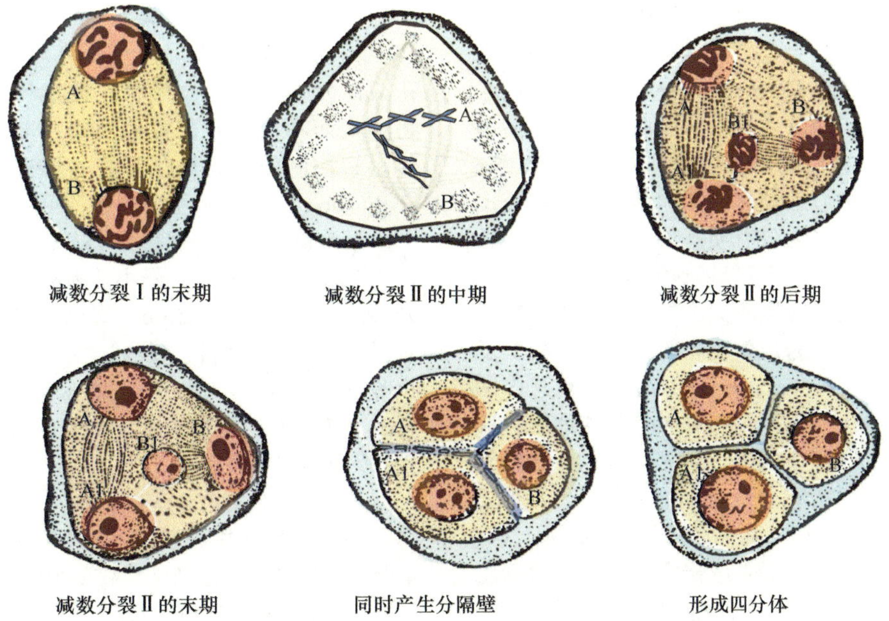

图8-18 花粉母细胞减数分裂中的细胞质分裂同时型

降低产量，因此减数分裂时期是农业生产上加强管理的重要阶段。花粉母细胞减数分裂开始，就在初生壁与细胞质膜之间形成胼胝质壁，并逐渐加厚，减数分裂完成后，产生的4个子细胞被包围于共同胼胝质壁中，子细胞之间也有胼胝质分隔。这时每一个子细胞称为小孢子。所以，花粉母细胞又称小孢子母细胞或小孢子囊。

四分体时期，花粉壁开始形成，壁物质来源于花粉粒自身，在其胼胝质壁内侧和质膜之间首先发生纤维素沉积成初生外壁（也称原外壁，primexine），进一步发育成花粉外壁内层。在初生外壁沉积的同时，在质膜上形成许多由脂类和蛋白质组成的圆柱状突起，穿过初生外壁，发育成外壁柱状层。

（4）小孢子时期。减数分裂完成后，在绒毡层分泌的胼胝质酶作用下，将花粉四分体胼胝质壁溶解，四分体中的4个小孢子从共同胼胝质壁中各自分离，形成4个游离小孢子，称为单核花粉粒或未成熟花粉。刚游离出来的单核花粉粒，细胞壁薄，细胞质浓厚，细胞核位于细胞中央。单核花粉粒继续不断地从解体的绒毡层细胞取得营养物质和水分，细胞体积迅速增大，细胞质明显液泡化，逐渐形成中央大液泡，细胞核随之移到花粉粒一侧。

单核花粉粒内部发育的同时，在其外壁柱状结构上沉积孢粉素，其顶端和基部各自向四周扩延，发育成外壁覆盖层，并常依不同植物而按一定形式连接成各种形态的雕纹。覆盖层和柱状层组成了外壁外层，外壁内层和外层构成了花粉壁的外壁。

在花粉壁外壁发育的同时，在外壁内侧，常从萌发孔处开始形成花粉壁内壁，然后遍及整个花粉外壁内侧（图8-19）。

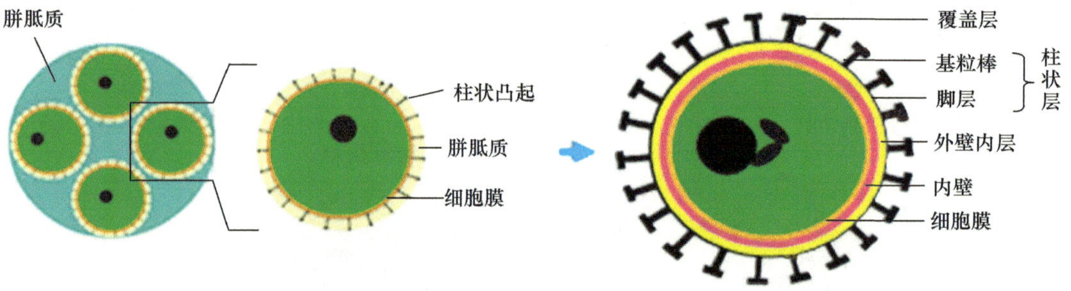

图8-19 花粉壁的发育

（5）成熟花粉粒时期。随着单核花粉粒生长发育，细胞核进行一次有丝分裂，形成2个细胞核，贴近花粉粒壁的为生殖核（generative nucleus），靠近大液泡的为营养核（vegetative nucleus）。胞质分裂时不均等，在两核间形成弯向生殖核的弧形细胞板。最后形成了大小悬殊的2个细胞，大的为营养细胞（vegetative cell），小的为生殖细胞（generative cell），紧贴着花粉粒内壁，两细胞之间的壁主要由胼胝质组成。随后整个生殖细胞从最初紧贴花粉粒内壁，逐渐沿壁推移、收缩、脱离开来，成为圆球形。圆球形生殖细胞外围胼胝质壁逐渐解体而成为仅有质膜的裸细胞，变为长纺锤形或长椭圆形，游离于营养细胞细胞质中。

花药成熟后，花粉囊以不同方式裂开，将花粉粒散出，此时的花粉粒称为成熟花粉粒，成熟花粉粒就是雄配子体（male gametophyte），由花粉壁和其内的细胞组成。如内含1个生殖细胞和1个营养细胞，称为2细胞型花粉。2细胞型花粉传粉后，在萌发花粉管内的生殖细胞进行一次有丝分裂形成2个精子。被子植物中，多数是这种类型，如棉、桃、梨、柑橘、茶、大葱等。另一些植物的花粉在散出之前，其生殖细胞进行一次有丝分裂，形成2个精细胞，花粉粒散出时，花粉壁内含有1个营养细胞和2个精细胞，称为3细胞型花粉，如水稻、小麦、油菜等（图8-20）。因此，单核花粉粒发育成成熟花粉粒的过程，即是小孢子萌发形成雄配子体的过程，成熟雄配子体产生出雄配子（male gamete），即精子。

2. 成熟花粉粒的形态

花粉粒的形状、大小，外壁雕纹特征，萌发孔或萌发沟的有无、形状、数量和分布等特征随植物种类而不同。但在各种植物中非常稳定，是由遗传因素控制的。成熟花粉粒的形态结构也是孢粉学（Palynology）研究的主要内容，可用于植物分类研究。大多数植物花粉粒的直径为15～60μm，最大的如茉莉为250μm，属巨粒型，最小的为高山勿忘草（*Myosotis alpestris*），仅2.5～3.5μm，属微粒型；有的花粉表面光滑，也有形成刺状、粒状、瘤状、棒状、穴状、网状等各式雕纹；水稻、小麦等禾本科植物的花粉粒只有1个萌发孔，棉花有8～16个萌发孔，樟科植物花粉粒无萌发孔（图8-21）。

3. 成熟花粉粒的结构

成熟花粉粒由花粉壁和内部细胞构成。细胞为1个营养细胞和1个生殖细胞或2个精子（图8-22）。

1）花粉壁的结构和成分

花粉壁不同于一般植物细胞壁，由花粉外壁和内

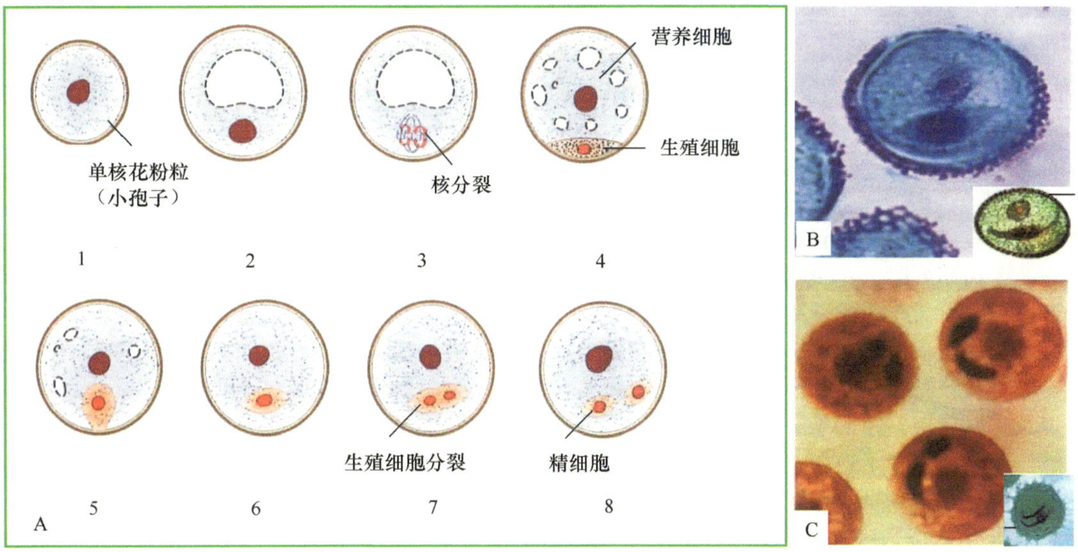

图 8-20 花粉粒的发育

A. 花粉粒发育示意图：1. 前期单核花粉粒；2. 后期单核花粉粒；3. 单核花粉粒的核分裂；4. 形成营养细胞与生殖细胞；5. 生殖细胞从花粉内壁脱离；6. 生殖细胞浸没在营养细胞细胞质中，直到花粉粒成熟散出，成为 2 细胞型花粉粒；7. 生殖细胞分裂形成 2 个精细胞；8. 3 细胞型花粉粒。B. 2 细胞型花粉粒，示 1 个生殖细胞和 1 个营养细胞及花粉壁；C. 3 细胞型花粉粒，示 2 个精细胞和 1 个营养细胞及花粉壁

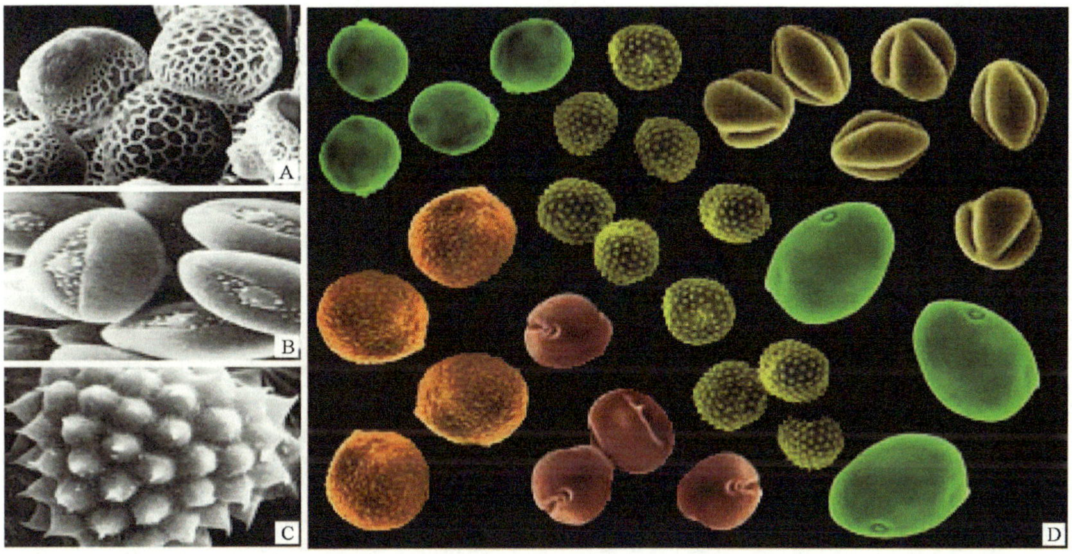

图 8-21 花粉粒形状和表面纹饰（扫描电镜）

A. 百合；B. 七叶树；C. 豚草；D. 多种花粉粒

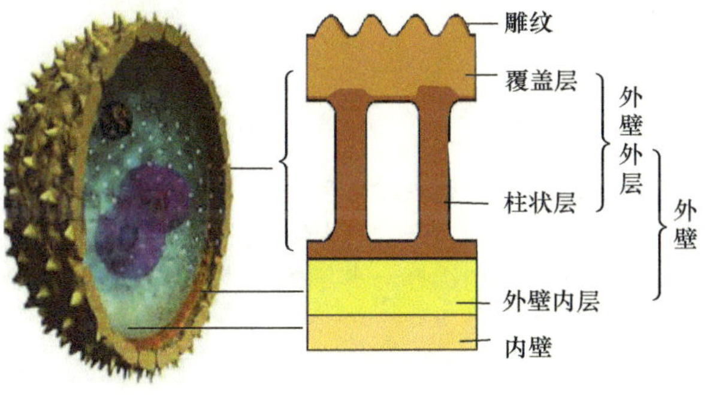

图 8-22 花粉粒的结构

壁组成。

（1）花粉外壁。在生物显微镜下，花粉外壁分为外层和内层。外层具雕纹，由柱状层和覆盖层构成，较厚、硬而缺乏弹性，雕纹变化很大，常构成美丽图案。内层是外壁里面的一层，该层不具雕纹。外壁主要成分为孢粉素，其化学性质较为稳定，具有抗高压、抗酸碱、抗酶解特性，故能使花粉外壁及其雕纹长期保存。外壁还有纤维素、类胡萝卜素、类黄酮素、脂类及活性蛋白质等。外壁蛋白由绒毡层细胞合成、转运而来；是一些酶类和识别蛋白，特别是一些水解酶，如琥

珀酸及NADH脱氢酶、蛋白酶仅存于外壁，外壁识别蛋白是花粉与雌蕊柱头组织相互识别的物质基础。外壁上一些部位没有积累壁物质留有空隙而成为花粉的萌发孔（germinal pore）或萌发沟（germinal furrow）。仅有增厚的内壁，是花粉粒萌发时花粉管伸出之处。

（2）花粉内壁。位于花粉外壁内侧，薄而柔软，在萌发孔处较厚，在花粉管萌发前有暂时封闭萌发孔的作用。花粉萌发时，花粉内壁从萌发孔（沟）处突出，形成花粉管。花粉内壁主要成分为纤维素、半纤维素、果胶酶及活性蛋白等。内壁蛋白由花粉自身合成，主要是与花粉萌发及花粉管穿入柱头组织有关的酶类以及识别蛋白。特别是一些水解酶，如核糖核酸酶、酸性磷酸酶仅存于内壁，内壁识别蛋白主要是与花柱组织产物发生识别。内壁蛋白存在于内壁多糖基质中，萌发孔区特别丰富。综上可见，花粉壁物质，既有花粉自身的供应又有绒毡层的供应。

2）营养细胞

营养细胞体积较大，包含了原来单核花粉粒的大液泡和大部分细胞质，营养细胞形成后很快进入旺盛代谢活动期，细胞核继续增大，细胞器数量增加，液泡逐渐变小，细胞体积增大，并富含营养物质和生理活性物质。在花粉发育后期，质体开始积累淀粉，许多植物花粉的营养细胞内积累脂肪，大量脂肪分布在生殖细胞周围，为生殖细胞活动、花粉萌发和花粉管生长提供营养保证。

3）生殖细胞或精细胞

生殖细胞是无壁仅有质膜的裸细胞，呈长纺锤形或长椭圆形，游离于营养细胞细胞质中，细胞相对较大，核结构紧密，染色较深，细胞质较少，生殖细胞形成不久，细胞核的DNA通过复制增加了1倍，为进一步分裂形成2个精子建立基础。电镜下，生殖细胞含有线粒体、内质网、高尔基体、核糖体等细胞器，除少数植物，如月见草属（*Oenothera*）、天竺葵属（*Pelergonium*）等生殖细胞始终含有质体外，多数植物种类缺少质体。

生殖细胞在花粉内或花粉萌发形成的花粉管内进行1次有丝分裂，形成2个精子。精子体积小，是细胞质稀少的无壁裸细胞。细胞质含有线粒体、内质网、高尔基体、核糖体、微管等细胞器，但缺少质体。

20世纪80年代以来，应用电镜技术、计算机三维重组技术和定量细胞学技术，Russell（1984）首先详细描述了白花丹（*Plumbago zeylanica*）的两个精细胞由带有胞间连丝的横壁连接在一起，并被营养细胞质膜包被，其中1个大的精细胞以其狭长细胞突起环绕着营养核，并伸入到营养核内陷中，含大量线粒体，小的精细胞质体丰富而线粒体少，它们共同构成了1个联合体。以后在油菜、甘蓝等3细胞型花粉也发现了一对姐妹精细胞间以及与营养细胞核之间的紧密联系。在烟草、矮牵牛等2细胞型花粉，也发现了生殖细胞与营养细胞核之间的紧密联系，生殖细胞在花粉管内产生的2个精细胞并不分开，与营养细胞核一起构成一个联合体。杜马（Dumas）等（1984）提出了雄性生殖单位（male germ unit）的概念，雄性生殖单位是指被子植物成熟花粉粒中，营养核与生殖细胞或一对精子形成的联合体。雄性生殖单位的功能可能是作为传送精细胞的装置，使精细胞有序到达雌性靶细胞（卵细胞）（图8-23）。由此说明了姐妹精细胞在花粉管中的移动及在胚囊中的释放是同步的原因。

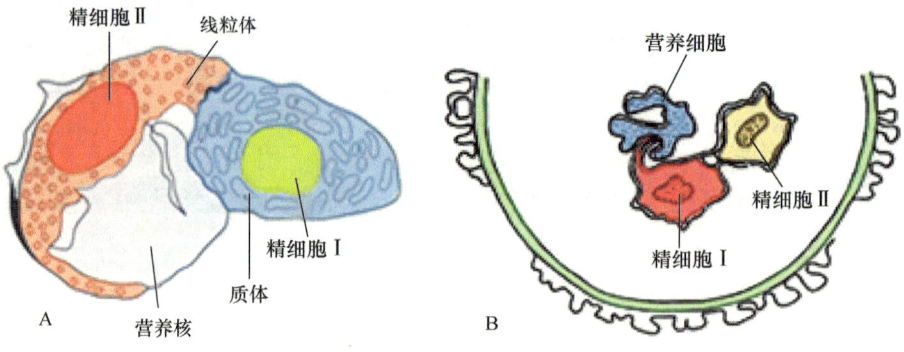

图8-23　雄性生殖单位

A．雄性生殖单位模式图；B．油菜花粉粒的一部分，示内部雄性生殖单位（引自Dumas et al., 1984）

在白花丹、油菜、甘蓝、玉米等被子植物的3细胞型花粉中，除了营养核和精细胞之间联系极为密切外，来源于同一生殖细胞的一对姐妹精细胞在大小、形状和细胞器数量上都有明显差异，称为精子异型性。一般是大的1个精细胞有较长的外突并与营养核紧密连结，含有大量线粒体，将来和中央细胞融合；小的精细胞含有较少线粒体，将来与卵细胞融合。异型精子分别选择与卵细胞、中央细胞融合是自然选择的结果。

4. 花粉粒的生活力

花粉粒的生活力是指花粉从花粉囊中散出后能

保持萌发能力的最长期限。花粉生活力与遗传基因和环境有关。自然条件下，大多数植物的花粉，从花药中散出后只能存活几小时、几天甚至几个星期。例如，水稻花粉在田间条件下，经 3min 就有 50% 丧失活力，5min 后活力几乎全部丧失。因此，成熟花粉粒是否能及时传至雌蕊柱头上，对保证花粉的正常萌发至关重要。

5. *花粉败育*

花粉败育是由于外界条件和内在因素的影响，形成无生殖能力花粉的现象。温度过高或过低、水分亏缺、光照不足、施肥不当、环境污染、药剂处理等均可引起植物生理失调，导致花粉中脯氨酸显著减少，形成花粉败育。

（四）药隔的结构与发育

药隔由外侧表皮、基本组织和维管束组成。药隔维管束与花丝维管束相连，输送花药发育时所需的水分和养料。幼小花药中部的原表皮发育成表皮，中部的基本分生组织经细胞分裂、分化形成药隔基本组织，原形成层发育形成药隔维管束。

三、花粉败育和雄性不育

花药成熟后，一般都能散发正常发育的花粉粒。由于各种内在和外界因素影响，有时散发出的花粉没有经过正常发育，不能起到生殖作用，这一现象称为花粉的败育（abortion）。花粉败育多与环境条件有关，如温度过低或严重干旱等。由于内在生理、遗传原因，在正常自然条件下也会产生花药或花粉不能正常发育，成为畸形或完全退化的情况，这一现象称为雄性不育（male sterility）。遗传性雄性不育在植物界中是一种常见现象，据统计已在 43 科、162 属、320 种和 297 个种间杂种中发现了雄性不育现象，并且这个数目还在不断增加。由于雄性不育是杂种优势利用的基础，因此，对雄性不育机理的探索一直是一个非常活跃的研究领域。雄性不育的原因是多方面的，与植物学有关的原因如下。

（一）绒毡层发育

研究表明，雄性不育的发生和绒毡层正常发育途径受干扰有关。可育花药的绒毡层细胞在小孢子发育晚期开始退化，到二胞花粉时期已基本消失。在不育花药中，花粉败育发生在小孢子发育时期，绒毡层细胞不但没有退化，而且一直保留到花药成熟的开花期。表明花粉的发育前提之一是绒毡层细胞适时退化。绒毡层提早降解也影响花粉发育，是导致花粉在单核靠边期败育的直接原因。在对拟南芥雄性不育突变体 ms32 超微结构的观察中发现，绒毡层细胞在减数分裂前期就形成了合成和分泌胼胝酶的粗糙内质网，呈垛叠状（而相应野生型的内质网到了四分体时期才开始形成），这样就导致了包裹花粉母细胞和四分体胼胝壁过早降解，致使花粉败育。另外，绒毡层营养物质减少，推测绒毡层细胞生物合成活性下降，影响了小孢子发育，导致花粉败育。

（二）细胞骨架

细胞骨架是真核生物普遍存在的一种细胞器，包括微管系统和微丝系统两个部分，参与细胞中多种功能。肌动蛋白是真核生物细胞中普遍存在的一种重要蛋白质。肌动蛋白构成细胞骨架中的微丝系统，参与染色体运动、细胞器运动、胞质流动等生命活动，在细胞生长发育过程中起着重要作用。植物正常花粉含有丰富的肌动蛋白，不育花药中的肌动蛋白很少。细胞骨架系统的紊乱过程也是花粉败育过程的一种表现。

（三）细胞的程序性死亡

在高等植物生活周期中，有些部位的器官、组织和细胞会在个体生活周期结束之前死亡，这种死亡是对外界环境变化的生理反应，是由外部信号引起的细胞自主死亡过程，称为细胞程序性死亡（programmed cell death，PCD）。细胞学研究表明，在花药成熟之前，作为正常有性生殖过程的前提，有些花药组织以精确的时间顺序经历细胞死亡过程，如果这些细胞的死亡过程发生了变化则往往导致不育。最典型的例子是花药绒毡层，它是花药壁的最内层体细胞组织，通常在花粉发育的特定时间内死亡，在成熟花药中已不存在。

（四）雄性不育植株的形态特征

从植株形态上，雄性不育性表现出许多不同形式：雌雄异株株系中完全没有或高度缺乏雄性个体；正常两性花植株上，雄性器官不发育或畸形；不能发育正常的造孢组织；小孢子发生异常，产生不完善、无生活力、畸形或败育的花粉；花粉不能成熟或在亲和柱头上不能发芽；形成有生活力的花粉，但花药不开裂；不是因为自交不亲和而导致的花粉不能到达柱头或胚珠。

综上所述，雄蕊发育过程图解如图 8-24 所示。

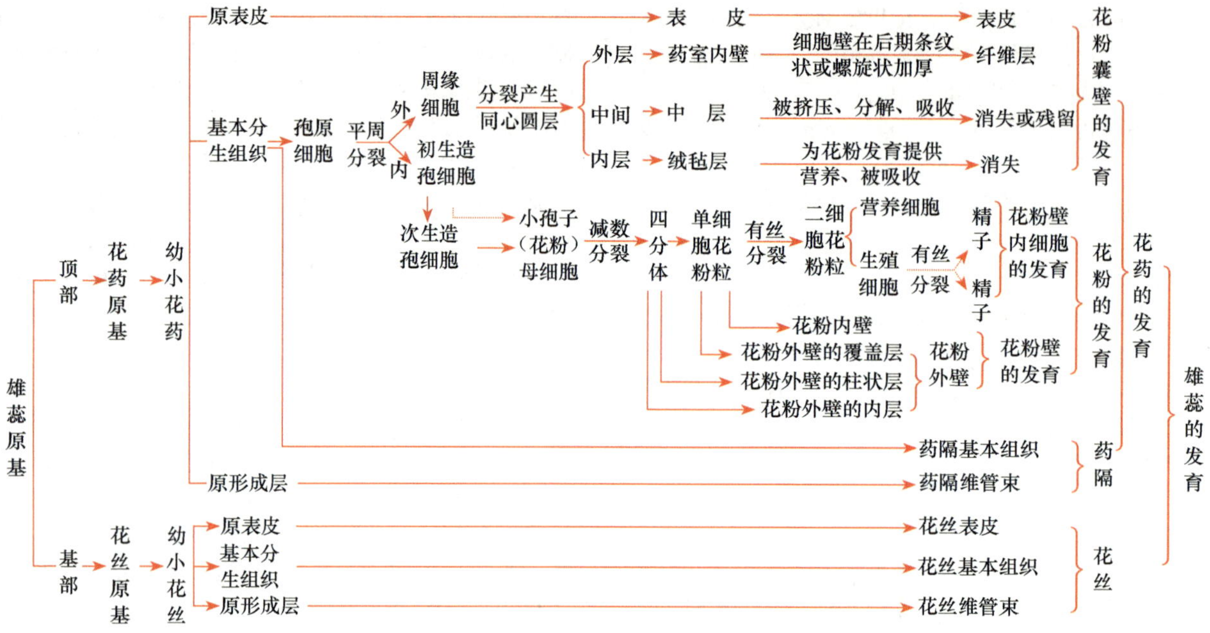

图 8-24 雄蕊的发育过程

第四节 雌蕊的发育和结构

一、雌蕊的发育和结构

雌蕊原基形成后，上部首先伸长，逐渐发育成柱头和花柱，基部闭合成囊状子房。形成雌蕊的变态叶称为心皮，它在形成雌蕊各部分时，常向内卷合或数个心皮互相连合形成一个雌蕊，心皮边缘相连合处为腹缝线，心皮中央相当于叶片中脉处为背缝线。背缝线处有一束较大的维管束，称背束；腹缝线处有两束较小的维管束，称腹束（图 8-25）。

（一）柱头

柱头是承受花粉粒的场所，具有特殊的表面以适

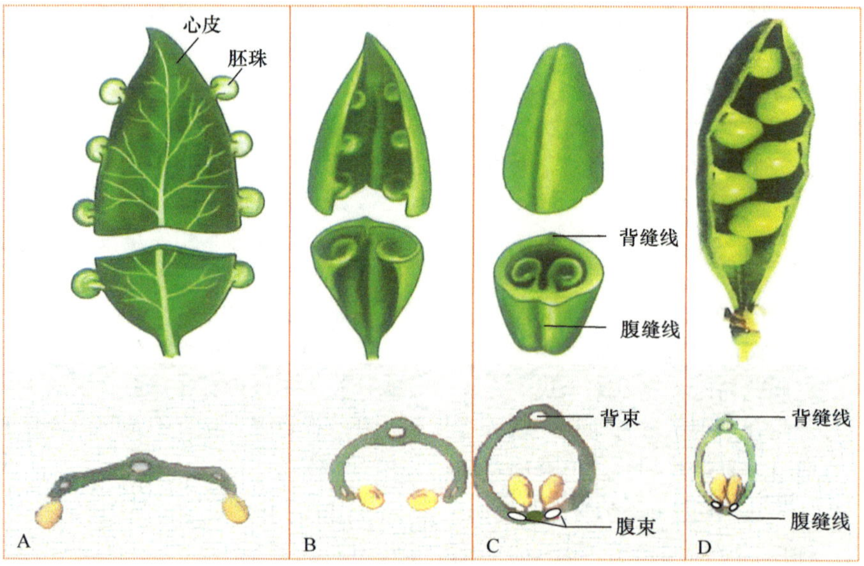

图 8-25 心皮发育为雌蕊的示意图

A. 一个张开的心皮及横切面；B. 心皮边缘内卷及横切面；C. 心皮边缘愈合形成雌蕊及横切面；D. 豌豆子房发育成的果实，为单心皮卷合而成，种子着生在腹缝线上

应接受花粉。柱头表皮细胞常变为乳突状或毛状，有利于黏附花粉。表皮以下为基本组织。根据柱头表皮细胞是否产生分泌物，将柱头分为两种类型：一种是传粉时柱头表皮下具有分泌功能的细胞群，大量分泌糖类、脂类、酚类、酸类、激素、酶、氨基酸和蛋白质等物质，使柱头表面湿润，称湿柱头，如百合、烟草、苹果、胡萝卜等。脂类主要有助于黏住花粉粒，减少柱头失水或防湿，酚类化合物有助于防止病虫对柱头的侵害，可以有选择地促进或抑制花粉粒萌发。糖类是花粉粒萌发及花粉管生长的营养物质。蛋白质在花粉与柱头相互识别中起重要作用。另一种是干柱头，在被子植物中最常见，这种柱头由于表面存在亲水性蛋白质薄膜，能通过其下面角质层的中断处吸水，辅助黏着花粉和获得萌发必需的水分，如石竹科、十字花科、禾本科等植物。覆盖柱头表面的一层亲水性蛋白质薄膜，既有黏着花粉的作用，又是花粉与柱头起识别反应的场所。

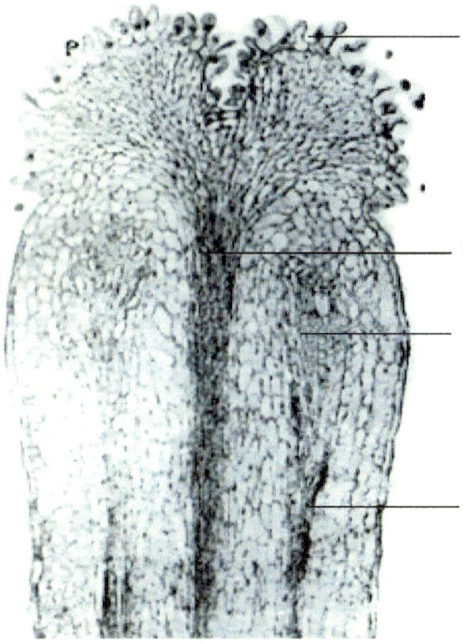

图 8-26　柱头的结构

（二）花柱

花柱最外层为表皮，内为基本组织。花柱有空心花柱和实心花柱。空心花柱中央有一条至数条纵行沟道，称为花柱道（stylar channel），自柱头通向子房。在花柱道表面有一层有分泌功能的内表皮细胞，称为花柱道细胞。这种细胞呈乳头状，细胞壁较厚，细胞核大，有的是多核，含有丰富细胞器和分泌物，开花前或传粉时，花柱道细胞的角质层破裂或部分细胞自行解体，将分泌物释放出来，传粉后，花粉粒萌发形成的花粉管就沿着花柱道表皮分泌物生长，进入子房，如豆科、罂粟科、马兜铃科和百合科等科部分植物。实心花柱的中央常充满着一种有分泌功能的引导组织（transmitting tissue），引导组织细胞在功能上与花柱道细胞相似，但其形态特征差异很大，引导组织细胞侧壁厚，横壁薄，细胞纵向伸长，常浅裂，胞间隙明显，胞内除含丰富细胞器外，还有大液泡、脂肪小球和晶体，传粉后，花粉管沿引导组织胞间隙进入子房（图 8-26），如白菜、番茄、梅等。有些植物，如垂柳、小麦、水稻等的花柱结构较为简单，无引导组织分化，花粉管从花柱中央薄壁组织的胞间隙中穿过（图 8-27）。

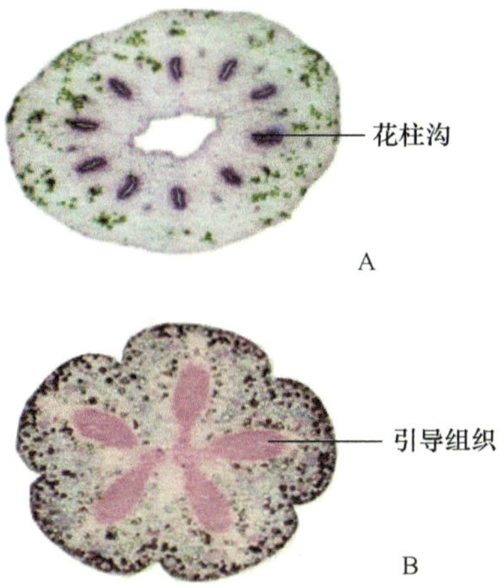

图 8-27　花柱的结构
A. 空心花柱；B. 实心花柱

（三）子房

子房是雌蕊最重要的组成部分，将其横切，可见其由子房壁、子房室、胚珠和胎座等部分组成（图 8-28）。子房壁内、外两面都有一层表皮（相当于叶片上表皮、下表皮），外表皮上常有气孔和表皮毛，两层表皮之间为薄壁组织（相当于叶肉）和维管束。在背缝线处有 1 个较大的维管束，腹缝线处有 2 个较小的维管束。通常在腹缝线处着生 1 至多数胚珠。胚珠着生在子房腹缝线上的位置称胎座，胎座类型和胚珠数目因植物种类不同而异。

二、胚珠的发育与结构

胚珠是由胎座上的胚珠原基发育而成的。随着雌蕊发育，子房腹缝线的一定部位，内表皮下的一些细胞经平周分裂，产生一团具有强烈分裂能力的细胞突起，称为胚珠原基。原基前端发育为珠心（nucellus），是胚珠中最重要的部分；原基基部发育为珠柄（funiculus），与胎座相连。以后，由于珠心基部外围细胞分裂较快，产生一环状突起，并逐渐向上扩展，将珠心包围起来，形成珠被（integument），珠被在珠心顶端留有一小孔，称珠孔（micropyle）。双子叶植物中的多数合瓣花类，如番茄、向日葵等只有一层珠被。双子叶植物中的多数离瓣花类和单子叶植物，如油菜、棉花、小麦、百合、水稻等则有两层珠被，内层为内珠被（inner integument），外层为外珠被

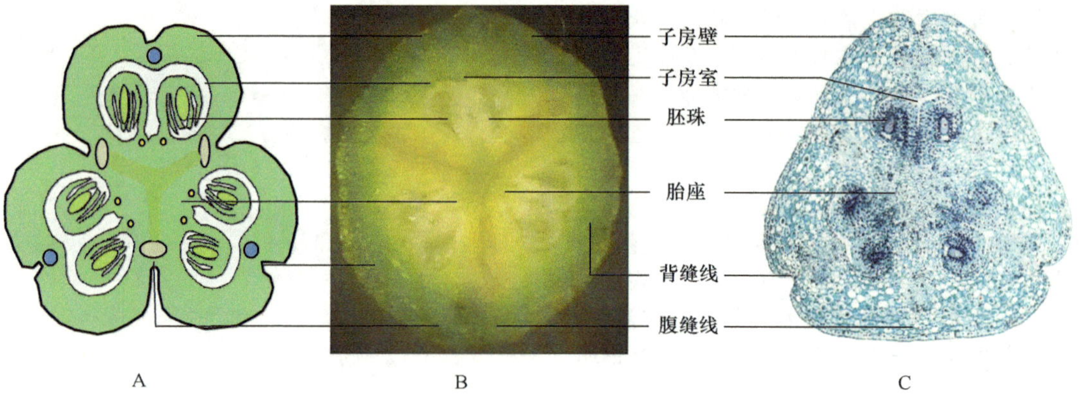

图 8-28 子房的结构

A. 百合子房横切面示意图；B. 子房横切面；C. 百合子房横切细胞结构图

（outer integument）。内珠被首先发育，然后在内珠被基部外侧的细胞快速分裂形成外珠被。珠柄与珠心直接相连，心皮维管束通过珠柄进入胚珠。维管束进入之处，即胚珠基部珠被、珠心和珠柄愈合的部位，称为合点（chalaza）（图 8-29）。

三、胚囊的发育与结构

（一）胚囊的发育

在胚珠发育过程中，随着胚囊形成和发育，珠心组织被发育的胚囊逐渐消耗；或残留后，被以后发育的胚乳逐渐消耗；或仍有残留后，则发育成储藏营养的组织，即外胚乳。胚囊发育包括大孢子发生和雌配子体形成。

1. 孢原细胞时期

最初珠心是由一团相似的薄壁细胞组成，在珠被原基刚开始形成时，珠心内部细胞发生变化。通常在靠近珠孔端珠心表皮下形成一个与周围不同的细胞，称为孢原细胞（archesporial cell）。孢原细胞体积较大，细胞质浓，细胞器丰富，细胞核大而显著。

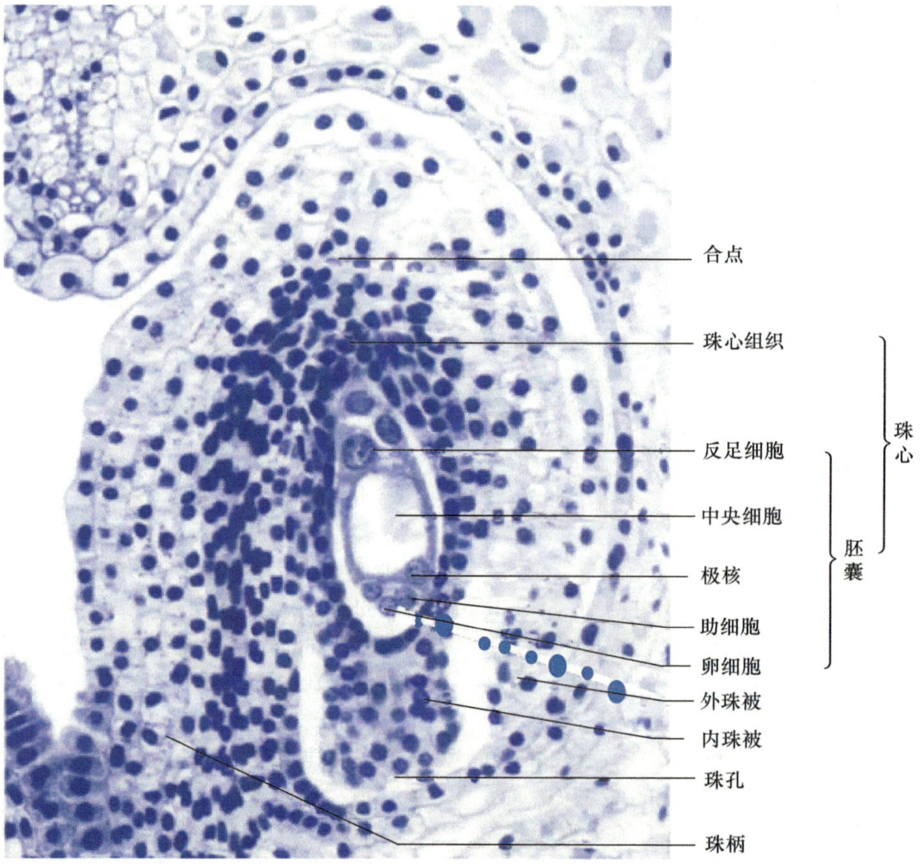

图 8-29 百合胚珠结构

2. 胚囊母细胞时期

有些植物的孢原细胞不经分裂，直接长大形成胚囊母细胞（embryo sac mother cell）或大孢子母细胞（megaspore mother cell）（图 8-30），如向日葵、水稻、小麦、百合等。有些植物的孢原细胞平周分裂一次形成内外两个细胞。外侧（近珠孔端）的一个为周缘细胞（parietal cell），继续进行分裂，产生的细胞参与到珠心组织中；内侧（远离珠孔端）的一个为造孢细胞（sporogenous cell），发育成胚囊母细胞，如棉花。有些植物孢原细胞不止一个，但只有一个能继续发育成胚囊母细胞。把孢原细胞不经分裂，直接发育成大孢子母细胞而发育成的胚囊称为薄珠心胚囊（tenuinucellate embro sac）。把孢原细胞经平周分裂形成周缘细胞和造孢细胞，再由造孢细胞发育成胚囊母细胞，进而发育的胚囊称为厚珠心胚囊（crassinucellate embro sac）。

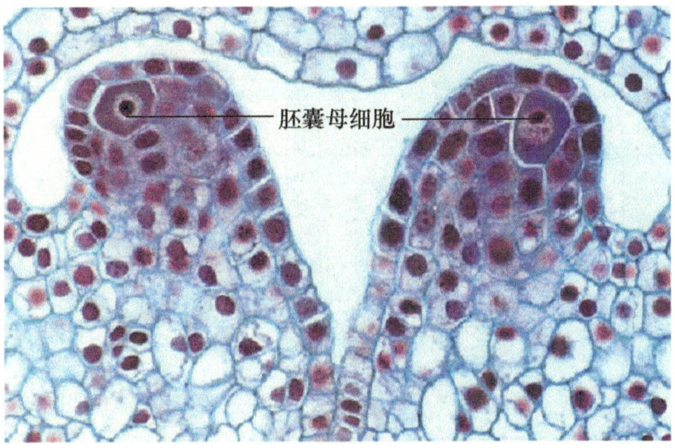

图 8-30 百合的胚囊母细胞

3. 减数分裂时期

胚囊母细胞进行减数分裂形成含单相核的大孢子。多数植物的胚囊母细胞减数分裂中，两次核分裂均相继伴随胞质分裂，其第二次分裂面与第一次分裂面相平行，形成的四分体排列在一条直线上，如蓼型胚囊母细胞。有的植物胚囊母细胞减数分裂中，细胞质在核第一次分裂结束时分裂，而在核第二次分裂结束后不分裂的，则形成分别含有两个单配体核的两个子细胞，如葱型胚囊母细胞。有的植物胚囊母细胞减数分裂中，只有核减数分裂而无细胞质分裂，则形成一个含 4 个单倍体核的一个子细胞，如贝母型胚囊母细胞。

4. 大孢子时期

不同种类植物，胚囊母细胞减数分裂中细胞质分裂情况不同，形成不同类型的大孢子。

（1）单孢子。大孢子母细胞减数分裂Ⅰ和减数分裂Ⅱ中都进行细胞质分裂，形成 4 个呈直线排列的含 1 个单相核的大孢子，近合点的 1 个为功能大孢子，继续发育，另 3 个退化。

（2）双孢子。大孢子母细胞减数分裂Ⅰ完成后，就进行细胞质分裂，形成二分体，在二分体中只有 1 个细胞进行减数分裂Ⅱ中的核分裂，不进行细胞质分裂，形成一个含 2 个单相核的大孢子，另一个二分体退化。

（3）四孢子。大孢子母细胞减数分裂中只有核分裂无细胞质分裂，形成 1 个含 4 个单相核的大孢子。

5. 成熟胚囊时期

大孢子经有丝分裂，发育成成熟胚囊（成熟雌配子体）的过程中，由于大孢子有单孢子、双孢子、四孢子 3 种类型，进而萌发形成的胚囊也有单孢子型胚囊、双孢子型胚囊、四孢子型胚囊。根据参加形成胚囊的大孢子类型、大孢子核分裂次数和成熟胚囊结构特点，划分出多种胚囊发育类型，其中常见的有单孢子型胚囊发育的蓼型胚囊、双孢子型胚囊发育的葱型胚囊、四孢子型胚囊发育的贝母型胚囊（表 8-1）。下面仅阐述蓼型胚囊和贝母型胚囊的发育。

（1）蓼型胚囊。胚囊母细胞减数分裂形成沿合点到珠孔方向呈直线排列的 4 个大孢子（macrospore），被共同的胼胝质壁包围，胼胝质壁从合点端的大孢子处首先变薄逐渐消失，便于这个孢子从珠心组织吸收营养，有利于发育，而珠孔端的 3 个大孢子被胼胝质壁包围较长时间，最后退化消失。合点端留存的大孢子称为有功能大孢子，体积逐渐增大，进而发育为单核胚囊，也是雌配子体的第一个细胞。

单核胚囊继续从珠心组织吸取养料，体积不断增加，同时出现大液泡，胚囊体积几乎占珠心大部分体积。单核胚囊长到一定程度时，连续进行 3 次核有丝分裂而不伴随细胞质分裂。第 1 次有丝分裂，产生 2 个子核，分别移向两极，接着这 2 个子核进行第 2 次有丝分裂形成 4 个子核，4 个子核进行第 3 次有丝分裂形成 8 个子核，胚囊两端各 4 个游离核，不久，两端各有 1 核移向胚囊中央，互相靠近，形成极核（polar nuclei）。随着核分裂进行，胚囊体积迅速增大，特别沿纵轴扩展更为明显。8 核胚囊形成后，开始没有细胞壁形成，以后各核之间产生细胞壁，形成细胞。珠孔端 3 个细胞的中央 1 个分化成卵细胞（egg cell），即雌配子，两侧的为助细胞（synergid），三者合称卵器。合点端 3 个细胞为反足细胞（antipodal cell），2 个极核与周围细胞质一起，组成大型中央细胞（central cell）。至此，大孢子萌发形成的单细胞单核胚囊（雌配子体）已发育成具 7 个细胞 8 核的成熟胚囊（embryo sac）或成熟雌配子体（female gametophyte）。产生的雌配子（female gamete）是卵细胞。这种由近合点端的 1 个大孢子经 3 次有丝分裂形成 7 细胞 8 核胚囊的发育形式，最初在蓼科植物中观察到，所以称为蓼型胚囊（图 8-31）。约有 81% 的被子植物的胚囊属于此种类型。

（2）贝母型胚囊。胚囊母细胞减数分裂时只进行核分裂，无细胞质分裂，形成 1 个含 4 个单相核的大孢子，经过核移动，使核排列成 1+3 形式，1 核在珠孔端，3 核在合点端。胚囊含 4 个单相核的时期称为前 4 核胚囊时期。1+3 排列的核进行 1 次有丝分裂，在

表 8-1 大孢子的形成及发育的三种重要类型

大孢子发生				雌配子体发生（胚囊的发育）				胚囊类型	发育类型
大孢子母细胞	减数分裂过程及其结果		大孢子类型	有丝分裂次序及其结果			成熟胚囊		
	Ⅰ	Ⅱ		第1次	第2次	第3次			
			单孢子				珠孔端 合点端	单孢子胚囊	蓼型
			双孢子				珠孔端 合点端	双孢子胚囊	葱型
			四孢子 核的移动	核分裂融合，形成三倍体			珠孔端 合点端	四孢子胚囊	贝母型

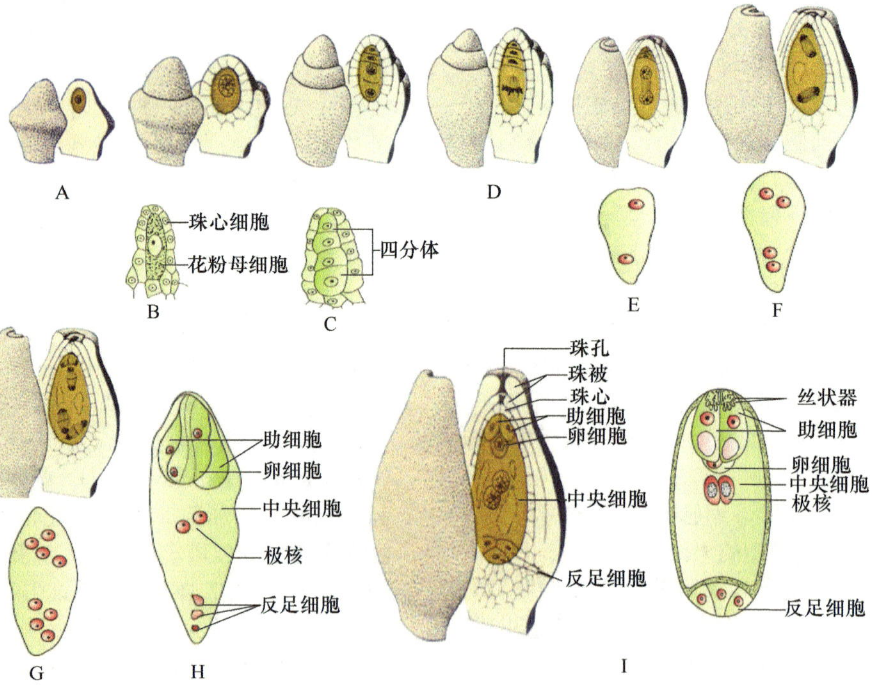

图 8-31 蓼型胚囊的胚珠及其内部胚囊发育示意图

A. 孢原细胞，内珠被发生；B. 胚囊母细胞已形成，外珠被发生；C. 胚囊母细胞减数分裂形成四分体；D. 四分体中靠近珠孔端的 3 个细胞退化，1 个发育；E. 功能大孢子的核第 1 次有丝分裂；F. 大孢子核第 2 次有丝分裂；G. 大孢子核第 3 次有丝分裂；H. 珠孔、合点端各有 1 核向胚囊中央移动，成为极核，细胞质分裂；I. 形成 7 细胞 8 核成熟胚囊珠孔端形成2个单倍体核，在合点端，有丝分裂中因纺锤体合并，形成2个三倍体核。胚囊含2个单相核和2个三倍体核的时期称为后4核胚囊时期。后4核胚囊的4个核进行1次有丝分裂形成8个核，胚囊两端各4个核，不久，两端各有1核移向胚囊中央，互相靠近，形成极核，并进行胞质分裂，形成成熟胚囊。成熟胚囊具有2个单倍体助细胞和1个单倍体卵细胞（即雌配子）组成的卵器、3个3倍体反足细胞、含1个具有1个单倍体的上极核和1个3倍体的下极核的中央细胞。这种发育形式，最初在贝母属植物中观察到，所以称为贝母型胚囊（图8-32）。

（二）成熟胚囊的结构

虽然胚囊发育形式多样，且不同发育时期，结构不同，但大多数植物成熟胚囊是由1个卵细胞、2个助细胞、1个中央细胞和3个反足细胞构成（图8-33）。它们之间存在胞间连丝。

1. 卵细胞

卵细胞是雌配子，成熟卵细胞近乎洋梨形，狭长端对向珠孔。在珠孔端与两个助细胞排列成三角鼎立

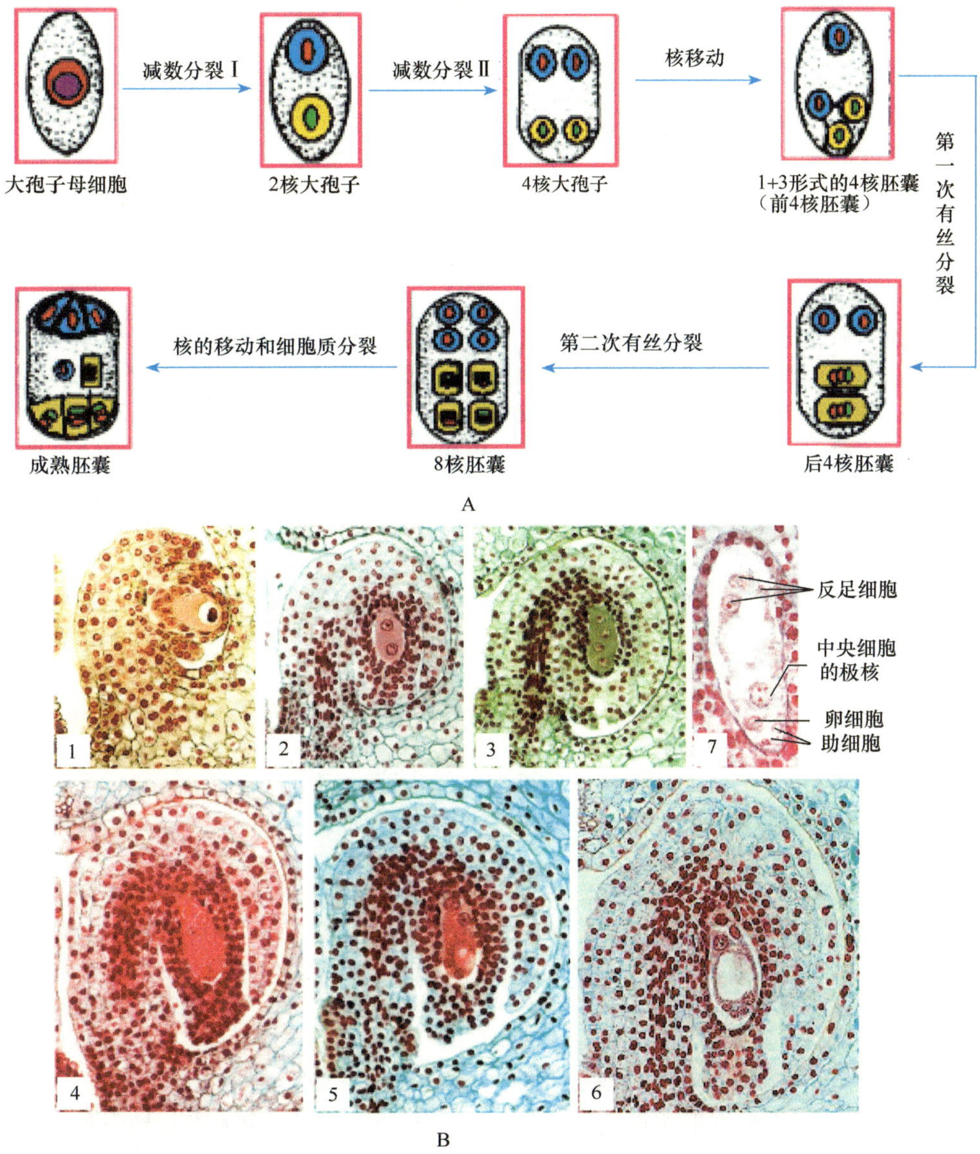

图8-32 贝母型胚囊发育

A. 贝母型胚囊发育示意图；B. 百合胚囊的发育（贝母型）。1. 大孢子母细胞；2. 大孢子母细胞减数分裂中期Ⅰ形成2核；3. 大孢子母细胞减数分裂完成，形成一个4核大孢子；4. 核移动成1＋3形式，成为前4核胚囊；5. 4个大孢子核有丝分裂与融合后，形成后4核胚囊；6. 7细胞8核成熟胚囊（成熟雌配子体）；7. 胚囊的放大

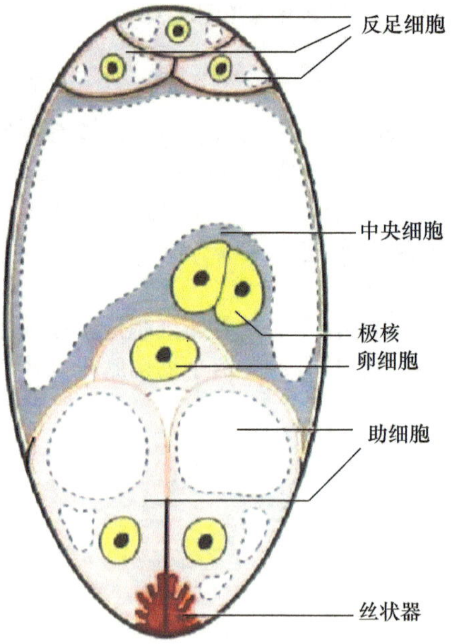

图 8-33 胚囊结构示意图（引自杨世杰，2010）

状。大多数被子植物的卵细胞具有明显的极性，即核和细胞质偏于合点端，珠孔端有一个大液泡。细胞质主要分布在合点端核周围，液泡四周及珠孔端只有少量细胞质。卵细胞在发育初期，细胞质内的细胞器较多，有许多线粒体、质体、内质网、核糖体等，这些细胞器大部分分布在合点端细胞质中，珠孔端的细胞质中细胞器十分稀少。已成熟的卵细胞中各种细胞器减少，说明成熟卵细胞代谢和合成活动较低，而且卵细胞成熟时，珠孔端大液泡分散成小液泡，细胞核更贴近合点端。

卵细胞仅在珠孔端的区域有细胞壁，近合点端区域缺少细胞壁（如棉花、玉米等）或呈蜂窝状（如荠菜）。在向日葵中发现，卵细胞在发育初期，外周以完全壁与助细胞、中央细胞相隔，壁上有胞间连丝，随着卵细胞发育成熟，卵细胞合点端开始变薄，之后合点端约占整个卵细胞 1/3 部位的细胞壁完全消失。

2. 助细胞

助细胞位于珠孔端，两个助细胞彼此紧靠，体积比卵细胞稍小。助细胞的极性与卵细胞相反，即合点端常有 1 个大液泡，细胞质与核偏向珠孔端。助细胞的细胞质有丰富的线粒体、内质网、高尔基体、核糖体等细胞器，说明助细胞是代谢高度活跃的细胞。大多数被子植物助细胞的壁与卵细胞的相似，仅在珠孔端有壁存在，从珠孔端至合点端逐渐变薄，在合点端与卵细胞和中央细胞之间只以质膜相隔，没有细胞壁，或合点端有壁但变为蜂窝状。助细胞在珠孔端的细胞壁向细胞腔内生出一些指状突起，称为丝状器（filiform apparatus）。丝状器与传递细胞的壁很类似，它也增加了细胞壁与质膜的接触面积。丝状器可能具有将珠心和珠被细胞内营养物质转运给胚囊，特别是转运给卵细胞的短距离运输作用。另外，丝状器还可能具有将助细胞所产生的某种化学物质分泌到珠孔或与珠孔相邻近的珠心细胞中去的作用，这种化学物质具有引导花粉管准确到达胚囊的功能。

珠孔端的 2 个助细胞和 1 个卵细胞合称为卵器（图 8-33）。这 3 个细胞有一个共同特点，就是具有不完全和厚度不同的细胞壁，靠近合点端只有质膜而无细胞壁。卵器细胞的这一特征为受精过程提供了有利条件，使精子容易进入卵细胞和中央细胞中完成双受精过程。

3. 中央细胞

中央细胞是一个高度液泡化的细胞，中央细胞的核称为极核。在成熟胚囊中，两个极核相互靠近或融合为一个双倍体的核称为次生核。中央细胞也表现出一定极性，在合点端有一个大液泡，细胞质主要集中在极核或次生核周围。在液泡和侧壁之间，只有很薄的一层细胞质。

成熟胚囊中，中央细胞壁薄厚不匀，与卵器接触处的细胞壁较薄或没有细胞壁，只有质膜；与反足细胞相接处具有薄的细胞壁；与珠心细胞相接处具有由最初胚囊细胞保留下来的细胞壁。中央细胞通过胞间连丝与卵器和反足细胞联系，而与珠心细胞间并不存在这种联系，但中央细胞侧面有由细胞壁向内形成的大量指状内突，在珠孔端极为发达。

中央细胞有丰富的线粒体、质体、内质网、高尔基体等细胞器，显示出中央细胞代谢很活跃，中央细胞有大量淀粉粒和脂类，表明中央细胞是胚囊内储存营养物质的主要场所。中央细胞受精后发育成胚乳。

4. 反足细胞

反足细胞位于胚囊合点端，虽与受精作用无直接关系，但却是代谢活跃的细胞。反足细胞的形状和数目变化因植物种类不同差异很大。超微结构观察发现，在玉米等植物的反足细胞中，与珠心相邻的细胞壁上，有发达的壁内突，说明反足细胞具有传递细胞的特征。反足细胞有丰富的线粒体、内质网、核糖体和高尔基体等细胞器，整个反足细胞代谢活跃。

雌性生殖单位（female germ unit）这一概念与雄性生殖单位的概念是由杜马（Dumas，1984）等同时提出的。雌性生殖单位是指由卵细胞、助细胞和中央细胞组成的一个结构单位，是一个和生殖直接相关的功能单位。当胚囊发育到一定临界状态即准备受精之前才组成的一个暂时性单位，在其功能结束后即行解散，以保证胚和胚乳各自发育。

第五节　开花、传粉和受精

一、开花

当雄蕊中的花药和雌蕊中的胚囊达到成熟时期，或两者之一达到成熟，这时花萼、花冠展开，露出雌蕊、雄蕊，使传粉得以进行，这一现象称为开花（anthesis）。有些植物的花，不待花苞张开，就已完成传粉作用，甚至进一步结束受精作用，称为闭花受精，多见于闭花传粉的植物中。开花的外部形态标志是：雄蕊花丝直立，花药呈现该植物特有的颜色；雌蕊柱头如为湿柱头则分泌黏液，如柱头是分裂成几片的则裂片张开，如柱头上有腺毛，则腺毛突起以便接受花粉。

各种植物的开花年龄不同，一二年生植物生长数日至数月就能开花，在这类植物的一生中只开花一次，花后植物死去。多年生植物达到开花年龄后，年年开花，一生中开花多次，直到植物死亡为止。木本植物一般都需生长数年后才能达到开花年龄。龙舌兰有的要生长数十年才能达到开花年龄。龙舌兰虽是多年生植物，但一生中只开花一次，花后植物死亡。木本植物的开花年龄差异很大，如桃属植物 3～5 年；桦属植物 10～12 年，椴属植物 20～25 年。

各种植物在每年的开花时期也不同，风媒木本植物多在早春叶未长出之前开花，花期较早，这有利于风媒传粉的进行，如樱花、玉兰、桃花等。一般植物多在叶长出后开花，花期较晚。不同植物的开花季节虽不完全相同，但大体上集中在早春季节，少数是在冬天开花。多数植物在白天开花，也有的在晚上开花，如晚香玉（*Polianthes tuberosa*）。

一株植物中，从第一朵花开放到最后一朵花开花结束所经历的时间，称为开花期。开花期的长短常随植物种类不同而异，如小麦 3～6d，早稻 5～7d，晚稻 9～10d，柑橘、苹果 6～12d，油菜 20～40d，棉、番茄可延续几个月。热带植物中有些种类几乎终年开花，如可可、桉树、柠檬等。各种植物的开花习性与它们原产地生活条件有关，也是植物长期适应的结果。但在某种程度上也受生态条件的影响，如纬度、海拔、气温、光照、湿度、营养状况等的变化都可能引起植物开花的提早或推迟。开放后的花朵，一般雌雄蕊已经成熟，雄蕊的花粉囊通过一定方式开裂并散出花粉，完成传粉作用。散放出来的花粉，在适宜温度、湿度条件下，保持一定时期的萌发力。高温、干旱或过量雨水，一方面能破坏花粉生活力，同时对柱头分泌作用产生不利影响，所以作物在开花时遇到高温、干旱或连阴雨等恶劣天气，都会导致减产。

二、传粉

花药成熟后，花粉囊以不同方式裂开，散出成熟花粉粒，以各种不同方式传到雌蕊柱头上的过程称为传粉（pollination）（图 8-34）。被子植物的传粉方式主要有自花传粉（self-pollination）和异花传粉（cross pollination）两种方式。

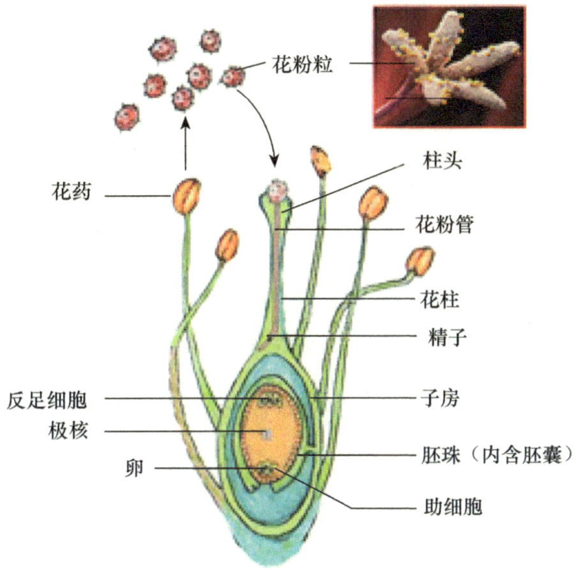

图 8-34　传粉

花药开裂方式常见的有如下几种。①纵裂。花药沿长轴方向裂开，是一种最常见的开裂方式，如百合、桃、梨等。②孔裂。药室顶端成熟时开一小孔，花粉由小孔中散出，如茄、杜鹃等。③瓣裂。花药每个药室有活板状盖子，成熟时，花粉由活板盖掀开的孔散出，如小檗、樟树。

（一）自花传粉及其生物学意义

花粉从花粉囊散出后，落到同一朵花柱头上的传粉现象，称为自花传粉。但在农业、林业生产上，农作物同株异花间的传粉和果树中品种内传粉也称为自花传粉。最典型的自花传粉是闭花传粉和闭花受精，它和一般的开花传粉和开花受精不同。这类植物的花不待花苞张开，就已完成受精作用。它们的花粉直接在花粉囊里萌发，花粉管穿过花粉囊壁，向柱头生长，完成受精，如豌豆、落花生等。闭花受精在自然界是一种合理的适应现象，植物在环境条件不适于开花传粉时，闭花受精就弥补了这一不足，完成生殖过程，而且花粉可以不受雨水淋湿和昆虫吞食。

自花传粉植物花的特征是：①两性花，雄蕊常围绕雌蕊而生，挨得很近，所以花粉容易落在本花柱头上；②雄蕊花粉囊和雌蕊胚囊同时成熟；③雌蕊的柱头对于本花的花粉萌发和花粉管中雄配子发育没有任何生理阻碍；④花的形态较小，无蜜腺，无香味；⑤花药的位置高于柱头，花药开裂方向向着柱头，使花粉很容易散落在自花柱头上。

在植物界，自花传粉并不是普遍现象。自花传粉会削弱后代的生活力，引起后代衰退，这在农业生产实践中已得到证明。例如，小麦是自花传粉植物，如果长期连续自花传粉，30～40年后会逐渐衰退而失去栽培价值。同样，大豆在连续10～15年的自花传粉后，也会产生同样现象。自花传粉、自体受精之所以有害，是因为自花传粉植物所产生的两性配子，是处在同一环境条件下，两配子的遗传性缺乏分化作用，差异很小，所以融合后产生的后代生活力和适应性小。

虽然自花传粉是一种原始的传粉形式，后代也不能受益，但在自然界却被保存了下来，这是因为自花传粉对某些植物说来仍是有利的。在异花传粉缺乏必需的风、虫等媒介力量，而使传粉不能进行的时候，自花传粉弥补了这一缺点。达尔文曾经指出，对于植物来说，用自体受精方法繁殖种子，总比不繁殖种子或繁殖很少量好些。何况在自然界没有一种植物是绝对自花传粉的，在它们中间总会有较少的一部分植株是在进行异花传粉。所以，长期以来自花传粉的植物种类仍能存在。

（二）异花传粉及其生物学意义

一朵花的花粉传送到同一植株或不同植株另一朵花柱头上的传粉方式，称为异花传粉。在果树栽培上，不同品种间的传粉和作物栽培上不同植株间的传粉也称异花传粉。异花传粉是植物进化中的一种进步现象，因此，植物在长期历史发展过程中形成了一些生理上和形态结构上的特点，借以避免自花传粉的发生而适应于异花传粉的进行。主要表现在：①花单性，且是雌雄异株植物；②两性花，但雄蕊和雌蕊不同时成熟，在雌蕊、雄蕊异熟现象中，有雄蕊先熟的，如玉米、莴苣等，或是雌蕊先熟的，如木兰、甜菜等；③雌蕊、雄蕊异长或异位，也不能进行自花传粉，如报春花（图8-35）；④自花不育性，花粉落在本花柱头上不能萌发，或不能完全发育以达到受精结果，如亚麻、桃、梨、苹果、葡萄等。其原因可能有两种：一种是花粉粒落在本花柱头上，柱头黏液对自花花粉粒有抑制作用，花粉不能正常萌发，如荞麦、向日葵；另一种是花粉粒虽能萌发，但花粉管生长缓慢，远不如异花传粉来的花粉萌发的快，所以不能到达子房完成受精，从而保证了异花受精，如玉米、番茄。所以，在进行玉米自交系培育时，必须在人工授粉后套袋隔离。

A

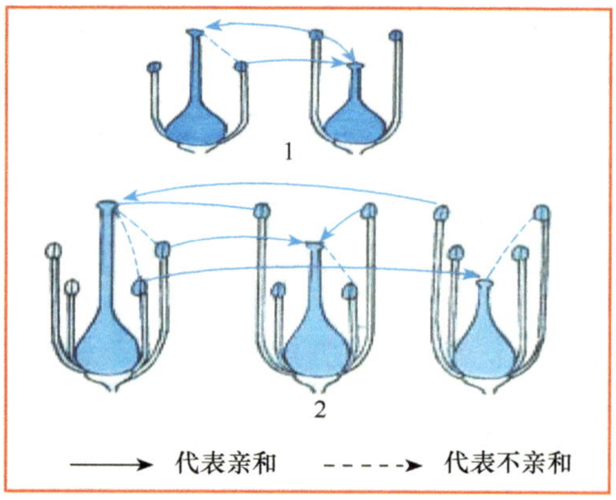

B

图8-35 雌雄蕊异长

A. 报春花雌蕊、雄蕊异长；B. 雌蕊、雄蕊异常花的种类及不亲和图解。1. 二型花柱；2. 三型花柱（Johri，1984）

异花传粉在植物界比较普遍，与自花传粉相比，是一种进化方式。异花传粉和异体受精的后代往往具有强大的生活力和适应性，种子重量较大，发芽能力较强，具有父本和母本植物的遗传性，因此丰富了子代植物的遗传性，增加了子代植物的变异性，这样就使更能适应环境条件的新品种的形成成为可能，也就是说，使植物进化成为可能。

异花传粉虽然能够提高子代植物的生活力，丰富子代植物的遗传性，但却受外界环境的限制。如果正当植物开花传粉时缺少了风、昆虫等传粉媒介或遇连阴雨，异花传粉就不能进行，而自花传粉植物照样能够传粉、受精、结实。因此，虽然自花传粉对后代有不利影响，但可以认为自花传粉是在缺乏异花传粉条件下对繁殖的一种适应现象，所以被保留下来。

异花传粉植物必须借助各种外力帮助，才能把花粉传送到其他花的柱头上。传送花粉的媒介有风力、昆虫、鸟和水，最为普遍的是风和昆虫。各种不同外力传粉的花，往往产生一些特殊的适应性结构，使传粉得到保证。

1. 风媒花

依靠风为传送花粉媒介的花称为风媒花（anemophilous flower），如水稻、黑麦、玉米、芝麻、杨、核桃等。风媒花小、密集常形成花序，花被一般不鲜艳，小或退化形成裸花，无香味，不具蜜腺；花粉量大，细小质轻，外壁光滑、干燥易被风吹送。有些植物雄蕊花丝较长，易摆动，有利散发花粉，如玉米。柱头常扩展或分裂已接受花粉，如小麦（图 8-36）。

图 8-36　风媒花

A. 玉米；B. 小麦

2. 虫媒花

以昆虫（如蜂、蝶、蛾、蚁等）为传送花粉媒介的花称为虫媒花（entomophilous flower），如油菜、向日葵、瓜类、薄荷、洋槐等。虫媒花大，花被鲜艳、亮丽，常有香味或其他气味，如恶臭味，常有蜜腺，这些都有利于招引昆虫在其上活动。花粉数量较少，体积较大、表面粗糙，有黏性，常黏集成块，不易被风吹散，易黏附于昆虫体上而被传播。花粉粒富含多种营养物质，可作为昆虫的食物。虫媒花多为两性花，在有一定数量昆虫存在的条件下，两性花传粉机会较单性花多一倍；另外，适应昆虫传粉的另一特点是白天开花的花多为红色、黄色等鲜艳颜色；夜间开花的花多为白色。所以，虫媒花植物的分布以及开花的季节性和昼夜周期性与传粉昆虫在自然界的分布及活动规律有密切关系。

3. 其他传粉方式

除风媒和虫媒传粉外，水生被子植物中的金鱼藻、黑藻等都是借助水力传粉的，这类传粉方式称为水媒（hydrophily）。例如，有一种苦草属（*Vallisneria*）植物是雌雄异株的，它们生活在水底，当雄花成熟时，大量雄花自花柄脱落，漂浮在水面上开放，同时雌花花柄迅速伸长，把雌花顶出水面，当雄花漂近雌花时，两种花在水面相遇，柱头和雄花花药接触，完成传粉受粉过程，以后雌花花柄重新卷曲成螺旋状，把雌蕊带回水底，进一步在水底发育成果实和种子。其他借鸟类传粉的称为鸟媒（ornithophily），传粉的是蜂鸟，它的头部有细长的喙，在摄取花蜜时把花粉传开（图 8-37）。

虫媒花　　鸟媒花　　蝙蝠传媒的花　　水媒花

图 8-37　异花传粉中的虫、鸟、蝙蝠、水为传粉媒介的花

三、受精作用

植物的雌配子、雄配子，即卵细胞和精子相互融合，形成合子的过程称为受精。被子植物受精过程包括了花粉落在柱头上萌发、形成花粉管并进入胚囊、释放出精子至精卵完成融合的一系列变化过程。这一过程是被子植物有性生殖过程的重要阶段。

（一）花粉粒在柱头上的萌发

经过传粉，成熟花粉粒落在柱头上后，花粉粒内壁穿过外壁上的萌发孔，向外突出，并继续伸长，形成花粉管，这一过程，称为花粉粒的萌发（图 8-38）。并非所有落在柱头上的花粉粒都能萌发，只有通过花粉壁蛋白与柱头表面分泌物相互识别，同种或亲缘关

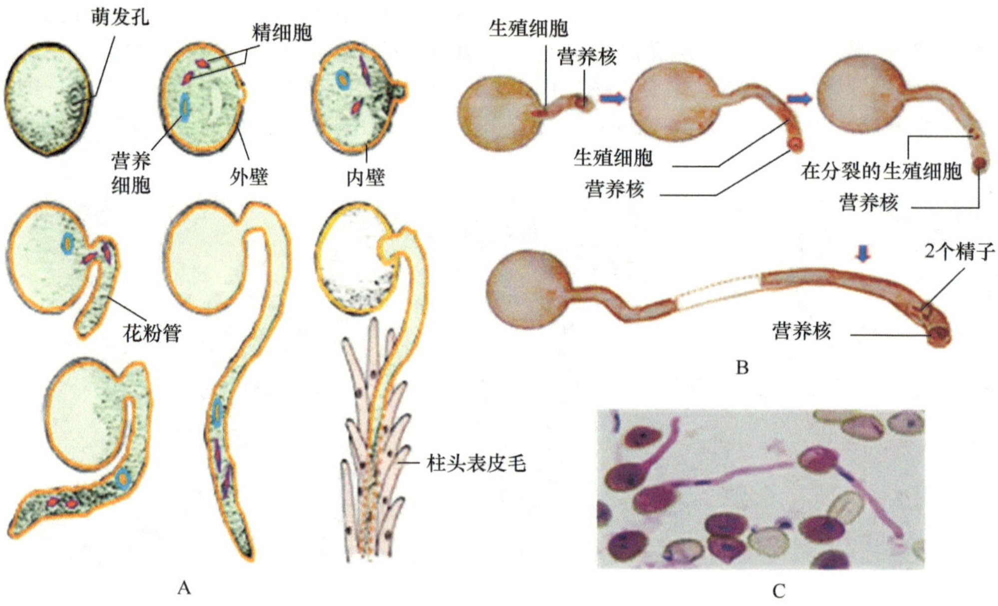

图 8-38 花粉粒萌发和花粉管形成

A. 水稻 3 细胞型花粉粒萌发和花粉管形成（依李扬汉，1984）；B. 2 细胞型花粉粒萌发和花粉管形成；C. 百合花粉萌发

系很近的花粉粒才能萌发。亲缘关系较远的异种花粉往往不能萌发。有些异花传粉植物的柱头，会抑制自花花粉粒萌发和花粉管生长，相反，对同种异株花粉的萌发和花粉管生长，却有促进作用。

花粉粒和柱头的相互识别或选择，具有重要的生物学意义。通过相互识别，防止遗传差异过大或过小的个体交配，是植物在长期进化过程中形成的一种维持种稳定的适应现象。在花粉粒落在柱头上的几秒钟内，即由花粉粒外壁释放的壁蛋白，与柱头蛋白质薄膜相互作用，从而决定以后的一系列代谢过程。如果两者是亲和的，柱头则提供水分、碳水化合物、胡萝卜素、各种酶和维生素及刺激花粉萌发生长的特殊物质，同时花粉粒就在柱头上吸收水分、分泌角质酶溶解柱头接触点上的角质层，花粉管得以进入花柱；如果两者不亲和，柱头的乳头状突起随即产生胼胝质，阻碍花粉管进入，产生排斥和拒绝反应，花粉萌发和花粉管生长被抑制。此外，不同植物柱头的分泌物在成分和浓度上各不相同，特别是酚类物质的变化，对花粉萌发起到促进或抑制作用。实验证明，硼可以减少花粉破裂，提高花粉萌发率，促使花粉管生长；钙有诱导花粉管沿一定方向生长的作用。花粉在柱头上有立即萌发的，如玉米、橡胶草等。有需要经过几分钟以至更长时间后才会萌发的，如棉花、小麦、甜菜等。空气湿度过高或气温过低，不能达到萌发所需要的温度或湿度时，萌发就会受到影响。育种时，如在下雨或雾后紧接着进行授粉，通常不结实。花粉受湿后随即干燥，也是致命因素。故花粉的寿命在柱头上能维持多久，除与气候条件有关外，还与各种植物遗传特性有很大关系。

（二）花粉管的生长

通常一粒花粉萌发时产生一个花粉管，但有些多萌发孔（沟）花粉，如锦葵科、葫芦科、桔梗科等植物，可以同时长出几个花粉管，但最终只有一个继续伸长，其余的都在中途停止生长。花粉管具有顶端生长的特性，它的生长只限于前端 3～5μm 处，形成后能继续向下引伸，在角质酶、果胶酶等的作用下，穿越柱头，然后沿胞间隙向花柱生长。在花粉管生长时，花粉细胞内含物全部注入花粉管内，向花粉管顶端集中，如是 3 细胞型花粉粒，则一个营养核和两个精子全部进入花粉管内。2 细胞型花粉粒在营养核和生殖细胞移入花粉管后，生殖细胞在花粉管中进行一次有丝分裂，形成两个精子（图 8-39）。营养细胞的核一般在花粉管到达胚囊时就消失，或仅留下残迹。

花粉管通过花柱到达子房的生长途径有两种情况：一些植物的花柱是空心的，花粉管常沿管壁内表面向下生长，到达子房；另一些植物的花柱是实心的，具有特殊的引导组织，花粉管通过引导组织细胞间隙达到子房。花粉管在花柱中的生长，除利用花粉本身储藏物质作为营养外，也从花柱道或引导组织分泌物中吸取养料，作为生长和建成管壁合成物质之用。

花粉管到达子房后，或直接沿子房内壁或经胎座继续生长，伸向珠孔，进入胚囊（直生胚珠），或经过弯曲，折入胚珠珠孔口（倒生、横生胚珠），再由珠孔进入胚囊，统称为珠孔受精（porogamy）。有的花粉管经过胚珠基部的合点到达胚囊，称合点受精（chalazogamy）。前者是一般植物所具有；后者是少见的现象，如榆、胡桃等的受精即属于合点受精。此外

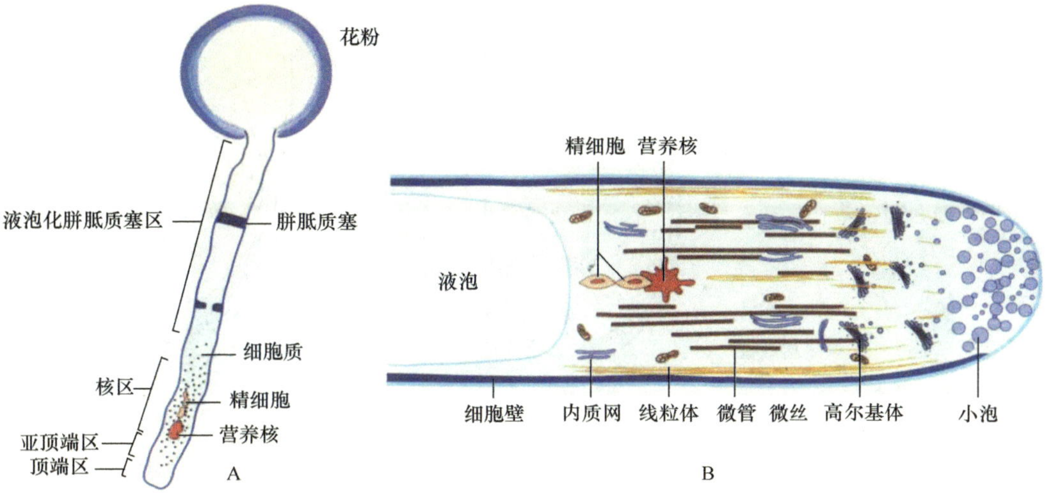

图 8-39 花粉管的结构

A. 花粉管区结构示意图；B. 花粉管前端超微结构图解：顶端区富含小泡、短的微丝片段及未装配的微管，缺少其他细胞器；亚顶端区富含高尔基体、内质网、线粒体和微管、微丝等细胞器；核区是营养细胞核和精细胞所在区域。微丝均匀分布于亚顶端区及其后部的细胞质中，长轴与花粉管长轴方向平行；微管主要位于细胞质中，长轴也与花粉管长轴方向平行（引自杨世杰，2010）

也有横穿过珠被进入胚囊的称中部受精（mesogamy），如南瓜（图 8-40）。

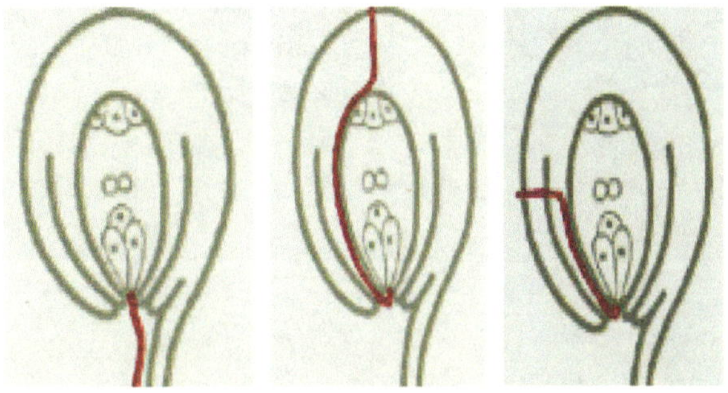

图 8-40 胚珠受精的三种类型

（三）被子植物的双受精过程

花粉管经过花柱，进入子房，直达胚珠，然后穿过珠孔，进而向胚囊中生长。在珠心组织较薄的胚珠里，花粉管可以立即进入胚囊，但在珠心较厚的胚珠里，花粉管需先通过厚实珠心组织，才能进入胚囊。

花粉管进入胚囊的途径，因植物种类不同而异，有从卵细胞和助细胞之间进入胚囊的，如荞麦；有进入一个助细胞中，然后进入胚囊的，如棉花；或是从解体的助细胞进入的，如玉米；或是破坏一个助细胞作为进入胚囊的通路，如天竺葵（*Pelargonium hortorum*）。花粉管进入胚囊后，花粉管末端一侧形成一个小孔，将精子及其他内容物注入胚囊，两个精子被放到卵细胞与极核之间的位置（图 8-41、图 8-42），其中一个精子与卵细胞融合，形成受精卵（合子）；另一个精子与中央细胞两个极核（或次生核）融合，形成初生胚乳核，这种由两个精子分别与卵细胞和中央细胞融合的现象，称为双受精（double fertilization）。双受精是被子植物有性生殖的特有现象。

进入胚囊的两个精子在形态和生化特性方面，并非完全相同。在双受精过程中，一个精子与卵细胞合点端的无壁区接触，两细胞质膜发生融合，精核进入卵细胞细胞质中，并与卵核靠近，随后，两核核膜融合，核质相融，两个核的核仁融合为一个核仁，至此，卵细胞受精过程完成，形成了一个具有二倍染色体的合子，即受精卵，它将来发育成胚。另一个精子与中央细胞的融合过程，基本上与精卵融合过程相似。有些植物在受精前，中央细胞的两个极核尚未融合时，精核先与一个极核融合后再与另一个极核融合，中央细胞受精后，形成三倍染色体的初生胚乳核，将来发育成胚乳（图 8-42）。

双受精过程中，精子与卵细胞的融合比精子与中央细胞融合开始得早，历经时间较长，融合速度较慢，故完成较迟；因而，初生胚乳核反而比受精卵形成的早，如棉花精、卵融合需经 4h，而精细胞与 2 个极核的融合仅需 1h；小麦的精、卵融合需要 3.5～4.5h，而精细胞与极核的融合仅需 1～2h。

双受精完成后，合子进入休眠期。在此期间，合子将发生一系列显著变化，形成一个细胞壁连续的、高度极性化和代谢强度很高的细胞。初生胚乳核通常只有短暂休眠，如小麦、棉花；或没有休眠期，如水稻，即进入第一次分裂时期。胚囊中的助细胞和反足细胞，通常都相继解体消失。

双受精不仅是被子植物共有的特征，也是被子

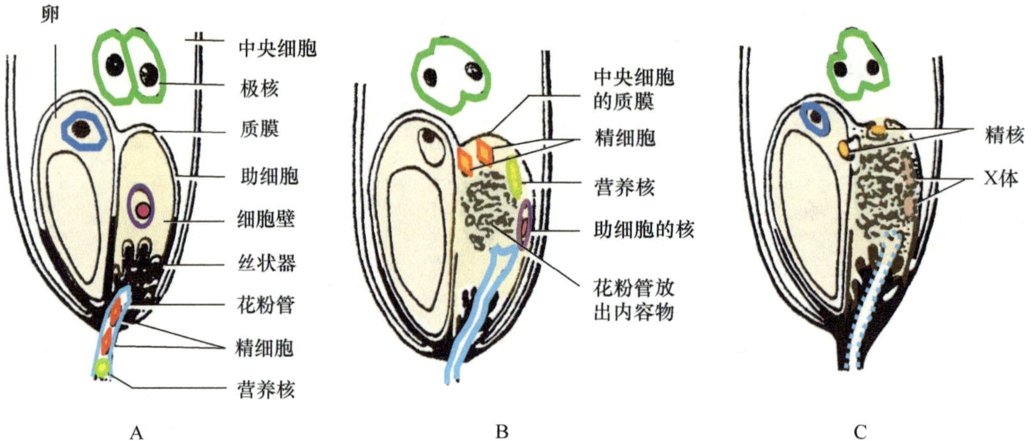

图 8-41 胚囊纵切，示双受精作用

A. 花粉管进入一个助细胞的丝状器内；B. 花粉管近顶端处出现穿孔，释出内容物；C. 一个精子与卵细胞接触，另一个精子与中央细胞接触（引自 Jensen and Fisher，1968）

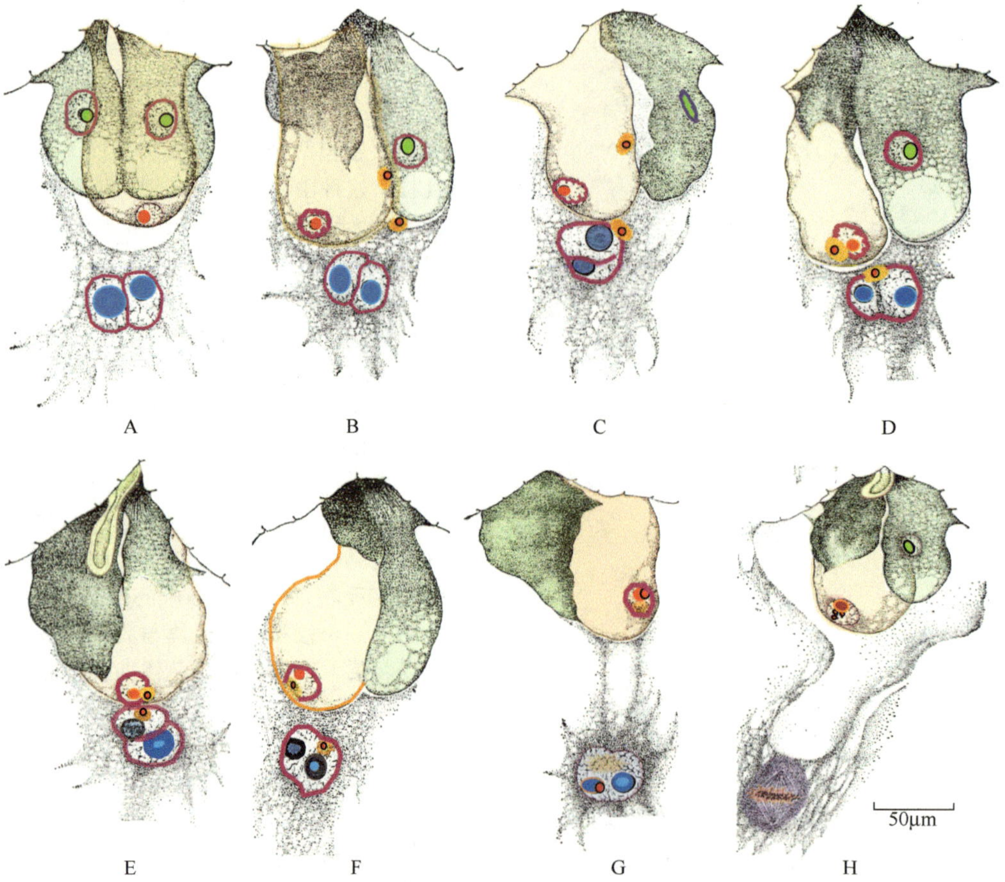

图 8-42 棉花双受精过程的几个时期，示胚囊的珠孔端

A. 卵器和极核；B. 受精后一个精子在卵细胞内，另一个精子将进入中央细胞；C. 在中央细胞中的精子与极核接触；D. 2个精子分别与卵核和极核接触；E. 一个精核紧贴着卵核，另一个精核已进入 2 极核中的 1 个，染色质分散，并出现 1 个小核仁；F. 受精的卵核和极核中精核的染色质分散，出现精核仁；G. 卵核与精核在融合中，精核与 2 极核完全融合，形成初生胚乳核；H. 卵核与精核在融合中，初生胚乳核在分裂中期（引自胡适宜，1983）

植物系统进化上的一个重要标志，具有特殊的生物学意义。通过单倍体雌配子 - 卵细胞与单倍体雄配子 - 精子结合，形成了一个二倍体合子，由合子发育成新一代植物体，恢复了各种植物体原有的染色体数目，保持了物种的稳定性；由于雌配子、雄配子间存在遗传差异，精、卵融合将父母本具有差异的遗传物质组

合在一起，形成具有双重遗传性的合子，由此发育的个体有可能形成新的变异，丰富了后代的遗传性和变异性，为生物进化提供了选择的可能性和必然性；在被子植物中，中央细胞受精形成三倍体初生胚乳核，由初生胚乳核发育成的胚乳同样兼有双亲的遗传特性，其为合子及胚的发育提供营养，可使子代生活力更强。

（四）多精现象和多精入卵

植物受精作用的全过程，自始至终都贯穿着选择作用。从传粉开始，柱头与花粉之间即相互识别，经选择后，伸入花柱中的多条花粉管，通常只有生活力强、生长迅速的一条进入胚囊完成受精。少数植物有时出现多条花粉管先后进入一个胚囊的情况，但正常只有一条花粉管中的精细胞与卵细胞融合受精，其余花粉管均被同化吸收。但有时也会出现多精现象和多精入卵。

（1）多精现象。正常情况下，只有一个花粉的一个花粉管伸入胚囊，释放一对精子，但有时会有多个花粉的花粉管同时进入胚囊，使胚囊中具有两对及以上精子，称为多精现象。

（2）多精入卵。有时出现多个精子进入卵细胞的现象，称为多精入卵。

（五）离体受精

离体受精是在人工培养条件下完成植物的离体传粉、受精和胚胎发育过程，其方法主要是在无菌条件下分离出植物的花粉、子房或胚珠，一同置于人工培养基上，在人工培养条件下实现花粉萌发、花粉管生长伸入胚珠到达胚囊，完成受精作用和胚胎发育过程，更进一步的是在无菌条件下分离出植物雌性、雄性细胞，人工进行离体融合、培养其发育的过程。离体受精是离体、人工条件下完成的，实现了人工对植物受精作用的调控，主要应用于遗传育种研究中。

最早取得成功的离体受精实验是 Kanta 等在 20 世纪 60 年代以罂粟离体胚珠为材料，经过人工授粉，最后得到能正常发芽的生活种子。从离体受精技术建立以来，至今已在烟草、甘蓝、矮牵牛、石竹、玉米、小麦、黑麦等数十种植物和杂交组合中取得了不同程度的成功。离体受精为克服某些自交或杂交不亲和现象和远缘杂交、基因工程领域提供了新的技术手段，现已成为植物发育生物学和植物生殖生物学的一个研究热点，是植物受精研究史中的重要里程碑。

四、自交不亲和性

大多数被子植物的花为完全花，其雌蕊和雄蕊在位置上相距很近，因而，极有可能自花授粉结实，导致近亲繁殖，最终引起后代对环境适应性的降低。然而，在长期进化过程中，完全花植物采取多种生殖机制来抑制近亲繁殖，其中最重要的就是自交不亲和性，而且在植物界，自交不亲和性普遍存在。自交不亲和性（self-incompatibility，SI）是指雌、雄两性配子均有正常生活受精的能力，在不同基因型株间授粉能正常结籽，但花期自交不能结籽或结籽率极低的特性。几乎一半以上的显花植物涉及 70 多个科、250 个属具有自交不亲和性。根据植物花形不同，自交不亲和性可划分成同形性 SI（homomorphic SI）和异形性 SI（heteromorphic SI）两类。同形性 SI 植物所有花形相同，自花授粉能否完成受精取决于雌、雄双方 S 基因型；而异形性 SI 植物个体花形多样（如短花药 / 长花柱和长花药 / 短花柱类型），只有等长的花药和花柱之间授粉才能亲和。

根据花粉自交不亲和性的遗传控制方式，同形性自交不亲和性又分成孢子体型自交不亲和性（sporophytic self-incompatibility，SSI）和配子体型自交不亲和性（gametophytic self-incompatibility，GSI）。孢子体自交不亲和性由花粉母细胞的 S 基因型决定，当花粉母细胞的 S 基因型和雌蕊的 S 基因型相同时，花粉粒在柱头乳突表面萌发受阻，如十字花科、菊科、旋花科植物等；配子体自交不亲和性取决于花粉自身的 S 基因型，当它和雌蕊的 S 基因型相同时，花粉一般能在柱头上萌发并伸入花柱，但花粉管在花柱中生长受到抑制，如茄科、蔷薇科等。一般而言，植物自交不亲和性有 4 种表现形式：①花粉在柱头上不能正常萌发；②花粉萌发后花粉管不能进入柱头；③花粉管进入柱头后，在花柱中不能继续延伸；④花粉管到达胚囊后精卵不能结合。GSI 具有双核花粉和湿性柱头，自体花粉经过萌发和初期生长后，在花柱组织中被抑制。而芸薹属（*Brassica*）植物是 SSI 型，与此不同，它具有三核花粉和干性柱头，花粉的抑制作用发生在花粉与柱头作用初期，自交抑制并非花器形态学上或时间上的障碍，而是花粉与柱头相互作用后，花粉管生长受到抑制而发生。受抑制的部位是柱头表面的胼胝质。其中白菜等自交不亲和是花粉在柱头上能萌发，但不能穿透柱头乳突细胞；而甘蓝等，花粉在柱头上不能正常萌发，花粉与柱头接触后，花粉和乳突细胞胼胝质不断积累。因此，有人认为，胼胝质的多少是芸薹属植物亲和与否的标志之一。不亲和时，乳突细胞沉积大量胼胝质，亲和时没有或很少有胼胝质积累。自交不亲和性对花粉而言，控制自交不亲和的 S 基因在花药中表现，然后基因产物再转移到花粉上；对于柱头而言，S 基因产物在花前 2 天左右迅速积累，表现自交不亲和性，因此开花前 2 天或更早的柱头不能区分自体或异体花粉，能实现自体受精。

本章主要内容和概念

植物生长包括营养生长和生殖生长两个阶段。种子萌发后，首先进行根、茎、叶等营养器官的生长，经过一定时间后，便进入生殖生长，即在植物体一定部位分化出花芽，再经开花、传粉、受精等过程，形成果实和种子，产生新的个体来延续后代。植物从营养生长转入生殖生长，是植物生长发育的重要转变。研究植物生殖器官形态建成和生殖过程规律，对于调控植物生长发育、繁殖和增产都有重要意义。本章主要包括植物繁殖及其类型，花的组成与花序，花的形成和发育，雄蕊发育与结构，雌蕊发育与结构，开花、传粉与受精等内容。

知识要点包括：

繁殖的概念及其类型，花的形态，花芽分化，心皮，花的发生与演化，禾本科植物的花，花药的发育与结构，花药壁的结构与功能，花粉母细胞与小孢子的发生，花粉粒的形成、发育与形态结构，营养细胞与生殖细胞，雄性生殖单位，花粉败育与雄性不育，胚珠的发育与结构，胚囊的发育与结构，薄珠心胚囊与厚珠心胚囊，雌性生殖单位，传粉方式与媒介，受精过程和意义，识别蛋白，花粉管的生长，双受精过程及其生物学意义，自交不亲和性，传粉生物学。

复习思考题

1. 植物的繁殖分为哪几种类型？各有何特点？
2. 简述花芽分化的过程。
3. 为什么说花是适应生殖的变态短枝？
4. 花药的组成与发育有哪些特点？
5. 简述减数分裂的特点及其生物学意义。
6. 试分析绒毡层在花粉形成和发育过程中的功能。
7. 试述胚囊的发育与结构，并分析哪些部分为二倍体，哪些部分为单倍体？
8. 简述双受精过程及其生物学意义。
9. 自花传粉和异花传粉有何生物学意义？现代传粉生物学研究的主要进展有哪些？
10. 花粉粒内壁、外壁物质的来源有何不同？

第九章 种子和果实

被子植物的花经过传粉、受精之后，子房代谢活跃，子房壁迅速生长，发育成果皮，胚珠发育成种子，果皮包被着种子，形成果实。有些植物的花托、花萼筒，甚至苞片等也可参与果实形成，如苹果、黄瓜、桑葚等。种子是种子植物的繁殖器官，被子植物的种子生于果实之内，受到良好保护，对其后代适应不良环境、躲避劣境和繁衍后代等有重要意义。而裸子植物不形成雌蕊，胚珠外面无子房壁包被，胚珠在裸露状态下受精并发育为种子，这是裸子植物不及被子植物进化的一个重要因素。

第一节 种　子

种子（seed）是植物有性生殖过程的最终产物，它是由胚珠发育形成的。通常胚珠在受精作用后其合子（受精卵）发育成胚，受精极核发育成胚乳，珠被发育成种皮。种皮、胚、胚乳三者共同构成了种子，种子就是发育成熟的胚珠。大多数植物的胚乳最先发育，胚的发育较迟，种皮要等到胚珠体积增大停止后才发育。

一、胚乳的发育和结构

（一）胚乳的发育

被子植物的胚乳（endosperm）是由一个精细胞与中央细胞的两个极核受精后形成的初生胚乳核（受精极核）发育而成，一般为三倍体。初生胚乳核的分裂早于合子分裂，它通常不经休眠便开始第一次分裂，并且胚乳核的初期分裂速度较快，因此，合子进行第一次分裂时，胚乳核数已达相当数量。胚乳的发育总是早于胚的发育，为幼胚生长发育及时提供必需的营养物质。研究表明，胚乳还是胚发生过程的信号来源。胚乳的发育形式一般有核型、细胞型和沼生目型三种类型。

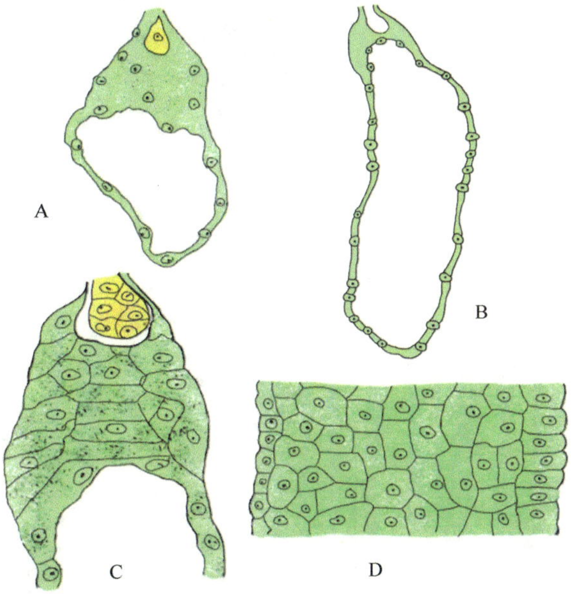

图 9-1　小麦核型胚乳的发育过程

A、B. 游离核的形成期；C. 形成胚乳细胞；D. 胚乳细胞的局部

1. 核型胚乳

核型（nuclear endosperm）是被子植物中胚乳发育的普遍形式（图 9-1），大多数单子叶植物和双子叶植物离瓣花类，如小麦、水稻、玉米、绿豆等植物属于这一类型。核型胚乳发育特点是受精极核第一次分裂及以后的一段时期核连续分裂并不伴随胞质分裂，也不形成细胞壁，各个细胞核保留游离状态，分布在同一细胞质中，这一时期称为游离核形成期，随着游离核增多和胚囊内中央液泡的形成与扩大，游离核连同细胞质被挤向胚囊周缘，出现一个细胞中有多个细胞核的现象。游离核数目常因植物种类而异，向日葵可产生 8～16 个游离核；小麦开花后 48～50h，游离核百余个以上。待发育到一定阶段，通常是在胚囊最外围开始形成细胞壁，此后，向心地逐渐产生细胞壁而形成胚乳细胞，最后整个胚囊被胚乳细胞充满；但也有植物仅在原胚附近形成胚乳细胞，而合点端胚乳保持游离核状态，如菜豆属；也有的只是胚囊周围形成少数层次胚乳细胞，胚囊中央仍为胚乳游离核，如椰子的液体胚乳（椰乳），其内含

有许多游离核，以及蛋白质粒、油滴和生长激素。此外，更为少见的情况是胚乳始终为游离状态，如旱金莲（*Tropaeolum majus*）等。

2. 细胞型胚乳

细胞型胚乳（cellular endosperm）的特点是初生胚乳核分裂后，随即伴随细胞质分裂和细胞壁形成，且以后各次分裂都是常规的有丝分裂，即细胞核分裂一次，细胞质也分裂一次，总是以细胞形式出现，无游离核时期。大多数双子叶合瓣花植物，如番茄、芝麻等胚乳的发育均属于此类型（图 9-2）。

3. 沼生目型胚乳

沼生目型胚乳（helobial endosperm）是核型与细胞型之间的中间类型，初生胚乳核的第一次分裂将胚囊分隔成两室，珠孔室较大，核进行多次分裂，呈游离核状态，最后形成细胞，合点室较小，核分裂次数较少并一直保持游离状态。多见于沼生目的慈姑（*Sagittaria sagittifolia*）和百合目的紫萼（*Hosta ventricosam*）等（图 9-3）。

（二）成熟胚乳的结构和功能

不同类型的胚乳其主要区别在发育前期，发育后期均形成胚乳细胞，差别减小。胚乳细胞一般是等径的大型薄壁细胞，有细胞质和细胞核，丰富的细胞器和发达的胞间连丝。有些植物的胚乳细胞有传递细胞的特点，即壁内突结构，有利于营养物质吸收。

胚乳是一种营养组织，它为胚的生长发育或种子

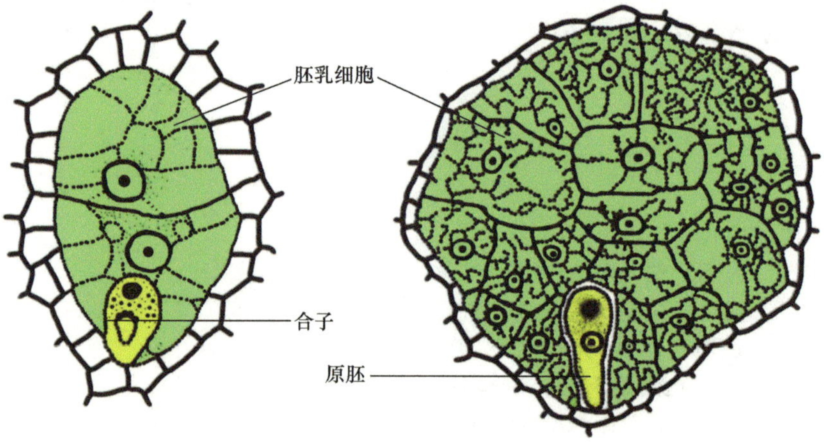

图 9-2 矮茄（*Solanum demissum*）胚乳形成早期（细胞型胚乳）（引自 Walker，1955）

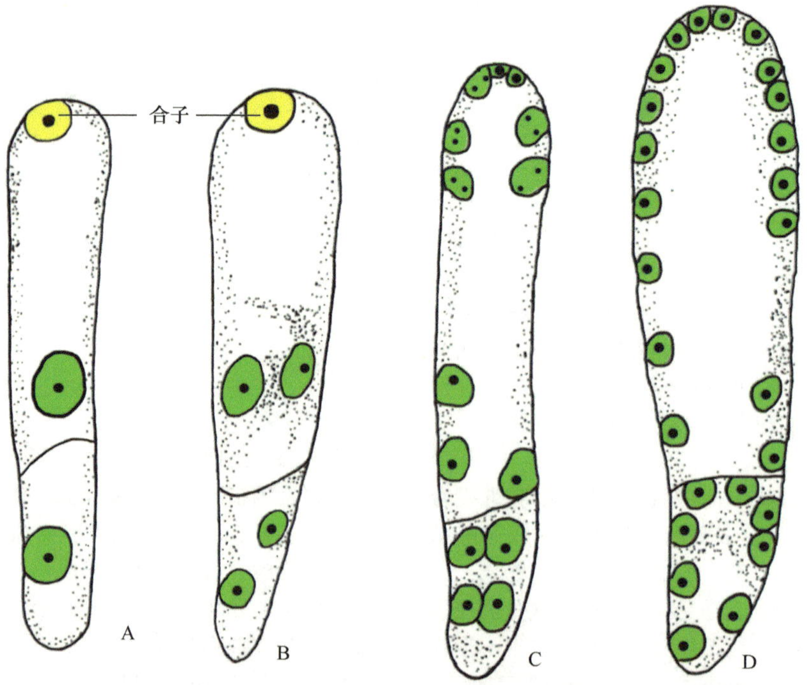

图 9-3 独尾草属胚乳的发育（沼生目型胚乳）

A. 初生胚乳核第一次分裂形成合点室和珠孔室；B～D. 珠孔室核多次分裂，合点室少数几次分裂

萌发和出苗提供养料。有些植物，如豆科植物种子的胚乳，在种子发育和成熟过程中其养料被胚吸收，储存到子叶中，这样的种子称为无胚乳种子；多数植物的种子，其胚乳则保持到种子成熟时，为种子萌发提供养料，这样的种子称为有胚乳种子；另外，有些植物种子内不存在胚乳结构，如兰科、川薹草科、菱科等植物，极核虽然受精，但受精极核不久退化消失，并不发育为胚乳；在大多数植物中，珠心在胚、胚乳发育过程中被分解、吸收，但少数植物种子，其胚囊外围的珠心组织随着种子发育反而增大，形成一种类似胚乳的储藏组织，称为外胚乳，如姜、石竹、苋科植物。

二、胚的发育和结构

胚（embryo）的发育从合子（zygote）开始。合子形成后通常形成纤维素细胞壁，并度过一段时间的“休眠”才开始分裂。“休眠”期的长短常因植物不同而有差别，一般从数小时到数天，有时也受环境条件影响，如水稻的休眠期为4～6h、小麦为16～18h、棉花为2～3d，有的可延续几个月，如茶、瘿椒树（*Tapiscia sinensis*）等。合子在休眠期间，其内部仍在继续进行代谢活动，一方面细胞质重新分布，核糖体聚合成多核糖体，高尔基体、线粒体数量增加并高度发育分化，质体内聚集脂类物质，液泡缩小而分布于珠孔端；另一方面细胞极性化逐渐加强，细胞质、细胞核和多种细胞器聚集于合点端，同时合子的细胞壁修复完整。细胞内的这些活动和变化为合子进一步发育和合子第一次不均等分裂奠定了基础。

合子完成休眠后便开始分裂，可能由于合子内极性因子的分布和表达的差异，合子的第一次分裂通常为不均等横向分裂，形成一个大的基细胞（basal cell）和一个小的顶细胞（apical cell），这两个细胞中所含细胞质及细胞质控制因子（controlling factor）不同，通过细胞核和细胞质相互作用、转录水平调节，引起基因选择性表达。特定的基因组在特定发育阶段被激活，并在特定细胞里被翻译，合成各种相应的蛋白质和酶，这样不同部位的细胞便表现出不同的形状、结构和代谢特点，从而引起细胞分化和胚的发育。

（一）双子叶植物胚

以十字花科植物荠菜为例说明双子叶植物胚的发育过程（图9-4）。荠菜合子经过休眠后，首先进行一次不均等横向分裂，产生一个基细胞（近珠孔，细胞大，高度液泡化，将来发育成胚柄）和一个顶细胞（远离珠孔，细胞小，细胞质浓，将来进一步发育成胚）。此后，经过原胚和胚分化发育阶段，最后达到成熟。

通常将尚未出现器官分化的胚称为原胚（proembryo），从合子第一次分裂形成的二细胞原胚开始，直至器官分化之前的胚胎发育阶段。在原胚期早期发育阶段，基细胞一次横分裂，其中远离顶细胞的那个细胞连续进行3～4次横分裂，形成一列6～8细胞的胚柄，将胚体推向胚囊中部，以利于胚在发育中吸收周围营养物质。同时，胚柄基部一个细胞膨大成泡状，靠着珠孔附近的细胞壁内凸，具传递细胞特征，从珠被、珠心组织吸收、加工、转化和运输养分供给胚的发育；而与顶细胞紧邻的细胞小，内质网和高尔基体丰富，但核糖体少，蛋白质与核酸也少，该细胞分裂滞后，仅分裂两次，参与胚根发育，并对胚根从珠孔处伸出有引导作用；在基细胞分裂形成胚柄的同

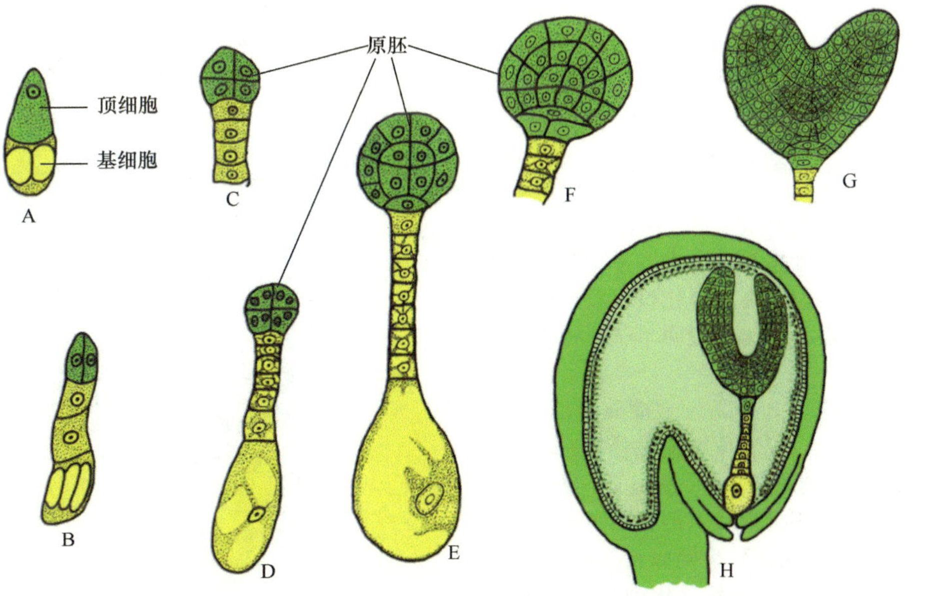

图9-4 荠菜胚的发育过程

A. 合子第一次分裂；B. 二分体时期；C. 四分体时期；D. 八分体时期；E、F. 原胚阶段；G. 心形胚；H. 鱼雷胚

时，顶细胞相应进行分裂，首先发生一次纵向分裂，接着进行与第一次分裂面相垂直的第二次纵向分裂，形成四分体（quadrant）。然后各个细胞分别进行一次横向分裂，形成八分体（octant），八分体的各个细胞先进行一次平周分裂，再经过各个方向连续分裂，形成多细胞球形胚体（图 9-5A）。在多数双子叶植物中，球形原胚呈绿色。

幼胚期（younger embryo stage）是从球形原胚到胚各组成器官分化形成的阶段。球形胚体继续增大，在顶端两侧部位的细胞分裂频率较快，生长较快，形成两个子叶原基突起。此时，整个胚体呈心形（图 9-5B），胚体内部细胞已开始分化。随着子叶原基延伸，形成两片形状相似、大小相同的子叶，紧接着其基部的胚轴也相应伸长，整个胚体呈鱼雷形（图 9-5C）。以后，在两片子叶基部相连处的凹陷部位分化出胚芽；与胚芽相对一端，胚体基部细胞和与其相接的一个胚柄细胞不断分裂，共同参与胚根发育分化而完成幼胚分化。至此，幼胚的形态建成基本完成。

胚成熟期（maturing-embryo stage）或称为成熟胚期，是指胚各部分器官形成后到胚的形态、结构和生理上成熟的整个时期（图 9-6）。在胚发育成熟初期，幼胚仍可继续通过胚柄向胚乳细胞、珠心细胞吸取养分。随着胚体不断发育完善，胚柄细胞萎缩凋亡，胚的两片子叶不断发育增大，并可直接从胚乳吸收、转化养分，使胚得到更充分发育，由于空间的限制，子叶弯曲、折叠生长，最终，成熟胚在胚囊内弯曲呈马蹄形。

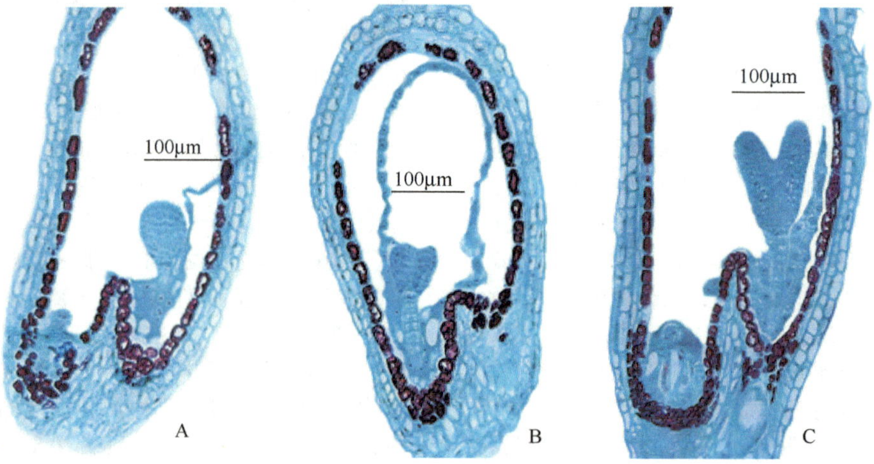

图 9-5 荠菜胚发育的显微结构图

A. 球形胚；B. 心形胚；C. 鱼雷胚（李莺摄）

双子叶植物种子成熟胚是由胚芽（plumule）、胚轴（embryonal axis）、胚根（radicle）和子叶（cotyledon）（2 片）共 4 个部分组成。

（二）单子叶植物胚

单子叶植物与双子叶植物在胚发育早期阶段有着相似的发育过程和形态，但在胚分化过程和成熟胚的结构上差异显著。现以小麦为例说明单子叶植物胚的发育特点（图 9-7）。

小麦合子第一次分裂，常是倾斜横分裂，形成 1 个顶细胞和 1 个基细胞，接着顶细胞纵分裂，基细胞横分裂，形成 4 个细胞的原胚。4 个细胞又不断从各个方向分裂，增大胚的体积，形状似倒置的梨形，称梨形胚，到 16～32 细胞时期，胚呈棍棒状，称棒状胚，上部膨大为胚体前身，下部细长分化为胚柄。此后，在胚体中上部一侧出现一个凹刻，在凹刻处形成胚体主轴生长点，凹刻以上部分，由于生长较快，很快突

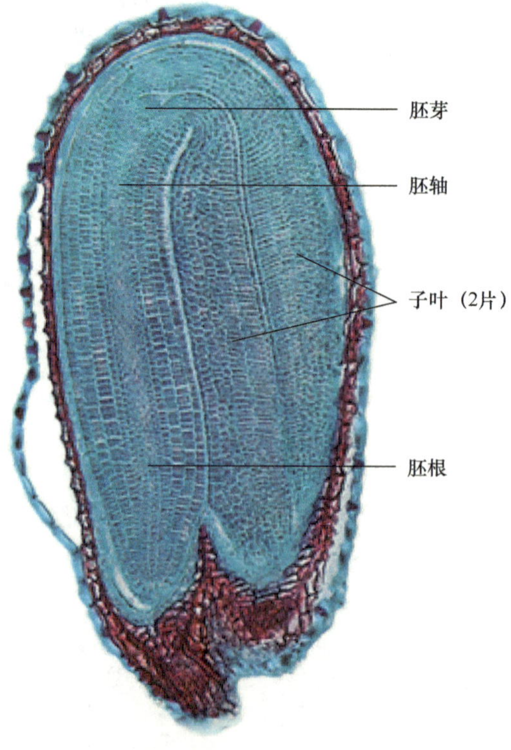

图 9-6 荠菜成熟胚显微结构图（李莺摄）

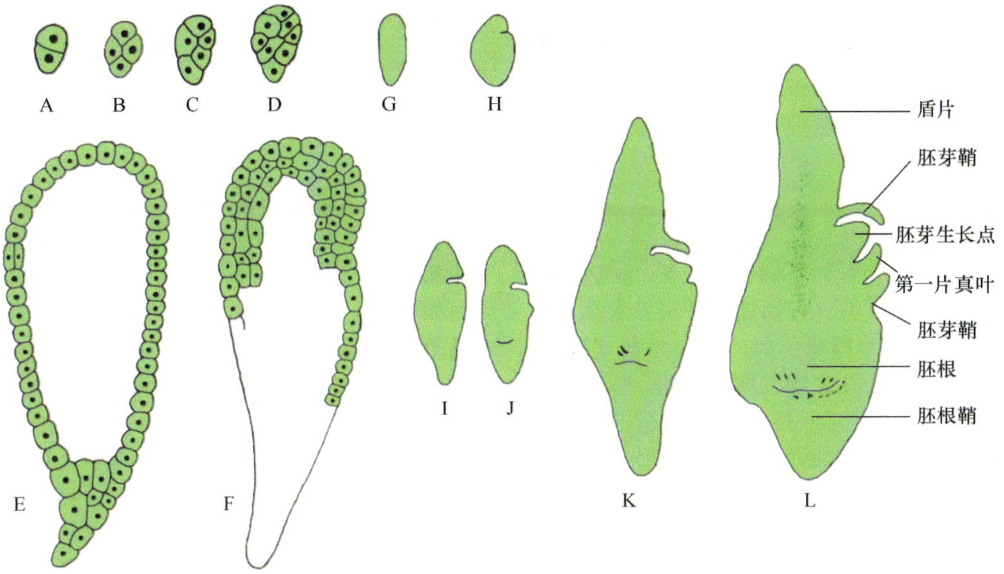

图 9-7　小麦胚的发育
A. 合子第一次分裂；B～D. 原胚阶段；E、F. 棒状胚；
A～F. 初期发育时的纵切面；G～L. 发育过程图解

出在生长点之上，形成盾片（子叶）的主要部分和胚芽鞘大部分，原胚基部形成盾片下部，生长点分化后不久，出现了胚芽鞘的原始体，罩在生长点和第一片真叶原基外面，同时，在与盾片相对一侧形成一个新的小突起，即为一片不发达的外胚叶；与此同时，胚体下方出现胚根鞘和胚根原始体，由于两者细胞生长速度不同，因此在胚根周围形成一个裂生性空腔，在胚芽与胚根中间部分即形成胚轴（图 9-8）。

禾本科植物成熟胚也具有胚芽、胚轴、胚根和子叶，且在胚根和胚芽之外，分别有胚根鞘和胚芽鞘。成熟胚中只有一片宽大的子叶，位于胚一侧，因其形如盾牌，故称盾片。

三、种皮的发育和结构

（一）种皮的形成

种皮（seed coat）由珠被发育而来，是种子外面的保护层。胚珠仅具单层珠被的只形成一层种皮，如向日葵、番茄；具有两层珠被的胚珠可发育形成两层种皮，如蓖麻、苹果等通常形成内、外两层种皮；或只有其中一层发育形成一层种皮，如大豆、蚕豆、菜豆等植物，虽然有两层珠被，但在以后的发育过程中，

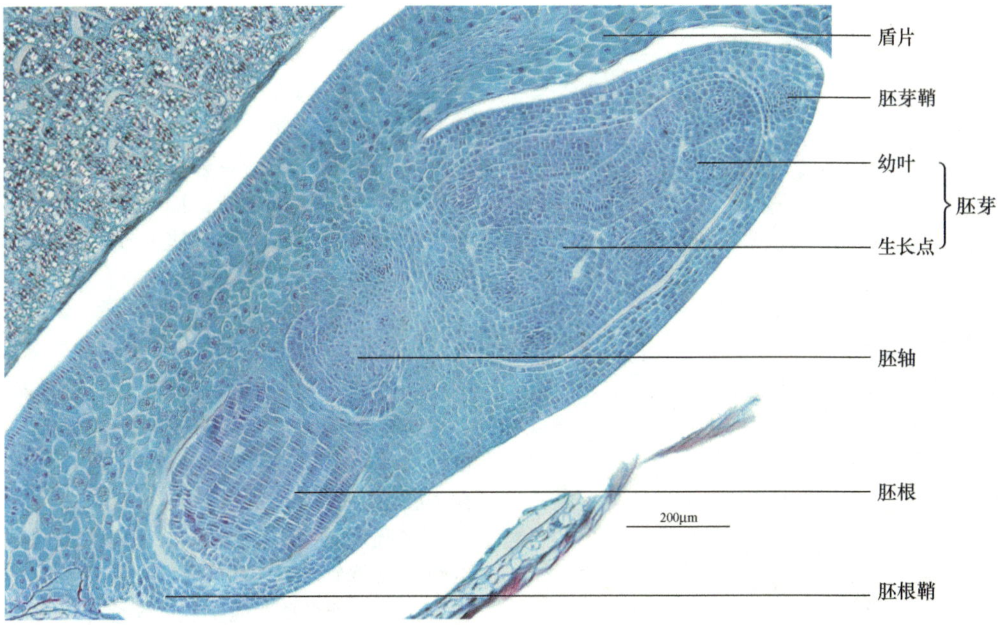

图 9-8　小麦成熟胚显微结构图（李莺摄）

内珠被退化成纤弱的单层细胞，甚至完全消失，只由外珠被继续发育成为种皮；又如，小麦、水稻等植物的外珠被在种子形成过程中被吸收而消失，内珠被形成极不发达的残存种皮，这种残存的种皮常与果皮紧贴在一起，主要由果皮对胚起保护作用。

（二）种皮的结构

种皮的结构因植物种类不同而有差异，一方面与胚珠的珠被层数有关，另一方面还与种皮发育变化有关。种皮外层常分化为厚壁组织，内层为薄壁组织，中间各层分化为纤维、石细胞或薄壁组织。以后随着细胞失水，整个种皮成为干燥的包被结构，干燥坚硬的种皮使保护作用得以加强。一般成熟种子的种皮外表可见到种脐（hilum）、种孔（micropyle）和种脊（raphe）（倒生胚珠具有种脊）等结构。

有些植物，如菜豆的种皮十分坚硬，不易透水、通气，与种子萌发和休眠有一定关系（图 9-9），这类植物的种子常有很高的抗逆能力，使种子寿命得以延长，同时也有利于种子长距离传播，对物种繁衍有重要意义；少数植物的种子具有肉质种皮，如石榴的种子成熟过程中，外珠被发育为坚硬的种皮，而种皮表皮层细胞却辐射状扩伸，形成多汁含糖的可食部分，裸子植物中的银杏外种皮也为肥厚肉质结构；还有一些植物的种子，种皮上出现毛（如棉花）、刺、腺体、翅等附属物，对于种子传播具有适应意义；此外，少数植物的种子形成假种皮，假种皮是由珠柄或胎座发育而来，包于种皮之外的结构，常有大量油脂、蛋白质、糖类等储藏物质，如荔枝、龙眼的可食部分是由

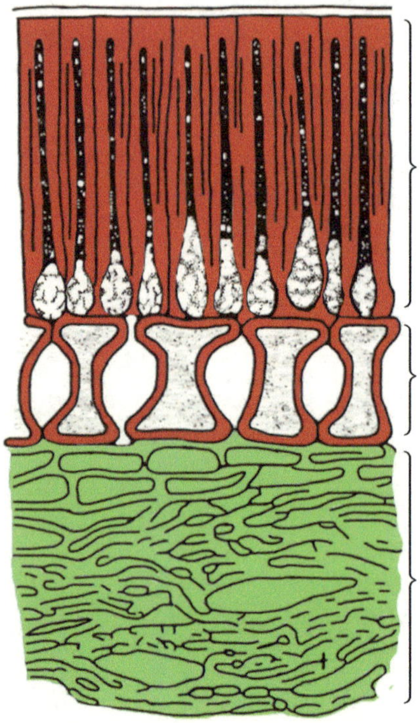

图 9-9　菜豆种皮横切面图

珠柄发育而成的假种皮。

四、无融合生殖和多胚现象

（一）无融合生殖

无融合生殖（apomixis）是指某些被子植物不经过受精（雌雄性细胞的融合）而产生胚的现象。无融合生殖与有性生殖不同，因为没有受精过程，也与无性生殖不同，因为它不是以营养器官进行繁殖的，而是通过种子繁殖，因此，有人认为无融合生殖是有性生殖和无性生殖之间的一种特殊生殖方式。目前已在被子植物 36 科 440 种植物中发现有无融合生殖现象，其形式多样，可归纳为单倍体无融合生殖和二倍体无融合生殖两大类。

1. 单倍体无融合生殖

单倍体无融合生殖的胚囊是由胚囊母细胞经过正常减数分裂而形成，这种胚囊中的细胞都只含单倍染色体组。若由卵细胞不经过受精而发育成胚，称为孤雌生殖（haploid parthenogenesis），见于玉米、小麦、烟草等植物。若由助细胞、反足细胞或极核等非生殖性细胞直接发育成胚，则称为无配子生殖（haploid apogamy），在水稻、玉米、棉花等植物中均有报道。单倍体无融合生殖所产生的胚以及长成的植株都是单倍体，无法进行减数分裂，其后代常常不育。但可通过人工或自然加倍染色体，很快得到遗传上稳定的纯合二倍体，缩短育种进程，固定杂种优势，提高育种效率。

2. 二倍体无融合生殖

二倍体无融合生殖的胚囊是由未经过减数分裂的孢原细胞、胚囊母细胞或珠心、珠被细胞直接发育而成，这种胚囊中的细胞都是二倍体染色体组，同样可以出现孤雌生殖（diploid parthenogenesis）（如芸薹属 *Brassica*、蒲公英）或无配子生殖（diploid apogamy）（如葱）。二倍体无融合生殖所产生的胚以及长成的植株都为二倍体，能正常生殖和遗传。优良杂种后代的二倍体无融合生殖，只要合理隔离种植，就能一劳永逸地保存杂种优良性状，而不再产生分离和衰退。此外，无融合生殖在克服远缘杂交不亲和、提纯复壮品种等方面也有广泛应用前景。

（二）不定胚与多胚现象

不定胚（adventitious embryony）是某些植物的珠心或珠被细胞分裂、生长发育形成的胚。不定胚也有自己的子叶、胚芽、胚轴和胚根结构，可与合子胚同存于胚囊中。

多胚现象（polyembryony）是指在同一个胚珠中产生两个或两个以上胚的现象。多胚现象形成的原因相当复杂，①由于受精卵裂生成两至多个独立胚，即裂生多胚（cleavage polyembryony），或称真多胚；②产生了不

定胚；③在一个胚珠中有两个胚囊而出现多胚，如桃、梅；④除了合子胚外，胚囊中的助细胞，如菜豆，或反足细胞，如韭菜也发育成胚（无融合生殖）。

（三）胚状体

正常情况下，被子植物的胚是由合子发育而来，但自然界中，有少数植物可以形成不定胚，在适宜条件下可以萌发形成新的植物个体；在人工离体培养植物细胞、组织或器官过程中，产生与正常受精卵发育方式类似的胚状结构。这种在自然界或组织培养中由非合子细胞分化形成的胚状结构，称为胚状体（embryoid）。胚状体脱离母体后能单独生长，形成植株。

胚状体的研究在理论上和实践上均有重要意义。在高等植物中，由非合子细胞分化形成胚状体能够长成植株，说明高等植物的每一个细胞均携带发育成一株完整植株的全套遗传信息，即细胞具有全能性。在应用上，通过诱导胚状体达到快速繁殖的目的；也可在胚状体产生过程中，将外源基因转入胚状体，产生转基因植株，在基因工程应用上很有价值。

第二节　果　　实

一、果实的发育和结构

受精作用完成后，花的各部分变化显著，花萼枯萎或宿存，花瓣和雄蕊凋谢，雌蕊的柱头、花柱枯萎，仅子房或子房外其他与之相连部分一同生长发育膨大为果实（fruit）。果实的生长过程，是通过细胞分裂、生长、分化和一系列复杂的生理生化变化，最终达到成熟。因此，狭义的果实就是发育成熟的子房；广义的概念，Roth（1977）认为果实为种子成熟时的花的状态。Esau（1977）则认为果实是雌蕊群的衍生物。现将花发育形成果实的过程总结如下。

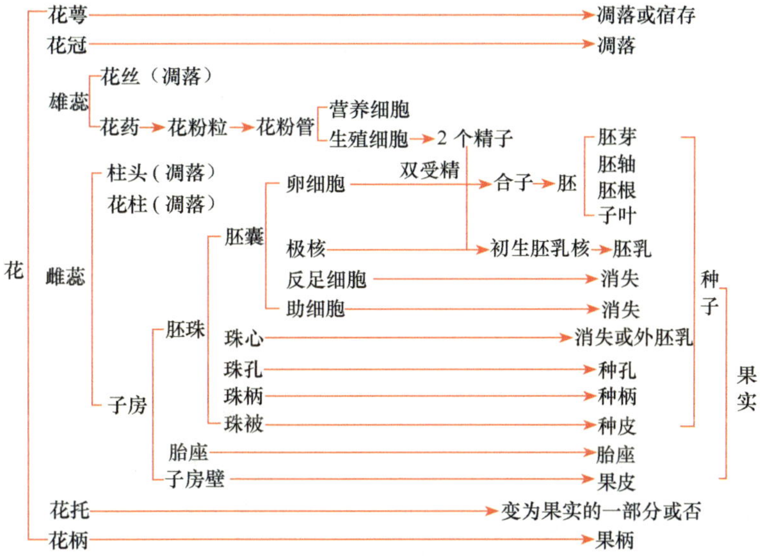

根据果实发育来源与组成，可将果实分为真果和假果两类。真果（true fruit）是单纯由子房发育而成的果实，包括果皮和种子两部分，如小麦、棉花、花生、柑橘、桃等植物。果皮（pericarp）由子房壁发育形成，包在种子外面，常可分为外果皮、中果皮和内果皮 3 层，3 层果皮厚度不一，视果实类型而不同，有的果实 3 层果皮明显，如桃、杏、李子等（图 9-10），有些植物的果实，3 层果皮分界不明显，难以区分，如番茄中果皮与内果皮；小麦、玉米的籽粒和水稻除去稻壳后的糙米，其果皮与种皮结合紧密，难以分离。外果皮（exocarp）是指表皮或包括表皮下面数层厚角组织或厚壁细胞，常有气孔、角质、蜡被、表皮毛等；中果皮（mesocarp）在结构上变化很大，有的是由许多富有营养的薄壁细胞组成，成为果实中的肉质可食部分，如桃、杏、李等；有的在薄壁组织中还含有厚壁组织，有些植物，如荔枝、花生，果实成熟时，中果皮常变干收缩，成为膜质或革质，或为疏松的纤维状，维管束多分布于中果皮，如柑橘中的“橘络”。内果皮（endocarp）变化很大，有的内果皮里面生出很多大而多的汁囊，如柑橘、柚子等；有的内果皮坚硬，由石细胞构成硬核，如桃、李、椰子等；有的在果实成熟时，细胞分离成浆状，如葡萄。

严格地说，果皮是指成熟的子房壁，如果果实组成部分，除心皮外，尚包含其他附属结构组织，如花托、花被筒甚至整个花序共同参与形成，则该果实为假果（spurious fruit，false fruit）。假果的结构比较复杂，如苹果、梨的主要食用部分是由花托和花被筒合生部分发育形成，只有果实中心的一小部分是由子房发育而成（图 9-11）；南瓜、冬瓜较硬的皮部是花托和花萼发育成的部分及外果皮，食用部分主要是中果皮和内果皮；西瓜食用部分主要是胎座；草莓果实的肉质化部分，是花托发育而来的结构；在无花果、菠萝等植物的果实中，肉质化部分主要由花序轴、花托等部分发育而成。

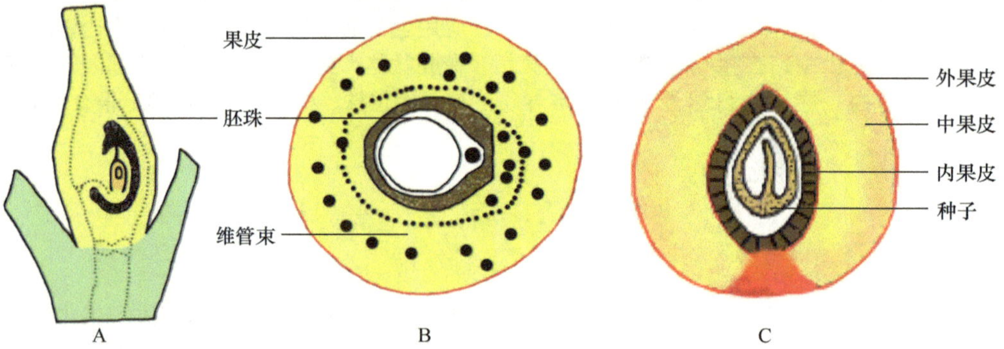

图 9-10　李属果实（真果）的发育和结构

A. 梅的子房纵切面；B. 梅的子房横切面；C. 桃的果实纵剖面

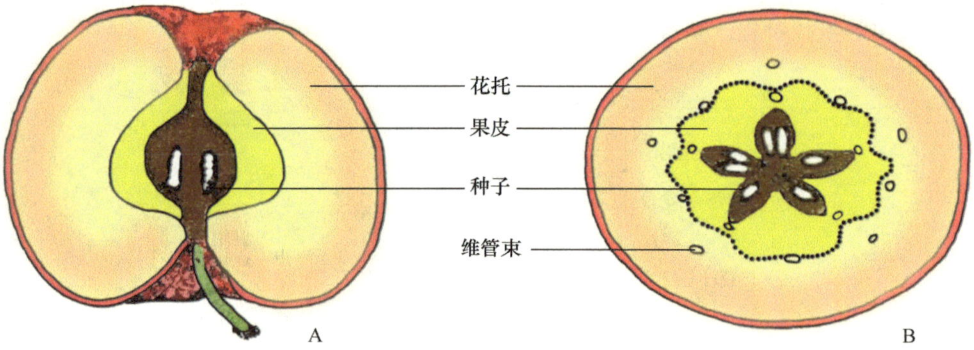

图 9-11　苹果的果实（假果）发育和结构

A. 果实纵切面；B. 果实横切面

二、单性结实和无籽果实

不经受精作用而形成果实的现象称为单性结实（parthenocarpy）。单性结实由于胚珠没有受精而不能发育形成种子，因此形成的是无籽果实。单性结实必然形成无籽果实，但无籽果实不全是单性结实的产物，因为有些植物受精后，胚珠发育形成种子的过程受阻，种子败育而形成无籽果实。

单性结实有两种情况：①子房不经过传粉或任何其他刺激，便可形成无籽果实，称为营养单性结实［自发单性结实（autonomous parthenocarpy）］，如香蕉、葡萄、柑橘、柿、瓜类；②子房必须经过一定刺激才能形成无籽果实，称为刺激单性结实［诱导单性结实（induced parthenocarpy）］，如用马铃薯的花粉刺激番茄柱头，可得到无籽果实，或用某些品种的苹果花粉刺激梨花柱头，都可得到无籽果实。单性结实在一定程度上和子房所含生长激素的浓度有关，所以农业生产上应用类似的植物激素可诱导单性结实。

三、果实和种子的传播

当果实和种子发育成熟后，以各种方式传播到各地，扩大其后代植株生长范围，对繁荣种族有利，也为丰富植物的适应性提供条件。在长期自然选择过程中，成熟的果实和种子往往具备适应各种传播方式的特征和特性。

（一）风力传播

适应风力传播的果实和种子，大多数小而轻，常有翅或毛等附属物。例如，蒲公英果实有冠毛（图 9-12A），柳的种子外面有绒毛，榆树、臭椿果实和松的种子有翅等，都能随风飘扬传到远方。

（二）水力传播

水生植物和沼泽植物的果实或种子常有不透水构

造或充满空气的腔隙构造，多借水力传播。例如，莲的花托形成“莲蓬”，是由疏松的海绵状通气组织组成，适于水面飘浮传播（图 9-12B）；生长在热带海边的椰子，其外果皮与内果皮坚实，可抵抗海水侵蚀，中果皮为疏松的纤维状，能借海水飘浮传至远方；沟渠边生有很多杂草（如苋属 *Amaranthus*、藜属 *Chenopodium* 等）的果实，散落水中，顺流至潮湿土壤上，萌发生长。

（三）人类和动物的活动传播

这类植物的果实生有刺、钩或有黏液分泌，当人或动物经过时，可黏附于衣服或动物皮毛上，被携带至远处。例如，鬼针草（*Bidens pilosa*）果实有刺，苍耳（*Xanthium sibiricum*）果实有钩等；另外，有些植物的果实和种子成熟后被鸟兽吞食，它们具有坚硬的种皮或果皮，可以不受消化液侵蚀，种子随粪便排出体外，传到各地仍能萌发生长，如番茄的种子和稗草（*Echinochloa crusgalli*）果实；果实中的坚果类，如橡子或松籽，常是某些动物（如松鼠）的食物，它们常把这类果实或种子埋藏地下，除一部分被吃外，留存下来的就在原地萌发，蚂蚁对一些小型植物的种子也有类似传播方式。

（四）果实弹力传播

有些植物的果实，其果皮各层细胞含水量不同，故成熟干燥后，收缩程度也不同，因此，可发生爆裂而将种子弹出。例如，大豆、绿豆等荚果，酢浆草（*Oxalis corniculata*）的蒴果，成熟后均可自动开裂，弹出种子；又如，喷瓜（*Ecballium elaterium*），当瓜成熟时，稍有触动此“瓜”便会从顶端将“瓜”内的种子连同黏液一起喷射出去，射程可达 5m 以外，喷瓜也因此得名。

图 9-12　果实和种子对传播的适应

A. 蒲公英的冠毛；B. 莲的花托形成的“莲蓬”（解寒冰摄）

第三节　被子植物生活史

一、被子植物生活史过程

被子植物个体的生命活动，一般从上代个体产生的种子开始，种子在适宜条件下萌发，形成幼苗，逐渐成长为具有根、茎、叶的植株。植株经过一段时间的营养生长，然后在一定部位形成花芽，再发育成花，形成雌配子、雄配子等。随后植株经过开花、传粉和受精，其中一个精子与卵细胞融合形成合子，发育成胚；另一个精子与极核融合，形成初生胚乳核，最后发育成胚乳；珠被发育为种皮，从而形成了新一代种子。通常将这种从上一代种子开始到新一代种子形成所经历的全过程称为被子植物的生活史（life history）或生活周期（life cycle）（图 9-13、图 9-14）。

二、被子植物生活史特征

在被子植物生活史中，都要经过以下两个基本阶段。

一是二倍体阶段（孢子体阶段、孢子体世代、无性阶段），是从合子开始，直到胚囊母细胞和花粉母细胞减数分裂前为止。这一阶段细胞内染色体的数目为二倍体（$2n$），将来可以通过花粉母细胞和胚囊母细胞的减数分裂分别产生小孢子和大孢子，因此二倍体阶段又称为孢子体阶段；另外，在这个阶段中没有

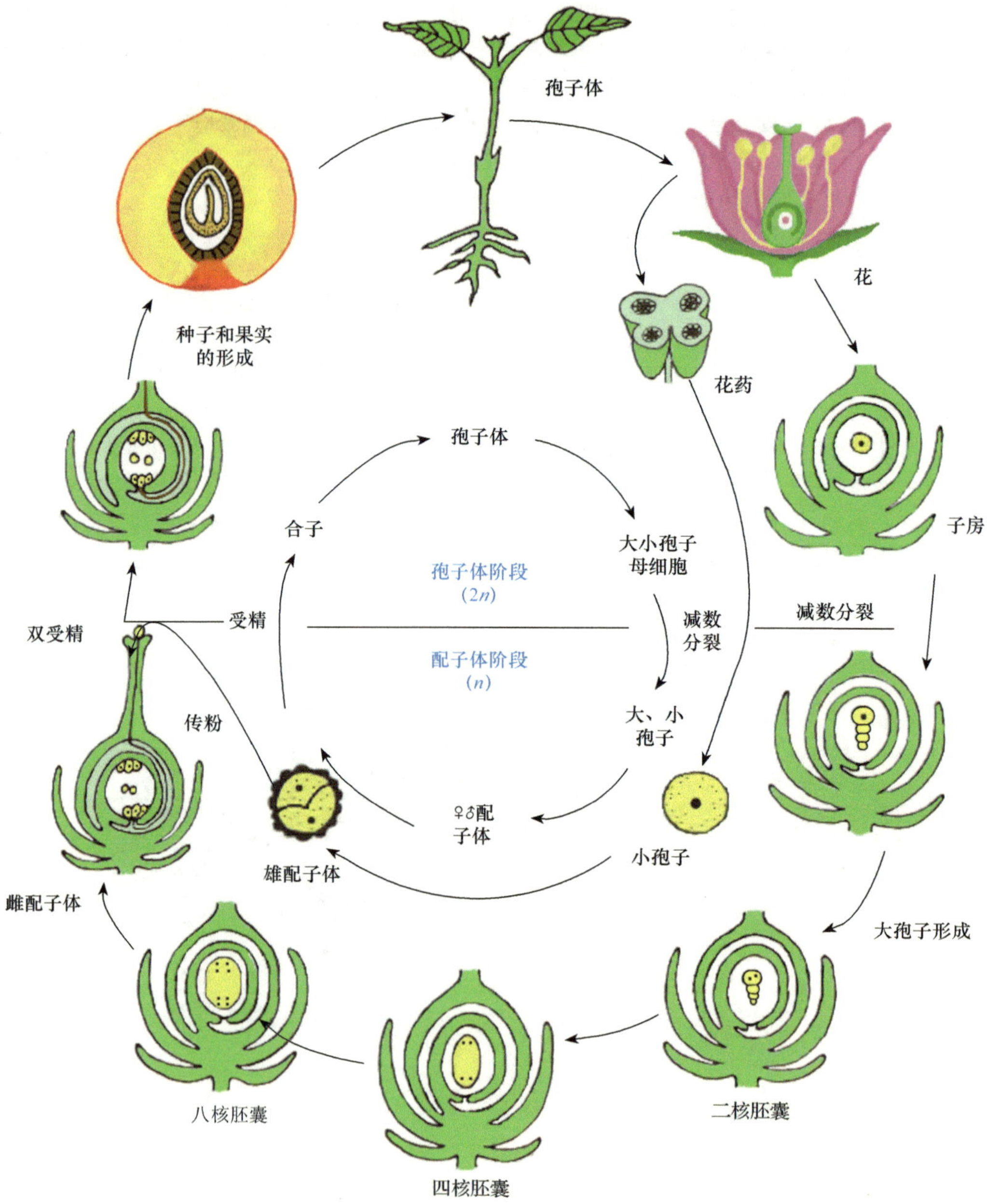

图 9-13　被子植物生活史图解

性细胞的产生和融合，也可称为无性阶段。这个阶段在被子植物生活史中所占的时间较长，被子植物的孢子体有高度分化的营养器官和生殖器官，以及广泛的适应性。

二是单倍体阶段（配子体阶段、配子体世代、有性阶段），是从胚囊母细胞和花粉母细胞经减数分裂分别形成单核胚囊和单核花粉粒开始，到分别形成成熟胚囊和成熟花粉粒为止。这个阶段细胞内染色体的数目是单倍体（n），将来可以通过单核花粉粒和单核胚囊发育成能产生雄配子的成熟花粉粒和雌配子的成熟胚囊，因此这个阶段又称为配子体阶段；在此阶段中产生了雌性、雄性细胞，并且完成了性细胞的融合过程，也被称为有性阶段。单倍体阶段在被子植物生活史中不仅所占的时间短，而且不能独立生活，须寄养于二倍体上以获得营养物质，来营造自身。

在生活史中，二倍体的孢子体世代和单倍体的配子体世代有规律交替出现的现象称为世代交替（alternation generation）。在被子植物世代交替中，由二倍体阶段到单倍体阶段，必须经过减数分裂过程才能实现，而由单倍体阶段到二倍体阶段的转折点，就是精卵融合形成合子，所以，减数分裂和双受精是两个世代转换的重要环节和转折点。

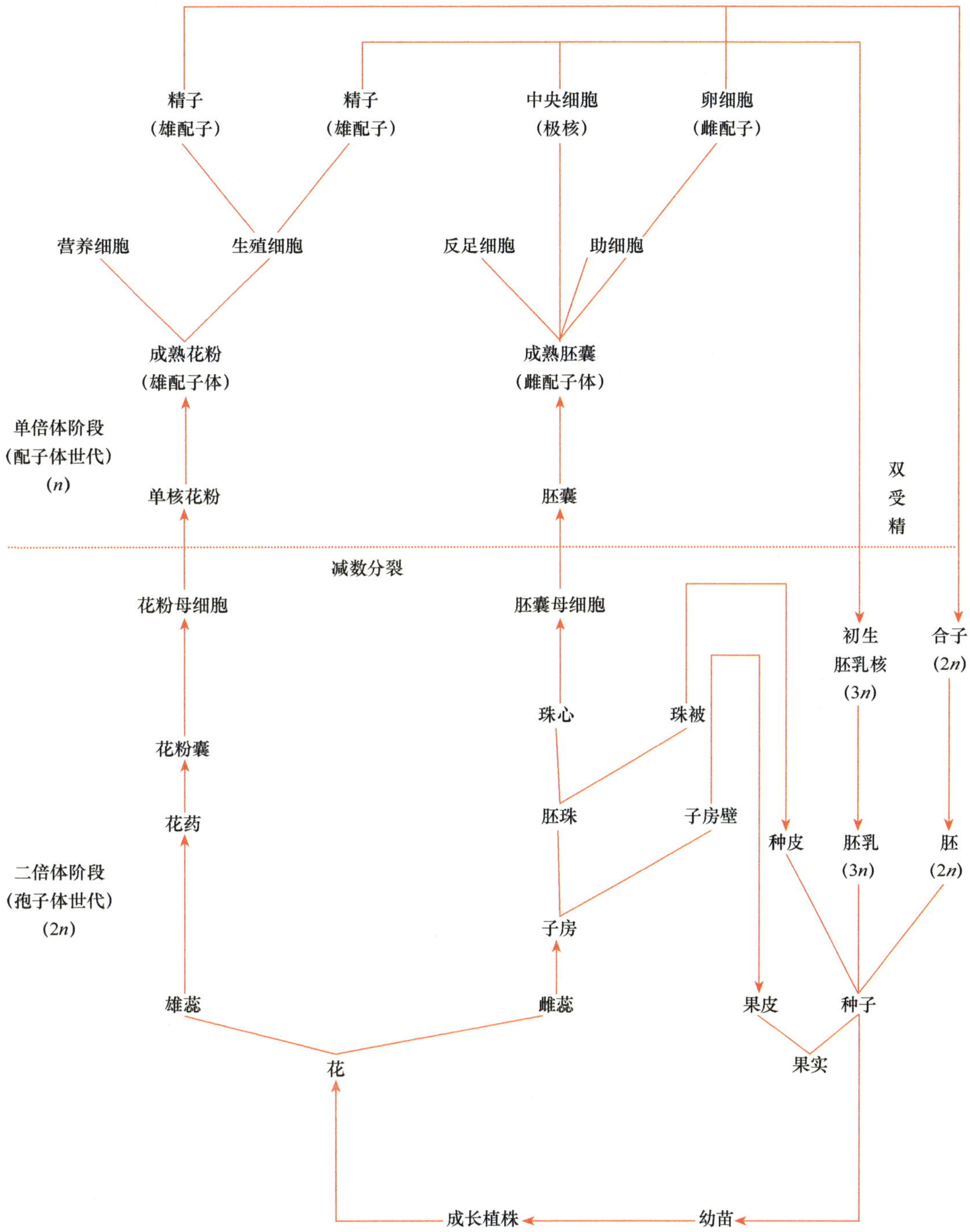

图 9-14　被子植物生活史表解

第四节　模式植物拟南芥

20 世纪 80 年代末以来，随着基因组学研究的进一步深入，对模式植物的研究逐渐成为热点。植物是从共同祖先演化而来的，所以对生命活动有重要功能的基因在进化上是保守的，这些基因的结构和功能，在低等植物和高等植物中是相似的。因此，可以用比较容易研究的植物作为模型来研究其基因的结构和生物学功能，由此获得的信息可用于其他比较难以研究的植物。拟南芥作为一种重要模式植物，以其为试材使得我们对于许多基本的生物学问题有了深入了解和认识。

拟南芥（*Arabidopsis thaliana*），十字花科，拟南芥属植物。植株矮小，株高5～45cm，但具有被子植物的全部典型特征。拟南芥为一年生或二年生草本，茎直立，叶包括基生叶和茎生叶两种类型，基生叶莲座状、倒卵形或匙形，边缘有数个不明显的细齿；茎生叶无柄，披针形或条形，全缘。总状花序顶生，十字形花冠，萼片4枚，花瓣4枚，雄蕊四长两短，匙形；雌蕊柱头圆球形，花柱短，两个心皮的复雌蕊，子房上位，侧膜胎座；长角果线形，长1～1.5cm，种子极小，量大，千粒重0.02g。野生的拟南芥主要分布在亚洲、非洲和欧洲，我国除华南地区以外均产。

拟南芥仅有5对染色体，基因组较小，只有120Mb，大约包含2.5万个基因，拟南芥核基因组是高等植物中最小的物种之一。其二倍体体型小，可在实验室种植，也可在培养基上生长，且生长周期短，每一个世代仅需要6～7周时间；另外，这种植物很容易进行诱变和遗传转化，这就保证了拟南芥的研究有丰富的遗传分析资源，并能方便地在活体条件下检测基因的功能。在拟南芥中发现的一些重要调节基因都能在其他植物中找到它们的同源基因。因此，从比较容易的模式植物入手，获得的基因研究成果可以容易地向农作物转化，产生巨大的经济效益，如通过拟南芥研究得到的抗衰老基因目前已成功地用于水稻、玉米、烟草、番茄中，展现出可观的经济效益。所以拟南芥是进行遗传学研究的好材料，被科学家誉为“植物中的果蝇”。

本章主要内容和概念

被子植物经过传粉和双受精后，胚珠发育形成种子，子房发育形成果实。有些植物花的其他部分和花以外的结构也参与果实形成。种子是所有种子植物特有的器官，被子植物的种子包被在果实内，得到很好保护。裸子植物的胚珠外面没有包被，胚珠发育形成种子后裸露在外。种子不仅是种子植物的繁殖器官，也是植物借以度过不良环境的有效措施。本章主要包括种子发育与结构，果实发育与结构，被子植物生活史等内容。

知识要点包括：

胚的发育过程，胚乳发育及其类型，种皮的发育，真果与假果，单性结实和无籽果实，果实类型及其结构特征，果实和种子传播方式，无融合生殖，被子植物生活史，世代交替，孢子体和配子体。

复习思考题

1. 以荠菜为例，列表说明双子叶植物胚的发育过程。
2. 双子叶植物和单子叶植物成熟胚在结构上有何不同？
3. 何为核型胚乳和细胞型胚乳？各举一例。
4. 种皮的结构特征如何？种皮的性质、厚薄与果实果皮之间是否有一定的相关性？
5. 试述无融合生殖的生物学意义。
6. 在受精过程完成后，花的各部分变化如何？
7. 如何判断一个成熟的果实是真果还是假果？
8. 什么是单性结实？自发和诱导单性结实在生产上有何重要意义？
9. 种子和果实的传播有哪些方式？
10. 何谓被子植物的生活史？有何特征？它包括哪两个基本阶段？转折点是什么？

第十章　植物界的基本类群与系统演化

第一节　植物分类的基础知识

植物分类学（plant taxonomy 或 plant classification）是研究植物类群的分类，探索植物亲缘关系，阐明植物界自然系统的科学。植物分类学的任务不仅要鉴别和命名不同类群的植物，而且要把它们正确归类，阐明植物类群之间的亲缘关系和系统演化。植物分类学的内容包括鉴定（identification）、命名（nomenclature）和分类（classification）三部分。研究对象是植物界，把各种植物用比较、对照和分析的方法，分门别类给以有规则的排列，称为分类。按照植物亲缘演化关系进行分类便形成系统。在进行分类之前，给植物一个确切名称，就是命名。植物分类学把植物分成若干类群，每一类群都有一个正确名称，该名称的制定，必须依据国际植物命名法规（ICBN），决定该植物属于哪一个类群，这就是鉴定，鉴定通常利用文献资料或已知植物进行对照、比较和分析，确定该植物的学名和分类地位。

一、植物分类方法

1. 形态分类学

依据植物外部形态特征，对植物全面观察和进行对比分析，研究其相似性与变异性，区别和确定不同的植物类群。随着电子显微镜的诞生与应用，形态分类学已由宏观描述进入微形态学领域，以便更详尽地观察和描述植物的形态特征。

2. 细胞分类学

细胞分类学也称为染色体分类学，其实质是利用染色体的数目、形态结构、核型资料探讨分类学问题。染色体资料在植物分类中的应用表现在植物分类、植物系统学和物种生物学方面，主要意义是：①用作鉴别和区分类群的特征，揭示类群之间的亲缘关系，审定和修改原来的分类系统；②揭示物种形成机制和类群进化方向；③和地理分布资料相结合，用来推断某一类群的起源中心、昔日的分布和迁移路线，指示植物区系特点和成因以及植物类群分布规律，如牡丹科（Paeoniaceae）的划分是染色体分类的最好例证。过去，牡丹属（*Paeonia*）归于毛茛科，但是，牡丹属的染色体基数是 5，染色体极大，是被子植物中具最大型染色体的属之一，与毛茛科其他属植物的染色体不同，再加上化学成分等方面的差异，将牡丹属成立为科，甚至独立为牡丹目（Paeoniales）。

3. 孢粉分类学

孢粉分类学是指利用植物孢粉学资料解决植物分类学问题的一门学科。孢粉是指植物的孢子和花粉。种子植物的花粉形态特征比较稳定，可用于一些科、属、种的正确划分以及有关植物演化关系的探讨。绝大多数被子植物的花粉形状和萌发结构各不相同，被子植物花粉的孔、沟数目、位置、花粉壁结构和纹饰等特征可用于植物分类学研究。

4. 化学分类学

化学分类学是揭示物种在分子水平上所反映出来的特有矛盾的学科。它一方面在分子水平上提供植物分类学特征，弥补形态分类学的不足；另一方面研究物种系统发育在分子水平上反映出来的规律性。植物化学分类学的任务主要是通过各级分类群所含化学成分的特性和生物合成途径的研究，探索化学成分在植物系统发育中的分布规律；从植物化学成分角度，研究植物的系统发育。

用于植物分类的化学成分共有十大类，即糖类、苷类、黄酮类、植物碱、萜类、挥发油、鞣质、酶、蛋白质、核酸。

植物化学分类的准则：①普遍存在的化合物对于较低单位的分类意义不大，如纤维素、叶绿素等；②分布独特或十分稀少的化合物意义不大，可能仅对种的鉴定有些帮助；③在植物化学分类学中有意义的化合物是有限分布的化合物，如异黄酮仅在几个科中存在，具有重要的分类学价值，可以借助它区分几个科。

植物化学分类的研究对象：①植物代谢次生成分中的有限分布的化合物。所谓次生成分是指在基本代谢中积累起来的无明显作用的一类物质，属于植物体内的低分子类化合物；②植物化学分类学研究中，如果两个化合物结构相同，但它们的生物合成途径不同，应把它们看作是在生物学上有区别。

5. 分子生物学方法

DNA序列直接反映物种的基因型，记录了物种进化过程中发生的很多信息，因此，DNA序列研究为植物分类研究提供了更加可靠的证据。PCR（polymerase chain reaction）和DNA自动测序技术的发展，为利用分子生物学资料进行植物分类研究奠定了基础。

在研究中，人们要根据不同问题选择不同的研究对象，如研究科以上的类群分类，要选择相对保守的DNA分子，研究较多的是叶绿体DNA和核糖体DNA。叶绿体DNA中的一些序列很保守，很少发生序列重排，如由叶绿体DNA基因组编码的磷酸核酮糖羧化氧化酶大亚基（rbcL）就是研究科以上类群的很好材料。核糖体DNA广泛存在于植物体内，常被用来研究种内或亲缘关系很近的种间或属间分类。基于PCR原理的RAPD（random amplified polymorphic DNA）、AFLP（amplified fragment length polymorphism）、RFLP（restriction fragment length polymorphism）、微卫星DNA标记等技术所检测的位点为随机分布在基因组中的DNA片段，已越来越多地应用于种间、种内和居群间的亲缘关系研究。

6. 数量分类学

数量分类学是指用数值方法根据其性状状态将分类单位归类成类元，用统计学或其他数学方法从数据引出种系发生的推论。数量分类学使数学理论借助电子计算机技术解决分类学问题，把一门描述性的分类学提高到定量水平，为这门古老学科的发展开拓了新的前景。

数量分类学依据分类群的全面相似性进行分类，分类性状越多，越全面，分类结果越好。每个性状对建立自然分类群同等重要。任何二实体的全面相似性，是其所有形状比较的相似性函数。不同的分类群能够被各种性状在被研究的有机物类群中相关的差异加以区别。有关进化途径和进化机制的某些假定，可以从组群分类学结构和性状相关作出种系发生的推论。分类是以表征相似性为基础的。

数量分类学的优点是具有综合多种来源数据的能力，如形态学、化学、生态学等。大部分分类过程自动化，效率高。以数值形式编码的数据，计算机综合处理，能够用于编制记述、检索、目录、地图和其他文件。方法是定量的，能够给出比常规方法更好的分类。要求使用更多、更好的描述性状，能够改善常规分类的质量。

二、植物分类的各级单位

将自然界数量繁多的植物种类按一定分类等级进行排列，并以此表示每一种植物的系统地位和归属，是植物分类的一项主要工作。常用的植物分类等级单位主要有界、门、纲、目、科、属、种，其中种是基本分类单位，由亲缘关系相近的种集合为属，由相近的属组合为科，以此类推。在每个等级单位内，如果种类繁多，还可划分更细的单位，如亚科、族、组、亚种、变种、变型等。每一种植物通过系统分类，既可以显示出其在植物界的地位，也可表示出它与其他植物种的关系。

现以小麦为例，说明它在植物分类上的各级单位：

界　植物界（Regnum vegetabile）
门　被子植物门（Angiospermae）
纲　单子叶植物纲（Monocotyledoneae）
亚纲　颖花亚纲（Glumiflorae）
目　禾本目（Graminales）
科　禾本科（Gramineae）
属　小麦属（*Triticum*）
种　小麦（*Triticum aestivum* L.）

种（species）。种是分类学上的基本单位，是具有相同形态学、生理学特征和一定自然分布区的生物类群，种内个体间能自然交配产生正常能育的后代，种间存在生殖隔离。种是客观存在的分类单位，它既有相对稳定的形态特征，又是在进化发展中。一个种通过遗传、变异和自然选择，可能发展成另一个新种。现在地球上众多的物种就是由共同祖先逐渐演化而来的。

亚种（subspecies，subsp.）。种内类群，是指同一种内由于地域、生态或季节上的隔离而形成的个体群。

变种（variety，var.）。种内的种型或个体变异，是指具有相同分布区的同一种植物，由于微生境不同而导致植物间具有可稳定遗传的一些细微差异，如瓠子［*Lagenaria siceraria* var. *hispida*（Thunb.）Hara］为葫芦［*L. siceraria*（Molina）Standl.］的变种。

变型（form，f.）。是指分布没有规律，仅有微小形态学差异的相同物种的不同个体，如毛的有无、花的颜色等。

品种（cultivar，cv.）。不是植物分类学中的分类单位，而是属于栽培学上的变异类型。通常把人类培育或发现的有经济价值的变异（如大小、颜色、口感等）列为品种，实际上是栽培植物的变种或变型。

三、植物的命名法规

自然界种类繁多，每种植物都有其地方土名，这样就出现了许多同物异名和同名异物现象，如土豆、洋芋、马铃薯指的是同一种植物；玉米、棒子、包谷、玉蜀黍也是同物异名，这些现象在植物名称上造成极大混乱。为了促进全世界植物名称的统一和稳定，瑞典植物学家林奈（Carolus Linnaeus）（1707～1778年）创立了双名法命名，后来于1867年国际植物学会上正式通过了德堪多（A.De candolle）提出的《国际植物命名法规》（International Code of Botanical Nomenclature，ICBN），并以林奈（Linn.）1753年发表的《植物种志》（*Species Plantarum*）一书所载的植物全部用双名法命名为起点，凡此书已经命名的植物均为有效名。ICBN成为国际植物命名的法规准则。

种的学名由拉丁文或拉丁化的属名+种加词+命名人缩写构成，这种命名方式称为双名法命名，如银杏 *Ginkgo biloba* L. 等。属名的第一个字母大写，是名词；种加词一律小写，为形容词；命名人缩写的第一个字母须大写。

如果是亚种、变种或变型，命名时要在其种名后加上亚种（subspecies）、变种（variety）或变型（form）的缩写（subsp.）、（var.）或（f.），然后再加上亚种、变种或变型加词，最后仍要有命名人的姓氏或其缩写。例如，糯稻是稻的一个变种，其学名是 *Oryza sativa* L.var.*glutinosa* Matsum.。

植物被命名后经后人研究认为需要改变其分类位置或等级时，就必须进行重新组合，更正后需将原命名人用括号保留在学名中，如射干 *Belamcanda chinensis*（L.）DC.，是林奈 1753 年最先发表的，归于 *Ixia* 属，定名为 *Ixia chinensis* L.，1807 年 De Candolle 研究后认为应该归于 *Belamcanda* 属，所以更名为 *Belamcanda chinensis*（L.）DC.，同时将原命名人林奈用括号保留在学名中。

每一种植物只能有一个合法学名，如果出现异名则写于合法学名之后的括号内或在其合法学名之后加 Syn.，如 *Belamcanda chinsensis*（L.）DC.（*Ixia chinensis* L.）或 *Belamcanda chinensis*（L.）DC. Syn. *Ixia chinensis* L.

有些植物学名在命名人之后有 ex 再有另外一个命名人，如藏麻黄 *Ephedra saxatilis* Florin ex Royle.，意为该种曾由 Royle. 研究过，但是没有正式发表，后来由 Florin 正式发表。

如果某一植物是新种则在学名后加 sp.nov.，如云南萝芙木 *Rouwolfia yunnanensis* Tsiang.sp.nov.。其他如新属 gen.nov.、新亚种 ssp.nov.、新变种 var.nov.、新变型 f.nov. 等。

模式标本是新种发表的依据标本，对于鉴别植物有重要作用，科中有模式属，属中有模式种。模式标本共有以下 7 类。

（1）全模式标本（正模式标本、主模式标本、模式标本 holotype，type）。用作新种的描述、命名和绘图。

（2）同号模式标本（isotype）。与全模式为同一采集号标本，只有一份为全模式标本，其余为同号模式标本。

（3）合用模式标本（syntype）。当命名人未指定全模式标本或指定了两号以上的全模式标本（如一号为雌株，另一号为雄株）时，凡是命名人所引用的标本均称为合用模式标本。

（4）同举模式标本（paratype）。在原描述中除全模式标本外同时指出的标本。

（5）选定模式标本（lectotype）。原描述中没有肯定全模式标本，以后学者在其原始材料中选用一号符合原始描述的标本。

（6）原产地模式标本（topotype）。当得不到某种植物的全模式标本时，根据记载到其原产地采集的同种植物选出一份代替全模式标本的标本。

（7）新模式标本（neotype）。当所有某种植物的原始标本都丧失时重新选定的标本。

四、植物检索表及其应用

植物检索表是植物分类学中识别鉴定植物的钥匙。检索表的编制是根据法国人拉马克（Lamarck，1744～1829 年）的二歧分类原则，将要编制的检索表中需容纳的所有植物，选用一对以上显著不同的特征，分成两类；然后又从每类中再找出相对特征再区分为两类；如此下去，直到所需要的分类单位（如科、属、种等）出现。植物检索表常用的表达方式有等距（定距）检索表和平行（阶梯）检索表两种。

（一）等距检索表

等距检索表是最常采用的一种，在这种检索表中，将每一对相对特征，编为同样号码，并列在书页左边同样距离处，每一对相同的号码在检索表中只能使用一次，如此继续下去，逐级向右错开，描写行越来越短，直至追寻到科、属或种为止。这种检索表的优点是每对相对性状的特征都被排列在相同距离，一目了然，便于查找。不足之处是当种类繁多时，左边空白太大，浪费篇幅。

现用小麦（*Triticum aestivum* L.）、玉米（*Zea mays* L.）、稻（*Oryza sativa* L.）、高粱（*Sorghum vulgare* Pers.）、大豆［*Glycine max*（L.）Merr.］、棉花（*Gossypium hirsutum* L.）、花生（*Arachis hypogaea* L.）、黄瓜（*Cucumis sativus* L.）、油菜（*Brassica campestris* L.）、萝卜（*Raphanns sativ-us* L.）10 种作物编制成一个分种定距检索表，以说明其编制方法及格式。

1. 叶由叶片、叶柄或托叶组成；网状叶脉；直根系
 2. 单叶
  3. 花两性；上位子房；角果或蒴果
   4. 四强雄蕊；角果
    5. 花黄色；果熟后开裂……………………油菜
    5. 花淡红色或紫色；果熟后不开裂；具肉质直根……………………………………萝卜
   4. 单体雄蕊；蒴果……………………………棉花
  3. 花单性；下位子房；瓠果……………………黄瓜
 2. 复叶
  6. 羽状三出复叶；荚果熟后开裂……………大豆
  6. 偶数羽状复叶；荚果熟后不开裂…………花生
1. 叶由叶片和叶鞘组成；平行叶脉；须根系
 7. 一年生高大草本，茎秆高 2m 以上；节间实心
  8. 花两性；圆锥花序顶生………………………高粱
  8. 花单性，雌雄同株；雄花序圆锥状顶生，雌花序肉穗状腋生……………………………………玉米

7. 一年生或二年生草本，茎秆高一般在1m以下；节间中空
9. 圆锥花序，小穗有柄；雄蕊6个……稻
9. 穗状花序直立，顶生，小穗无柄；雄蕊3个……小麦

（二）平行检索表

平行检索表是把每一对相对特征的描述并列在相邻的两行里，便于比较。在每一行后面或为一植物名称，或为一数字。如为数字，则另起一行重写，与另一对相对性状平行排列，如此直至终止。这种检索表的优点是排列整齐、节省篇幅，缺点是不如定距检索表那么一目了然。还以上述10种植物说明。

1. 叶由叶片、叶柄或托叶组成；网状叶脉；直根系……2
1. 叶由叶片和叶鞘组成；平行叶脉；须根系……7
2. 单叶……3
2. 复叶……6
3. 花两性；上位子房；角果或蒴果……4
3. 花单性；下位子房；瓠果……黄瓜
4. 四强雄蕊；角果……5
4. 单体雄蕊；蒴果……棉花
5. 花黄色；果熟后开裂……油菜
5. 花淡红色或紫色；果熟后不开裂；具肉质直根……萝卜
6. 羽状三出复叶；荚果熟后开裂……大豆
6. 偶数羽状复叶；荚果熟后不开裂……花生
7. 一年生高大草本，茎秆高2m以上；节间实心……8
7. 一年生或二年生草本，茎秆高一般在1m以下；节间中空……9
8. 花两性；圆锥花序顶生……高粱
8. 花单性，雌雄同株；雄花序圆锥状顶生，雌花序肉穗状腋生……玉米
9. 圆锥花序，小穗有柄；雄蕊6个……稻
9. 穗状花序直立，顶生，小穗无柄；雄蕊3个……小麦

常用的检索表有分科、分属和分种检索表，可以分别检索出植物的科、属、种。要正确检索一种植物，首先要有完整的检索表资料。其次，要掌握检索对象的详细形态特征，并能正确理解检索表中使用的各项专用术语的涵义，如稍有差错、含混，就难以找到正确答案，因此，在检索过程中，要十分细心，并要有足够耐心。

检索一个新的植物种类，即使对一个较有经验的工作者来说，也常会经过反复和曲折。因此，检索的过程也是学习、掌握分类学知识的过程。

第二节 植物界的基本类群

在不同的生物界系统中，植物界所包含的内容也不一样。按照林奈二界系统，植物界主要包括藻类植物（Algae）、菌类植物（Fungi）、地衣（Lichens）、苔藓植物（Bryophyte）、蕨类植物（Perteridophyte）、裸子植物（Gymnosperm）和被子植物（Angiosperm）。根据植物体是否有根、茎、叶分化，合子是否发育为胚等特征，可将植物界分成低等植物（lower plant）和高等植物（higher plant）。低等植物又称原植体植物（thallophyte）或无胚植物（noembryophyte），包括藻类植物、菌类植物和地衣；高等植物又称茎叶体植物（phyllophyte）或有胚植物（embryophyte），包括苔藓植物、蕨类植物、裸子植物和被子植物。

一、藻类植物

（一）概述

藻类植物（algae）是一类结构简单，没有根、茎、叶分化，具有光合色素，能进行自养生活的原植体植物（autotrophic thallophyte）。

1. *藻体形态结构*

藻类植物体大小悬殊，多数较小，需借助显微镜才能观察到。最小单细胞藻类只有1～2μm，最大藻体可达100m以上，如主要分布于美洲太平洋沿岸的巨藻属（*Macrocystis*）植物。

藻类植物体型多样，有单细胞、群体和多细胞。单细胞包括运动型的（有鞭毛，能自主游动）和非运动型的（没有鞭毛，不能自主游动）。群体是由多个细胞群集而成，但细胞没有分化，每个细胞都兼具营养和繁殖功能，包括定型群体（细胞间通过细胞壁连接）和不定型群体（细胞间通过胶质连接）。多细胞藻体有营养和繁殖细胞的分化，包括丝状体（单列或多列、分枝或不分枝）、叶状体、囊状体和皮壳状体等。

藻类植物有原核细胞（没有以核膜包被的细胞核）和真核细胞（有以核膜包被的细胞核）两种基本类型。

2. *繁殖方式和生活史*

藻类植物生殖器官多数为单细胞，只有少数高级类群的生殖器官是多细胞，生殖器官每个细胞都直接参与生殖作用，形成孢子或配子，其外围没有不孕细胞层。合子（受精卵）不发育形成多细胞胚。

繁殖方式有营养繁殖、无性生殖和有性生殖。营养繁殖（vegetative reproduction）是营养体上一部分从母体分离后，独立生长为新个体，如单细胞种类经细胞

分裂后，形成两个子细胞，各长大为新个体，多细胞种类，其藻体断裂，断裂下来的部分长成新个体。无性生殖（asexual reproduction）是由母体孢子囊（sporangium）产生生殖细胞——孢子（spore），再发育成为新个体，有具鞭毛的游动孢子（zoospore）和不具鞭毛的不动孢子（aplanospore）。有性生殖（sexual reproduction）是依靠两性生殖细胞——配子（gamete），相互融合形成合子（zygote），再发育成为新个体，产生配子的母细胞为配子囊（gametangium），包括同配生殖（isogamy）（两配子的形状、大小和运动能力完全相同）、异配生殖（heterogamy）（两配子形状相同，而大小和运动能力不同）和卵式生殖（oogamy）（两配子的形状、大小和运动能力都不相同，大的无鞭毛，不能运动，称为卵，小的有鞭毛，能运动，称为精子）。

藻类植物生殖方式多样，生活史也不同。蓝藻和某些单细胞真核藻类，没有有性生殖过程，不存在核相交替，也无世代交替现象。大多数真核藻类进行有性生殖，出现核相交替，包括三种形式，即合子减数分裂，减数分裂发生在合子萌发时，只有单倍植物体（图 10-1A）；配子减数分裂，即减数分裂发生在配子形成时，只有二倍植物体（图 10-1B）；孢子减数分裂，即减数分裂发生在孢子形成时，单倍和二倍植物体交替出现，即世代交替现象（图 10-1C），其中又分同型世代交替（孢子体和配子体形态结构相同）和异型世代交替（配子体或孢子体占优势）。

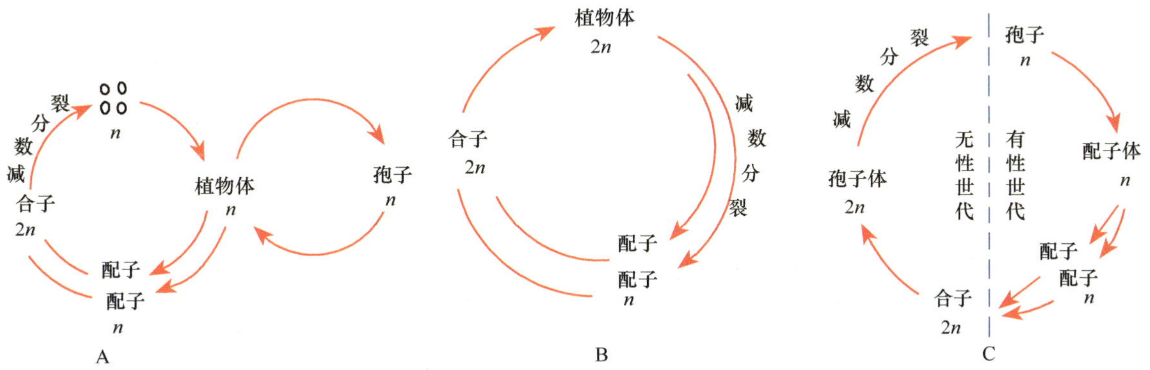

图 10-1　藻类植物的三种生活史

3. 分布

藻类植物分布极广，对环境条件要求不严，适应性较强，潮湿有光的地方，都可生长。多数水生，有的浮游或漂浮，有的固着在水中岩石或其他动植物体上，还有一些是陆生或气生的，不仅能生长在海洋、江河、湖泊和溪流，也能生长在短暂积水或潮湿土壤、岩石表面、墙壁和树干上。从热带到两极，从积雪高山到温热泉水，都有藻类分布。还有一些种类可与其他生物共生，如与真菌共生形成的地衣（lichen），有的寄生或内生于其他生物体内。

4. 进化

从地球上最早出现蓝藻至今已有 30 多亿年，之后，藻类植物各类群相继出现，经过几十亿年的漫长发展演化，成为现代的藻类。总体来说，藻类植物有一定的演化规律，从原核细胞，经过中核（间核）细胞，到真核细胞，藻体由单细胞到群体和多细胞、由简单到复杂、由游动到不游动再到固着，繁殖由营养繁殖、无性生殖到有性生殖，生活史由合子减数分裂到配子减数分裂，再到孢子减数分裂，由同型世代交替到异型世代交替，由配子体占优势到孢子体占优势。根据内共生学说，藻类植物的进化有 3 条路线（图 10-2）。

5. 经济价值

藻类植物能进行光合作用，是初级生产者，也是水生态系统中食物链的基础，是一些鱼类和其他水生动物的主要饵料。许多藻类植物可以食用，营养价值很高，如海带和紫菜是极普通的副食品，地木耳、发菜、螺旋藻、小球藻等含有丰富的蛋白质，有的藻类在沿海或某些地区普遍食用。有的藻类还有医药价值，如海带等褐藻含有丰富的碘，可预防和治疗甲状腺肿，有些红藻中提取的琼脂是医药或生物学研究的最佳培养基材料。红球藻（*Haematococcus lacustris*）和盐藻（*Dunaliella salina*）大量培养产生虾青素和胡萝卜素，具有很好的保健作用。硅藻大量死亡后，细胞壁沉积保存形成硅藻土，是良好的吸附剂和过滤剂。藻类在造纸、化工、纺织工业等方面也有广泛用途。蓝藻中有 100 多种具有固氮作用，可用于稻田生物氮肥，提高水稻产量。许多藻类在水体净化方面发挥了重要作用，有些种类对环境有指示作用，可用于水质监测。

6. 危害

有些藻类植物在一定条件下，也会对环境和其他生物产生危害，最重要的是形成水华（water bloom）和赤潮（red tide）。水华是淡水中某些浮游藻类大量生长繁殖，在水体表层形成密集絮状物并呈现颜色。有些形成水华的藻类，如微囊藻（*Microsystis* spp.）等，不仅产生异味，还产生毒素，危害极大。产生水华后，水体严重缺氧，造成鱼类大量死亡，严重的还会危害人体健康。我国云南滇池、江苏太湖等地都暴发过严

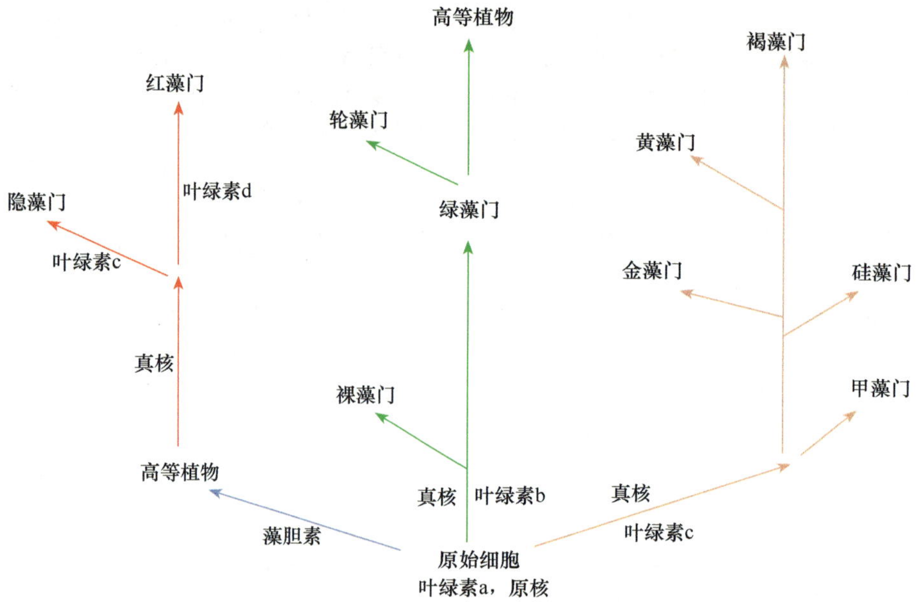

图 10-2 藻类植物的进化路线

重的水华。在海洋中，藻类大量繁殖，使海水呈现红色，称为赤潮。形成赤潮的主要是一些甲藻，也产生毒素，对海洋中的鱼、虾、蟹等危害极大。

7. 分类

藻类植物种类繁多，目前已知有3万多种。早期的植物学家将藻类和菌类纳入一个门，即藻菌植物门。随着人们对藻类植物认识不断深入，认为藻类不是一个自然分类群。根据细胞结构、细胞壁成分、光合色素、同化产物和鞭毛类型等，将藻类植物分为若干个独立的门。各国学者对藻类植物分门的观点不同，我国藻类学家多采用 Alexopoulus 和 Blod（1967）的分类系统，将常见藻类植物分为11个门，即蓝藻门、红藻门、隐藻门、甲藻门、金藻门、黄藻门、硅藻门、褐藻门、裸藻门、绿藻门和轮藻门。表10-1是各门的主要特征。

表 10-1 各门藻类的主要特征

门	生境	主要光合色素	同化产物	细胞壁成分	鞭毛
蓝藻门 Cyanophyta	淡水，海水，陆地	叶绿素 a，藻胆素	蓝藻淀粉	肽聚糖	无
红藻门 Rhodophyta	海水多，淡水少	叶绿素 a、d，藻胆素	红藻淀粉	纤维素，果胶，碳酸钙	无
隐藻门 Cryptophyta	淡水多，海水少	叶绿素 a、c，藻胆素	淀粉	无细胞壁	2条顶生
甲藻门 Pyrrophyta	海水，淡水	叶绿素 a、c	淀粉油	纤维素	2条不等长，1环绕，1后拖
金藻门 Chrysophyta	淡水多，海水少，陆地	叶绿素 a、c	金藻昆布糖，油	纤维素，硅质或无细胞壁	1条或2条顶生
黄藻门 Xanthophyta	淡水多，海水少	叶绿素 a、c	金藻昆布糖，油	纤维素，果胶	2条不等长顶生
硅藻门 Bacillariophyta	海水，淡水	叶绿素 a、c	金藻昆布糖，油	硅质，果胶	1条顶生
褐藻门 Phaeophyta	海水多，淡水很少	叶绿素 a、c	褐藻淀粉，甘露醇	纤维素，褐藻酸	2条不等长侧生
裸藻门 Euglenophyta	淡水多，海水少，陆地	叶绿素 a、b	裸藻淀粉	无细胞壁	1条或2条不等长顶生
绿藻门 Chlorophyta	淡水多，海水少，陆地	叶绿素 a、b	淀粉	纤维素果胶	1条到多条等长顶生
轮藻门 Charophyta	淡水	叶绿素 a、b	淀粉	纤维素果胶	2条等长顶生

（二）蓝藻门（Cyanophyta）

1. 一般特征

蓝藻常称蓝绿藻（blue-green algae），由于它和细菌同属原核生物，在细胞结构等许多方面与细菌有相同特征，又称蓝细菌（cyanobacteria）。

（1）藻体形态。植物体有单细胞、群体和丝状体。群体有定形和不定形。丝状体不分枝、分枝或具假分枝。营养细胞和生殖细胞无鞭毛。

（2）细胞结构。蓝藻细胞具有明显细胞壁，内层为肽聚糖，外层为脂蛋白，胞壁外往往有多糖构成的胶质鞘（gelatinous sheath）。原生质体分化为中心质（centroplasm）和周质（periplasm）两部分，细胞无细胞器和细胞核。中心质又称中央体，存在于细胞中央，有DNA微丝，但无组蛋白，不形成染色体，无核膜和核仁结构，但有核物质的功能，称原核或拟核。中心质的周围是周质，又称色素质。电子显微镜下，在周质中可看到类囊体，或称光合作用片层，不形成色素体。光合色素有叶绿素a、藻蓝素（phycocyanin）、藻红素（phycoerythin）、胡萝卜素和叶黄素。光合作用产物为蓝藻淀粉（cyanophycean starch）。藻胆体由藻蓝蛋白和藻红蛋白组成，两者分别是由藻蓝素和藻红素与组蛋白结合成的颗粒体。因藻蓝素含量比例较大，藻体常呈蓝绿色。浮游蓝藻周质中常有气泡（gas vacuole），也称为伪空胞（pseudovacuole），有遮强光和漂浮的功能，是适应浮游生活的结构。部分丝状种类有异形胞（heterocysts），是一种比营养细胞大的特殊细胞，常呈无色透明状。异形胞常形成固氮酶系统，能进行固氮作用。

（3）繁殖。蓝藻主要繁殖方式是细胞分裂。单细胞种类，细胞分裂后，子细胞分离，立即形成单细胞，群体种类，细胞多次分裂，形成大的群体，破裂后形成多个小群体，丝状体类型是断裂形成可繁殖的藻殖段（homogonium），再发育成新藻体。少数种类可通过形成厚壁孢子（chlamydospore）、外生孢子（exospores）、内生孢子（endospore）进行繁殖。厚壁孢子是由营养细胞体积增大，积累营养物质，细胞壁增厚而形成，可长期休眠，以度过不良环境。外生孢子形成时，细胞内原生质发生横分裂，形成大小不等的两块，上端一块较小，形成孢子，萌发成新藻体，基部一块仍保持分裂能力，继续分裂形成孢子，因此孢子不断释放，如管胞藻属（*Chamaesiphon*）。内生孢子是由母细胞增大，原生质进行多次分裂，形成许多具有薄壁的子细胞，母细胞破裂后孢子放出，每个孢子萌发形成新的藻体，如皮果藻属（*Derocarpa*）。

（4）分布。蓝藻分布很广，在淡水和海水、潮湿土壤和岩石、树干和树叶上都有。由于蓝藻常有胶质鞘，所以抗逆性很强，耐旱、耐高温，常称为先锋植物，在温泉、冰雪、盐池、干旱的岩石缝等处都可生存。在营养丰富的水体中，浮游蓝藻大量繁殖集聚水面，特别是夏季，形成水华。有些种类与真菌共生形成地衣，有的生于苏铁属（*Cycas*）根和满江红属（*Azolla*）叶腔中。

2. 代表植物

（1）微囊藻属（*Microcystis*）。植物体是球形、不规则形或具有很多穿孔的浮游性群体，细胞多数，有群体胶质鞘。细胞球形，多数有气泡（图10-3）。以细胞分裂和群体破裂进行繁殖。夏季在营养丰富的水中

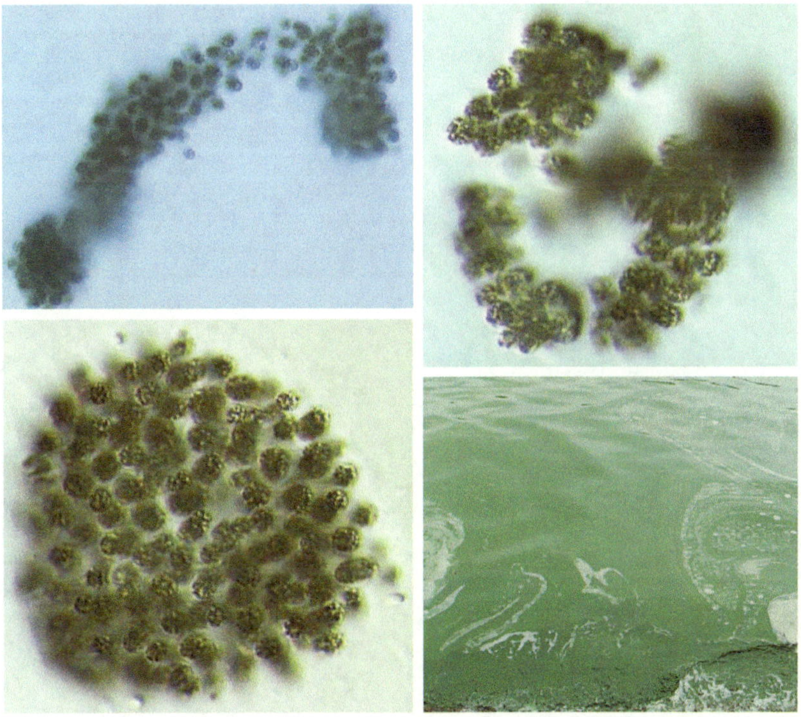

图10-3 微囊藻属及引起的水华

大量繁殖，形成水华。微囊藻能分泌毒素，危害摄食藻类的动物。

（2）颤藻属（*Oscillatoria*）。植物体是单列细胞组成的丝状体，不分枝，丝状体常丛生，并形成团块。细胞短圆柱状，无胶质鞘或有不明显胶质鞘。丝状体能前后运动，或左右摆动，故称颤藻（图 10-4）。以形成藻殖段进行繁殖。常见于有机质污染的湿地或浅水中。

（3）螺旋藻属（*Spirulina*）。植物体是由细长单细胞或单列细胞组成的不分枝丝状体，螺旋状卷曲，故称螺旋藻（图 10-5）。以藻殖段进行繁殖。淡水、海水中均生长，特别是碱性水体中。富含蛋白质及各种维生素、微量元素、藻多糖、藻蓝素、亚麻酸、类胰岛素等多种活性物质，常作为营养滋补品。

（4）念珠藻属（*Nostoc*）。植物体由单列细胞组成不分枝的丝状体，丝状体常无规则集合在一个公共胶质鞘中，形成肉眼可见或不可见的球状、片状、发

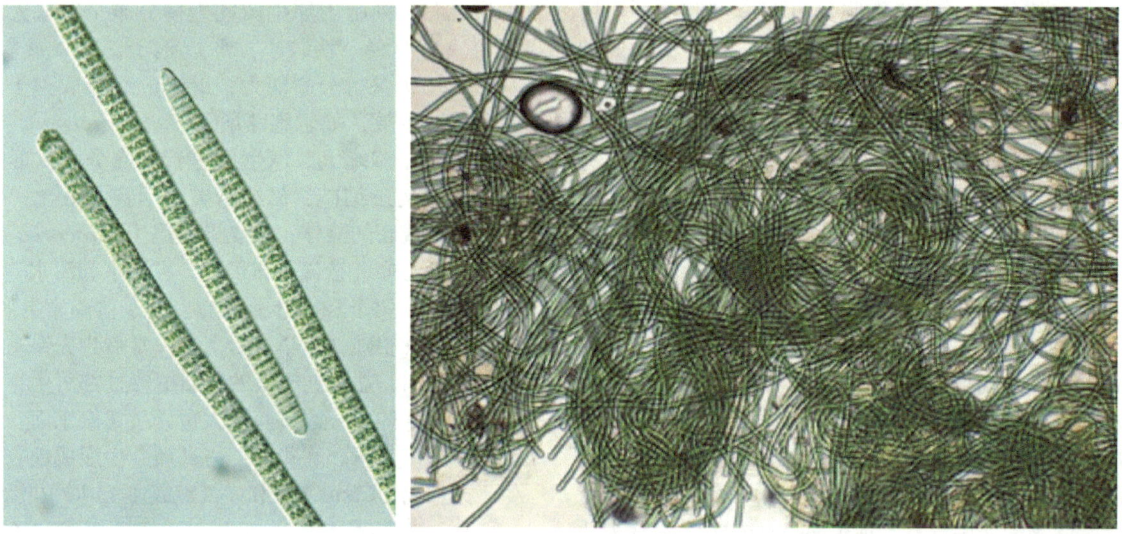

图 10-4　颤藻属

图 10-5　螺旋藻属

状或不规则团块，细胞多球形或扁球形，排列如念珠状而得名，丝状体有个体胶质鞘或无，异形胞顶生或间生（图 10-6）。以藻殖段或厚壁孢子进行繁殖。生于淡水、潮湿土壤或岩石上。能固氮。本属的地木耳（*N. cooune*）、发菜（*N. flagelliforme*）和葛仙米（*N. sphaeroids*）等可供食用。

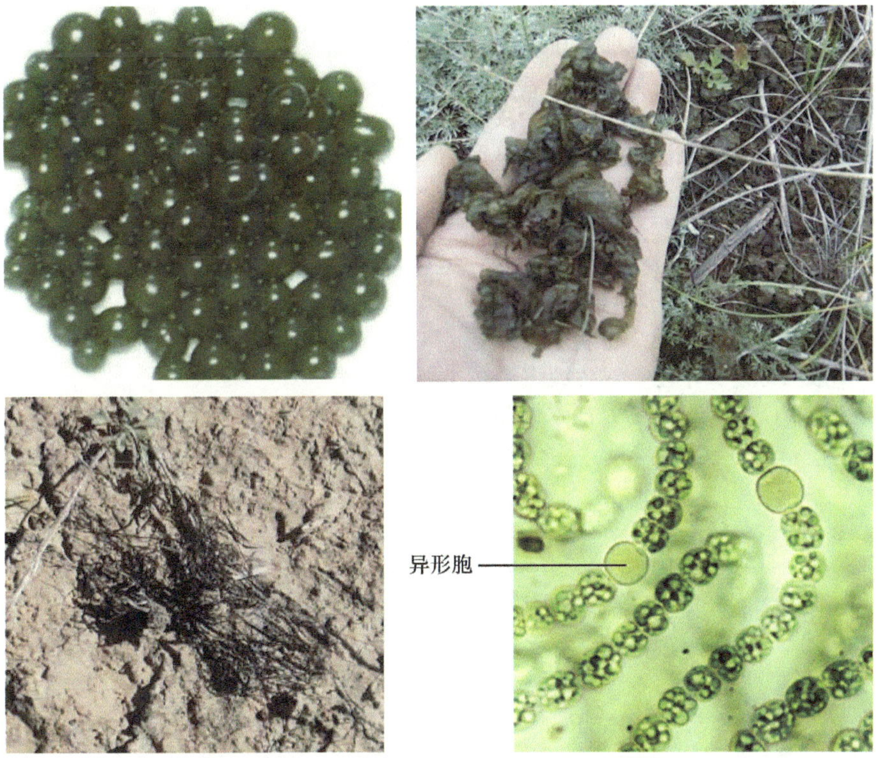

图 10-6　念珠藻属

（三）红藻门（Rhodophyta）

1. 一般特征

（1）形态特征。藻体除少数为单细胞外，多数是多细胞的。藻体多较小，少数大型的可超过 1m。藻体有简单丝状体，单列或多列细胞，分枝或不分枝，也有形成假薄壁组织的叶状体或枝状体。假薄壁组织主要由藻体细胞贴合而成，可分为“单轴和多轴”两种类型。单轴型藻体中央有 1 条轴丝（藻丝），向各个方向发出分枝，侧枝相互密贴，形成“皮层”，多轴型藻体中央有多条轴丝（藻丝）组成髓（中央管），由髓向各方向发出侧枝，密贴成“皮层”，又称同化丝，形成围轴管。顶端生长、居间生长或弥散式生长。

（2）细胞结构。细胞壁分两层，内层为纤维素，外壁是果胶质。多数红藻细胞只有 1 个核。色素体 1 至多数，光合色素有叶绿素 a 和叶绿素 d、β- 胡萝卜素、叶黄素、藻红素和藻蓝素，一般藻红素占优势，故藻体多呈红色。储藏物为红藻淀粉（floridean starch）。

（3）繁殖。原始类型可以细胞分裂进行营养繁殖。无性生殖产生不动孢子，有单孢子（孢子囊仅产生 1 个孢子）和四分孢子（孢子囊中母细胞减数分裂产生 4 个孢子）。有性生殖为卵式生殖，雌雄同株或异株。雄性生殖器官为精子囊（antheridium），产生无鞭毛的不动精子。雌性生殖器官为果胞（carpogonium），形似烧瓶，上部为细长的受精丝（trichogyne）。精子释放后，借助水流黏在受精丝上，进入果胞。合子形成产孢丝，进而形成果孢子囊，许多果孢子囊集生成为果孢子体（carposporophyte）。果孢子体是二倍的，附生在配子体上。果孢子体产生果孢子，萌发成二倍的四分孢子体，再经过减数分裂，产生四分孢子，发育成配子体。红藻门植物的生活史中不产生游动细胞，绝大多数种类，都有 3 个世代的藻体进行世代交替，即孢子体世代、配子体世代和果孢子体世代。

（4）分布。大多数种类固着生活在不同深度的海洋中；淡水种类较少，多固着于冷泉、溪流中；极少数生于潮湿土壤。

2. 代表植物

（1）紫菜属（*Parphyra*）。藻体为叶状体，紫红色、紫色或蓝紫色，单层细胞或两层细胞，边缘皱褶，高 20～30cm，宽 10～20cm，生于海滩岩石上。细胞单核，色素体 1 枚，星状，中轴位，有蛋白质核。藻体弥散式生长。无性生殖产生单孢子。有性生殖精子囊和果胞由藻体边缘细胞转化而成。合子发育为果孢子囊，产生 2

倍果孢子。果孢子释放后，落到软体动物壳上，萌发成分枝丝状体（曾被称为壳斑藻 *Conchocelis rosea*），减数分裂产生壳孢子，萌发为叶状体紫菜（图 10-7）。我国南北沿海都有分布，是经济价值极高的食品。

（2）串珠藻属（*Batrachospermum*）。藻体为具轮节的分枝丝状体，多胶质，单轴型，具明显中轴，分化成节和节间。节细胞上有初生枝。节间包被有皮层细胞，上面可生长次生枝或缺乏。初生枝和次生枝共同组成轮节。无性生殖在初生枝或次生枝上产生单孢子囊。有性生殖形成果胞和精子囊，雌雄同株或异株。果胞枝发生于初生枝基部或中部，少有顶端的，也有生于次生枝上的，果胞基部对称，受精丝形状多样。果孢子体球形或半球形，每一轮节上数目不等。精子囊生于初生枝或次生枝顶端或近顶端，也有生于果胞枝上苞片顶端的，一般为球形，单生、双生或多个丛生（图 10-8）。固着生于山泉、溪流中，是淡水红藻中最具代表性的类群。

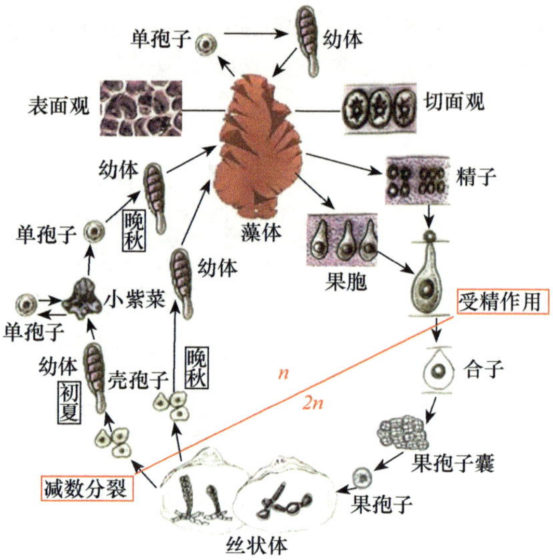

图 10-7 紫菜属的生活史

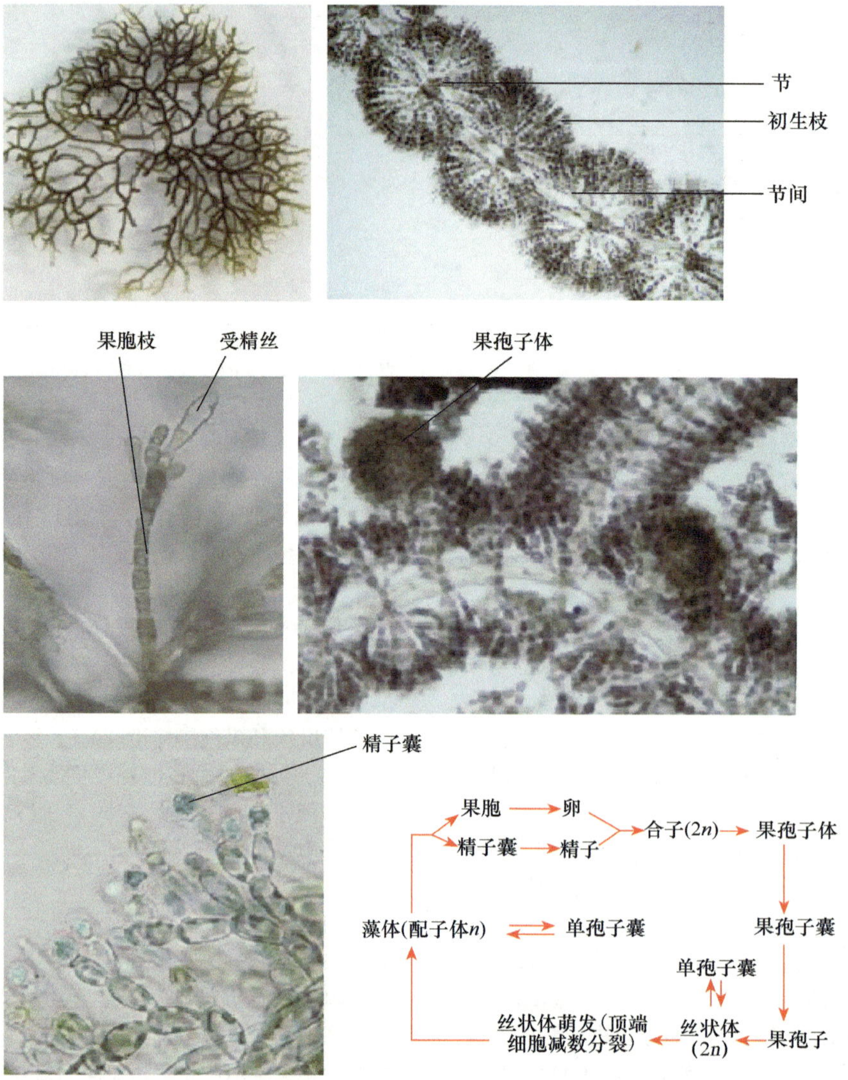

图 10-8 串珠藻属形态及生活史

（3）多管藻属（*Polysiphonia*）。藻体为多列细胞的分枝丝状体，直立或部分匍匐，基部以假根固着，丝状体中央有一列较粗的细胞，为中轴管（central siphon），四周由4～24个较细的细胞围成一圈，为围轴管（peripheral siphon）。无性生殖产生四分孢子。生活史中有单倍的配子体、双倍的果孢子体和四分孢子体，其中配子体和四分孢子体在外形上完全相同，是同形世代交替。精子囊生在雄配子体上部生育枝上，果胞在雌配子体上部可育性毛丝状体上产生，结构复杂，受精后形成果孢子体，产生果孢子囊，释放果孢子。果孢子萌发，形成二倍的四分孢子体，在四分孢子体上形成四分孢子囊，经减数分裂，形成四分孢子，四分孢子萌发形成单倍的配子体（图10-9）。生于沿海地区。

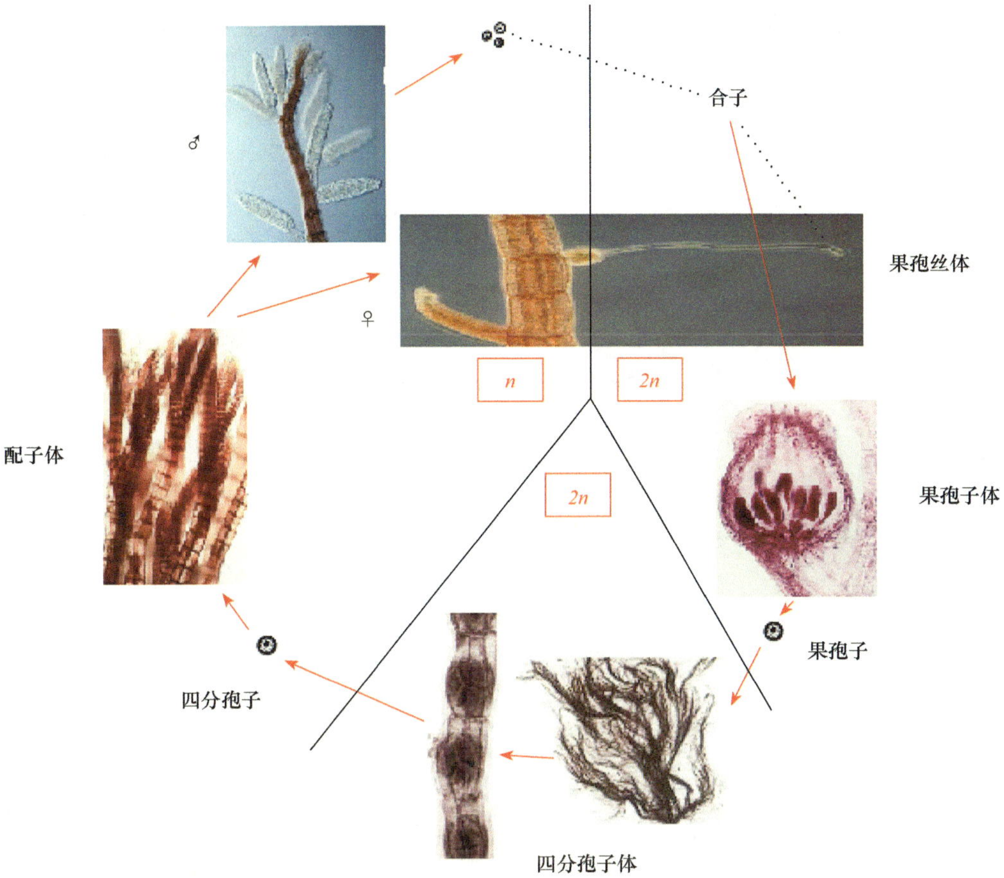

图10-9　多管藻属生活史

（四）甲藻门（Pyrrophyta）

1. 一般特征

（1）形态特征。藻体多数是单细胞，球形或长椭圆形，极少数种类为丝状体。

（2）细胞结构。细胞壁多数较厚，少数较薄。纵裂甲藻由左右两个对称的瓣组成，无纵沟（sulsus）和横沟（girdle），横裂甲藻细胞壁由多个板片嵌合而成，具背腹之分，板片形态、数目和排列方式是鉴定种的依据。多具1纵沟（又称腹区）和1横沟（又称腰带），横沟位于细胞中部偏下，上部称上壳或上锥部，下部称下壳或下锥部，纵沟位于下壳腹面中央，与横沟垂直。细胞核1个，有丝分裂过程中核膜和核仁不消失，称为中核（mesokaryon）。色素体多数，含叶绿素a和叶绿素c、β-胡萝卜素、多甲藻（黄）素（peridinin）等。同化产物为淀粉和油。甲藻液泡（pusule）近于体表层，囊状体，没有伸缩能力，外端有一开口与外界相通，有渗透营养的作用。刺丝泡（trichocyst）由高尔基体长出，遇敌时放出，具捕食功能。具2条鞭毛，从横沟、纵沟交界处的鞭毛孔伸出，排列不对称，1条为横鞭毛，外有1排鞭茸，带状，环绕横沟，波状运动，使藻体旋转，1条为纵鞭毛，外有2排鞭茸，通过纵沟后拖，鞭状运动，使藻体前进。

（3）繁殖。以细胞纵裂的营养繁殖为主，有的在母细胞内产生游动孢子或不动孢子行无性生殖，少数种类发现有性生殖，为同配。

（4）分布。大多数为海产，淡水产种类较少。甲藻是重要的浮游藻类，是水生动物的主要饵料之一。但是，若过量繁殖，常使水色变红，形成“赤潮”，对渔业危害很大。甲藻死亡后沉积海底，成为古生代油地层中的主要化石，是石油勘探中的常用依据。

2. 代表植物

（1）多甲藻属（*Peridinium*）。藻体单细胞，椭圆形、卵形或多角形，背腹扁，背面稍凸，腹面平或凹入，纵沟和横沟明显，细胞壁由多块板片组成（图 10-10A）。细胞以斜向纵裂进行营养繁殖，或无性生殖形成厚壁孢子，少数具有性生殖。分布于海水或淡水。

（2）角甲藻属（*Ceratium*）。藻体单细胞，不对称，顶端有板片突出形成的长角，底部有 2 个或 3 个短角（图 10-10B）。细胞以斜向纵裂方式进行营养繁殖。分布于海水或淡水。

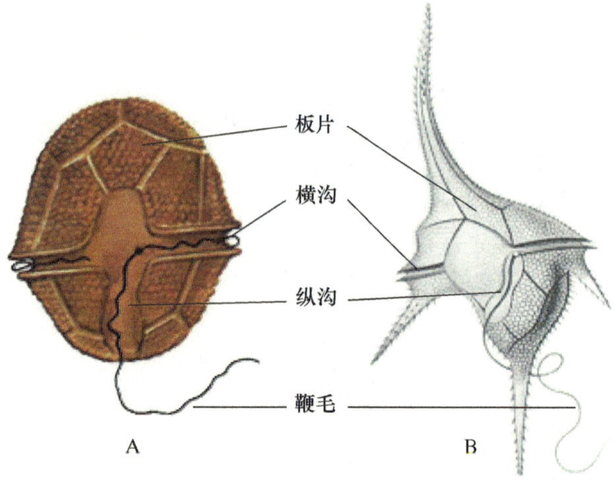

图 10-10 甲藻门植物
A. 多甲藻属；B. 角甲藻属

（五）硅藻门（Bacillariophyta）

1. 一般特征

（1）形态特征。藻体为单细胞，圆形、新月形或长杆形，可连接成各种形状的群体或丝状体。丝状体的细胞个体单个贴合在一起，可形成假分枝。

（2）细胞结构。细胞壁成分为硅质和果胶质。硅质较厚在外，胶质较薄在内，主要成分为 $SiO_2 \cdot H_2O$。由两个套合的半片组成，外面的半片称上壳（epitheca），里面的半片称下壳（hypotheca），顶面和底面称为壳面（valve），两个半片套合的地方称为环带面（girdle band）。壳面有各种花纹、突起，在电镜下呈小孔、小穴、小腔状，开口向内，辐射对称或两侧对称，两侧对称种类的壳面中线上常有长的纵裂缝，称为壳缝（raphe），中央加厚处称中央节，两端加厚处称端节。细胞核 1 个。色素体 1～2 个或多个，含叶绿素 a 和叶绿素 c、α- 胡萝卜素和 β- 胡萝卜素、墨角藻黄素、硅藻黄素和硅甲黄素等。同化产物为金藻昆布糖和油。营养体没有游动细胞，仅精子具 1～2 条等长或不等长鞭毛。能自发运动的硅藻都有 1 条或 2 条壳缝，运动方向是沿着纵轴方向前进或后退。

（3）繁殖。硅藻主要以细胞分裂进行营养繁殖。细胞分裂时，原生质膨胀，上下两壳分离，一个子细胞获得母细胞的上壳，另一个获得下壳，每个子细胞立即分泌出另一半细胞壁，新分泌出的半片始终作为子细胞的下壳，老的半片作为上壳，结果是一个子细胞体积和母细胞等大，另一个则比母细胞小一些，几代之后，也只有一个子细胞的体积与母细胞等大，其余的越来越小（图 10-11）。当缩小到一定程度后，多可通过有性生殖产生复大孢子（auxospore）恢复其大小。藻体通过减数分裂形成配子，结合后合子发育为复大孢子，进而发育为新藻体。有性生殖包括同配、异配和卵式生殖。

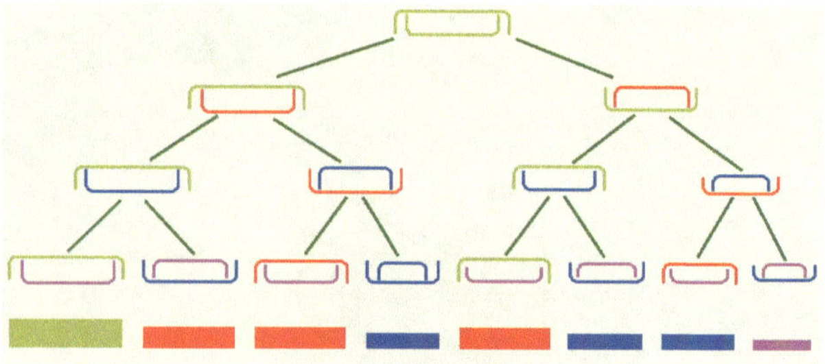

图 10-11 硅藻细胞分裂示意图

（4）分布。硅藻分布很广，淡水、半咸水、海水或潮湿土壤、岩石、墙壁、树干、苔藓植物体表等处均有，浮游或附着在基物上。硅藻春秋两季生长旺盛，是鱼、贝等动物的饵料，也是海洋初级生产力的重要指标。

2. 代表植物

（1）直链藻属（*Melosira*）。藻体单细胞，圆柱形，常连成链状。壳面纹饰辐射对称或无（图 10-12A、图 10-12B）。

（2）小环藻属（*Cyllotella*）。藻体单细胞，圆盘状，有些种类连成链状。壳面边缘有辐射状排列的线纹、孔纹、肋纹，中央平滑或具颗粒（图 10-12C、图 10-12D）。

（3）舟形藻属（*Navicula*）。藻体单细胞或以壳面连成群体。壳面线形、椭圆形或披针形，两侧对称，两端头状、钝圆或喙状，具横线纹，中轴区狭窄。上下壳面均具壳缝，具中央节和极节（图 10-12E、图 10-12I）。

（4）桥弯藻属（*Cymbella*）。藻体单细胞或连接成群体。壳面新月形、线形、半椭圆形或舟形，两侧不对称，有背腹之分，背侧突出，腹侧近平直，线纹略呈辐射状。上下壳面均具壳缝，具中央节和极节（图 10-12G）。

（5）异极藻属（*Gomphonema*）。藻体单细胞或连接成扇状群体。壳面棒形或披针形，两端不对称，上端宽，下端窄，线纹略呈辐射状。上下壳面均具壳缝，具中央节和极节（图 10-12F、图 10-12H）。

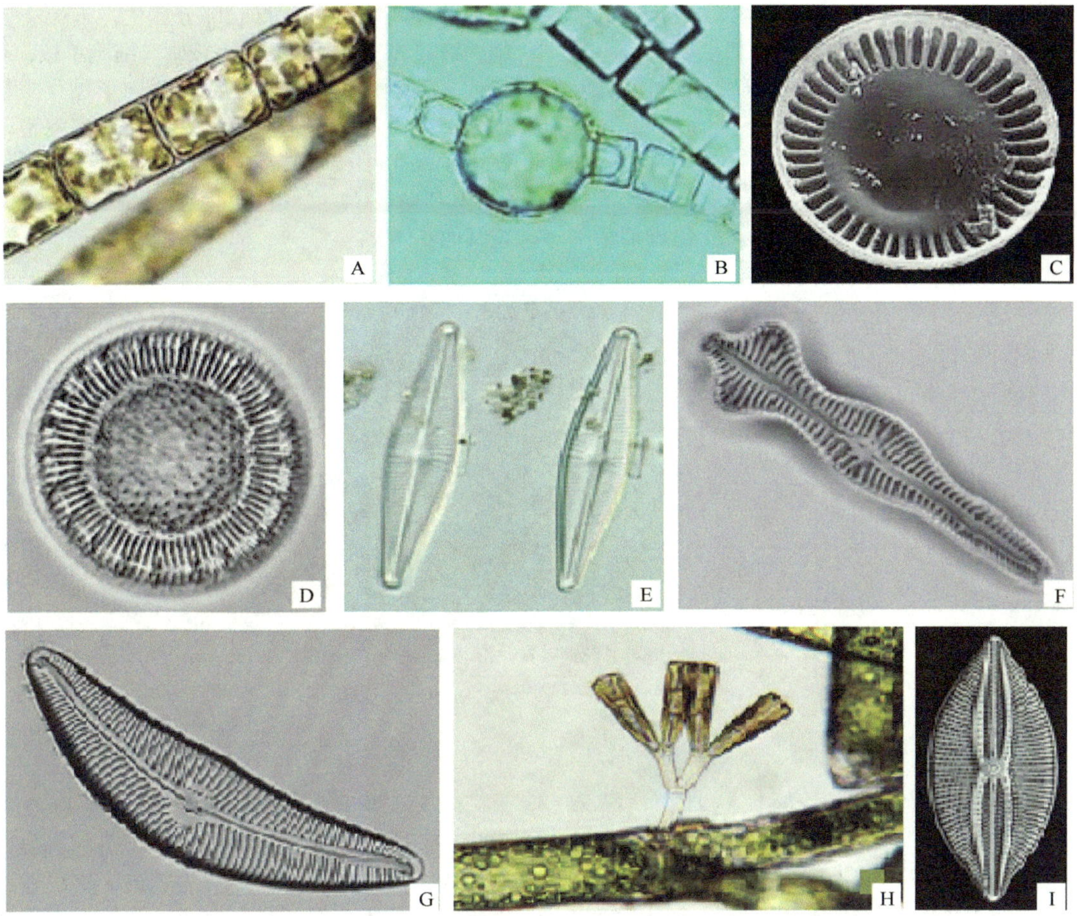

图 10-12　硅藻门植物

A、B. 直链藻属；C、D. 小环藻属；E、I. 舟形藻属；G. 桥弯藻属；F、H. 异极藻属

（六）褐藻门（Phaeophyta）

1. 一般特征

（1）形态特征。藻体为多细胞，无单细胞及群体类型，基本上分为三大类：①分枝丝状体，分化为匍匐枝和直立枝的异丝状体；②分枝丝体互相紧密结合，形成假薄壁组织；③比较高级的类型有组织分化，内部分化成表皮层、皮层和髓三部分。表皮层细胞多，较小，内含许多色素体，皮层细胞较大，有机械支持作用，接近表皮层的几层细胞，也含有色素体，髓在中央，由无色长细胞组成，有输导和储藏作用，有些种类在髓部有类似筛管的构造，称喇叭丝。顶端生长、弥散生长、边缘生长、居间生长或毛基生长等。

（2）细胞结构。细胞壁分为两层，内层是纤维素，外层为藻胶，含有一种碳水化合物，称为褐藻糖胶（fucoidan），能使褐藻形成黏液质，退潮时，黏液质可使暴露在外面的藻体免于干燥。细胞单核，色素体1至多数，含有叶绿素a、叶绿素c、β-胡萝卜素和6种叶黄素，其中墨角藻黄素含量最大，使藻体呈褐色。储藏物质为褐藻淀粉（laminarin）和甘露醇（mannitol）。细胞中具特有的小液泡，称为褐藻小液泡，呈酸性反应，大量存在于分生组织、同化组织和生殖细胞中。仅生殖细胞具鞭毛，即精子和游动孢子，多具两条不等长侧生鞭毛，向前伸出的一条较长，是茸鞭型，向后伸出的一条较短，是尾鞭型。

（3）繁殖。生殖方式有营养繁殖、无性生殖和有性生殖。营养繁殖有两种：①营养体断裂成几部分，每一部分都可发育成新植物体；②营养体某一部分长出具有繁殖功能的小枝，即繁殖枝（propagule），小枝脱落发育成新个体。无性生殖产生游动孢子或不动孢子，分为单室孢子囊（unilocular sporangium）（由孢子体一个细胞增大形成，经减数分裂和有丝分裂，形成多数单倍的游动或不动孢子）和多室孢子囊（plurilocular sporangium）（孢子体一个细胞经过多次分裂，形成一个细长的多细胞组织，每个小立方形细胞发育成一个侧生双鞭毛游动孢子，这种孢子囊发生在二倍体藻体上，形成孢子时不经过减数分裂，因此游动孢子是二倍的，发育成一个二倍植物体）两种类型。有性生殖有同配、异配和卵式生殖。生活史多数孢子减数分裂，少数配子减数分裂。

（4）分布。绝大多数海产，仅有几个罕见种生活在淡水中。主要分布在寒带和温带海洋，生长在低潮带和潮下带岩石上，是构成海底森林的主要类群。有的种类可食用，许多种类可提取褐藻酸钠、甘露醇、碘、氯化钾等药品和化学品。

2\. 代表植物

（1）水云属（*Ectocarpus*）。藻体（孢子体和配子体）为小型单列细胞的分枝丝状体，分化成匍匐附着部分和直立部分，直立部分簇生，末端小枝逐渐变细，匍匐部分的分枝密而不规则。细胞单核，有少数带状或多数盘形色素体。生活史为同形世代交替。无性生殖产生游动孢子，有单室孢子囊和多室孢子囊，都发生于侧生小枝顶端细胞上。有性生殖为同配或异配（图 10-13A～C）。分布较广，固着生于海洋潮间带岩石或其他藻体上。

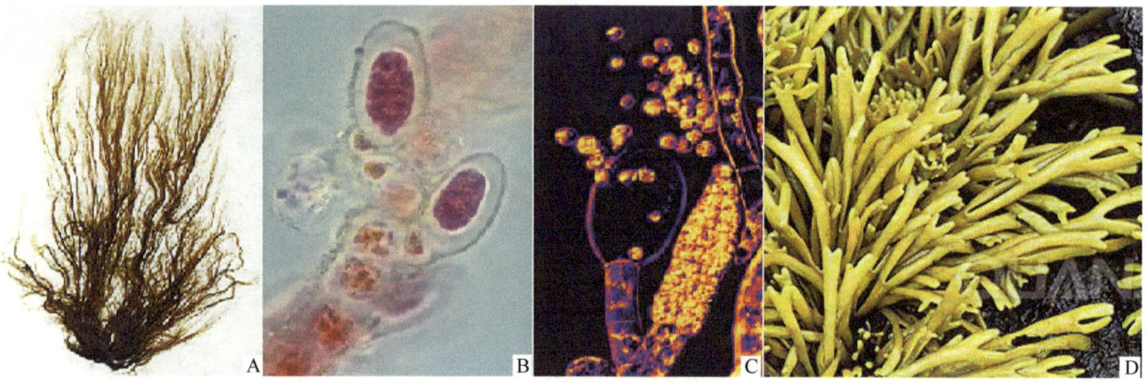

图 10-13　褐藻门植物

A. 水云属藻体；B. 孢子囊；C. 配子囊；D. 鹿角菜属

（2）鹿角菜属（*Pelvetia*）。藻体软骨质，高为 6～15cm。基部为圆锥状固着器，中间为扁圆状短柄，上部为二叉状分枝，分化为表皮、皮层和髓，皮层和髓都有类似筛管的构造。顶端生长。鹿角菜的生活史是配子减数分裂。生殖时在枝端形成长角果状生殖托（receptacle），有柄，比普通营养枝粗，表面有明显突起，突起处有一开口的腔，称为生殖窝（conceptacle），在生殖窝内产生精囊与卵囊。合子发育成二倍藻体（图 10-13D）。多固着于温带海洋中潮或高潮带岩石上。可食用和工业上提取藻胶。

（3）海带属（*Laminaria*）。藻体（孢子体）大型片状，长达 3～4m，宽 20～30cm，由固着器、柄和带片组成，柄和带片内部分化为表皮、皮层和髓。居间生长。配子体小型丝状。生活史为异形世代交替，孢子体占绝对优势（图 10-14）。无性生殖产生游动孢子，孢子体成熟时，在带片两面产生单室游动孢子囊，棒状丛生，中间夹着长细胞，称为隔丝（或侧丝）（paraphysis），隔丝顶端有透明胶质冠。孢子母细胞经过减数分裂和多次有丝分裂，产生 32 个侧生不等长双鞭毛的梨形游动孢子，附着萌发为配子体。配子

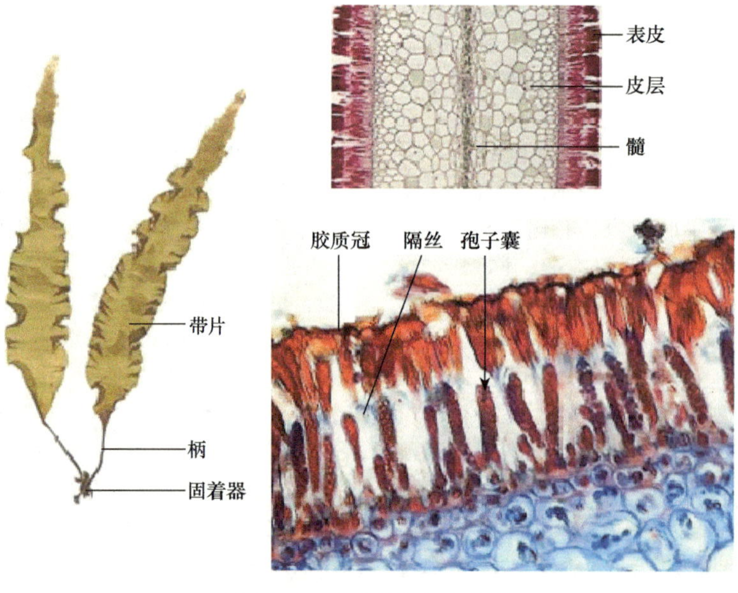

图 10-14　海带属的形态结构

体。配子体雌雄异株，雄配子体是十几个细胞组成的分枝丝状体，其上每个细胞均可发育为精子囊，每个精子囊产生1枚侧生不等长双鞭毛精子。雌配子体由几个大细胞组成，很少分枝，枝端产生单细胞卵囊，内有1枚卵，成熟时排出，附着于卵囊顶端，在母体外受精，形成合子，萌发为孢子体（图10-15）。原产苏联远东地区、日本和朝鲜北部沿海，1927年引进我国大连，并逐渐在辽东和山东半岛海区生长，现在是我国常见海洋藻类，营养丰富，是人们喜爱的食品。

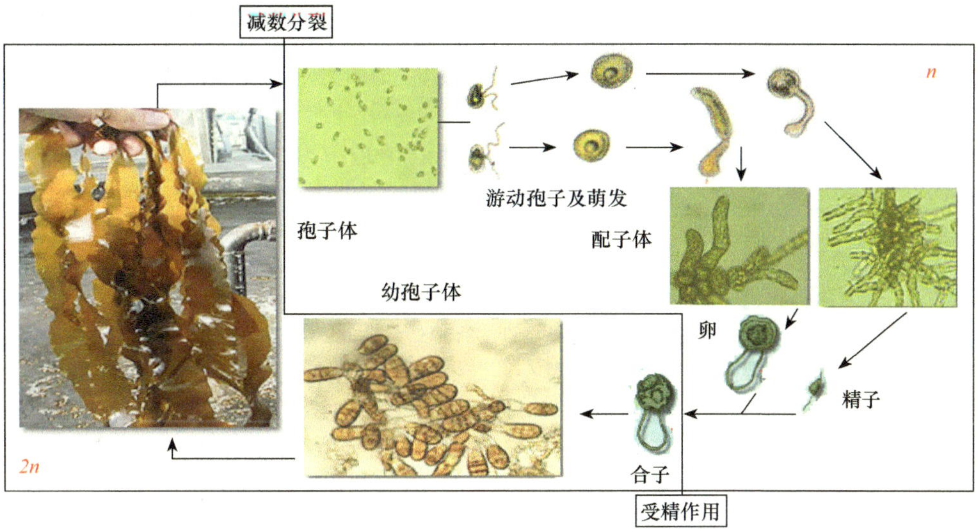

图 10-15　海带属的生活史

（七）裸藻门（Euglenophyta）

1. 一般特征

（1）形态特征。藻体大多为能自由游动的单细胞，顶生1～3条鞭毛，前端钝圆，后端尖细。前端有胞口（cytostome）和狭长胞咽（cytopharynx），胞咽下部膨大部分称为储蓄泡（reservoir），储蓄泡周围有一至多个伸缩泡（contractile vacuole）。

（2）细胞结构。无细胞壁，最外层是原生质膜，内有蛋白质构成的周质体（periplast），有些周质体薄，藻体易弯曲变形，有些周质体厚而硬，藻体形状固定，有些属能分泌带孔的囊壳（lorica）。细胞核大，有丝分裂过程中核膜和核仁不消失，没有染色体纺锤丝，称为中核（mesocaryon）。色素体多个，含叶绿素a和叶绿素b、β-胡萝卜素和3种叶黄素。同化产物是裸藻淀粉（副淀粉）（paramylum）和油，存在于细胞质中。眼点（stigma，eye spot）位于储蓄泡与胞咽之间。鞭毛1条或2条，不等长。

（3）繁殖。裸藻以细胞纵裂进行营养繁殖。可形成胞囊（cyst），度过恶劣环境，环境好转时原生质从厚壁中脱出，萌发成新个体。

（4）分布。多数分布在淡水，少数生长在半咸水，很少生活在海水中。在有机质丰富的水中生长良好，是水质污染的指示植物。裸藻又称眼虫，有些种类无色，营异养生活。有2个属生活在两栖类的消化管内。

2. 代表植物

（1）扁裸藻属（*Phacus*）。藻体单细胞，明显侧扁，正面观圆形、卵形或椭圆形，后端多尾状，表质较硬化，具螺旋状排列的线纹、肋纹或颗粒。色素体多数，小盘形，副淀粉多1个，大型（图10-16A）。大

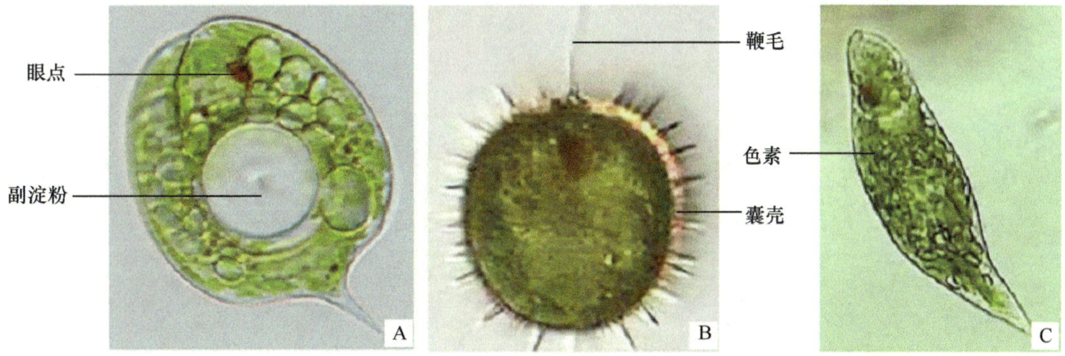

图 10-16　裸藻门植物
A. 扁裸藻属；B. 囊裸藻属；C. 裸藻属

多生活于淡水中。

（2）囊裸藻属（*Trachelomonas*）。藻体单细胞，外具囊壳，由胶质或铁、锰等化合物组成，透明或不透明，顶端具鞭毛孔，有领或无，光滑或有纹饰（图 10-16B）。生活于淡水中。

（3）裸藻属（*Euglena*）。藻体单细胞，纺锤形、长纺锤形或圆柱形，前端宽而钝圆，后端锐，表质柔软或略硬化，具螺旋状排列的线纹或颗粒。色素体 1 至多数，副淀粉 2 或多数，颗粒状（图 10-16C）。主要生活于含有机质的淡水中。

（八）绿藻门（Chlorophyta）

1. 一般特征

（1）形态特征。藻体多样，有单细胞（游动或不游动）、群体（定形或不定形）、丝状体（分枝或不分枝）、叶状体、管状体等类型。少数种类的营养细胞前端具有鞭毛，终生能运动，多数种类的营养细胞不能运动，但在繁殖时形成的孢子和配子大多有鞭毛，能运动。

（2）细胞结构。大多具细胞壁，主要成分是纤维素和果胶。通常具 1 个细胞核，少数多核。色素体 1 个至多个，含叶绿素 a 和叶绿素 b、β- 胡萝卜素及叶黄素，同化产物主要是淀粉，多储于蛋白质核周围成为淀粉鞘。运动细胞具有 2 条、4 条或更多的等长鞭毛。运动细胞常具眼点。鞭毛通常是 2 条或 4 条，顶生，等长，尾鞭型。

（3）繁殖。营养繁殖通过母体断裂和细胞分裂进行。单细胞种类可形成胶群体。无性生殖可产生游动孢子和不动孢子，还可产生与母细胞形态特征相似的似亲孢子（autospore）。可通过原生质体分裂和细胞壁加厚产生休眠孢子（hypnospore），以度过不良环境。有性生殖除同配、异配和卵式生殖外，还有产生没有鞭毛配子相结合的接合生殖。

（4）分布。以淡水种类为主，海水种类少。淡水种类分布广泛，静水和流水均有，漂浮、浮游或固着生活。有的生于潮湿土壤，墙壁、岩石和树干上，甚至冰雪里，也有寄生、内生、共生的种类。

2. 代表植物

（1）衣藻属（*Chlamydomonas*）。藻体为游动单细胞，卵形、椭圆形或圆形。前端有 2 条顶生鞭毛，有些种类在鞭毛着生处有乳头状突起。细胞壁分两层，内层主要成分是纤维素，外层由果胶质包着。色素体 1 个，多数形状如厚底杯状，在基部有一个明显蛋白质核，也有片状、H 形或星芒状。细胞中央有 1 个细胞核。鞭毛基部有 2 个伸缩泡，一般认为是排泄器官。眼点橙红色，位于体前端。无性生殖产生游动孢子，有性生殖多为同配。生活史为合子减数分裂（图 10-17A）。生活于有机质丰富的淡水中，早春和晚秋较多。

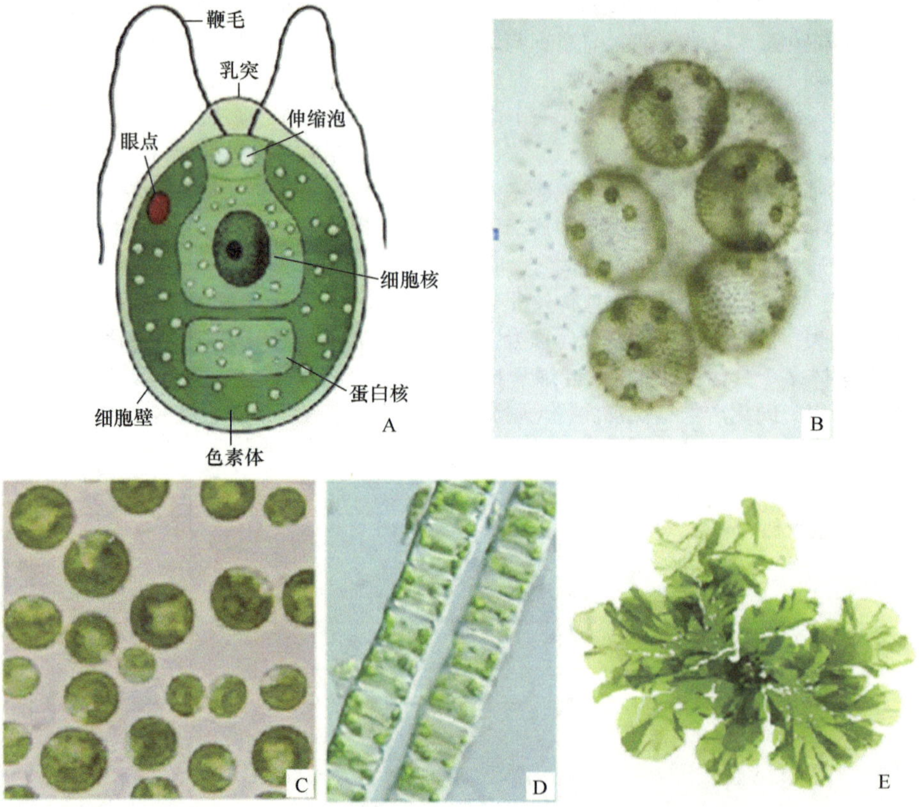

图 10-17　绿藻门植物

A. 衣藻属；B. 团藻属；C. 小球藻属；D. 丝藻属；E. 石莼属

（2）团藻属（*Volvox*）。藻体是由数百至上万个细胞排成一层位于表面的空心球体，球体内充满胶质和水。细胞形态结构和衣藻属相同。每个细胞各有一层胶质包着。群体后端有些细胞失去鞭毛，比普通营养细胞大十倍或更多，称为生殖胞（gonidium）（图 10-17B）。由于出现营养细胞和生殖细胞的分化，因此该属藻体也是原始的多细胞体。繁殖方式较复杂。经常在夏季发生于淡水池塘或临时性积水中。

（3）小球藻属（*Chlorella*）。藻体单细胞，圆形或略椭圆形，可聚集成群。细胞壁通常较薄，色素体 1 个，杯状或片状，老熟时分裂成数块，蛋白质核有或无（图 10-17C）。无性生殖产生不动孢子。有性生殖未知。生活于含有机质的河流、沟渠、池塘等淡水中，潮湿土壤上也有分布。

（4）丝藻属（*Ulothrix*）。藻体为单列细胞不分枝丝状体，细胞圆柱形，略膨大，基部细胞分化为固着器。细胞壁薄或厚，有的具胶质。色素体带状，蛋白质核多。可通过丝状体断裂进行营养繁殖。无性生殖产生游动孢子。有性生殖为同配（图 10-17D）。多生活于流动的淡水中，在瀑布或急流的岩石上较多，少数种类海产。

（5）石莼属（*Ulva*）。藻体为大型多细胞片状体，椭圆形、披针形或带状，由 2 层细胞构成。下部长出无色的假根丝，互相紧密交织，构成假薄壁组织状固着器。藻体细胞排列紧密，表面观多角形，切面观长形或方形。色素体片状，有 1 个蛋白质核。无性生殖产生游动孢子，有性生殖为同配，生活史为同形世代交替。固着生长于海洋潮间带岩石上（图 10-17E）。可食用，俗称海白菜。

（6）水绵属（*Spirogyra*）。藻体是由 1 列细胞组成的不分枝丝状体，细胞圆柱形。色素体螺旋带状，1 条至多条，有多数蛋白质核纵列于色素体上。细胞单核，位于中央。有性生殖为接合生殖。生殖时 2 条丝状体平行靠近，在两细胞相对一侧相互发生突起，逐渐伸长而接触，接触处胞壁消失，连接成管，称为接合管（conjugation tube），同时，细胞内原生质体收缩形成配子。1 条丝状体（雄性的）细胞中的配子，变形运动，通过接合管移至相对的另 1 条丝状体（雌性的）细胞中，并与其中的配子结合形成合子。2 条接合的丝状体和形成的接合管，外观同梯子一样，称为梯形接合（scalariform conjugation）（图 10-18）。合子成熟时分泌厚壁，随死亡母体沉于水底，待母体细胞破裂后放出，环境适宜时萌发。有些种类则进行侧面接合（lateral conjugation），是在同一条丝状体上相邻两个细胞间形成接合管，其中一个细胞的原生质体通过接合管移入另一个细胞中形成合子。生活史为合子减数分裂。生活于各种淡水水体中，用手触及有黏滑的感觉。

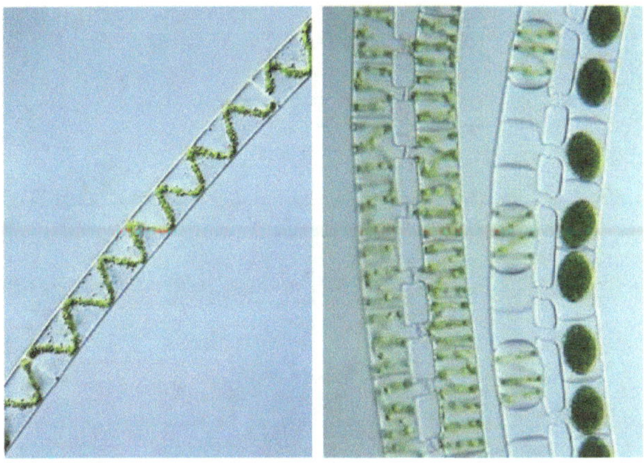

图 10-18　水绵属

（九）轮藻门（Charophyta）

1. 一般特征

轮藻门在细胞结构、光合色素和同化产物上与绿藻相同，故也有将其列入绿藻门的一个纲，即轮藻纲。但其营养体及生殖器官和繁殖方式较复杂，与绿藻门的区别较大。

藻体大型，分化为地上直立部分和地下部分。地下部分为单列多细胞有分枝的假根。地上部分有主枝、侧枝和小枝之分，在主枝、侧枝和小枝上都有节和节间分化。在主枝和侧枝节上轮生多个小枝。植物的生长是顶端生长。主轴和侧枝能无限生长，小枝到一定长度便停止生长。可通过藻体断裂或假根上产生珠芽行营养繁殖。无无性生殖。有性生殖是卵式生殖。雌性生殖器官称为藏卵器（nucule），雄性生殖器官称为藏精器（globule），都生于小枝节上。藏卵器外围是 5 个螺旋状管细胞（tube cell），每个管细胞顶端有 1～2 个冠细胞（coronular cell），内部有 1 个卵细胞。藏精器球圆形，外围有 4～8 个三角形细胞，称为盾细胞（shield cell），构成外壳，橘红色，每个盾细胞内侧中央连接一个长圆柱形盾柄细胞（manubrium），末端有 1～2 个圆形头细胞（head cell），其上可生几个小圆形次生头细胞（secondary capitulum cell），从次生头细胞顶端长出数条单列多细胞精子囊丝，在其细胞内产生 1 个精子，精子细长，顶端 2 条等长鞭毛。精子器成熟时，其盾细胞相互分离，露出其中的精子囊丝，放出精子，游入水中。藏卵器成熟时，冠细胞裂开，精子从裂缝中进入，与卵结合。合子分泌厚壁，变为黑褐色，落至水底，经休眠后萌发。生于淡水和半咸水中。

2. 代表植物

轮藻属（*Chara*）。小枝节上只能轮生单细胞刺状突起，藏卵器生于刺状突起上方，每个管细胞只有 1 个冠细胞，总共 5 个，藏精器生于刺状突起下方（图 10-19）。

图 10-19 轮藻属

生于淡水和半咸水中，喜生于含钙质丰富的硬水和透明度较高的水体中。

二、菌类植物

细菌门、黏菌门和真菌门统称为菌类植物（fungi）。自然界的菌类植物约有 12 万种，分布极广。虽然它们不是一个具有自然亲缘关系的类群，但它们具有以下共同特征：植物体结构简单，多为单细胞或丝状体；一般不具光合色素，不能自制养料，以寄生或腐生的营养方式生活；均具有细胞壁或生活史中的某一阶段具有细胞壁。

（一）细菌门（Bacteriophyta）

细菌门约有 2000 种，分布很广。水中、空气中、土壤中和许多动植物体内外都有细菌存在。

细菌是一类微小的单细胞原核生物，在高倍显微镜或电子显微镜下才能观察清楚。绝大多数细菌不含光合色素，营腐生或寄生生活；极少数自养，如紫细菌、硫细菌等。

细菌在形态上通常分为三种类型：球菌（coccus），细胞球形，直径 0.5～2μm；杆菌（bacillus），细胞呈杆棒状，长 1.5～10μm，宽 0.5～1μm；螺旋菌（spirillum），细胞长而弯曲，略弯曲的称为弧菌（图 10-20）。

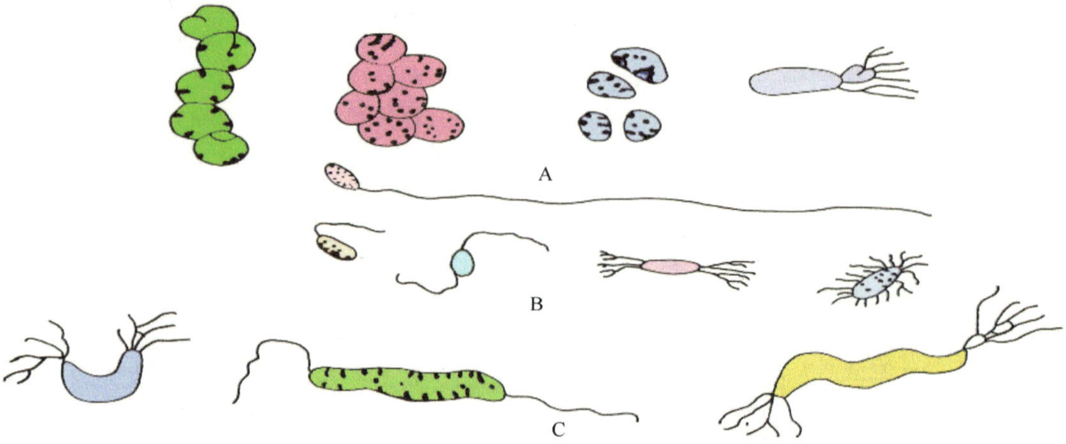

图 10-20 细菌的形态
A. 球菌；B. 杆菌；C. 螺旋菌

细菌细胞的构造比一般真核细胞简单，没有真正的细胞核，核质分散于细胞质中。细胞壁主要化学成分是黏质复合物。多数细菌的细胞壁外还有一层透明的由多糖类物质组成的胶状物质，称为荚膜（capsule），有保护作用。不少杆菌和螺旋菌在其生活史中某一时期生出鞭毛，能游动。很多杆菌生长到某个阶段，细胞失水，细胞质浓缩，逐渐形成 1 个厚壁的芽孢（spore）。芽孢在适宜环境条件下能重新形成一个细菌。

繁殖方式主要为营养繁殖。繁殖时，首先核质进行分裂，接着在菌体中央形成横隔膜，把细胞质分为两部分，然后细胞壁向内生长将横隔膜分为两层，并形成子细胞细胞壁。细菌裂殖速度极快，在最适条件下，20～30min 就可分裂一次。

细菌在自然界中的作用和经济意义。在自然界物质循环中，细菌起着重要作用。腐生细菌可将地球上的动植物尸体和排泄物分解为简单的无机物，重新为植物吸收利用，从而使物质循环不断。

农业上，与豆科植物共生的根瘤菌能将大气中的氮转化为有机氮，直接或间接供绿色植物需要。某些细菌寄生于昆虫体内，可致昆虫死亡，如杀螟杆菌、白僵菌等生物农药，早已用于防治病虫害。

工业上，可利用细菌生产多种工业产品，如德氏乳酸杆菌（*Lactobacillus delbrueckii*）等可发酵产生乳酸，用于纺织、树脂合成及制革工业等。

医药卫生方面，利用细菌可以生产预防和治疗疾病的疫苗、抗病血清、代血浆以及各种抗生素，如常见的链霉素、四环素、土霉素、氯霉素等，都是从放线菌代谢物中提取出来的抗生素药物。

除此之外，细菌的有害方面也不容忽视。寄生细菌能引起人、畜、禽及植物发生病害，甚至造成死亡，如痢疾、霍乱、白喉、破伤风等病菌，水稻叶枯病、蔬菜软腐病等病原菌；腐生细菌常致使肉类等食品腐烂；工业生产中也常因污染了杂菌而使发酵停止等。

（二）黏菌门（Myxomycophyta）

黏菌门约有500种，多营腐生生活，生于潮湿环境里，如树的孔洞或破旧木梁上。仅少数寄生，如寄生在白菜、芥菜、甘蓝根部组织内的黏菌，使寄主根部膨大，植物生长不良，甚至死亡。

黏菌是一类独特的生物，生活史中一段是动物性的，另一段是植物性的。其营养体是一团裸露的无细胞壁多核的原生质团，无叶绿素。因其可做变形运动，又称“变形体”（plasmodium）。其营养方式是吞食有机物颗粒和细菌等固态食物。这一特征与原生动物中的变形虫相似。但是，黏菌在无性生殖时期可产生具纤维素细胞壁的孢子，这又是植物性状。因此，不少学者认为黏菌是介于动物和植物之间的一类特殊生物，也有部分学者主张将黏菌单独列为一界。

发网菌属（*Stemonitis*）。发网菌的营养体为裸露的原生质团，称为“变形体”。变形体呈不规则网状，直径数厘米，在阴湿处的腐木或枯叶上缓慢爬行。

繁殖时，变形体爬到干燥光亮的地方，形成很多发状突起，每个突起可发育成一个具柄的孢子囊（子实体）。孢子囊通常长筒形，紫灰色，外有包被（peridium）；孢子囊柄深入囊内部分，称囊轴（columella），囊内有孢丝（capillitium）交织成孢网。原生质团中的许多核进行减数分裂，原生质团割裂成许多块单核的小原生质，每块小原生质分化出细胞壁，形成一个孢子，藏在孢丝网眼中。孢子成熟时，包被破裂，孢子借助孢网弹力被弹出。在适宜环境条件下，孢子可萌发为具两条不等长鞭毛的游动细胞。游动细胞的鞭毛可以收缩，使游动细胞变成一个变形体状细胞，称变形菌胞。有性生殖时，游动细胞或变形菌胞两两配合，形成合子；不经过休眠，合子核进行多次有丝分裂，形成多数双倍体核，合子成为一个多核的变形体（图10-21）。

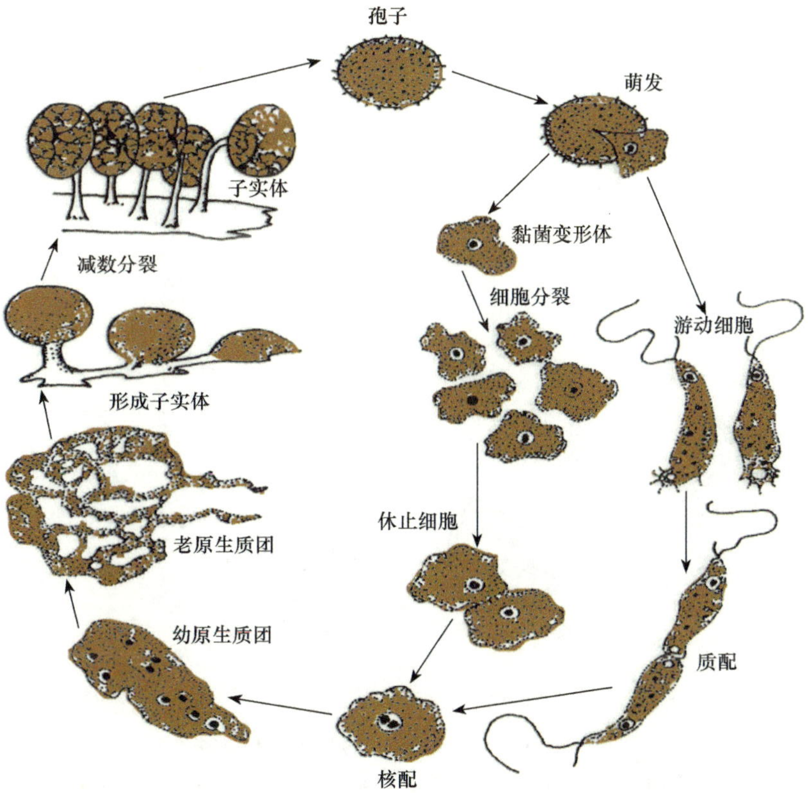

图10-21 黏菌生活史

（三）真菌门（Eumycophyta）

真菌门约有 10 000 属，120 000 种，分布极广，陆地、水、大气、土壤中以及动植物体上均有分布。

除少数原始种类为单细胞外，大多数真菌是由菌丝（hypha）构成的分枝或不分枝的丝状体。菌丝有无隔菌丝（nonseptate hypha）和有隔菌丝（septate hypha）之分。组成一个植物体的所有菌丝称为菌丝体（mycelium）。在生殖时，菌丝体可形成伞形、球形、盘形等形状，称为子实体（sporophore）。

大多数真菌具有细胞壁，部分低等真菌的细胞壁由纤维素构成，高等真菌的细胞壁主要成分为几丁质（chitin）。细胞内有明显的细胞核；细胞核单核、双核或多核。储藏的营养物质主要是肝糖、脂肪和蛋白质。

繁殖方式有营养繁殖、无性生殖和有性生殖。少数单细胞真菌以细胞分裂方式繁殖，许多真菌以菌丝断裂方式进行营养繁殖；无性生殖极为发达，如水生真菌产生无细胞壁、裸露的游动孢子，陆生真菌产生有细胞壁而借空气传播的孢子。有性生殖包括同配、异配、卵式生殖等。

根据 Ainsworth（1971，1973）的分类系统，真菌分为 5 个亚门，即鞭毛菌亚门（Mastigomycotina）、接合菌亚门（Zygomycotina）、子囊菌亚门（Ascomycotina）、担子菌亚门（Basidiomycotina）和半知菌亚门（Deuteromycotina）。

1. 鞭毛菌亚门

除少数低等种类为单细胞外，多数种类的营养体由无隔多核菌丝组成菌丝体。细胞壁成分是纤维素或几丁质。繁殖时，菌丝形成孢子囊或配子囊；无性生殖产生具 1 条或 2 条鞭毛的游动孢子；有性生殖为同配、异配和卵配。本亚门植物 180 余属，1100 余种，多数水生、两栖生，少数陆生、腐生或寄生。

水霉属（*Saprolegnia*）。淡水池塘中常见的丝状真菌，多腐生于水生动物、植物尸体上，少数种类寄生于鱼身体上。其菌丝多核无隔。

营养丰富时，水霉进行无性生殖，产生两种类型的游动孢子，即具 2 条顶生鞭毛的游动孢子（初生孢子）和具 2 条侧生鞭毛的游动孢子（次生孢子）；营养缺乏时，水霉进行有性生殖。水霉有性生殖时，其菌丝顶端分别形成卵囊和精囊；通过受精管，精囊内的多数雄核进入卵囊，与卵细胞结合形成厚壁合子（称卵孢子，oospore）。休眠结束后，合子进行减数分裂和多次有丝分裂，进而萌发成为新的菌丝体（图 10-22）。

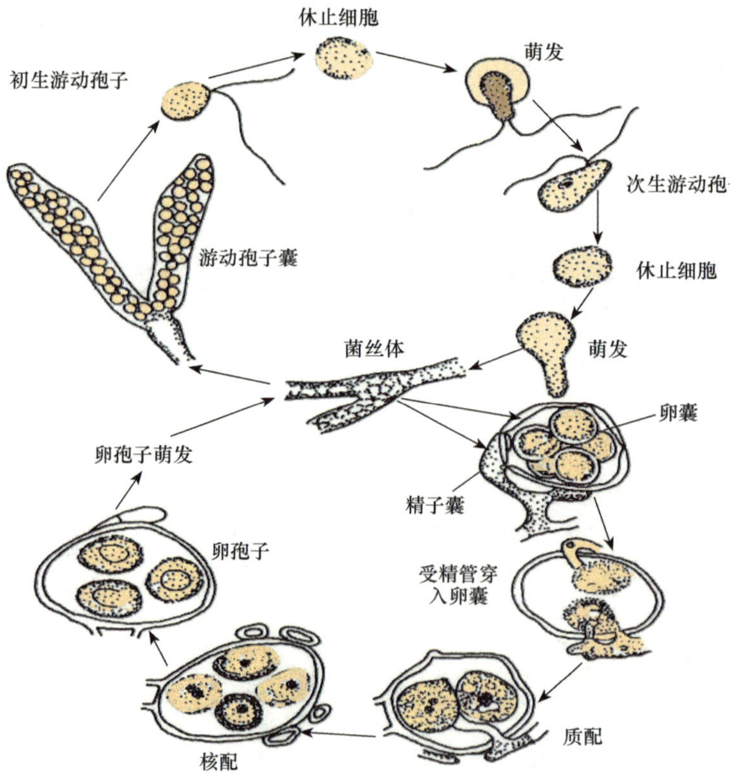

图 10-22 水霉生活史

2. 接合菌亚门

多数种类的营养体为无隔多核菌丝组成的菌丝体。细胞壁主要成分为几丁质和壳聚糖。无性生殖多产生不动的孢囊孢子（sporangiospore）；有性生殖为配子囊配合（gametangial copulation），产生二倍体接合孢子（zygospore）。本亚门约 115 属，610 种，多陆生，营寄生或腐生生活。

根霉属（*Rhizopus*）。分布极广的常见腐生菌。匍枝根霉（*R. stolonifer*）最为常见，常腐生于面包、馒头等食物上，引起食物腐烂变质。

匍枝根霉的菌丝是无横隔壁结构的管状体，内含多数细胞核。菌丝在基质表面匍匐生长，伸入基质吸取养料的菌丝称为假根。在与假根相对处，向上产生若干直立的菌丝；菌丝顶端生孢子囊，囊内产生多数黑色孢囊孢子，因而孢子囊外观呈黑色。以后孢子囊破裂，孢子散出并萌发为新菌丝（图 10-23）。

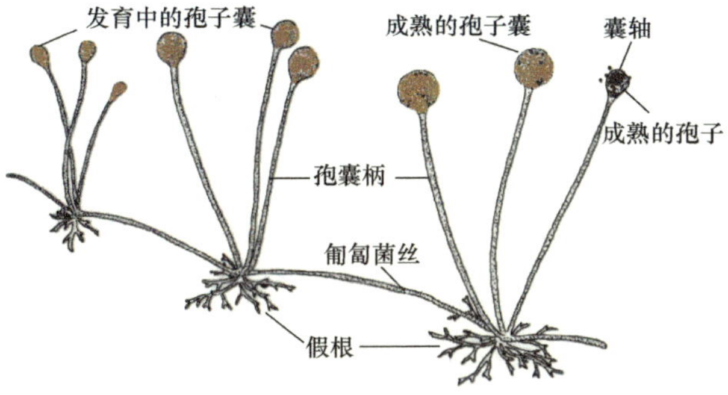

图 10-23　匍枝根霉

匍枝根霉的有性生殖为配子囊配合，但不常见。形态上无区别，而生理上有差别的（+）（−）两种菌丝体相遇时，在各自菌丝顶端膨大形成（+）（−）配子囊，以后两个配子囊合二为一形成合子。合子经减数分裂，生出一个直立菌丝，其顶端产生孢子囊，囊内形成（+）（−）两种孢子，以后孢子散出萌发形成新一代（+）（−）菌丝体。

3. 子囊菌亚门

除酵母菌等极少数种类为单细胞外，多数种类的营养体为有隔菌丝组成的菌丝体。细胞壁成分为几丁质。无性生殖时，子囊菌多产生分生孢子（conidium）；有性生殖为配子囊接触配合或体配；有性生殖过程中，子囊菌产生子囊（ascus）；合子在子囊中减数分裂后产生子囊孢子（ascospore）。多数子囊菌种类可形成子实体；子囊菌的子实体又称子囊果（ascocarp）。子囊果有 3 种类型，即闭囊壳（cleistothecium）、子囊壳（perithecium）和子囊盘（apothecium）。本亚门约 1950 属，15 000 种，分布广泛，腐生或寄生于动植物体上。

（1）酵母菌属（*Saccharomyces*）。子囊菌中最原始类型。菌体为单细胞，卵形，有一个大液泡，细胞核很小，有时数个细胞连成串，形成假菌丝（pseudomycelium）。营养繁殖方式是芽殖（budding reproduction）。酵母菌繁殖时，首先在母细胞顶端形成一个小芽，母细胞核分裂一次，一个子核进入小芽中，这个小芽称为芽孢子；芽孢子长大后脱离母体，发育成一个新酵母菌。有性生殖时，酵母菌的合子不转变为子囊，而是以芽殖法产生双倍体细胞，由双倍体营养细胞转变成子囊，减数分裂后形成 4 个子囊孢子（图 10-24）。

（2）青霉属（*Penicillium*）。在自然界分布极其广泛，多生于水果、蔬菜、淀粉质食品、衣服和皮革上。菌丝体淡绿色。无性生殖时，青霉菌丝上产生很多分生孢子梗，生小梗的枝称为梗基（metula），从小梗上生出一串灰绿色或深绿色分生孢子。孢子成熟后，随风飞散，落到基质上，条件适宜便萌发成菌丝（图 10-25）。青霉的有性生殖极少见。

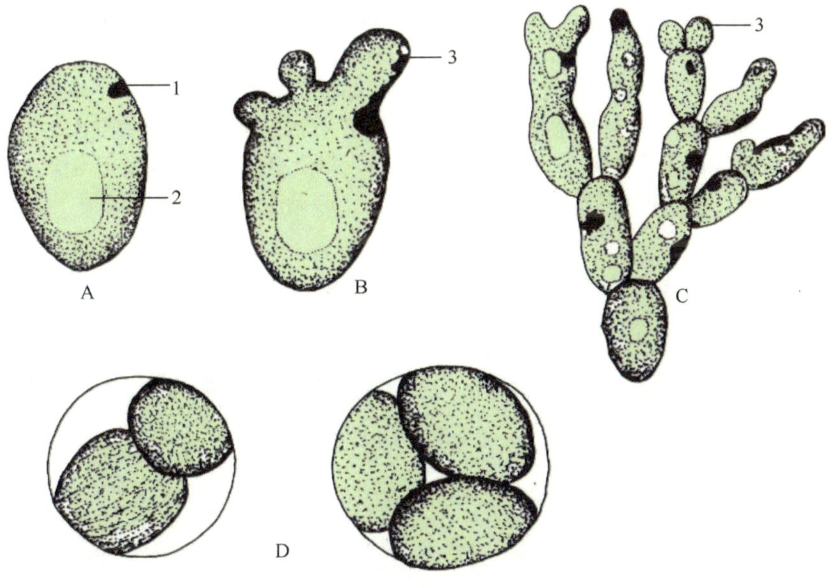

图 10-24　酵母菌属

A. 单个细胞；B. 出芽；C. 假菌丝；D. 子囊和子囊孢子。

1. 细胞核；2. 液泡；3. 芽孢子

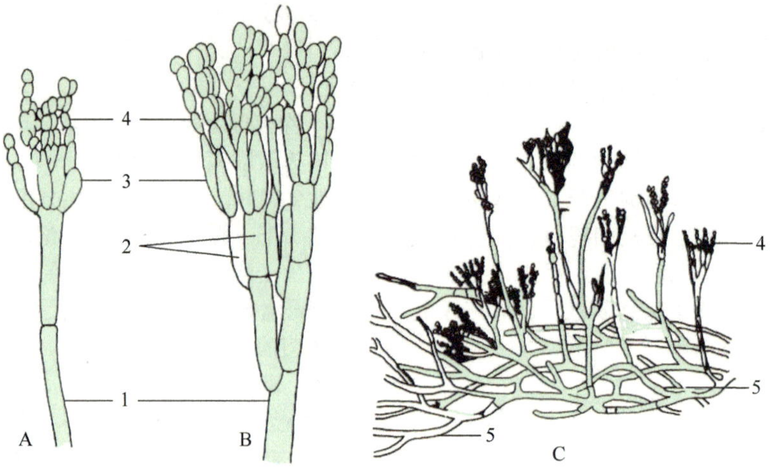

图 10-25 青霉属

A、B. 分生孢子梗；C. 营养菌丝长出分生孢子梗。

1. 分生孢子梗；2. 梗基；3. 小梗；4. 分生孢子；5. 营养菌丝

青霉素，即盘尼西林（penicillin），主要是从黄青霉（*P. chrysogenum*）和点青霉（*P. notatum*）中提取。

4. 担子菌亚门

营养体为有隔菌丝组成的菌丝体，且有初生菌丝体（primary mycelium）、次生菌丝体（secondary mycelium）和三生菌丝体（tertiary mycelium）之分。初生菌丝体由担孢子萌发形成，细胞单核，生活时间短；次生菌丝体是由初生菌丝体质配后形成的双核菌丝体，生活时间长，是担子菌的主要营养体。在一定条件下，次生菌丝体可特化形成具双核的三生菌丝体；三生菌丝体可形成担子菌的各类子实体。

细胞壁主要成分为几丁质和壳聚糖。担子菌无性生殖可产生分生孢子、粉孢子等；有性生殖为体配（somatogamy），产生单倍体担孢子（basidiospore）。本亚门含 900 余属，22 000 种，多营腐生生活。

蘑菇属（*Agaricus*）。野生及栽培，多腐生，常见于高山草甸、草原及山坡林下土壤、枯枝烂叶及朽木上。

蘑菇由具横隔的菌丝组成，细胞双核，具多数分枝；许多菌丝交织在一起形成子实体。子实体幼小时球形，埋藏于基质内，以后逐渐长大并伸出基质外。成熟子实体伞状，单生或丛生。子实体分为菌盖（pileus）、菌柄（stipe）和菌褶（gill）三部分，子实层生长在菌盖下面放射状排列的菌褶两侧，由排列紧密的担子（basidium）和隔丝（paraphysis ）组成。担子为棒状单细胞，内含双核，以后双核结合成 1 个二倍体单核，并随即进行减数分裂形成 4 个单倍体核。随后，担子顶端生出 4 个小柄，每 1 个核进入 1 个小柄中形成 1 个担孢子，每个担子共着生 4 个担孢子（图 10-26）。

蘑菇主要靠担孢子传播，其菌褶和菌柄更有利于

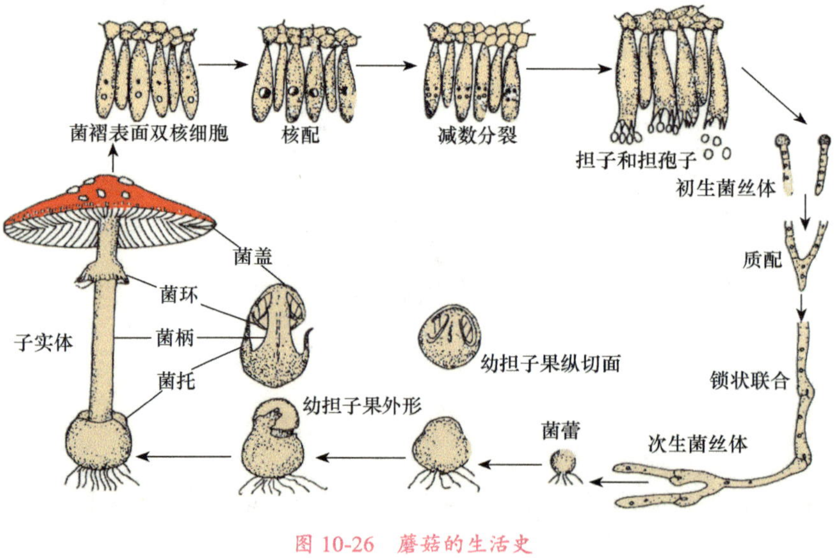

图 10-26 蘑菇的生活史

散射孢子。担孢子散出后遇适宜环境发育为单核初生菌丝体。异性初生菌丝体相遇后，发生质配，发育为双核次生菌丝体。次生菌丝体生活相当长时间后，逐渐发育形成伞状子实体。

5. 半知菌亚门

营养体为有隔菌丝组成的菌丝体。但由于目前只发现其无性生殖阶段，而其有性生殖阶段未知，故称其为半知菌（Fungi imperfecti）。半知菌无性生殖产生分生孢子或芽孢子，与子囊菌类似。因此，半知菌多属于子囊菌。本亚门有1800余属，约26 000种，多陆生，营寄生或腐生生活，常为经济动物、植物的病原菌。其中，危害比较严重、经济意义重要的有稻瘟病菌（*Piricularia oryzae*）、立枯丝核菌（*Rhizoctonia solani*）等。

主要经济用途如下。

（1）食用。很多大型真菌营养价值丰富。据统计，我国可食用真菌总计已超过800种，如香菇（*Lentinus edodes*）（图10-27A）、草菇（*Volvariella volvacea*）、平菇（*Pleurotus ostreatus*）、金针菇（*Flammulina velutipes*）、木耳（*Auricularia auricular*）等。食用真菌含有多种营养物质，特别是蛋白质含量较高，如菇类蛋白质含量一般占干重的10%～40%；食用真菌的蛋白质中几乎包含了人体所需的20种氨基酸，特别是8种人体必需氨基酸。除此之外，食用真菌中还含有大量维生素和矿物质，如硫胺素、核黄素、泛酸和叶酸等。

图10-27　常见真菌
A. 香菇；B. 灵芝；C. 马勃

（2）药用。许多真菌是优良药材，不但疗效高，且药效稳定，副作用小，是我国医药学宝库最珍贵的遗产，如灵芝（*Ganoderma lucidum*）（图10-27B）、猴头（*Hericium erinaceus*）、冬虫夏草（*Cordyceps sinensis*）、木耳、马勃（*Lycoperdon pyriforme*）（图10-27C）、茯苓（*Poria cocos*）等。其中，香菇、云芝（*Coriolus versicolor*）等100余种真菌有抗癌作用，如香菇可降低血液中的胆固醇，预防动脉硬化、高血压；木耳具有减低血液凝块、缓和冠状动脉粥样硬化、降血压作用。

（3）工业用。真菌被广泛用于化工造纸、制革、食品加工、有机酸发酵、酶制剂制造等工业。常用的真菌主要是霉菌和酵母菌等，而霉菌中又以曲霉（*Aspergillus*）、青霉、毛霉（*Mucor*）和根霉等为主，如酿造业利用酵母菌、曲霉、毛霉和根霉等菌种酿酒；食品业利用酵母制作面包、馒头等发酵食物；造纸、制革、医药、石油工业等均可借助于真菌发酵作用来获得多种原料和工业品。

（4）农业用。利用真菌中各种酚类分解粗饲料以提高饲料营养价值；利用真菌提取生长激素可促进作物生长；利用白僵菌（*Beauveria bassiana*）、黑僵菌（*Metarhizium anisopliae*）可杀灭松毛虫、玉米螟等多种害虫。

在自然界，真菌可分解木质素、纤维素和其他有机物质，一方面增加土壤肥力，另一方面完成自然界物质循环。因此，真菌在自然界物质循环中起着极其重要的作用。

三、地衣植物

地衣（lichen）是真菌和光合共生物（photobiont）的共生复合体。其中，光合共生物为光合藻类（photosynthetic algae）或蓝细菌（cyanobacteria，也称为蓝藻）。在漫长的生物演化过程中，真菌和光合共生物由于共生现象（symbiosis）而引起形态结构、生理、遗传等方面的专型化。也就是说，并非任意的真菌和光合共生物都能形成地衣，只有地衣化真菌与特定地衣化光合共生物才能共生为地衣。

在地衣中，真菌和光合共生物有着明显分工。光合共生物细胞内含叶绿体，能进行光合作用，形成有机养分，供自身和共生菌生长发育利用，这些养分以糖醇形式进入真菌组织。而真菌从周围基质和大气中集中水分、二氧化碳和矿物质，供给光合共生物进行正常生理活动；另外，真菌缠绕于光合共生物外面，可作为过滤机制，减弱光照强度，使光合共生物的光合作用在最佳状态下进行，同时真菌的存在也可预防某些病菌侵袭或机械损害。

地衣的生长、发育和生存要同时协调好真菌和光合共生物这两个部分。若外界条件致使这两个部分的平衡状态失调，并仅利于一方生长时，地衣将会解体。由于光合共生物产生的养分不仅要供自身和真菌生长利用，同时又要维持这两部分的平衡，因此，相对于多叶植物和普通真菌而言，地衣的生长极其缓慢。

地衣几乎遍布于世界任何角落。从高山到平原，从内陆到海洋，从两极到赤道，都可找到地衣的踪迹。但是，地衣不能在工业区生存，这是因为地衣可以高效吸收金属离子，从而导致生理紊乱、解体或死亡。

（一）形态特征

1. 地衣的生长型

地衣的生长型是指地衣在生长发育过程中所形成的形态，大体可分为壳状（crustose）、叶状（folise）和枝状（fruticose）三种类型（图 10-28A～C）。此外，还有一些中间型，如粉末状、丝绒状（filanentose）、鳞壳状（placodioid）和鳞叶状（squamulose）。

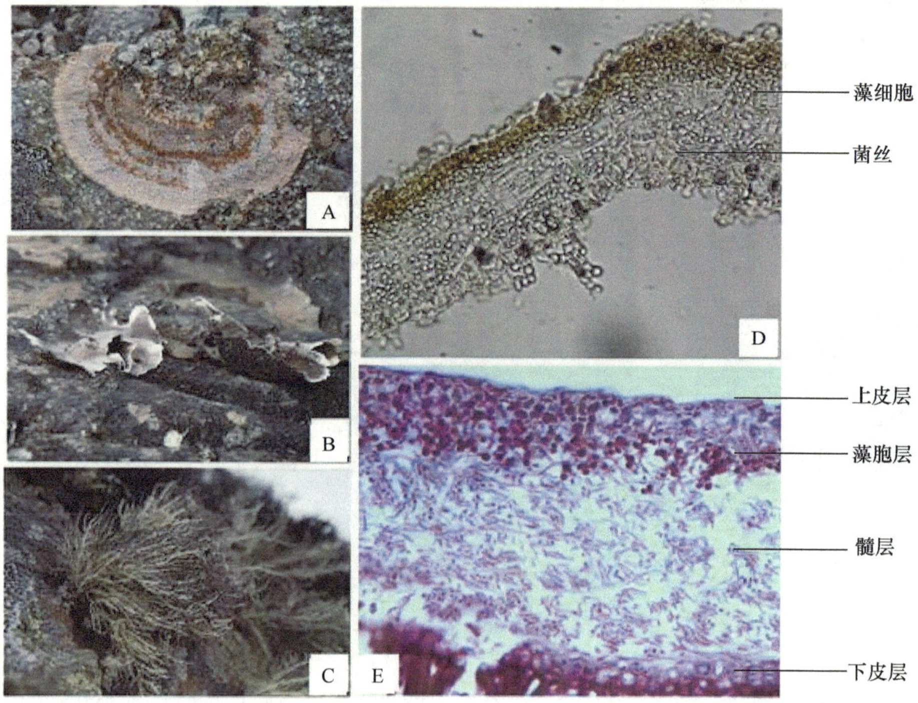

图 10-28　地衣的形态

A. 壳状地衣；B. 叶状地衣；C. 枝状地衣；D. 同层地衣；E. 异层地衣

（刘华杰摄）

（1）壳状地衣。地衣体形态微小，结构分化程度较低，缺乏下皮层，以髓层菌丝紧密附着于基物，有时甚至伴随光合共生物细胞伸入基物内。壳状地衣体表面呈各种表型特征，是其分类的重要依据。茶渍属（*Lecanora*）、文字衣属（*Graphis*）、瓶口衣属（*Verrucaria*）为典型的壳状地衣。

（2）叶状地衣。地衣体叶片状，具有背腹构造，借助腹面的脐、假根或假根状菌丝附于基物上，与基物结合并不紧密，如皮果衣属（*Dermatocarpon*）、石耳属（*Umbilicaria*）、地卷属（*Peltigera*）。

（3）枝状地衣。外部形态变化较大，一般呈圆柱状、管状、灌木状、带状、丝状、线状。地衣体以基部或基部固着器附生于基物上，直立或悬垂，如石蕊属（*Cladonia*）、松萝属（*Usnea*）。

通常一种地衣仅有一种生长型，但是也有少数二型地衣体，又称石蕊型地衣体。例如，石蕊属中一些种类，其初生地衣体为壳状，而次生地衣体为枝状，又称果柄，是由初生地衣体的营养组织和产囊体组织同时发育而成。

2. 形态结构

按结构划分，地衣可分为异层型地衣（homolomerous lichen）和同层型地衣（heteromerous lichen）（图 10-28D、图 10-28E）。

（1）异层型地衣。地衣体结构由上而下分为四层，即上皮层、藻层、髓层、下皮层。皮层（cortex）是由菌丝组织紧密交织而成，具有保护作用；其中，上皮层常含有色素，使地衣体呈现不同颜色，下皮层通常发生假根、脐等固着器官；藻层（algal layer）含有光合共生物细胞，被菌丝缠绕；髓层（medulla）疏松，由菌丝交织而成，少数种类致密。

（2）同层型地衣。藻层不明显，即光合共生物细胞散布于菌丝组织之中。

枝状地衣和绝大多数叶状地衣为异层型；壳状地衣多为同层型，结构分化程度不高，常缺乏下皮层，生于基物内的地衣还缺乏上皮层。

3. 附属结构

在地衣体上，常发生一些附属结构。这些结构大体分为营养结构和营养性繁殖结构，是重要的分类特征。其中，营养结构包括假根（rhizine）、脐（umbilicus）、绒毛（tomentum）、缘毛（cilium）、杯点（cyphella）、假杯点（pseudocyphella），它们行某种生理功能，如固着作用、水分作用；营养性繁殖结构是指生长于地衣体上的具有繁殖功能的营养体，它们从母体上断裂，散布到适宜环境，发育成新的地衣体，如粉芽（soredium）、裂芽（isidium）、小裂片（lobule）。

4. 地衣的繁殖

地衣的繁殖有营养繁殖、无性生殖和有性生殖三种方式。

（1）营养繁殖。地衣体断裂或形成营养繁殖体，散布到适宜环境，发育成新地衣体。这些进行营养繁殖的地衣断片或粉芽、裂芽、小裂片等营养繁殖结构，必须同时含有共生菌和光合共生物。

（2）无性生殖。地衣体上形成分生孢子器（pycnidium），它与有性生殖形成的子实体同时并存。分生孢子器内分化出承载分生孢子和产孢孢子的专型菌丝，称分生孢子梗（conidiphore）。在分生孢子器或地衣体表面菌丝上，生成分生孢子（conidium或conidiospore）。分生孢子分为大型分生孢子和小型分生孢子。大型分生孢子仅作为无性孢子，从分生孢子器散出后，不经过减数分裂，直接萌发成新菌丝，与相应的光合共生物结合，在适宜生境发育成新的地衣体。小型分生孢子可进行有性生殖，减数分裂后形成精子。

（3）有性生殖。地衣体真菌组织上形成子实体，其中的子实内产生有性孢子，经减数分裂和受精作用后，在适宜环境萌发，与相应光合共生物结合发育成新的地衣体，若不结合，则菌丝死亡。地衣共生菌是子囊菌，其子实体为子囊果，有性孢子为子囊孢子；若共生菌为担子菌，子实体为担子果，有性孢子为担孢子。

（二）地衣的分类

地衣主要是由真菌组织组成，且真菌决定其形态；同时，也只有地衣化真菌才能与特定的光合共生物共生成地衣。因此，一些植物分类学家将地衣的种名规定为包含光合共生物的真菌的种名。

地衣化真菌占真菌总数的1/5，约525属，13 500种。其中，98%的地衣化真菌为子囊菌，属于子囊菌纲（Ascophyceae）核菌类（Pyrenimycetes）和盘菌类（Discomycetes）；少数为担子菌，属担子菌纲（Basidiophyceae）伞菌目（Agaricales）和非褶菌目的一些属种；还有一些真菌未发现有性生殖过程，暂归为半知菌纲（Deuterophyceae）。目前，我国已记载的地衣化真菌约为250属，2000种，包括300余个中国特有种。

地衣化光合共生物近200种，分别隶属于绿藻门（Chlorophyta）轮藻纲（Charophyceae）1属、绿藻纲（Chlorophyceae）1目10属、石莼纲（Ulvphyceae）5目11属，黄藻门（Xanthophyta）1目1种，褐藻门（Phaeophyta）1目1种，蓝细菌4目12属。其中，共球藻属（*Trebouxia*）、橘色藻属（*Trentepohlia*）和念珠藻属（*Nostoc*）3属最为常见，它们所形成的地衣占地衣总数的90%。

根据地衣中共生菌的类型，将地衣划分为子囊衣纲、担子衣纲和半知衣纲。

子囊衣纲（Ascolichenes）。地衣共生菌是子囊菌，有性生殖形成子囊果（ascocarp）、子囊（ascus）和子囊孢子（ascospore）。本纲占地衣总数的99%，分为核果衣亚纲（Pyrenocarpeae）和裸果衣亚纲（Gymnocarpeae），常见的有文字衣属（*Graphis*）、石蕊属（*Cladonia*）、松萝属（*Usnea*）等。

担子衣纲（Basidiolichenes）。地衣共生菌是担子菌，有性生殖形成担子果（basidiocarp）、担子（basidium）和担孢子（basidiospore）；光合共生物是蓝细菌，主要分布于热带地区。本纲种类较少，目前已知的仅1目3科6属，约16种，常见的有云片衣属（*Dictyonema*）等。

半知衣纲（Deuterolichenes）。本纲未发现有性生殖过程，暂不能安排其所属地位。约100种，常见的有地茶属（*Thamnolia*）和癞屑衣属（*Lepraria*）。

（三）地衣的用途

1. 药用

在我国古代，《本草纲目》中记载松萝（*Usnea diffracta*）可以化痰解热，石蕊属（*Cladonia*）明目益精气。目前，从地衣中提取的一些地衣成分，如具有重要抗菌作用的松萝酸，可用于治疗外伤、烧伤、溃疡等；地衣多糖类化合物，具有抗癌活性，是通过健康细胞的免疫力来抑制癌细胞变态增殖，但不损坏健康细胞。

2. 食用

石耳（*Umbilicaria esculenta*），味道鲜美，是我国和日本特产食物；甘露衣又名神粮衣，曾是中亚居民的救荒食物。但总体来说，食用地衣不多，且地衣中地衣酸味苦，不易消化。生长于树下的叶状、枝状地衣为著名的驯鹿饲料，如石蕊属、地卷属的一些种类。

3. 环境指示

地衣对外界环境因素反应极为敏感，大气成分影响地衣生长和分布，因此，地衣可作为大气指示生物，应用于空气质量检测与评定。

4. 先锋植物

地衣作为“先锋植物”，髓层分泌的地衣酸可以分解岩石，加上自然界风化作用，在岩石表面土壤形成、自然界演替过程中起着重要作用。

除上述作用外，地衣在日化香料、生物染料、冰川测年等方面都具有重要作用。

四、苔藓植物

（一）形态特征

苔藓植物（bryophyta）是植物界一个特殊类群，是最原始的高等植物。多适生于阴湿环境，少数生于极端干旱的沙漠或戈壁，在极地冻原或高山冻原常以苔藓植物为主。热带、亚热带、温带、寒带地区均有分布。

苔藓植物生活史中配子体世代占优势，孢子体世代常寄生在配子体上生活，形成明显的异形世代交替现象。有简单的茎、叶分化，出现多细胞生殖器官，受精卵发育成胚是把苔藓植物划分在高等植物中的3个主要原因。

1. 配子体和有性生殖器官

苔藓植物配子体有两种基本类型：一种为无茎叶分化的扁平叶状体，叶状体有背腹之分，背面常有气孔，腹面有单细胞假根和多细胞鳞片，有或无组织分化。另一种有简单的茎、叶分化，没有真正的根，仅有由单细胞或单列细胞组成的假根，称为拟茎叶体（图 10-29），茎中无维管束分化，常有厚壁表皮细胞层、薄壁细胞和中轴（图 10-30），叶有类似叶脉的结构常称为中肋（costa），具机械支持作用。

苔藓植物雌配子体可产生雌性生殖器官，称为颈卵器（archegonium），由颈卵器壁、颈部（neck）和腹部（venter）组成。颈部有颈沟（neck canal），内有颈沟细胞（neck canal cell）；腹部有卵细胞（egg cell）、腹沟（ventral canal）及腹沟细胞（ventral canal cell）。雄配子体可产生雄性生殖器官，称为精子器（antheridium），内有多数精子，具2条长而卷曲鞭毛。受精作用依赖于水（图 10-31）。颈卵器中卵成熟，促使颈沟细胞与腹沟细胞破裂，精子借助水游动通过颈沟进入颈卵器与卵结合形成受精卵（合子），不经休眠就分裂形成胚（embryo）。多细胞生殖器官颈卵器和精子器的出现是水生植物向陆地发展的过渡类型，保证了陆生植物最初登上陆地具有固定的受精场所。胚的形成标志着高等有胚植物进化历程的开始。

2. 孢子体

胚在颈卵器内发育形成孢子体，由孢蒴、蒴柄和基足三部分组成，基足伸入配子体组织中（寄生）吸收营养（图 10-32），供孢子体生长。孢蒴产生的孢子萌发形成原丝体（protonema），由原丝体发育形成配子体（图 10-33）。

图 10-29 植物体形态

A. 茎叶体（耳叶苔属）；B. 叶状体（紫背苔属）；C. 直立（赤藓属）；D. 匍匐（灰藓属）

图 10-30 茎 / 叶横切面

A. 茎无中轴（大赤藓）；B. 茎具中轴（山赤藓）；C. 葫芦藓叶横切面；D. 硬叶对齿藓叶横切面

（二）苔藓植物系统分类

苔藓植物体形较小，对生存环境的养分资源消耗量较小，适应性较强，可以生长在多种小生境中。因此，物种繁多，广布全球，是除被子植物外物种最丰富的高等植物，现存苔藓植物约23 000种，中国约2500种。苔藓植物门分为3个纲，即苔纲（Hepaticae）、角苔纲（Anthocerotae）和藓纲（Musci）。

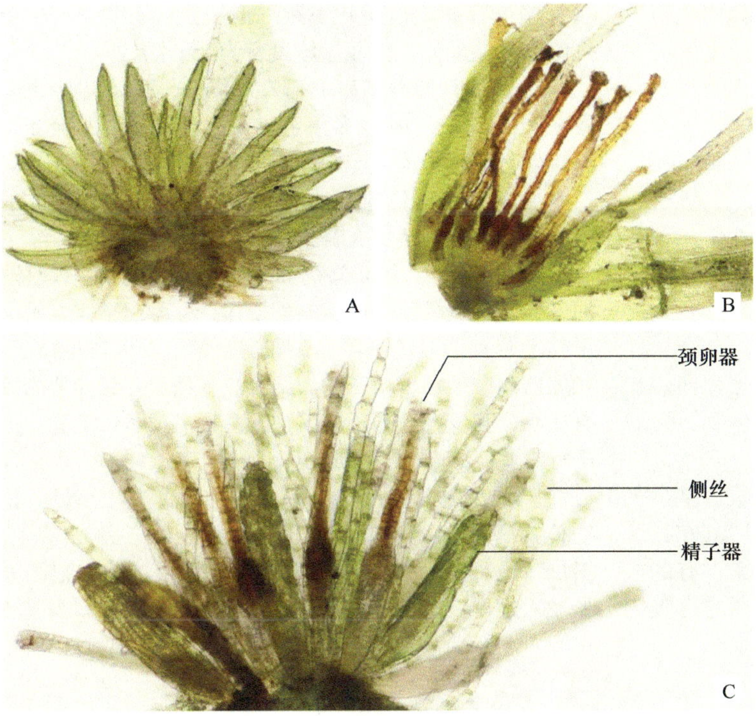

图 10-31　精子器和颈卵器

A. 精子器（雌雄异株）；B. 颈卵器（雌雄异株）；

C. 精子器和颈卵器（雌雄同株）

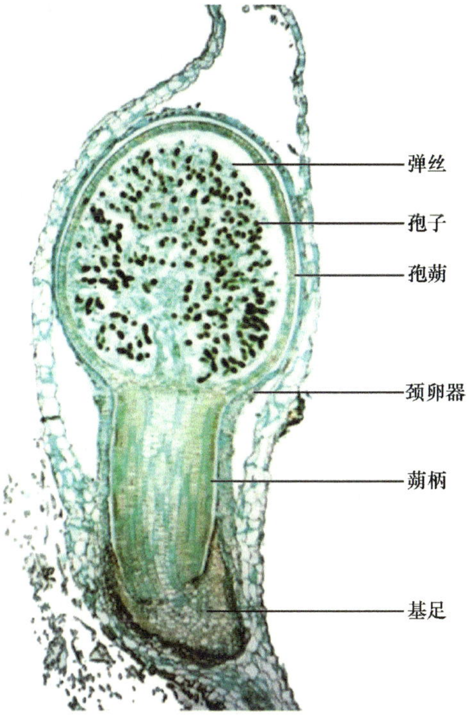

图 10-32　孢子体

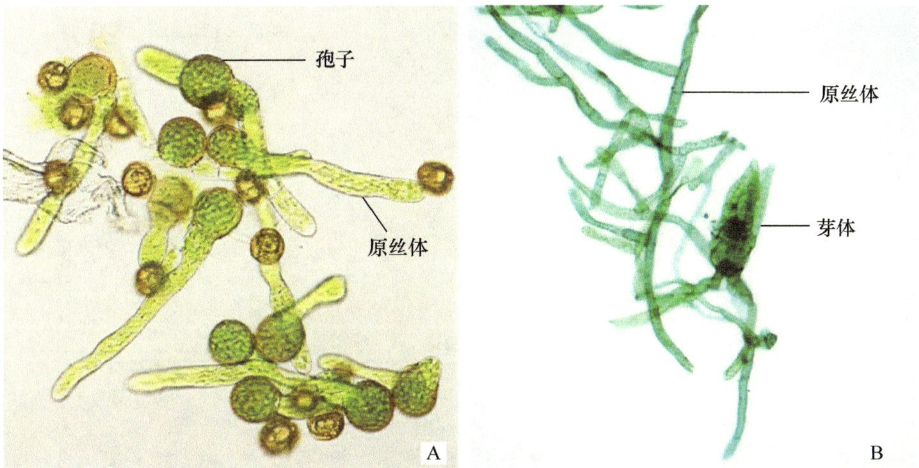

图 10-33　藓类植物孢子萌发与原丝体发育

A. 孢子萌发产生原丝体；B. 原丝体发育产生芽体

1. 苔纲

（1）形态特征。苔类（liverwort）植物的营养体（配子体）可分为叶状体和拟茎叶体，常为背腹式，叶无中肋，假根单细胞。

孢子体由孢蒴、蒴柄和基足组成，孢蒴无蒴齿（peristome），蒴盖不明显，常无蒴轴（columella）。孢蒴内具孢子和弹丝（elater）。原丝体阶段不发达。

苔类植物生长对气温和湿度要求较高，多数分布于热带或亚热带地区，少数苔类可生于高寒和沙漠地区。

苔纲通常分为 2 目：地钱目（Marchantiales），多为叶状体；叶苔目（Jungermanniales），多为拟茎叶体，是苔纲中种数最多的一个目，多见于亚热带和热带地区。

（2）代表植物。地钱（*Marchantia polymorpha* L.），属于地钱目。

地钱配子体为绿色二叉分枝叶状体，平铺于地面。叶状体背面具网格状纹饰，最上层是上表皮，上有多个细胞围成的无闭合能力的通气孔（air pore）。气孔下有一层气室（air chamber），内含多数叶绿体，称同化组织。气室以下是由多层细胞组成的薄壁组织。下表皮与薄壁组织细胞紧紧相连，腹面有多数单细胞假根及紫色鳞片，有吸收养料、保存水分和固着功能。

地钱雄配子体顶端生出雄生殖托（antheridiophore），内生许多精子器腔，每一腔内生1个精子器，精子器腔有小孔与外界相通；精子细长，顶端生2条等长鞭毛。雌配子体顶端生出雌生殖托（archegoniophore），下侧生有倒悬的颈卵器，每列有2～3个成熟颈卵器。

精子器成熟时，精子以水为媒介游入成熟颈卵器内与卵结合形成合子，合子在颈卵器内不经休眠，发育成胚，由胚形成孢子体。

孢子体由孢子囊（孢蒴）、蒴柄和基足组成。基足吸收配子体的营养，供孢子体生长发育。无性生殖时，孢蒴内的孢子母细胞经减数分裂形成同型孢子；有的孢子母细胞不经减数分裂而伸长形成弹丝，弹丝可吸水膨胀，有助于孢蒴开裂散出孢子，孢子萌发产生单列细胞的原丝体，由原丝体发育为配子体。

地钱进行营养繁殖时可在叶状体背面产生绿色胞芽杯（cupule），内生多数胞芽（gemmae），由胞芽可直接发育成植物体（配子体）。

营养繁殖也可通过幼植物体分裂成为新植物体的方式进行，这种现象在苔藓植物中甚为普遍。

地钱的生活史可总结如下：孢子发育为原丝体，原丝体发育成雌配子体、雄配子体，在雌配子体、雄配子体上分别形成精子器和颈卵器，精子器内产生精子，颈卵器内产生卵，精子和卵结合成受精卵在颈卵器内发育成胚，胚发育成孢子体，孢蒴内形成孢子母细胞，孢子母细胞经减数分裂形成四分孢子（图10-34）。

阔瓣裂叶苔（*Lophozia excisa*），属于叶苔目。植物体扁平，匍匐。叶2列，腹叶常退失。侧叶密生，斜展，阔卵形，先端2裂，裂瓣三角形。叶细胞圆方形或六边形，薄壁，三角体不明显，油体多数。芽胞2

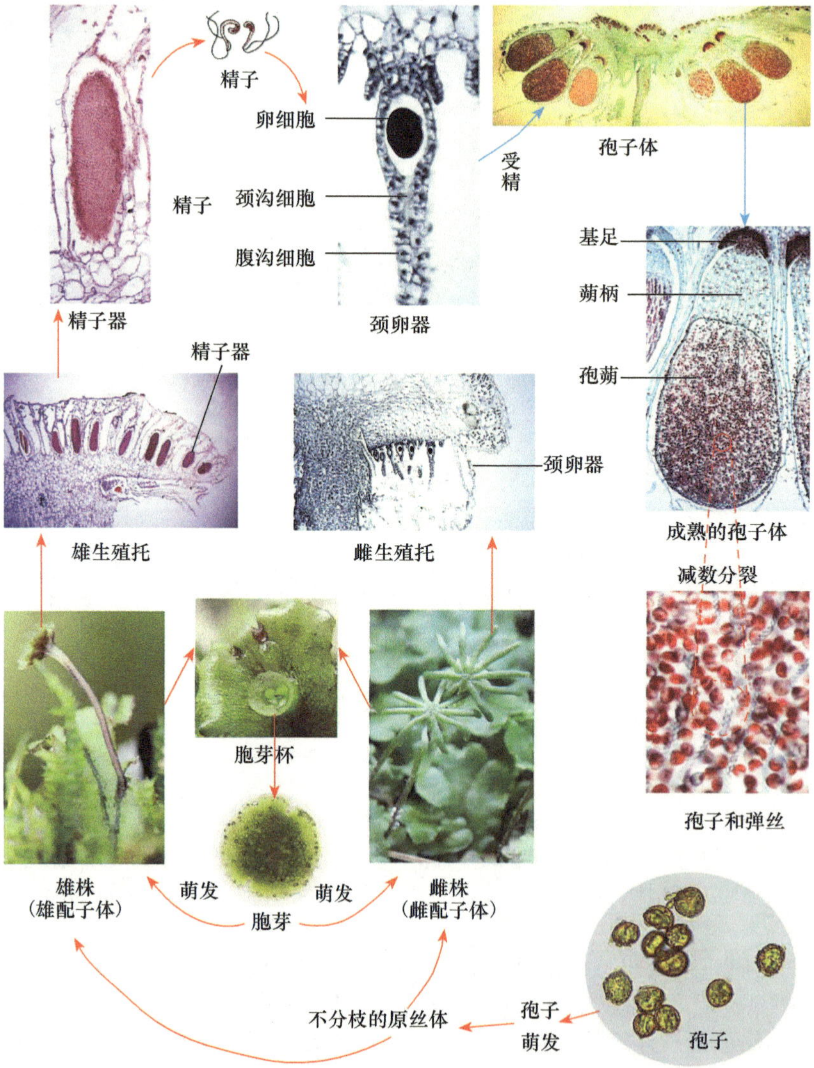

图10-34 地钱的生活史

个细胞，生于上部叶先端。蒴萼口部边缘具齿。孢蒴成熟时裂为4瓣，孢子红褐色（图10-35）。

塔拉大克耳叶苔（*Frullania taradakensis*），属于叶苔目。植物体密集平铺生长。叶3列，侧叶2列，分为背瓣和腹瓣；背瓣大，卵形，叶先端圆钝；腹瓣兜形，具尖喙，向下弯曲，副体3～4个细胞长；腹叶宽为茎直径的3～4倍，先端2裂。叶细胞圆形或椭圆形，壁节状加厚，三角体大；油体球形或椭圆形，每细胞4～7个（图10-36）。

图10-35　阔瓣裂叶苔

A. 植物体一段；B、C. 叶片；D. 蒴萼；E. 叶裂瓣尖部细胞；F. 叶中下部细胞；G. 孢子体；H. 成熟开裂的孢蒴；I、J. 孢子和弹丝

2. 角苔纲

植物叶状体呈圆片形，边缘叉状分枝，浅裂，直径多1～3cm。叶状体细胞近于六角形；每个表皮细胞内含1～3个大型叶绿体；颈卵器和精子器埋生于叶状体内。孢子体无蒴柄，孢蒴1cm至数厘米，中央具蒴轴，表面具气孔。具有2～4个细胞构成的假弹丝与孢子混生。

黄角苔（*Phaeoceros laevis*）。植物体圆片形，直径2～3cm，深绿色或黄绿色，贴土壤基质生，叉形分瓣，边缘常有不规则圆形裂瓣。颈卵器和精子器埋生于叶状体内。孢蒴细长圆柱形，长1～2cm，中央具中轴，成熟后2瓣裂，孢子黄绿色，具疣，假弹丝3～4个细胞，不规则弯曲（图10-37）。

3. 藓纲

植物配子体为有茎、叶分化的拟茎叶体，常无背腹之分，叶常有中肋（nerve，midrib），假根多细胞。

孢子体构造比苔类复杂，蒴柄常伸长，孢蒴常有蒴盖、蒴齿（peristome）、蒴轴，无弹丝，成熟时多为盖裂。孢子萌发产生分枝原丝体，每一原丝体常形成

图 10-36　塔拉大克耳叶苔

A. 植物体腹面观；B、C. 侧叶；D、E. 腹叶；

F. 侧叶边缘细胞；G. 侧叶中部细胞

图 10-37　黄角苔

A. 植物体；B. 孢蒴横切面；C. 孢子和假弹丝；D. 孢子；E. 假弹丝；

F. 孢蒴上的气孔；G. 叶状体横切面

多个配子体。

藓类比苔类适应环境的能力更强，形态结构复杂多样，种类繁多，遍布世界各地，少数种可耐受低温和干旱，因此，在极地、高山冻原、沙漠常形成大片群落。

藓纲分为三亚纲：泥炭藓亚纲（Sphagnidae），孢蒴盖裂，无蒴齿；黑藓亚纲（Andreaeidae），孢蒴 4 瓣纵裂，无蒴齿；真藓亚纲（Bryidae），孢蒴盖裂，常有蒴齿。

泥炭藓亚纲的泥炭藓属（*Sphagnum*）（图 10-38）。本属植物常生于林下酸性沼泽，配子体丛生成垫状，无假根，茎直立，圆形，顶端分枝短而密集，呈头状，侧枝丛生，有下垂的弱枝与上仰的强枝，皮部细胞大型，有中轴分化。叶片单层细胞，无中肋。叶片细胞有两种：一种是含叶绿体的细长小型细胞，活细胞；另一种是大型无色、细胞壁有螺纹加厚及水孔的死细胞。精子器和颈卵器分别生于主茎顶端小枝上。

孢子体由孢蒴、蒴柄和基足组成。孢蒴球形，上部有一层细胞的圆形蒴盖（operculum），蒴盖外无蒴帽，蒴柄不伸长，由配子体组织发育形成假蒴柄，蒴轴半球形。

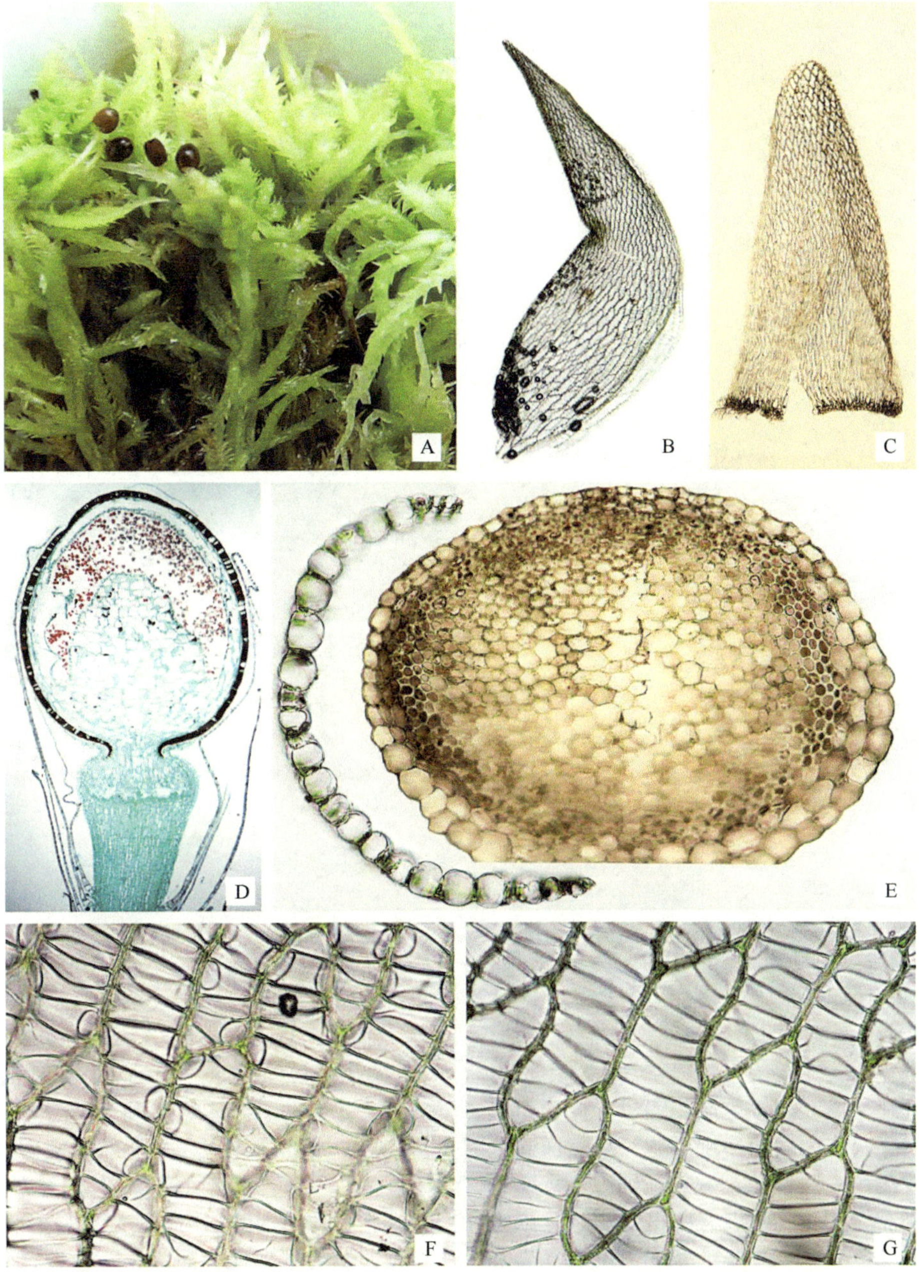

图 10-38　泥炭藓

A. 植物体；B. 枝叶；C. 茎叶；D. 孢子体纵切面；E. 叶、茎横切面；F. 叶片细胞背面观；G. 叶片细胞腹面观原丝体片状，每一原丝体只形成一个植物体（配子体）。

泥炭藓上部不断生长，下部逐渐死亡密集沉积，遗体常构成泥炭（peat）。叶细胞有大型无色吸水细胞，具有极强吸水作用，在阴暗潮湿的针叶林下可大面积形成泥炭藓沼泽，对森林演替和高位沼泽形成有促进作用。

黑藓亚纲的黑藓属（*Andreaea* Hedw.）。配子体叶细胞常具乳头状疣，壁强烈加厚，孢子体的孢蒴长卵形，配子体组织发育成假蒴柄，有蒴帽（calyptra）和蒴盖，无蒴齿，有蒴轴。孢蒴成熟时，孢子囊壁通常成4瓣纵裂。孢子萌发成片状原丝体（图10-39）。

黑藓是高山寒地岩面生小型藓类，具有极强的耐寒、耐旱性。

真藓亚纲。植物体形态结构复杂多样，在藓类中种类最多，分布最广，常见种类有真藓属（*Bryum*）、

图 10-39　黑藓

A. 植物体；B. 成熟孢子体；C. 茎叶；D. 雌苞叶；E. 叶尖；F. 叶基部细胞；G. 孢子

葫芦藓属（*Funaria*）、赤藓属（*Syntrichia*）、金发藓属（*Polytrichum*）（图10-40）。

植物茎横切面由外向内依次为表皮、皮层和中轴。表皮常具厚壁细胞层，皮层为大型薄壁细胞，中轴由小细胞构成。叶片由茎表皮细胞延生而成，横切面单层细胞，壁平滑无疣；中肋为多层细胞，从腹面到背面依次为腹表皮细胞、腹厚壁细胞、主细胞、背厚壁细胞和背表皮细胞（图10-41）。有些植物的叶片细胞具疣，如对齿藓属（*Didymodon*）、墙藓属（*Tortula*），有些植物的中肋较厚，如金发藓属。

藓类植物雌、雄生殖器官常分别生在不同枝的顶端。雄枝顶端称雄器苞，周围是雄苞叶，中央含有多数精子器和侧丝（paraphysis），侧丝分布于精子器之间，将精子器隔开。雌枝顶端称雌器苞，在雌苞叶内有颈卵器2～3个，无侧丝（图10-42）。

生殖器官成熟时，精子器内精子逸出，精子具2条鞭毛，借助水游入成熟颈卵器内，卵受精后形成合子；合子不经过休眠在颈卵器内发育为胚，再由胚形成具基足、蒴柄和孢蒴的孢子体，并寄生在配子体上。

孢子体的孢蒴结构较为复杂。孢蒴最顶端是蒴帽，由颈卵器的颈部发育而成，形态为兜形或钟帽形。孢蒴可分为蒴盖、蒴壶（urn）和蒴台（apophysis）三部分。最外层是蒴壁，常有气孔分布；蒴壶和蒴盖相邻处由表皮细胞半径方向加厚形成环带（annulus），

图 10-40 真藓亚纲常见种类

A. 真藓属；B. 葫芦藓属；C. 赤藓属；D. 金发藓属

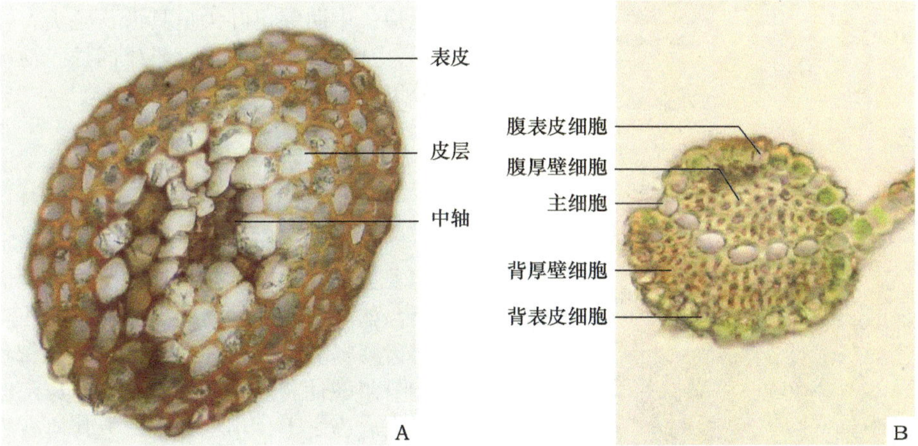

图 10-41 真藓亚纲茎 / 中肋横切面

A. 土生对齿藓茎横切面；B. 心叶对齿藓中肋横切面

环带失水收缩有助于蒴盖脱落；蒴盖内侧生有蒴齿（peristomal teeth），蒴齿由外齿层和内齿层组成，各为 16 枚齿片。蒴盖脱落后，蒴齿湿时闭合，干时向外弯曲，有助于孢子散出。蒴壶内有蒴轴和孢子母细胞，孢子母细胞经减数分裂产生孢子，孢子萌发成为具直立横壁的绿丝体（choronema），由绿丝体产生具斜向横壁的轴丝体（caulonema）和假根，再进一步发育成芽体及配子体。

葫芦藓生活史（图 10-43）与地钱相似，孢子体仍寄生在配子体上，不能独立生活，但孢子体在结构上比地钱复杂。

红叶藓（*Bryoerythrophyllum recurvirostre*），属于

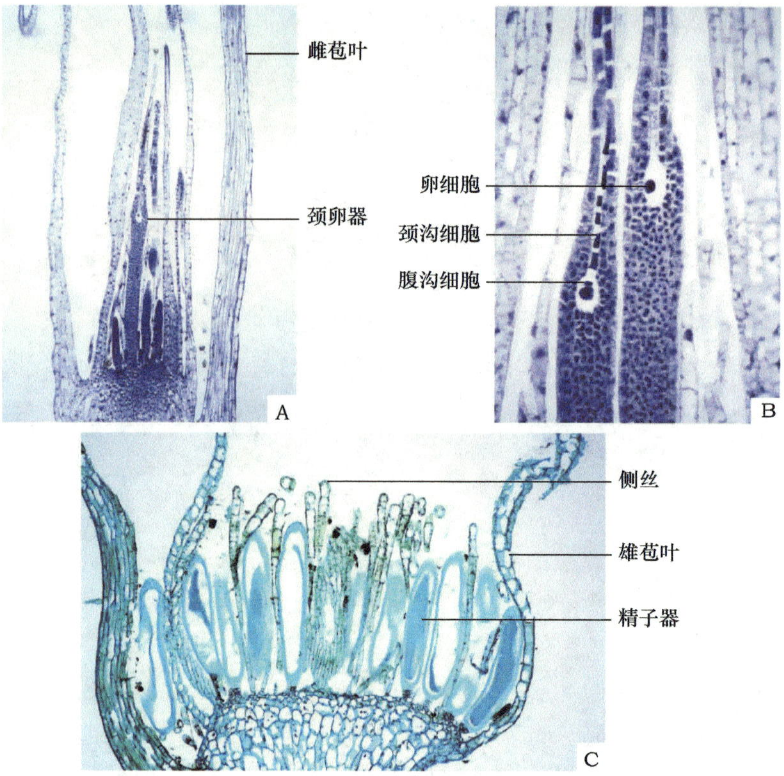

图 10-42　真藓亚纲的生殖器官

A. 雌苞器纵切面；B. 颈卵器纵切面；C. 雄苞器纵切面

从藓科。植物体带红棕色。茎具中轴，叶具中肋。叶上部细胞具马蹄形疣，基部细胞红棕色。雌雄同株。

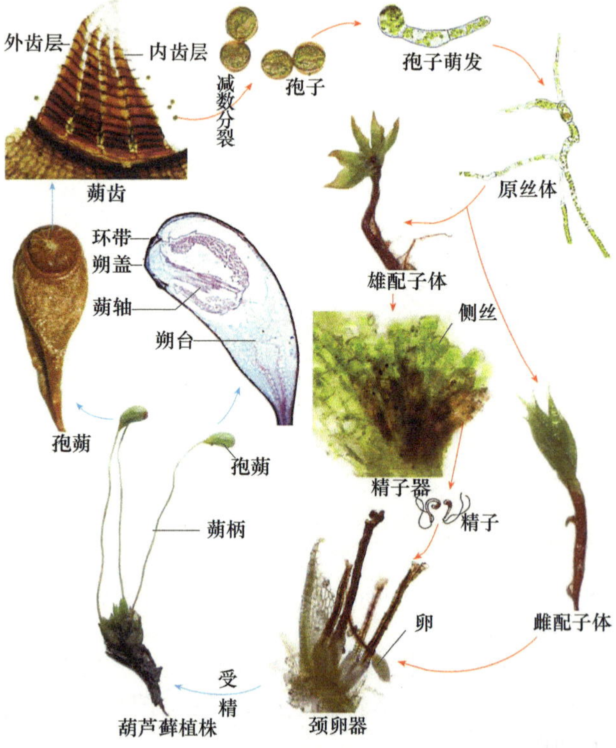

图 10-43　葫芦藓的生活史

蒴柄直立，孢蒴直立，蒴齿单层，直立线形，密被细疣，孢子具疣。孢蒴成熟于夏季（图 10-44）。

刺叶真藓（*Bryum lonchocaulon*），属于真藓科。植物体黄绿色，茎红色。叶长卵状披针形，叶缘具分化边；中肋突出叶尖呈具齿长毛尖。叶上部细胞狭菱形，基部细胞长方形。雌雄同株。孢蒴倾垂，蒴齿具外齿层和内齿层（图 10-45）。

（三）苔藓植物的生态学意义

1. 原生裸地的先锋植物

在极端干燥荒漠和裸露岩面或新断裂的岩石缝中，随着蓝藻、地衣生长，苔藓植物可大量生长并形成群落，如高山寒地岩面的黑藓群落、沙漠区的真藓属和对齿藓属结皮层（图 10-46）等。苔藓植物生长过程中能分泌酸性物质，溶解岩石，本身死亡后的残体可堆积在岩面之上，年积日久，为其他高等植物生存创造了条件，因而苔藓植物是植物界的拓荒者之一。

2. 促进森林生态系统演化

林下苔藓植物，常以大面积纯种群生长，组成林下地被层。在落叶松林下，塔藓（*Hylocomium splendens*）可形成大面积毡状地被层，可达 30～50cm 厚。冷杉林下的垂枝藓（*Rhytidium rugosum*）、曲尾藓（*Dicranum scoparium*）、树藓（*Microdendron sinense*）、拟垂枝藓（*Rhytidiadelphus triquetrus*），云杉林下的山羽藓（*Abietinella abietina*），混交林下的珠藓（*Bartramia*

图 10-44 红叶藓

A. 植物体；B. 孢蒴；C. 叶片；D. 叶尖；E. 茎横切面；
F. 叶中部细胞；G. 叶横切面；H. 蒴齿；I. 孢子

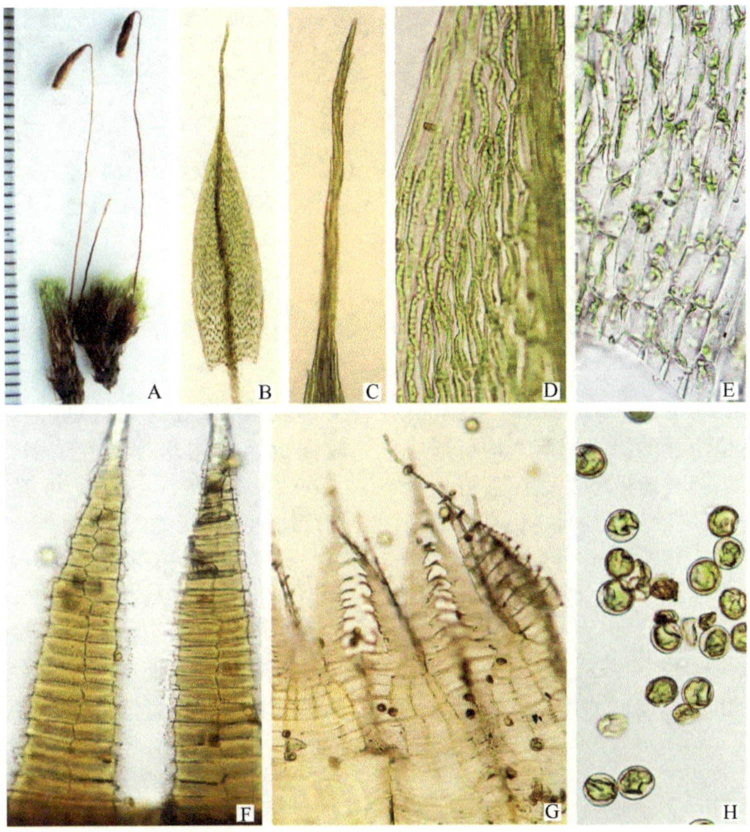

图 10-45 刺叶真藓

A. 植物体；B. 叶片；C. 叶尖；D. 叶上部细胞；E. 叶基部细胞；
F. 外齿层；G. 内齿层；H. 孢子

图 10-46　苔藓植物生态群落

A. 落叶松林下的泥炭藓；B. 混交林下的大叶藓；C. 冷杉林下的曲尾藓；D. 混交林下的珠藓；E. 高寒山地的黑藓；F. 沙漠结皮层的对齿藓和真藓

pomiformis）、赤茎藓（*Pleurozium schreberi*）、绢藓（*Entodon concinnus*）、高位沼泽的泥炭藓等，均可形成大面积或斑块状地被层。藓类地被层的存在常可指示森林类型，如藓类针叶林、塔藓落叶松林、山羽藓云杉林等。藓类地被层对于保存土壤水分、防止水土流失、保持林内空气湿度、促进森林天然更新具有良好作用（图 10-46）。

3. 环境质量的指示植物

苔藓植物对 SO_2、HF 有高度敏感性，可作为空气污染的指示植物。

（四）苔藓植物经济价值

金发藓属某些种类（如大金发藓）能清热解毒、乌发，暖地大叶藓（*Rhodobryum giganteum*）对治疗心血管病有较好疗效，仙鹤藓属（*Atrichum*）、金发藓属等某些植物的提取液，对金黄色葡萄球菌有较强抗菌作用，对革兰氏阳性菌有抗菌作用，蛇苔（*Conocephalum conicum*）可解热毒，消肿止痛，可治疗疔疮痈肿和毒蛇咬伤等。

藓类植物具有很强的吸水、保水能力，如泥炭藓可用于新鲜苗木和花卉长途运输的保湿包装材料，也可用于花卉栽培的保湿通气材料。

在温暖潮湿地区，在园艺上人工培养苔藓植物设计景观花园，供游览观赏，日本的苔藓植物园艺别具特色。

五、蕨类植物

蕨类植物（Pteridophyta）又称羊齿植物（fern），是孢子植物中进化水平最高的类群。由于蕨类植物孢子体内出现了维管组织的分化，具有了真正的根、茎和叶，因此，它们与种子植物统称为维管植物（vascular plant）。但是，蕨类植物不产生种子的特征又有别于种子植物。全世界蕨类植物约有 12 000 种，寒带、温带、热带都有分布，但以热带、亚热带为多；多生于林下、山野、溪旁、沼泽等较为阴湿的环境中。我国云南、贵州、四川、广东、广西、福建、台湾等省（自治区）分布的蕨类植物的种类和数量极为丰富，在世界蕨类植物中占有重要地位。其中，云南省有“蕨类植物王国”的美誉。

蕨类植物具有孢子减数分裂的异型世代交替，孢子体与配子体各自独立生活，但孢子体占优势。孢子体一般为多年生草本，除极少数原始种类外，均有根、茎、叶分化。蕨类植物在长期适应陆地生活过程中产生了维管组织，木质部主要由管胞和薄壁组织构成，无导管；韧皮部主要由筛胞、筛管和薄壁组织构成。绝大多数蕨类植物无维管形成层。根据形态、结构和功能不同，蕨类植物的叶可分为小型叶和大型叶，营养叶（不育叶）和孢子叶（能育叶），同型叶和异型叶。无性生殖器官是多细胞的孢子囊；在孢子囊内，孢子母细胞经过减数分裂形成孢子。

蕨类植物的孢子萌发后形成配子体，又称原叶体（prothallus）。配子体微小，无根、茎和叶分化，生活期短，但能够独立生活。有性生殖器官为精子器和颈卵器。精子器中产生的精子与颈卵器中产生的卵细胞在有水条件下进行受精作用，受精卵发育成胚，进一步形成孢子体（图 10-47）。因而，蕨类植物的发育和分布仍受到水的限制，现存种类大多只能生活在温暖潮湿地区。

对于蕨类植物的分类，国内外学者观点各异。1978 年，中国蕨类植物学家秦仁昌教授将蕨类植物分为 5 个亚门，即松叶蕨亚门（Psilophytina）、石松亚门（Lycophytina）、水韭亚门（Isoephytina）、楔叶亚门（Sphenophytina）和真蕨亚门（Filicophytina）。由于前 4 个亚门的植物均为小型叶蕨类，故合称拟蕨类（fern allies）。本教材采用的就是秦仁昌教授的分类系统。

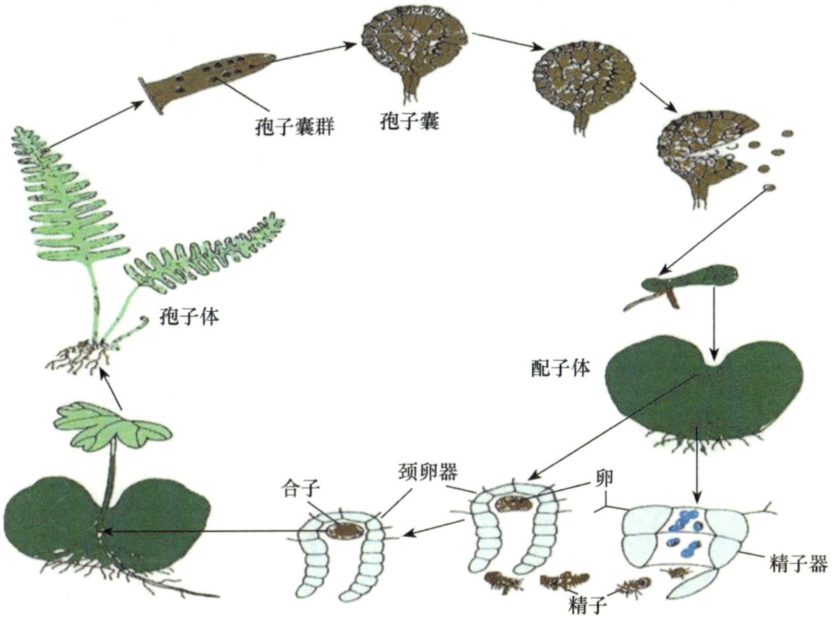

图 10-47　蕨类植物生活史

（一）松叶蕨亚门

孢子体具假根，有匍匐的根状茎和直立的气生茎，原生中柱；小型叶；2～3 个孢子囊聚合成聚囊，生于柄状孢子叶的近顶端，孢子同型。配子体块状，不规则分枝，精子具多数鞭毛。我国仅有松叶蕨（*Psilotum nudum*）一种。

（二）石松亚门

孢子体有不定根；茎多数为二叉分枝的气生茎，原生中柱；小型叶螺旋状排列或对生；孢子囊单生孢子叶叶腋或近叶腋处，孢子叶常聚生成孢子叶球，孢子同型或异型。配子体块状，精子具两条鞭毛。

1. *石松属*（*Lycopodium*）

孢子体为多年生草本，具匍匐茎和直立茎，具不定根，常叉状分技；小枝密生鳞片状或针状小叶，常螺旋状排列，无叶脉或仅具 1 条中脉；孢子囊大，肾形，有短柄，囊壁由数层细胞组成，孢子囊生在孢子叶近叶腋处。大多数种类的孢子叶聚生在分枝顶端，形成孢子叶球；孢子四面形，黄色，为同型孢子（isospory）。配子体全部埋在土中，为不规则的块状体，无叶绿体，有假根；配子体生活期很长，靠菌丝营养；精子器和颈卵器同生于配子体上面，并包埋在配子体组织中。

2. 卷柏属（*Selaginella*）

卷柏属的孢子体为多年生草本，通常匍匐，有背腹面之分；匍匐茎的中轴有向下生长的细长根托（rhizophore）；根托无叶，无色，无根冠；叶为小型叶，有叶舌（ligule）；孢子叶通常聚生成孢子叶球；孢子异型（heterospory），大孢子囊产生 1～4 个大孢子，小孢子囊有多数小孢子。

卷柏属植物多生活在潮湿林下、草地或岩石上。常见种类有卷柏（*S. tamariscina*）、中华卷柏（*S. sinensis*）（图 10-48）、伏地卷柏（*S.nipponica*）等。

（三）水韭亚门

孢子体具须状不定根；茎短粗块状，有一定的次生生长；叶细长丛生，螺旋状紧密排列，近轴面有叶舌；大孢子叶多生于茎外周，小孢子叶生于中央；孢子囊生于孢子叶叶舌下方的特化凹穴内，凹穴常被不育细胞组成的横隔分开，外有缘膜；孢子异型，孢子囊壁腐烂后才能释放出来。雄配子体具 1 个营养细胞、4 个壁细胞和 1 个精原细胞；精子具多数鞭毛。

图 10-48 中华卷柏

A. 群落；B. 解剖结构

1. 植株；2. 着生小枝的背面和腹面；3. 中叶；4. 侧叶；5. 孢子囊穗；6. 小孢子叶和小孢子囊；7. 大孢子叶和大孢子囊；8. 大孢子

水韭亚门仅存水韭目（Isoetales）、水韭科（Isoetaceae）、水韭属（*Isoetes*），70 余种，多近水生或沼泽生。我国有 3 种，最常见的有中华水韭（*I. sinensis*）和日本水韭（*I. japonica*）。

（四）楔叶亚门

孢子体的不定根着生于根状茎的节上；茎具明显的节和节间，节间中空；小型叶轮生成鞘状。变态成孢囊柄的孢子叶在枝顶聚生成孢子叶球；孢子同型或异型，周壁具弹丝。配子体垫状，基部具假根，精子具多数鞭毛。

问荆属（*Equisetum*）。隶属于木贼纲（Eguisetimae）。孢子体为多年生草本，具根状茎和气生茎，有节和节间之分，节间中空；节上生有不定根。气生茎有营养枝（sterile stem）和生殖枝（fertile stem）之分：营养枝在夏季生出，节上轮生许多分枝，绿色，能行光合作用，不产生孢子囊；生殖枝在春季生出，短而粗，棕褐色，不分枝，枝端能产生孢子叶球；孢子叶盾状（peltate），下生多个孢子囊，孢子同型，具 2 条弹丝（elater），弹丝有干湿运动，有助于孢子囊开裂和孢子散出；孢子中有半数萌发为雄配子体，半数萌发为雌配子体。

本亚门常见种类有问荆（*E. arvense*）（图 10-49）、节节草（*E. ramosissimum*）和木贼（*E. hyemale*）等。

图 10-49　问荆

（五）真蕨亚门

孢子体具不定根；除桫椤外，均为根状茎，原生中柱、管状中柱或多环网状中柱；大型叶，幼叶拳卷；孢子囊聚集成孢子囊群生于孢子叶边缘、背面或特化孢子叶上，常具囊群盖（indusium）；多为孢子同型。配子体心形，绿色自养，腹面具假根，精子具多数鞭毛。

蕨（*Pteridium aquilinum* var. *latiusculum*）（图 10-50A）。隶属于真蕨纲（Filicinae）、水龙骨目（Polypodiales）、鳞毛蕨科（Dryopteridaceae）、蕨属。孢子体为多年生草本，分布在世界各地；中国各省都有生长。

蕨的孢子体高达 100cm。根状茎向上生长，其上着生多个大型 2～3 回羽状复叶；羽状复叶幼时拳卷

图 10-50　常见蕨类植物

A. 蕨；B. 荚果蕨；C、D. 肾蕨；E. 北京粉背蕨；F. 满江红；G. 贯众

状，成长中渐次伸开。叶背面边缘具孢子囊群；孢子囊有一条纵生环带，环带细胞内壁和侧壁均木质化增厚；两个不加厚的细胞称为唇细胞（lip cell）。孢子囊内具孢子母细胞，每个孢子母细胞进行减数分裂形成 4 个孢子；孢子成熟时，由于环带的反卷作用，使孢子囊从唇细胞处横向裂开，将孢子弹出。成熟的孢子落在潮湿的土壤上面，萌发形成心形配子体（也称原叶体），直径数毫米至 10mm，具叶绿体，能独立生活。在配子体腹面生有假根，假根丛中生有很多精子器，其内产生多鞭毛精子。颈卵器多生于配子体顶端凹陷处，颈卵器内有卵细胞。在有水条件下，精子散出，游到颈卵器内与卵细胞结合成合子，合子在颈卵器内发育成胚，进一步发育成独立的孢子体。

该亚门常见种类有荚果蕨（*Atteuccia struthiopteris*）（图 10-50B）、肾蕨（*Nephrolepis auriculata*）（图 10-50C、图 10-50D）、北京粉背蕨（*Aleuritopteris argentea*）（图 10-50E）、铁线蕨（*Adiantum capillus-veneris*）、华北石韦（*Pyrrosia davidii*）、贯众（*Cyrtomium fortuner*）（图 10-50 G）和芒萁（*Dicranopteris dichotoma*）等。

蕨类植物与人类关系非常密切，具有重要经济用途。

（1）食用。许多蕨类植物可供食用，如蕨的幼叶；有些蕨类植物根茎富含淀粉，可提取面粉供食用。

（2）药用。有 100 余种，如用海金沙（*Lygodium japonicum*）治尿道感染、尿道结石；用卷柏（*Selaginella tamariscina*）外敷，治刀伤出血；用江南卷柏（*Selaginella moellendorffii*）治疗湿热黄疸、水肿、吐血等症；用阴地蕨（*Botrychium ternatum*）治小儿惊风；骨碎补（*Davallia mariesii*）能坚骨补肾、活血止痛；贯众的根茎可治虫积腹痛、流感等症。

（3）饲料。一般水生蕨类植物，在农业上可做绿肥，如满江红（*Azolla imbricata*）（图 10-50F），其含氮量高于苜蓿；槐叶苹（*Salvinia natans*）、满江红等也可作为鱼和家畜饲料。

（4）指示植物。有的蕨类植物可以指示土壤性质，如铁线蕨、卷柏、蜈蚣草（*Pteris vittata*）等多生长于石灰岩或钙质土壤上；石松（*Lycopodium japonicum*）、铁芒萁（*Dicranopteris linearis*）则生长于酸性土壤上；蕨类植物还能指示气候，如桫椤（*Alsophila spinulosa*）和地耳蕨（*Quercifilix zeylanica*）的生长，指示着热带和亚热带气候；生长鳞毛蕨属（*Dryopteris*）的地区，则为北温带或亚寒带气候。

（5）观赏。许多蕨类植物形态优美，极具观赏价值，如肾蕨（图 10-50C、图 10-50D）、鹿角蕨（*Platycerium wallichii*）、铁线蕨等。

除此之外，现代开采的煤炭，大部分是古代蕨类植物遗体形成的，为现代工业上的重要燃料；石松的孢子常用于火箭信号、照明弹制造工业中。

六、裸子植物

裸子植物（gymnosperm）既是颈卵器植物，又是种子植物，是介于蕨类植物和被子植物之间的一类维管植物。因其种子外面没有果皮包被，是裸露的，故称为裸子植物。与蕨类植物相比，裸子植物有如下主要特征。

（1）孢子体发达。裸子植物均为多年生木本，且多数为单轴分枝的高大乔木。维管系统发达，具形成层和次生生长；木质部大多数只有管胞而无导管，韧皮部有筛胞而无筛管和伴胞。叶多为针形、条形或鳞形，极少数为扁平的阔叶；叶表皮有较厚的角质层，气孔下陷，排列成浅色气孔带（stomatal band），更加适应陆地生活。

（2）形成球花。裸子植物孢子叶（sporophyll）多聚生成球果状（strobiliform），称为孢子叶球（strobilus）或球花（cone）。小孢子叶球又称雄球花（male cone），由小孢子叶聚生而成，每个小孢子叶下面生有小孢子囊，囊内有许多小孢子母细胞，经减数分裂产生小孢子，再由小孢子发育成雄配子体。大孢子叶球又称雌球花（female cone），由大孢子叶丛生或聚生而成；大孢子叶变态为羽状大孢子叶（苏铁纲）、珠领（collar）（银杏纲）、珠鳞（ovuliferous scale）（松柏纲）、珠托（红豆杉）和套被（epimatium）（罗汉松）。

（3）具裸露的胚珠，形成种子。裸子植物大孢子叶的腹面生有胚珠，胚珠裸露，不为大孢子叶包被；胚珠成熟后形成种子。种子的出现使胚受到保护，保障了营养物质的供给，可以使植物度过不良环境。

（4）形成花粉管，受精作用不再受水的限制。裸子植物的雄配子体（花粉粒）在珠心上方萌发，形成花粉管，进入胚囊，将 2 个精子直接送入颈卵器内。1 个具功能的精子使卵受精，另 1 个被消化。裸子植物的受精作用不再受水的限制，它们能更好地在陆生环境中繁衍后代。

（5）配子体十分简化，不能脱离孢子体而独立生活。裸子植物的小孢子（单核花粉粒）在小孢子囊（花粉囊）里发育成仅由 4 个细胞组成的雄配子体（成熟的花粉粒）。单核花粉粒被风吹送到胚珠上，经珠孔直接进入珠被内，在珠心（大孢子囊）上方萌发产生花粉管，吸取珠心的营养，继续发育为成熟的雄配子体，即雄配子体前一时期寄生在花粉囊里，后一时期寄生在胚珠中，而不能独立生活。大孢子囊（珠心）里产生的大孢子（单核胚囊），在珠心里发育成雌配子体（成熟胚囊）。成熟的雌配子体由数千个细胞组成，近珠孔端产生 2～7 个颈部露在胚囊外面的颈卵器。颈卵器内无颈沟细胞，仅有 1 个卵细胞和 1 个腹沟细胞。雌配子体（胚囊）寄生在孢子体上，而不能独立生活。

（6）具多胚现象。多数裸子植物具有多胚现象（polyembryony）。由1个雌配子体上的几个或多个颈卵器中的卵细胞同时受精，各自发育成1个胚而形成多个胚的，称为简单多胚现象（simple polyembryony）；由1个受精卵形成的胚原细胞在发育过程中分裂为几个胚的，称为裂生多胚现象（cleavage polyembryony）。

裸子植物的繁盛期为中生代，后因地史变迁，很多植物已绝迹。现代生存的裸子植物为数不多，有700余种，分为五纲，即苏铁纲（Cycadopsida）、银杏纲（Ginkgopsida）、松柏纲（Coniferopsida）、红豆杉纲（Taxopsida）和买麻藤纲（Gnetopsida）。

（一）苏铁纲

苏铁纲现仅存1目、3科、11属，约209种，分布于热带或亚热带地区。我国仅苏铁属（*Cycas*）1属，约15种，最常见的是苏铁（*C. revolute*）。

苏铁为常绿木本，茎干粗壮，常不分枝；大型羽状复叶簇生于茎顶；鳞叶小，密生褐色毛；雌雄异株，球花顶生；大孢子叶羽毛状（图10-51）；精子具多数鞭毛。

图10-51　苏铁

A. 植株外形；B. 拳卷的幼叶；C. 雄性植株，示雄球花；D. 小孢子叶；E. 小孢子叶背部的小孢子囊；F. 雌性植株，示雌球花；G. 羽状大孢子叶；H. 胚珠纵切面；I. 珠心和雌配子体部分放大

（曲波摄）

（二）银杏纲

银杏纲现仅存1目、1科、1属、1种，即银杏（*Ginkgo biloba*），为我国特产，国内外广泛栽培。落叶乔木；枝条有长短之分；叶扇形，先端二裂或波状缺刻，具分叉脉序，在长枝上螺旋状散生，在短枝上簇生；球花单性，雌雄异株；精子具多数纤毛；种子核果状（图10-52）。

图10-52 银杏

A. 着生雄球花的短枝；B. 雄球花；C. 小孢子叶，示小孢子囊；D. 着生雌球花的短枝；E. 雌球花；F. 胚珠和珠领纵切面；G. 着生种子的短枝；H、I. 种子纵切面

（曲波摄）

（三）松柏纲

松柏纲植物的叶多为针形，故常被称为针叶树或针叶植物。松柏纲是现代裸子植物中种类最多、分布最广、经济价值最大的类群，有4目、4科，约44属、400余种。我国是松柏纲植物的起源地，也是松柏纲植物最丰富的国家，以富有特有属种和第三纪孑遗植物著称。我国现有松柏纲植物3科、23属、约150种。

常绿或落叶乔木，稀为灌木。茎多分枝，常有长短枝之分；次生木质部发达，由管胞组成，无导管，具树脂道（resin canal）；叶针形、钻形、刺形或鳞形。球花单性，同株或异株。雄球花由多数小孢子叶组成，每一小孢子叶常具2～9个小孢子囊，精子无鞭毛；雌球花由三至多数珠鳞（大孢子叶）和苞鳞组成，珠鳞与苞鳞离生、半合生或完全合生，胚珠生于珠鳞近轴面；种子有翅或无翅，子叶2～10枚，胚乳丰富。

1. 松科

松科（Pinaceae）是松柏纲中种类最多、经济价值最大的科，有10属、250余种。我国有10属、90余种，其中许多种类是中国特有种和孑遗植物。

乔木。叶针形或线形；针形叶常2～5针一束，生于极度退化的短枝上，基部包有叶鞘；线形叶在长枝上螺旋状排列，在短枝上簇生。球花单性同株；雄球花具多数螺旋状排列的小孢子叶，每一小孢子叶有2个小孢子囊，小孢子多数有气囊；雌球花由多数螺旋状排列的珠鳞与苞鳞组成，苞鳞与珠鳞分离（仅基部结合），每一珠鳞腹面生有两个倒生胚珠。种子常具翅（图10-53）。

图10-53　油松

A. 着生雄球花的新生枝；B. 雄球花；C. 雄球花纵剖面；D. 小孢子叶及小孢子囊；E. 着生雌球花的枝条；F. 雌球花纵剖面；G. 珠鳞的近轴面，示胚珠；H. 珠鳞的远轴面，示苞鳞；I. 果鳞（左为近轴面，右为远轴面）；J. 具翅的种子

（曲波摄）

松属（*Pinus*）。孢子体枝系和根系发达。春天顶芽长成枝，枝有长枝和短枝之分。长枝上生有螺旋状排列的鳞叶，在鳞叶叶腋部生一短枝；短枝极短小，顶端生有成束的2～5条针形叶，针形叶在第2年后才随短枝逐渐脱落。

春季发生新枝叶的同时，球花也随着长出。球花单性，雌雄同株。雄球花生于当年生新枝基部，每一个雄球花由许多小孢子叶螺旋状排列而成，小孢子叶下面各生2个小孢子囊，囊内具有多数小孢子母细胞，每一小孢子母细胞减数分裂后形成4个小孢子；小孢子具有2个气囊，通过3次细胞分裂，最后形成含有4个细胞的成熟雄配子体（1个生殖细胞、1个管细胞和2个退化的原叶体细胞），也就是传粉时的花粉粒。晚春，小孢子囊破裂，释放出大量具气囊的花粉；花粉随风飘扬，有些落在雌球花上，进入胚珠。

雌球花着生在当年生新枝顶端，由许多螺旋状排列的大孢子叶和与之并生的苞鳞组成。每个大孢子叶腹面基部有一对胚珠，因此大孢子叶又称为珠鳞。胚珠内的珠心组织有一个大孢子母细胞，减数分裂形成4个大孢子，只有远珠孔端的1个大孢子经细胞分裂形成多细胞雌配子体；翌年春天，在雌配子体顶部分化出数个颈卵器，其余细胞则分化为胚乳。因此，裸子植物的胚乳是由大孢子直接分裂而来，它和被子植物的胚乳是由极核受精发育形成具有本质区别。

被风吹送到雌球花上的花粉，由珠鳞裂缝进入胚珠珠孔内的花粉室中，半年以后开始生出花粉管，并缓慢经珠心组织向颈卵器生长。在此过程中，生殖细胞在花粉管内分裂为体细胞和柄细胞，体细胞再分裂为2个不动精子，而柄细胞和管细胞则逐渐消失。以后，花粉管生长进入颈卵器，1个精子与卵结合形成受精卵，进一步发育成胚，另一个精子死亡，最终消失。从传粉至受精，需一年以上的时间才能完成。每个颈卵器中的卵均可受精，但最后只有一个能正常发育为胚。

成熟的胚具有胚芽、胚轴、胚根和7～10枚子叶；胚外面包有胚乳（雌配子体），含有丰富营养；珠被发育形成种皮；珠鳞上的部分表层组织分离出来形成种子的翅。当胚珠发育成种子时，珠鳞和苞鳞愈合并木质化，叫做果鳞或种鳞（seminiferous scale）；整个雌球花急剧长大变硬，称为松球果（pinecone）。种子成熟后，果鳞张开，散出种子，在适当条件下，发育为新的孢子体（图10-54）。

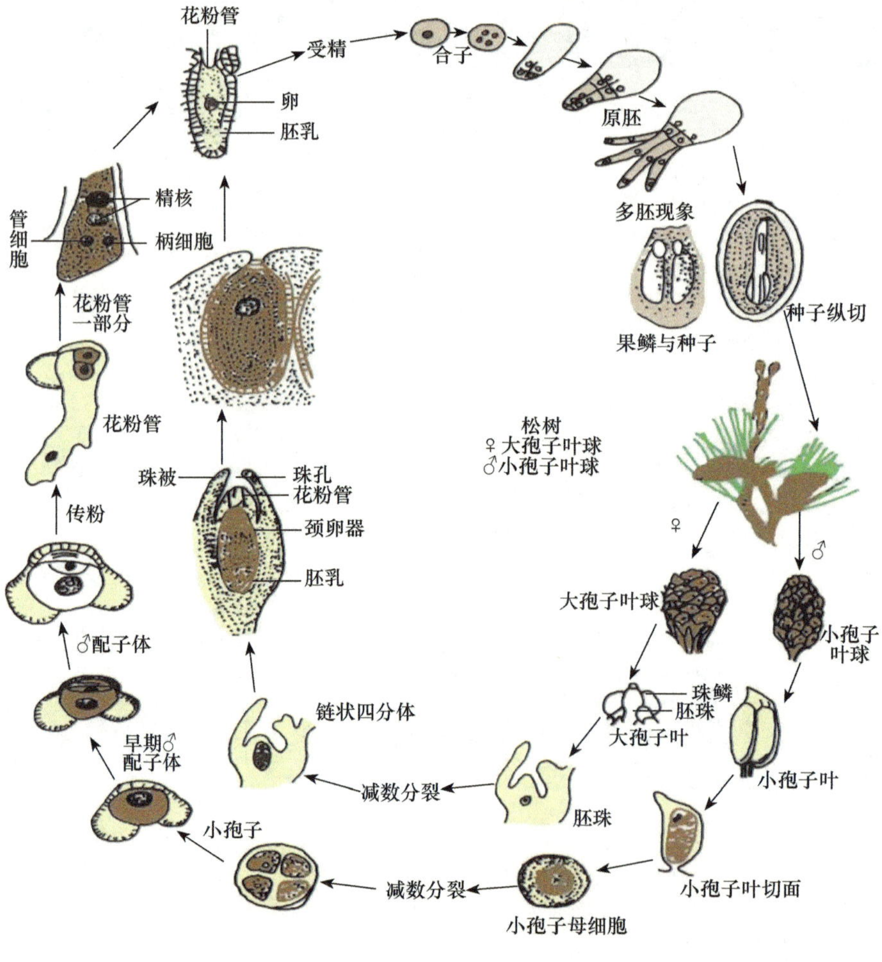

图10-54　松属植物生活史

2. 杉科

杉科（Taxodiaceae）有10属、16种，中国有5属、7种。代表植物有杉木（*Cunninghamia lanceolata*）、水杉（*Metasequoia glyptostroboides*）、水松（*M. glyptostroboides*）、柳杉（*Cryptomeria fortunei*）等。其中，水杉为我国特有孑遗植物，现各地广泛栽培；水松为我国特有单种属植物，也是第三纪孑遗植物。国外著名树种有巨杉（*Sequoiadendron giganteum*）、北美红杉（*Sequoia sempervirens*）和金松（*Sciadopitys verticillata*）等。

常绿或落叶乔木。叶条形、钻形或披针形，螺旋状排列，稀对生；叶同型或两型，稀三型。球花单性同株；雄球花由螺旋状排列的小孢子叶组成，每一小孢子叶具2～9个小孢子囊，小孢子无气囊；雌球花由螺旋状排列的珠鳞和苞鳞组成，珠鳞与苞鳞半合生（仅顶端分离），珠鳞腹面基部有2～9枚胚珠。种子具周翅或两侧具窄翅。

3. 柏科

柏科（Cupressaceae）有22属、约150种，中国有8属、29种。代表植物有侧柏（*Platycladus orientalis*）（图10-55A～C）、圆柏（*Sabina chinensis*）（图10-55D、图10-55E）、柏木（*Cupressus funebris*）等。其中，侧柏和圆柏是我国特有树种。

图10-55　侧柏和圆柏

A. 侧柏的扁平小枝；B. 具雄球花的小枝；C. 具雌球花的小枝；D. 圆柏植株外形；E. 植物体一部分，示二型叶（鳞形叶和刺形叶）

（曲波摄）

常绿乔木或灌木。叶鳞形或刺形，对生或轮生，或叶两型。球花单性同株或异株；雄球花由3～8对交互对生的小孢子叶组成，每一小孢子叶具3～6个或更多小孢子囊，小孢子无气囊；雌球花由多数交互对生或3～4片轮生的珠鳞和苞鳞组成，珠鳞与苞鳞完全合生，珠鳞腹面基部着生1至多数直生胚珠。种子无翅或具窄翅。

4. 红豆杉纲

红豆杉纲有3科、14属、约162种，中国有3科、7属、33种。代表植物有罗汉松（*Podocarpus macrophyllus*）、三尖杉（*Cephalotaxus fortunei*）、红豆杉（*Taxus chinensis*）等。其中，红豆杉为我国特有树种，第三纪孑遗植物。

常绿乔木，多分枝。叶螺旋状排列，气孔带淡黄色或淡绿色。孢子叶球单生。成熟种子核果状或坚果状，生于红色肉质的杯状假种皮中（图10-56A、图10-56B）。

图10-56 红豆杉、草麻黄和水杉

A. 红豆杉植物体；B. 红豆杉种子，外具红色假种皮；C. 草麻黄种子，示红色的假种皮；D. 水杉

（红豆杉由曲波摄，水杉由宋敏丽摄）

5. 买麻藤纲

买麻藤纲有3目、3科、3属、约80种；中国有2科、2属、19种。常见种类有草麻黄（*Ephedra sinica*）（图10-56 C）、木贼麻黄（*E. equisetina*）、买麻藤（*Gnetum montanum*）等。

灌木、亚灌木或木质藤本，稀乔木。次生木质部由导管组成，无树脂道；叶对生或轮生。球花单性，有类似于花被的盖被（假花被）（pseudoperianth）；胚珠1枚，具珠孔管（micropylar tube）；精子无鞭毛；除麻黄科外，雌配子体均无颈卵器。种子具2枚子叶，包于由盖被发育来的假种皮中（图10-56C），胚乳丰富。

裸子植物是组成地面森林的主要成分，它们材质优良，为林业生产上的主要用材树种。我国应用在建筑、枕木、造船、制纸、家具上的大量木材多数为松柏类，如东北的红松（*Pinus koraiensis*）、南方的杉木；其副产品，如松节油、松香、单宁、树脂等都有重要用途。部分裸子植物的种子可供食用，如银杏、华山松（*P. armandii*）、香榧（*Torreya grandis*）等的种子。麻黄是著名药材。很多裸子植物是优美的常绿树种，在美化庭园、绿化环境上有很大价值，如雪松（*Cedrus deodara*）、金钱松（*Pseudolarix amabilis*）、油松（*Pinus tabuliformis*）、白皮松（*P. bungeana*）等。其中，雪松是世界五大园林观赏树种之一，而金钱松的叶入秋后变为金黄色，也为美丽庭院的观赏树种。我国特产的水杉、水松、银杏等，都是地史上遗留的古老植物，被称为活化石，在研究地史和植物界演化上有重要意义。

七、被子植物

被子植物（Angiosperm）是植物界中适应陆生生活的最高级、多样性最丰富的类群。全世界的被子植物有 12 600 属、25 万多种；我国有 3100 多属、约 3 万种。被子植物之所以能够如此繁盛，与其独特的形态结构特征密不可分。

（1）孢子体更加发达完善。在外部形态、内部解剖结构、生活型等方面，被子植物的孢子体比其他植物类群更加完善和多样化。外部形态上，被子植物多具有合轴式分枝和阔叶，光合作用效率大为提高；内部解剖结构上，被子植物木质部中有导管、管胞，韧皮部中有筛管和伴胞，输导作用更强；生活型上，被子植物有水生、石生、土生等，有自养种类，也有腐生和寄生植物，有乔木、灌木和藤本植物，也有一年生、两年生和多年生草本植物。

（2）产生了真正的花。典型被子植物的花一般由花柄、花托、花被、雄蕊群和雌蕊群 5 部分组成。花被的出现提高了传粉效率，也为异花传粉的进行创造了条件。在长期自然选择过程中，被子植物花的各个部分不断演化，以适应虫媒、风媒、鸟媒和水媒等各种类型的传粉机制。

（3）形成了果实。雌蕊中的子房受精后发育为果实，子房内的胚珠发育为种子；种子包裹在果皮里面，使下一代植物体的生长和发育得到了更可靠的保证，同时还有助于种子传播。

（4）具双受精现象。花粉粒中的两个精子进入胚囊后，1 个与卵细胞结合形成合子，将来发育成胚，另 1 个精子与中央细胞中的 2 个极核结合形成受精极核，进一步发育成胚乳。被子植物的双受精现象，使胚获得了具双亲遗传性的养料，增强了生活力。

（5）配子体进一步退化。配子体达到最简单程度，成熟胚囊即为其雌配子体，一般只有 7 个细胞 8 个核，即 3 个反足细胞、2 个助细胞、1 个卵细胞和 1 个中央细胞（内含 2 个极核），没有颈卵器；2 核或 3 核成熟花粉粒即为雄配子体，其中，2 核花粉粒由 1 个营养细胞和 1 个生殖细胞组成，3 核花粉粒由 1 个营养细胞和 2 个精子组成。

第三节　植物界的发生和演化

植物界的发生与演化是一个漫长的历史过程。植物界的发生和自然条件的改变紧密相关，每次环境的巨大变迁，必然导致某些不适应变化的植物衰退、绝迹或形成化石，但是也必然会出现某些生命力强的植物，适应变化了的自然条件，进一步发展和繁盛（表 10-2，图 10-57）。

表 10-2　地质年代和植物发生、进化情况

代	纪	距今年数（百万年）	进化情况	优势植物
新生代	第四纪	现代	被子植物占绝对优势，草本植物进一步发育	被子植物
		更新世 2.5		
	第三纪	晚 25	经过几次冰期后，森林衰退，由于气候原因，造成地方植物隔离，草本植物发生，植物界面貌与现代相似	
		早 65	被子植物进一步发育并占优势，世界各地出现大范围森林	
中生代	白垩纪	晚 90	被子植物得到发展	
		早 136	裸子植物衰退，被子植物逐渐代替裸子植物	裸子植物
	侏罗纪	190	裸子植物中的松柏类占优势，原始裸子植物逐渐消失，被子植物出现	
	三叠纪	225	木本乔木状蕨类植物继续衰退，真蕨类繁盛	
古生代	二叠纪	晚 260	裸子植物中的苏铁类、银杏类、针叶类繁茂	
		早 280	木本乔木状蕨类植物开始衰退	蕨类植物
	石炭纪	345	巨大的乔木状蕨类植物，如鳞木类、芦木类、木贼类等遍布各地，形成森林，造成了以后的大煤田；许多矮小真蕨类植物，种子蕨类植物进一步发展	
	泥盆纪	晚 360	裸蕨类逐渐消失	
		中 370	裸蕨类植物繁盛，种子蕨、苔藓植物出现	

续表

代	纪	距今年数（百万年）	进化情况	优势植物
古生代	泥盆纪	早 390	植物由水生向陆生演化，陆地上出现了裸蕨类植物；可能出现了原始	藻类植物
	志留纪	435	维管束植物；藻类植物仍占优势	
	奥陶纪	500	海产藻类植物占优势，其他类植物继续发展	
	寒武纪	570	初期，真核细胞、藻类植物出现；	
元古代		570～1500	后期，与现代藻类植物相似的类群出现	
太古代		1500～500	生命开始出现，细菌和蓝藻出现	

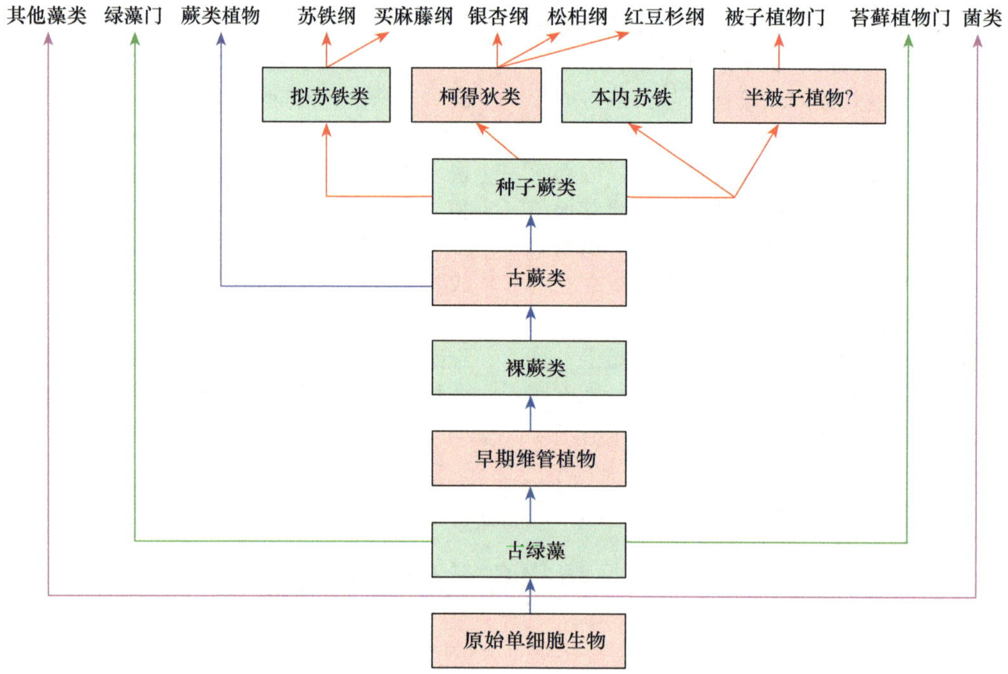

图 10-57　植物界各大类群系统演化示意图

一、低等植物的发生和演化

（一）藻类植物发生和演化

大约在 34 亿年前的太古代出现了原核生物——细菌和蓝藻；元古代晚期（距今 15 亿～14 亿年前），真核藻类出现；古生代寒武纪和奥陶纪，海生高等藻类植物，如褐藻、红藻等出现；古生代志留纪是海洋在地球上分布最广的时期，也是海藻最繁盛的时期。这一时期长达 28 亿年左右，几乎占据了地球上生物界全部历史的 7/8，同时也充分体现了植物界从低等到高等，从水生进化到陆生经历了一个极其漫长的历史过程。

一般认为，真核藻类由原核藻类进化而来。单细胞真核藻类又逐渐演化出群体、多细胞和丝状体类型。真核藻类的各大门类可能经过 3 条路线演化。

1. 叶绿素 a+d 路线（红蓝路线）

真核藻类中的红藻与蓝藻关系密切，如两者均含藻胆素；仅有叶绿素 a，无叶绿素 b 和叶绿素 c；红藻虽有光合器，但类囊体呈单条排列；蓝藻和红藻都不具鞭毛等。也有人推测红藻可能是由原核蓝藻演化而来，或两者有共同祖先。其他真核藻类可能是从原鞭藻类进化而来，原鞭藻类仍为原核，含叶绿素 a 和藻胆素，具光系统 Ⅱ，具（9+2）型鞭毛。原鞭藻向着含叶绿素 a、叶绿素 c 和含叶绿素 a、叶绿素 b 两大方向演化出其他真核藻类。

2. 叶绿素 a+c 路线（杂色路线）

包括隐藻、甲藻、硅藻、金藻、黄藻和褐藻，其中的甲藻具中核，由此有人推测可能原鞭藻先演化出中核藻类，再进化到真核藻类。

3. 叶绿素 a+b 路线（绿色路线）

包括裸藻、绿藻和轮藻。原鞭藻演化出原绿藻类，再进化到其他含叶绿素 a、叶绿素 b 的真核藻类。绿藻、轮藻和高等植物中的苔藓植物及蕨类植物关系密切，苔藓和蕨类可能是由古代绿藻、轮藻类演化而来。

（二）菌类和地衣等的发生和演化

菌类（真菌、黏菌）和地衣的发生和演化在古生物文献中也不乏记载，但其可靠性和研究程度较差，从化石记录中几乎得不到有关它们演化情况的启示。

在距今约 19 亿年前的地层中，人们发现了没有横隔的菌丝化石；在寒武纪及以后的地质时期地层中发现了存在于藻类及一些有壳动物体内的菌丝化石。由此可知，在前寒武纪就已产生了真菌。但关于真菌的起源尚无定论，许多研究者认为它是从藻类等多元演化而来。

黏菌由于兼有某些动物特性，故其化石更为罕见。虽然有人报道在石炭纪一种高等植物皮层里发现了黏菌化石，但其可靠性值得怀疑。

而作为菌、藻共生体的地衣化石较少。2005年，中国科学院南京地质与古生物研究所袁训来与美国Virginia州立大学肖书海及Kansas大学T. N. Taylor合作，在贵州省瓮安磷矿距今约6亿年的黑色磷块岩中，发现了目前已知最古老的地衣化石。它们是由球状蓝藻和真菌化石组成，真菌丝状体环绕球状蓝藻分布，部分丝状体的一端还与一个梨形真菌孢子相连。

二、高等植物的发生和演化

（一）苔藓植物的发生和演化

1. 苔藓植物对陆生环境的适应性

苔藓植物叶状体、拟茎叶体具有初步吸收、输导和支持结构，生殖器官多细胞，受精固定在颈卵器内，受精卵发育成胚，初步形成了与陆地环境相适应的结构，但因其生活史中配子体占优势，无维管组织分化，无真正的根，精子具鞭毛，受精时离不开水等，又限制了苔藓植物进一步发展，形态结构始终保持在原始状态，只能生活在一些较阴湿的小环境中，是植物界演化的一个盲枝。

2. 苔藓植物的起源

关于苔藓植物的发生主要有两种观点。

（1）起源于绿藻。苔藓植物与绿藻含有的光合色素都是叶绿素a、叶绿素b，光合产物是淀粉，叶绿体和绿藻的载色体相似，角苔属（*Anthoceros*）植物具有大型蛋白质核，储藏物也为淀粉，其构造与绿藻也相似；苔藓植物孢子萌发时先发育形成分枝原丝体，而原丝体与绿藻中的分枝丝状体相类似；苔藓植物的游动精子具有两条等长的顶生尾鞭型鞭毛，与绿藻的精子相似；与绿藻一样，苔藓植物生活史具有明显的世代交替。苔藓植物与绿藻的相似性特征为探索苔藓植物的起源提供了线索，而佛氏藻（*Fritschiella tuberosa*）和藻苔（*Takakia lepidozioides*）被研究者认为是藻类与苔藓植物之间的过渡类型，它们的发现为研究者提供了深入思考的证据。

佛氏藻首先在印度、非洲发现，主要生长在潮湿土壤上，偶尔也生长在树干上；其植物体在土表有横生的匍匐枝，由于细胞向3个方向分裂而产生“块状细胞群”；佛氏藻有世代交替现象。藻苔在日本及加拿大西部沿海发现，在中国西藏和云南也有分布；藻苔的配子体没有假根，只有合轴分枝的主茎，其上有螺旋状着生的小叶，小叶深裂成2～4瓣，裂瓣呈线形；颈卵器有多层细胞组成的壁，侧生或顶生在主茎上。

（2）起源于裸蕨类。认为配子体占优势的苔藓植物是由孢子体占优势的裸蕨植物逐步退化演变而来的。裸蕨类是最原始的陆生维管植物，已发现的化石植物有角蕨属（*Hornea*）、鹿角蕨属（*Rhynia*）和孢囊蕨属（*Sporogonites*），它们没有真正的根和叶，在横生茎上生有假根，与苔藓植物体相似；角蕨属、鹿角蕨属的孢子囊内有一中轴构造，这一特点和角苔属、泥炭藓属、黑藓属孢蒴中的蒴轴相似；孢囊蕨已具单一孢子囊，而在真藓（*Bryum argenteum*）中发现有畸形的分叉孢子囊；角苔类的孢子体能进行光合作用，使孢子体在配子体死亡后还能独立生活一个短时期，在其孢蒴的蒴轴内有类似输导组织的厚壁细胞，外壁上有发育不完全的气孔，而在裸蕨类中，也可看到输导组织消失的情况，如好尼蕨属（Horneophton）的输导组织在拟根、茎也消失，孢囊蕨属的输导组织在茎中也不明显。由于存在以上结构特征的相似性，该学说推测苔藓植物有可能是裸蕨类的退化后裔，但该学说不能解释在退化过程中孢子体如何由独立生活变为寄生在配子体上的事实。

目前，多数人支持苔藓植物与裸蕨植物都直接发源于水生绿藻，并且在很早阶段它们就分道扬镳，各自发展成为一个独立类群。苔藓植物沿着改进配子体方向发展，从而成为植物演化系统中的一个独特旁支；而裸蕨类则沿着发展孢子体方向发展，直接或间接演化出了蕨类植物和种子植物。

（二）蕨类植物的发生与演化

蕨类植物起源于早、中泥盆世的裸蕨植物。一般认为，裸蕨类通过3条进化路线演化为蕨类植物。

1. 石松类演化路线

石松类是蕨类植物中最古老的一个类群，早泥盆纪开始出现，但多为草本类型，如刺石松属（*Baragwaathia*）；中泥盆纪时，木本种类已分布很广，如鳞木属（*Lepidodendron*）和封印木属（*Sigillaria*）；晚泥盆纪继续发展，到石炭纪达到鼎盛阶段；二叠纪逐渐衰退，进入中生代后木本类型已极少见，只留下少数草本类型。

2. 木贼类演化路线

木贼类与石松类几乎是平行发展的。它们在早泥盆纪出现，至石炭纪、二叠纪达到鼎盛，属种很多，而且包括不少高大的乔木类型，在当时陆地植被和造煤过程中，都充当着重要角色。自中生代起，木贼类迅速衰退，在新生代则处于更加微弱的地位。现存的木贼类全为草本。

3. 真蕨类演化路线

真蕨类是蕨类植物中最大的一个类群，最早出现于泥盆纪早期、中期，泥盆纪至石炭纪趋于繁盛，且此时的真蕨多大型，呈树蕨状。但在二叠纪、三叠纪之交的世界性干旱气候到来时，真蕨类逐渐消失，仅有一些小型类群延续下来。至晚三叠纪和早侏罗纪时，随着地面气候再度变得温暖湿润，许多新的真蕨植物又从少数残存类群中分化出来，并且很快获得了前所未有的大发展。现代真蕨中的部分种类就是在当时产生的。

但是，由于蕨类植物在形态结构上和有性生殖过程中仍存在着不少原始性状，如输导组织不完善、产生有鞭毛的精子、受精作用仍脱离不开水、不能适应干燥气候等，因而其发展受到了制约。

（三）裸子植物的发生和演化

地球上最早出现的种子植物是裸子植物的种子蕨类。种子蕨是古代原始的裸子植物，是裸子植物的祖先，由它发展为苏铁、银杏、松柏类裸子植物。它们在泥盆纪出现，白垩纪绝灭。这类植物树干不分枝，顶端生有类似蕨类植物的大型羽状复叶，但植物体上生有裸露的种子。因而，种子蕨的出现是植物界的一个巨大飞跃。

古生代末期二叠纪时，大陆上气候由温暖、潮湿变为寒冷、干燥，大量蕨类植物不能适应这一巨大变化而衰退死亡。而裸子植物具种子且多为针叶，有高度防止蒸腾和耐干旱的性能，因此，裸子植物代替了蕨类植物而发展起来。裸子植物的繁盛期是中生代。但是，裸子植物叶的可塑性小，适应太阳照射变化能力差；木质部中只有管胞，输水能力不及导管；种子裸露、外无果皮保护等较为保守的性状阻碍了其本身发展。因而，裸子植物在植物界中占优势的地位逐渐被适应能力更强的被子植物代替。

（四）被子植物的发生和演化

被子植物是植物界中种类最多、进化水平最高的类群。由于化石等证据不足，有关被子植物的祖先、发生时间、地点及演化问题仍处于探索阶段。

1. 被子植物的祖先

关于被子植物的祖先尚无定论，目前主要有两种学说，即真花说（euanthium theory）和假花说（pseudo-anthium theory）。

（1）真花说。苏联学者 Takhtajan 和美国学者 Cronquist 主张的真花说认为，被子植物是由原始裸子植物中早已灭绝的本内苏铁目（Bennettitales）中具两性孢子叶球的植物进化而来。孢子叶球上具覆瓦状排列的苞片演变成被子植物的花被，小孢子叶发展成雄蕊，大孢子叶发展成雌蕊，孢子叶球轴缩短成花轴。因此，该学说主张现代被子植物中的具有伸长的花轴，心皮多数而离生的两性整齐花的多心皮类，尤其是木兰目植物是现代被子植物中较原始类群。

结合化石资料、分子性状和现存植物系统发育分析，木兰目植物虽然保存了一系列被子植物花可能的原始特征，如花部分离、花被不分化等，但它却并不是最早的被子植物。早期被子植物可能是个体较小的草本植物，其花小型、单性、花被分化不明显、雄蕊无发达花丝、花药瓣裂、花粉粒小、外壁内层不发达、雌蕊由 1 心皮或几个心皮组成、胚珠 1 枚或 2 枚、柱头表面分化不明显等。

（2）假花说。德国学者 Engler 和奥地利学者 Wettstein 主张的假花说认为，被子植物的花和裸子植物的球花完全一致。每一个雄蕊和心皮分别相当于一个极端退化的雄球花和雌球花。被子植物的一朵花是由裸子植物的一个花序发展而来，单性花是原始的。因此，该学说主张被子植物起源于裸子植物进化类群麻黄类中具有雌雄异株花序的弯柄麻黄（*Ephedra camphylopoda*）。现代被子植物中的柔荑花序类植物是原始类群。

现代多数系统学家认为假花说的依据不足，如柔荑花序类植物花被的简化是高度适应风媒传粉而产生的次生现象，单层珠被是由双层珠被退化而来，合点受精虽和裸子植物一样，但在被子植物进化水平较高的茄科和单子叶植物中的兰科中也有这种现象。因此，柔荑花序类的单性花、单被花、风媒传粉、合点受精和单层珠被等特点，都可以看作是植物进化过程中的退化现象。相反，从解剖结构和花粉粒类型看，柔荑花序类植物的次生木质部具导管，花粉粒三沟型等都是进化特征。

2. 被子植物的发生时间

目前普遍认为被子植物的早期进化和初期重要分化发生在中生代白垩纪前的某个时期，至白垩纪末期，被子植物已经在地球上的大部分地区占据了统治地位。被子植物起源于白垩纪前的依据：多数学者认为被子植物起源于种子蕨类，而种子蕨类出现于古生代晚期的泥盆纪，二叠纪达到鼎盛，三叠纪开始走向衰退，至侏罗纪已趋于灭绝。因此，被子植物的发生事件应在种子蕨类灭绝前。

3. 被子植物的发生地点

目前普遍认为被子植物的发生地在赤道带或附近某些地区，即中纬度、低纬度地区。

大量化石资料表明，被子植物在中纬度、低纬度出现的时间早于高纬度地区。例如，美国加利福尼亚发现了早白垩纪被子植物的果实；加拿大直到早白垩纪晚期才有极少数被子植物出现。在亚洲北部和欧洲，被子植物出现的时代较晚。这些事实表明，被子植物是在中纬度、低纬度首先出现，而后逐渐向高纬度地区扩展。

现代被子植物的地理分布情况，同样说明被子植物可能起源于中纬度、低纬度地区。在现存的被子植物 400 多科中，有半数以上的科依然集中分布于中纬度、低纬度地区，特别是被子植物中较原始的科目更是如此。这表明中纬度、低纬度的热带和亚热带地区确实是被子植物的起源中心。从这里，它们迅速分化和辐射，并向中纬度、高纬度发展，而后遍及各大陆。

三、植物界系统演化的基本规律

纵观植物界各类群的发生和演化，可将整个植物界的进化规律概括为以下两点。

1. 由简单到复杂

在营养体的结构和组成方面：由单细胞个体到群体、丝状体、片状体，再到茎叶体，最后发展成具根、茎、叶的多细胞个体；从无组织分化到有组织分化；植物体中各细胞的功能，从无分工到有明细分工。

在生活史中：由无核相交替到有核相交替再到具

世代交替，世代交替又由配子体占优势的异型世代交替向孢子体占优势的异型世代交替发展。

在生殖方面：由营养繁殖到无性生殖，进而演化出有性生殖，有性生殖又由同配生殖到异配生殖，最后演化到卵式生殖；以及从无胚到有胚等。

2. 由水生到陆生

因生命最早发生于水中，所以最原始的植物一般都在水中生活。随着地球沧海桑田的变化，植物也由水域向陆地发展。相应地，植物体的形态结构也逐渐发生了更适应于陆地生活的转变。例如，植物体由无根到有假根再到真正的根出现，由无输导组织到输导组织的形成及进一步完善，有利于植物在陆生环境中对水分的吸收和输导；机械组织加强，能使植物体成功直立于地面；保护组织的分化，对调控水分蒸腾有重要作用；叶面积的发展，有利于营养物质的制造和积累；高等种子植物的精子失去鞭毛及花粉管的形成，使受精作用不再受水的限制。孢子体逐渐发达和配子体逐渐退化，也是对陆生环境的适应，原始的植物生活在水中，游动配子在水域条件下能顺利结合，产生性细胞的配子体相应得到优势发展。在陆生环境下，配子体逐渐缩小，能在短暂而有利时间内发育成熟，并完成受精作用；而由合子发育成的孢子体，获得了双亲的遗传性，具有较强的生活力，能更好地适应多变的陆地环境。因此，进化的陆生植物有着更为发达而完善的孢子体和愈加简化的配子体。

上述两点是植物界进化的一般规律。但不能因此就认为所有简单结构都属于原始性状；同样，也不能认为凡是水生植物都是低等种类。因为有些植物在适应新环境条件时，某些器官和组织结构反而从复杂走向简单。例如，颈卵器的结构，从苔藓植物到蕨类植物，再到裸子植物就越来越简单，演化到被子植物则完全消失；又如，生活在水中的浮萍、睡莲和金鱼藻等，维管组织均极度退化，根不发达，然而它们却都是比较高级的种子植物，因为它们是由陆地又返回到水中生活的。因此，绝不能把植物界的发展机械地理解成简单的、直线上升的演化过程。

虽然植物体逐渐复杂和完善是进化的总趋势，但某些种类在特殊环境中，却朝着特殊方向发展和变化，故而形成了今天多样性丰富的植物界。

本章主要内容和概念

目前，地球上约有 50 万种植物。这些植物在长期演化过程中，其形态结构、生活习性等方面出现了明显差异。根据植物形态结构、生活习性和亲缘关系等可将植物分为藻类植物、菌类植物、地衣植物、苔藓植物、蕨类植物、裸子植物和被子植物 7 大类群。其中，藻类植物、菌类植物、地衣植物、苔藓植物和蕨类植物，因其用孢子繁殖，称为孢子植物，又因其不开花，不结果，又称为隐花植物；裸子植物和被子植物用种子繁殖，称为种子植物，又因其开花，又称显花植物；藻类植物、菌类植物和地衣植物，因其形态上无根、茎、叶分化，称为低等植物或原植体植物；而苔藓植物、蕨类植物、裸子植物和被子植物，因其形态上有根、茎、叶分化，称为高等植物或茎叶体植物；蕨类植物、裸子植物和被子植物因其有维管系统，又称为维管植物；而藻类植物、菌类植物、地衣植物和苔藓植物，因植物体不具维管系统，故称为非维管植物。本章主要包括植物分类的基础知识，藻类植物、菌类植物、地衣植物、苔藓植物、蕨类植物、裸子植物、被子植物的形态特征、系统分类与演化、科学意义和经济用途等内容。

知识要点包括：

物种，居群，双名法，生殖隔离，生物进化，分类阶元，检索表及其类型，分类方法，模式标本，7 大类群植物形态结构、系统分类与演化及其生活史特征，低等植物，高等植物，孢子体与配子体，拟核，周质，中央质，藻胆素，藻殖段，红藻淀粉，群体，丝状体，古细菌，光合细菌，化能合成作用，化能自养细菌，接合生殖，孢子，复大孢子，担孢子，分生孢子，子囊孢子，果胞，厚壁孢子，孢子同型与孢子异型，孢蒴，蒴柄，蒴帽，基足，孢子囊群，孢子叶，鞭毛，变形体，初生菌丝体，次生菌丝体，三生菌丝体，担子，担子果，接合管，精子器，颈卵器，菌褶，囊群盖，配子体世代与孢子体世代，同形世代交替与异形世代交替，受精丝，原丝体，小型叶蕨类与大型叶蕨类，多胚现象，生物进化，个体发育与系统发育。

复习思考题

1. 试用检索表将蓝藻门、绿藻门、轮藻门、金藻门、褐藻门、红藻门加以区别。
2. 列表比较真菌各亚门的主要形态特征。
3. 为什么说地衣是藻类植物和菌类植物的共生体？
4. 为什么说苔藓植物是陆地的征服者，而不是统治者？
5. 为什么说蕨类植物是最高等的孢子植物，也是最低等的维管植物？
6. 简述藻类植物、苔藓植物和蕨类植物世代交替类型中配子体和孢子体的关系。
7. 为什么说裸子植物是介于蕨类植物和被子植物之间的一类维管植物？
8. 为什么说被子植物是现代最高等的植物类群？
9. 从各类植物配子体的演变，分析植物系统演化的过程。
10. 高等植物与低等植物有何区别？分析说明环境条件对植物体形态结构的影响。

第十一章　被子植物分类的形态学术语

植物的形态特征（morphological characteristic）是被子植物的主要分类依据，而植物各器官的形态特征都用一定的名词术语描述，即植物形态学术语。为了正确鉴定和描述植物，必须熟练、准确掌握植物形态术语，它是学习和研究植物分类学必备的基础知识。

第一节　营 养 器 官

一、根

根通常生长在土壤中，构成植物体的地下部分，没有节和节间，不生叶，内部具有维管组织分化。一株植物地下全部根的总和称为根系，根系分为直根系和须根系。

直根系（tap root system）。由明显而发达的主根和各级侧根组成的根系，如毛白杨、大豆等大多数双子叶植物和松柏类等裸子植物。

须根系（fibrous root system）。主要由不定根组成，各条根的粗细相差不多，呈丛生状态，如小麦、水稻等大多数单子叶植物。

二、茎

茎是种子幼胚的胚芽向上生长而成，有节和节间，节是茎上着生叶的部位，节间是两节之间的茎，叶柄与茎相交的内角为叶腋，茎端和叶腋处生有芽。

（一）根据茎的质地分类

1. 木本植物

茎木质部发达，质地坚硬，寿命较长，均为多年生植物，木本植物（woody plant）可分为如下几种。

（1）乔木（tree）。有明显主干，分枝位置距地面较高，如杨树、槐树、七叶树等。

（2）灌木（shrub）。没有明显主干，分枝靠近地面，呈丛生，如月季、紫荆等。

（3）半灌木（half-shrub）。茎基部近地面处木质化，多年生，而上部茎草质，并于花后或冬季枯萎，如蒿属植物、牡丹、黄芪（*Astragalus membranaceus*）等。

在木本植物中，有些植物的茎细长、常缠绕或攀援他物向上生长，如葡萄、紫藤、爬山虎等，称为木质藤本（woody vine）。

2. 草本植物

茎木质部不发达，质地柔软，易折断，常于开花结果后枯死。草本植物（herb）可分为以下几种。

（1）一年生草本（annual herb）。生活周期为一年或更短的草本植物，当年的种子萌发长成的植株，当年开花结实后枯死，如春小麦、水稻、玉米、棉花等。

（2）两年生草本（biennial herb）。生活周期为两年，第一年种子萌发进行营养生长，第二年开花结实后枯死，如冬小麦、白菜、萝卜等。

（3）多年生草本（perennial herb）。生活周期为两年以上的草本植物，有些植物的地上部每年枯死，而地下部生活多年，每年继续发芽生长，如芦苇、菊芋、白头翁（*Pulsatilla chinensis*）、萱草（*Hemerocallis fulva*）等；另有一些植物的地上部和地下部都是多年生的，经开花、结实后地上部仍不枯死，并能多次结实，如麦冬、沿阶草（*Ophiopogon bodinieri*）等。

草本植物中，有些植物的茎细长柔软，不能直立、缠绕或攀援他物向上生长，如牵牛、黄瓜、党参（*Codonopsis pilosula*）等，称为草质藤本（herbaceous vine），草质藤本与木质藤本通称藤本植物（liana 或 vine）。

（二）根据茎的生长习性分类（图 11–1）

（1）直立茎（erect stem）。茎垂直地面直立向上生长，如黄芪、杨树、玉米、辣椒等。

（2）攀援茎（scandent stem）。茎不能直立，由茎上产生的卷须、吸盘等攀援器官攀附于他物向上生长，如苦瓜、爬山虎（*Parthenocissus tricuspidata*）、葡萄等。

图 11-1　茎的生长习性

A. 直立茎（黄芪）；B. 攀援茎（苦瓜）；C. 攀援茎（爬山虎）；D. 缠绕茎（菜豆）；
E. 平卧茎（马齿苋）；F. 匍匐茎（甘薯）

（3）缠绕茎（climbing stem）。茎不能直立，直接缠绕于他物上，其中有的呈顺时针方向缠绕，如菜豆、五味子（*Schisandra chinensis*）等；有的呈逆时针方向缠绕，如牵牛、马兜铃（*Aristolochia debilis*）等；另外一些无一定规律，如猕猴桃。

（4）平卧茎（prostrate stem）。茎平卧地面生长，不能直立，节上不生根，如马齿苋（*Portulaca oleracea*）、蒺藜（*Tribulus terrester*）等。

（5）匍匐茎（repent stem）。茎平卧地面生长，节上生根，如甘薯、草莓、狗牙根（*Cynodon dactylon*）等。

三、叶

叶由芽的叶原基发育而成，通常绿色，有规律地着生于茎节上，是植物进行光合作用、制造有机营养物质和蒸腾水分的器官。

（一）单叶和复叶

1. 单叶

一个叶柄上只生一个叶片的称为单叶（simple leaf），如桃、棉花等。

2. 复叶

一个叶柄上生有二至多数小叶片的称为复叶（compound leaf）。复叶的叶柄也称总叶柄（common petiole）；叶柄以上的轴称为叶轴（rachis）。叶轴两侧所生叶片称为小叶（leaflet）。小叶的柄称为小叶柄（petiolule）。复叶依小叶片数及其着生方式不同分为下列类型（图 11-2）。

1）羽状复叶（pinnate leaf）

小叶排列在叶轴两侧，呈羽毛状，可分为以下类型。

（1）奇数羽状复叶（imparipinnate leaf）。叶轴顶端生有一顶生小叶，小叶数目为单数的羽状复叶，如月季花、刺槐、核桃。

（2）偶数羽状复叶（paripinnate leaf）。叶轴顶端生有两片顶生小叶，小叶数目为偶数的羽状复叶，如花生、柠条锦鸡儿（*Caragana korshinskii*）。

羽状复叶根据叶轴是否分枝及分枝次数，又可分为：叶轴不分枝，叶轴两侧生小叶片，称为一回羽状复叶（simple pinnate leaf），如月季；叶轴分枝一次，各分枝也呈羽状排列，分枝两侧生小叶片，称为二回羽状复叶（bipinnately compound leaf），如合欢；叶轴分枝两次，三级分枝两侧生小叶片，称为三回羽状复叶（tripinnately compound leaf），如楝树。以此类推，若叶轴分枝 3 次或以上，称为多回羽状复叶（pinnately decompound leaf），如蒿属、茴香。

2）掌状复叶（palmate compound leaf）

小叶在总叶柄顶端着生在一个点上，向各方展开而成手掌状的叶，如爬山虎、刺五加（*Acanthopanax senticosus*）等。

图 11-2 复叶的类型

A. 奇数羽状复叶（月季）；B. 偶数羽状复叶（花生）；C. 掌状复叶（爬山虎）；
D. 三出复叶（菜豆）；E. 掌状三出复叶（白车轴草）；F. 单身复叶（柚）

3）三出复叶（trifoliolate compound leaf）

仅有三个小叶着生在总叶柄顶端，有羽状三出复叶与掌状三出复叶之分，羽状三出复叶的顶生小叶生于总叶柄顶端，两个侧生小叶生于总叶柄顶端以下，如菜豆、苜蓿；掌状三出复叶的三个小叶都生于总叶柄顶端，如白车轴草、酢浆草（*Oxalis corniculata*）。

4）单身复叶（unifoliate compound leaf）

两个侧生小叶退化，总叶柄顶端只着生一个小叶，总叶柄顶端与小叶连接处有关节，如柚、柑橘。

在实际生活中，人们常把复叶的小叶当作单叶，把大型羽状复叶当作枝条，单叶与复叶、复叶与枝条的区别如表 11-1、表 11-2 所示。

表 11-1 单叶与复叶的区别

单叶	复叶
由 1 个叶柄和 1 个叶片组成	在总叶柄或叶轴上着生许多小叶
叶柄基部有腋芽	总叶柄基部有腋芽，各小叶基部无腋芽
各叶自成一个平面	许多小叶片在总叶柄或叶轴上排成一个平面

表 11-2 复叶与枝条的区别

复叶	枝条
复叶叶轴顶端无顶芽	枝条顶端有顶芽
复叶总叶柄基部有腋芽，各小叶基部无腋芽	枝条基部无腋芽；叶片基部有腋芽
复叶的所有小叶片在总叶柄或叶轴上排成一个平面	枝条上的叶片多呈各方位排列

（二）叶序

叶在茎上的排列方式称为叶序（phyllotaxy），常见的有（图 11-3）如下几种。

（1）互生（alternate）。每节上只着生一片叶，如榆叶梅、杨树、玉米等。

（2）对生（opposite）。每节上相对着生两片叶，如紫丁香、石竹、女贞等。

（3）轮生（verticillate）。每节上着生三片或三片以上的叶，如桔梗（*Platycodon grandiflorus*）、夹竹桃等。

（4）簇生（fasciculate）。两片或两片以上的叶着生于极度缩短的短枝上，如银杏、雪松、油松等。

（5）基生（basilar）。叶着生在茎基部近地面处，如蒲公英、车前等。

（三）叶的形状

叶形（leaf shape）通常是指叶片的形状，是按照叶片长度和宽度的比例以及最宽处的位置来划分的，是识别植物的重要依据之一。有关叶形的术语，同样也适用于托叶、萼片、花瓣等扁平器官（图 11-4）。

（1）卵形（ovate）。形如鸡卵，长约为宽的 2 倍或较少，中部以下最宽，向上渐狭，如女贞（*Ligustrum lucidum*）。

（2）倒卵形（obovate）。叶片长约为宽的 2 倍或较少，中部以上最宽，是卵形的颠倒，如紫云英（*Astragalus sinicus*）、泽漆（*Euphorbia helioscopia*）。

（3）阔卵形（broad ovate）。长宽约相等或长稍大于宽，最宽处近叶基部，如苎麻（*Boehmeria nivea*）。

（4）倒阔卵形（broad obovate）。叶片长宽相等或长稍大于宽，最宽处在叶的先端，是阔卵形的颠倒，如玉兰。

（5）圆形（rotund）。叶片长宽相等，形如圆盘，如莲、山杨（*Populus davidiana*）。

（6）椭圆形（ellipse）。叶片中部宽而两端较狭，

图 11-3 叶序

A. 互生（榆叶梅）；B. 对生（紫丁香）；C. 轮生（桔梗）；D. 簇生（银杏）；E. 簇生（雪松）；F. 基生（蒲公英）

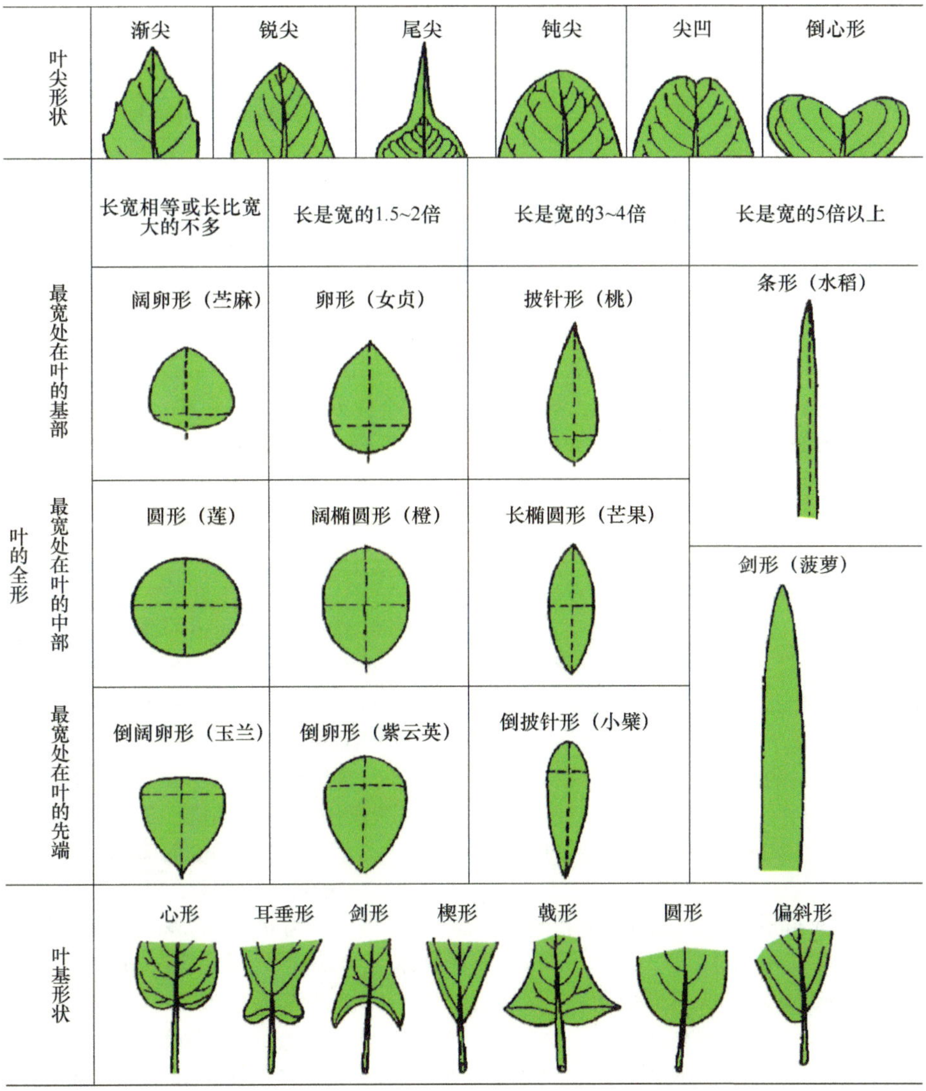

图 11-4 叶形、叶尖、叶基的基本类型

两侧叶缘成弧形，如玫瑰、地肤（*Kochia scoparia*）。

（7）阔椭圆形（broad ellipse）。叶片长为宽的2倍或较少，中部最宽，如橙。

（8）长椭圆形（long ellipse）。叶片长为宽的3～4倍，最宽处在中部，如栓皮栎（*Quercus variabilis*）。

（9）披针形（lanceolate）。叶片长为宽的3～4倍，中部以下最宽，向上渐狭，如桃、柳。

（10）倒披针形（oblanceolate）。叶片长为宽的3～4倍，中部以上最宽，是披针形的颠倒，如细叶小檗（*Berberis poiretii*）。

（11）针形（acicular）。叶细长，先端尖锐，如松属。

（12）线形（linear）。叶片长为宽的5倍以上，且全长的宽度略等，两侧边缘近平行，如小麦、韭菜。

（13）剑形（ensate）。叶片长而稍宽，长为宽的5倍以上，先端尖，常稍厚而强壮，形似剑，如鸢尾。

（14）菱形（rhomboidal）。叶片呈等边斜方形，如菱（*Trapa bispinosa*）、乌桕（*Sapium sebiferum*）。

（15）心形（cordate）。叶片长宽比例如卵形，但基部宽圆而微生凹，先端急尖，全形似心脏，如紫荆、牵牛花。

（16）扇形（flabellate）。叶片形状如扇，如银杏、棕榈。

（17）盾形（peltate）。叶片形似盾，叶柄着生在叶下表面，而不在叶基部或边缘，如莲。

（18）管状（tube）。叶片长超宽许多倍，圆管状，中空，常多汁，如葱。

（19）带状（zonate）。宽阔而特别长的条状叶，如高粱。

以上只是叶片的基本形状，很多植物叶形常呈中间类型，这样的叶形常用复合名词来描述，如大叶桉（*Eucalyptus robusta*）的叶为卵状披针形，加拿大杨（*Populus canadensis*）的叶为三角状卵形。

（四）叶尖

叶尖（leaf apex）是指叶片尖端的形状，常见的有以下类型。

（1）渐尖（acuminate）。叶尖较长，或逐渐尖锐，尖头延长而有内弯的边，如杏、榆叶梅（*Prunus triloba*）。

（2）急尖（acute）。尖端成一锐角形，两边直或稍外弯，如荞麦、女贞。

（3）尾尖（caudate）。先端呈尾状延长，如郁李（*Prunus japonica*）、梅。

（4）钝形（obtuse or mutinous）。先端钝或狭圆形，如冬青卫矛（*Euonymus japonicus*）。

（5）倒心形（obcordate）。叶尖宽圆而凹缺，如酢浆草。

（6）具短尖（mucronate）。叶尖钝形，有中脉延伸于外形成一短尖头，如胡枝子、紫穗槐、玉兰。

（7）微缺（emarginate）。叶尖具浅的凹缺，如苋（*Amaranthus tricolor*）、黄杨（*Buxus sinica*）。

（8）截形（truncate）。叶端平截，几乎成一直线，如鹅掌楸（*Liriodendron chinensis*）、蚕豆。

（五）叶基

叶基（leaf base）是指叶片基部的形状，常见的有以下类型。

（1）心形（cordate）。于叶柄连接处凹入成缺口，两侧各有一圆裂片，如甘薯、牵牛花。

（2）耳垂形（auriculate）。叶片基部两侧呈耳垂状，如苦荬菜（*Ixeris sonchifolia*）、油菜。

（3）箭形（sagittate）。基部两侧小裂片尖锐向后并略向内，如慈姑（*Sagittaria trifolia* var. *sinensis*）。

（4）楔形（cuneate）。中部以下向基部两边渐变狭，状如楔子，如垂柳。

（5）戟形（hastate）。基部两侧的小裂片向外，如打碗花（*Calystegia hederacea*）、菠菜。

（6）圆形（orbicular 或 rounded）。基部呈半圆形，如苹果。

（7）偏斜形（oblique）。基部两侧不对称，如秋海棠（*Begonia grandis*）、朴树（*Celtis sinensis*）。

（8）匙形（spatulate）。叶基向下逐渐狭长，如金盏菊。

（9）下延（decurrent）。叶片向下延长至叶柄基部，而着生在茎上成翅状，如烟草、山莴苣（*Lactuca indica*）。

（10）穿茎（perfoliate）。叶基部深凹入，两侧叶片合生而包围茎，茎贯穿叶片中，如元宝草（*Hypericum sampsonii*）。

（11）抱茎（amplexicaul）。叶基部抱茎，如抱茎苦荬菜（*Ixeridium sonchifolium*）。

（六）叶缘

叶缘（leaf margin）是指叶片的边缘，常见的有以下类型（图11-5）。

（1）全缘（entire）。叶缘成一连续的平线，不具任何锯齿或缺刻，如大豆、小麦等。

（2）锯齿状（serrate）。边缘具尖锐锯齿，齿端向前，齿两边不等，如桃、苹果。

（3）重锯齿（double serrate）。叶缘锯齿上又有小锯齿，如榆叶梅、樱桃。

（4）牙齿状（dentate）。边缘具尖锐齿，两侧边近等长，齿端向外，如苎麻（*Boehmeria nivea*）。

（5）钝齿状（crenate）。边缘具钝头齿，如大叶黄杨（*Buxus megistophylla*）。

（6）波状（undulate or sinuous）。边缘起伏如波浪状，如茄、槲栎（*Quercus aliena*）。

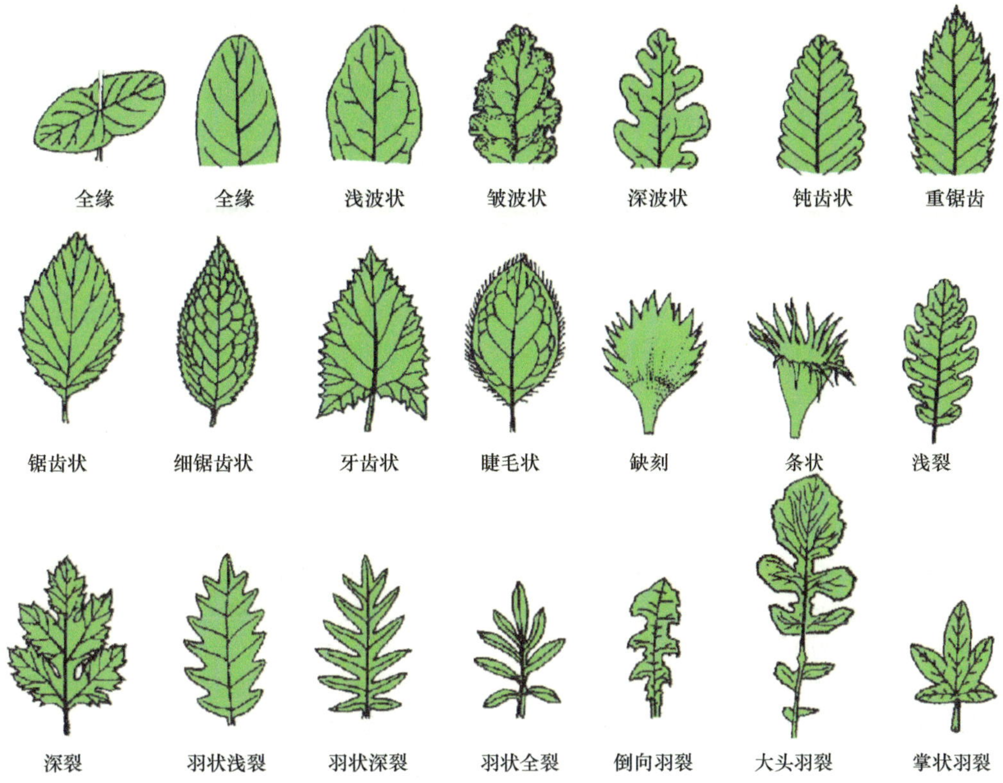

图 11-5 叶缘的形状

（7）皱缩状（crisped）。叶缘波状曲折较波状更大，如羽衣甘蓝。

（8）刺毛状（aristate）。叶缘刺芒状，如栓皮栎、冬青。

（9）叶裂（leaf divided）。叶片边缘常有深浅和形状不一的凹陷，此凹陷称为缺刻（incise），两缺刻之间的叶片部分称为裂片（lobe）。把叶片叶缘缺刻深而大而形成的分裂状态称为叶裂。常见的叶裂主要有羽状分裂和掌状分裂，每种又依据缺刻深浅、裂片排列方式分为浅裂（lobate）、深裂（parted）和全裂（divided）3 种类型（图 11-6）。

① 羽状分裂（pinnately divided）。叶片长形，裂片自主脉两侧排列成羽毛状，依其缺裂深浅程度分为以下类型。

羽状浅裂（pinnatilobate）。缺裂深度不超过叶片宽度 1/4 的羽状分裂，如一品红、诸葛菜（*Orychophragmus violaceus*）。

羽状深裂（pinnatipartite）。缺裂深度超过叶片宽度 1/4 的羽状分裂，如山楂、牻牛儿苗（*Erodium stephanianum*）。

羽状全裂（pinnatisect）。缺裂深度几达中脉的羽状分裂，如委陵菜（*Potentilla chinensis*）、银桦（*Grevillea robusta*）。

② 掌状分裂（palmately divided）。叶片近圆形，裂片呈掌状排列，依其缺裂深度又分为以下类型。

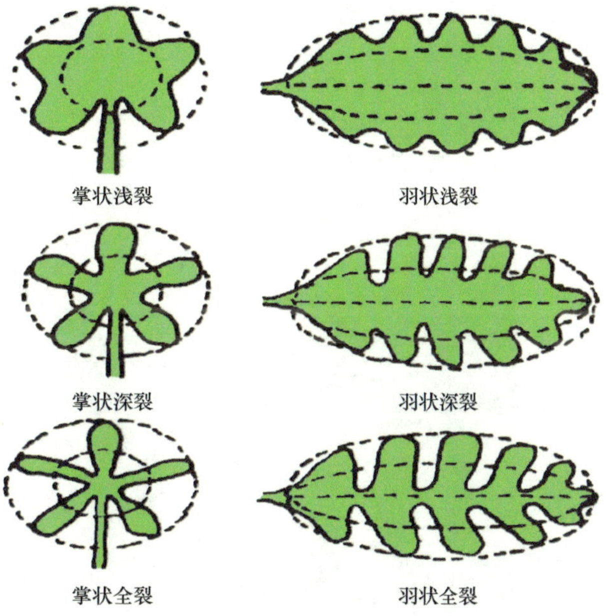

图 11-6 叶裂的类型

掌状浅裂（palmatilobate）。缺裂深度不超过叶片宽度 1/4 的掌状分裂，如槭树（*Toxicodendron vernicifluum*）。

掌状深裂（palmatipartite）。缺裂深度超过叶片宽度 1/4 的掌状分裂，如葎草（*Humulus scandens*）、蓖麻、梧桐。

掌状全裂（palmatisect）。缺裂深度几达叶片中心叶柄处的掌状分裂，如大麻（*Cannabis sativa*）。

在植物识别过程中，有时会把全裂单叶当作复叶，全裂单叶的裂片形状与大小差异很大，复叶的每一小叶的形状与大小基本相同，且每小叶基部常有小叶柄，由此可以把两者区别开来。

（七）脉序

脉序（nervation）是指叶脉在叶片上分布的方式，常见的有以下类型（图 11-7）。

（1）网状脉（reticulete vein）。细脉分枝交错，连接成网状，如大多数双子叶植物和少数单子叶植物的脉序。网状脉又分为羽状网脉（pinnate vein）和掌状网脉（palmate vein）。

① 羽状网脉（pinnate vein）。或称羽状脉，叶片中脉明显，侧脉由中脉两侧分出，作羽状排列，细脉连接成网状，如蒙古栎（*Quercus mongolica*）、苹果。

② 掌状网脉（palmate vein）。或称掌状脉，叶柄顶端同时有数条大脉成掌状射出，细脉连接成网状，如蓖麻、南瓜。在掌状网脉中主脉基部两侧产生一对明显侧脉，称为三出脉，如枣。当三出脉中的一对侧脉不是从叶片基部生出，而是离开基部一段距离才生出时，则特称为离基三出脉，如肉桂（*Cinnamomum cassia*）。

（2）平行脉（parallel vein）。侧脉与中脉平行达叶尖或自中脉分出走向叶缘而没有明显小脉连接，如绝大多数单子叶植物的脉序。平行脉可分为以下类型。

① 直出平行脉（vertical parallel vein）。侧脉与中脉平行达叶尖，如竹。

② 横出平行脉（horizontal parallel vein）。侧脉自中脉两侧分出走向叶缘，彼此平行，如美人蕉、香蕉。

③ 弧形脉（arcuate vein）。各脉自基部平行出发，但彼此逐渐远离，稍作弧形，最后集中在叶尖汇合，称为弧状平行脉或弧形脉，如平车前。

（3）射出脉（radiate vein）。多数叶脉由叶片基部辐射出，如棕榈、蒲葵（*Livistona chinensis*）、莲。

（4）叉状脉（dichotomous vein）。见于蕨类植物和少数种子植物。这类脉序的每一条叶脉都进行 2～3 级分叉，为较原始的脉序，如银杏。

图 11-7 叶脉的类型

A. 羽状网脉（蒙古栎）；B. 掌状网脉（蓖麻）；C. 三出脉（枣）；D. 离基三出脉（肉桂）；E. 直出平行脉（竹）；F. 横出平行脉（美人蕉）；G. 弧形脉（平车前）；H. 射出脉（棕榈）；I. 叉状脉（银杏）

第二节 花及花序

一、花

（一）花的基本形态

1. 依花组成状况分类

（1）完全花（complete flower）。一朵花中花萼、花冠、雄蕊、雌蕊四部分均具备的花，如油菜、桃。

（2）不完全花（incomplete flower）。一朵花中花萼、花冠、雄蕊、雌蕊四部分缺少任何一至三部分的花，如黄瓜雄花和雌花，杨、柳的花。

2. 依雌雄蕊发育状况分类

（1）两性花（bisexual flower）。一朵花的雌雄蕊都存在，且能正常发育的花，如油菜、棉花。

（2）单性花（monosexual flower）。一朵花的雌蕊和雄蕊只有一个存在，且正常发育的花。只有雄蕊的花称为雄花（staminate flower）；只有雌蕊的花称为雌花（pistillate flower）；雌花和雄花生于同一植株上称为雌雄同株（monoecious），如玉米、瓜类；雌花和雄花生于不同植株上称为雌雄异株（dioecious），如杨树、大麻、构树。

（3）中性花（无性花）（neutral flower）。一朵花的雌雄蕊均不具备或缺少，如向日葵花序的边花。

（4）杂性花（polygamous flower）。一种植物既有单性花，又有两性花，如文冠果（*Xanthoceras sorbifolia*）、元宝枫（*Acer truncatum*）。

（5）孕性花（fertile flower）。是指雌蕊发育正常，能够结种子的花。

（6）不孕性花（sterile flower）。是指雌蕊发育不正常，不结种子的花。

3. 依花被数目状况分类

（1）双被花（dichlamydeous flower）。同时具有花萼与花冠的花，如山梅花（*Philadelphus incanus*）、杏（图 11-8A）。

（2）单被花（monochlamydeous flower）。一朵花的花萼与花冠无明显区别或两者缺一，多指只有花萼的，如天女木兰（*Magnolia sieboldii*）、藜（*Chenopodium album*）、菠菜（图 11-8B）。

（3）无被花（裸花）（achlamydeous flower）。不具花萼和花冠的花，如垂柳（图 11-9）。

（4）重瓣花（pleiopetalous flower）。是指一些栽培植物中花瓣层数增多的花，如月季花、樱花等（图 11-8C）。

4. 依花被排列状况分类

（1）辐射对称花（actinomorphic flower）。一朵花

图 11-8 花的形态（依花组成状况分类）

A. 双被花（山梅花）；B. 单被花（天女木兰）；C. 重瓣花（月季）

图 11-9 无被花（垂柳）

A. 雄蕊和雌蕊；B. 雌花序；C. 雄花序

的花被片大小、形状相似，通过花中心有两个以上对称面，又称为整齐花（regular flower），如桃、苹果等。

（2）两侧对称花（bisymmetry flower）。一朵花的花被片大小、形状不同，通过花中心只有一个对称面，又称为不整齐花（irregular flower），如紫荆、一串红。

（3）完全不对称花（asymmetrical flower）。一朵花的花被片大小、形状不同，通过花中心一个对称面也没有，也是一种不整齐花，如美人蕉、三色堇（*Viola tricolor*）。

（二）花萼

花萼由萼片组成，萼片彼此完全分离的称为离萼（chorisepalous calyx），如油菜、枣；部分或完全合生的称为合萼（gamosepalous calyx），如蔷薇、西瓜。有些植物具有两轮萼片，外轮的称为副萼（epicalyx），如棉花、木槿。菊科植物的萼片常变态成羽毛状、鳞片状、针形、刺状，称为冠毛（pappus），如蒲公英。

（三）花冠类型及其在花芽中排列的方式

由于花瓣分离或连合、花瓣形状、大小、花冠筒长短不同，形成各种类型的花冠，主要有下列几种（图 11-10）。

（1）蔷薇花冠（roseform corolla）。花瓣 5 片或更多，分离，成辐射对称排列，如月季、梨等蔷薇科植物。

（2）十字形花冠（cruciate corolla）。花瓣 4 片，离

图 11-10　花冠的类型

A. 蔷薇花冠（月季）；B. 十字花冠（诸葛菜）；C. 蝶形花冠（菜豆）；D. 唇形花冠（黄芩）；E. 漏斗形花冠（牵牛）；F. 舌状花冠（蒲公英）；G. 管状花冠（泥胡菜）；H. 钟形花冠（桔梗）；I. 辐射状花冠（辣椒）

生，排列成十字形，如诸葛菜、白菜、萝卜等十字花科植物。

（3）蝶形花冠（papilionaceous corolla）。花瓣 5 片，离生，呈下降覆瓦状两侧对称排列，最上一片花瓣最大，称旗瓣（vexil），位于花最外方；侧面两片较小，称翼瓣（wing）；最下面两片合生并弯曲成龙骨状，称龙骨瓣（keel），位于花最内方，如菜豆、洋槐等蝶形花科植物。

假蝶形花冠（pseudopapilionaceous corolla）。花瓣 5 片，离生，呈上升覆瓦状两侧对称排列。最上一片旗瓣最小，位于花最内方；侧面两片翼瓣较小；最下两片龙骨瓣最大，位于花最外方，如紫荆、皂荚等云实科植物。

（4）唇形花冠（labiate corolla）。花瓣 5 片，基部合生成筒状，上部裂片分成二唇状，两侧对称，如黄芩（*Scutellaria baicalensis*）、夏至草（*Lagopsis supina*）、薄荷等唇形科植物。

（5）漏斗形花冠（funnelform corolla）。花瓣 5 片全部合生成漏斗形，如牵牛、甘薯等。

（6）舌状花冠（ligulate corolla）。花瓣基部连生成

短筒，上部连生并向一边开张成扁平状，如向日葵花序的黄色边花、蒲公英等。

（7）管状花冠（tubular corolla）。花瓣连合成管状，花冠裂片向上伸展，如向日葵花序的盘花、黄花蒿等。

（8）钟形花冠（campanulate corolla）。花冠筒宽而稍短，上部扩大成钟形，如桔梗、南瓜、沙参（*Adenophora stricta*）。

（9）高脚碟状花冠（hypocrateriform corolla）。花冠下部狭圆筒状，上部突然成水平状扩展成碟状，如水仙。

（10）坛状花冠（urceolate corolla）。花冠筒膨大成卵形，上部收缩成一短颈，然后短小的冠裂片向四周辐射状伸展，如柿树。

（11）辐射状花冠（rotate corolla）。花冠筒极短，花冠裂片向四周辐射状伸展，如辣椒。

花瓣与花萼在花芽中排列的方式也因植物种类不同而异，常见的有（图 11-11）以下几种。

（1）镊合状（valvate）。花被片各片边缘彼此接触，但不相互覆盖，如桔梗、茄、番茄等。若镊合状花被边缘微向内弯，称内向镊合状，如沙参；若各片边缘微向外弯，称外向镊合状，如蜀葵（*Althaea rosea*）。

图 11-11　花瓣与萼片在花芽中的排列方式

A. 镊合状；B. 内向镊合状；C. 外向镊合状；D. 旋转状；E. 覆瓦状；F. 重覆瓦状

（2）旋转状（convolute）。是指花瓣或萼片每一片的一边覆盖着相邻一片的边缘，而另一边又被另一相邻片的边缘覆盖，如夹竹桃、棉花、牵牛等。

（3）覆瓦状（imbricate）。与旋转状排列相似，花被片各片边缘彼此覆盖，但必有一片完全在外，有一片完全在内，如三色堇（*Viola tricolor*）、山茶等。

（4）重覆瓦状（quincuncial）。与覆瓦状相似，但有两片完全在外，两片完全在内，如桃、杏等。

（四）雄蕊

不同植物的雄蕊群，由于花丝长短、雄蕊数目与分离、联合等不同，因而形成各种各样的形态类型（图 11-12）。

（1）离生雄蕊（distinct stamen）。一朵花中雄蕊的花丝、花药全部分离，如梨、桃。

（2）二强雄蕊（didynamous stamen）。一朵花中雄蕊 4 枚，2 个长，2 个短，如地黄、夏至草等。

（3）四强雄蕊（tetradynamous stamen）。一朵花中雄蕊 6 枚，4 个长，2 个短，如诸葛菜、白菜、萝卜等十字花科植物。

（4）冠生雄蕊（epipetalous stamen）。一朵花中雄蕊着生在花冠上，如连翘、紫丁香、茄。

（5）单体雄蕊（monadelphous stamen）。一朵花中雄蕊的花丝互相连合成一体，而花药分离，如草芙蓉（*Hibiscus moscheutos*）、木槿、棉花。

图 11-12　雄蕊类型

A. 离生雄蕊（梨）；B. 二强雄蕊（地黄）；C. 四强雄蕊（诸葛菜）；D. 冠生雄蕊（连翘）；E. 单体雄蕊（草芙蓉）；F. 二体雄蕊（菜豆）

（6）二体雄蕊（diadelphous stamen）。一朵花中雄蕊的花丝连合并分成两组（两组的数目相等或不等），花药分离，如菜豆、刺槐、大豆。

（7）多体雄蕊（polyadelphous stamen）。一朵花中雄蕊的花丝连合成多束，花药分离，如蓖麻、金丝桃（*Hypericum chinensis*）。

（8）聚药雄蕊（syngensious stamen）。一朵花中雄蕊的花丝分离，花药合生，如蒲公英、向日葵等菊科植物。

花药成熟后开裂散出花粉（pollen），开裂方式很多，主要有以下几种。

（1）纵裂（congitudinal dehiscence）。花药沿长轴方向纵裂，是一种最常见的开裂方式，如小麦、百合、桃、梨等。

（2）横裂（transverse dehiscence）。花药沿横轴方向裂开，如木槿。

（3）瓣裂（valvuler dehiscence）。花药的每个药室有活板状的盖，成熟时，花粉由活板盖掀开的孔散出，如小檗（*Berberis thunbergii*）、樟树（*Cinnamomum camphora*）。

（4）孔裂（porous dehiscence）。药室顶端成熟时开一小孔，花粉由小孔散出，如茄、杜鹃等。

花药在花丝上着生的方式，常见的有以下几种（图 11-13）。

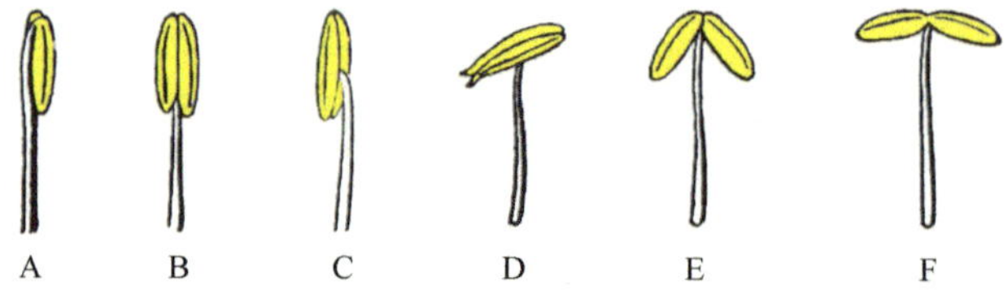

图 11-13 花药着生方式

A. 全着药；B. 基着药；C. 背着药；D. 丁字药；E. 个字药；F. 广歧药

（1）全着药（adnate anther）。花药一侧全部着生在花丝上，如玉兰。

（2）基着药（basifixed anther）。花药基部着生在花丝顶端，大多数被子植物属此类型。

（3）背着药（dorsifixed anther）。花药背部着生在花丝上，如苹果、桃。

（4）丁字药（versatile anther）。花药背部中央着生在花丝顶端，如百合、小麦。

（5）个字药（divergent anther）。花药形成两部分，基部张开，花丝着生在会合处，整体形如个字，如婆婆纳（*Veronica didyma*）。

（6）广歧药（divaricate anther）。花药基部张开，两部分几乎成水平线，花丝着生在会合处，如毛地黄。

（五）雌蕊类型

根据组成雌蕊的心皮数目、离合情况可分为以下类型（图 11-14）。

（1）单雌蕊（simple pistil）。一朵花中只有一个雌蕊，这个雌蕊由一个心皮构成，如桃、李、杏及豆类植物。

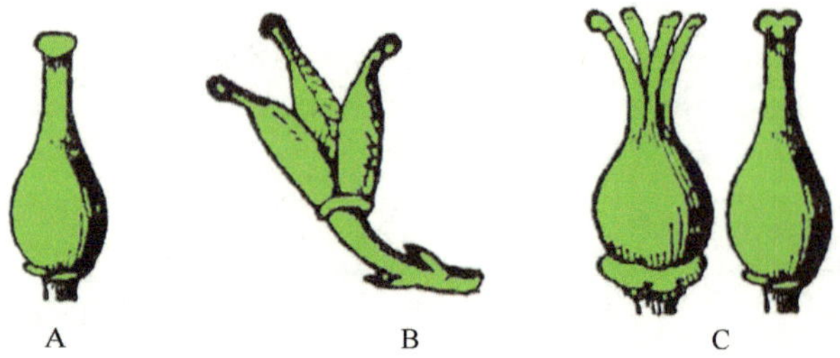

图 11-14 雌蕊类型

A. 单雌蕊；B. 离生单雌蕊；C. 复雌蕊

（2）离生单雌蕊或离心皮雌蕊（apocarpous gynaecium）。一朵花中具有多个雌蕊，每个雌蕊由一个心皮构成，如草莓、玉兰、八角（*Illicium verum*）。

（3）复雌蕊（compound pistil）。一朵花中只有一个雌蕊，这个雌蕊由多个心皮构成，可分为以下三种。

① 柱头、花柱分离，子房合生，如梨。

② 柱头分离，花柱、子房合生，如南瓜、向日葵。

③ 柱头、花柱、子房都合生，如油菜。

（六）如何判断一朵花的雌蕊由几个心皮组成

雌蕊的心皮数常可由柱头、花柱、子房室、果室及胎座数目来判断。

1. 检查柱头和花柱

（1）如果雌蕊有 2 个以上花柱，那么这个雌蕊由 2 个以上心皮组成，心皮数等于花柱数。

（2）如果雌蕊为一个花柱 2 个以上柱头，那么这个雌蕊由 2 个以上心皮组成，心皮数等于柱头数。

（3）如果雌蕊花柱和柱头都是一个，那么这个雌蕊的心皮数可能是一个或多个，应进一步检查子房。

2. 检查子房横切面

（1）如果子房被分割为两个或两个以上的室，每室有胚珠着生，这个雌蕊由两个或两个以上心皮组成，心皮数等于室数。

（2）如果子房仅一室，则雌蕊可能是由一个或多个心皮组成，应检查胎座数目（即胚珠着生位置的数目），如仅有一个胎座，这个雌蕊仅由一个心皮组成；如多于一个胎座，则这个雌蕊是由两个或更多心皮组成，心皮数目等于胎座数目。

（七）子房的位置

子房着生在花托上，由于与花托连生情况不同，可分以下几种类型（图 11-15）。

1）子房上位（superior ovary）

子房仅以底部与花托相连，有以下两种情况。

（1）花下位（hypogynous flower）。花的其余部分着生位置低于子房，如油菜、棉花等。

图 11-15　子房的位置

A. 子房上位下位花；B. 子房上位周位花；C. 子房半下位周位花；D. 子房下位上位花

（2）花周位（perigynous flower）。花托或花筒凹陷，花其余部分着生在凹陷花托或花筒边缘，如桃、月季花等。

2）子房半下位（semi-inferior ovary）

子房下半部与花托或花筒愈合，子房上半部、花柱和柱头仍独立露出，其余部分着生在子房周围，如太平花（*Philadelphus pekinensis*）、马齿苋等。

3）子房下位（inferior ovary）

整个子房埋于花托或花筒中，且与花托愈合，花其余部分着生在子房上部，如苹果、黄瓜等。

（八）胎座类型

胚珠在子房室内着生的位置称为胎座（placenta）。胎座一般都发生在心皮边缘相结合的部分，即腹缝线上，但有的也发生在心皮基部。常见类型有以下几种（图 11-16）。

（1）边缘胎座（marginal placentation）。单雌蕊，子房一室，胚珠着生在心皮腹缝线上，如桃、豆科植物等。

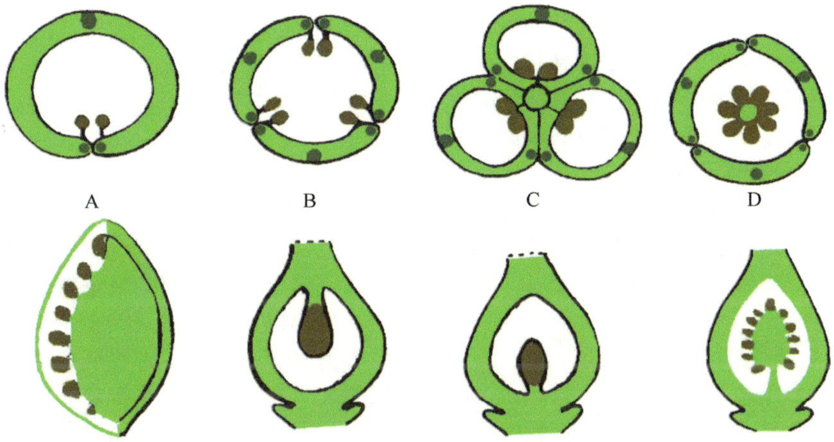

图 11-16　胎座的类型

A、E. 边缘胎座；B. 侧膜胎座；C. 中轴胎座；D、H. 特立中央胎座；F. 顶生胎座；G. 基生胎座

（2）侧膜胎座（parietal placentation）。由两个以上心皮构成的复雌蕊，各心皮边缘相互合生，子房一室，胚珠沿腹缝线着生，如黄瓜、油菜等。

（3）中轴胎座（axile placentation）。由两个以上心皮构成的复雌蕊，各心皮的一部分卷向子房室内，在中央连合形成中轴，将子房分为与心皮数相等的数室，胚珠着生在中轴上，如棉花、苹果、百合等。

（4）特立中央胎座（free central placentation）。多心皮构成的一室子房，子房基部与花托愈合向上突起形成短柱，或多室子房的隔膜和中轴上部消失，但中轴下部仍然存在，胚珠着生在其四周，如石竹科、马齿苋、报春花科植物等。

（5）基生胎座（basal placentation）。单雌蕊或复雌蕊，由 1～3 心皮组成，子房一室，胚珠 1 枚，着生在子房室基部，如紫茉莉（*Mirabilis jalapa*）为 1 心皮、向日葵为 2 心皮、大黄（*Rheum palmatum*）为 3 心皮。

（6）顶生胎座（apical placentation）。单雌蕊或复雌蕊，由 1～3 心皮组成，子房一室，胚珠 1 枚，着生在子房室顶部而下垂，如眼子菜（*Potamogeton distinctus*）为 1 心皮、桑为 2 心皮、樟树为 3 心皮。

（九）胚珠类型

胚珠在生长时，珠柄和其他各部分的生长速度，并不均匀一样，因此，胚珠在珠柄上的着生方位，也就有着不同的类型（图 11-17）。

（1）直生胚珠（orthotropous ovule）。胚珠各部分能平均生长，胚珠正直着生在珠柄上，因而珠柄、珠心和珠孔的位置列于同一直线上，珠孔在珠柄相对一端，这类胚珠称为直生胚珠，如酸模、荞麦等。

（2）横生胚珠（amphitropous ovule）。胚珠在形成时胚珠一侧增长较快，使胚珠在珠柄上形成 90°扭曲，胚珠和珠柄的位置成直角，珠孔偏向一侧，这类胚珠称为横生胚珠，如锦葵、毛茛属植物。

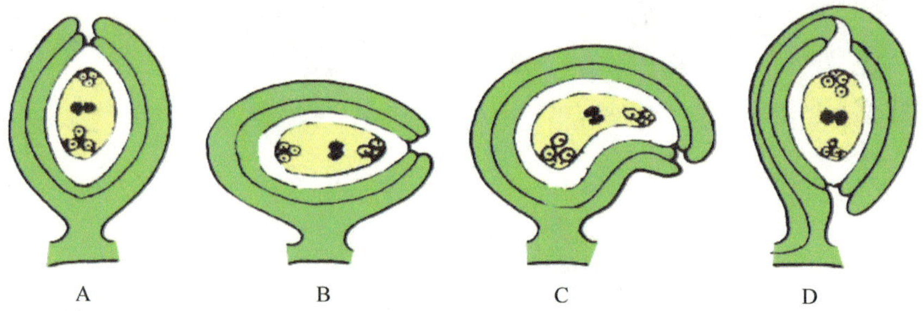

图 11-17 胚珠类型

A. 直生胚珠；B. 横生胚珠；C. 弯生胚珠；D. 倒生胚珠

（3）弯生胚珠（campylotropous ovule）。胚珠下部保持直立，上部扭转，使胚珠上半部弯曲，珠孔朝下，向着基部，但珠心并不弯曲，称弯生胚珠，如芸苔（*Brassica campestris*）、禾本科植物。

（4）倒生胚珠（anatropous ovule）。胚珠的珠柄细长，在珠柄处整个胚珠作 180°扭转，呈倒悬状，珠心并不弯曲，珠孔位置在珠柄基部一侧。靠近珠柄的外珠被常与珠柄相贴合，形成一条向外突出的隆起，称为珠脊（raphe），如大多数被子植物。

（5）拳卷胚珠（circinotropous ovule）。珠柄特别长，卷曲，包住胚珠，这类胚珠称为拳卷胚珠，如仙人掌属、漆树（*Toxicodendron verniciflluum*）等。

（十）花程式和花图式

1. 花程式

把花的形态结构用符号及数字列成类似数学方程式来表示的称为花程式（floral formula）。通过花程式可以表明花各部的组成、数目、排列、位置以及它们彼此之间的关系。

表示花各部分的代号，一般用每一轮花部拉丁名词的第一个字母，通常用 K（kalyx）表示花萼，C 代表花冠（corolla），A 代表雄蕊群（androecium），G 代表雌蕊群（gynoecium），如果花萼、花冠无明显区分，可用 P 代表花被（perianth），每一字母右下角可以记上一个数字来表示各轮的实际数目。如果缺少某一轮，可记下“0”，如果数目极多，可用“∞”表示。如果某一部分各单位互相连合，可在数字外加上“( )”表示。如果某一部分不止一轮，可在各轮数字间加上“十”号。子房位置也可在公式中表示出来，如果是子房上位，可在 G 字下加上一划“$\underline{G}$”；子房下位，则在 G 字上加一划“$\overline{G}$”；周位子房，则在 G 字上下各加一划“$\overline{\underline{G}}$”。在 G 字右下角第一个数字表示心皮数目，第二个数字表示子房室数，第三个数字表示子房中每室胚珠数目，中间可用“：”号相连。整齐花用“*”表示，不整齐花用“↑”表示。♂ 表示单性雄花，♀ 表示单性雌花，⚥表示两性花。现分别举例说明。

百合：⚥ $*P_{3+3}A_{3+3}\underline{G}_{(3:3:\infty)}$

豌豆：⚥ $\uparrow K_{(5)}C_{1+2+2}A_{(9)+1}\underline{G}_{1:1:\infty}$

油菜：⚥ $*K_4C_4A_{2+4}\underline{G}_{(2:2:\infty)}$

南瓜：♀ $*K_{(5)}C_{(5)}A_0\overline{G}_{(3:1:\infty)}$

♂ $*K_{(5)}C_{(5)}A_{1+(2)+(2)}\overline{G}_0$

2. 花图式

花图式（floral diagram）是用花的横剖面简图来表示花各部分的数目、离合情况，以及在花托上的排列位置，也就是花各部分在垂直于花轴平面所作的投影图。现仍以百合和蚕豆为例说明（图 11-18）。图中的空心弧线表示苞片，带横线条的弧线表示花萼，实心弧线表示花冠。雄蕊和雌蕊就以它们的实际横切面图表示。图 11-18 中也可以看到连合或分离，整齐或不整齐的排列情况。

二、花序

花序（inflorescence）是指花按一定规律在花序轴上的排列方式，花序生于枝顶端的称为顶生；生于叶腋的称为腋生。一朵花单独生于枝顶端或叶腋时称为单生花。整个花序的轴称为花序轴（rachis）或花轴。如果花序轴自地表附近及地下茎伸出，不分枝，不具叶，称为花葶（scape）。如果花序轴上有多数花，除顶花以外，其余各花都是由侧生变态叶的叶腋生出，这种变态叶较小而简单，称为苞片（bract），有些是苞片集生在花序基部，称为总苞（involucre）。根据花序轴上花排列方式、花序轴分枝方式和开花顺序不同，将花序分为无限花序和有限花序两大类。

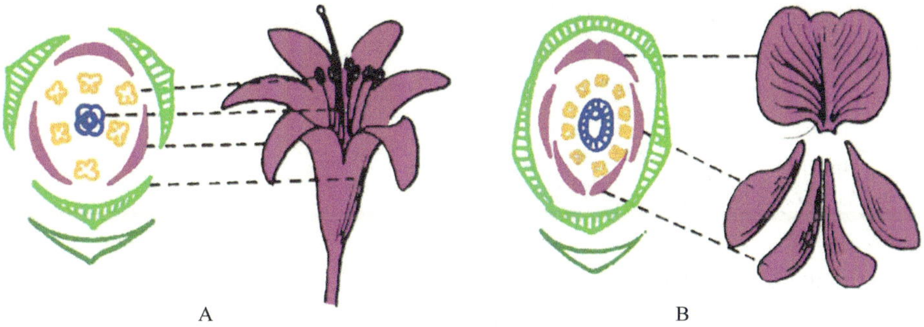

图 11-18　花图式和花图解
A. 辐射对称花与花图式；B. 两侧对称花与花图式

（一）无限花序

无限花序（indefinite inflorescence）或向心花序（centripetal inflorescence）是一种类似总状分枝的花序，花轴顶端可保持生长一段时间，即顶端不断增长陆续形成花。开花顺序是花序轴下部或周围的花先开放，渐及上部或向中心依次开放，而花序轴可继续生长。因此无限花序是一种边开花边形成花的花序，根据花轴是否分枝及花排列等特点它又可分为简单花序和复合花序（图 11-19）。

1）简单花序（simple inflorescence）

花序轴不分枝，其上直接生长小花。

（1）总状花序（raceme）。花有梗，排列在一不分枝且较长的花序轴上，花柄长度相等，如黄芪、荠菜等。

（2）穗状花序（spike）。花轴直立，较长，花的排列与总状花序相似，但花无柄或近无柄，直接生长在花序轴上呈穗状，如平车前、大麦等。

（3）葇荑花序（catkin）。花序轴柔软，常下垂，花无柄，单性，花后整个花序或连果一齐脱落，如核桃楸（*Juglans mandshurica*）、杨、柳。

（4）肉穗花序（spadix）。花序轴肉质化，呈棒状，花无柄，单性，如玉米雌花序、芋、马蹄莲（*Zantedeschia aethiopica*）等。大多数花序下面有大型佛焰苞片，也称佛焰花序。

图 11-19　无限花序
A. 总状花序（黄芪）；B. 穗状花序（平车前）；C. 葇荑花序（核桃楸）；D. 肉穗花序（玉米雌花序）；E. 伞房花序（梨）；F. 头状花序（向日葵）；G. 圆锥花序（玉米雄花序）；H. 复伞形花序（白芷）

（5）伞形花序（umbel）。花序轴极短，许多花从顶部一起生出，花柄近等长或不等长，状如张开的伞，如五加（*Acanthopanax gracilistylus*）、报春花（*Primula malacoides*）等。

（6）伞房花序（corymb）。花序轴较短，下部花柄较长，向上渐短，近顶端的花柄最短，花排列在一个平面上，如苹果、梨、山楂。

（7）头状花序（head 或 capitulum）。花无柄，集生于一平坦或隆起的总花托（花序托）上，而成一头状体，如菊科植物。

（8）隐头花序（hypanthodium）。花序轴特别肥厚膨大而凹陷成中空状囊状体，很多无柄小花着生在凹陷腔壁上，几乎全部隐没不见，仅留一小孔与外方相通，为昆虫进出腔内传布花粉的通道，小花多单性，一般上部为雄花，下部为雌花，如无花果（*Ficus carica*）等桑科榕属植物。

2）复合花序（compound inflorescence）

花序轴具分枝，分枝上生长着简单花序。

（1）圆锥花序（复总状花序）（panicle）。花轴分枝，每一分枝上形成一总状花序，又称复总状花序，如玉米的雄花、水稻、葡萄、女贞等。

（2）复穗状花序（compound spike）。花轴分枝，每一分枝上形成一穗状花序，如小麦等。

（3）复伞房花序（compound corymb）。花序轴上的分枝呈伞房状，每一分枝上又形成伞房花序，如麻叶绣线菊（*Spiraea cantoniensis*）、花楸属（*Sorbus*）等。

（4）复伞形花序（compound umbel）。花序轴顶端分出伞形分枝，每一分枝顶端又形成一伞形花序，如白芷（*Angelica dahurica*）、胡萝卜、芹菜等。

（二）有限花序

有限花序（definite inflorescence）或离心花序（centrifugal inflorescence），也称为聚伞花序（cymose inflorescence），花序最顶端或最中心的花先开放，渐及下边或周围，花序轴不再延长（图 11-20）。

1）单歧聚伞花序（monochasium）

主轴开花后，侧枝又在顶端开花，逐次继续下去，各次分枝的方向又有变化，包括以下几种。

（1）螺旋状聚伞花序（helicoid cyme）。一侧发育而卷曲如螺旋状的聚伞花序，如附地菜（*Trigonotis peduncularis*）、聚合草（*Symphytum officinale*）等。

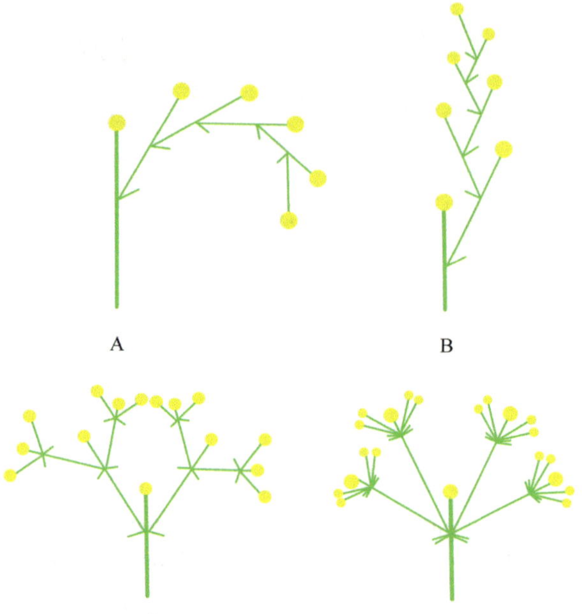

图 11-20　有限花序

A. 螺旋状单歧聚伞花序；B. 蝎尾状单歧聚伞花序；C. 二歧聚伞花序；D. 多歧聚伞花序

（2）蝎尾状聚伞花序（scorpioid cyme）。侧生聚伞花序左右间隔形成，如唐菖蒲（*Gladiolus gandavensis*）、菱陵菜等。

2）二歧聚伞花序（dichasium）

每次具有两个分枝的聚伞花序，如冬青、石竹等。

3）多歧聚伞花序（pleiochasium）

从主轴分出两个以上分枝的聚伞花序，如泽漆（*Euphorbia helioscopia*）等。

4）轮伞花序（verticillaster）

聚伞花序着生在对生叶腋，花序轴及花梗极短，呈轮状排列，如夏至草等。

另外，有些植物在同一花序上既有有限花序又有无限花序的花序就称为混合花序（mixed inflorescence），这类花序的主花序轴形成无限花序，侧生花序轴形成有限花序，如丁香、七叶树等。

第三节　果实类型

根据果实形态结构可分为三大类，即单果、聚合果和聚花果（复果）（图 11-21）。

一、单果

单果（simple fruit）是由一朵花中的一个单雌蕊或复雌蕊发育而成。根据果皮及其附属部分成熟时果皮的质地和结构，可分为干果和肉果。

（一）干果

干果（dry fruit）成熟时果皮干燥，根据果皮开裂

图 11-21　果实的类型

A. 蓇葖果（八角）；B. 荚果（大豆）；C. 颖果（玉米）；D. 坚果（榛子）；E. 分果（窃衣）；F. 角果（荠菜）；G. 蒴果（马齿苋）；H. 瘦果（向日葵）；I. 翅果（臭椿）；J. 胞果（碱蓬）；K. 浆果（番茄）；L. 柑果（柠檬）；M. 核果（李）；N. 梨果（梨）；O. 聚合果（草莓）；P. 瓠果（黄瓜）；Q. 聚花果（菠萝）（郭辉娟，曲波摄）

与否，可分为裂果和闭果。

1）裂果（dehiscent fruit）

果实成熟后果皮开裂，依心皮数目和开裂方式不同，分为以下几种。

（1）蓇葖果（follicle）。由单雌蕊或离生单雌蕊发育而成，成熟时沿背缝线或腹缝线一边开裂，如飞燕草（*Delphinium ajacis*）、芍药聚合果中的每个小果。

（2）荚果（legume）。由单雌蕊发育而成，成熟后果皮沿背缝线和腹缝线两边开裂，如豆科植物，但少数豆科植物的荚果不开裂，如槐树、花生等。

（3）角果（pod）。由两个心皮的复雌蕊发育而成，果实中央有一片由侧膜胎座向内延伸形成的假隔膜，成熟时果皮由下而上两边开裂。十字花科植物具有角果，角果的长与宽之比相近的为短角果（silicle），如荠菜；长宽之比较大的称长角果（silique），如白菜、萝卜。

（4）蒴果（capsule）。由复雌蕊形成的果实，子房一室或多室，每室多粒种子。成熟时有多种开裂方式。

① 背裂（loculicidal dehiscence）。果瓣沿心皮背缝线开裂，如百合、棉花等。

② 腹裂（septicidal dehiscence）。果瓣沿腹缝线开裂，如龙胆（*Gentiana scabra*）、薯蓣（*Dioscorea polystachya*）、烟草等。

③ 背腹裂（septifragal dehiscence）。果瓣沿背缝线和腹缝线同时开裂，如牵牛、曼陀罗（*Datura stramonium*）等。

④ 齿裂（teeth dehiscence）。果实成熟时顶端呈齿状裂开，如石竹等。

⑤ 孔裂（porous dehiscence）。果实成热时，果瓣上部出现许多小孔，种子通过小孔向外散出，如罂粟、桔梗等。

⑥ 盖裂（pyxis）。果实成熟时上部成盖状开裂，也称为周裂（circumscillile dehiscence），如车前、马齿苋等。

2）闭果（achenocarp）

果实成熟后，果皮不开裂，由单雌蕊或复雌蕊形成，通常含 1 枚种子，有以下几种类型。

（1）瘦果（achene）。由单雌蕊或 2～3 个心皮合生的复雌蕊形成，子房一室，内含一粒种子，果皮与种皮分离，如向日葵、荞麦。

（2）颖果（caryopsis）。与瘦果相似，也是一室，内含一粒种子，但果皮与种皮愈合，因此常将果实误认为是种子，如玉米、小麦、水稻等禾本科植物的果实。

（3）坚果（nut）。果皮木质坚硬，一室，内含一粒种子，果皮与种皮分离，有些植物的坚果包藏于总苞内，如板栗、榛子（*Corylus heterophylla*）等。

（4）翅果（samara）。果皮沿一侧、两侧或周围延伸成翅状，以适应风力传播。除翅部分外，其他部分实际上与坚果或瘦果相似，如臭椿、榆等。

（5）分果（schizocarp）。复雌蕊子房发育而成，成熟后各心皮分离，形成分离的小果，但小果果皮不开裂，如蜀葵。

（6）双悬果（cremocarp）。由两心皮雌蕊发育而成的果实，成熟后心皮分离成两瓣，且悬挂在中央果柄上端，种子仍包在心皮中，如窃衣（*Torilis japonica*）、柴胡等伞形科植物。

（7）胞果（utricle）。也称囊果，是由合生心皮形成的一类果实，具一枚种子，成熟时干燥而不开裂，果皮薄，包围种子，极易与种子分离，如藜、菠菜等。

（二）肉果

肉果（fleshy fruit）是指果实成熟时，果皮或其他组成部分，肉质多汁，常见的有以下类型。

（1）浆果（berry）。由复雌蕊发育而成，果皮除最外层以外都肉质化，含数枚种子，如葡萄、番茄等。

（2）柑果（hesperidium）。由多心皮复雌蕊发育而成，中轴胎座，外果皮和中果皮无明显分界，或中果皮较疏松并有很多维管束，内果皮形成若干室，向内生有许多肉质表皮毛，内果皮是主要食用部分，如柑橘、柚等。

（3）核果（drupe）。由单雌蕊或复雌蕊发育而成，内含一枚种子，成熟的核果果皮明显分为3层：外果皮薄，中果皮肉质多汁，内果皮木质化坚硬，如桃、杏、枣等。

（4）梨果（pome）。由下位子房复雌蕊形成，在形成果实时，花托强烈增大和肉质化并与果皮愈合，外果皮、中果皮与花托间无明显界线，内果皮革质，较硬，如梨、苹果等。

（5）瓠果（pepo）。由下位子房复雌蕊形成，花托与果皮愈合，无明显的外果皮、中果皮、内果皮之分，果皮和胎座肉质化，如西瓜、黄瓜等葫芦科植物。

二、聚合果

聚合果（aggregate fruit）是由一朵花中多数离生单雌蕊发育而来，每一雌蕊都形成一个独立小果，集生在膨大花托上。因小果不同，聚合果可以是聚合蓇葖果，如八角、玉兰；可以是聚合瘦果，如蔷薇、草莓；可以是聚合核果，如悬钩子、茅莓（*Rubus parvifolius*）；可以是聚合浆果，如五味子；也可以是聚合坚果，如莲等。

三、聚花果

聚花果（collective fruit），也称复果（multiple fruit），是由整个花序发育而成的果实。花序中的每朵花形成独立小果，聚集在花序轴上，外形似一果实，如菠萝、桑葚、无花果、悬铃木。聚花果成熟时整个果穗由母体脱落。

本章主要内容和概念

植物形态特征是被子植物的主要分类依据，而植物各器官的形态特征都用一定的名词术语描述，即植物形态学术语。学习和掌握描述器官的形态特征，特别是花、果实和种子等生殖器官的形态特征，对于准确认识和鉴别自然界不同类群植物至关重要。本章主要包括根、茎、叶等营养器官和花、花序、果实等生殖器官形态特征及其分类等内容。

知识要点包括：

茎的质地及其生长习性，叶的形态特征，叶序及其类型，脉序及其类型，单叶与复叶，复叶类型，花的基本形态，花序及其类型，花冠类型及其在花芽中排列方式，雄蕊类型，雌蕊类型，子房位置，胎座类型，胚珠类型，花程式和花图式，果实类型。

复习思考题

1. 选择一本植物志或分类学专著，学习前人如何描述不同植物的形态特征。
2. 说明西瓜、黄瓜、冬瓜、柑橘、桑葚、桃、苹果、草莓、向日葵、玉米等植物果实的主要食用部位。
3. 根据所学知识，分析为什么生殖器官的特征在分类学上更重要?
4. 选择校园内有代表性的植物种类，用形态学术语对其形态特征加以描述。
5. 选择几种熟悉的植物，写出其花程式和花图式。

第十二章 被子植物分类

被子植物是植物发展史上最晚出现的一类高等植物，是种子植物中最进化、最高级的类群，也是植物界形态变化最多、内部构造最复杂、生殖器官最特化和分布最广的一类植物。因其有显著而美丽的花朵，常称之为显花植物；因其花中重要的雌性生殖器官是雌蕊，又称为雌蕊植物。被子植物营养器官和繁殖器官比其他类群的植物都复杂，根、茎、叶内部组织结构更适合各种生活条件，繁殖器官也具有更强的繁殖能力。现代生存的被子植物约有 400 科、12 500 多属、25 万多种，约占现代植物 50 万种的一半，而且新的属种还在不断被发现。我国有被子植物约 300 科、3000 余属，近 3 万种。

被子植物之所以有如此多的种类，分布又如此广泛，与其在长期演化中所获得的比蕨类和裸子植物大得多的可塑性和适应性紧密相关。这种与环境的适应不仅体现在形态上，也体现在被子植物内部结构和繁殖器官结构上。地球上的环境类型千差万别，被子植物为了适应多样性环境，演化出了形态、内部构造、繁殖器官千差万别的植物种类。

同蕨类和裸子植物相比，被子植物的主要特征：第一，具有典型的、特化的、完善的繁殖器官，即专门用于生殖的美丽花朵，由花萼、花冠、雄蕊群、雌蕊群组成的真正的花；第二，被子植物具双受精现象，即 2 个精细胞分别与卵细胞和 2 个极核双向结合形成受精卵和受精极核；第三，被子植物胚珠包藏于子房内，子房发育成果实；第四，被子植物孢子体高度发达，组织结构、生态适应更加完善；第五，被子植物配子体进一步退化（简化），配子体寄生在孢子体上。

被子植物的上述特征，使它具备了在生存竞争中优越于其他各类植物的内部条件。在植物进化史上，被子植物产生后，自然界才变得郁郁葱葱，绚丽多彩，生机盎然。被子植物的出现和发展，不仅大大改变了植物界的面貌，而且促进了动物，特别是以被子植物为食的昆虫和相关哺乳动物的发展，使整个生物界发生了巨大变化。

第一节 双子叶植物纲 Dicotyledoneae

被子植物分为两个纲——双子叶植物纲（木兰纲）和单子叶植物纲（百合纲）。双子叶植物纲植物胚具有 2 片子叶；主根发达，多为直根系；茎内为无限维管束，环状，有形成层和次生组织；叶除少数外，均为网状脉；花部通常 4～5 基数；花粉多具 3 个萌发孔。

一、木兰科 Magnoliaceae

$* P_{6\sim15}A_{\infty}\underline{G}_{\infty:\infty:1\sim\infty}$

木兰科有 17 属、约 300 种，主要分布于亚洲东南部、南部，北部较少；北美洲东南部、中美洲、南美洲北部及中部较少。我国有 13 属、112 种，主产于我国东南部及西南部，东北及西北渐少。一些常绿种类是我国亚热带常绿阔叶林组成树种；许多种类可供观赏、药用和材用。本科有不少孑遗种和濒危或稀有种。

识别特征 木本。单叶互生，托叶早落，节上留有托叶环。花单生，辐射对称，两性，偶单性，花托伸长或突出；花被花瓣状，3 基数，多轮；雌蕊、雄蕊多数，离生，分别螺旋状排列于柱状花托上部、下部。聚合蓇葖果或带翅聚合坚果。种子常悬挂于丝状种柄上（图 12-1、图 12-2）。染色体：$X=19$。

（1）木兰属（*Magnolia* L.）。落叶稀常绿乔木或灌木。花顶生，花被多轮，每心皮 2 胚珠。蓇葖果，背缝线开裂。本属约 90 种，产于亚洲东南部温带及热带；我国约 31 种，分布于西南部、秦岭以南至华东和东北。玉兰（*M. denudata* Desr.），落叶乔木；花先叶开放，花被 3 轮 9 片，近等大，白色。产于江西、浙江、湖南及贵州；各地栽培观赏，花蕾入药，含芳香油，可提取配制香精或制浸膏。紫玉兰（*M. liliflora* Desr.），落叶灌木；花先叶开放，花被 9～12，外轮 3 片小，萼片状；内 2 轮大，外面紫色，内面白色。产于陕西、湖北、四川及重庆；花蕾晒干后入药称辛夷，主治鼻炎、头痛。二乔玉兰（*M.×soulangeana* Soul.-Bod.），

图 12-1 紫玉兰及木兰科花图式
1. 紫玉兰花枝；2. 紫玉兰雌蕊、雄蕊；
3. 木兰科花图式

落叶乔木；花被 6～9，外轮 3 片较内轮略短，花被片外面上端白色，基部紫色，内面白色。为玉兰与紫玉兰杂交种；各地栽培供观赏。厚朴（*M. officinalis* Rehd. et Wils.），落叶乔木，树皮厚；叶大，7～9 片聚生于枝端；花白色，芳香，花梗粗短，被长柔毛。我国特产，主产于长江流域及华南；树皮、根皮、花、种子及芽皆可入药，主要成分为厚朴酚，有健胃、止痛等功效。荷花玉兰（*M. grandiflora* L.），常绿乔木；叶革质，小枝、芽、叶下面及叶柄密被褐色或灰褐色短绒毛；花白色，状如荷花。原产北美洲，我国引栽供观赏。

（2）含笑属（*Michelia* L.）。常绿乔木或灌木。花单生叶腋，每心皮 2 颗至数颗胚珠。本属约 50 种，分布于亚洲热带、亚热带和温带地区；我国约 41 种，分布于西南至东部，南部尤盛，为常绿阔叶林组成树种，木材可供板料、家具、细木工等用，有些种类花芳香，树形优美，可供观赏。含笑［*M. figo*（Lour.）Spreng.］，常绿灌木；嫩枝、芽及叶柄均被黄褐色绒毛；花开放时含蕾不尽开，淡黄色而边缘有时红色或紫色，具芳香。产于华南，供观赏。白兰（*M.* × *alba* DC.），常绿乔木；叶披针形，叶柄具托叶痕，其长不超过叶柄长

图 12-2 木兰科植物
A. 荷花玉兰；B. 玉兰；C. 二乔玉兰；D. 紫玉兰；E. 含笑；F. 白兰；G. 北美鹅掌楸；H. 鹅掌楸

的一半；花被片 10，白色，芳香。原产于印度尼西亚爪哇岛，我国南方各地栽培，供观赏。

（3）鹅掌楸属（*Liriodendron* L.）。落叶乔木。单叶互生，具长柄，叶片先端平截或微凹，两侧有 1～4 对裂片。花单生枝顶，与叶同时开放；两性，萼片 3，花瓣 6。翅果不开裂。本属至第四纪冰期大部绝灭，现仅存 2 种，我国 1 种。鹅掌楸［马褂木 *L. chinense*（Hemsl.）Sarg.］，落叶乔木；叶先端截形，基部每侧具 1

侧裂片，酷似马褂，故有马褂木之称；花期雌蕊群超出花被；小坚果具1～2种子；我国特产。北美鹅掌楸（*L. tulipifera* L.），叶基部每侧具2裂片；花期雌蕊群不超出花被；产于北美洲东南部。两种均可供观赏及材用。

进化地位　木兰科是现存被子植物中最原始的类群之一。其原始性表现在：木本，单叶，羽状脉，虫媒花，花单生，雌蕊、雄蕊多数，螺旋状排列，花药长花丝短，单沟花粉，胚小、胚乳丰富等。

二、毛茛科 Ranunculaceae

$*(\uparrow)K_{3\sim\infty}\,C_{0\sim\infty}\,A_{\infty}\,\underline{G}_{1\sim\infty:1:1\sim\infty}$

毛茛科约有59属、2500种，广布于世界各地，主产于北半球温带地区；我国有39属、约665种，分布于全国各地，生于高山与亚高山草甸、森林草甸、草原、荒漠及湿地。本科植物含多种生物碱，有不少药用植物及有毒植物，有些植物花色艳丽、花形独特，可供观赏。

识别特征　草本，稀木质藤本。单叶或复叶。花两性，稀单性，辐射对称或两侧对称。萼片5至多数，有时呈花瓣状；花瓣5至多数或退化，常具蜜腺；雄蕊多数；心皮多数、离生，稀联合，子房上位。蓇葖果或瘦果，稀蒴果或浆果；种子有胚乳（图12-3、图12-4）。染色体：X=6～10或13。

（1）毛茛属（*Ranunculus* L.）。草本。叶基生和茎生。花辐射对称，萼片5，绿色；花瓣通常5，黄色，基部具蜜腺；雄蕊与雌蕊螺旋状排列于隆起花托

图12-3　匍枝毛茛

1. 植株；2. 花；3. 雄蕊；4. 去花瓣及雄蕊的花；5. 雌蕊群；6. 果实；7. 花图式

图12-4　毛茛科植物

A. 毛茛；B. 花毛茛；C. 高翠雀花；D. 黄花铁线莲；E. 黄连；F. 乌头

上。聚合瘦果。本属约550种，广布全球；我国有125种，广布。大都含毛茛苷、白头翁素、原白头翁素等物质，具强毒性，有些种可入药。毛茛（*R. japonicus* Thunb.），叶掌状3深裂，中央裂片宽菱形或倒卵形，3浅裂。广布。全草有毒，可供药用，治关节炎，也可作土农药。茴茴蒜（*R. chinensis* Bge.），一年生草本；三出复叶；花顶生或腋生；瘦果扁平，边缘有棱。南北均产。全草含原白头翁素，有毒，可供药用。

（2）翠雀属（*Delphinium* L.）。叶掌状分裂。花两侧对称，萼片5，花瓣状，紫色、蓝色或黄色；上萼片基部伸长成距；花瓣2，条形，无爪，有距，与萼片同色或黑色，伸于萼距中；退化雄蕊2，黑褐色或与萼同色；心皮3～5。聚合蓇葖果。本属约350种，广布北温带；我国有175种，除台湾、广东和海南岛以外其他各省（自治区）均有分布，生于山地草甸。大部分种类含翠雀碱，为有毒植物，有些种可供药用，花美丽可供观赏。翠雀（*D. grandfilorum* L.），叶掌状3全裂；萼片蓝紫色，心皮3，有毛。全草有毒，花大而美，可供观赏。高翠雀花（*D. elatum* L.），叶掌状5～7深裂；萼片紫蓝色，心皮3，无毛。原产于欧洲，各地栽培观赏。

（3）乌头属（*Aconitum* L.）。草本；具块根或粗壮直根。叶常掌状分裂。花两侧对称，总状或圆锥花序；萼片5，花瓣状，最上面一片呈盔状；花瓣2，藏于盔状花萼内，瓣片有蜜腺；心皮常3～5。聚合蓇葖果。本属约400种，分布于北温带；我国有211种，大多分布于西南横断山区和东北诸省。本属植物含乌头碱等生物碱，多数种的块根有剧毒，但有镇痛、镇痉、祛风湿和解热等作用。乌头（*A. carmichaeli* Debx.），花萼蓝紫色。主根入药为“乌头”，有大毒，子根为“附子”，有温中、散寒、助阳、祛风湿、止痛的功效。

（4）铁线莲属（*Clematis* L.）。木质或草质藤本或直立草本，少为灌木。叶对生，三出复叶至二回羽状复叶或二回三出复叶，稀单叶。萼片4，花瓣状；无花瓣；心皮多数。瘦果具宿存的羽毛状花柱。本属约300种，广布于全球；我国有147种，南北均有分布，西南尤多。大多供观赏，少数有毒，部分可入药。黄花铁线莲（*C. intricata* Bge.），二回羽状三出复叶，小叶全缘或具少数牙齿；聚伞花序腋生，具3花，萼片黄色，两面无毛。有毒植物。粉绿铁线莲（*C. glauca* Willd.），一至二回羽状复叶；3花组成聚伞花序，萼片黄色、边缘有短绒毛。全草入药，能祛风湿，主治慢性风湿性关节炎、关节疼痛，也可治疥疮和瘙痒症。

（5）黄连属（*Coptis* Salisb.）。多年生草本，根茎黄色。叶基生，具长柄，掌状全裂或三出复叶。萼片5，花瓣状；花瓣5～12，较萼片小；心皮5～15，基部具柄。蓇葖果。本属15种，分布于东亚至北美洲；我国有6种，产于长江以南各省。黄连（*C. chinensis* Franch.），叶三角状卵形，3全裂，中裂片具细柄；萼片9～13mm，花瓣5，线形或线状披针形；心皮8～12。我国特产。黄连根茎为我国著名中药，味苦，含小檗碱等，有良好的泻火、燥湿、解毒、杀虫之功效；本属其他种也可供药用。

进化地位 本科与木兰科相似，具两性花，花各部多数、离生，螺旋状排列等原始性状。双子叶草本植物即由本科保留了草本性质演化而来，与木兰科是两个平行发展的科。

本科原是世界分布，实是以温带为主，特别是东亚分布的一个中等科。过去多将芍药属（*Paeonia*）、白根葵属（*Glaucidium*）和星叶草属（*Circaeaster*）包括在本科之内，但这几个属现多已独立成科，唯独*Hydrastis*和独叶草属（*Kingdonia*）尚有争议。

三、罂粟科 Papaveraceae

$*K_{2\sim3}C_{4\sim6}A_{\infty,4}\underline{G}_{(2\sim16:1:\infty)}$

罂粟科有50属，800余种，主要分布于北温带，以地中海、西亚、中亚至东亚及北美洲南部为多；我国有19属、443种，南北各省均有分布。多为药用植物和有毒植物。

识别特征 草本，植物体常含乳汁。叶互生，无托叶。花单生或成花序，两性，辐射对称；萼片2～3，早落；花瓣4～6，稀更多或无花瓣；雄蕊多数，离生，花药2室，纵裂；心皮2至多数，合生，子房上位，1室，侧膜胎座。蒴果，种子多数（图12-5、图12-6）。染色体：$X=5\sim11$。

图12-5 罂粟

1. 植株上部；2. 雄蕊；3. 雌蕊；4. 子房横切；5. 果实；6. 种子；7. 花图式

图 12-6　罂粟科植物

A. 罂粟；B. 野罂粟；C. 秃疮花；D. 虞美人；E. 白屈菜；F. 全缘绿绒蒿

（1）罂粟属（*Papaver* L.）。植物体含白色乳汁。叶羽状分裂。花大而美丽，单生，蕾期弯垂；萼片2～3，早落；花瓣4。蒴果孔裂。本属约100种，大多分布于欧洲中南部及亚洲温带地区，少数产北美洲；我国有7种，产于西北至东北部。该属植物茎叶、花及果皮含有多种生物碱，为有毒植物。罂粟（*P. somniferum* L.），一年生，全株被白粉；叶无毛，茎生叶基部抱茎；花红色或白黄色；蒴果球形。原产于欧洲。未熟果实汁液可提鸦片，含吗啡碱，为麻醉药。野罂粟（*P. nudicaule* L.），多年生，全株被毛；叶基生，具长柄，近二回羽状深裂；花橘黄色或黄色；蒴果倒卵形。虞美人（*P. rhoeas* L.），叶羽状裂，有不规则锯齿；花色多，但不为黄色。原产于欧洲，各地栽培供观赏。

（2）绿绒蒿属（*Meconopsis* Vig.）。植物体具黄色乳汁。叶全缘或分裂，被刚毛或刺毛。花瓣4；雌蕊由4至多数心皮合成，柱头结合成球形，或辐射状下延于棒状花柱先端。蒴果近顶部开裂。本属约54种，分布于北温带；我国有43种，分布于西南和西北部，为著名观赏植物，有些种类可药用。全缘绿绒蒿［*M. integrifolia*（Maxim.）Franch.］，全体被锈色或金黄色长柔毛；基生叶密集成莲座状，叶片倒披针形或倒卵形，全缘，最上部茎生叶呈假轮生状；花1朵顶生，其余数朵（通常4～5朵）生于上部茎生叶腋内；花瓣6～8，黄色，子房密被金黄色长硬毛。全草药用，花美丽供观赏。

（3）白屈菜属（*Chelidonium* L.）。植物体含橘红色乳汁。叶羽状深裂或二回羽状深裂。伞形花序，花梗具小苞片；花瓣4；雌蕊由2心皮合生。蒴果圆柱状，2瓣裂。本属有1种，分布于欧洲至亚洲东部，我国也产。白屈菜（*C. majus* L.），全草主要含有本啡里啶型生物碱，为有毒植物，也供药用，用于镇痛、治胃病。

（4）秃疮花属（*Dicranostigma* Hook. f. et Thoms.）。植物体有黄色汁液。叶多基生。聚伞花序；花瓣4，橙黄色；心皮2。蒴果圆柱形，自顶向基部2瓣裂。秃疮花［*D. leptopodum*（Maxim.）Fedde.］，叶羽状全裂，花黄色。全草药用，有毒，能清热解毒、消肿、止痛、杀虫。

四、石竹科 Caryophyllaceae

$* K_{4\sim5,(4\sim5)} C_{4\sim5} A_{5\sim10} \underline{G}_{(2\sim5:1:\infty)}$

石竹科约75属、2000种，分布于全球，尤以温带和暖温带最多；我国有30属、约390种，分布于全国。有些种类为药用和观赏植物，多数种类为农田杂草。

识别特征　草本。茎节常膨大。单叶对生，全缘。多为聚伞花序；花两性，辐射对称；萼片4～5，宿存；花瓣4～5，分离；雄蕊5～10；心皮2～5，合生，子房上位，1室，特立中央胎座。蒴果，瓣裂或顶端齿裂，少瘦果或浆果；种子多数（图12-7、图12-8）。染色体：$X=8\sim15$、17、19。

（1）石竹属（*Dianthus* L.）。叶片条形或披针形。

花单生或排成聚伞花序；花萼管状，下有2枚至多枚叶状苞片；花瓣5，具长爪，瓣片上缘具牙齿或细裂；雄蕊10；花柱2。蒴果圆柱形，齿裂。本属约600种，主产于北温带；我国约17种，南北各省均有分布，多为观赏花卉及药用植物。石竹（*D.chinensis* L.），苞片4，花瓣顶端有细齿，下部具长爪。原产我国北方，庭园多栽培，供观赏和药用。瞿麦（*D. superbus* L.），苞片2～3对，花瓣先端细裂呈流苏状。供观赏和药用，有清湿热、利小便之功效。香石竹（康乃馨）（*D. caryophyllus* L.）和须苞石竹（什样锦）（*D. barbatus* L.）为常见花卉。

（2）蝇子草属（*Silene* L.）。花单生或成聚伞花序；萼钟形或圆筒形，先端5齿裂，具10条至多条纵脉；花瓣5，常2裂，下部具长爪，喉部常具2鳞片；雄蕊10；花柱3，稀5。蒴果顶端6齿裂。本属约600种，分布于亚洲、欧洲温带；我国有110种，产于东北至西南各省。山蚂蚱草（*S. jenisseensis* Willd.），叶披针状条形；花萼筒状，具10条纵脉，花白色。麦瓶草（*S. conoidea* L.），全株被腺毛，茎叉状分枝；茎生叶矩圆形或披针形；花萼果时膨大呈卵形，具30条纵脉；花粉红色。

图12-7 石竹

1. 花枝；2. 花纵剖面；3. 花图式

（3）卷耳属（*Cerastium* L.）。茎丛生。二歧聚伞花序；萼片5，离生；雄蕊10；花柱5，稀3。蒴果圆筒形，长于宿萼，顶端齿裂。本属约100种，主产于北温带，多产于欧洲至西伯利亚，极少数种类产于亚热带山区；我国有23种。卷耳（*C. arvense* L.），叶线状披针形，基部抱茎；花柱5，蒴果10齿裂。

图12-8 石竹科植物

A. 石竹；B. 繁缕；C. 麦蓝菜；D. 香石竹；E. 须苞石竹；F. 卷耳

（4）繁缕属（*Stellaria* L.）。顶生聚伞花序，稀单花腋生；萼片5，分离；花瓣5，白色，2深裂；雄蕊10；花柱3，稀2或4。蒴果常3～6瓣裂。本属有190余种，分布于温带和寒带；我国64种，有的种供观赏或药用。繁缕［*S. media*（L.）Villars］，茎纤细，多分枝，被1行纵向的短柔毛；花瓣2深裂达基部，短于萼片。

（5）麦蓝菜属（王不留行属 *Vaccaria* Wolf）。全株无毛；茎二歧分枝。花萼具5条翅状棱，花后下部膨大，萼齿5；花瓣5，雄蕊10，花柱2。本属仅1种，分布于欧亚大陆温带地区；我国也产。麦蓝菜［*V. segetalis*（Neck.）Garcke］，全株无毛，花粉红色，萼具5条绿棱。种子供药用，能活血通经，消肿止痛，催生下乳。除华南外，广布全国。

五、蓼科 Polygonaceae

$* K_{3\sim6}\ C_0\ A_{3\sim6,\ 9}\ \underline{G}_{(2\sim4:1:1)}$

蓼科有50属、1120种，主产于北温带，少数分布于热带；我国有13属、238种，全国各地分布。其中有固沙树种、药用植物、粮食作物，大多数可供饲用。

识别特征　草本，稀灌木。茎节常膨大。单叶互生，托叶膜质，鞘状。花两性，稀单性；花序穗状或圆锥状；花被2轮，裂片3～6，花瓣状，宿存，无花瓣；雄蕊3～6，稀9；子房上位，1室，1胚珠，花柱2～3，稀4。瘦果全部或部分包于宿存的花被内；种子具胚乳（图12-9、图12-10）。染色体：X=7～11、17。

（1）荞麦属（*Fagopyrum* Gaertn.）。直立草本。花两性；花被片5，果时不增大；雄蕊8。瘦果具三棱，超出花被片1～2倍。本属约15种，广布亚洲及欧洲；我国有10种，南北各省均有分布。本属植物

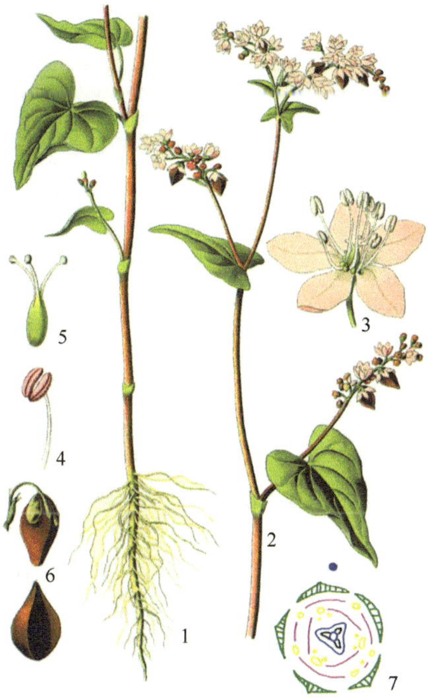

图12-9　荞麦及蓼科花图式

1. 植株下部；2. 花枝；3. 花；4. 雄蕊；5. 雌蕊；6. 果实；7. 蓼科花图式

图12-10　蓼科植物

A. 萹蓄；B. 华北大黄；C. 沙拐枣（贺学礼摄）；D. 巴天酸模

多为粮食作物、药用和蜜源植物。荞麦（*F. esculentum* Moench），花梗无关节，瘦果具三锐棱。各地广泛栽培。种子富含淀粉，供食用，全草药用，治高血压、肺出血，也是蜜源植物。苦荞麦［*F. tataricum*（L.）Gaertn.］，花梗中部具关节，瘦果具3棱及3纵沟，上部棱角锐利，下部圆钝呈波状。分布于亚洲、欧洲及美洲，我国东北、华北、西北及西南山地常栽培。种子供食用或作饲料，根药用，可止痛健脾。

（2）蓼属（*Polygonum* L.）。多为草本。花序穗状、总状或头状，稀单生或簇生叶腋；花被4～5裂，雄蕊常8枚；子房多三棱形。瘦果与花被片等长或微露出。本属有230余种，广布全球；我国有113种，分布于全国各地。萹蓄（*P. aviculare* L.），一年生草本，自基部分枝，茎平卧或斜升；叶全缘，叶柄基部具关节；花单生或簇生叶腋，花梗顶部具关节；雄蕊8；花柱3。产全国各地，北温带广布。全草入药，有清热、利尿、解毒之效。酸膜叶蓼（*P. lapathifolium* L.），叶披针形或宽披针形，背面有腺点，上面具黑褐色斑，托叶鞘先端截形，无缘毛；穗状花序组成顶生圆锥花序；花被4，雄蕊6，花柱2。广布全国各地。果实入药，能消肿止痛，治腹痛肿疡。

（3）沙拐枣属（*Calligonum* L.）。灌木，多分枝，具关节。叶对生，退化成条形或鳞片状。花单生或数朵腋生，花梗具关节；花被片5，果时不增大；雄蕊12～18，花丝基部连合；子房具4棱。瘦果具棱，沿棱具刺或翅。本属约有35种，分布于亚洲西部、欧洲南部和非洲北部；我国有23种，分布于内蒙古、甘肃、青海、新疆，是重要的固沙植物；嫩枝和果实为羊和骆驼所喜食。沙拐枣（*C. mongolicum* Turcz.），花2～3朵腋生，花被淡红色；瘦果宽椭圆形，每棱肋具刺2～3行。产于内蒙古、甘肃及新疆，蒙古国有分布。

（4）酸模属（*Rumex* L.）。草本。叶全缘或波状。花两性或单性；花被片6，2轮，内轮3片于果时增大成翅状，翅背常有1瘤状附属物；雄蕊6。瘦果三棱形，包藏于增大的花被内。本属约有200种，主产北温带；我国有27种，分布于南北各省（自治区）。酸模（*R. acetosa* L.），基生叶和茎下部叶箭形；花单性异株，内花被片果时基部具小瘤。

（5）大黄属（*Rheum* L.）。多年生草本，根粗壮。花两性；花被片6，结果时不增大；雄蕊常9。瘦果具翅。本属约有60种，分布于亚洲温带及亚热带高寒山区；我国有38种，主产于西北、西南及华北地区。波叶大黄（*R. rhabarbarum* L.），基生叶心状卵形，边缘皱波状。产于黑龙江、吉林、内蒙古、河北、山西及湖北。掌叶大黄（*R. palmatum* L.），叶宽卵形或近圆形，掌状浅裂至半裂，裂片窄三角形。产于甘肃、四川、青海、云南及西藏。上述两种均以根入药，能清热解毒、止血、祛痰、通便。

六、藜科 Chenopodiaceae

$* K_{3\sim5} C_0 A_{1\sim5} \underline{G}_{(2\sim5:1:1)}$

藜科有100余属、1400余种，主产于西半球温带及亚热带荒漠草原及盐碱地区；我国有42属，190种，主产于西北、华北及东北各省（自治区），尤以西北荒漠地区为多，是构成我国荒漠及荒漠草原的重要成分，多属旱生和超旱生种群，具有重要的生态意义。另有一些为中生性习见田间杂草，也有部分为重要经济作物。

识别特征 草本、亚灌木或灌木、稀为小乔木。植物体光滑或被毛，常被粉粒。叶互生，少对生，常肉质，扁平或圆柱状，稀退化成鳞片状，无托叶。花小，单被，两性，稀单性或杂性，雌雄同株，稀异株，花单生或密集成簇或由花簇再组成穗状或圆锥花序；花萼3～5，宿存或花后膨大；雄蕊1～5，与花被片对生；雌蕊2～5心皮合生，子房上位，1室，1胚珠。胞果（图12-11、图12-12）。染色体：$X=9$，稀6或8。

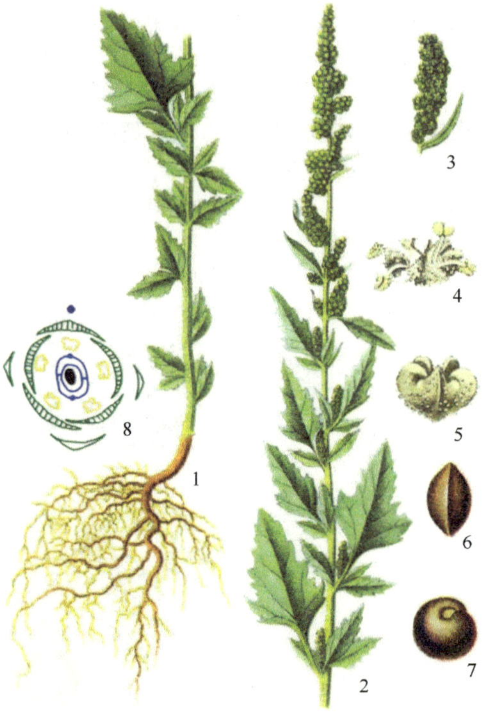

图12-11 藜及藜科花图式

1. 植株下部；2. 花枝；3. 花序；4. 花；5. 胞果；6. 种子；7. 胚；8. 花图式

（1）藜属（*Chenopodium* L.）。草本，全株被粉粒或腺毛。叶互生，扁平。花通常两性，花被片5；雄蕊5或较少。胞果包于宿存花被内；种子多横生。本属约有170种，主产于温带；我国有15种，全国分布。藜（*C. album* L.），叶菱状卵形至阔披针形，下面多少有粉，边缘具不整齐锯齿；花簇集成圆锥花序，

图 12-12　藜科植物

A. 地肤；B. 碱蓬；C. 梭梭（贺学礼摄）；D. 扫帚菜；E. 灰绿藜；F. 珍珠猪毛菜（贺学礼摄）

雄蕊 5；种子黑色，表面有沟纹。分布于全球温带至热带，我国各地均产。常见杂草，嫩茎叶可食。小藜（*C. ficifolium* Smith），似藜，但叶卵状矩圆形，常 3 浅裂，边缘具深波状锯齿。分布于东北、华北至华南、西南。

（2）地肤属（*Kochia* Roth）。草本或半灌木，多被柔毛。叶互生，全缘，无柄。花两性或雌性，单生或簇生叶腋，无小苞片；花被 5 深裂，内曲，果时背部具膜质翅状附属物；雄蕊 5，伸出花被外。胞果扁球形，种子横生。本属有 10～15 种，分布于北温带及热带；我国有 7 种，主产于北部诸省（自治区）。木地肤［*K. prostrata*（L.）Schrad.］，半灌木；叶条形，数片聚集呈簇生状，叶脉不明显。生于山坡、沙地、轻盐碱地；为优等饲用植物。地肤［*K. scoparia*（L.）Schrad.］，草本，叶披针形或条状披针形，常具 3 条明显主脉，茎上部叶具 1 脉。分布于欧洲至亚洲，我国各地均产。种子入药称“地肤子”，为利尿剂，也栽培供观赏。

（3）甜菜属（*Beta* L.）。草本，光滑无毛，根通常肥厚，多浆汁。叶宽大，基生叶丛生，茎生叶互生，具长柄。花两性，单生或簇生叶腋，或排成穗状，再组成圆锥花序；花被片 5，果时基部变硬与果实相结合；雄蕊 5。本属约有 10 种，分布于欧洲、亚洲及非洲北部；我国只有甜菜（*B.vulgaris* L.）1 种，栽培植物，为制糖原料或作青饲料。

（4）碱蓬属（*Suaeda* Forsk. ex Scop.）。草本或半灌木。茎直立、斜升或平卧。叶互生，肉质，半圆柱形。花两性，通常数花集成团伞花序或单生，具苞片及 2 个小苞片，小苞片鳞片状；花被近球形，5 裂，果时背面增厚或延伸成角状或翅状突起。胞果包藏于宿存花被内。本属约有 100 种，广布于全球海岸和盐碱地；我国有 20 种，分布于西北及沿海地区，是典型盐生植物。碱蓬［*S. glauca*（Bge.）Bge.］，一年生草本；叶条形、半圆柱状；团伞花序着生于叶片基部，花被片果时增厚呈五角星状；种子表面有颗粒状点纹。为中等饲用植物，碱蓬是一种良好的油料植物，种子油可作肥皂和油漆等，全株含丰富的碳酸钾，可作多种化工原料。

（5）梭梭属（*Haloxylon* Bge.）。灌木或小半乔木。枝对生，具关节。叶对生，退化成鳞片状。花两性，单生或簇生，具 2 小苞片；花被片 5，果时背部上方横生出翅状附属物；雄蕊 5；柱头 2～5。胞果近球形，包藏于花被内；种子横生。本属约有 11 种，分布于地中海和中亚地区；我国有 2 种，产于西北各省（自治区），是构成沙漠植被的主要成分；一年生枝条及果实均为良好的饲料。梭梭［*H. ammodendron*（C. A. Mey.）Bge.］，叶退化成鳞片状宽三角形，先端钝；花被片果时自背部横生半圆形并有黑褐色脉纹的膜质翅。为荒漠地区优等饲用植物和固沙造林树种，也是极好的薪炭柴，并为肉苁蓉的寄主。

（6）猪毛菜属（*Salsola* L.）。草本，半灌木或灌木。叶常互生，肉质，圆柱形、半圆柱形或条形，先端有刺尖。花序穗状或圆锥状，苞片卵形，小苞片2；花两性，花被5深裂，果时背面中部横生伸展于膜质或革质翅，有时为鸡冠状突起。胞果球形；种子横生，胚螺旋状，无胚乳。本属约有130种，主产于欧亚大陆及非洲，少数产于北美洲；我国有36种，主产于黄河以北荒漠及荒漠草原地带，是我国荒漠植被的重要组成成分。猪毛菜（*S. collina* Pall.），一年生草本，植株被短硬毛或无毛；叶圆柱形，先端有刺状尖；穗状花序细长，苞片及小苞片紧贴花序轴；花被片果时背部生有鸡冠状革质突起。为良等饲用植物；全草入药，有降血压作用。

七、苋科 Amaranthaceae

$*K_{3\sim5}C_0A_{1\sim5}\underline{G}_{(2\sim3:1:1)}$

苋科约有70属、900种，广布于热带和温带地区；我国有15属、44种，分布于全国。本科多为药用和观赏植物，有些是做干花的好材料，部分种类为农田杂草。

识别特征 草本，稀灌木。单叶互生或对生，无托叶。花小，常两性，密集成聚伞花序，再形成穗状或圆锥花序，有时为头状；花被片3～5，干膜质；雄蕊1～5，与花被片对生；子房上位，1室，胚珠1至多数。胞果，稀为浆果（图12-13、图2-14）。染色

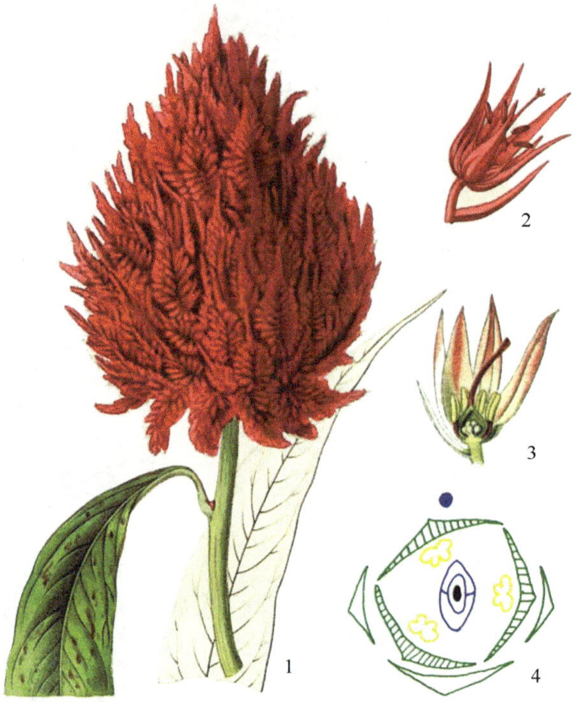

图12-13 鸡冠花及苋科花图式

1. 鸡冠花花枝；2. 一朵花；3. 子房总剖面；4. 花图式

图12-14 苋科植物

A. 苋；B. 反枝苋；C. 千日红；D. 青葙；E. 鸡冠花；F. 血苋

体：X=6～10、17。

（1）青葙属（*Celosia* L.）。草本或灌木。叶互生，全缘。花两性，穗状花序；每花具1苞片和2小苞片，常短于5个花被片；雄蕊5枚，基部结合；子房1室，胚珠2至多数。胞果盖裂。本属有45～60种，分布于非洲、美洲和亚洲亚热带和温带地区；我国3种。鸡冠花（*C. cristata* L.），一年生草本；叶卵形或卵状披针形；顶生花序肉质扁平鸡冠状，颜色多样。原产于印度，各地栽培，供观赏，花与种子药用，有止血、止泻功效。青葙（*C. argentea* L.），一年生草本；叶多矩圆状披针形；花序塔状或圆柱状，红色或白色。广布各地，野生或栽培，供观赏及药用，种子清热明目，嫩叶可食，茎叶也作饲用。

（2）苋属（*Amaranthus* L.）。一年生草本，叶互生。花单性，穗状或圆锥花序；花被片5或1～3；花柱极短或无，子房压扁，胚珠1。胞果盖裂或不裂。本属约有40种，分布于全世界；我国有14种，广布。本属植物可作饲料、蔬菜、药用或花卉。反枝苋（*A. retroflexus* L.），茎直立，密被短柔毛；叶两面及边缘具柔毛；圆锥花序顶生及腋生，雄蕊5。为养猪养鸡的良好饲料，植株可作绿肥。苋（*A. tricolor* L.），叶无毛；花密集成花簇，腋生，无顶生穗状花序；雄蕊3。栽培作蔬菜，种子和叶含赖氨酸，种子产量高，苋子粉可作面包和糕点，也栽培观赏。老枪谷（尾穗苋）（*A. caudatus* L.），叶除叶脉稍具柔毛外，两面无毛；圆锥花序顶生下垂。原产于热带，我国各地栽培观赏。

（3）牛膝属（*Achyranthes* L.）。草本，茎方形，节膨大。叶对生，全缘。花两性，聚成穗状花序；花被片4～5；雄蕊常5枚，花丝基部合生，其间有退化雄蕊；子房1室1胚珠。胞果包藏于宿存花被内。本属约有15种，我国有3种：牛膝（*A. bidentata* Bl.）、土牛膝（*A. aspera* L.）和柳叶牛膝［*A. longifolia*（Makino）Makino］，为常见杂草，根及全草入药，根酒制后，能补肝肾，强筋骨。

本科常见植物还有锦绣苋［*Alternanthera bettzickiana*（Regel）Nicholson］、血苋（*Iresine berbstii* Hook. f. ex Lindl.）、千日红（*Gomphrena globosa* L.）等，均原产于巴西、美洲热带，各地栽培，供观赏及药用。

八、十字花科 Brassicaceae，Cruciferae

$* K_4 C_4 A_{2+4} \underline{G}_{(2:1,\ 2:1\sim\infty)}$

十字花科约有330属、3500种，广布全世界，主产于北温带，以地中海地区最多。我国102属、412种，各地均有分布，以西北地区为多。本科有多种重要的蔬菜、油料作物和蜜源植物，另有一些药用和观赏植物，也有不少为农区杂草。

识别特征　草本，稀半灌木。叶互生，无托叶。总状花序或伞房花序；花两性，辐射对称，萼片4，花瓣4，十字形排列，基部常成爪；雄蕊6，四强雄蕊；雌蕊2心皮合生，子房上位，侧膜胎座，1室或有假隔膜而成假2室，每室胚珠1至多数。长角果或短角果；种子无胚乳（图12-15、图12-16）。染色体：X=4～15，多为X=6～9。

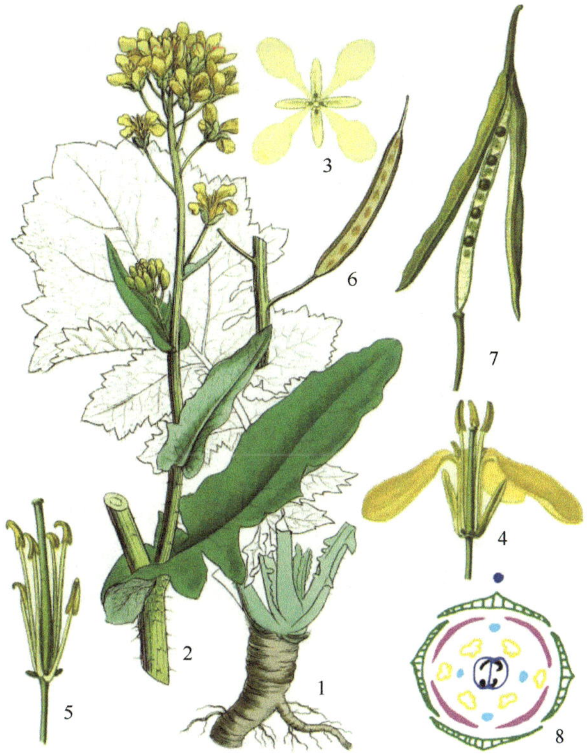

图12-15　芸薹及十字花科花图式

1. 芸薹基生叶及根系；2. 花枝；3. 花顶面观；4. 花侧面观；5. 去花被花；6. 果纵剖面；7. 果实；8. 花图式

（1）芸薹属（*Brassica* L.）。草本。基生叶莲座状，茎生叶无柄而抱茎。总状花序伞房状，果时伸长；花瓣黄色或白色，具长爪。长角果圆筒形，开裂，具喙。本属约有40种，分布于地中海地区；我国有6种，多为栽培蔬菜和油料作物。

栽培油料：芸薹（*B. rapa* var. *oleifera* DC.）、欧洲油菜（*B. napus* L.）等。

栽培蔬菜：白菜（*B. rapa* var. *glabra* Regel）、青菜［*B. rapa* var. *chinensis*（L.）Kitam.］、甘蓝（*B. oleracea* var. *capitata* L.）和花椰菜（*B. oleracea* var. *botrytis* L.），擎蓝（*B. oleracea* var.*gongylodes* L.）、蔓菁甘蓝［*B. napus* var. *napobrassica*（L.）Rchb.］常用于盐腌和酱渍，芥菜疙瘩（大头菜）［*B. juncea* var. *napiformis*（Pailleux et Bois）Kitamura］常用于腌制酱菜。

栽培芥辣：芥菜［*B. juncea*（L.）Czerm.］、黑芥［*B. nigra*（L.）W. D. J. Koch］、白芥（*Sinapis alba* L.）等种子称“芥子”，均可制芥末，作为辛辣调味香料。

（2）萝卜属（*Raphanus* L.）。草本。常有肉质根。叶大头羽状裂，上部多有锯齿。总状花序伞房状；花白色或紫色，具深色脉纹。长角果圆筒状，不开裂，

图 12-16 十字花科植物

A. 萝卜；B. 香雪球；C. 紫罗兰；D. 芸薹；E. 荠菜；F. 菘蓝

明显于种子间缢缩，顶端有细喙。本属3种，多分布于地中海地区；我国有2种。萝卜（*R. sativus* L.），各地普遍栽培，是重要蔬菜；种子、根、叶皆入药，种子消食化痰，鲜根止渴、助消化，枯根利二便，叶治初痢，并预防痢疾。

（3）荠属（*Capsella* Medikus）。草本，无毛、具单毛或分枝毛。基生叶莲座状，全缘、大头羽状或羽状裂，茎生叶常抱茎。花瓣小，白色，匙形。短角果倒三角形或倒心形，扁压，开裂；子叶背倚。本属1种，产于亚洲西南部及欧洲。荠菜［*C. bursa-pastoria*（L.）Medikus］，遍布全国各地，生于山坡草地、荒地、田边、宅旁和路边，嫩枝叶人畜均可食用，也可入药，有利尿、止血、清热明目、消积之效。

（4）独行菜属（*Lepidium* L.）。草本。单叶，全缘或羽状分裂。花小，白色，萼片短；花瓣4～2或缺。短角果圆形、倒卵形或心脏形，两侧压扁，顶端全缘，或因微翅而成微缺；每室有种子1粒；子叶背倚。本属约有180种，广布全世界；我国有16种，南北均有分布。独行菜（*L. apetalum* Willd.），植株多分枝，被头状腺毛；萼片呈舟状，花瓣退化，雄蕊常2。为我国北部极普通的杂草，也是荒漠地带早春常见短命植物。

（5）菥蓂属（*Thlaspi* L.）。草本，全株无毛。叶全缘或具齿，基生叶莲座状，有柄；茎生叶无柄，基部箭形，抱茎。花白色，少粉红色。短角果圆形、倒卵形或倒心形，周围或部分有翅，果瓣舟形；子叶缘倚。本属约有75种，多产于欧亚大陆温带地区；我国有6种，分布于东北、西北至西南。菥蓂（*T. arvense* L.），短角果近圆形，周围具宽翅。全草入药可清热解毒、消肿排脓，种子利肝明目，嫩苗和中益气。

（6）葶苈属（*Draba* L.）。草本，常簇生，被单毛、分枝毛或星状毛。基生叶莲座状，茎多无叶。花白色或黄色；花瓣全缘或顶端微缺。短角果长圆形、卵形以至条形，背腹压扁，种子每室2列；子叶缘倚。本属约有350种，主产于北半球北部高山地带；我国有48种，多产于西南与西北地区。葶苈（*D. nemorosa* L.），全株被星状毛；基生叶卵形至卵状披针形；总状花序，果时疏展；短角果矩圆形或长椭圆形，具长梗，与主轴几成直角，于梗端微向上翘。

（7）碎米荠属（*Cardamine* L.）。草本，常具匍匐茎。叶羽状分裂或为羽状复叶。花淡紫色或白色。长角果条形或条状披针形，扁平，两端渐尖，果瓣成熟后弹起或卷起，子叶缘倚。本属约有200种，分布于全球，主产于北温带；我国有48种，遍布全国。弹裂碎米荠（*C. impatiens* L.），羽状复叶，小叶6～9对；果实长条形，成熟时自下而上弹性裂开。全草可供药用。

本科作药用的有菘蓝（*Isatis tinctoria* L.），根作"板蓝根"，叶作"大青叶"入药，叶还可提蓝色素作"青黛"；作观赏的有紫罗兰［*Matthiola incana*（L.）R. Br.］、桂竹香［*Erysimum cheiri*（L.）Crantz］、香雪球［*Lobularia maritima*（L.）Desv.］等。常见杂草还有芝麻

菜（*Eruca*）、群心菜（*Cardaria*）、蔊菜（*Rorippa*）、涩芥（*Malcolmia*）等属植物。本科有不少短命植物，在我国主要分布于西北荒漠地区，以新疆准噶尔盆地最为丰富。鼠耳芥（拟南芥）[*Arabidopsis thaliana*（L.）Heynh.]，因其染色体数目少（$2n=10$），生长周期短，易栽培，现被广泛用作分子生物学研究的模式植物。

九、葫芦科 Cucurbitaceae

♂：$*K_{(5)}C_{(5)}A_{(2)+(2)+1,(5)}$；♀：$*K_{(5)}C_{(5)}\overline{G}_{(3:1:\infty)}$

葫芦科约有123属、800种，主产于热带和亚热带地区；我国有35属、151种，多分布于南部和西南部，栽培种类全国各地均产，包括多种瓜果蔬菜和药用植物。

识别特征 草质藤本，常有卷须。叶互生，常掌状分裂。花单性，雌雄同株或异株；萼片、花瓣各为5枚，合瓣或分离；雄蕊5，常两两联合，一个分离，花药常弯曲成S形；雌蕊3心皮合生，子房下位，侧膜胎座，胚珠多数。瓠果；种子无胚乳（图12-17、图12-18）。染色体：$X=7\sim14$。

（1）黄瓜属（*Cucumis* L.）。草质藤本，卷须不分枝。叶3～7裂。花冠辐状、黄色、5深裂；雄花单生或有时簇生；花萼裂片钻形，近全缘，不反折。本属约有32种，分布于热带和亚热带地区；我国栽培有4

图12-17 黄瓜及葫芦科花图式

1. 黄瓜花枝；2. 雄花纵剖；3. 雄蕊；4. 去花被雄花；5. 雌花纵剖；6. 子房横切；7. 南瓜雄花花图式；8. 南瓜雌花花图式

图12-18 葫芦科植物

A. 黄瓜；B. 南瓜；C. 西瓜；D. 葫芦；E. 苦瓜；F. 佛手瓜；G. 丝瓜

种。黄瓜（*C. sativus* L.），常见的栽培蔬菜。甜瓜（*C. melo* L.），栽培已久，以新疆甜瓜最负盛名。

（2）葫芦属（*Lagenaria* Ser.）。草质藤本。叶片心状卵形，叶柄顶部有2个明显腺体。花白色，辐状；雄花萼筒部伸长约2cm。本属约6种，产于热带地区；我国1种。葫芦［*L. siceraria*（Molina）Standl.］，果下部大于上部，中部缢细，成熟后果皮变为木质，可作容器或供观赏。

（3）南瓜属（*Cucurbita* L.）。草质藤本，茎粗糙，卷须分枝。花冠大型钟状、黄色，5中裂。本属约有15种，产于美洲；我国引种栽培3种。南瓜（*C. moschata* Duch.）、西葫芦（*C. pepo* L.），南方和北方都有栽培；笋瓜（*C. maxima* Duch.）北方有栽培。

（4）西瓜属（*Citrullus* Schrader ex Ecklon et Zeyher Enum.）。卷须分枝。叶羽状深裂。花单性同株或异株，单生，淡黄色，花冠5深裂。西瓜［*C. lanatus*（Thunb.）Matsu. et Nakai］，瓠果大型，胎座组织（瓜瓤）发达。原产于非洲，各地广栽，品种甚多。

（5）丝瓜属（*Luffa* Mill.）。卷须分叉。叶5～7裂。花单性同株，黄色，雄花序总状，雌花单生，花冠5深裂。果内有网状纤维。本属6种，产于热带及亚热带地区；我国引入栽培2种。丝瓜（*L. aegyptiaca* P. Mill.），果圆柱形，嫩时菜用，熟后其网状纤维药用或民间洗涤器皿用。广东丝瓜［*L. acutangula*（L.）Roxb.］，果具锐纵棱，南方多栽，用途同丝瓜。

本科作蔬菜的还有冬瓜［*Benincasa hispida*（Thunb.）Cogn.］、苦瓜（*Momordica charantia* L.）、佛手瓜［*Sechium edule*（Jacq.）Sw.］、蛇瓜（*Trichosanthes anguina* L.）等；油渣果［*Hodgsonia macrocarpa*（Bl.）Cogn.］，主产于华南，果可食，种子榨油供食用。药用植物有绞股蓝［*Gynostemma pentaphyllum*（Thunb.）Makino］，分布于华东至华南，全草入药，含有类似人参皂苷的绞股蓝皂苷，有“南方人参”之美誉，还可提制蓝色素；栝楼（瓜蒌 *Trichosanthes kirilowii* Maxim.）、王瓜［*T. cucumeroides*（Ser.）Maxim.］，根、果实及种子药用。喷瓜［*Ecballium elaterium*（L.）A. Rich.］，多年生草本，无卷须；常栽培观赏。

十、锦葵科 Malvaceae

$*K_5C_5A_{(\infty)}\underline{G}_{(2\sim\infty:2\sim\infty:1\sim\infty)}$

锦葵科约有100属、1000种，广布于温带与热带；我国有19属、81种，分布于南北各省。本科有多种重要的纤维作物和观赏植物，部分植物可食用或药用，有些种类为常见杂草。

识别特征 草本或灌木。单叶互生，具托叶。花单生或为聚伞花序，花两性，辐射对称；萼片3～5，分离或合生，常具副萼（accessory calyx）；花瓣5，旋转状排列；雄蕊多数，单体；子房上位，2至多室，中轴胎座，每室1至多数胚珠。蒴果或分果，种子有胚乳（图12-19、图12-20）。染色体：X=5～22、33、39。

图12-19 海岛棉及锦葵科花图式
1. 海岛棉花枝；2. 去花被花；3. 子房横切；4. 子房纵切；5. 果实；6. 锦葵科花图式

（1）棉属（*Gossypium* L.）。一年生草本。叶掌状分裂，常有紫色斑点。花大，单生于叶腋；萼5，杯状，副萼3，叶状，边缘有不规则尖裂；花瓣乳白色，后变紫色；心皮3～5合生。蒴果背裂；种子被棉毛，俗称棉花。本属有20多种，分布于热带和亚热带地区；我国引入栽培4种，是纺织工业最主要的原料，种子油可食用。海岛棉（*G. barbadense* L.）、陆地棉（*G. hirsutum* L.）、树棉（*G. arboroum* L.）、草棉（*G. herbaceum* L.）4个种中以陆地棉为主，占棉田95%以上。陆地棉又称细绒棉，原产于中美洲、墨西哥一带高原地区，我国自19世纪末开始引入栽培，产量高、纤维较细长、适应性较强。海岛棉又称长绒棉，原产于南美洲，海岛棉虽然产量较低，但纤维细长，强度大，能纺百支以上高档细纱，适应特殊需要，故在新疆和西南几个省（自治区）有一定种植面积。

（2）锦葵属（*Malva* L.）。草本。叶掌状浅裂至深裂。花单生或数朵簇生于叶腋；萼5裂，副萼3；花瓣粉红色或白色。果熟时各心皮彼此分离成分果，且与中轴脱离，每果瓣含1种子。本属约有30种，分布于北温带；我国有3种，南北均产。野葵（*M. verticillata* L.），花小，淡紫色或淡红色，簇生于叶腋，变种有冬葵（冬寒菜 *M. verticillata* var. *crispa* L.），叶缘皱曲；花白色。各地栽培作蔬菜。锦葵（*M. cathayensis* M. G. Gilbert，Y. Tang et Dorr），叶5～7钝浅裂；花大，蓝紫

图 12-20　锦葵科植物

A. 陆地棉；B. 木芙蓉；C. 木槿；D. 野葵；E. 锦葵；F. 苘麻；G. 金铃花

色或白色。多栽培观赏。圆叶锦葵（*M. pusilla* Smith），茎常匍生，花梗长 2～5cm。杂草。

（3）木槿属（*Hibiscus* L.）。木本或草本。叶互生，不分裂或多少掌状分裂。花大型，单生或排成总状花序；副萼 5 或多数，分离或基部合生。蒴果背裂。本属约有 200 种，分布于热带和亚热带地区；我国有 25 种，多为观赏植物。木槿（*H. syriacus* L.），栽培作绿篱，全株入药。扶桑（*H. rosa-sinensis* L.），原产于我国，各地多有栽培。木芙蓉（*H. mutabilis* L.），除东北和西北外广布，花、叶及根皮入药，为著名消肿解毒药。

（4）蜀葵属（*Alcea* L.）。一至多年生草本，全体被柔毛。花大型，单生叶腋或成顶生总状花序；副萼 6～7，心皮 15 或更多。分果爿 2 室。本属约有 60 种，产于亚洲中部至西南部，欧洲东部及南部，我国 2 种。蜀葵（*A. rosea* L.），二年生直立草本。原产于我国西南部，各地广栽，花色多样供观赏；全草入药，清热止血；茎皮纤维可代麻用。

（5）苘麻属（*Abutilon* Mill.）。草本或灌木。花单生叶腋或顶生，无副萼，心皮 8～20。蒴果特别，果瓣分离。本属约有 200 种，主产于热带及亚热带，我国 9 种。苘麻（*A. theophrasti* Medikus），一年生亚灌木状草本。除青藏高原外其他各省均产，常见杂草或栽培，纤维作编织、纺织材料；种子榨油供制皂、油漆和工业润滑油；全草入药，种子作“冬葵子”。金铃花［*A. pictum*（Gillies ex Hooker）Walpers］，常绿灌木，叶 3～5 掌状深裂，花梗细长下垂，花橘黄色，具紫色条纹。原产于南美洲，我国各地栽培供观赏。

十一、大戟科　Euphorbiaceae

♂：$* K_{0\sim5} C_{0\sim5} A_{1\sim\infty}$；♀：$* K_{0\sim5} C_{0\sim5} \underline{G}_{(3:3:1\sim2)}$

大戟科约有 322 属，8910 余种，广布全世界，主产热带和亚热带；我国有 75 属，406 种，主产于长江流域以南各省（自治区）。其中有橡胶、油料、药材、鞣料、淀粉、观赏及用材等经济植物，还是构成南亚热带常绿阔叶林的组成部分，此外，还有一些有毒植物，可用作农药。

识别特征　草本或木本，常具乳汁。叶互生，具托叶。花单性，雌雄同株，少异株；聚伞花序或杯状聚伞花序；双被、单被或无花被；常具花盘或腺体；雄蕊 1 至多数，花丝分离或合生；子房上位，3 心皮合生，3 室，中轴胎座，每室具 1～2 胚珠。蒴果，稀浆果或核果，种子有胚乳（图 12-21、图 12-22）。染色体：X=6～14。

（1）蓖麻属（*Ricinus* L.）。仅蓖麻（*R. communis* L.）1 种，一年生草本。叶互生，大型，掌状 5～11 深裂，叶柄有腺体。花单性同株并同序，组成聚伞花序再聚成顶生圆锥花序，雌花在上；无花瓣及花盘；雄

图 12-21 蓖麻

1. 花枝；2. 花序；3. 雄花序部分；4. 雄蕊；5. 雌花；6. 子房横切；7. 子房纵切；8. 果实；9. 雌花花图式

花具多数雄蕊，花丝多分枝，多体雄蕊。蒴果球形，有软刺。种仁含油达70%，是重要的工业用油原料，为优良的润滑油，也可制肥皂及印刷油等，在医药上是一种缓泻剂；根、茎、叶、种子均可入药，有祛湿通络、消肿拔毒之效；叶可饲养蓖麻蚕。

（2）大戟属（*Euphorbia* L.）。草本或木本，有乳汁。杯状聚伞花序；雄花无花被，仅具1雄蕊；雌花常无花被，每子房室1胚珠。本属约有2000种，主产于亚热带及温带地区；我国有77种，广布全国。乳浆大戟（*E. esula* L.），茎光滑无毛；叶条形或条状披针形；杯状总苞顶端4裂；腺体4，与裂片相间排列，新月形，两端有短角。全草入药。大戟（*E. pekinensis* Rupr.），茎被白色柔毛；叶矩圆状条形或矩圆状披针形；杯状总苞顶端4裂，腺体4，肾形；子房及蒴果具瘤状突起。地锦草（*E. humifusa* Willd.），茎紫红色，平卧；杯状聚伞花序单生于叶腋。

（3）橡胶树属（*Hevea* Aubl.）。约有10种，分布于热带美洲，我国引入栽培1种。橡胶树［*H. brasiliensis*（Willd. ex A. Juss.）Muell. Arg.］，乔木，有乳状汁液。三出复叶。花小，聚伞状圆锥花序；中央的为雌花，其余为雄花；无花瓣。蒴果。著名橡胶植物，原产于巴西亚马孙河流域热带雨林，全球热带地

图 12-22 大戟科植物

A. 乳浆大戟；B. 地锦草；C. 橡胶树；D. 油桐；E. 木薯

区广为栽培，我国广东、广西、海南、云南有种植，新中国成立后我国大力发展橡胶种植业，成功地将橡胶栽培推进到北回归线。

（4）油桐属（*Vernicia* Lour.）。乔木，常具乳汁。单叶，叶柄顶端具 2 腺体。顶生圆锥状聚伞花序，花雌雄同株，两被花。核果大型，种子富含油质。本属 3 种，产于缅甸、印度尼西亚、中国及日本，我国 2 种。油桐［*V. fordii*（Hemsl.）Airy-Shaw］，叶卵状或卵状心形，全缘，花白色，果皮光滑。原产于我国，主产于华中和西南；种仁含油 46%～70%，称“桐油”，是我国举世闻名的特产，产量占世界总量的 70% 以上，桐油为干性植物油，是油漆和涂料工业的重要原料。木油桐（千年桐 *V. montana* Lour.），叶常 3～5 裂，果具 3 棱和网纹。主产于华南，用途同油桐。

本科经济植物还有木薯（*Manihot esculenta* Crantz），块根肉质含淀粉，可作粮食或供工业用，但因体内含氰基苷，食用前需水浸并煮熟去毒（也有无毒品种）；原产于巴西，我国南方热带地区栽种。巴豆（*Croton tiglium* L.），分布于江南地区，为著名杀虫植物和泻药；种子含巴豆油及毒蛋白等，有大毒。

大戟科的营养体和化学特征及花粉形态，在同一科中差别很大，它是一个多型科，分类比较复杂。因此关于它的系统位置，不同学者有不同见解，至今仍有争论。

十二、蔷薇科　Rosaceae

蔷薇科有 124 属、3300 余种，全世界分布，主产于北温带至亚热带；我国有 55 属、950 种，全国各地均产。本科植物具有重要的经济价值，果树种类与资源非常丰富，观赏花木与绿化树种以及蜜源植物也很多，有些种类是重要的香料植物与高维生素植物，还有一些种类为药用植物和农田杂草。

识别特征　乔木、灌木或草本。单叶或复叶，互生稀对生，常具托叶。花序类型多样，花两性，辐射对称；萼片、花瓣常为 5；雄蕊多数；心皮多数至 1 枚，分离或合生；子房上位或下位。核果、梨果、瘦果、蓇葖果；种子常无胚乳。染色体：*X*=7、8、9、17。

根据心皮数目及离合、子房位置和果实形态，分为 4 个亚科，各亚科的花、果比较如图 12-23 所示。

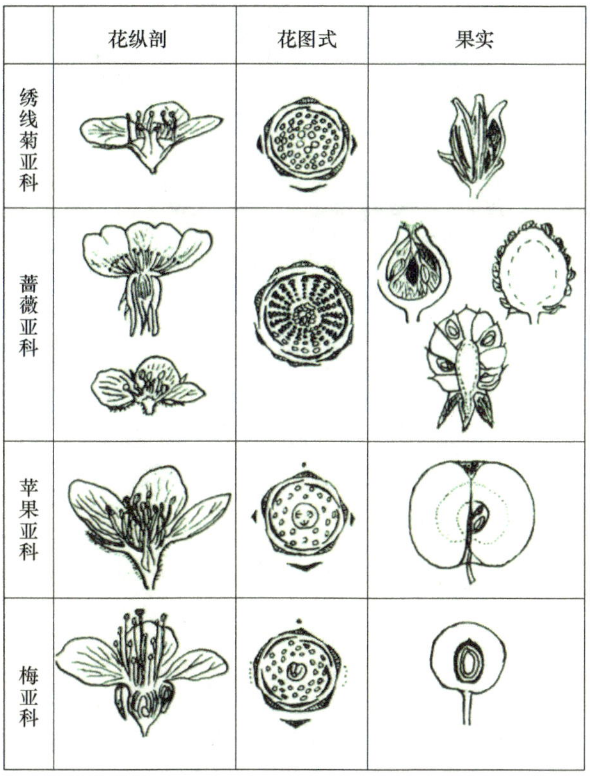

图 12-23　蔷薇科 4 个亚科比较图

1. 绣线菊亚科（Spiraeoideae）　$*K_5C_5A_\infty\underline{G}_{1\sim5}$

灌木。单叶，少复叶，常无托叶。花托扁平或微凹；心皮 5，少 1～2 或多数，离生雌蕊，子房上位，每室胚珠 2 至多数。聚合蓇葖果（图 12-24、图 12-25）。约有 22 属、260 种。我国有 8 属、99 种。

图 12-24　麻叶绣线菊

1. 花枝；2. 花纵剖面；3. 绣线菊亚科花图式

（1）绣线菊属（*Spiraea* L.）。落叶灌木。单叶，边缘有锯齿或缺刻。伞形、伞房状、总状或圆锥状花序；花托钟状；萼片、花瓣均为 5；心皮 5，离生。蓇葖果 5，沿腹缝线开裂。本属有 100 余种，广布于北温带至亚热带山地；我国有 70 种，分布于南北各省（自治区）。许多种类耐寒，花朵美丽，白或红色，为庭院

图 12-25　绣线菊亚科植物

A. 麻叶绣线菊；B. 粉花绣线菊；C. 珍珠绣线菊；D、E. 珍珠梅

常见观赏植物。常见的有麻叶绣线菊（*S. cantoniensis* Lour.）、粉花绣线菊（*S. japonica* L. f.）、华北绣线菊（*S. fritschiana* Schneid.）、珍珠绣线菊（*S. Thunbergii* Sieb. ex Bl.）等。

（2）珍珠梅属（*Sorbaria* A. Br.）。落叶灌木。奇数羽状复叶。花小，未开放时珍珠状，排成顶生圆锥花序，花瓣 5；心皮 5，基部合生。蓇葖果具多数种子。本属约有 9 种，分布于亚洲；我国有 3 种，产于西南和东部。华北珍珠梅［*S. kirilowii*（Regel et Tiling）Maxim.］，雄蕊 40～50，长于花瓣，花柱顶生。珍珠梅［*S. sorbifolia*（L.）A. Braun］，雄蕊约 20，短于或等长于花瓣，花柱侧生。两者均为观赏树种，常有栽培。

2. 蔷薇亚科（Rosoideae）　$*K_5C_5A_{\infty}\underline{G}_{\infty}$

木本或草本。复叶少单叶，托叶发达。花托突起或凹陷；心皮多数，离生雌蕊，子房上位，每室 1 胚珠。聚合瘦果或聚合小核果（图 12-26、图 12-27）。约有 35 属、1500 余种，我国有 22 属、457 种。

（1）蔷薇属（*Rosa* L.）。有刺灌木。羽状复叶。花托壶状，内生多数由 1 心皮组成的雌蕊，成熟时形成多数小瘦果，包于稍肉质壶状花托内，形成蔷薇果。本属约有 200 种，分布于北半球温带及亚热带；我国有 95 种，分布于南北各省（自治区）。玫瑰（*R. rugosa* Thunb.），直立灌木，小叶 5～9，叶脉下陷，背面密被绒毛；花瓣紫红、玫瑰红色，单瓣或重瓣；蔷薇果扁球形。原产于我国，栽培供观赏或作香料和提取芳香油，世界各地广泛栽培。月季花（*R. chinensis* Jacq.），直立灌木，小叶 3～5，无毛；托叶边缘有腺毛；萼有羽状裂片，花大型，少数或单生。原产于我国，栽培历史悠久，品种很多，花和根供药用。野蔷薇（*R.*

图 12-26　玫瑰

1. 花枝；2. 果枝；3. 托叶；4. 蔷薇亚科花图式

图 12-27　蔷薇亚科植物

A、B. 玫瑰；C. 月季花；D. 野蔷薇；E. 草莓；F. 蕨麻；G. 覆盆子；H. 欧洲木莓

multiflora Thunb.)，攀援灌木，小叶 5～9，背面具柔毛；托叶篦齿状；花多数，白色，单瓣。产于中国、日本及朝鲜。

（2）悬钩子属（*Rubus* L.）。灌木或亚灌木，少草本，常具皮刺。单叶或复叶。花托凸起。聚合小核果。本属约有 700 种，广布，我国有 208 种。本属植物多野生，果可食用或酿酒、制果汁；栽培的有喜阴悬钩子（黑树莓 *R. mesogaeus* Focke）、覆盆子（红树莓 *R. idaeus* L.）、欧洲木莓（*R. caesius* L.）等，用途同前。

（3）绵刺属（*Potaninia* Maxim.）。仅绵刺（*P. mongolica* Maxim.）1 种，倾卧地面的小灌木，树皮棕褐色。羽状三出复叶，顶生小叶 3 全裂。花小，淡红色，单生于短枝上，副萼片、萼片、花瓣、雄蕊均为 3，心皮 1，花柱基生。瘦果含 1 种子。产于内蒙古、宁夏、甘肃，强旱生植物，生于戈壁和覆沙砾石质平原，也见于山前冲积扇；可饲用和固沙，为国家重点保护植物。

（4）草莓属（*Fragaria* L.）。多年生草本，有匍匐茎。三出复叶或 5 小叶，具长柄；托叶膜质，基部与叶合生。花单生、数朵或聚伞花序；花托盘状；萼片 5，副萼 5，与萼片互生；花瓣 5，白色；花托凸起。瘦果多数，嵌于膨大的肉质花托内，形成聚合果，萼片宿存，果实均可食。本属约有 20 种，分布于北温带及亚热带；我国有 8 种，引入栽培 1 种，分布于西南、西北至东北。栽培草莓［*F.* × *ananassa*（Weston）Duch.］，三出羽状复叶；花白色；聚合果鲜红色或淡红色，萼片紧贴果实。原产于南美洲，我国各地有栽培。

（5）委陵菜属（*Potentilla* L.）。草本。羽状或掌状复叶。花单生或聚伞花序；萼片 5，具副萼；花瓣 5，黄色，稀白色。瘦果多数，着生于干燥的花托上。本属约有 500 种，广布于北温带；我国有 86 种，全国各地均产。蕨麻（*P. anserina* L.），多年生草本，茎匍匐；羽状复叶，小叶 11～25，卵状矩圆形或椭圆形，上面绿色，下面密被白色绢状毡毛；花单生于叶腋。产于青海、甘肃等高寒地区的须根肥厚，富含淀粉，称蕨麻，可食用、酿酒或药用。

3. 苹果亚科（梨亚科 Maloideae）$*K_5C_5A_{\infty}\overline{G}_{(2\sim5:2\sim5:1\sim2)}$

乔木或灌木。单叶稀复叶，有托叶。花托下凹，心皮 2～5，合生雌蕊，子房下位，每室有胚珠 2～1 个。梨果（图 12-28、图 12-29）。20～28 属、940～1100 种；我国有 16 属、273 种。

（1）梨属（*Pyrus* L.）。落叶乔木或灌木。叶在芽中席卷。伞形总状花序；花瓣常白色；花药深红色或紫色；花柱 2～5，离生。梨果具石细胞。本属约 25 种，分布于亚洲、欧洲及北非；我国 14 种。多数为重要果树及观赏树。西洋梨（*P. communis* L.），叶边缘具圆钝锯齿；花柱 5；果实倒卵形，绿色或黄色，花萼宿存。原产于欧洲及亚洲西部。沙梨［*P. pyrifolia*（Burm.

图 12-28 西洋梨

1. 花枝；2. 果枝；3. 花纵剖面；4. 雄蕊背面观；5. 雄蕊腹面观；6. 花柱；7. 子房横切；8. 果实纵切；9. 花图式

f.) Nakai]，叶边缘有刺芒锯齿；花柱 5；果实近球形，浅褐色，萼片脱落。产于长江以南。

（2）苹果属（*Malus* Mill.）。落叶乔木或灌木。单叶互生，边缘有锯齿或分裂。花白色或粉红色，伞房花序；花柱 3～5，基部合生。梨果无石细胞，子房壁软骨质。本属约有 55 种，广布于北温带；我国有 25 种，分布于西南、西北，经中部至东北。多数为重要果树及砧木或观赏树种。苹果（*M. pumila* Mill.），果鲜食或加工果品。新疆野苹果［*M. sieversii*（Ldb.）M. Roem.］，产于新疆，是构成天山野果林的主要树种，是栽培果树的重要基因库；果鲜食，加工成果酱或酿苹果酒。垂丝海棠（*M. halliana* Koehne）、海棠花［*M. spectabilis*（Ait.）Borkh.］、西府海棠（*M.* × *micromalus* Makino）等均为庭园常见观赏植物。

（3）山楂属（*Crataegus* L.）。落叶灌木或小乔木，通常有茎刺。单叶互生，常分裂，有托叶。顶生伞房花序。本属约有 1000 种，分布于北温带，北美洲最盛；我国有 18 种，各地均有分布。山楂（*C. pinnatifida* Bge.），果红色，近球形。可鲜食，制果酱、果糕，并可药用。

（4）枇杷属（*Eriobotrya* Lindl.）。常绿灌木或小乔木。单叶互生，大型。花白色，顶生圆锥花序；子房 2～5 室，每室有 2 胚珠。本属约有 30 种，分布于亚洲温带及亚热带；我国有 14 种。枇杷［*E. japonica*（Thunb.）Lindl.］，果球形，黄色或橘黄色。多为栽培或野生；果鲜食或酿酒；叶药用，能利尿、清热、止

图 12-29 苹果亚科植物

A. 沙梨；B. 苹果；C. 垂丝海棠；D. 山楂；E. 枇杷；F. 平枝栒子

咳，枇杷仁及叶有镇咳作用。

（5）栒子属（*Cotoneaster* B. Ehrh.）。灌木，稀小乔木。单叶，互生，全缘；托叶小，早落。花单生或数朵组成聚伞花序；花瓣白色或粉红色；心皮2～5。梨果内有1～5小核。本属有90余种，分布于亚洲、欧洲和北非温带地区；我国有59种，主要分布于西北和西南各省（自治区）。多数种类夏季盛开白色或红色花朵，秋季结红色或黑色果实，作为观赏灌木或绿篱栽植，有些种类匍匐或矮小，是点缀岩石园的良好材料，木材坚硬，可作器具或手杖。平枝栒子（*C. Horizontalis* Dcne.），匍匐灌木，小枝2列；花1～2朵，近无梗，粉红色；果实近球形，鲜红色，小核3，稀2。

4. 梅亚科（李亚科 Prunoideae）　$*K_5C_5A_\infty\underline{G}_1$

乔木或灌木。单叶，托叶早落，叶柄顶端常有腺体。花托扁平或微凹，心皮1，子房上位，胚珠2～1。核果，常含1粒种子（图12-30、图12-31）。约有10属、400种，我国有9属、115种。

（1）桃属（*Amygdalus* L.）。叶披针形。花单生，粉红色；子房有毛，1室1胚珠。核果被绒毛，稀无毛，果核表面具网状、条状或蜂窝状洼痕。本属约有40种，分布于亚洲中部至地中海地区，栽培品种广布于寒温带、温带至亚热带地区；我国有11种，主产于西部和西北部，栽培品种全国各地分布。桃（*A. persica* L.），各地广泛栽培，果鲜食，或加工果品，种仁供药用。扁桃（巴旦杏 *A. communis* L.），乔木，果

图12-30　桃

1. 花枝；2. 果枝；3. 花纵剖面；4. 花纵剖示雄蕊着生位置；5. 雄蕊；6. 子房横切；7. 果实纵切；8. 果核；9. 花图式

图12-31　梅亚科植物

A. 桃；B. 杏；C. 李；D. 山樱花；E. 日本晚樱；F. 东京樱花

长圆状卵形或长斜卵形，成熟时干燥，密被短绒毛，核表面具孔穴。扁桃果仁含脂肪（40%～70%）、蛋白质（15%～35%）、糖（2%～10%），营养丰富，味道香美，是著名干果。榆叶梅［*A. triloba*（Lindl.）Ricker］，一年生枝叶互生，短枝叶簇生，常3裂；花先叶开放，粉红色。为庭园常见观赏树种。

（2）杏属（*Armeniaca* Mill.）。叶圆形或卵形。花单生，先叶开放；花瓣5，粉红色或粉白色；花柱顶生，子房无毛。核果球形，有明显纵沟，果核表面光滑，具锐利边棱。本属约有11种，分布于东亚、中亚、小亚细亚和高加索；我国有10种，分布于我国北方，淮河以北广大地区普遍栽培。杏（*A. vulgaris* Lam.），小枝红褐色，叶先端急尖至短渐尖。果可鲜食或加工果品，果仁含油率约50%，入药有润肺止咳、平喘、润肠之效。各地均有栽培，新疆天山野果林有野生片林，约有44个野生类型，是栽培杏的重要基因库。梅（*A. mume* Sieb.），小枝绿色，叶先端尾尖。为庭园常见观赏树种。

（3）李属（*Prunus* L.）。叶柄基部边缘或叶柄顶端常有腺体。花单生或2～5朵簇生；花瓣5，白色或粉红色；子房无毛。核果表面有沟，常被腊粉；核两侧扁平，具沟槽或皱纹。本属有30余种，主要分布于北半球温带；我国有7种，主要分布于北方。李子（*P. salicina* Lindl.），果食用，核仁等可入药。欧洲李（*P. domestica* L.）和樱桃李（*P. cerasifera* Ehrhart）果食用。在新疆天山野果林均有野生片林，是栽培李的重要基因资源。

（4）樱属（*Cerasus* Mill.）。腋芽单生或3芽并生，幼叶在芽内对折。叶柄、托叶、锯齿常有腺体。伞形、伞房或总状花序，或1～2朵腋生，有花梗，花序基部有宿存芽鳞或苞片。核果肉质，核平滑或稍有皱纹。有150余种，分布于北半球温带，主产于我国、日本和朝鲜。我国有43种。山樱花［*C. serrulata*（Lindl.）Loudon］，叶边缘具单锯齿或重锯齿，齿尖具长芒。伞房花序有花2～3朵，花梗无毛；萼筒管状，无毛；花瓣白色，稀粉红色。产于我国、日本及朝鲜半岛。日本晚樱［*C. serrulata* var. *lannesiana*（Carr.）T. T. Yu & C. L. Li］，花香，重瓣。原产于日本，我国各地栽培供观赏。东京樱花［*C. yedoensis*（Matsum.）A. N. Vassiljeva］，叶边缘有芒状重锯齿，背面沿脉有短毛。花序伞形总状，有花3～4朵，先叶开放；苞片大，宿存；花梗被短柔毛；萼筒管状，被短柔毛；花瓣白色或粉红色。原产于日本，我国各地栽培供观赏。

十三、豆科 Fabaceae，Leguminosae

豆科约有650属、18 000种，广布全世界；我国有130属、1300余种，各地均产。本科有许多重要经济植物，如豆类作物、蔬菜、饲草、绿肥、药用植物、绿化观赏及材用树种等，另外还有一些农田杂草，在农林牧业生产上是很重要的科。

识别特征 木本或草本。叶互生，复叶，稀单叶，常具托叶。花两性，两侧对称或少辐射对称；萼片5；花瓣5，花冠多为蝶形或假蝶形；雄蕊10枚，稀4枚或多数，分离或二体雄蕊；心皮1，子房1室偶2室，胚珠1至多数。荚果，开裂或不裂；种子无胚乳。染色体：X=5～16、18、20、21。

本科依据花冠形态与对称性、花瓣排列方式、雄蕊数目与类型等性状分为三个亚科。

1. 含羞草亚科（Mimosoideae） $*K_{(3\sim6)}C_{3\sim6}A_{\infty,(3\sim6)}\underline{G}_{1:1}$

木本，稀草本。1～2回羽状复叶。花两性，辐射对称，穗状或头状花序；萼片5，合生；花瓣5，镊合状排列；雄蕊多数，稀与花瓣同数。荚果有时具次生横隔膜（图12-32）。染色体：X=8、11～14。

（1）合欢属（*Albizia* Durazz.）。木本。二回羽状复叶。雄蕊花丝基部合生成管。荚果扁平，种子间无横隔。本属约有150种，分布于热带和亚热带地区；我国有16种，大部分产于长江以南各省（自治区）；主要作木材及庭院绿化用。合欢（*A. julibrissin* Durazz.），小叶中脉紧靠上缘，花粉红色。常栽培作行道树和绿化树种。

（2）含羞草属（*Mimosa* L.）。二回羽状复叶，常很敏感，触之即闭合而下垂。花小，两性或杂性，组成头状花序或穗状花序；雄蕊与花瓣同数或为其2倍，分离。荚果成熟时横裂为数节，每节具1种子。本属约有500种，主产于热带美洲；我国引种3种，见于广东、广西、云南。多数种有毒，可药用或观赏。含羞草（*M. pudica* L.），草本，具刺；头状花序，萼钟状，裂片4，花瓣4，雄蕊4。原产于热带美洲，现广布于世界热带地区，野生于荒地、灌木丛中。全草药用，能安神镇静、止血收敛、散淤止痛；也可栽培，供观赏。

2. 云实亚科（苏木亚科 Caesalpinioideae） $\uparrow K_{(5)}C_5A_{10}\underline{G}_{1:1}$

木本，稀草本。1～2回偶数羽状复叶，稀单叶。花两性，两侧对称；萼片5；花瓣5，覆瓦状排列，最上1瓣在最内，形成假蝶形花冠；雄蕊10或较少，多分离。荚果，有时具横隔（图12-32）。染色体：X=6～14。

（1）云实属（*Caesalpinia* L.）。植株常具刺。花黄色或橙黄色，雄蕊10。荚果平滑或有刺，革质或木质；种子无胚乳。本属约有100种，分布于热带和亚热带地区；我国有20种，主产于南部和西南部。有的种类可提取苏木素，有的种类可药用或作绿篱及观赏。云实［*C. decapetala*（Roth）Alston］，总状花序顶生，花黄色；荚果沿腹缝线有狭翅，成熟时沿腹缝线开裂。产于长江以南各省（自治区）；根、果药用，常栽培为绿篱。

（2）皂荚属（*Gleditsia* L.）。乔木或灌木，具分

图 12-32 含羞草亚科和云实亚科植物

A. 合欢；B. 含羞草；C. 云实；D. 皂荚；E. 紫荆；F. 湖北紫荆；G. 洋紫荆；H. 红花羊蹄甲

枝的粗刺。一回或兼有二回偶数羽状复叶，小叶边缘具齿，少全缘。花杂性或单性异株，淡绿色或绿白色，雄蕊 6～10。本属约有 16 种，分布于亚洲中部和美洲；我国产 6 种，广布于南北各省（自治区）。皂荚（*G. sinensis* Lam.），羽状复叶，小叶 3～9 对；花杂性，白色，总状花序；荚果大，黑棕色。产于东北、华北、华东、华南、四川、贵州，生于山坡林中或谷地、路旁。本种木材坚硬，为车辆、家具用材，荚果煎汁可代肥皂用；荚、种子、刺均入药。

（3）紫荆属（*Cercis* L.）。落叶灌木或乔木；冬芽数枚叠生。单叶，全缘，掌状脉。花序总状或簇生。假蝶形花冠，旗瓣最小，位于最里面；雄蕊 10，分离；子房有柄。荚果极扁，沿腹缝有窄翅，种子 2 至多数。本属约有 8 种，分布于北美洲及欧洲，我国有 5 种。紫荆（*C. chinensis* Bge.），灌木，叶两面无毛。花簇生，无花序梗，先叶开放，淡紫红色。荚果具翅。产于黄河流域以南，各地栽培供观赏。湖北紫荆（*C. glabra* Pampan.），乔木。叶下面无毛或基部脉腋间有簇生柔毛，主脉（5～）7，总状花序具长 0.5～2cm 的花序轴，花淡紫红色或粉红色。荚果紫红色，具翅。我国特产，栽培观赏。

（4）羊蹄甲属（*Bauhinia* L.）。乔木、灌木或攀援藤本。单叶，先端 2 裂，或全裂为 2 离生小叶，稀不裂，掌状脉 3 条至多条。花两性，组成伞房、总状或圆锥花序；萼杯状、佛焰状或 2～5 齿裂；花瓣 5，离生，各瓣近相等，有爪；雄蕊 10，多退化为 5 或 3，离生。荚果扁平，开裂或不裂。本属约有 300 种，遍布于世界热带地区；我国有 47 种，引入栽培 2 种。羊蹄甲（*B. purpurea* L.），常绿小乔木或灌木。小枝幼时微被毛。叶长 10～15cm。总状花序侧生或顶生；花瓣桃红色，倒披针形，长 4～5cm，具脉纹和长柄；能育雄蕊 3。荚果带状。洋紫荆（*B. variegata* L.），落叶乔木。小枝稍呈之字形曲折，无毛。花数朵排成短总状花序，多少成伞房花序式。花大，花瓣倒卵形，少数倒披针形，长 4～5cm，紫红色至淡红色；发育雄蕊 5；能正常结实。红花羊蹄甲（*B. blakeana* Dunn），乔木。小枝被毛。总状花序具多花，顶生或腋生，有时成圆锥花序；花瓣红紫色，具短瓣柄，倒披针形，长 5～8cm，近轴的一片中间至基部呈深紫红色；发育雄蕊 5，其中 3 枚较长。通常不结实。以上三种常见栽培供观赏。

3. 蝶形花亚科（Papilionodeae） $\uparrow K_{(5)}C_{1+2+2}A_{(9)+1,(5)+(5),(10),10}\underline{G}_{1:1}$

草本或木本。根具根瘤。羽状复叶或三出复叶，稀单叶，有托叶。花两侧对称；萼齿 5；花冠蝶形，最上方 1 片最大，为旗瓣，两侧两片为翼瓣，最里面两片常联合为龙骨瓣；雄蕊 10，成二体或单体，少分离。荚果开裂或不开裂，有时形成横断开裂的节荚（图 12-33、

图 12-33 蝶形花亚科植物

1. 豌豆植株部分；2. 花纵剖面；3. 雄蕊；4. 雌蕊；5. 蝶形花亚科花图式

图 12-34）。染色体：$X=5\sim13$。

（1）豌豆属（*Pisum* L.）。一年或多年生草本。偶数羽状复叶，小叶1～3对，叶轴顶端有分枝卷须。花单生或数朵排成总状花序，腋生，花白色、紫色或红色；雄蕊10，二体；花柱扁而纵折。荚果肿胀，有球形种子数粒。本属有2～3种，分布于地中海和西亚。豌豆（*P. sativum* L.），我国广泛栽培，豌豆苗蔬食，豌豆可加工成各种食品。

（2）槐属（*Sophora* L.）。木本稀草本。奇数羽状复叶。总状或圆锥花序；雄蕊10，分离或仅基部合生。荚果串珠状。本属有70余种，分布于温带和亚热带；我国有21种，南北均产。多数种有毒，有的可药用、作绿肥或保持水土等。槐（*S. japonica* L.），落叶乔木，幼枝绿色；荚果串珠状。原产于日本和越南，为我国北方常见的行道树和庭园树。苦豆子（*S. alopecuroides* L.），草本，全株灰绿色，密被绢毛；小叶矩圆状披针形或矩圆形；总状花序顶生，花淡黄色，翼瓣有耳。多生于湖盆低地、覆沙地及固定、半固定沙地，耐旱、耐碱性强，生长快，是良好的固沙植物和绿肥植物，全株有清热解毒、燥湿杀虫功能。

（3）刺槐属（*Robinia* L.）。乔木或灌木，枝无顶芽，腋芽为叶柄下芽。奇数羽状复叶，托叶刺状或刚毛状，

图 12-34 蝶形花亚科植物

A. 槐；B. 刺槐；C. 紫藤；D. 白车轴草；E. 紫穗槐；F. 胡枝子；G. 广布野豌豆

具小托叶。总状花序腋生，下垂。花冠白色、粉红色或玫红色，旗瓣反卷，翼瓣弯曲，龙骨瓣内弯；雄蕊两体。荚果扁，沿腹缝具翅，开裂。本属有4～10种，分布于北美洲至中美洲；我国引入栽培2种。刺槐（洋槐 *R.pseudoacacia* L.），落叶乔木。小枝褐色，具托叶刺；小叶2～12对，先端圆。花序轴、花梗被平伏细柔毛；花冠白色。原产于美国东部，全国各地广泛栽培。

（4）紫藤属（*Wisteria* Nutt.）。落叶木质藤本。奇数羽状复叶互生，托叶线形，早落，小叶9～19，具小托叶。总状花序顶生，下垂。花萼宽钟状，萼齿5；花冠蓝紫色、浅紫色或白色；雄蕊两体；子房具柄。荚果扁，种子间稍缢缩，迟裂。本属约有6种，分布于东亚、北美洲及大洋洲；我国4种，引入栽培1种。紫藤（*W. sinensis* Sweet），茎左旋。小叶9～13，幼时两面被毛，老叶无毛，小托叶刺毛状，宿存。花序长15～30cm，花长2～2.5cm，芳香；花梗长2～3cm，花紫色。原产于中国。花美丽，各地栽培供观赏。多花紫藤［*W. floribunda*（Willd.）DC.］，茎右旋。小叶11～19，幼时两面被平伏短毛，老时无毛。花序长30～90cm，花紫色至蓝紫色。原产于日本，我国各地栽培观赏。

（5）沙冬青属（*Ammopiptanthus* Cheng f.）。本属2种，是亚洲中部荒漠特有的强旱生常绿灌木，可固沙，我国也产，为国家重点保护植物。蒙古沙冬青［*A. mongolicus*（Maxim. ex Kom.）Cheng f.］，常绿灌木，幼枝密被灰白色短柔绢毛。叶革质，掌状三出复叶，少单叶，两面密被银白色绒毛。总状花序，花黄色；雄蕊10，分离。荚果扁平。

（6）车轴草属（*Trifolium* L.）。草本。掌状三出复叶。花小，排列成头状、穗状或短总状花序，凋萎后不脱落。荚果小，几乎完全藏于萼内。本属约有250种，分布于欧亚大陆和美洲温带地区；我国引入栽培和野生的共有13种。白车轴草（白三叶草 *T. repens* L.），花密集成头状花序；花白色，稀黄白色或淡粉红色。本种是世界著名的优良牧草及草坪草。红车轴草（红三叶草 *T.pratense* L.），小叶上面有白斑；花紫红色。

（7）锦鸡儿属（*Caragana* Fabr.）。灌木。偶数羽状复叶或假掌状复叶，叶轴脱落或宿存成刺状；托叶宿存并硬化成针刺。花多为黄色，单生或簇生。荚果细长，膨胀或扁平。本属约有100种，分布于欧亚大陆干旱和半干旱地区；我国约有66种，主要分布于黄河以北干旱地区。该属植物能提高土壤肥力，绿化荒山，保持水土；有些种耐干旱、耐贫瘠，根系发达，为固沙植物，有些种花繁叶密，可绿化庭院和做绿篱，有些种的枝叶可作饲料和绿肥，有些种是良好的蜜源植物。锦鸡儿［*C. sinica*（Buc'hoz）Rehd.］，小叶2对，羽状，有时呈假掌状；托叶三角形，硬化成针刺。花单生，花梗中部具关节；花冠黄色，常带红色。常栽培观赏。小叶锦鸡儿（*C. microphylla* Lam.），树皮灰黄色或黄白色；荚果圆筒形，顶端斜长渐尖。柠条锦鸡儿（*C. korshinskii* Kom.），树皮金黄色，有光泽；荚果披针形或矩圆状披针形，略扁。

（8）紫穗槐属（*Amorpha* L.）。灌木。奇数羽状复叶，常具腺点。花小，蓝紫色，密集为顶生圆锥状总状花序，花冠仅有1旗瓣。荚果通常含1粒种子而不开裂，常有腺点。本属约有15种，主产于北美洲至墨西哥；我国引种1种。紫穗槐（*A. fruticosa* L.），嫩枝叶可作饲料，枝条编筐，也可作防风固沙、水土保持树种。

（9）甘草属（*Glycyrrhiza* L.）。多年生草本，常有刺毛状或鳞片状腺体。奇数羽状复叶。花序总状或穗状，花淡蓝紫色、白色或黄色。荚果卵形、椭圆形或条状矩圆形，有时弯曲成镰刀形或环形，具刺或瘤状突起或光滑。本属约有20种，遍布全球；我国有8种，主产于长江流域以北各省（自治区）。本属植物除药用外，大多供饲用。甘草（*G. uralensis* Fisch. ex DC.），根粗壮而深长，味甜；荚果条状矩圆形、镰形或弯曲成环形，密被刺毛。本属绝大部分种的根均以甘草入药，有补脾益气、止咳祛痰、清热解毒、缓急定痛、调和药性等功能。

（10）棘豆属（*Oxytropis* DC.）。草本或半灌木。奇数羽状复叶或小叶轮生，罕见偶数羽状复叶。花序总状、穗状、有时密集近头状；花紫色、白色或淡黄色，龙骨瓣先端具喙。荚果常膨胀，膜质或革质。本属约有310种，分布于北温带；我国有133种，产于西南、西北至东北。有些种可饲用，有的为有毒植物。小花棘豆［醉马草 *O. glabra*（Lam.）DC.］，茎匍匐；花小，淡蓝紫色；荚果矩圆形，下垂。有毒植物，能引起家畜慢性中毒，其中以马中毒较严重。

（11）胡枝子属（*Lespedeza* Michx.）。灌木或草本。羽状三出复叶，小叶全缘；托叶锥形，脱落。总状或圆锥花序。荚果卵形或椭圆形，不开裂，含种子1粒。本属有60余种，分布于东亚至澳大利亚及北美洲；我国有25种，除新疆外，广布于全国各省（自治区），其中许多种可饲用和作绿肥；有些种可供水土保持、蜜源及庭园观赏用。胡枝子（*L. bicolor* Turcz.），花冠紫色；荚果卵形，网脉明显。为中等饲用植物，还可作绿肥；根为清热解毒药，治疮疖和蛇咬伤。兴安胡枝子［*L. daurica*（Laxm.）Schindl.］，总状花序较叶短或与叶等长，萼裂片先端刺芒状；花冠黄白色。为良好的饲用和水土保持植物。

（12）野豌豆属（*Vicia* L.）。草本。茎多攀援，少直立或匍匐。偶数羽状复叶；叶轴顶端具卷须或刚毛。花单生或总状花序，花柱圆柱形，上部四周被长柔毛或在顶端有簇毛。荚果扁。本属约有160种，分布于北温带和南美洲；我国有40种，南北均产，大多数为优良牧草。广布野豌豆（*V. cracca* L.），小叶狭椭圆形或狭披针形，托叶半边箭头形；旗瓣提琴形。长柔毛苕子（*V. villosa* Roth）、救荒野豌豆（*V. sativa* L.）、山野豌豆（*V. amoena* Fisch.）等为广泛栽培的优良牧草或绿肥植物。蚕豆（*V. faba* L.），我国广泛栽培；种子食用，嫩时茎叶可作蔬菜或饲料，民间作药用，用于治疗高血压和水肿，茎用于止血、止泻，叶用于肺咯血、消化逆出血，花有凉血、止血的功效，果利血渗湿，种子健脾利湿、祛风止血。

本科植物常具根瘤，是根与根瘤细菌的共生体，故有固氮作用，其中不少是绿肥植物。

十四、杨柳科 Salicaceae

♂：* $K_0C_0A_{2\sim\infty}$；♀：* $K_0C_0\underline{G}_{(2:1:\infty)}$

杨柳科共3属、约620种，分布于北温带和亚热带地区；我国3属均产，347种，全国均有分布，多为速生树种，是营造防护林和绿化环境的主要树种。

识别特征　落叶乔木或灌木。单叶互生，有托叶。花单性，雌雄异株，葇荑花序，每花基部具1苞片，无花被；雄花具2至多数雄蕊；雌花雌蕊2心皮合生，子房上位，1室，侧膜胎座，胚珠多数。蒴果；种子多数，基部有白色丝状长毛，无胚乳（图12-35、图12-36）。染色体：X=19、22。

（1）杨属（*Populus* L.）。乔木，具顶芽，冬芽具数枚鳞片。叶常宽阔。葇荑花序下垂，苞片边缘细裂，花具花盘；雄蕊多数。蒴果2～4瓣裂。本属约有100种，分布于北温带；我国有71种，大部分分布于西南、西北和北部，东部有栽培。黑杨（*P. nigra* L.），小枝无毛；芽富黏质；长枝、短枝叶同形，菱形、菱

图12-35　黑杨及杨柳科花图式

1. 雄花枝；2. 雌花枝；3. 具叶枝条；4. 雄花；5. 雄蕊；6. 雌花；7. 雌蕊；8. 果实；9. 开裂果实；10. 毛白杨雄花花图式；11. 毛白杨雌花花图式；12. 垂柳雄花花图式；13. 垂柳雌花花图式

图12-36　杨柳科植物

A. 黑杨；B. 小叶杨；C. 毛白杨；D. 胡杨；E. 垂柳；F. 龙爪柳

状卵圆形或三角形，基部楔形或阔楔形，边缘具圆锯齿，两面绿色，无毛；叶柄侧扁。产新疆。小叶杨（*P. simonii* Carr.），树皮灰绿色，小枝红褐色，后变成黄褐色；叶菱状倒卵形或菱状椭圆形，边缘有细钝锯齿，是我国北部主要造林树种之一，其木材供建筑、家具、造纸等用，叶可作饲料。毛白杨（*P. tomentosa* Carr.），小枝及叶下面被毡毛，叶宽卵形、三角状卵形，边缘具深牙齿或波状牙齿，长枝叶柄上部侧扁，近顶端具2腺体，短枝叶柄侧扁，无腺体。我国特产，主要分布于华北平原；是我国北部防护林和绿化的主要树种。胡杨（*P. euphratica* Oliv.），叶多变化，幼树或萌发枝条上的叶披针形，老枝上的叶宽卵形、三角状圆形或肾形，叶柄较长。主产于荒漠区河流沿岸及地下水位较高的盐碱地上，是构成荒漠河岸林的主要树种，也是荒漠地区地下水位较高地段造林的优良树种，木材可制作农具或家具。

（2）柳属（*Salix* L.）。灌木或乔木，无顶芽，冬芽具1鳞片。叶多狭长。葇荑花序直立，苞片全缘，花无花盘而具1～2蜜腺；雄蕊1～2或较多。蒴果2裂。本属有520多种，主要分布于北温带；我国有275种，各地均产。多为园林绿化和水土保持树种，也可作蜜源植物。旱柳（*S. matsudana* Koidz.），乔木，小枝直立；叶披针形，苞片三角形；雌花、雄花均具2腺体。垂柳（*S. babylonica* L.），落叶乔木，小枝细长而下垂。是著名的景观树种，全国各地均有栽培。

本科我国不但全有，而且属下单位最多。丁托娅综合了前人研究结果，特别是王战、方振富等对《中国植物志》及其英文版的贡献，认为东亚是第一个分布中心，原始属、种多有分布，也是演化中心，中国～日本森林亚区拥有世界杨柳科1/3的种类和本科全部3个属，9个组，极有可能是最初起源地。中国～喜马拉雅森林区，虽然也拥有了将近200种，但类型不如中国～日本森林亚区多，特别是原始类型少，说明这个地区只是一个次生发育中心。

十五、壳斗科（山毛榉科 Fagaceae）

♂：$*K_{(4\sim8)}C_0A_{4\sim20}$；♀：$*K_{(4\sim8)}C_0\overline{G}_{(3\sim6:2)}$

壳斗科约有8属、1000余种，主产于北半球亚热带和热带地区；我国有6属、约300种，主产于西南和南部。本科植物大部分种类木材坚重、韧性强、耐湿腐，是建筑、车船制造的良材；果实俗称橡实，种子含淀粉，统称“橡子”，可作为木本粮食、能源植物和酿酒原料；树皮及壳斗富含单宁，可提栲胶。

识别特征 常绿或落叶木本。单叶革质，互生，羽状脉直达叶缘，托叶早落。雌雄同株，无花瓣，花萼4～8裂；雄花多为葇荑花序，雌花单生或2～3朵簇生于总苞，子房下位，3～6室，每室2胚珠，仅1成熟。坚果外被总苞形成的壳斗；种子无胚乳（图12-37、图12-38）。染色体：$X=12$。

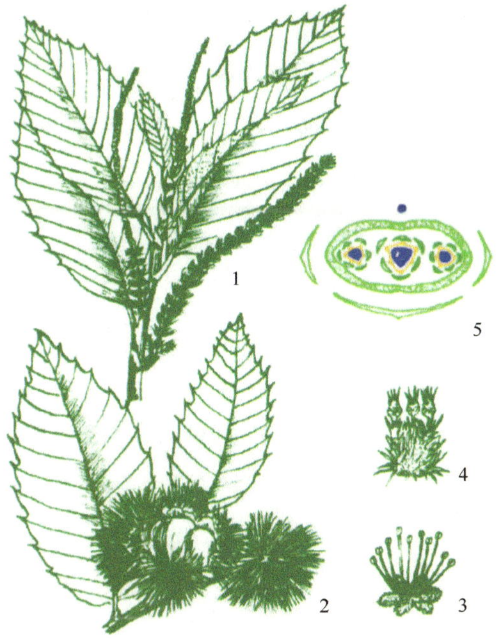

图12-37 板栗

1. 花枝；2. 果枝；3. 雄花；4. 雌花；5. 雌花花图式

（1）水青冈属（山毛榉属 *Fagus* L.）。落叶乔木。雄花序头状、下垂，雌花常成对生于总苞内。坚果三角形。本属约有10种，分布于北温带；我国有5种，不连续集中分布在南方亚热带山地。水青冈（山毛榉 *F. longipetiolata* Seem.），叶卵形；壳斗4瓣裂，密被褐色绒毛，有长柄，内生2枚坚果。产于长江流域及以南地区。木材坚硬，纹理密致，供建筑、制农具、家具、地板等用途，也是很好的铁路枕木；坚果可食，或榨油。

（2）栗属（*Castanea* Mill.）。落叶乔木或灌木，小枝无顶芽。雄花序穗状、直立，生于雌花上部；总苞完全封闭，苞片密生针刺。壳斗内生1～3枚坚果。本属约有12种，分布于北温带；我国有4种1变种，坚果可食，各地多有栽培。板栗（中国板栗 *C. mollissima* Bl.），乔木；叶椭圆形或长椭圆状披针形，背面常有白绒毛，无鳞腺，柄长；总苞较大。原产于我国，长江流域和西南地区蕴藏量尤大。种子富含淀粉和糖，为著名干果；木材用于建筑、器具等；叶饲柞蚕；壳斗和树皮可提取栲胶。茅栗（*C. seguinii* Dode），小乔木或灌木状，叶背有褐黄色或淡黄色腺鳞，果径较小。分布于大别山以南、五岭南坡以北地区。坚果可食和酿酒；木材坚硬耐用，制作农具和家具；树苗可作板栗的砧木，可提前结果。

（3）栎属（麻栎属 *Quercus* L.）。多为落叶乔木。雄花序为下垂柔荑花序，雌花1～2朵簇生；苞片无针刺，总苞不完全封闭。壳斗内生1枚坚果。本属约有300种，分布于北温带和热带高山上；我国约有60种，南北各省均有分布。麻栎（*Q. acutissima* Carr.），树皮木栓层不发达、质硬；叶长椭圆状披针形，缘有芒状尖锐锯齿，叶背面通常无毛，小枝有毛。中国、日本、朝鲜、越南、印度都有分布，在我国分布于辽宁、河

图 12-38 壳斗科植物

A. 麻栎；B. 栓皮栎（陈彬摄）；C. 辽东栎；D. 锐齿槲栎

北至西南和华南。栓皮栎（*Q. variabilis* Bl.），茎部木栓层发达、质软，小枝无毛；叶背有白色星状毛。分布几遍全国。本种是优良软木原料，木材也能供建筑用。槲栎（*Q. aliena* Bl.），小枝无毛；叶倒卵形或长椭圆状倒卵形，叶缘钝波状，侧脉 10～15 对，叶柄明显，长 1～3cm。日本、朝鲜有分布；我国分布于华东、华中、华南、西南、陕西、河北等地区。辽东栎（*Q. liaotungensis* Koidz.），与槲栎不同的是，侧脉 5～8 对，叶柄短，长不及 1cm。朝鲜有分布，我国产于黄河流域及东北各省。栎属植物不仅是用材和栲胶树种、种子可食或酿酒，而且枝叶稠密，叶形奇特、美观，叶色翠绿油亮、季相色彩丰富，是北方优良的园林绿化树种。

本科常见植物还有米心水青冈（*Fagus engleriana* Seem.）、锐齿槲栎（*Quercus aliena*. var. *acuteserrata* Maxim. ex Wenz.）、苦槠［*Castanopsis sclerophylla*（Lindl.）Schott.］、石栎［柯 *Lithocarpus glaber*（Thunb.）Nakai］、青冈［*Cyclobalanopsis glauca*（Thunb.）Oerst.］等，是亚热带及温带森林主要建群种。在我国，整个亚热带常绿林以本科栲属［*Castanopsis*（D.Don）Spach］、青冈属（*Cyclobalanopsis* Oerst.）、柯属（*Lithocarpus* Bl.）和栎属等树种组成了常绿阔叶林上层的优势层，同时混有水青冈属种类；温带阔叶林则以栎属植物为森林上层优势种。

进化地位 恩格勒系统认为，壳斗科中的无花被、单性花、风媒传粉、葇荑花序等是原始被子植物的性状；但近年来越来越多的学者支持克朗奎斯特系统，认为花被的简化，是适应风媒传粉的结果，属于次生进化性状，因此，壳斗科是已进化的科，并将该科归入金缕梅亚纲壳斗目内。

十六、葡萄科 Vitaceae

$* K_{5\sim4} C_{5\sim4} A_{5\sim4} \underline{G}_{(2:2:1\sim2)}$

葡萄科约有 12 属、700 种，主要分布于热带和亚热带；我国有 8 属、约 110 种，南北均产，华中、华南及西南分布较集中。本科植物为野生或栽培攀援植物，是常用的垂直绿化植物；还有著名的水果，生食或供酿酒用；也有不少药用植物。

识别特征 多为木质藤本，具卷须。单叶或复叶，互生，且常与卷须或花序对生。花小，辐射对称，4～5 基数，两性或单性；雄蕊着生于花盘基部，与花瓣对生；子房上位，通常 2 心皮，2 室，每室 1～2 胚珠。浆果；种子胚乳丰富（图 12-39、图 12-40）。染色体：X=11～14、16、19、20。

（1）葡萄属（*Vitis* L.）。树皮无皮孔，枝髓褐色。圆锥花序，花瓣顶部黏合，凋谢时整体呈帽状脱落。本属约有 60 种，主产于北半球温带地区；我国有 30

多种，南北各省均有。葡萄（*V. vinifera* L.），单叶，明显3～5裂，基部心形，叶缘有粗牙齿，基出5脉。产于亚洲西部，我国各地栽培，为著名水果。还可制葡萄干、酿酒、制果汁等，酒糟可提酒食酸、醋、乙醇等；根和藤能药用。山葡萄（*V. amurensis* Rupr.），叶缘牙齿较小；果径仅约1cm。野生种，分布广，变异大，产于东北、河北、山东、山西、安徽（金寨）、浙江（天目山）等地。刺葡萄（*V. davidii* Foex.），小枝密生皮刺；叶宽卵形，有时不明显3浅裂。分布于西北、华东、华中、西南等地区。后两种的功用同葡萄。

（2）蛇葡萄属（*Ampelopsis* Michx.）。枝髓白色，卷须多2叉分支，顶端不扩大。花盘发达，5浅裂。本属有30多种，主产于北美洲及西南亚、东亚；我国有17种，广泛分布于西南、华南至东北。白蔹［山地瓜 *A. japonica*（Thunb.）Makino］，植株无毛，卷须常不分枝或仅顶端有短分叉，相隔3节以上间断与叶对生；叶多为掌状3～5小叶，小叶3～5羽裂，中间小叶呈羽状复叶状，叶轴和小叶轴有翅；聚伞花序常生于花序梗先端，花黄绿色；果熟时白色或带白色。朝鲜、日本、俄罗斯有分布；我国分布于东北、华北、华东、华中、华

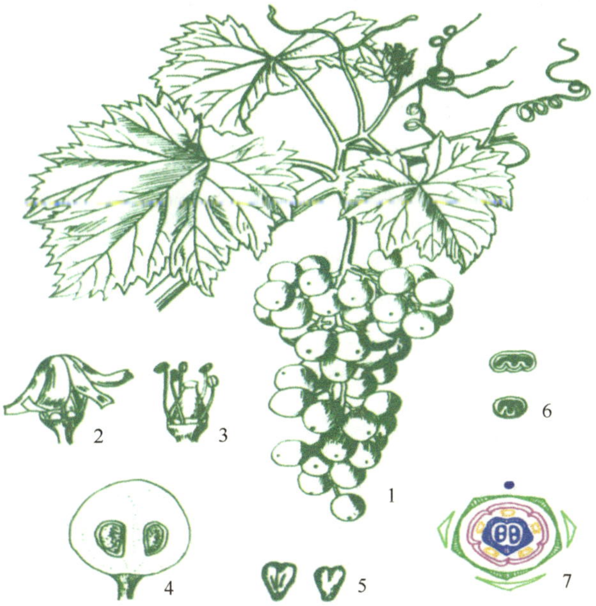

图12-39　葡萄

1. 果枝；2. 花，示花冠帽状脱落；3. 雌雄蕊和蜜腺；4. 果实纵剖；5. 种子；6. 种子横切示腹面有沟；7. 花图式

图12-40　葡萄科植物

A. 山葡萄；B. 爬山虎；C. 五叶地锦；D. 白蔹

南、陕西、四川等地区。全草和块根入药；叶形秀丽，是庭园优良的棚荫材料。乌头叶蛇葡萄（*A. aconitifolia* Bge.），植株有柔毛，卷须常2～3叉分枝，相隔2节间断与叶对生；叶多为掌状5小叶，中央小叶深裂达中脉，叶轴和小叶轴无翅；果熟时红色或橙黄色。产于内蒙古、河北、山西、陕西、甘肃、河南等省（自治区）。

根和根皮入药；本种也是优良的棚荫树种。

（3）爬山虎属（地锦属 *Parthenocissus* Planch.）。树皮有皮孔，枝髓白色，卷须4～7总状分枝，顶端常扩大成吸盘。聚伞花序，花瓣分离。本属约有15种，主产于亚洲和北美洲南部；我国9种，主产于西南、华南至东北。爬山虎［地锦 *P. tricuspidata*（S. et Z.）Planch.］，老枝无木栓翅；多为单叶，常3裂。原产于我国，全国各地均有栽培，是著名的垂直绿化植物。根、茎入药。五叶地锦（五叶爬山虎 *P. quinquefolia* Planch.），幼枝叶红色，5小叶掌状复叶。原产于北美洲，我国各地栽培，尤以北方居多，优良的垂直绿化树种。

十七、芸香科 Rutaceae

$*K_{5\sim4}C_{5\sim4}A_{10\sim8}\underline{G}_{(5\sim4,\ \infty:5\sim4,\ \infty:1\sim2,\ \infty)}$

芸香科约有150属、1500余种，分布于热带和温带地区，南非和大洋洲最多；我国有29属、约150种，遍及全国，以西南和南方为多。本属植物大部分是民间中草药，也能提取芳香油；柑橘类许多种为南方重要果树，黄檗（*Phellodendron amurense* Rupr.）可作染料；花椒属有些种的果实是食物调味剂。

识别特征 多为木本，体内常含有芳香挥发油。叶多为单身复叶或羽状复叶，常互生，具透明油腺点。多为两性花，4或5基数，外轮雄蕊常与花瓣对生；子房上位，花盘明显。蓇葖果、柑果、核果或浆果（图12-41、图12-42）。染色体：$X=7\sim9$、11、13。

图 12-41 酸橙

1. 花枝；2. 花纵剖面；3. 子房横切；4. 果实横切；5. 果实纵切；6. 种子；7. 花图式

图 12-42 芸香科植物

A. 花椒；B. 竹叶椒；C. 柑橘（陈彬摄）；D. 枳

（1）花椒属（*Zanthoxylum* L.）。枝常有皮刺。奇数羽状复叶。花小，单性。蓇葖果内有1粒黑色发亮的种子。本属约有250种，主产于北半球亚热带和热带地区，是本科分布最广的1属；我国有50余种，南北均有。花椒（*Z. bungeanum* Maxim.），花序顶生；总叶轴叶翅不明显，小叶5～11，纸质，叶缘齿缝有透明油点。花椒原产我国，几乎全国栽培。果实为著名调味品，也可提取芳香油，还有入药、杀虫等功效；植株栽培还可作刺篱兼观果或水土保持树种。竹叶椒（*Z. armatum* DC.），小叶常3～9，多为披针形，叶翅明显；花序近腋生或同时生于侧枝顶端。主产于西南、华东、华中及华北。用途与花椒相同，但果皮麻味较浓而香味稍差，可作花椒砧木。

（2）柑橘属（*Citrus* L.）。常绿，常具枝刺。单身复叶（除香橼外），革质。花两性，子房室8以上，每室胚珠4以上。柑果。本属约有20种，原产于亚洲东南部和南部，现亚热带和热带地区常有栽培；包括引进栽培的，我国约有15种，多为优良果树。柑橘（*C. reticulata* Blanco），叶柄翅宽小于1.5cm，果皮易剥离。巴西、美国的柑橘产量最大，中国次之，长江以南各省广泛栽培，品种繁多。柚［*C. maxima*（Burm.）Merr.］，小枝有毛；叶柄翅明显，长2～4cm。东南亚各国有栽培，我国产于长江以南。甜橙［*C. sinensis*（L.）Osbeck］，小枝无毛；叶柄翅窄，果皮难剥离。原产于中国南方及亚洲中南半岛，我国以广东、四川栽培最多。酸橙（*C. aurantium* L.），与甜橙明显不同的是，叶柄翅较宽，0.6～1.5cm，果味酸。日本、缅甸、越南、印度有分布；我国秦岭南坡以南各地有种植或为半野生，长江流域及以南各省（自治区）有栽培。柠檬［*C. limon*（L.）Burm. f.］，果实顶部有一乳头状突起，果皮难剥离，果肉味酸。原产于东南亚，现主产于美国、意大利、西班牙等地；在我国产长江以南。柑橘属果实，富含维生素C、蛋白质等营养物质，为我国南方著名水果；叶、花、果皮和果肉可提取各种芳香油和橙皮苷等生物活性物质；叶、花、果皮等均可入药；酸橙还是甜橙和宽皮橘类的主要砧木。

（3）枳属（*Poncirus* Raf.）。多为三出复叶，叶柄具窄翅。花两性。柑果密布短柔毛。本属2种，都为我国特产，分布于长江中下游各省。枳［枸橘 *P. trifoliata*（L.）Raf.］，落叶灌木或小乔木；白色花和橙黄色果实都可观赏。产我国长江中下游各省，是优良绿篱植物，并兼有刺篱、花篱效果，也可作柑橘类的砧木；叶、花及果皮可提芳香油；果（枳）可药用。

十八、木犀科 Oleaceae

$*K_{(4),\text{稀}(3\sim10)}C_{(4),\text{稀}(5\sim9),0}A_{2,\text{稀}3\sim5}\underline{G}_{(2:2:1\sim3)}$

木犀科约有27属、400多种，广布温带和热带地区，以亚洲地区种类最多；我国有12属、约180种，遍及南北各地。本科具有许多重要的药用植物、油料植物、香料植物和特有经济树种，也多是观赏、造林及用材优良树种。

识别特征 木本。叶常对生。花整齐、多两性，花被常4裂；雄蕊常2；子房上位，2心皮，2室，每室常2胚珠。蒴果、翅果、核果或浆果；种子具胚乳或无（图12-43、图12-44）。染色体：X=11～24。

图12-43 女贞

1. 花枝；2. 果枝；3. 花；4. 雄蕊；5. 雌蕊；6. 种子；7. 花图式

（1）梣属（白蜡树属 *Fraxinus* L.）。多为落叶乔木。奇数羽状复叶。花小，圆锥花序。翅果扁平、顶端的翅长于果。有60多种，主产于北半球暖温带；我国有27种，1变种，各省（自治区）均有分布。梣（白蜡树 *F. chinensis* Roxb.），小叶常为7枚；圆锥花序大而稀疏，生于当年生枝上，与叶同时或叶后开放，无花冠。我国特产，遍布南北各地，尤以西南各省栽培最多，是常见的行道树和护堤树。木材坚韧，供制家具、农具等；枝叶放养白蜡虫，树皮是中医学上用作清热药的“春皮”。水曲柳（*F. mandschurica* Rupr.），小叶常为9枚；圆锥花序生于去年生枝上，先叶开放，无花冠和花萼。主产于东北、华北、甘肃、陕西等地，是古老残遗植物和国家二级重点保护野生植物。植株高大，材质坚韧，纹理美观，是我国东北著名的商品木材和造林树种。

（2）丁香属（*Syringa* L.）。落叶灌木或小乔木；小枝实心。多为单叶、全缘。聚伞式圆锥花序，花冠

图 12-44 木犀科植物

A. 梣；B. 华北紫丁香；C. 小叶女贞；D. 迎春花；E. 北京丁香；
F. 连翘；G. 雪柳；H. 流苏树

裂片明显短于花冠筒或近等长，花萼小，宿存。长椭圆形蒴果。本属有约 19 种（自然杂交种除外），分布于亚洲和欧洲；我国有约 14 种，主产于西南及黄河流域以北各省（自治区），故我国被称为丁香之国。华北紫丁香（紫丁香 *S.oblata* Lindl.），叶无毛，广卵形，全缘，宽大于长；圆锥花序腋生，花冠紫色，冠筒远长于萼片，花丝短，花期 4～5 月。原产于我国华北地区，长江以北普遍栽培，尤以华北、东北为多，是著名的庭院花木；花可提制芳香油。暴马丁香[*S.reticulata* var. *amurensis*（Rupr.）Pringle]，叶面因侧脉和细脉明显凹入呈皱缩，叶柄粗壮；花冠白色，冠筒与萼裂片近等长，冠裂片不长于花丝，花期 6～7 月。产于我国东北，朝鲜和俄罗斯远东地区也有分布。木材质轻、纹直，可做锄把、茶杯、茶筒等；树皮、茎枝可入药；花能提制各种香精，也可做蜜源；花序大，花期长，也是我国北方著名观赏花木。北京丁香（*S.pekinensis* Rupr.），与暴马丁香不同，树皮黑灰褐色，密生皮孔，不片状剥落，小枝红褐色；叶柄较细；花期 5～8 月。产于华北、西北、河南、四川等地，重要园林观赏树种和行道树。

（3）连翘属（*Forsythia* Vahl.）。落叶灌木，枝髓片状或中空。多为单叶、叶缘常有齿。花先叶开放，1 朵至数朵腋生，花冠黄色，钟状，花裂片明显长于花冠筒。蒴果卵圆形；种子有翅。本属有约 11 种，分布于亚洲东部和欧洲东南部；我国有 7 种，1 变型，主产于西北至东北和东部。连翘 [*F. suspensa*（Thunb.）Vahl]，节间髓中空；单叶常 3 裂或 3 出复叶，叶缘有粗锯齿；花萼常与花冠筒近等长。原产于我国北部、中部和东北，现各地常有栽培，北方著名早春花灌木。果和叶能入药；种子含油率较高。金钟花（黄金条 *F.*

viridissima Lindl.)，节间髓薄片状；单叶，叶缘中部以上有粗锯齿；花萼通常不到花冠筒一半长。产于我国中部和西南，北方均有栽培，北方著名早春花灌木。果壳、根和叶入药。

（4）素馨属（茉莉属 *Jasminum* L.）。小枝常绿色，有棱。单叶，三出复叶或奇数羽状复叶。花单生或聚伞花序。浆果双生或其中1个不育而成单生。本属有200多种，分布于东半球亚热带和热带；我国有47种，1亚种，4变种，4变型，分布于秦岭以南各省。迎春花（*J.nudiflorum* Lindl.），落叶灌木，枝细长拱形；羽状3出复叶；花先叶开放，单生于去年生小枝叶腋，花冠黄色、高脚碟状，通常6裂，常不结实。分布于我国华北、西北至西南，是早春著名花灌木。花、叶、枝可入药。茉莉花［*J. sambac*（L.）Ait.］，常绿灌木；单叶，宽卵形或椭圆形，全缘；聚伞花序，花冠白色，芳香，常重瓣，花期5～8月。原产于印度，我国西南、华南和世界各地广泛栽培，常见的芳香性盆栽花木。花、叶、根可入药，也可泡茶；花还可提取香精。

（5）女贞属（*Ligustrum* L.）。单叶，全缘。聚伞花序常排成圆锥花序，多顶生；花两性，白色。浆果状核果，黑色或黑蓝色。本属约有45种，主产于亚洲温暖地区和欧洲；我国产29种，1亚种，9变种，1变型，西南地区最多。女贞（*L. lucidum* Ait.），常绿灌木或乔木，小枝、叶和花轴无毛；叶革质；果实近肾形。朝鲜也有分布，尼泊尔、印度有栽培；我国产于长江以南至华南、西南各地，向西北分布至陕甘地区，华北、西北也有栽培。枝、叶上放养白蜡虫；花可提取芳香油；果入药称女贞子，还富含淀粉；枝叶茂密，耐修剪，是园林常用观赏树种，也是优良蜜源植物。小叶女贞（*L. quihoui* Carr.），落叶或半常绿灌木，小枝和花轴有毛；叶无毛；花冠筒与花冠裂片近等长，无柄。产于我国东部、中部和西南部。枝叶紧密、耐修剪，主要用作绿篱树种，也作庭院栽培；叶和树皮可入药。

本科常见植物还有雪柳（*Fontanesis fortunei* Carr.），嫩叶可泡茶，枝条可编农具，茎皮可造人造棉，也栽培作绿篱；流苏树（*Chionanthus retusus* Lindl. et Paxt.），国家二级保护植物，是初夏著名的观赏花木，花、叶可泡茶，种子可提取工业用油；木犀榄（油橄榄 *Olea europaea* L.），果可榨油，富含各种维生素和人体必需的微量元素，可降低心血管疾病和肿瘤发生率，还可食用及观赏。

十九、忍冬科 Caprifoliaceae

$*(\uparrow)K_{(4\sim5)}C_{(4\sim5)}A_{4\sim5}\overline{G}_{(2\sim5:2\sim5:1\sim\infty)}$

忍冬科约有13属、500种，主产于北半球温暖地带；我国有12属、200多种，主产于华中和西南各省（自治区）。本科植物大多具观赏价值，较耐寒，是北方地区园林绿化中优良的观花、观果树种，也是重要蜜源植物。忍冬属、接骨木属部分种全株能入药，是我国传统中药材；果实还可酿酒。

识别特征　常为木本。叶常对生，单叶、无托叶。多为聚伞花序，花两性，辐射对称或两侧对称，4或5基数；子房下位。浆果或核果，少蒴果；种子胚乳丰富（图12-45、图12-46）。染色体：$X=8\sim12$。

图12-45　忍冬

1. 花枝；2. 果枝；3. 花；4. 花图式

（1）忍冬属（*Lonicera* L.）。直立或攀援灌木。花常成对着生于腋生花序梗顶端；花近两侧对称，萼齿5，雄蕊5。浆果。本属约有200种，分布于亚洲、欧洲、北美洲和非洲北部的亚热带和温带地区；我国有98种，广布全国南北，西南部种类最多。忍冬（金银花 *L. japonica* Thunb.），半常绿藤本；花冠2唇状，花冠筒稍长于花瓣，初开时白色，后转为黄色，故称“金银花”，有较大的叶状苞片，花丝和花柱高出花冠；果实黑色。分布几遍全国，以河南、山东产的最为有名；日本和朝鲜也有栽培。花蕾能入药；也是优良的垂直绿化植物。金银忍冬［金银木 *L. maackii*（Rupr.）Maxim.］，落叶灌木；花冠筒短于花瓣的1/2，花丝和花柱都短于花冠；果实红色。朝鲜、日本和俄罗斯远东地区有分布；我国主产于东北、华北、华中、中南和西南地区。全株药用；茎皮可制人造棉；花是优良蜜源，也可提取芳香油；园林绿化中常见的观花、观果树种。贯月忍冬（穿叶忍冬 *L.sempervirens* L.），常绿藤本；花常6朵1轮，数轮组成顶生穗状花序；花冠细长漏斗形，外面橘红色，里面黄色，雄蕊和花

图 12-46 忍冬科植物

A. 穿叶忍冬；B. 金银忍冬；C. 鸡树条荚蒾；D. 接骨木

柱稍伸出；果实红色。原产于北美洲；我国上海、杭州、北京等地常作垂直观赏栽植。

（2）荚蒾属（*Viburnum* L.）。花小、整齐、近辐射状，花柱短。核果浆果状。本属约有200种，主产于亚洲和南美洲亚热带和温带地区；我国约有74种，广布全国，西南种类最多。鸡树条荚蒾［天目琼花 *V. opulus* var. *calvescens*（Rehd.）Hara］，落叶灌木，小枝、叶柄和总花梗均无毛；叶3裂，掌状3出脉；聚伞花序复伞形顶生，具大型、不孕的边花，白色，中间花两性，花冠乳白色；果近球形，鲜红光亮。朝鲜、日本和俄罗斯西伯利亚东南部有分布；我国产于东北南部、华北至长江流域。嫩枝、叶、果能入药；也是春季观花、秋季观果的优良树种。绣球荚蒾（木本绣球 *V. macrocephalum* Fort.），落叶或半常绿灌木，芽、幼技、叶柄、叶背及花序密被星状毛；叶卵形至椭圆形，叶缘有小齿；聚伞花序全部由大型不孕花组成，花冠白色。主产于长江流域，我国南北各省都有栽培，以扬州栽培的绣球荚蒾最为有名，是园林绿化的优良观赏树种。

（3）接骨木属（*Sambucus* L.）。枝髓部发达。奇数羽状复叶。聚伞花序排成复伞形或圆锥花序，花小，白色。浆果状核果。本属约有20种，分布于北半球温带和亚热带地区；我国有4～5种，还从国外引种1～2种。接骨木（*S. williamsii* Hance），落叶灌木或小乔木；小叶矩圆状卵形或矩圆形，常2～3对，叶缘中下部常有腺齿，叶揉后有臭味；花与叶同出，圆锥状聚伞花序顶生，花冠白色或淡黄色；果多红色，少紫黑色。日本、朝鲜、俄罗斯有分布；我国产于东北、华北，现南北广泛栽培。茎枝、根、根皮、叶、花能入药；优良观花、观果园林树种。接骨草（*S. chinensis* Lindl.），多年生高大草本或半灌木；大型复伞房状聚伞花序顶部疏生，具有杯状不孕花变成的黄色腺体；雌雄异株，核果红色，表面有小瘤状突起。分布于我国华东、华中、华南、西南等地。全草入药；也是观花、观果植物。

二十、山茶科 Theaceae

$* K_{4\sim\infty} C_{5,(5)} A_{\infty} \underline{G}_{(2\sim8:2\sim8:2\sim\infty)}$

山茶科约有36属、700种，分布于热带和亚热带，东亚最为集中；我国有15属、480多种，主产于长江流域和南部地区常绿林中，集中分布于云南、广西、广东、湖南等地。本科具有很高的经济价值，许多种茶叶是国际性饮品，原产于中国，现在世界各热带、亚热带地区广泛栽种；油茶和山茶等的种子含油量高，榨油可供食用和工业用油，茶饼可作肥料和除农业害虫；多数种类的叶片革质发亮、花朵大而艳丽，是闻名世界的园林观赏树种，也是很好的蜜源和抗污染树种，开黄花的山茶种类更为引人注目；高大乔木种的木材质地坚硬，可供建筑用材；还有部分种类具有药用价值。

识别特征 木本，多常绿。单叶，互生，常为革质，羽状脉，无托叶。花多为两性，常单生或簇生于叶腋，整齐，5基数，常有苞片1对；雄蕊多数，子房多上位，中轴胎座。蒴果或浆果；种子多具少量胚乳，常含油质（图 12-47、图 12-48）。染色体：$X=15$、21。

图 12-47 茶

1. 花枝；2. 蒴果；3. 种子；4. 花图式

（1）山茶属（*Camellia* L.）。常绿灌木或小乔木。花径多在 2cm 以上，花被下的 1 对叶状苞片不开张。蒴果背部不规则开裂，果瓣与中轴一起脱落；种子大，无翅。本属约有 280 种，产于东亚北回归线两侧；我国有 238 种，主产于两广、云南、四川。茶［*C. sinensis*（L.）O.Ktze.］，花腋生、白色，花梗下弯，萼片宿存；蒴果熟时 3 裂。原产于我国，普遍分布于长江以南各省山区，日本、尼泊尔、印度等国有栽培。茶叶为著名保健饮料；茶花是天然复合型保健原料；植株丛生，花白、芳香，是著名园林树种，常做绿篱。油茶（*C. oleifera* Abel.），冬芽鳞片被金黄色长毛；花多顶生、白色，近无柄，苞片及萼片脱落后留下粗大果柄。主产于长江流域及以南各省。种子能榨油（茶油），含油率高（故而得名），是世界四大木本油料植物之一；也是优良冬季蜜源植物和抗污染树种。山茶（*C. japonica* L.），全株无毛；叶光亮，网脉不显著；花较大，红色，多顶生，无柄，萼片脱落。栽培品种花色多样。日本有分布，现广植于世界各地；我国四川、云南、台湾、山东、江西等地有野生种，中部和南方广泛栽培，北方温室可见。山茶是中国传统的观赏花卉，名列“中国十大名花”和世界名贵花木；根和花可入药；种子能榨油。

（2）紫茎属（*Stewartia* L.）。落叶或半常绿灌木或小乔木，树皮光滑，红褐色。花单生叶腋，白色，花

图 12-48 山茶科植物

A. 茶（陈彬摄）；B. 山茶；C. 油茶（陈彬摄）；D. 紫茎（陈彬摄）

径多在 2cm 以上，花被下 1 对叶状苞片开张。蒴果背裂为 5 片，常被大宿萼包着；种子周围有狭翅。本属有 15 种，分布于东亚及北美洲亚热带地区；我国有 10 种，产于西南部至东部。紫茎（*S.sinensis* Rehd.et Wils.），树皮呈片状脱落，冬芽芽鳞 7 枚；叶椭圆形或卵状椭圆形，叶腋常有簇生毛丛；雄蕊有短的花丝管。主要星散分布于华东至华中、西南各地。由于森林植被破坏，导致天然更新困难，种群数量日渐减少，在《中国植物红皮书》被列为“渐危种”，是我国特有残遗植物，对研究东亚—北美间断分布植物区系有重要意义。材质坚重，是木材制造业和建筑业优良用材；树皮片状脱落，斑驳奇丽，白花黄蕊，清秀淡雅，是很好的观赏树种。

二十一、伞形科 Umbelliferae（Apiaceae）

$*K_{(5),0}C_5A_5\overline{G}_{(2:2:1)}$

伞形科有 200 多属、2500 多种，广布于全球温带和热带，主产于欧亚大陆；我国有 90 多属、500 多种，遍及全国各地。本科有许多著名药用植物和常见蔬菜，有些香料植物供食品或工业用，另有少数有毒植物。

识别特征 草本，常有芳香性，肉质根。茎多高大，中空或有髓。叶互生，多为复叶或裂叶，叶柄基部常膨大成鞘状，多无托叶。多为复伞形花序，各级花序常有苞片；花小，整齐，5 基数，子房下位，2 室，每室有 1 倒悬胚珠。双悬果有纵棱；胚小（图 12-49、图 12-50）。染色体：$X=4\sim12$。

本科的分类及属、种鉴定主要依据果实特征，因

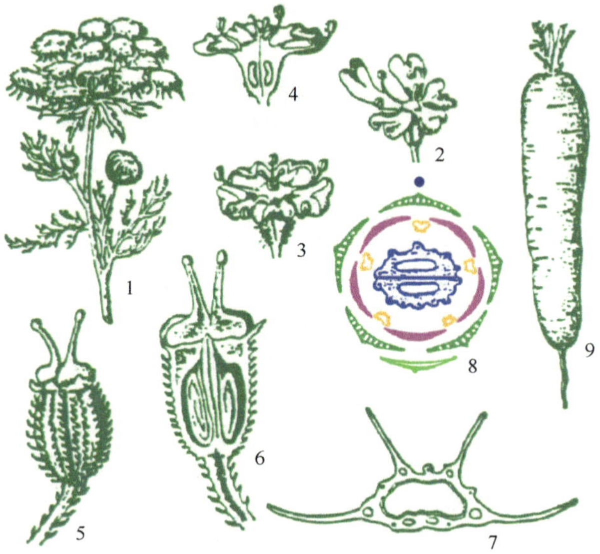

图 12-49 胡萝卜

1. 花序枝；2. 边缘具辐射瓣花；3. 花；4. 花纵剖面；5. 果实；6. 果实纵剖；7. 一个双悬果横切；8. 花图式；9. 肉质根

图 12-50 伞形科植物

A. 芫荽；B. 白芷；C. 北柴胡；D. 蛇床

此需要了解相关的基本专用术语。

① 接合面（commissure）。是指心皮的连接面，即合生面。

② 背腹压扁（depressed）。是指果向接合面的压扁。

③ 两侧压扁（bilateral compressed）。是指果向接合面相垂直的压扁。

④ 主棱（main rib）。是指每 1 分果背面纵向突起的肋条（棱脊），其下具维管束，有 3 种。

⑤ 背棱（dorsal rib）。是指位于背部中央的主棱，1 条。

⑥ 侧棱（lateral rib）。是指位于背部两侧的主棱，2 条。

⑦ 中棱（medial rib）。是指位于背棱与侧棱之间的主棱，2 条。

⑧ 次（副）棱（secondary rib）。是指位于主棱与主棱之间的纵行肋条。

⑨ 棱槽（vallecula）。是指棱与棱之间的纵行凹槽。

⑩ 油管（vitta）。是指主棱间果皮内储有挥发性油的内分泌管道。

（1）胡萝卜属（*Daucus* L.）。一年生或二年生草本，肉质根圆锥形。茎直立，非二歧分枝。叶 2～3 回羽状裂。复伞形花序，总苞片和小总苞片羽状分裂；花白色，外缘花瓣辐射状。果实各棱上有刺或刚毛。本属约有 60 种，主产于亚洲温带和地中海地区；我国有 1 种，1 栽培变种。胡萝卜（*D. carota* var. *sativa* Hoffm. Deutschl.），二年生草本；根长圆锥形，粗肥，橙红色或黄色，作蔬菜栽培。原产于欧亚大陆，现全球栽培。全草、根和种子都能药用。野胡萝卜（*D. carota* L.），与前者不同的是，根圆锥形，细小，多分枝，浅棕色，是野生农田杂草。主要分布于欧洲、东南亚等地；我国主产于浙江、江西、江苏、四川、贵州、湖北、安徽等省。全草、叶、果实和种子可入药，果实还能提取芳香油。

（2）芹属（*Apium* L.）。叶 1 回羽状分裂至三出式羽状多裂。多复伞形花序，具总苞片和小苞片或缺，花白色。果侧扁，每棱槽有油管 1，合生面 2。本属约有 20 种，分布于全球温带地区；我国有 2 种。旱芹（芹菜 *A.graveolens* L.），两年或多年生草本；茎直立，有棱角和直槽，全株无毛；基生叶 1～2 回羽状全裂，常 3 浅裂或深裂，边缘有锯齿，茎生叶 3 全裂；无总苞和小总苞片，伞幅 3～16，花绿白色；果近圆形至椭圆形，果棱尖锐。原产于西南亚、北非、欧洲和美洲；我国各地栽培作蔬菜。果实能提取芳香油。

（3）茴香属（*Foeniculum* Mill.）。茎有白霜。复伞形花序，总花梗显著伸长；花黄色，无总苞和小苞片。果实无刺或刚毛。本属约有 4 种，分布于欧洲、美洲和亚洲西部；我国仅茴香（*F. vulgare* Mill.）1 种，各地栽培；原产于地中海。茎叶作蔬菜和调味品；果药用。

（4）芫荽属（*Coriandrum* L.）。与茴香属的区别在于本属植物的花有小苞片，白色或淡紫色。本属有 2 种，分布于地中海区域；我国仅芫荽（*C. sativum* L.）1 种，东北、华北、华东、华南、西南、湖南、陕西等地栽培；原产于地中海。茎叶作蔬菜或调味品；果实可提取芳香油，也可药用。

（5）当归属（*Angelica* L.）。大型草本。三出复叶。复伞形花序。本属约有 80 种，主产于北温带和新西兰；我国有 26 种，5 变种，1 变型，遍及大江南北，主产于东北、西北和西南地区。白芷［*A. dahurica*（Fisch. ex Hoffm.）Benth. et Hook. f. ex Franch. et Sav.］，多年生高大草本；根圆柱形，有分枝，有强烈气味；叶末回裂片基部向下延成翅状，叶鞘囊状；总苞片膨大成鞘状，花白色，无萼齿；果侧棱的翅较果体的狭。分布于我国东北及华北，北方各地多有栽培。根药用，农业上用来杀虫、灭菌。当归［*A. sinensis*（Oliv.）Diels］，多年生草本，全株有特异香气；叶末回裂片基部不下延，叶鞘管状；总苞片线形，花白色，有萼齿；果侧棱有不窄于果体的翅。产于亚洲西部、欧洲及北美洲各国；我国主产于甘肃东南部、云南、四川、贵州、陕西等地，以岷县产的最出名，称“岷当归”。根是妇科良药，也可提取芳香油。

（6）柴胡属（*Bupleurum* L.）。草本，稀半灌木。单叶全缘，叶脉平行或弧形。复伞形花序，总苞片叶状，小苞片数枚；萼齿不明显，花瓣黄色。果卵状长圆形，两侧略压扁。本属有 100 多种，主产于北半球亚热带地区；我国有 36 种，17 变种，7 变型，集中分布于西北与西南高原地区。北柴胡（*B.chinense* Deutschl.），主根棕褐色，常分枝；茎上部常“之”字形分枝，基部无叶柄残留纤维；叶披针形或椭圆形，两面绿色；伞形花序多而小，小总苞片小而狭，非花瓣状，披针形，常 3 脉；果棱狭翼状。日本、朝鲜、俄罗斯有分布；我国产于东北、西北、华北、华东和华中各地。以根入药；植株高大，夏季开花，多栽培于花境、草坪边缘供观赏。

本科常见的药用植物还有蛇床［*Cnidium monnieri*（L.）Cuss.］、防风［*Saposhnikovia divaricata*（Trucz.）Schischk.］、前胡（*Peucedanum praeruptorum* Dunn）、川芎（*Ligusticum chuanxiong* Hort.）、独活（*Heracleum hemsleyanum* Diels）等。

二十二、茄科 Solanaceae

$* K_{(5)} C_{(5)} A_5 \underline{G}_{(2:2:\infty)}$

茄科约有 30 属、3000 种，分布于温带至热带地区，南美洲种类最多；我国有 24 属、约 105 种、35 变种，遍及全国各地。其中有多种重要的蔬菜、经济植物和观赏植物，有些是农区常见杂草；野生植物多有毒，勿误食。

识别特征 草本或木本，直立或蔓生。单叶互生，或大小叶对生，稀复叶，无托叶。花两性，整齐，单生或聚伞花序，5 基数，宿存花萼常花后增大；花药常孔裂；心皮 2，中轴胎座，胚珠多数。浆果或蒴果；胚乳丰富（图 12-51、图 12-52）。染色

图 12-51 马铃薯

1. 块茎；2. 植株；3. 花；4. 果实；5. 花图式

体：X=7～12、17、18、20～24。

（1）茄属（*Solanum* L.）。常为单叶。多聚伞花序，花冠辐状，花药常围绕花柱靠合成一圆筒，顶孔开裂；心皮 2，2 室。浆果；具多枚种子。本属有 2000 多种，主产于热带和亚热带，以南美洲热带的种类最多；我国有 39 种、14 变种，遍及全国各地。茄子（*S. melongena* L.），一年生直立草本至亚灌木，全株被星状毛；叶大，卵形至长圆状卵形；（能孕）花单生，多为紫色；果大，熟时多为紫色。原产于亚洲东南热带地区，现世界广泛栽培；我国各地都有种植。常用作蔬菜；根、茎、叶、种子能入药。马铃薯（洋芋 *S. tuberosum* L.），一年生直立草本，具肉质块茎；奇数不相等羽状复叶，小叶常大小相间；伞房状聚伞花序，花白色或蓝紫色。原产于热带美洲山地，现普遍栽培于全球温带地区；我国各地均有栽培。块茎富含淀粉，是重要的粮食兼蔬菜，还是淀粉工业的主要原料；幼嫩芽条及果实可提取龙葵碱。龙葵（*S. nigrum* L.），一年生直立草本；单叶，卵形，全缘或具波状粗齿；蝎尾状聚伞花序腋外生，花白色；果小球形，熟时黑色。广布于欧洲、亚洲、美洲温带至热带地区；遍及全国分布。全株能入药，可用于癌症的治疗。

（2）番茄属（*Lycopersicon* Mill.）。羽状复叶，小叶极不等大。圆锥形聚伞花序腋外生，花萼、花冠辐状，5～7 裂。浆果多汁，光滑。本属 6 种，产于南美洲，现全世界普遍栽培；我国广泛栽培 1 种。番茄（*L.esculentum* Mill.），一年生或多年生草本，全株被黏质腺毛，有强烈气味；花黄色；果被假隔膜分隔成 3～5 室。原产于南美洲安第斯山地带，世界各地广泛栽培。果作蔬菜或水果，品种很多。

（3）辣椒属（*Capsicum* L.）。花单生；花萼杯状，具不明显 5 齿。浆果，果皮有辛辣味。本属约有 25 种，主产于南美洲，我国栽培 1 种。辣椒（*C. annuum* L.），原产于墨西哥及南美洲，世界各地普遍栽培，为重要蔬菜和调味品。由于长期人工栽培、杂交育种，品种繁多，如菜椒［*C. annuum* L. cv. *grossum*（L.）Sendt.］，主要作蔬菜食用；朝天椒［*C. annuum* L. cv. *conoides*（Mill.）Irish］，主要作调味品；五彩辣（*C. annuum* L. cv. *cerasiforme* Hort.），既可供观赏，也可作调味用。

（4）枸杞属（*Lycium* L.）。灌木，常有刺。花单生或簇生叶腋。浆果。本属约有 80 种，主产于南美洲，欧亚大陆温带也有分布；我国有 7 种、3 变种，主产于北部。宁夏枸杞（*L.barbarum* L.），花萼常 2 中裂，花冠裂片边缘无缘毛。分布于西北和华北；果甜，为滋补药。枸杞（*L.chinense* Mill.），花萼常 3 裂，花冠裂片边缘具缘毛。分布于大多数省（自治区）。果甜，后味微苦，果和根均入药。黑果枸杞（*L.ruthenicum* Murr.），果黑色。分布于西北，常生于盐渍荒地，耐干旱、盐碱。

（5）烟草属（*Nicotiana* L.）。一年生或多年生草本，常被腺毛。聚伞花序；花萼果时稍增大，宿存；花冠筒状、漏斗状或高脚碟状；雄蕊不等长或近等长，花药纵裂。蒴果 2 裂；种子多数。本属约有 60 种，分布于美洲、非洲及大洋洲；我国栽培 4 种。红花烟草（烟草 *N. tabacum* L.）和黄花烟草（*N. rustica* L.）都原产于南美洲，现我国各省（自治区）几乎都有栽培。均为卷烟和烤烟工业的重要原料；植株含尼古丁，有剧毒，可药用，也作农药。

（6）曼陀罗属（*Datura* L.）。植株有毒，茎二歧分枝。单叶互生。花大型，常单生于枝分叉间或叶腋，花萼多为长管状、5 浅裂，花冠常漏斗状、5 浅裂；子房 2 室，又成不完全假 4 室。蒴果常有刺，4 瓣裂。本属约有 16 种，主产于热带和亚热带地区；我国 4 种，南北各省都有分布，野生或栽培。曼陀罗（*D. stramonium* L.），多为一年生草本，全株近无毛；叶宽卵形，叶缘波状浅裂；花直立或斜升，花萼筒部呈 5 棱，花冠长 6～10cm；果实直立，成熟后顶端呈规则 4 瓣裂。产于印度，广布于世界温带至热带地区；我国各地普遍分布。全株有毒，富含莨菪碱和东莨菪碱，叶、花、果实、种子入药；种子油可供工业用。白花曼陀罗（洋金花 *D. metel* L.），花萼筒部不具 5 棱，花冠长 14～20cm；果斜升或横生，成熟后顶端不规则 4 瓣裂。产于热带和亚热带地区；我国东南、华南、西南地区有野生，现各地栽培，药用或观赏。药用部位同曼陀罗，花是著名的麻醉中药“洋金花”。

本科常见药用植物尚有天仙子（莨菪 *Hyoscyamus niger* L.），有毒；颠茄（*Atropa belladonna* L.）含阿托品（Atropine）、颠茄碱（belladonin）等。观赏

图 12-52　茄科植物

A. 龙葵；B. 茄子；C. 番茄；D. 枸杞；E. 曼陀罗；F. 碧冬茄；G. 挂金灯；H. 辣椒

植物有夜香树（*Cestrum nocturnum* L.）、黄花夜香树（*C.aurantiacum* Lindl.）、碧冬茄（矮牵牛 *Petunia hybrida* Vilm.）等。食用植物有毛酸浆（洋姑娘 *Physalis pubescens* L.）、灯笼果（*Ph.Peruviana* L.）、挂金灯［红姑娘 *Ph.alkekengi* var. *franchetii*（Mast.）Makino］等。

二十三、茜草科 Rubiaceae

$* K_{(4\sim5)} C_{(4\sim5)} A_{4\sim5} \overline{G}_{(2:2:1\sim\infty)}$

茜草科约有 500 属、6000 种，主产于热带和亚热带；我国有 98 属、676 种，主要分布于东南部至西南部。本科植物富含生物碱的苷类，不少种类可入药；另有多种观赏、香料、染料和用材植物，著名的饮料咖啡也出自本科。

识别特征　乔木、灌木及草本，有时攀援或匍匐。单叶对生或轮生，多全缘，托叶生叶柄间或叶柄内，常宿存。多为聚伞花序；花两性，整齐，4 或 5 基数；子房下位，常 2 室，每室胚珠 1 枚至多数。蒴果、核果或浆果；种子多具胚乳（图 12-53、图 12-54）。染色

图 12-53　栀子

1. 花枝；2. 果枝；3. 花；4. 花图式

图 12-54 茜草科植物

A. 茜草；B. 钩藤（张志峰摄）；C. 六月雪；D. 蓬子菜

体：$X=6\sim17$。

（1）栀子属（*Gardenia* Ellis）。灌木，近无刺。叶常对生，托叶生叶柄内，基部合生成鞘。花冠高脚碟状，裂片旋转状排列。浆果。本属约有250种，分布于东半球热带及亚热带地区；我国5种，1变种，主产于西南至东部地区。栀子（*G. jasminoides* Ellis），常绿；叶革质，托叶膜质；花芳香，顶生，白色或乳黄色；果有纵棱5～9，先端常具增大的花萼，熟时橙黄色。分布于东亚、东南亚、南亚等国及太平洋岛屿、美洲北部，野生或栽培；产于我国中部和南部，以湖南和江西种植的最有名，各地庭院常栽培或盆栽，供观赏。干燥后的成熟果实是常用中草药，也可作黄色染料和食品色素；花可提取芳香油。

（2）茜草属（*Rubia* L.）。草本，茎常被糙毛或皮刺。叶4～8片轮生（包括托叶）。聚伞花序，花5基数，多2室，每室1胚珠。果2裂，肉质浆果状。本属约有70种，分布于亚洲温带、非洲、西欧、北欧、地中海沿岸、喜马拉雅地区、墨西哥至美洲热带；我国有36种、2变种，广布全国各地，云南、四川、西藏和新疆最多。茜草（*R. cordifolia* L.），草质攀援藤本，根及根状茎红色；茎四棱，有倒生皮刺；叶常4片轮生（其中2片为托叶），近披针形；花黄色，干后变褐色；果圆形，熟时橘黄色。日本、朝鲜、俄罗斯远东地区有分布；我国分布于北部及西南等地。根能入药，可提取天然红色染料。

（3）拉拉藤属（*Galium* L.）。草本，茎常四棱。叶3至多枚轮生。聚伞花序，花常4基数；2室，每室1胚珠。小坚果，果瓣双生。本属约有300种，广布于全球，主产于温带地区；我国约有58种，1亚种，38变种，除海南外，全国都有分布。猪殃殃［拉拉藤 *G.aparine* var. *tenerum*（Gren.et Godr.）Rchb.］，植株矮小柔弱，茎攀援状；茎棱、叶缘及叶脉有倒生刺毛；叶6～8枚轮生；花单生；果密被钩状毛。分布于亚洲北部、北美洲、欧洲等地；我国分布于东北、华北、华南、西南等省（自治区）。田间恶性杂草，全草入药。四叶葎（*G. bungei* Steud.），多年生草本，有红色丝状须根；茎近直立；叶4片轮生；圆锥状聚伞花序，花冠辐状；果近球形。日本、朝鲜有分布；我国各地普遍分布。全草入药。蓬子菜（*G.verum* L.），多年生草本，根状茎上的须根暗红色；茎近直立，被短柔毛；叶6～10枚轮生；圆锥状聚伞花序，花冠辐状，黄色；果扁球形，无毛。分布于东亚、西亚、南亚、欧洲和北美洲等地；我国主产于华北、东北、西北和长江流域。全草入药。

（4）钩藤属（*Uncaria* Schreber nom. cons.）。蔓生木本，具钩刺。叶对生。球形头状聚伞花序常单生于侧枝叶腋；花5基数，花冠高脚碟形或近漏斗形；2室，每室胚珠多数。蒴果长形，外果皮纵裂，内果皮室背开裂；种子两端有翅。本属有34种，主产于亚洲热带和澳大利亚等地；我国有11种，1变型，分布于西南部至台湾。钩藤［*U.rhynchophylla*（Miq.）Miq. ex Havil.］，狭三角形托叶生于叶柄间，深2裂；不育总花序梗变成下弯钩，借此攀援，并由此得名。日本有分布；我国主产于广东、广西、贵州、云南、湖南、湖北、福建及江西等省（自治区）。干燥的带钩藤茎为著名中药（钩藤）；也是垂直绿化的好材料。华钩藤［*U. sinensis*（Oliv.）Havil.］，托叶阔三角形至半圆形，有时顶端微缺；萼裂片线状长圆形；果序直径20～30mm。我国特有，产于广西、四川、云南、贵州、湖北、湖南、陕西、甘肃。功用同前者。

（5）咖啡属（*Coffea* L.）。灌木或小乔木。叶多对生。花簇生叶腋或成聚伞花序；花冠高脚碟状，裂片旋转状排列。浆果，有骨质核仁2粒。本属有90多种，分布于非洲和亚洲热带，以热带非洲为主产区；我国引入栽培5种，集中分布于南部和西南部。小果咖啡（小粒咖啡 *C. arabica* L.），叶先端渐尖，托叶宽三角形；聚伞花序簇生叶腋，无花序总梗；浆果椭圆形，红色，种子有纵槽。原产于埃塞俄比亚或阿拉伯半岛，现普遍栽培于热带地区，主产于拉丁美洲；我国云南、福建、广东、广西、海南、台湾、四川、贵州、厦门等地有栽培。种子含生物碱，药用或作饮料。

本科富含生物碱和苷类，入药种类很多，除上述种类外，尚有金鸡纳树［*Cinchona ledgeriana*（Howard）Moens ex Trim.］，树皮及根皮含奎宁（quinine），是治疟疾的特效药；六月雪［*Serissa japonica*（Thunb.）Thunb.］、五星花［*Pentas lanceolata*（Forsk.）K. Schum.］、玉叶金花（*Mussaenda pubescens* Ait. f.）为常见庭园观赏植物。

二十四、旋花科 Convolvulaceae

$* K_5 C_{(5)} A_5 \underline{G}_{(2:2:2)}$

旋花科约有56属、1800种，广泛分布于热带、亚热带和温带，以美洲和亚洲热带与亚热带为主产区；我国有22属、约125种，南北均产，集中分布于西南与华南。有多种为蔬菜和经济作物，还有不少药用植物和观赏植物。

识别特征 茎缠绕或匍匐，常具乳汁。单叶，互生，叶基常心形或戟形，无托叶。单花或成聚伞花序生于叶腋；花整齐，两性，合瓣，5基数，多漏斗形；子房上位，多2室，或假4室，倒生胚珠无柄。蒴果或浆果；胚乳小（图12-55、图12-56）。染色体：*X*=7～15。

（1）甘薯属（番薯属 *Ipomoea* L.）。草本或藤本，茎常缠绕。花冠漏斗状或钟状；雄蕊和花柱内藏。蒴果。本属约有300种，广布于热带、亚热带和温带地区；我国有20种，全国分布，主产于华南与西南地区。甘薯［红薯、番薯、红苕 *I. Batatas*（L.）Lam.］，一年生草本，块根肥大；茎多平卧或上升，节间实；叶多为宽卵形，有时有分裂；聚伞花序腋生。原产于南美洲和大安的列斯群岛、小安的列斯群岛，现普遍栽培于热带、亚热带地区；我国普遍栽种。块根可食用，是著名旱地杂粮作物，也是淀粉、食品加工、乙醇制造业重要原料。蕹菜（空心菜 *I. Aquatica* Forsk.），

图12-55 甘薯
1. 块根；2. 花枝；3. 花纵切；4. 花图式；5. 果实；6. 种子

一年生水生或陆地湿生草本，蔓生或漂浮于水上，茎有节，节间中空；叶全缘或波状，不分裂；萼片先端具小短尖头。原产于我国，是中部和南部各省（自治区）普遍栽培的蔬菜。全株可作饲料。

（2）牵牛属（*Pharbitis* Choisy）。草本，茎多缠绕，常被硬毛。聚伞花序1至数花，腋生；花冠漏斗状，紫红色或白色，萼片背面被毛；子房3室，胚珠6枚，柱头头状。蒴果。本属约有24种，广布于亚热带和温带；我国有3种，南北各省都有分布。牵牛［裂叶牵牛 *Ph. nil*（L.）Choisy］，叶心状宽卵形或近圆形，多3裂，中裂片渐尖或骤尖，侧裂片较短；花冠多蓝紫色或紫红色，外萼片狭披针形；果近球形，3瓣裂。原产于美洲热带地区，现热带和亚热带地区广泛栽培；遍及全国各地，供观赏。圆叶牵牛［*Ph. purpurea*（L.）Voisgt］，叶片常全缘；外萼片常椭圆形。本种原产于美洲热带地区，现世界各地广泛栽培；遍及全国各地，供观赏。干种子入药，和裂叶牵牛的种子统称为“牵牛子”。

（3）旋花属（*Convolvulus* L.）。草本或半灌木，茎缠绕或平卧，少直立。叶全缘或分裂。花单生或簇生叶腋，苞片生花梗中部，远离花萼；花冠漏斗形或钟形；子房2室。蒴果近球形。本属约有250种，主产于亚热带和温带；我国8种，广布各地。田旋花（箭叶旋花 *C.arvensis* L.），多年生草本，具根状茎；叶戟形；花冠粉红色或白色。为农区常见杂草，全草可入药。刺旋花（*C. tragacanthoides* Turcz.），半灌木，全株被银灰色绢毛，多分枝，具刺；花冠粉红色或白色。分布于华北和西北部，生于山前、荒漠，能保持水土和固沙。

（4）菟丝子属（*Cuscuta* L.）。寄生攀援草本，无根，全株无毛。茎非绿色，缠绕，由吸器攀援并进入

图 12-56 旋花科植物

A. 裂叶牵牛；B. 圆叶牵牛；C. 田旋花；D. 中国菟丝子；

E. 空心菜；F. 茑萝松

宿主，吸取养分。无叶。花小，排成花序，多5基数；花冠筒内的雄蕊下方有5鳞片；花柱2。蒴果。本属约有170种，广布全世界暖温带，主产于美洲；我国有8种，南北都有分布。中国菟丝子（菟丝子 *C. chinensis* Lam.），一年生，茎纤细毛发状，黄色；伞形花序，花冠壶形，白色，外卷；雄蕊着生于花冠裂片弯缺的稍下处，柱头不伸长；果近于全被宿存花冠包围，熟时呈整齐周裂。朝鲜、日本、伊朗、阿富汗等国有分布；我国大部分地区有分布。田间恶性杂草，主要寄生于豆科、菊科、亚麻科、蒺藜科等草本植物上；种子可入药。日本菟丝子（金灯藤 *C. japonica* Choisy），茎较粗壮似细绳，多具紫红色瘤状突起；穗状花序，花冠钟状，淡红色或绿白色，雄蕊着生于花冠喉部裂片弯缺处，花柱1，柱头明显2裂。朝鲜、日本、越南、俄罗斯远东地区有分布；我国各省（自治区）有分布。主要寄生在灌木上；种子入药。

本科常见药用植物还有马蹄金（*Dichondra repens* Forst.）、土丁桂［*Evolvulus alsinoides*（L.）L.］、山土瓜［*Merremia hungaiensis*（Lingelsh. et Barza）R.C. Fang］等；观赏植物有圆叶茑萝［*Quamoclit coccinea*（L.）Moench］、茑萝松［*Q. pennata*（Desr.）Boj.］、金鱼花（*Mina lobata* Cerv.）、月光花［*Calonyction aculeatum*（L.）House］等；农田杂草有打碗花（*Calystegia hederacea* Wall. ex.Roxb.）等。

进化地位 克朗奎斯特系统和近年来的APGII分类法把旋花科列进茄目；塔赫他间系统虽然把旋花科

列进花葱目，但认为和茄科较为接近，都有内生韧皮部，两者可能都是从马钱科类型演化而来，但前者的内生韧皮部发生在下胚轴上面的茎内、胚乳形成细胞型、胚胎发生石竹型（caryophyllad type）、倒生胚珠常4或2，而后者的内生韧皮部发生在下胚轴内、胚乳型多样、胚胎发生茄型（solanad type）、胚珠形式多样且常多数，致使两者差异较显著。克朗奎斯特系统认为旋花科与花葱科较为接近，但后者因花萼合生、雌蕊3、胚珠无定数、无乳汁等特征，与前者不同。

二十五、玄参科 Scrophulariaceae

$\uparrow$（稀 *）$K_{4\sim5,(4\sim5)}C_{(4\sim5)}A_{4,稀2,5}\underline{G}_{(2:2:2,\infty)}$

玄参科约有200属、3000种，广布于世界各地；我国有56属、600多种，遍及全国，主产于西南。本科有多种重要药用植物、观赏植物、造林树种和材用树种。

识别特征　常为草本，稀乔木。叶多对生，少互生或轮生，无托叶。花两性，多不整齐，排成各种花序；花被4或5，多宿萼，合瓣花，常2唇；雄蕊常4，2强；心皮2，2室，子房上位，中轴胎座，胚珠常多数。多蒴果；胚直或稍弯（图12-57、图12-58）。染

图12-57　玄参
1. 花序；2. 根状茎；3. 叶；4. 花冠及雄蕊；5. 果；6. 花图式

图12-58　玄参科植物
A. 通泉草；B. 地黄；C. 紫花泡桐；D. 毛地黄；E. 长果婆婆纳；F. 炮仗竹

色体：X=6～16、18、20～26、30。

（1）泡桐属（*Paulownia* Sieb. et Zucc.）。落叶乔木，幼茎、叶和花萼密被星状毛。单叶对生。小聚伞花序组成各种大型花序；花冠紫色或白色，不明显唇形，裂片近相等。蒴果木质或革质，室背开裂。本属有7种，分布于东亚；我国7种均有，除东北北部、内蒙古、新疆北部、西藏等地外，全国都有分布，野生或栽培。毛泡桐［紫花泡桐 *P. tomentosa*（Thunb.）Steud.］，树冠宽大伞形；叶心形，先端锐尖，上面疏生星状毛，下面常密被有长柄和分枝的白毛；先叶开花，小聚伞花序都有明显总花梗，且与花梗近于等长，花序金字塔形或狭圆锥形；花冠紫色或淡紫色，漏斗状钟形，里面有深紫色斑点；果卵圆形。原产于我国，分布于黄河流域至长江流域各省（自治区），北方常见栽培；朝鲜、日本、欧洲和北美洲有栽培。木材是建筑、家具和乐器等的良材；嫩根、根皮、木材、叶、花、果可入药；树姿优美、花大色艳，是城市和工矿区的抗污染树种，也是防护造林的好树种。光泡桐［*P. tomentosa* var. *tsinlingensis*（Pai）Gong Tong.］，成熟叶片下面无毛或毛极稀疏。分布于陕西、甘肃、山西、山东、河北、河南、湖北、四川北部等地，野生或栽培。泡桐［白花泡桐 *P. fortunei*（Seem.）Hemsl.］，与毛泡桐的显著区别是，树冠圆锥形；叶片长卵状心脏形；花序圆柱形，花冠白色或浅紫色；花萼浅裂，花后迅速脱毛；果长圆形或椭圆形。分布于黄河流域至华南各省，山东、河南、河北、陕西有栽培。后两种泡桐的功用同毛泡桐。

（2）玄参属（*Scrophularia* L.）。草本。叶对生，常有透明腺点。花冠球形或卵形；能育雄蕊4枚，退化雄蕊1枚。蒴果室间开裂。本属有200多种，分布于欧亚大陆温带，以地中海地区最多；我国有30种，产于西南部、东部至西北部。玄参（*S. ningpoensis* Hemsl.），多年生高大草本，块根纺锤状或胡萝卜状；茎四棱；聚伞状圆锥花序大而疏散，花序梗有腺毛；花褐紫色。我国特有，分布于西北、华北、华东、华南、西南，东北有栽培。块根含生物碱、糖类、甾醇等，药用。北玄参（*S. buergeriana* Miq.），叶较狭；聚伞穗状花序，花冠黄绿色。朝鲜、日本有分布；我国产于东北各省、河北、山东、河南。块根入药。

（3）地黄属（*Rehmannia* Libosch. ex Fisch. et Mey.）。多年生草本，全株被长柔毛和腺毛。茎生叶互生，边缘具粗齿。花冠紫红色或黄色，唇形。蒴果，藏于宿萼内，室背开裂。本属有6种，均产于我国。地黄［怀庆地黄 *R. glutinosa*（Gaert.）Libosch. ex Fisch. et Mey.］，因肉质根茎为黄色，而得名；茎紫红色；多为基生叶，倒卵形至长椭圆形；花梗细弱，弯曲上升，花冠内外有长柔毛。分布于辽宁、陕西、甘肃、河北、山西、内蒙古、山东、江苏、河南、湖北等省（自治区），我国各地及国外均有栽培。根茎含β-谷甾醇、甘露醇地黄素、生物碱等成分，为传统中药，未烘干前为鲜地黄，干后称生地黄，加酒蒸煮后称熟地黄。花大色美，可作地被观赏。

（4）婆婆纳属（*Veronica* L.）。草本。花萼多4裂；花冠筒短，常辐状；雄蕊2枚。本属约有250种，主产于欧亚大陆；我国有61种，集中分布于西南山地。北水苦荬（*V. anagallis-aquatica* L.），多年生水生或沼生草本，全草药用；嫩叶可作野菜。广布于亚洲温带地区及欧洲；我国主产于长江以北及西南各地。婆婆纳（*V. didyma* Tenore），蒴果近肾形，略比花萼短。广布于欧亚大陆北部以及我国西南、西北、华东、华中、北京等地。全草入药。长果婆婆纳（*V. ciliata* Fisch.），蒴果卵状锥形，狭长，全草药用。中亚、蒙古国、俄罗斯有分布；我国分布于西北、四川、西藏等地。

本科药用植物尚有胡黄连［*Picrorhiza scrophulariiflora* Pennell.］、毛地黄（*Digitalis purpurea* L.）、毛蕊花（*Verbascum thapsus* L.）、爬岩红［*Veronicastrum axillare*（Sieb. et Zucc.）Yamazaki］、阴行草（*Siphonostegia chinensis* Benth.）、来江藤（*Brandisia hancei* Hook.f.）、鞭打绣球（*Hemiphragma heterophyllum* Wall.）、通泉草［*Mazus japonicus*（Thunb.）O. Kuntze］等。观赏植物有金鱼草（*Antirrhinum majus* L.）、荷包花（*Calceolaria herbeohybrida* Voss.）、炮仗竹（*Russelia equisetiformis* Schlecht. et Cham.）、美丽桐［*Wightia speciosissima*（D. Don）Merr.］、柳穿鱼（*Linaria vulgaris* Mill.）等。

二十六、唇形科 Labiatae

$\uparrow K_{(5\sim4)}C_{(5\sim4)}A_{4,2}\underline{G}_{(2:4:1)}$

唇形科约有220属、3500多种，全球分布，以地中海沿岸和近东中亚干旱和半干旱地区为近代分布中心；我国约有99属、800多种，全国分布，尤以西南干旱地区为多。本科植物以富含多种芳香油而著称，可提取香精或工业用油，或为油料作物，因不少芳香油成分还可药用，又是常用中药或民间草药，有的做烹饪调料；有些是观赏花卉或蜜源植物。

识别特征 多为草本，含芳香油，茎常四棱。单叶对生，稀轮生或互生，无托叶。腋生聚伞花序多组成轮伞花序，再复合成总状或穗状花序；宿萼，唇形花冠，冠筒内常有毛环；雄蕊2强或2枚；子房上位，2心皮，4室。4小坚果；胚乳无或少量（图12-59、图12-60）。染色体：X=5～11、13、17～30。

本科的花冠类型在分类及属、种鉴定有重要意义，因此需要了解其花冠类型。

① 二唇形花冠（bilabiate shaped corolla）。5瓣合生花冠呈二唇形，上面（后面）2裂片多少合生为上唇，下面（前面）3裂片为下唇，也称2/3式二唇形花冠；当上唇有4裂片，下唇有1裂片时，称4/1式二唇形花冠。

② 单唇形花冠（single lip corolla）。花冠无上唇，

图 12-59　益母草

1. 植株；2. 基生叶；3. 茎下部叶；4. 花；5. 花冠展开；6. 雌蕊；7. 花萼展开；8. 小坚果；9. 花图式

5 个裂片全在下唇时，称单唇形花冠。

③ 假单唇形花冠（pseudomonas labiate corolla）。当花冠上唇很短，2 裂，下唇 3 裂时，称假单唇形花冠。

④ 近整齐花冠（nearly regular corolla）。花冠裂片近乎相等时，称近整齐花冠。

（1）黄芩属（*Scutellaria* L.）。草本或半灌木。茎叶多具齿。2 花轮伞花序，常为总状或穗状花序；花萼 2 唇形，喉部果时闭合后呈 2 裂，上裂片背部常有鳞状盾片；冠筒内无明显毛环，伸出萼筒，冠檐 2 唇形，上唇盔形，下唇 3 裂；能育雄蕊 4，前对较长，花柱着生子房基部，子房 4 全裂。小坚果扁球形或卵圆形。本属有 300 多种，除非洲南部外，广布全球；我国有 102 种、30 变种，遍及各省（自治区）。黄芩（*S. baicalensis* Georgi），多年生草本，根茎肉质肥厚；叶披针形，全缘，短柄，叶背密生下陷的黑色腺点；顶生总状花序常再聚合成圆锥花序，花冠紫色、紫红色至蓝色。朝鲜、日本、蒙古国、俄罗斯有分布；我国分布于东北、华北、山东、河南、陕西、甘肃、四川等地。根茎入药；茎可提取芳香油。

图 12-60　唇形科植物

A. 黄芩；B. 薄荷；C. 一串红；D. 随意草；E. 夏枯草；F. 藿香；G. 五彩苏；H. 夏至草

（2）益母草属（*Leonurus* L.）。一年生至多年生草本。叶3～5掌状分裂。多花轮伞花序腋生，常组成穗状花序。花萼漏斗状，5脉，5萼齿等大，喉部在果期开放；花冠明显二唇形，上唇全缘，下唇3裂，冠筒长于萼筒；雄蕊4，前对较长，药室平行；花柱着生于子房底，和上升的雄蕊常伸出冠筒，子房无柄。小坚果锐三棱形。本属约有20种，主产于欧洲、亚洲温带；我国有12种，2变型，全国分布。益母草［*L.artemisia*（Laur.）S. Y. Hu］，一年生或二年生草本；基生叶卵状，茎生叶羽状深裂；花萼外密生短毛，花冠粉红色或淡紫红色，上下唇近等长。朝鲜、日本、热带亚洲、俄罗斯、非洲和美洲有分布；遍及全国各地。全草为妇科良药。

（3）薄荷属（*Mentha* L.）。多年生芳香草本。多花轮伞花序，腋生；花冠近于辐射对称，冠檐4裂，冠筒藏于萼筒；能育雄蕊4枚，近等长，和花柱都伸出冠筒，药室平行。小坚果卵形，顶端圆。本属约有30种，广布于北温带；包括栽培种，我国约有12种，全国分布。薄荷（*M. haplocalyx* Briq.），根茎蔓延，直立茎有逆生柔毛；叶片长卵形至长圆状披针形，背面有下陷腺点；花冠紫色或淡红色，冠筒内有柔毛，冠檐4裂；雄蕊4，前对较长。亚洲热带、朝鲜、日本、俄罗斯远东地区、北美洲等地有分布；我国南北均有，以江苏、安徽产量最大。全草含薄荷油，可入药，或提取芳香油；嫩茎叶可用作蔬菜和调味品。

（4）鼠尾草属（*Salvia* L.）。草本稀半灌木。单叶或羽状复叶。2至多花轮伞花序，组成总状或穗状花序；冠檐二唇形，上唇平伸或竖起，两侧多折合，下唇3裂，平展，冠筒伸出萼筒；能育雄蕊2，和花柱伸出花冠。有700多种，分布于温带和热带；我国有78种、24变种、8变型，遍及全国，以西南最多。丹参（*S. miltiorrhiza* Bge.），多年生草本，地上部被柔毛；根肉质肥厚，外红内白；奇数羽状复叶，小叶常3～5，两面有柔毛；苞片绿色；花冠蓝紫色，上唇朝上竖起，下唇短于上唇。日本有分布；我国分布于华北、华东、华南、陕西等地。根为妇科和冠心病的常用药。一串红（*S. splendens* Ker.-Gawl.），多年生半灌木状草本，茎无毛；单叶，卵圆形或三角状卵圆形；苞片、萼片和花瓣红色，冠筒筒状，伸出萼筒，冠檐二唇形，上唇直伸。原产于巴西；我国各地庭园普遍栽培，是著名的草花观赏植物；全草入药。

（5）夏枯草属（*Prunella* L.）。多年生草本。6花轮伞花序常聚合成穗状花序；花萼有极不相等的齿，二唇形，果期下唇向上唇斜伸；花冠上唇盔状，后对雄蕊短于前对雄蕊。本属约有15种，广布于欧亚温带地区和热带山区，非洲西北部和北美洲也有；我国有4种（引种栽培1种），3变种。夏枯草（*P. vulgaris* L.），茎紫红色，全株疏生白色粗毛；叶卵圆形，波状缘或近全缘；花冠蓝紫色或红紫色。分布于欧洲、亚洲、美洲、北非及大洋洲；我国各地均有。全草（特别是果穗）入药。

（6）紫苏属（*Perilla* L.）。一年生草本。花萼具10脉；花冠近于辐射对称；能育雄蕊4枚，具展开直伸的花丝；子房完全4裂。本属有1种，3变种，分布于亚洲东部；我国仅紫苏［*P. frutescens*（L.）Britt.］1种，广布各地；印度、不丹、中南半岛，南至印度尼西亚（爪哇），东至日本、朝鲜也有分布。茎、叶、种子均可入药，分别称苏梗、苏叶、苏子；茎叶还含芳香油，可作香料和蔬菜。

（7）藿香属（*Agastache* Clayt. ex Gronov.）。多年生大草本。叶多卵形，有柄。多花轮伞花序聚成顶生穗状花序；萼具15脉；花冠上唇直立，2裂，下唇3，开展，中裂片特大；后对雄蕊长于前对雄蕊。本属约有9种，8种分布于北美洲，1种分布于亚洲东部；我国仅藿香［*A. rugosus*（Fisch. et Mey.）O. Kuntze］1种，叶基心形，花冠淡紫蓝色。全国广泛分布，朝鲜、日本、俄罗斯及北美洲也有分布。全草是祛暑解表、化湿和胃的常用药；茎、叶和果富含挥发性芳香油。

本科尚有活血丹［*Glechoma longituba*（Nakai）Kupr.］、绣球防风（*Leucas ciliata* Benth.）、姜味草［*Micromeria biflora*（Buch.-Ham. ex D. Don）Benth.］、夏至草［*Lagopsis supina*（Steph.）Ik.-Gal.］、牛至（*Origanum vulgare* L.）、鸡脚参［*Orthosiphon wulfenioides*（Diels）Hand.-Mazz.］等药用植物；甘露子（草石蚕 *Stachys sieboldii* Miq.）、地笋（*Lycopus lucidus* Turcz.）等蔬菜植物；罗勒（*Ocimum basilicum* L.）、百里香（*Thymus mongolicus* Ronn.）等香料植物；五彩苏［*Coleus scutellarioides*（L.）Benth.］、随意草［假龙头花 *Physostegia virginiana*（L.）Benth.］等观赏植物。

进化地位 克朗奎斯特认为，唇形科与马鞭草科、紫草科都属于唇形目。吴征镒等研究表明，唇形科的祖先很可能起源于第三纪热带森林中的马鞭草状植物，该科和马鞭草科的联系最为密切，可以把该科的马鞭草状植物看作是其最原始的类型；唇形科与紫草科的联系也不少，但其胚根向下而明显不同；与玄参科和爵床科在对生叶序、四棱茎等外表特征也有不少相似之处，但后两者子房非深4裂、果实也不是小坚果，与唇形科完全不同。为了更适应虫媒传粉，唇形科晚期主要在花萼、花冠和雄蕊上发生了特化现象，这些也是近代唇形科分属的重要标准。

二十七、紫草科 Boraginaceae

$*K_{(5)}C_{(5)}A_5\underline{G}_{(2:4:1)}$

紫草科约有100属、2000种，分布于以地中海为中心的温带和热带地区；我国有48属（2属系引入）、269种，全国分布，西部最多。有多种著名的药用和观赏植物，有些是饲料植物和油料植物。

识别特征 草本稀灌木，常被硬毛。单叶多互生、全缘，无托叶。常蝎尾状聚伞花序；花两性，多辐射对称，5基数，多宿萼，合瓣花冠喉部常有附属物；雄蕊5，轮状排列，内藏；2心皮复雌蕊，子房常4深裂。常为4小坚果；种子多无胚乳（图12-61、图12-62）。染色体：X=4～12。

（1）聚合草属（*Symphytum* L.）。多年生草本。叶宽大，有基生叶和茎生叶之分。顶生蝎尾状聚伞花序组合成圆锥状，无苞片；花冠喉部有5个与花冠裂片对生的附属物；子房4深裂，花柱生于子房裂面间基部、并伸出钟状冠筒外，雄蕊内藏。小坚果无毛，常有疣状突起和皱纹。本属约有20种，分布于高加索至中欧，世界各地栽培；我国栽培1种。聚合草（*S.officinale* L.），根粗壮肉质，淡紫褐色；叶肥厚，粗糙，卵状披针形；花冠下垂，多淡紫色或黄白色，裂片外翻；子房多不育；果实极少，黑色、平滑、有光泽。原产于俄罗斯欧洲部分和高加索，现世界各地广泛栽培或逸生；我国各地有栽培。茎、叶是优质高产的畜禽饲料；花色鲜艳、丰富，花形美丽，常做地被观赏材料。

（2）紫草属（*Lithospermum* L.）。一年生或多年生草本。花单生叶腋，或组成顶生蝎尾状聚伞花序；花冠明显长于萼，喉部有附属物或毛；子房4裂，花柱生于子房裂面间基部。小坚果着生面的疤痕位于基部。本属约有50种，分布于美洲、非洲、欧洲和亚洲；我国有5种，除西藏、青海外，其余各省（自治区）都有分布。紫草（*L.erythrorhizon* Sieb.et Zucc.），多年生草本；根肥厚，圆柱形，暗紫红色；叶无柄，卵状披针形至宽披针形，全缘；聚伞花序顶生，花白色；小坚果卵圆形光滑，白色带褐色。日本、朝鲜有分布；我国分布于华北、华中、华东、西南、西北、辽宁、广西等地。根含紫草素等多种成分，为常用中药；还

图12-61　聚合草
1. 花序枝；2. 花；3. 花萼；4. 展开的花冠；5. 雌蕊；6. 果序；7. 小坚果；8. 基生叶；9. 花图式

图12-62　紫草科植物
A. 斑种草；B. 勿忘草；C. 附地菜；D. 倒提壶

可作紫色染料。

（3）斑种草属（*Bothriospermum* Bge.）。一年生或二年生草本，直立或匍匐。蝎尾状聚伞花序；花冠筒短，喉部有鳞片状附属物。小坚果肾形，密生瘤状突起，腹面有椭圆形或圆形环状凹陷。本属约有5种，广布于亚洲温带和热带；我国各地普遍分布。斑种草（*B. chinense* Bge.），一年生草本，茎直立或斜升；叶缘皱波状；花冠淡蓝色；小坚果腹面凹陷是横向的椭圆形环状。产于陕西、甘肃、河南、山东、山西、河北和辽宁等地。全草入药。

（4）勿忘草属（*Myosotis* L.）。细弱草本。花序顶生；花冠高脚碟状，5裂，蓝色或白色，喉部有鳞片状附属物。小坚果双凸镜状，平滑有光泽。本属约有50种，分布于欧亚大陆温带、热带非洲、南非和大洋洲；我国有4种，主产于北部至东北部。勿忘草（*M.silvatica* Ehrh. ex Hoffm.），多年生草本，茎直立；中上部无柄叶片比下部有柄叶片小；花萼5深裂，外密被不等长毛；花序多花，花冠蓝色，喉部黄色；小坚果底部无附属物。分布于欧洲、南亚、伊朗、俄罗斯等地区；我国北部、华中及西南等地。全株入药；株形柔美、花色新颖，是著名的庭园花卉和插花材料。

本科常见植物还有附地菜[*Trigonotis peduncularis*（Trev.）Benth. ex Baker et Moore]、糙草（*Asperugo procumbens* L.）、琉璃草[*Cynoglossum zeylanicum*（Vahl）Thunb.]、倒提壶（*Cy.amabile* Stapf et Drumm）、假狼紫草[*Nonea caspica*（Willd.）G.Don]、狼紫草（*Lycopsis orientalis* L.）等。

二十八、菊科 Compositae（Asteraceae）

$*$，$\uparrow K_{0\sim\infty} C_{(5)} A_{(5)} \overline{G}_{(2:1:1)}$

菊科是被子植物最大的一个科，约有1000属、25 000～30 000种，广布全球，热带较少；我国约有230属、2300多种，遍及全国各地。本科植物经济用途多样，有大量药用植物和观赏植物；有些种类的种子可榨油，供食用或工业用；还有不少蔬菜和经济植物。

识别特征 多为草本。叶常互生，无托叶。头状花序常集生成各种复合花序，有总苞；花常5基数，两性或单性，辐射或两侧对称，花冠管状或舌状；聚药雄蕊；柱头2裂，子房下位，1室1胚珠。瘦果顶端常宿存冠毛或鳞片；种子无胚乳。染色体：$X=8\sim29$。

本科花冠类型复杂，因此弄清其类型，对本科分类及亚科、属、种鉴定有重要意义。

（1）管状花冠（tubular corolla）。又称筒状花冠，5瓣合生花冠筒呈细长管状，冠檐呈等大的5裂，辐射对称，两性花。

（2）舌状花冠（ligulate corolla）。花冠基部组成一短筒，5个裂片向一边展开并结合成扁平舌状，两侧对称，两性花。

（3）二唇形花冠（bilabiate shaped corolla）。5瓣合生花冠呈二唇形，上面（后面）2裂片多少合生为上唇，下面（前面）3裂片为下唇，两侧对称，两性花。

（4）假舌状花冠（false ligulate corolla）。花冠基部组成一短筒，扁平舌状有3齿，两侧对称，雌花或中性花。

（5）漏斗状花冠（funnel - shaped corolla）。花冠呈漏斗状，大小不等裂片5～7，无性花。

按照头状花序中花冠类型和植物有无乳汁等特征，本科分为两个亚科。

1. 管状花亚科 Carduoideae

植物体无乳汁；头状花序全为同形管状花，或由异形小花（盘花管状，边缘花假舌状、漏斗状）组成（图12-63、图12-64）。

图12-63 向日葵

1. 植株；2. 头状花序纵切；3. 舌状花；4. 管状花；5. 聚药雄蕊；6. 瘦果；7. 瘦果纵剖；8. 花图式

（1）向日葵属（*Helianthus* L.）。高大草本，被短糙毛或硬毛。叶不分裂，互生或下部叶对生，两面有糙毛。头状花序单生茎顶或排成伞房状，总苞片2轮至数轮；边缘是中性黄色假舌状不孕花，中央是两性管状花。瘦果矩圆形或倒卵形，稍压扁或有4棱；膜片状冠毛，有2芒，脱落。本属约有100种，主产于北美洲；我国引种至少10种，各地多有栽培。向日葵（*H. annuus* L.），一年生草本，茎不分枝，无块茎；头状花序直径15～30cm，常下倾；总苞盘状；管状花棕色或紫色。原产北美洲，世界各地都有栽培。种子含油高达50%，可榨油；根、茎髓、叶、花托、花、种子均可药用；茎秆、花穗和种子皮壳可作饲料和纸浆等工业原料；有些品种栽培供观赏。菊芋（洋姜

图 12-64　管状花亚科植物

A. 黄顶菊（贺学礼摄）；B. 菊芋；C. 艾蒿（张志峰摄）；D. 红花（张志峰摄）；E. 小蓟；F. 加拿大一枝黄花；G. 大丽花；H. 苍耳；I. 松果菊；J. 三裂叶豚草

H.tuberosus L.），多年生草本，茎有分枝，有地下块茎；头状花序直径 2～5cm，直立；总苞半球形；管状花黄色。原产于北美洲，我国普遍栽培。块茎富含淀粉、菊糖等果糖多聚物，是一种重要蔬菜，也可酿酒、提取淀粉、制药及作优良饲料；植株高大、花序艳丽，是庭园观赏植物。

（2）菊属［*Dendranthema*（DC.）Des Moul.］。多年生草本。叶分裂或不分裂。头状花序单生枝顶或伞房状排列；总苞片 4～5 轮；边缘是雌性假舌状花，中央是两性黄色管状花。瘦果呈下部较窄的圆柱形，有多条纵肋，无冠毛。本属有 30 多种，主产于东亚和俄罗斯；我国有 17 种，各地广泛栽培。菊花［*D. morifolium*（Ramat.）Tzvel.］，原产于中国和日本，现世界各地广泛栽培；遍及全国各地，是著名的观赏植物。花序还可食用或泡茶；花序和根可药用。野菊花［*D. indicum*（L.）Des Moul.］，叶羽状分裂，两面同色或近同色，淡绿色，柄长；舌状花 1 轮，黄色，管状花深黄色。印度、日本、朝鲜、苏联有分布；我国广布于东北、华北、华中、华南和西南等地。功用基本同菊花。

（3）红花属（*Carthamus* L.）。一年生草本。茎直立，坚硬，白色。叶革质，无柄，抱茎，羽状分裂或不裂，有刺齿。头状花序单生茎顶或伞房状排列；总苞多列，外方 2～3 列呈叶状，边缘有刺齿；全为两性筒状花，冠毛缺如或为鳞片状。本属有 18～20 种，分布于中亚、西南亚和地中海地区；我国引入栽培 2 种。红花（*C. tinctorius* L.），全株光滑；小花红色或橘红色；瘦果无冠毛。原产于中亚地区，前苏联有野生，朝鲜、日本有栽培；我国东北、华北、西北、西南和华东等地区有栽培，山西、四川、甘肃有逸生。花序是妇科良药，还可提取红色和黄色染料。

（4）蒿属（*Artemisia* L.）。草本或半灌木，常有蜘蛛丝状绵毛和挥发性香味。叶多为一至三回羽状分裂，或不分裂。头状花序小，排成总状或圆锥花序，总苞片 3～4 层；花管状，边缘花雌性，狭细，2～3 齿裂，盘花两性，能育或否。瘦果小，有棱，无冠毛。有 300 多种，主产于亚洲、欧洲和北美洲寒温带、温带及亚热带地区；我国有 186 种，44 变种，遍及全国。艾（艾蒿 *A. argyi* Levl. et Van.），多年生草本，被灰色蛛丝状柔毛，茎有明显纵棱；叶片上面有白色腺点与小凹点，茎下部叶羽状深裂；花序托裸露，头状花序全部结实，并在茎上组成尖塔形圆锥花序。朝鲜、蒙古国、俄罗斯（远东地区）有分布，日本有栽培；除极干旱和高寒地区外，广布我国各地。全草入药；嫩芽和幼苗作菜蔬。黄花蒿（*A.annua* L.），一年生草本，茎幼时绿色，后变褐色或黄褐色；茎下部叶三回羽状深裂。分布于亚洲、欧洲、北非、北美洲、地中海等地；遍及全国各地。全草是传统中草药，可提取青蒿素，是治疗疟疾的主要有效成分。茵陈蒿（*A.capillaris* Thunb.），半灌木状草本；幼苗常丛生、斜上，幼枝密布灰白色绢毛；叶 1～3 回羽状全裂或掌裂，裂片呈短细丝状；头状花序边花结实，中央花不育，花序托裸露。东亚、东南亚和俄罗斯（远东地区）等有分布；我国主要分布于华中、华东、华南等地区，辽宁、河北、陕西、四川等省也有。幼嫩的干燥茎叶入药；干草或鲜草能作家畜饲料。

（5）蓟属（*Cirsium* Mill.）。一至多年生草本。叶具齿或羽状分裂，边缘有针刺。头状花序多在茎顶排成圆锥状，总苞多层，外面的渐短，顶端尖锐或有刺，花序托有刺毛；全为管状花，两性或雌性，均结实；花丝有长毛。瘦果常四棱形，冠毛多层，内层的渐长，羽毛状。本属有 250～300 种，分布于亚洲、欧洲、北非、北美洲和中美大陆；我国约有 50 种，几乎遍及南北。小蓟［刺儿菜 *C.setosum*（Willd.）M.B.］，多年生草本，被白色绵柔毛；叶全缘、波状缘、有齿或羽状浅裂，都有针刺，两面同色；雌雄异株，雌株全部雌花、结实，雄株全部两性花（自花不育）、不结实，雌株头状花序、总苞及花冠较雄株的大，花冠红紫色，冠毛污白色，雌株冠毛长于花冠。欧洲中部、东部，俄罗斯东、西西伯利亚及远东、东亚等地有分布；我国除西藏、云南、广西、广东外，遍布各地。全草可入药；嫩苗可食和作饲料；也是秋季蜜源植物。大蓟（蓟 *C. japonicum* Fisch. ex DC.），植株较高，叶羽状深裂或近全裂，基部渐狭成扁平的翼柄，针刺较长；雌雄同株，全为筒状花，两性，红色或紫色，冠毛淡褐色。朝鲜、日本，我国华东、华中、华南、西南、河北、陕西等地区有分布。功用基本同上。

本亚科的紫茎泽兰（*Eupatorium adenophorum* Sprenge）、飞机草（*E.odoratum* L.）、加拿大一枝黄花（*Solidago canadensis* L.）、豚草（*Ambrosia artemisiifolia* L.）、三裂叶豚草（*A.trifida* L.）、薇甘菊（*Mikania micrantha* Kunth.）、黄顶菊［*Flaveria bidentis*（L.）Kuntze.］等是著名入侵植物。

2. 舌状花亚科（Cichorioideae）

植物体有乳汁；头状花序全由舌状花组成（图 12-65、图 12-66）。

（1）蒲公英属（*Taraxacum* F. H.Wigg.）。多年生草本，茎花葶状，1 至多个。叶丛生基部，呈莲座状，多倒向羽状分裂或琴状羽裂。头状花序单生花葶顶端，全为舌状花，黄色，总苞片数层。瘦果有瘤状或刺状突起，先端延长成细长的喙，冠毛毛状，白色。本属

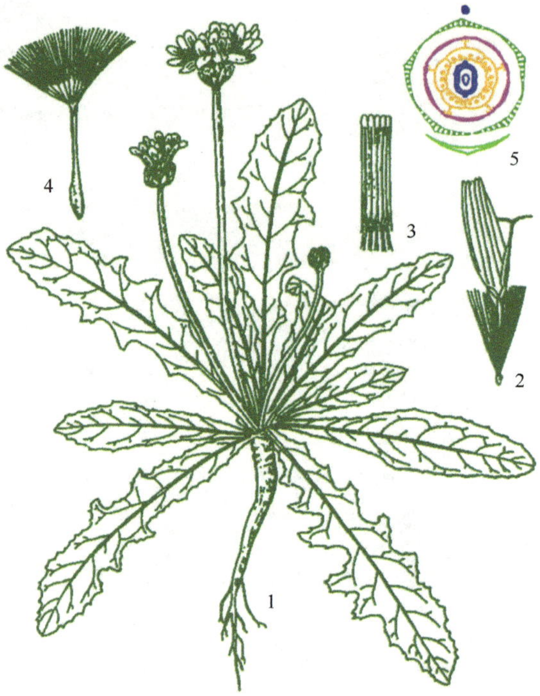

图 12-65 蒲公英

1. 植株；2. 舌状花；3. 聚药雄蕊；4. 瘦果；5. 花图式

有 2000 多种，主产于北半球温带至亚热带地区，热带南美洲也有；我国约有 70 种、1 变种，广布于东北、华北、西北、华中、华东和西南各省（自治区），尤以西南和西北地区最多。蒲公英（*T. mongolicum* Hand.-Mazz.），叶常大头羽状深裂或倒向羽状深裂，先端裂片较大，三角形或三角状戟形，基部渐窄成叶柄，常具齿；外层总苞片边缘宽膜质，顶端有明显角状突起；头状花序直立，花后不下垂。朝鲜、蒙古国、俄罗斯有分布；我国分布于东北、华北、西北、华东、华中、西南、广东等地区。全草入药；也是优良野生蔬菜和饲料。药用蒲公英（*T. officinale* Wigg.），根颈部有黑褐色残存叶柄；叶大头羽状分裂；头状花序较大，总苞片无角，外层总苞片花时外展或反折。欧洲、亚洲有分布；我国分布于东北、华北、华中、西北等地区。全草入药，也是药食兼用植物。

（2）莴苣属（Lactuca L.）。一至多年生草本植物。叶全缘或羽状分裂。头状花序在茎顶组成伞房状或圆锥状花序，总苞长卵形；小花常黄色。瘦果扁平，每面有多条棱，顶端有细丝状喙；冠毛白色，细柔。本属约有 75 种，主产于北美洲、欧洲、中亚、西亚和地中海地区；我国 7 种，主要分布于新疆，全国有栽培。莴苣（*L.sativa* L.），一年生、二年生草本；叶长圆状倒卵形，全缘或皱波状，基生叶丛生，茎生叶抱茎；顶生圆锥状花序；瘦果每面有 6～8 条棱，喙与瘦果近等长。原产于地中海沿岸，主产于欧洲和美洲，现世界各国普遍栽培；我国主产于华南和台湾地区。是重要的叶用蔬菜；全草可入药。莴苣

图 12-66　舌状花亚科植物

A. 桃叶鸦葱；B. 苣荬菜；C. 莴笋；D. 生菜；E. 稻槎菜；F. 小苦荬

品种很多，如莴笋（茎用莴苣 *L. sativa* var. *angustata* Irish ex Bremer），茎粗大，肉质；基生叶不卷心，茎生叶长圆形或狭披针形。茎叶都可食用。生菜（散叶莴苣 *L. sativa* var. *romana* Hort.），叶长倒卵形、直立，全缘或有锯齿，一般不结球或卷心呈圆筒形。可生食，脆嫩爽口，微甜。

（3）鸦葱属（*Scorzonera* L.）。常为多年生草本，无钩状刺毛。叶全缘、叶脉平行，或羽状分裂。头状花序单生茎顶或组成复合花序；总苞片多层，花序托无托毛。小花多黄色，顶端截形，5 齿裂。瘦果无喙，多棱和突起，羽状冠毛的羽枝相互交错。本属约 175 种，主产于欧洲、西南亚和中亚，北非也有分布；我国有 23 种，主产于西北地区。华北鸦葱（笔管草 *S. albicaulis* Bge.），茎直立，被白色绒毛蛛丝状毛或棉毛，基部被褐色鞘状残叶基；茎生叶和基生叶同形，平行脉，茎生叶基部抱茎，两面无毛；总苞圆柱状，被柔毛，头状花序组成伞房或伞形花序，小花黄色，超出总苞；羽状冠毛污黄色，其中 3～5 根较长。朝鲜、俄罗斯、蒙古国有分布；我国分布于东北、华北、华中、华东、陕西、贵阳等地区。根可入药；是良等饲用植物。桃叶鸦葱（*S. sinensis* Lipsch. et Krasch. ex Lipsch.），茎无毛，有白粉，基部被纤维状撕裂的残叶基；基生叶宽卵形、宽披针形至线形，有白粉，边缘皱波状，基部渐狭成柄，柄基鞘状抱茎；茎生叶小而少，鳞片状，多披针形，无柄，半抱茎；头状花序单生茎顶，小花黄色。产于我国华北、西北、华东、辽宁、河南等地区。功用基本同上。

（4）苦苣菜属（*Sonchus* L.）。一年生或多年生草本。茎上部有腺毛或无。头状花序有 80 朵以上小花。冠毛有极细柔毛杂以粗直毛。果扁压，上端狭窄，无喙。本属约有 50 种，分布于亚洲、非洲和欧洲；我国有 8 种，广布全国。苦苣菜（*S. oleraceus* L.），一年生草本；叶柔软无毛，羽状深裂；果具显著 3 棱，棱间有横皱。续断菊 [*S.asper*（L.）Hill.]，果具 3 细棱，棱间无横皱。两者皆为世界广布种；广布全国各地。全草均可入药；苦苣菜嫩苗还是常见野菜。

本科栽培蔬菜还有茼蒿（蒿子杆 *Chrysanthemum carinatum* Schousb.）、南茼蒿（*Ch. segetum* L.）、苣荬菜（*Sonchus arvensis* L.）等。药用的还有白术（*Atractylodes macrocephala* Koidz.）、千里光（*Senecio scandens* Buch.-Ham. ex D.Don）、一枝黄花（*Solidago decurrens* Lour.）、牛蒡（*Arctium lappa* L.）、苍耳（*Xanthium sibiricum* Patrin. ex Widder）等。除虫菊（*Pyrethrum cinerariifolium* Trev.），著名杀虫植物，花序含除虫菊素、灰菊素等，作农业杀虫剂和制蚊香的重要原料。观赏植物还有雏菊（*Bellis perennis* L.）、翠菊［*Callistephus chinensis*（L.）Ness］、百日菊（*Zinnia elegans* Jacq.）、金光菊（*Rudbeckia laciniata* L.）、黑心金光菊（*R. hirta* L.）、松果菊［*Echinacea purpurea*（L.）Moench］、秋英（波斯菊 *Cosmos bipinnata* Cav.）、大丽花（*Dahlia pinnata* Cav.）、两色金鸡菊（*Coreopsis tinctoria* Nutt.）、孔雀菊（*C.tinctoria* L.）、天人菊（*Gaillardia pulchella* Foug.）、金盏花（*Calendula officinalis* L.）、矢车菊（*Centaurea cyanus* L.）等。常见杂草还有小蓬草［*Conyza canadensis*（L.）Cronq.］、稻槎菜（*Lapsana apogonoides* Maxim.）、小苦荬［*Ixeridium dentatum*（Thunb.）Tzvel.］、鬼针草（*Bidens pilosa* L.）、牛蒡、苍耳等。

进化地位 菊科是一个年轻而进化的大科，化石仅出现于第三纪渐新世；同时，菊科的属数、种数、个体数最多，分布最广，是被子植物最大的一个科。这与本科植物在结构上、繁殖上的特征密切相关。菊科大部分属和种都是草本，生活周期短，能避开不良环境，快速繁殖；多年生草本有地下块根、块茎，能通过休眠方式抵御寒冬；还可通过块根、块茎、匍匐茎或根状茎进行营养繁殖。头状花序外围总苞片，起着花萼般的保护作用，边缘舌状花能招引传粉昆虫，中间集生大量盘花，有效提高了受粉率和结实率，再加上雄蕊先雌蕊成熟，使异花传粉成了该科植物的主要传粉方式；聚药雄蕊、药室内向开裂、柱头下有毛环等结构，有利于昆虫传粉；极少数是风媒传粉种类，通常花药分离，花柱伸出冠筒，花粉变得干燥、质轻，不具蜜腺，又常是单性花。连萼瘦果的萼片变态成冠毛、刺毛，有利于果实远距离传播。

因菊目和桔梗目都有聚药雄蕊、子房下位等特征，曾被一些学者列进桔梗目；但菊目特征明显，近年来多数学者接受其独成一目，并认为该目起源于茜草目，与桔梗目相比，已经发展到更适应虫媒传粉的高级阶段。

第二节 单子叶植物纲 Monocotyledoneae

胚具1顶生子叶；多为须根系；茎内维管束散生，多无形成层和次生组织；叶脉通常为平行脉；花的各部通常为3基数；花粉多具单萌发孔。

一、泽泻科 Alismataceae

$* K_3 C_3 A_{6\sim\infty} \underline{G}_{6\sim\infty:1:1\sim2}$

泽泻科约有13属、90余种，广布于全球，主产于北温带至热带。我国有5属、13种，南北均产。本科植物常为淡水水域中的迅速定居者，在水生群落演替中起着先锋种的作用；其中一些植物的地下茎可食用或药用，茎叶可作饲料。

识别特征 水生、沼生草本。具球茎或根状茎。叶基生，有叶鞘。总状或圆锥花序，花在花序轴上轮生。花被片6枚，外花被萼片状，宿存；雄蕊和雌蕊螺旋状排列在花托上。子房上位，胚珠1～2个。聚合瘦果；种子无胚乳（图12-67、图12-68）。染色体：X=5～13。

（1）慈姑属（*Sagittaria* L.）。花单性，3基数，雌蕊、雄蕊多数，螺旋状排列在突起的花托上。全属约有30种，广布于世界各地。我国约有9种，1亚种，1变种，1变型，除西藏等少数地区外，广泛分布。野慈菇（*S.trifolia* L.），叶箭形，顶端裂片具5～7脉；花序顶生，下部雌花有短梗，上部雄花有细长梗，苞片基部连合，花白色，雌雄同株。各地池塘常见；野慈姑球茎供食用，也入药，功用益肺化痰、清热解毒。

（2）泽泻属（*Alisma* L.）。花两性，花托扁平，雄

图12-67 泽泻

1. 植株；2. 花；3. 花图式；4. 果实

图 12-68　泽泻科植物

A. 野慈姑（易华摄）；B. 东方泽泻

蕊 6 枚，心皮多数，轮生成环。全属约有 11 种，主要分布于北半球。我国产 6 种，除海南等地区外广泛分布。东方泽泻（*A.orientale* Juzep.），叶片卵形或椭圆形，叶柄长，基部鞘状；圆锥状复伞形花序。广布各省（自治区）；块茎供药用，有清热、利尿、渗湿之效。草泽泻（*A.gramineum* Lej.），沉水叶条形。主产于北部各省，多见于浅水或沼泽地。

本科被认为是单子叶植物中最古老的类群之一。欧洲中部第三纪中新世地层中出现类似泽泻属、慈姑属、泽薹草属的化石。一般认为，泽泻科花部 3 基数，雌雄蕊多数，螺旋状排列在突起的花托上，起源于双子叶植物毛茛目或睡莲目的原始类群。

二、棕榈科 Arecaceae，Palmae

$*P_{3+3}A_{3+3}\underline{G}_{(3:3:1)}$；♂：$*P_{3+3}A_{3+3}$，♀：$*P_{3+3}\underline{G}_{(3:3:1)}$

棕榈科有 210 余属、2500 余种，产于热带和亚热带；我国有 22 属、60 余种，主产于南部至东南部各省，多为重要纤维、油料、淀粉及观赏植物。

识别特征　木本，茎不分枝。叶常绿，茎常覆盖不脱落的叶基。叶簇生茎顶。肉穗花序有佛焰苞。花 3 基数；子房上位。浆果、核果或坚果，外果皮常多纤维。种子具丰富胚乳（图 12-69、图 12-70）。染色体：X=13～18。

（1）棕榈属（*Trachycarpus* H. Wendl.）。乔木。叶掌状分裂至中部以下，裂片先端 2 裂，叶柄两侧常有锯齿。单性花，肉质圆锥花序，佛焰苞多数；花萼和花冠均 3 裂，心皮基部合生。核果。全属约有 8 种，分布于印度、中南半岛至中国和日本。我国约有 3 种，主产于云南西部至西北部。棕榈（*T. fortunei* Wendl.），常绿；茎有残存老叶柄及其叶鞘；叶圆扇形，掌状深裂至中部以下，裂片条形，多数，不下垂；果肾形，

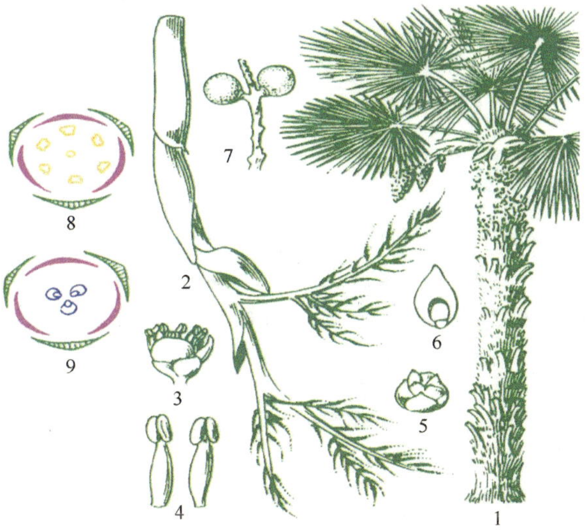

图 12-69　棕榈

1. 植株全形；2. 雄花序；3、4. 雄花；5. 雌花；6. 子房纵剖面；7. 果实；8. 雄花花图式；9. 雌花花图式

黑褐色，被白粉。我国广泛栽培，供观赏。

（2）椰子属（*Cocos* L.）。乔木。叶羽状分裂，裂片条状披针形，先端尖，基部明显向外折叠，叶柄无刺。花单性，肉质圆锥花序，佛焰苞细长；雌雄花同序，雄花生于分枝上部；雌花生于分枝下部，基部有小苞片数枚；雄花两侧对称。核果，外果皮革质，中果皮厚纤维质，内果皮硬，基部具 3 个萌发孔；种子 1 枚，胚乳（椰肉）白色肉质，内有一大空腔储藏椰汁。全属仅 1 种，广布于热带沿海地区。我国热带地区有分布或栽培。椰子（*C. nucifera* L.），广布热带海岸；我国台湾、海南、云南南部栽培。重要的木本油料及纤维树种，根可提染料或入药，花序可制砂糖。

图 12-70 棕榈

A. 棕榈植株；B. 花序；C. 雄花；D. 雌花（易华摄）

三、天南星科 Araceae

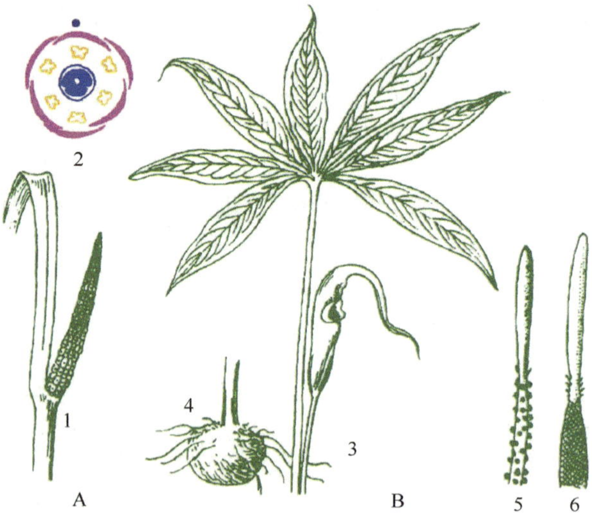

图 12-71 菖蒲和半夏

A. 菖蒲：1. 肉穗花序；2. 花图式；B. 半夏：3. 植株上部；4. 块茎；5. 雄花序；6. 雌花序

$*P_{0,\,4\sim6}A_{4\sim6}\underline{G}_{(2\sim15:1\sim\infty:1\sim\infty)}$

天南星科约有 110 属、1800 种，主要分布于热带和亚热带；我国有 35 属、206 种，主要分布于南方。

识别特征 常草本，具根状茎或块茎。叶基生或茎生，有长柄，基部常有膜质鞘。佛焰花序，单性同株时，雄花生于花序上部，雌花生于下部。雄蕊（1）4～6（8）枚；雌蕊由（2）3（～15）心皮组成，子房上位，1 室至多室。浆果（图 12-71、图 12-72）。染色体：X=7～17。

（1）菖蒲属（*Acorus* L.）。草本。叶革质剑形，2 列。佛焰苞叶状。花两性。全属 4 种，分布于北温带至亚洲热带。我国都有分布，主产于黄河以南地区。菖蒲（*A.calamus* L.），根状茎有香气；花被片 6。生于浅水池塘、水沟及溪涧湿地。全草芳香，可作香料、驱蚊；根状茎入药，能开窍化痰，辟秽杀虫。

（2）天南星属（*Arisaema* Mart.）。草本。多具块茎。叶片掌状、鸟足状或辐射状分裂或成复叶。肉穗花序单性或两性。雄花有雄蕊 2～5 枚，雌花子房 1 室，胚珠 1～9，基底胎座。浆果倒卵圆形、倒圆锥形，1 室。种子球状卵圆形，具锥尖。全属有 150 余种，主要分布于热带和温带亚洲。我国有 82 种，分布于南北各省，主产于西南地区。一把伞南星（*A.erubescens* Schott），掌状复叶具 7～23 小叶，辐射状排列；花序轴顶端呈棒状。雌雄异株，花序的佛焰苞为绿色或淡紫色，有白色条纹，浆果成熟时为鲜红色。除东北、山东、江苏、新疆等地区外，我国广泛分布。

（3）半夏属（*Pinellia* Tenore）。草本。有块茎。叶片全缘，3 裂或鸟足状分裂。佛焰苞管的顶部封闭。无花被，雄蕊 2 枚，雌蕊子房 1 室，1 胚珠。全属约有 6 种，分布于东亚，我国有 5 种，主产于长江以南地区。半夏（*P. ternata* Breit.），块茎小球形；一年生的叶为单叶，卵状心形，2～3 年生的叶为 3 小叶复叶；佛焰苞

图 12-72 天南星科植物
A. 菖蒲；B. 半夏；C. 一把伞南星

绿色，上部紫红色；花序轴顶端有细长附属物；浆果红色。分布于我国南北各地。

本科的天南星、半夏、虎杖是传统的燥湿化痰中药，在我国应用已有2000年历史。现代研究表明，此类植物具有抗肿瘤、抗生育和抗心律失常等药理作用，并普遍含有外源性凝集素。一把伞南星也作为天南星入药。

四、百合科 Liliaceae

$* P_{3+3}A_{3+3}\underline{G}_{(3:3:\infty)}$

百合科约有240属、4000余种，广布世界各地，尤以温带和亚热带最多；我国约有60属、600余种，各省均有分布，以西南部最盛。本科有多种常见蔬菜和调味蔬菜，有许多观赏植物和药用植物，是经济价值较高的一个草本科。

识别特征 多为草本，稀木本或肉质植物。有根状茎、鳞茎或块茎。多数单叶。花被片6，花瓣状，2轮。雄蕊6枚；子房上位，3心皮3室，中轴胎座。蒴果或浆果。种子有胚乳（图12-73、图12-74）。染色体：X=3～27。

（1）百合属（*Lilium* L.）。草本。有鳞茎。花单生或成总状花序；柱头头状或3裂。蒴果。全属约有80种，分布于北温带。我国有39种，南北均有分布。百合（*L. brownii* var. *viridulum* Baker），与野百合的区别在于叶倒披针形至倒卵形。分布于我国东北至华北，世界广泛栽培。著名观赏花卉；鳞茎富含淀粉可食。野百合（*L. brownii* F. E. Brown ex Miellez），叶披针形、窄披针形至条形；花喇叭形，白色，上端稍外卷；蒴果。山丹（*L. pumilum* DC.），叶腋无珠芽；叶条形；花被片反卷，红色，通常无斑点或较少偶见几个斑点。卷丹（*L. tigrinum* Ker Gawler），叶腋有珠芽；叶矩圆状披针形至披针形；花被片反卷，红色，有紫黑色斑点。分布于东北、华北至西北，生于灌丛中或草坡上。观赏花卉。

（2）郁金香属（*Tulipa* L.）。鳞茎有膜或纤维状外被。叶大部基生。花葶单生，通常顶生1花；花常直

图 12-73 百合

1. 地上部分，示花和叶；2. 地下部分，示鳞茎和根；3. 雄蕊和雌蕊；4. 花图式

立，钟状或杯状；柱头3裂。蒴果。全属有150多种，产于亚洲、欧洲及北非。我国有14种，主产于新疆。郁金香（*T. gesneriana* L.），原产于欧洲，我国引种栽培；著名观赏花卉。

（3）葱属（*Alilium* L.）。鳞茎包有皮膜。叶基生，叶鞘闭合。总苞膜质。蒴果。全属约有500种，分布于北半球。我国约有110种，主产于东北、华北、西北和西南地区。葱（*A. fistulosum* L.），鳞茎棒槌状或圆筒形，具较强葱味；叶圆筒形，中空；伞形花序顶生，花白色。广泛栽培，食用。洋葱（*A.cepa* L.），鳞茎球形或扁球形，外包淡紫色或黄褐色叶鞘；花粉红色，总苞片1～3枚反卷，花被片披针形。广泛栽培，食用。蒜（*A.sativum* L.），数枚瓣状小鳞茎形成复鳞茎；叶条形，花淡红色。原产于亚洲西部及欧洲，广泛栽培，食用。韭（*A.tuberosum* Rottler ex Spreng.），叶狭条形；花白色。广泛栽培，食用。

（4）天门冬属（*Asparagus* L.）。纺锤形块根。形成叶状枝，叶退化成鳞片状。浆果。全属约有300种，

图 12-74 百合科植物

A. 野百合（易华摄）；B. 卷丹（易华摄）；C. 郁金香；D. 葱；E. 石刁柏；F. 卷叶黄精；G. 玉竹；H. 北重楼；I. 萱草；J. 黄花菜

除美洲外，全世界温带至热带地区都有分布，我国有24种，广泛分布。天门冬［*A. cochinchinensis*（Lour.）Merr］，茎有刺，叶状枝呈狭镰刀状，3～4枚簇生于分枝上；叶退化呈鳞片状；花单性，雌雄异株，淡绿色，成对着生于叶状枝腋内，花梗中部有关节。主要分布于我国南方及河北、山西、陕西和甘肃等省南部。生于山坡、路旁、荒地或疏林下；块根入药，有滋阴润燥、清火止咳的作用。石刁柏（*A. officinalis* L.），全株光滑，稍有白粉，叶退化成膜质鳞片；花小，黄色。原产于欧洲，广泛栽培，幼茎可食。文竹（*A.sctaceus* Jessop），直立或近攀援；叶状枝针状。原产于南非，栽培作观赏。

（5）黄精属（*Polygonatun* Mill）。有根状茎。花腋生，花被片结合成管状。浆果。全属约有40种，广布于北温带。我国有31种。卷叶黄精（*P. cirrhifolium* Royle），叶3～6枚轮生，细条形至条状披针形，先端拳卷或弯曲呈钩状，边常外卷；常为2花生于叶腋，俯垂；花淡紫色；浆果红色或紫红色。分布在印度、尼泊尔以及中国西部等地区，多生在林下、山坡和草地。根状茎入药，有滋润心肺、生津养胃、补精益髓作用。玉竹（*P. odoratum* Druce），叶互生，椭圆形至卵形矩圆形；2～4朵花从叶腋抽出，花黄绿色至白色，下垂；浆果蓝黑色。广泛分布于欧亚大陆温带地区，我国常见，生于林下或山野阴坡。根状茎入药，有养阴润燥、生津止渴的作用；也偶见栽培。

（6）贝母属（*Fritillaria* L.）。鳞茎由2～4片肉质鳞片组成，无鳞被。叶对生或轮生，先端呈卷须状。花钟状下垂，常单生或成总状花序，花药基生。蒴果有宽翅。全属有60余种，分布于北半球温带地区。我国约有20种，除南部诸省（自治区）外，其余省（自治区）均产。川贝母（*F. cirrhosa* Don），花被长3～4.5cm。分布于西南；鳞茎入药，清热润肺，止咳化痰。

（7）重楼属（*Paris* L.）。草本。具根状茎，地上茎直立。叶轮生茎顶。花梗顶生一花，花被宿存，2轮，外轮绿色或白色，内轮条形、线形或钻形，有时缺；雄蕊4至多数。蒴果。全属约有10种，分布于亚洲和欧洲。我国约有7种。北重楼（*P. verticillata* Marschall），叶6～8枚轮生；外轮花被矩圆状披针形或倒卵状披针形，内轮花被片条形；子房近球形，顶端无盘状花柱基。分布于我国北方；生于林下、山谷或山阴湿处。根状茎入药，治毒蛇咬伤、跌打损伤以及无名肿毒。

（8）萱草属（*Hemerocallis* L.）。具纺锤状肉质块根。叶基生，条形。花葶直立，顶端分枝开花，花黄色或橘红色。蒴果。全属约有20种，分布于中欧至东亚。我国约有8种，广泛分布。萱草（*H. fulva* L.），花橘黄色或橘红色。产于我国秦岭以南地区，生于山坡，庭园常见栽培；观赏花卉。黄花菜（*H.citrina* Bareni），花亮黄色。产于我国秦岭以南地区；生于山坡，广泛栽培。花经加工即"黄花菜"或"金针菜"，为我国著名的干菜食品；也可供观赏；鲜花有微毒，不宜多食。

（9）山麦冬属（*Liriope* Lour.）。草本。有根状茎和小块根。叶基生，禾叶状。总状花序；花白色或淡紫色。浆果。全属约有8种，我国有6种。山麦冬（*L. spicata* Lour.），叶宽2～6mm。产于我国各省；生于林下、阴坡或溪旁，各地常见栽培。块根作麦冬入药，有生津解渴、润肺止咳的作用；观赏植物。

百合科是单子叶植物纲中的一个大科，传统分类把单子叶植物中有花冠状花被、上位子房和6枚雄蕊的植物，均归入百合科。百合科植物起源古老，在晚白垩纪时（1亿年前）地球上就有百合科植物存在。哈钦松认为百合目（Liliales）是单子叶植物演化的总根源，由百合目向不同路线演化，演化出5个类群，即天南星目（Arales）、棕榈目（Palmales）、石蒜目（Amaryllidales）和鸢尾目（Iridales），血皮草目（Haemodorales）和兰目（Orchidales），高度退化的灯心草目（Juncacales）、莎草目（Cyperales）和禾本目（Graminales）。塔赫他间认为百合目起源于假设的已经灭绝的祖先，演化出了百合亚纲的薤薁目、兰目、灯心草目、鸭跖草目（Commelinales）、禾本目、姜目（Zingiberales）等。克朗奎斯特认为百合目起源于假设的已经灭绝的祖先，演化出了百合亚纲的兰目。

五、石蒜科 Amaryllidaceae

$*\ P_{3+3}A_{3+3}\overline{G}_{(3:3:\infty)}$

石蒜科约有90属、1200多种，分布于世界热带、亚热带和温带地区；我国连同引种栽培的有17属、30种，主要分布于南方各省（自治区）。本科植物大部分供观赏，部分供药用，少数种类，如龙舌兰在我国南方为纤维作物。对本科植物化学成分研究较多，主要活性和有毒成分是异奎琳类和吲哚类生物碱，统称为石蒜生物碱（amaryllidaceous alkaloids），有着广泛的医药应用价值。

识别特征　草本，有鳞茎或根状茎。叶基生，狭长。花被片6枚，花瓣状。雄蕊6枚；雌蕊3枚，心皮合生，下位子房，3室。蒴果或浆果。种子有胚乳（图12-75、图12-76）。染色体：$X=6$～12、14、15、23。

（1）水仙属（*Narcissus* L.）。有鳞茎。伞形花序，总苞1枚；花被高脚碟状，有副花冠。约有60种，分布于地中海、中欧及亚洲。我国常见栽培有3种。水仙花（*N.tazetta* var. *chinensis* Boem.），鳞茎卵状；叶带状；花芳香，呈高脚盆状，平伸或稍下垂；花被筒绿色，裂片6枚，白色，展开；副花冠短，金黄色，浅杯状。栽培观赏，中国最常见花卉之一，有单瓣和重瓣两类；家庭用水盆栽种。花的芳香油可作高级香料；鳞茎捣烂敷治痈肿。

（2）石蒜属（*Lycoris* Herb.）。有鳞茎。叶带状。伞

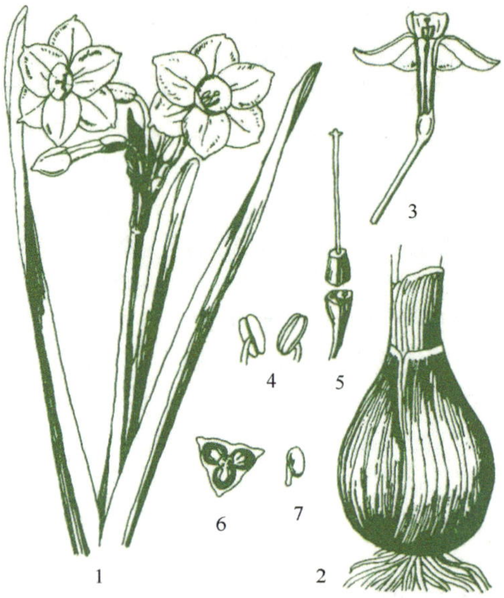

图 12-75　水仙
1. 植株上部；2. 植株下部；3. 花纵切面；4. 雄蕊腹背面；5. 雌蕊；6. 子房横切面；7. 胚珠

形花序；花被裂片边缘皱缩，展开而反卷；雄蕊和雌蕊伸出花被裂片之外。全属有 20 余种，主产于我国和日本；我国约有 15 种，主产于长江以南地区。石蒜（*L. radiata* Herb.），花红色。广布于我国秦岭以南各省（自治区），日本也有分布；生于林缘、河岸阴湿处。鳞茎含淀粉，可提取植物胶代阿拉伯胶；全草含石蒜碱、加兰他敏等用于制药的原料，有祛痰、催吐、消肿止痛、利尿等功效，有毒，宜慎用。忽地笑（*L. aurea* Herb.），花金黄色。广布于我国秦岭以南各省（自治区），日本也有分布；生于林缘、河岸阴湿处。有毒，可作观赏。

（3）葱莲属（*Zephyranthes* Herb.）。有鳞茎，叶基生，线形。花单生于花葶顶端，花茎中空。佛焰苞状总苞片下部管状。花被白色或红色。全属约有 40 种，分布于西半球温暖地区；我国引种栽培 2 种。葱莲（玉帘、葱兰 *Z. candida* Herb.），叶狭线形。花白色，几无花被管，花被片近喉部常有很小的鳞片。柱头不明显 3 裂。蒴果近球形。原产于南美洲，现在中国各地都有种植。

（4）朱顶红属（*Hippeastrum* Herb.）。有鳞茎。叶宽带形。伞形花序；花漏斗状，稍俯垂，花被裂片红色。全属约有 75 种，产于美洲和亚洲热带地区。我国引种栽培 2 种。朱顶红（*H.rutitlum* Herb.），鳞茎球状；叶鲜绿色；具 2 朵至数朵花，花被裂片腹面中央具白色条纹，花被筒比裂片短，喉部有不明显的副花冠；雄蕊比花被裂片短。原产于南美洲秘鲁，我国南方庭园和北方温室常见栽培，观赏植物。

图 12-76　石蒜科植物
A. 石蒜（易华摄）；B. 君子兰；C. 水仙（贺学礼摄）；D. 朱顶红；E. 葱莲（易华摄）

（5）君子兰属（*Clivia* Lindl.）。有绳状根和叶基形成的假鳞茎。叶 2 列。伞形花序，花红色或橘红色。全属约有 3 种，主产于南非。我国引种栽培观赏。君子兰（*C.miniata* Regel），叶宽厚亮绿，带状；花被红色，直立，不下垂。我国常见观赏植物。

六、鸢尾科 Iridaceae

$*P_{3+3}A_3\overline{G}_{(3:3:\infty)}$

鸢尾科约有60属、800余种，分布于全世界热带、亚热带及温带地区；我国产9属、50余种，主要分布于西南、西北及东北各省（自治区）。本科植物以花大、鲜艳及花形奇异而著称，其中有多种药用植物和观赏植物；某些种对氟化物较敏感，可作为监测环境污染的指示植物。

识别特征 草本，有根状茎、球茎或鳞茎。叶常对折，2列生，条形、剑形或丝状，叶鞘套折。花被片6，花瓣状。雄蕊3枚；雌蕊3心皮，花柱3裂，子房下位，3室。蒴果（图12-77、图12-78）。染色体：X=3～18、22。

（1）鸢尾属（*Iris* L.）。有根状茎。叶基部扁平套褶。聚伞花序；柱头花瓣状。全属约有300种，分布于北温带；我国产60余种，主要分布于西南、西北及东北。鸢尾（*I. tectorum* Maxim.），叶剑形，花蓝紫色。产于我国华东、华中、西南和西北各省（自治区）；朝鲜、俄罗斯、日本也有。根状茎入药，有消炎止痛、消食保肝等功效；花大美丽，栽培供观赏。马蔺（*I. lactea* var. *chinensis* Koidz.），叶条形，无中脉；花蓝紫色，花被上有深色条纹。产于我国东北、华北、华中以及四川和西藏等省（自治区）；朝鲜、苏联、印度等也有。耐盐碱，耐践踏，根系发达，可用于水土保持，叶可供造纸及编织用，根可制刷子，花及种子入药。

（2）射干属（*Belamcanda* Adans.）。根状茎为不规则块状。花序顶生，叉状分枝；花被片倒卵形或长椭圆

图 12-77 鸢尾科植物

鸢尾（1. 植株一部分；2. 花；3. 果）；射干（4. 植株一部分；5. 植株上部；6. 花及内外轮花被片；7. 雌蕊；8. 子房横切面；9. 雌蕊纵切面；10. 花柱；11. 果实，示室背开裂）；12. 花图式

图 12-78 鸢尾科植物

A. 鸢尾（易华摄）；B. 马蔺（易华摄）；C. 射干；D. 番红花

形；花柱顶端3浅裂，不为花瓣状。全属有2种，分布于东亚，中国有1种，广泛分布。射干（*B.chinensis* DC.），花橙红色，有紫褐色斑点。中国大部分省（自治区）皆产。根状茎入药，能清热解毒、散结消炎、消肿止痛、止咳、化痰。

（3）番红花属（*Crocus* L.）。有球茎。叶基生，条形。雄蕊直立，花药黄色；花柱上部3裂。全属约有75种，主要分布在欧洲、地中海和中亚等地。我国有2种。番红花（*C.sativus* L.），球茎扁圆球形，外包有黄褐色膜质包被；叶边缘反卷；花红色或淡紫色；花柱橙红色，柱头略扁。原产于欧洲南部，我国栽培。花柱及柱头供药用，即藏红花，有活血、化淤、生新、镇痛、健胃、通经之效，还可提取番红色素。

七、莎草科 Cyperaceae

$\uparrow P_0A_{1\sim3}\underline{G}_{(2\sim3:1:1)}$；♂：$\uparrow P_0A_{1\sim3}$，♀：$\uparrow P_0\underline{G}_{(2\sim3:1:1)}$

莎草科有80余属、4000余种，广布全球，以寒带、温带地区为多；我国有28属、500余种，分布于全国各地，生于沼泽、湿润草地及高山草甸。本科多种植物可作造纸和编织原料，部分植物供药用、食用、观赏或作草坪植物，还有一些为农田杂草。莎草科一般分为藨草亚科（Scirpoideae）和薹草亚科（Caricoideae）。

识别特征 草本。有根状茎或块茎、球茎。茎常三棱，实心。节不明显，叶3列，叶鞘闭合。小穗组成各式花序。花小，两性或单性，多数雌雄同株，着生于鳞片腋内，无花被或花被退化成下位鳞片或下位刚毛，有的雌花为先出叶所形成的果囊包裹；雄蕊3枚，少数1～2枚；柱头2～3枚，子房1室。小坚果或囊果；种子胚小，胚乳丰富（图12-79～图12-81）。染色体：$X=5$。

莎草科主要形态术语：

① 小穗（spikelet，spicule）：莎草科的花通常单生于一鳞片（颖片）腋中，鳞片多数或少数（极少只有1鳞片）成两列状或螺旋状排列于一个穗轴上，构成小穗。莎草科小穗一般有6种类型：藨草型、刺子莞型、莎草型、割鸡芒型、珍珠茅型和薹草型。

② 先出叶（prophyll）：花序梗基部的小苞片。先出叶有两种类型：生于花序分枝基部或小穗梗基部的称为枝先出叶；生于雌花基部的其边缘分离或部分愈合，并不完全包裹雌花；也有一些是大部分愈合呈囊状，其边缘则完全愈合呈囊状并全部包裹雌花，称为果囊。

（1）荸荠属（*Eleocharis* R.Br.）。秆丛生或单生，具根状茎。叶仅有叶鞘而无叶片。总苞片缺，小穗1，顶生，常有多数两性花，鳞片螺旋状排列；花有下位

图12-79 荸荠

1. 植株一部分；2. 球茎；3. 花序；4. 颖片；5. 小坚果；6. 花药；7. 柱头；8. 花图式

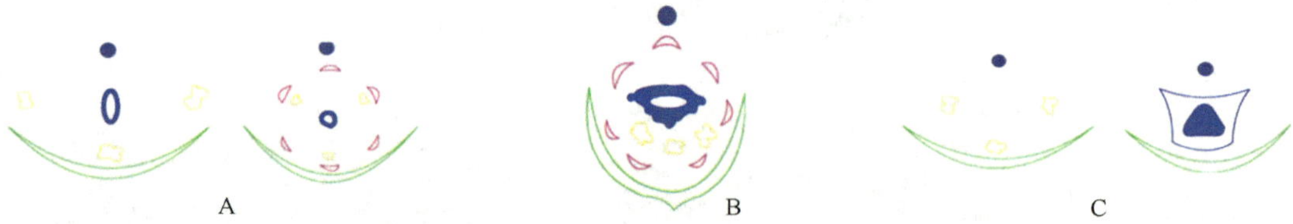

图12-80 莎草科花图式

A. 莎草属花图式；B. 荸荠属花图式；C. 薹草属花图式

图 12-81　莎草科植物

A. 香附子；B. 荸荠（a. 植株；b. 花序；c. 球茎）；C. 异穗薹草（易华摄）

刚毛 4～8 条，花柱基部膨大成各种形状，宿存于小坚果顶端。全属有 150 多种，广泛分布于全球各地。我国产近 30 种。荸荠（*E. dulcis* Trinius ex Henschel），匍匐根状茎细长，顶端膨大成球茎；秆有多数横隔膜。各地栽培，球茎供食用，也供药用，清热生津，开胃消积，明目化痰。

（2）莎草属（*Cyperus* L.）。有基生叶。小穗稍扁，伞形、总状、头状或聚伞花序，鳞片 2 列，小穗轴宿存，花柱 3 枚。小坚果 3 棱形。全属约有 55 种，各国均产。我国有 30 余种，广泛分布。香附子（*C.rotundus* L.），匍匐根茎细长，先端形成椭圆形块茎；聚伞花序，辐射枝 3～10 个，小穗紫红或红棕色；小坚果倒卵形，黑褐色。我国南北习见，生于山坡、草地或水边。块茎入药，称"香附子"，味辛，微苦，性平，理气解郁，调经止痛；治胃痛，消化不良，月经不调。

（3）薹草属（*Carex* L.）。有根状茎。茎三棱柱形。叶三列互生。茎顶常有叶状总苞，穗状、总状或圆锥状，雄雌顺序（即上部小穗为雄花，下部小穗为雌花）或雌雄顺序，稀异株；花单性，无花被；雄花具 1 鳞片和 3 雄蕊；雌花包在 1 枚先出叶形成的果囊中，花柱 1，柱头 2～3。小坚果平凸状、双凸状或三棱形。全属有 1500 种以上，分布于全世界。我国有近 500 种，分布于全国各地。异穗薹草（*C.heterostachya* Bge.），多年生，基部有棕色鞘状叶，叶线形；小穗 2～3 个；花柱、柱头有短柔毛；果囊革质有光泽。我国东北、西北、华北习见。可作草坪植物。

八、禾本科 Gramineae，Poaceae

$\uparrow P_{2\sim3}A_{3,6}\underline{G}_{(2\sim3:1:1)}$

禾本科是被子植物中的一个大科，有 700 余属、10 000 余种；我国有 200 余属、1200 余种。本科植物广布于世界各地，其水平分布和垂直分布极为广泛，能适应各种不同环境，凡能生长种子植物的地方，均有其踪迹；它是陆地植被的主要成分，尤其是各种类型草原的重要组成成分，在温带地区尤为繁茂。

本科植物与人类生活关系密切，具有重要经济价值。它是人类粮食（约占 95%）的主要来源，同时也为工农业提供了丰富的资源；很多禾本科植物是建筑、造纸、纺织、酿造、制糖、制药、家具及编织的主要原料，少数植物可作蔬菜；在畜牧业方面，它是动物饲料的主要来源；在环保绿化方面，它是保持水土、保护堤岸、防风固沙、改良土壤、改造荒山的重要植物，也是观赏竹林和地被草坪的重要植物。另外，禾本科的许多种类也是农区常见杂草，有的还是多种病虫害的中间寄主。禾本科一般分为竹亚科（Bambusoideae）和禾亚科（Agrostidoideae），也有人分为竹亚科、稻亚科（Oryzoideae）和黍亚科（Panicoideae）3 个亚科或竹亚科、稻亚科、早熟禾亚科（Pooideae）、画眉草亚科（Eragrostidoideae）和黍亚科 5 个亚科。

识别特征　草本或木本。茎秆圆柱形，节明显，节间常中空。叶 2 列，叶鞘常开裂，常有叶舌或叶耳，小穗组成各式花序穗，基部常有 2 片颖片；花两性、单性或中性，外有 2 片外稃和内稃，外稃与内稃之内有 2 片（少 3 片或 6 片，有时缺）鳞被或浆片；雄蕊 3 枚或 6 枚；子房上位，2 心皮 1 室 1 胚珠，柱头羽毛状或刷子状。颖果；种子有丰富胚乳。染色体：X=5、7～13。

禾本科植物主要形态术语如下。

（1）单轴型（monopodium）：竹类地下茎的顶芽继续生长，使地下茎能在地下横走形成所谓的竹鞭。其侧芽有的发育成笋，另一些则长出新竹鞭。这种地下茎生出的竹秆之间，常有相当的距离而呈散生状，可形成大面积竹林。

（2）合轴型（sympodium）：竹类地下茎顶芽发育成笋而伸出地面，其侧芽产生新的地下茎，逐个新产生的地下茎相连而形成合轴。这种地下茎产生的竹秆密集成丛，不能形成大面积竹林。

（3）复轴型（amphipodium）：竹类地下茎既有地下横走的竹鞭以萌发出散生竹秆，也有少数缩短的地下茎以产生较小的竹丛，是单轴型与合轴型的混合型。

（4）节（knob）：禾本科植物的节，是秆上作环状隆起而实心的部分。这些节大都由秆节与鞘节两个环组成。

（5）花（flower）：禾本科植物的花通常仅由2（～3）枚鳞被（或称浆片），3（～6）枚雄蕊及2（～3）心皮合成的雌蕊组成。

（6）鳞被：或称浆片（lodicule），即花被片，形小，膜质透明，通常2枚而位于接近外稃的一边，有时6枚，稀可较多或较少，偶可缺如。

（7）小花（或简称药 floret）：禾本科的花连同包被其外的内外稃合称小花。

（8）稃（palea）：是位于花下方的鳞片状苞片。

（9）内稃（lemma）：是位于花上方的鳞片状小苞片，通常有2脊或2脉。

（10）小穗（spikelet）：是禾本科花序的基本单位，由紧密排列于小穗轴上的1至多数小花，连同下端的2颖片组成。

（11）颖（glume）：是不生小花的苞片，共2枚，生于小穗的最下端。下面一枚为第一颗，上面一枚为第二颗。

（12）芒（awn）：是颖、外稃或内稃的脉所延伸成的针状物。

（13）穗轴（spike-stalk）：是穗状花序或穗形总状花序着生小穗的轴。

（14）总苞（involucre）：是着生于花序基部的苞片总称，禾本科植物的总苞则来源不一。真正属于变形叶的总苞，如薏苡的珠状总苞。香茅属、菅属的佛焰苞。此外有由退化小枝形成的总苞，如狗尾草属、狼尾草属及蒺藜草属等。还有由不孕小穗形成的总苞，如管属等。

1. 竹亚科（Bambusoideae）

灌木或乔木。秆生叶（箨叶，主秆上的笋壳）与枝生叶明显不同；箨片常缩小而无明显主脉，箨鞘通常厚革质；枝生叶具叶柄和关节，中脉明显，叶片易脱落。浆片通常3枚，雄蕊6枚或3枚（图12-82）。染色体：$X=12$，稀5～7。

（1）刚竹属（*Phyllostachys* Sieb.et Zucc.）。秆散生，圆筒形，在分枝的一侧扁平或有沟槽，每节有

图 12-82　竹亚科植物

A. 毛竹；B. 佛肚竹；C. 箣竹属花图式；D. 阔叶箬竹；E. 箭竹（梁小琴摄）

2分枝。雄蕊3枚。全属约有50种，中国为分布中心，主产于黄河以南至南岭以北地区。毛竹（*P. edulis* J. Houzeau），新秆有毛茸与白粉，老秆无毛，小枝具2～8叶。分布于秦岭、汉水流域以南地区，多见于丘陵山地。用途甚广，一般4～5年生的竹秆可选伐利用，供建筑、制器具、编织、造纸等用，笋供食用。紫竹（*P.nigra* Munro），秆紫黑色，为观赏竹种，分布可达华东地区，秆可制笛及手工艺品。

（2）箬竹属（*Indocalamus* Nakai）。秆散生或丛生，每节常1分枝，分枝与主秆近等粗。叶片大型。雄蕊3枚。全属约有30种，分布于印度、斯里兰卡以及菲律宾等地。我国约有20种，产于长江流域以南地区，广见栽培观赏。阔叶箬竹（*I. latifolius* McClure），秆高约1m，秆箨宿存。分布于华东及陕南汉江流域以南，山地常见野生竹种；叶用于包裹粽子，也可制船蓬、斗笠等防雨用品；秆宜作毛笔杆或竹筷。

（3）簕竹属（*Bambusa* Schreber）。竿丛生，节间圆筒形；每节数枝至多枝分枝，簇生，主枝较为粗长。颖1～3片或缺；鳞被2或3；雄蕊6；子房通常具子房柄，柱头通常3裂。全属有100余种，主产于亚洲、非洲和大洋洲的热带及亚热带地区；中国有80余种，主产于华东、华南及西南部，北方常有栽培。佛肚竹（*B.ventricosa* McClure），节间圆柱形，下部略微肿胀。原产于华南地区，广见栽培观赏。嫩叶入药，有清热、除烦的功效。

（4）箭竹属（*Fargesia* Franchet）。竿丛生或近散生；节间圆筒形；每节数枝至多枝分枝，分枝近等粗。颖片2；鳞被3；雄蕊3；柱头2裂。全属有90余种。主产于我国云南等地区。箭竹（*F.spathacea* Franchet），每节9～17分枝，斜展。广泛分布于从秦岭南坡至四川盆地西缘山地。箭竹是大熊猫的主要食物来源。笋可食用；竿可造纸，或劈篾供编织用。

2. 禾亚科（Agrostidoideae）

一年生或多年生草本，秆通常草质。叶具中脉，叶片与叶鞘之间无明显关节，不易从叶鞘上脱落。花具2枚或3枚浆片，雄蕊3枚或6枚（图12-83）。

（1）小麦属（*Triticum* L.）。顶生复穗状花序直立，小穗两侧压扁。每节1小穗，小穗有3～5（9）花，下部1或3小花两性，上部的为不育小花；颖卵形，3至多脉，与外稃常有芒。全属有20余种，广为栽培。我国有4种。小麦（*T.aestivum* L.），花仅基部2～3朵花能育；外稃具芒，内稃膜质，上有两条凸起成绿色的脉；浆片2枚，雄蕊3枚，雌蕊2心皮合生，子房近圆形，表面被茸毛，子房顶部伸出两条羽毛状柱头

图12-83　禾亚科植物

A. 小麦（a. 秆和叶；b. 花序；c. 小穗；d. 小穗结构；e. 小花；f. 小穗模式图；g. 小麦属花图式）；B. 稻（a. 植株；b. 小穗；c. 稻属花图式）；C. 大麦；D. 扁穗雀麦（a. 植株；b. 秆和叶；c、d. 小穗；e. 小穗脱节于颖之上）；E. 谷子；F. 狗尾草；G. 高粱；H. 玉米（a. 植株；b. 雌花序；c. 雄小穗；d. 雌小穗；e. 颖果）

（无花柱）。小麦广泛栽培，是重要的粮食作物。

（2）稻属（*Oryza* L.）。小穗两侧压扁，有 3 小花，下部 2 花常退化；颖退化，仅在小穗柄端呈二半月形；不孕花外稃极小，结实花外稃硬，5 脉；内稃背无中肋；雄蕊 6 枚；柱头 2 裂，羽毛状。全属有 20 余种，分布于两半球热带、亚热带。我国产 4 种，引种栽培 2 种。稻（*O.sativa* L.），不孕花外稃窄尖，结实花外稃紧扣内稃，成熟时黄色。稻广泛栽培，是重要的粮食作物。

（3）大麦属（*Hordeum* L.）。每节 3 小穗，每小穗 1 花。全属约有 30 种，分布于全球温带或亚热带的山地或高原地区。我国约有 15 种。大麦（*H.vulgare* L.），外稃与内稃等长；颖果与内外稃不易分离。粮食作物，也可入药。

（4）雀麦属（*Bromus* L.）。叶鞘常闭合。小穗有数至多数小花，两侧压扁，生于圆锥花序的纤枝上；小穗轴脱节于颖之上；颖不等，锐尖，短于外稃；外稃有 2 齿。颖果长，有槽纹，与内稃合生。全属约有 250 种，分布于欧洲、亚洲、美洲的温带地区和非洲、亚洲、南美洲热带山地。我国有 71 种。扁穗雀麦（*B. carthartícus* Vahl.），叶舌膜质有细缺刻。叶片披针形。小穗通常 6～12 个小花。颖尖披针形，脊上具微刺毛，内颖较外颖长，外稃顶端具小芒尖。原产于南美洲的阿根廷，我国引种栽培，在西南、西北等地区有逸生，为优良牧草。

（5）早熟禾属（*Poa* L.）。叶片扁平。小穗含 2 至数花，脱节于颖之上；小穗最上一花不育或退化；颖近等长，第一颖具 1～3 脉，第二颖通常 3 脉；外稃无芒，薄膜质，具 5 脉，内稃和外稃等长或稍短。颖果和内外稃分离。全属约有 200 种，分布于全球温寒带以及热带、亚热带高海拔山地。我国有 231 种。早熟禾（*P.annua* L.），幼叶折叠，叶舌膜状，光滑，无叶耳；圆锥花序小而疏松。我国广泛分布，生于山坡草地、路旁或阴湿之处；可作为草坪植物绿化。

（6）画眉草属（*Eragrostis* Beauv.）。小穗含数花到多花，通常两侧压扁；脱节于颖之上，颖不等长或近于等长，通常较第一外稃为短；外稃无芒，具 3 脉，内稃具 2 脉，通常作弓形弯曲。全属约有 300 种，分布于温带和热带地区。我国约有 30 种。大画眉草（*E.cilianensis* Vig.-Lut.），小穗宽 2～3mm；外稃长 2～2.2mm。产于温带及热带，生于荒芜草地和农田中。

（7）鹅冠草属（*Roegneria* C.Koch）。顶生穗状花序直立或下垂；穗轴每节着生 1 小穗；小穗含 2～10 朵花，脱节于颖之上，外稃具芒或少数无芒，芒常比外稃长，劲直或向外反曲，内稃具 2 脊。全属约有 120 种，主产于北温带。我国约有 50 种。鹅冠草（*R.kamoji* Ohwi），外稃和颖有宽膜质边缘，没有纤毛。除新疆、青海、西藏外，分布几遍全国；生于山坡和湿润草地上。

（8）狗尾草属（*Setaria* Beauv.）。顶生穗状圆锥花序，小穗含 1～2 花，小穗下生刚毛；第一颖具 3～5 脉或无脉，长为小穗的 1/4～1/2，第二颖和第一外稃等长或较短。全属约有 140 种，分布于温带和热带地区。我国约有 17 种。粱（谷子，小米 *S.italica* Beauv.），谷粒自颖与第一外稃分离而脱落。我国北方栽培，为重要杂粮。入药有清热消渴等功效。狗尾草（*S.viridis* Beauv.），谷粒连同颖与第一外稃一起脱落，第二颖与谷粒等长。世界性习见杂草。

（9）高粱属（*Sorghum* Moench）。顶生圆锥花序；小穗成对着生于穗轴各节，穗轴顶端 1 节有 3 小穗；无柄小穗两性，有柄小穗雄性或中性；外颖下部呈革质。全属约有 30 种，分布于温带和亚热带地区。我国约有 5 种。高粱（*S.bicolor* Moench），秆实心，基部具支柱根；小穗卵状椭圆形；颖厚于稃，无柄小穗第二花有芒。我国广为栽培。重要杂粮之一。谷粒供食用、制饴糖及酿酒；种子及根入药；嫩叶及幼苗作饲料。

（10）甘蔗属（*Saccharum* L.）。圆锥花序；小穗两性，成对生于穗轴各节，1 无柄，1 有柄；穗轴易逐节脱落。全属约有 12 种，分布于热带或亚热带地区。我国有 5 种。甘蔗（*S. officinarum* L.），圆锥花序有白色丝状毛；雄蕊 3，花柱羽毛状。我国南方广为栽培。秆含多量糖液，为制糖的重要原料。蔗梢与叶片及制糖所得副产物均为牲畜的良好饲料；鲜秆入药，生津止渴；蔗渣为造纸及人工制板的原料。

（11）玉蜀黍属（*Zea* L.）。秆基部节处常有支柱根，秆顶着生雄性圆锥花序；叶腋内抽出雌性肉穗花序，雌花序外包有多数鞘状苞片；雌小穗密集成纵行排列于粗壮穗轴上。全属仅有 1 种，原产地可能为美洲。玉蜀黍（玉米 *Z. mays* L.），全世界广泛栽培。为主要粮食作物之一。穗轴中的髓可提制淀粉、葡萄糖、油脂及乙醇等；胚芽含油量高，可榨油，供食用，花柱含 β- 谷甾醇、糖类、苹果酸、枸橼酸、酒石酸、草酸、维生素 K、α- 生育酚醌等，入药能利尿消肿，可治小便不利、肾炎、高血压、糖尿病、肝炎等症；秆叶可作饲料，并可作造纸和其他工业用原料。

本亚科经济作物尚有黑麦（*Secale cereale* L.）、稷（黍 *Panicum miliaceum* L.）、莜麦（*Aveninae chinensis* Metzg.）、燕麦（*A.sativa* L.）等为杂粮，也作精饲料。薏苡（*Coix lacrymajobi* L.）各地有栽，颖果含淀粉和油，可供面食或酿酒，也可作饲料或药用。菰（*Zizania latifolia* Turczaninow ex Stapf），秆基为一种黑穗菌（*Ustilago edulis*）寄生后，变为肥嫩而膨大，称茭白或茭笋，为蔬菜。重要的牧草有雀麦属（*Bromus*）、偃麦草属（*Elytrigia*）、黑麦草属（*Lodium*）、异燕麦属（*Helictotrichon*）、赖草属（*Leymus*）、新麦草属（*Psathyrostachys*）、披碱草属（*Elymus*）、冰草属（*Agropyron*）、鸭茅属（*Dactylis*）、羊茅属（*Festuca*）、早熟禾属、梯牧草属（*Phleum*）、看麦娘属（*Alopecurus*）

等属的许多种类。芦苇属（*Phragmites*）、芨芨草属（*Achnatherun*）等许多属植物为造纸重要原料。重要草坪植物有结缕草属（*Zoysia*）、野牛草属（*Buchloe*）、狗牙根属（*Cynodon*）、剪股颖属（*Agrostis*）、早熟禾属、羊茅属、黑麦草属、冰草属等属的一些植物。常见农田杂草还有稗属（*Echinochloa*）、马唐属（*Digitaria*）、拂子茅属（*Calamagrostis*）等属的一些植物。毒麦（*Lolium temulentum* L.）、欧黑麦草（欧毒麦 *L. persicum* Boiss. et Hoh.）、醉马草［*Achnatherum inebrians*（Hance）Keng］为有毒植物，前两种为我国重要检疫杂草。

在距今0.38亿～0.54亿年的始新世，禾本科植物已经生长在地球上了。禾本科在进化过程中，主要是沿着简化、适应风媒传粉机制方向进行。花小，构造简单，无鲜艳色彩，花被退化，花丝细长，花药丁字着生而易摇动，花粉细小干燥，柱头羽毛状等特征，为典型的风媒传粉植物。哈钦松认为禾本目由百合目经灯心草目演化而来，与莎草目有平行演化关系。塔赫他间系统的禾本目与帚灯草目（Restionales）亲缘关系较近，都属于百合亚纲。克朗奎斯特认为禾本科是莎草目的一个科，与灯心草目有共同祖先，起源于鸭跖草目。

九、兰科 Orchidaceae

$\uparrow P_{3+3}A_{2\sim1}\overline{G}_{(3:1:\infty)}$

兰科为被子植物第二大科，约有700属、20 000种，广布全球，主产于热带、亚热带，南美洲与亚洲最为丰富；我国约有170属、1200种，主产于南方省（自治区）。本科有2000余种可作观赏植物，其中不少名贵花卉各地多有栽培，还有许多是药用植物。有人曾经将兰科分为拟兰亚科（Apostasioideae）、杓兰亚科（Cypripedioideae）和兰亚科（Orchidoideae）。哈钦松将拟兰亚科（Apostasioideae）单列为与兰科关系密切的拟兰科（假兰科）（Apostasiaceae），目前人们一般把兰科分为双雄蕊亚科［Diandrae（Cyperiedideae Lindl.）］和单雄蕊亚科［Monandrae（Orchidoideae Lindl.）］，也有人分为拟兰亚科（Apostasioideae）、杓兰亚科（Cypripedioideae）和兰亚科（Orchidoideae）等。

识别特征 陆生、附生或腐生草本。单叶互生或退化为鳞片，基部有鞘，常排成2列。花两侧对称，花被片6，内轮具1唇瓣；雄蕊1或2，与花柱、柱头结合成合蕊柱，花粉结合成花粉块；雌蕊3心皮合生，子房常180°扭转；子房下位，1室，侧膜胎座。蒴果，种子微小，无胚乳。染色体：$X=6\sim29$。

兰科主要形态术语如下。

（1）萼片（Sepal）：外轮花被片，花瓣状，大多为3片，常有颜色，位于上方的1片称为中萼片（又称背萼片或上萼片），下方侧生的一对称为侧萼片。

（2）花瓣（petal）：内轮花被片，颜色艳丽，上侧2片形状大小和色泽相同，下面1片（大多数兰花因子房扭转，由近轴的上方变为远轴的下方）特化为唇瓣（labellum）。唇瓣部常具囊或延伸为距。

（3）合蕊柱（又称蕊柱）（columna）：雄蕊和花柱（包括柱头）的合生体；合蕊柱最上部为花药，其内含花粉团或花粉块；合蕊柱顶部前方常具一突起（由柱头不育部分变来）称为蕊喙（rostellum）；能育柱头通常位于蕊喙下面（即蕊柱顶端下前方），一般凹陷，平坦或垫状，有时形成特殊的突起物。

（4）蕊柱脚（足）（pes）：合蕊柱基部的延伸部分。

（5）萼囊（mentum）：蕊柱脚与贴生其上的侧萼片、唇瓣或花瓣基部共同形成的囊状部分（区域）。

（6）蕊喙柄（stipes）：蕊喙的延长、与花粉团或短的花粉块柄接连的部分（为雌性器官）。

（7）黏盘（discus viscidus）：蕊喙的一部分，由黏性物质组成，联结于花粉块柄或蕊喙柄上，昆虫传粉时，黏着于昆虫身上，带走花粉块。

（8）花粉块（pollinium）：花粉团和花粉块柄及其他附属物的合称。

（9）花粉块柄（caudicula）：花粉团下部或上部变为不育的带状或丝状附属物（为雄性器官）。

（10）基盘部（basitonae）：花粉块柄位于花粉块基部（即位于花药下部，从花药基部伸延连接于黏盘），花药不脱落。

（11）顶盘部（acrotonae）：花粉块无柄或具柄而出自花药顶部连接于蕊喙，花药因花丝脆弱而易脱落。

（12）子房（ovary）：下位子房常扭转成180°。

1. 双雄蕊亚科（Diandrae）

内轮两侧2枚雄蕊发育，外侧雄蕊退化成1枚假雄蕊；花粉不结合成块状。3个柱头均发育（图12-84）。

（1）杓兰属（*Cypripedium* L.）。陆生，有根状茎。叶通常茎生，多数有弧形脉。花单生或2～3花，大型；唇瓣囊状，合蕊柱下弯；柱头稍3裂。花被果期宿存。全属约有50种，主产于东亚、北美洲、欧洲等温带地区和亚热带山地。我国有32种，广布于自东北地区至西南山地和台湾高山。杓兰属植物花形独特，可栽培观赏。大花杓兰（*C. macranthum* Sw.），茎稍被短柔毛或变无毛；叶3～5枚，叶片长椭圆形；花序柄被短柔毛或变无毛；花紫红色，有暗色脉纹；花梗和子房无毛；中萼片无毛；退化雄蕊基部无柄，背面无龙骨状突起。我国分布于东北、华北至西北地区；生于海拔1800m左右的山坡林下。根及根状茎（蜈蚣七）入药有利尿消肿、活血祛淤、祛风镇痛的功效。毛杓兰（*C.franchetii* E. H. Wilson），与大花杓兰相似，区别在于茎密被长柔毛。花序柄密被长柔毛；花梗和子房密被长柔毛；中萼片背面脉上疏被短柔毛，边缘具细缘毛；退化雄蕊基部具短耳和很短的柄，背面略有龙骨状突起。我国分布于西北、西南、华中等地区。生于海拔1500～3700m湿润、腐殖质丰富和排水良好的地方。根及根状茎可入药，有理气、

图 12-84　兰科植物

A. 毛杓兰（易华摄）；B. 小叶兜兰；C. 绶草；D. 手参（a. 植株；b. 块根；c. 花序）；E. 天麻（a. 花序；b. 块茎；c. 花）（姜在民摄）；F. 白芨（a. 植株；b. 花；c. 假鳞茎；d. 根）；G. 春兰（a. 植株；b. 花；c. 花结构）；H. 蝴蝶兰；I. 兰科花图式［a. 双雄蕊亚科；b. 单雄蕊亚科（子房扭曲前）；c. 单雄蕊亚科（子房扭曲后）］

活血、消肿、止咳、止痛的功效。

（2）兜兰属（*Paphiopedilum* Pfitz.）。陆生、半附生或附生。草本。茎极短。叶 3 枚以上二列基生，叶片带形、狭长圆形或狭椭圆形，上面绿色或有斑纹，背面有淡红紫色斑点或淡紫红色，叶鞘互相套叠。花瓣形状变化较大；唇瓣深囊状，球形、椭圆形至倒盔状；合蕊柱常下弯；花被果期脱落。全属约有 66 种，主产于亚洲热带地区至太平洋岛屿。我国有 18 种，原产于亚洲热带或南亚热带地区。北方常见温室栽培观赏。小叶兜兰（*P. barbigerm* Tang et Wang），叶 5～6 枚基生，二列，叶片带形、革质。花有种种色泽；中萼直立，花粉粉质或带黏性，退化雄蕊扁平。产于中国广西北部和贵州。生于海拔 800～1500m 石灰岩山丘荫蔽多石之地或岩隙中。

2. 单雄蕊亚科（Monandrae）

1 枚雄蕊发育，侧生雄蕊退化成 2 枚假雄蕊；花粉结合成花粉块。柱头 3 裂，2 个裂片发育，另 1 裂片发育成蕊喙（图 12-84）。

（1）绶草属（Spiranthes Rich.）。陆生，块根肉质簇生成束。穗状花序螺旋状扭转；唇瓣有或无爪，上部边缘皱波状，无距，花粉块 2 枚。全属约有 50 种，主要分布于北美洲。我国有 1 种，广布全国。绶草（*S.sinensis* Ames.），叶 2～4 枚生于茎近基部，条状倒披针形或条形；花序顶生，小花多而密生；花的唇瓣近距圆形，顶端钝，伸展；柱头 3 裂，两侧裂片发育，中央裂片不育。我国大部分地区都有分布，多生长于河谷平原。全草入药。

（2）手参属（*Gymnadenia* R.Br.）。陆生，块根掌状分裂。叶 3～5 枚，基部有叶鞘。花红色或紫红色；唇瓣 3 裂，有距，距常弯曲；花粉块 2 枚，有花粉块柄和黏盘；柱头 2 裂。全属约有 10 种，分布于欧洲与亚洲温带及亚热带山地。我国有 5 种，主产于西南部。手参（*G.conopsea* R.Br.），块根肥厚，有 4～6 裂，形如手掌。我国分布于东北、华北、西北至西南，生于山顶草甸或山沟阴处。块茎入药，有滋补消淤的功效。

（3）天麻属（*Gastrodia* R.Br.）。腐生草本。根状茎块状，有短的节间。总状花序顶生；花被片合生成筒状；唇瓣较小，合蕊柱较长，通常有足；花粉块 2 枚。全属约有 20 种，分布于东亚、东南亚至大洋洲等。我国有 13 种。天麻（*G.elata* Blume.），茎单一，直立，叶鳞片状；花序顶生，淡黄绿色或红褐色。我国分布于东北、西南以及秦岭山区，生于栎林下腐殖层厚处，陕西南部有栽培；天麻根状茎入药，治头痛和半身不遂、神经衰弱等。

（4）白芨属（*Bletilla* Rehb.f.）。陆生。茎基部膨大成块状假鳞茎。叶柄相互卷抱成茎状，叶片和叶柄之间有关节。花序轴常曲折成之字形；唇瓣 3 裂，无距；花粉块 8 枚，成 4 对，仅 2 对有短柄。全属约有 6 种，分布于东亚。我国有 4 种。白芨（*B.striata* Rchb.），块茎压扁状，富有黏性；茎粗壮，4～5 枚叶，披针形；花序具 3～8 花，紫色或淡红色。原产于我国，主要分布在长江流域，生于林下或山沟湿处及山坡草丛；假鳞茎入药。

（5）兰属（*Cymbidium* Sw.）。附生或陆生。叶带形，基生或簇生。花大，唇瓣常3裂；花粉块2枚，有柄和黏盘。全属约有48种，主产于亚洲热带与亚热带地区。我国有29种，广泛分布于秦岭山脉以南地区。建兰（*C. ensifolium* Sw.），有假鳞茎；叶2～6枚丛生，弯曲下垂；花葶有4～7花，浅黄绿色，浓香；萼片狭披针形。产于东南亚和南亚各国，北至日本。中国南方广泛分布。栽培观赏植物。春兰（*C. goeringii* Rchb. f.），假鳞茎较小，卵球形；叶4～7枚；花葶具1～2花；花通常为绿色或淡褐黄色而有紫褐色脉纹，有香气；萼片近长圆形至长圆状倒卵形，唇瓣侧裂片直立，中裂片较大，外弯。原产于中国、日本等地。栽培观赏植物。

（6）蝴蝶兰属（*Phalaenopsis* Blume）。附生草本；根肉质；叶近基生，具关节和抱茎的鞘；花序侧生于茎的基部，具少数至多数花；萼片离生；花瓣通常较宽阔；唇瓣基部具爪，3裂；侧裂片直立；中裂片伸展。全属有40种以上，主产于亚洲热带等地区。我国约有12种，分布于南方各省（自治区）。蝴蝶兰（*P. aphrodite* Rchb. f.），有白色粗大的气根，茎常被叶鞘包裹。叶片基部具鞘。花序侧生于茎的基部；花由基向顶逐朵开放；花中萼片近椭圆形，侧萼片歪卵形，花瓣菱状圆形；唇瓣具红色斑点或细条纹。栽培观赏植物。

兰科植物的花通常大而艳丽，有香味，两侧对称，形成唇瓣，唇瓣基部的距内、囊内或蕊柱基部常有蜜腺，易引诱昆虫；雄蕊与花柱及柱头结合成蕊柱，花粉黏结成块，且下有黏盘，柱头有黏液，利于传粉。兰科植物的花，结构奇特，高度特化，是对昆虫传粉高度适应的表现，是单子叶植物中虫媒传粉的最进化类型。在恩格勒系统、哈钦松系统和塔赫他间系统中兰目仅有兰科一个科。哈钦松认为由百合目经血皮草目（Haemodorales）演化出兰目。塔赫他间系统和柯朗奎斯特系统中兰目也是由百合目演化出来。

第三节　被子植物的演化和分类系统

长久以来，植物分类学家根据植物形态结构、生态学特性等多方面特征，将植物分成许多不同等级的类群。自进化论问世以后，不少分类学家结合古植物学证据，试图探究各植物类群的起源、发生、进化途径、系统演化过程，以及彼此间的亲缘关系，提出了植物分类系统。由于被子植物种类繁多，古老的原始类型和中间类型已大部分绝灭，化石资料还不丰富，考证不足，因此，要建立一个反映被子植物真实演化过程的分类系统，还非常困难。一百多年来，分类学家们根据被子植物形态演化趋势，结合古植物学和其他现有资料，提出了各种各样的分类系统。

一、被子植物系统演化的两大学派

研究被子植物的系统演化，首先要确定植物的原始类型和进化类型，而形成真正的花是被子植物区别于其他类群植物的最主要特征，被子植物的花从何发展而来，目前有两种不同的观点，即假花学说（psedanthium theroy）和真花学说（euanthium theory）。

1. 假花学说

由恩格勒（A.Engler）学派的韦特斯坦（Wettstein）建立（图12-85、图12-86）。认为被子植物的单性花起源于原始裸子植物中早已绝灭的买麻藤类（弯柄麻黄等）的单性孢子叶球穗，小孢子叶球的苞片演变为花被，大孢子叶球的苞片则演变为心皮，每个小孢子叶球的小苞片（或称盖被）退化，只剩下一细长的柄，柄端着生数个小孢子囊，而大孢子叶球的小苞片退化只剩下胚珠，着生于心皮上。

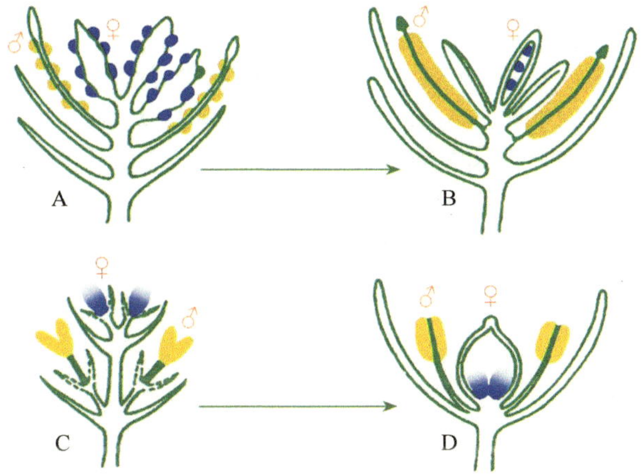

图12-85　假花说与真花说示意图
A、B. 假花说示意图；C、D. 真花说示意图
（引自贺学礼，2010）

假花学说认为现代被子植物的原始类群是具单性花的葇荑花序类植物，理由是：①化石及现代裸子植物和被子植物的葇荑花序类都是木本的；②裸子植物和被子植物的大多数葇荑花序类都是雌雄异株，风媒传粉的单性花；③裸子植物和被子植物葇荑花序类的胚珠都是具一层珠被；④裸子植物和被子植物的大多数葇荑花序类都是合点受精；⑤花的演化趋势是由单被花进化到双被花，由风媒进化到虫媒类型，由单性花进化到两性花。现在，多数学者并不赞成上述看法，认为葇荑花序类植物的单性花、单被花、风媒传粉、

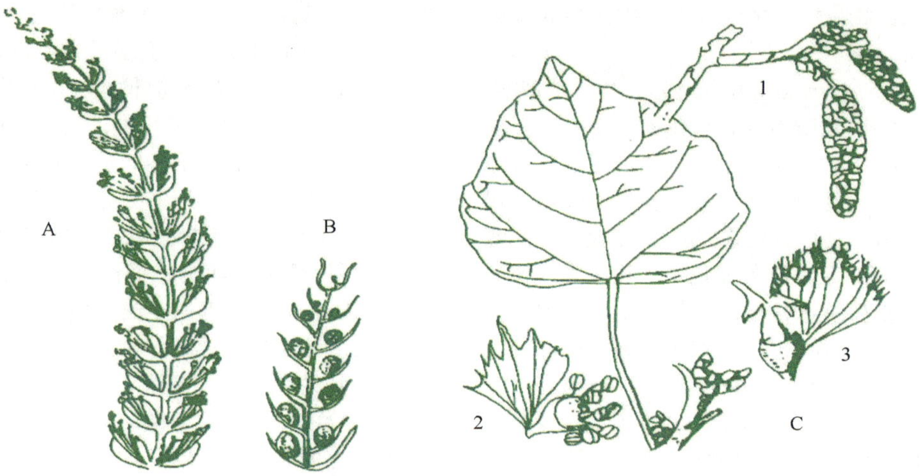

图 12-86　买麻藤类的单性孢子叶穗和杨柳科的花序及花
A. 雄孢子叶球；B. 雌孢子叶球；C. 杨柳科的花序和花（毛白杨）：
1. 雄花序；2. 雄花；3. 雌花（引自贺学礼，2010）

合点受精和单层珠被等特点，都可以看成是进化过程中的退化现象。从解剖构造和花粉粒类型看，柔荑花序类次生木质部具导管，花粉粒三沟型都是进步特征，不可能是原始的被子植物类群。

2. 真花学说

由美国植物学家柏施（Bessey）提出（图 12-85、图 12-87）。认为被子植物的两性整齐花起源于原始裸子植物中早已绝灭的本内苏铁类具两性孢子叶球的植物；孢子叶球基部的苞片演变成花被，小孢子叶演变成雄蕊，大孢子叶演化成雌蕊（心皮），孢子叶球的轴演化成花轴或花托；单性花是由两性花演变来的。

真花学说认为现代被子植物中的多心皮类，尤其是木兰目植物是现代被子植物中较原始的类群，因为：①本内苏铁的两性虫媒孢子叶球，孢子叶多数，胚具 2 枚子叶与木兰目植物相似；②本内苏铁的小孢子舟状单沟与木兰目中的木兰科植物花粉舟形单沟相似；③本内苏铁着生孢子叶的轴很长与木兰目花轴伸长相似。当前，支持真花学说的学者较多，哈钦松、塔赫他间、柯朗奎斯特等建立的被子植物分类系统均以真花学说为基础。

二、被子植物的分类系统

当前，影响较大的分类系统，主要有恩格勒系统、哈钦松系统、塔赫他间系统和柯朗奎斯特系统。近年

图 12-87　本内苏铁两性孢子叶球和木兰科的花
A. 两性孢子叶球；B. 木兰科的花

来我国植物学家张宏达、吴征镒也先后提出了新分类系统。1999 年，Judd 等在 *Plant Systematics* 一书中发表了一个维管植物新分类系统，还有待认可。

（一）恩格勒系统

德国植物学家恩格勒（A.Engler）于 1892 年编制的一个分类系统。在他与普兰特（K. Prantl）合著的《植物自然分科志》(1897 年）和他自己所著的《植物自然分科纲要》中均应用了他的系统（图 12-88）。该系统的要点如下。

（1）赞成假花学说，认为葇荑花序类植物，特别是轮生目、杨柳目最为原始。

（2）花的演化规律是：由简单到复杂；由无被花到有被花；由单被花到双被花；由离瓣花到合瓣花；花由单性到两性；花部由少数到多数；由风媒到虫媒。

（3）认为被子植物是二元起源的：双子叶植物和单子叶植物是平行发展的两支。在他所著《植物自然分科纲要》一书中，将单子叶植物排在双子叶植物前面，同书 1964 年的第 12 版，由迈启耳（Melchior）修订，已将双子叶植物排在单子叶植物前面。

（4）恩格勒系统包括整个植物界，将植物界分为 13 门，1～12 门为隐花植物，第 13 门为种子植物门。种子植物门分为裸子植物亚门和被子植物亚门。裸子植物亚门分为 6 个纲，被子植物亚门分为单子叶植物纲和双子叶植物纲。整个被子植物分为 39 目、280 科。但 1964 年经 Melchior 修订，分被子植物为 62 目、343 科。

（5）恩格勒系统图是将被子植物由渐进到复杂化而排列的，不是由一个目进化到另一个目的排列方法，而是按花的构造、果实种子发育情况，有时按解剖知识，在进化理论指导下作出了合理的自然分类系统。

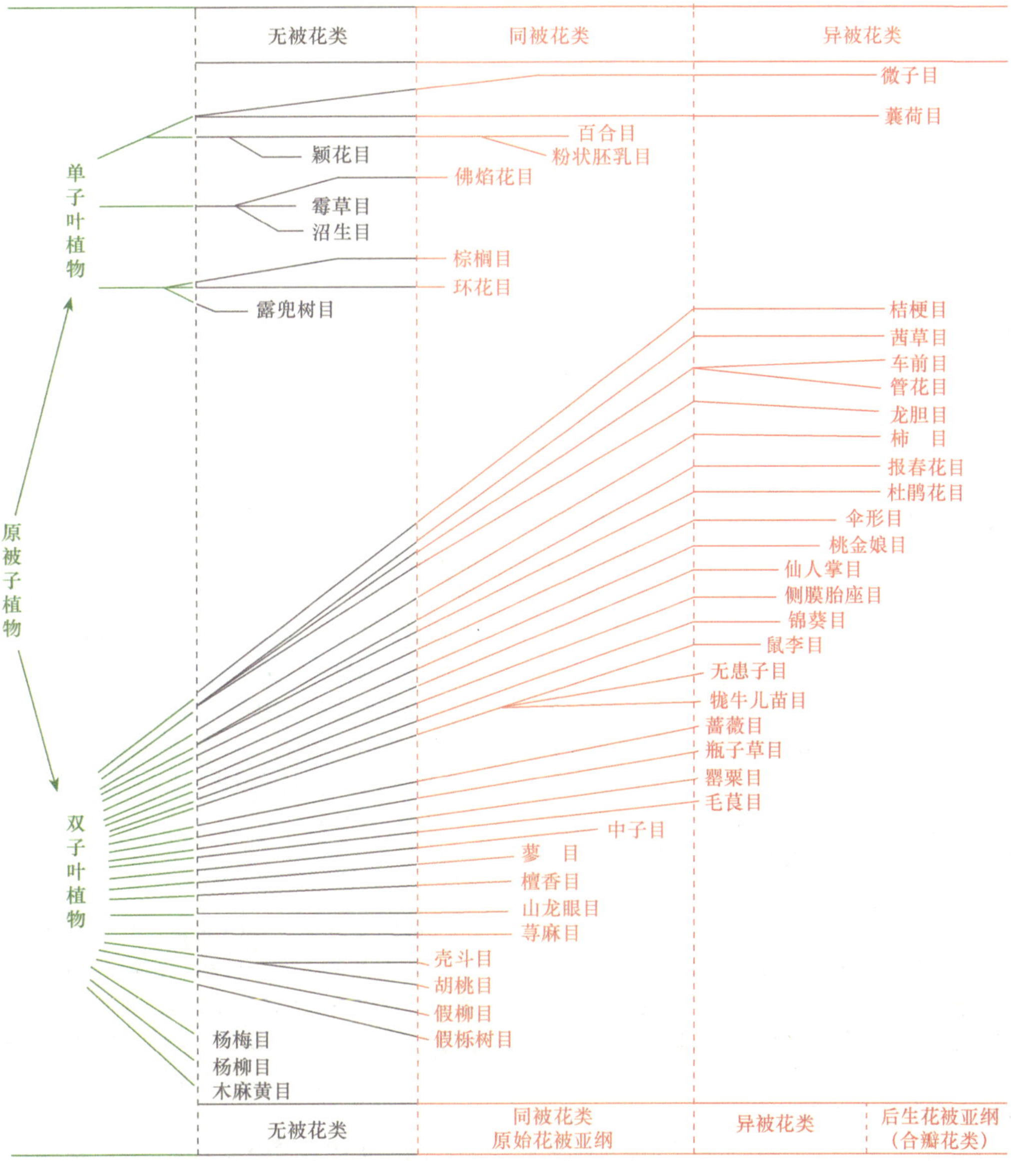

图 12-88 恩格勒被子植物分类系统（1897 年）

恩格勒系统是被子植物分类学史上第一个比较完善的分类系统。到目前为止，世界上除英国、法国以外，大部分国家都应用该系统。我国的《中国植物志》、多数地方植物志和植物标本室，都曾采用该系统，它在传统分类学中影响很大。然而，该系统虽经Melchior修订，但仍存在某些缺陷。例如，将葇荑花序类作为最原始的被子植物，把多心皮类看作较为进化的类群等，这种观点，现在赞成的人已经不多了。

（二）哈钦松系统

哈钦松（J.Hutchinson），英国著名植物分类学家。著有《有花植物科志》一书，分两册于1926年和1934年出版，在书中发表了自己的分类系统（图12-89）。到1973年几经修订，原先的332科增至411科。该系统要点如下。

（1）赞成真花学说，认为木兰目、毛茛目为原始

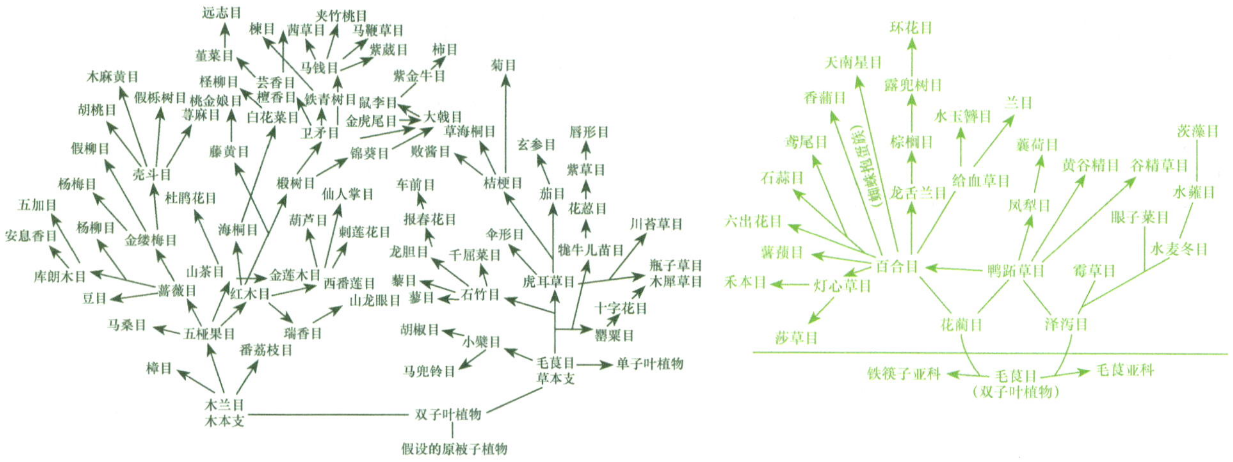

图12-89 哈钦松被子植物分类系统（1973年）

类群，而葇荑花序类不是原始类群；认为被子植物是单元起源；单子叶植物起源于毛茛目。

（2）花的演化规律是：花由两性到单性；由虫媒到风媒；由双被花到单被花或无被花；由雄蕊多数且分离到定数且合生；由心皮多数且分离到定数且合生。

（3）双子叶植物在早期就分为草本群、木本群两支。木本支以木本植物为主，其中有后来演化为草本的大戟目、锦葵目等，以木兰目最原始。草本支以草本植物为主，但也有木本的小檗目等，以毛茛目最原始。单子叶植物分为三大支：萼花群、瓣花群和颖花群。哈钦松系统把多心皮类作为演化起点，在不少方面正确阐述了被子植物的演化关系。该系统问世后，很快就引起了各国的重视和引用。但这一系统也存在某些问题，即将双子叶植物分为木本群和草本群，人为性较大，为一些分类学者所不赞成。半个世纪以来，许多学者对此进行了多方面修订，塔赫他间系统、柯朗奎斯特系统都是在此基础上发展起来的。

（三）塔赫他间系统

塔赫他间（A.Takhtajan），苏联植物学家，于1954年出版了《被子植物起源》一书，发表了自己的系统，到1980年已作过多次修改（图12-90）。该系统的要点如下。

（1）赞成真花说，认为被子植物可能来源于裸子植物的原始类群种子蕨，并通过幼态成熟演化而成；主张单元起源说。

（2）认为两性花、双被花、虫媒花是原始性状。

（3）取消了离瓣花类、合瓣花类、单被花类（葇荑花序类）；认为杨柳目与其他葇荑花序类差别大，这与恩格勒和哈钦松系统都不同。

（4）草本植物由木本植物演化而来；双子叶植物中木兰目最原始，单子叶植物中泽泻目最原始；泽泻目起源于双子叶植物的睡莲目。

塔赫他间分类系统，打破了离瓣花和合瓣花亚纲的传统分法，增加了亚纲，调整了一些目、科，各目、科的安排更为合理。例如，把连香树科独立为连香树目，把原属毛茛科的芍药属独立成芍药科等，都和当今植物解剖学、染色体分类学的发展相吻合，比以往的系统前进了一步。但不足的是，增设“超目”分类单元，科数过多，似乎太繁杂，不利于学习和应用。1980年发表的分类系统中，分被子植物为2纲、10亚纲、28超目，总计92目、410科。

（四）柯朗奎斯特系统

柯朗奎斯特（A.Cronquist），美国植物分类学家，1957年在所著《双子叶植物目科新系统纲要》一书中发表了自己的系统，1968年所著《有花植物分类和演化》一书中进行了修订，1981年又作了修改，包括2个纲，11亚纲，83目，384科（图12-91）。其系统要点如下。

（1）采用真花学说及单元起源观点，认为有花植物起源于已绝灭的原始裸子植物种子蕨。

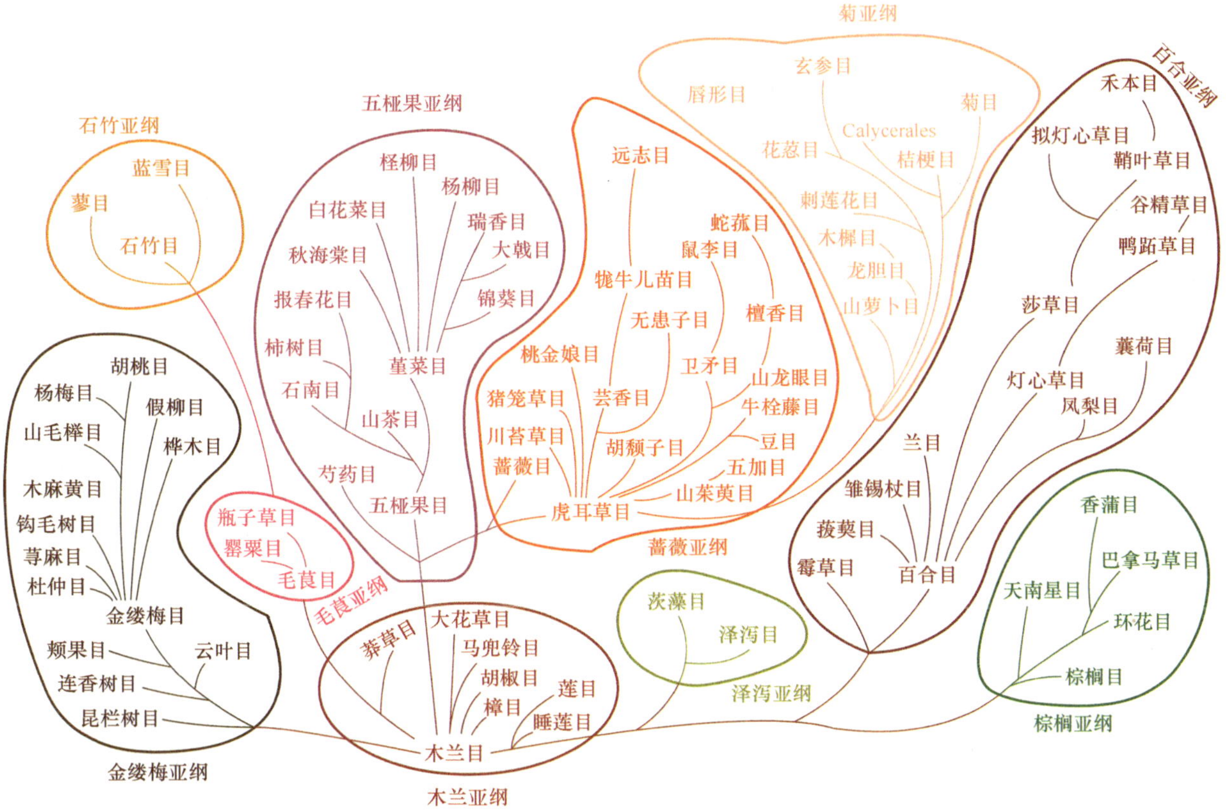

图 12-90 塔赫他间被子植物分类系统（1980 年）

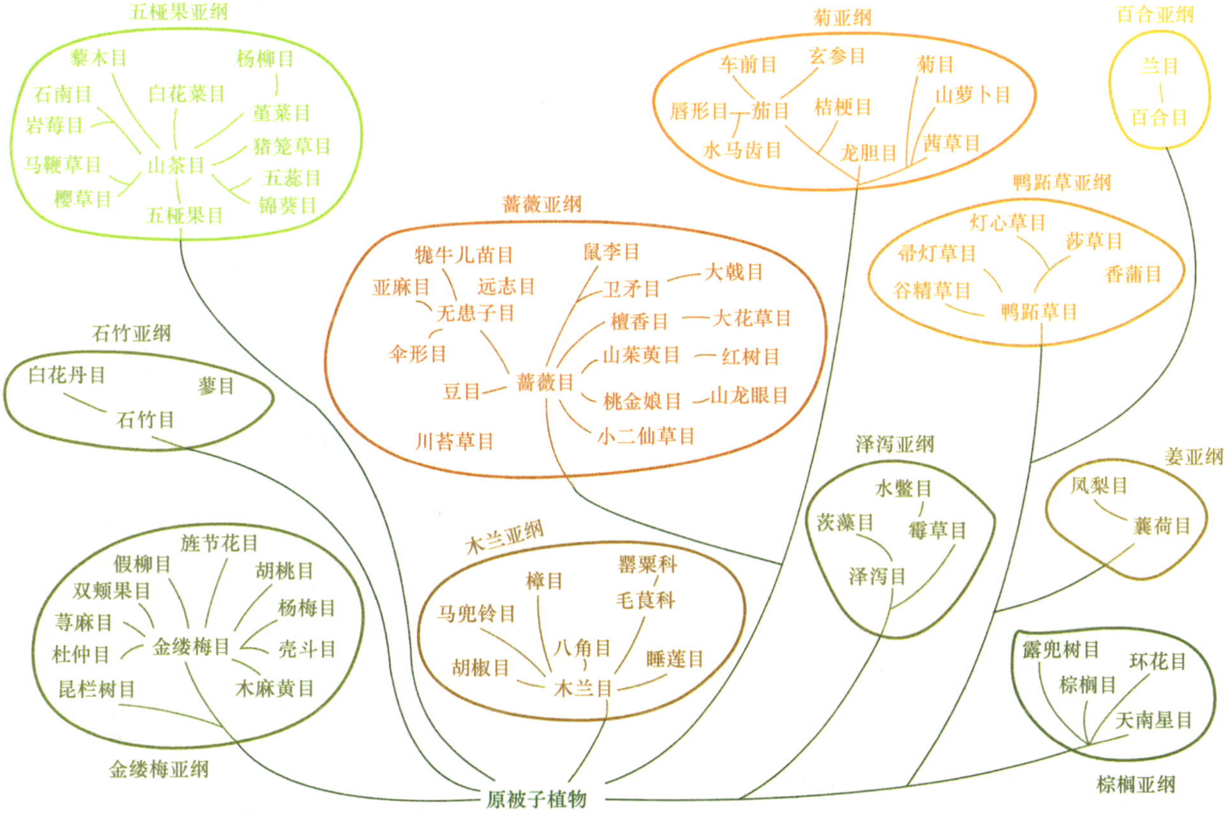

图 12-91 克朗奎斯特被子植物分类系统（1981 年）

（2）木兰目为现有被子植物最原始的类群；单子叶植物起源于双子叶植物的睡莲目，由睡莲目发展到泽泻目。

（3）现有被子植物各亚纲之间都不可能存在直接的演化关系。

柯朗奎斯特系统接近于塔赫他间系统，但个别亚纲、目、科的安排仍有差异。该系统简化了塔赫他间系统，取消了“超目”，科的数目有了压缩，在各级分类系统安排上，似乎比前几个分类系统更合理，更完善。但对其中的一些内容和论点，又存在着新的争论。例如，单子叶植物起源问题，塔赫他间和柯朗奎斯特都主张以睡莲目发展为泽泻目，塔赫他间还具体提出了“莼菜－泽泻起源说”。但日本的田村道夫提出了由毛茛目发展为百合目的看法。我国杨崇仁等，1978年从5种化学成分的比较上，认为单子叶植物的起源不是莼菜－泽泻起源，而应该是毛茛－百合起源。他们所分析的5种化学成分中的异奎琳类在单子叶植物中多见于百合科，在双子叶植物中，毛茛科是这种化学成分的分布中心；而睡莲目迄今未发现有这种生物碱的存在。

本章主要内容和概念

分类的目的，就是分清植物种类。对繁杂的植物进行分门别类，并以标本及图文等形式记录它们的特征、特性，以便更好地认识、利用和改造植物。分类的另一个目的，则是探究各种植物、各类植物之间的亲缘关系和演化过程，建立植物分类系统。依据比较形态学，并结合解剖学、胚胎学、细胞学、古植物学、孢粉学、地植物学等多方面资料，找出被子植物的原始特征和进化特征，及其演化规律，总结出分类的一般原则，并运用之。

本章主要包括被子植物基本特征和分类原则，37科植物的形态特征、系统分类、科学意义和经济用途，被子植物的演化以及四大分类系统等内容。恩格勒系统支持二元起源说和假花学说，哈钦松、塔赫他间、柯朗奎斯特三个系统支持单元起源说和真花学说。各科重点特征如下。

（1）木兰科：木本，单叶，花大单生，花被3基数，雄雌蕊多数，螺旋状排列于花托上，聚合蓇葖果。

（2）毛茛科：草本，裂叶或复叶，萼、瓣各5，雄雌蕊多数，螺旋状排列于花托上，聚合瘦果和蓇葖果。

（3）罂粟科：草本，常有汁液，萼片2，早落，花瓣4，离生雄蕊多数，侧膜胎座，蒴果孔裂或缝裂。

（4）石竹科：草本，节膨大，单叶对生，无托叶，二歧聚伞花序，双花被5数，特立中央胎座，蒴果。

（5）蓼科：草本少灌木，茎节膨大，有膜质托叶鞘，花两性，单花被常宿存，瘦果藏于增大花被中。

（6）藜科：草本或灌木，单叶互生或对生，无托叶，花小，单花被草质，常宿存，胞果，胚环形。

（7）苋科：草本，单叶互生或对生，无托叶，花小，单花被干膜质，宿存，胞果，盖裂。

（8）十字花科：草本，单叶互生，常异型，总状花序，十字形花冠，四强雄蕊，角果，具假隔膜。

（9）葫芦科：草质藤本，具卷须，叶常掌状分裂，花单性同株，双花被5裂，三体雄蕊或聚药雄蕊，子房下位，瓠果。

（10）锦葵科：草本或灌木，单叶互生，花单生或簇生，具副萼，单体雄蕊，花药1室，蒴果或分果。

（11）大戟科：植株常具乳汁，单叶互生，花单性，聚伞或杯状花序，具花盘或腺体，蒴果3室3裂。

（12）蔷薇科：木本或草本，花被5数，雄蕊5倍数，生于萼筒或托杯上，核果、梨果、聚合蓇葖果与瘦果。

（13）豆科：羽状或3出复叶，常有托叶，总状花序，花冠多蝶形，雄蕊二体或分离，单雌蕊，荚果。

（14）杨柳科：木本，单叶互生，花单性异株，葇荑花序，无花被，侧膜胎座，蒴果，种子小，具长毛。

（15）壳斗科：木本，单叶，花单性同株，无花瓣，葇荑雄花序，雌花生总苞中，子房下位，坚果外被壳斗。

（16）葡萄科：藤本，常具与叶对生的卷须，花小，4～5基数，两性，雄蕊与花瓣同数对生，有花盘，浆果。

（17）芸香科：木本，具油腺点，复叶，无托叶，花4～5基数，花盘明显，中轴胎座，柑果、核果或蒴果。

（18）木犀科：木本，叶对生，花被4裂，多有香味，整齐，雄蕊2，子房2室，蒴果、核果或翅果。

（19）忍冬科：常木本，叶对生，花5基数，子房下位，浆果或蒴果。

（20）山茶科：常绿木本，单叶互生，叶革质，花两性或单性，整齐，5基数，雄蕊多数，中轴胎座，蒴果或浆果。

（21）伞形科：草本，有异味，裂叶或复叶，叶柄基部膨大，伞形花序，花5数，子房下位，双悬果。

（22）茄科：草本或灌木，聚伞花序，花5数，萼宿存，花冠辐状、钟状，花药孔裂或纵裂，浆果或蒴果。

（23）茜草科：草本或木本，单叶对生或轮生，花4～5基数，冠生雄蕊，子房下位，蒴果、浆果或核果。

（24）旋花科：缠绕或匍匐草本，常具乳汁，单叶互生，花5数，萼宿存，花冠漏斗形，常具花盘，蒴果。

（25）玄参科：草本稀木本，单叶常对生，双花被4～5裂，萼宿存，花冠常二唇形，二强雄蕊，蒴果。

（26）唇形科：草本，有异味，茎四棱，单叶对生，轮伞花序，唇形花冠，不整齐，二强雄蕊，4小坚果。

（27）紫草科：草本，被硬毛，单叶互生，聚伞花序，花5基数，整齐，花冠喉部具附属物，4小坚果。

（28）菊科：多草本，头状花序，具总苞，花冠筒状、舌状，聚药雄蕊，子房下位，冠毛宿存，瘦果。

（29）泽泻科：水生沼生草本，叶基生，花在花序轴上轮生，花被6片，外花被萼片状，宿存，聚合瘦果。

（30）棕榈科：木本，茎常覆盖不脱落的叶基，叶簇生茎顶，肉穗花序有佛焰苞，花3基数，浆果或核果，外果皮常多纤维。

（31）天南星科：常草本，具根状茎或块茎，叶有长柄，肉穗花序有佛焰苞，雄花生于花序上部，雌花生下部，浆果。

（32）百合科：草本，常具根茎、鳞茎或块根，单叶，花被6片与雄蕊对生；子房3室，蒴果或浆果。

（33）鸢尾科：草本，具根茎、球茎或鳞茎，叶2列套折，花被片6，雄蕊3，花柱3裂，子房下位，蒴果。

（34）石蒜科：草本，具鳞茎或根茎，叶2列基生，伞形花序，花被片6，雄蕊6，子房下位，3室，蒴果。

（35）莎草科：草本，茎常三棱，实心，节不明显，叶3列，叶鞘闭合，小穗组成各式花序，小坚果。

（36）禾本科：草本或灌木，秆圆，中空，节明显，叶2裂，叶鞘开裂，小穗组成各式花序，颖果。

（37）兰科：陆生或腐生草本，花被6片，不整齐，有唇瓣，雄蕊与花柱形成合蕊柱，子房下位，蒴果。

主要概念包括：

胞果，假隔膜，雌雄同株与雌雄异株，副萼片，杯状聚伞花序，壳斗，背腹压扁与两侧压扁，冠毛，总苞，禾本科叶、小穗和小花结构，先出叶，下位刚毛，合蕊柱，花粉团，花粉块，唇瓣，多元论，二元论，单元论，假花学说与真花学说。

复习思考题

1. 为什么说木兰科和毛茛科是被子植物中最原始的类群？
2. 为什么说泽泻科是单子叶植物中最原始的类群？
3. 为什么说菊科是双子叶植物中最进化的类群？简述该科的繁殖生物学特性。
4. 为什么说禾本科是单子叶植物中风媒传粉最特化的类群？
5. 为什么说兰科是单子叶植物中虫媒传粉最特化的类群？
6. 蔷薇科、豆科、菊科、禾本科植物分为几个亚科，列表比较各亚科的区别点。
7. 任意列举被子植物几个科中的几个属，用检索表的形式将它们区别开来。
8. 通过解剖花的结构，绘出油菜、豌豆、棉花、番茄、蒲公英、鸢尾、葱、小麦的花图式。
9. 观察并记录校园被子植物主要科植物，比较同一科不同物种的相似特征。
10. 根据所学分类知识，说明被子植物在国民经济中的重要作用。

第十三章　植物与环境

植物在生长和繁殖过程中始终要与周围环境进行物质和能量交换，既受环境制约又影响周围环境。植物与环境的关系有两个方面的含义：一是环境变化会导致植物自身发生可塑性变化或遗传变异，即环境对植物的塑造或改造作用；二是植物群体的形成过程对环境的改造作用。植物生态学（plant ecology）就是研究植物与环境相互关系的学科。

第一节　植物的环境

环境（environment），是指生物有机体生活空间的外界自然条件的总和，包括对其有影响的各种非生物环境和生物环境。组成环境的各个因子称为环境因子（environmental factor），如气候因子、土壤因子、地形因子和生物因子等。在环境因子中，对植物生长发育和分布等有直接或间接影响的因子称为生态因子（ecological factor）。自然界的生态因子不是孤立地、单独地作用于植物，生态因子间常常发生相互作用，共同影响植物。因此，生态因子的综合构成了植物的生态环境（ecological environment）。植物生活的具体环境称为生境（habitat）。

按范围大小可将环境分为宇宙环境（或称星际环境、太空环境）、地球环境（全球环境、地理环境）、区域环境、微环境和内环境。宇宙环境（cosmic environment）是指大气层以外的宇宙空间，由广漠的空间和存在其中的各种天体以及弥漫物质组成。地球环境（global environment）是指大气圈中的对流层、水圈、土壤圈、岩石圈和生物圈。地球环境与人类及其他生物的关系最密切。生物圈中的生物把地球上各个圈层密切联系起来，并推动各种物质循环和能量转换的持续运转。区域环境（regional environment）是指占据某一特定地域空间的自然环境。微环境（micro-environment）是指区域环境中由于某个或某些圈层的细微变化而形成的不同小环境，生物群落的镶嵌性就是微环境作用的结果。有时也用微环境指接近植物个体表面或体表不同部位的物理环境。体内环境（inner environment）是指植物体内部的环境，如叶片内部直接和叶肉细胞接触的气腔、气室都是体内环境。

第二节　生 态 因 子

一、生态因子的分类

研究植物与环境间的相互关系时，通常根据生态因子的性质，将其分为下列5大类：①气候因子，包括光、温、水分和空气等；②土壤因子，包括土壤理化性质和肥力等；③生物因子，包括帮助植物授粉和传播种子的动物、寄生或取食植物的动物、有益和有害微生物、竞争植物和寄生植物等；④地形因子，包括坡度、坡向、海拔以及地形起伏等，与其他生态因子不同，地形因子对植物没有直接影响，但能通过影响气候因子和土壤因子等间接影响植物生长和分布；⑤人为因子，是指给植物带来有利或有害影响的人类活动，如人类对植物资源的利用、改造以及破坏等。相对于其他因子，人类对植物的影响一般是有意识和有目的的。

二、生态因子作用的一般规律

（一）综合性

植物的生长和繁殖等受环境中各种生态因子的影响，但任何一个生态因子都不是孤立地对植物产生作用，其对植物影响的方向和程度必然要受到其他因子的影响，即环境中各种生态因子总是综合作用于植物。

另外，生态因子间具有相互影响、相互制约关系，某个因子的变化都会在一定程度上引起其他因子的变化，如光强增加可能会引起气温升高，空气湿度降低。

（二）非等价性

自然界中，生物体总是同时受多个因子的共同影响，但不同因子所起的作用不同，某个或某些因子对生物体起的作用最大，该因子被称为限制因子。限制因子的改变常会引起其他因子的显著变化。例如，水分是我国内蒙古典型草原的限制因子，温度是我国青藏高原高寒草原的限制因子。

（三）可调剂性和不可代替性

自然界中，当某个或某些因子在量上不能满足植物需要时，会引起植物生长发育受阻，此时，适当提高其他生态因子的量可以缓解植物所受的影响，即生态因子之间具有可调剂性或互补性。土壤水分不足会引起叶片气孔导度降低，影响光合碳固定，提高 CO_2 浓度能弥补水分不足对光合作用的影响。但是，这种调剂作用只能在一定范围内起作用，不能通过调剂某一因子的量而取代其他因子，即生态因子具有不可代替性。

（四）生态因子的阶段性

在生活史的各个阶段，植物的限制因子不同，而每个生态因子在不同生活史阶段的作用也有差异，即生态因子的作用具有阶段性。在冬小麦春化阶段低温是必要条件，但在此前后低温对冬小麦均有有害影响。

（五）直接作用和间接作用

在研究植物间相互作用和植物分布格局时，需要区分生态各因子的直接作用和间接作用。就生物因子而言，生物与生物间的寄生、共生、植物根与根之间的接触等都能直接影响生物个体，属直接因子。而地形因子等并不能直接影响植物生长发育，但却能通过影响降水量、温度、风速、日照以及土壤理化性质等间接影响到植物，属于间接因子。

第三节　几种主要生态因子与植物的关系

一、植物对光因子的生态适应

（一）光照强度对植物的生态作用

地球表面的光照强度有空间和时间上的变化规律。随纬度增加，太阳辐射到达地表穿过的大气层厚度增加，能量损失增加，光照强度减弱。随海拔升高，大气层厚度和空气密度均降低，太阳辐射到达地表损失的能量减少，光照强度增强。坡向和坡度也影响光照强度。在北半球温带地区，南坡所受辐射比平地多，北坡则较平地少。一年中，夏季太阳辐射最强，冬季最弱；一天中，正午辐射最强，早晚最弱。

光是绿色植物合成有机物的能量来源。当光照强度低于光补偿点（compensation point，即净光合速率为零时的光照强度）时，植物处于消耗而无有机物积累状态，只有当光照强度高于光补偿点时，植物才能积累光合产物。随着光照强度增加，光合速率升高，达到一定值后不再升高，此时的光照强度称为光饱和点（saturation point）。超过光饱和点之后，继续增加光强可能会导致光合作用的光抑制（photoinhibition），即光量子利用率降低，光合产量下降，过强光照甚至还会引起光合色素和类囊体结构的破坏，即光破坏（photodamage）。

光照强度对植物生长发育和形态建成也有重要作用。在光照严重不足或无光环境下萌发的幼苗（黄化苗），由于缺少叶绿素而呈现黄色，并伴随一系列形态结构变化，如茎的节间延长，叶片小，叶肉组织不发达，植物体含水量高，薄壁组织丰富，机械组织和维管束分化很弱。光照不足也可引起植物体内养分供应出现障碍，导致花芽和幼果发育不良或死亡，也会影响果实品质。

根据植物对光照强度的适应性，一般将植物分为阳生植物、阴生植物和耐阴植物三种生态类型，详见第五章第四节。

（二）光质对植物的生态作用

光质（波长）对植物生长发育也有显著影响。光合作用能利用可见光的大部分，通常将这部分光辐射称为生理有效辐射或光合有效辐射。在生理有效辐射中，红光、橙光是被叶绿素吸收最多的部分，具有最大的光合活性；其次是蓝光、紫光；绿光很少被吸收利用，因而大部分植物呈绿色。

光质也影响植物的形态，如蓝紫光和青光能抑制植物伸长生长，使植株呈矮粗形态；青蓝紫光能影响植物的向光性；红光能促进植物伸长生长。

（三）光周期对植物的生态作用

日照长度的生态效应是多方面的。根据植物花芽分化对日照长度的要求，可将植物分为短日照植物、长日照植物、中日照植物和日中性植物等生态类型。植物种子的萌发、茎的生长、分枝、叶的脱落和休眠等也都与光周期有关。光周期也与植物地理分布密切相关。例如，短日照植物大多分布于热带或亚热带；长日照植物大多分布于温带和寒带。如果把短日照植物北移，由于日照延长，其开花会延迟，休眠起始时间也会延迟，植物可能受到冻害；如果把长日照植物南移，由于日照缩短，会影响其开花。

二、植物对温度因子的生态适应

温度不仅直接影响植物，还能通过影响湿度和土壤肥力等其他生态因子间接影响植物；而植物在长期适应中也进化出多种适应温度变化的策略。

（一）温度变化对植物的影响

自然条件下，气温呈周期性变化，植物适应温度的节律性变化，并通过遗传固化成为生物学特性，这一现象称为温周期现象（thermoperiodism）。正常的日夜或季节性温度变化对当地植物生长是有利的。白天气温高有利于光合作用，夜间气温低使呼吸作用减弱，光合产物消耗减少，净积累增加。

温度降低，即使是在0℃以上，也会使热带起源的植物因生理代谢失调而受到伤害，这种伤害称为冷害（chilling injury）。当温度降到0℃以下时，植物细胞间隙和细胞壁中自由水结冰，突然降温还会引起细胞内结冰，由此引起细胞内水分外渗，导致细胞失水、萎缩，或冰晶压迫细胞造成机械伤害，称之为冻害（freezing injury）。低温会使植物根系生理活动降低，或土壤处于冰冻状态而无法吸水，影响植物生理活动，这种现象称为生理干旱（physiological drought）。

温度升高，植物代谢加快，当温度高到使呼吸消耗超过光合积累时，植物将“入不敷出”，长期下去，植物将发生“饥饿”，直至死亡。温度进一步升高还会干扰蛋白质的正常功能。

（二）植物对温度的适应

植物的生长、繁殖以及各种生理活动都有一个适宜的温度范围，如升马唐（*Digitaria ciliaris*）种子在20～30℃内萌发良好，低于5℃或高于40℃不能萌发。不同植物适应的温度范围不同。有些植物适应的温度范围较宽，为广温植物（eurythermic plant），很多陆生植物属于此类。有些植物只能在很窄的温度范围内生存，为窄温植物（stenothermic plant），许多水生植物、极地植物以及一些热带植物属于此类。

植物对温度的适应包括形态和生理两个方面。形态上，植物对高温的适应方式有：叶片面积减小，甚至退化，由茎代替叶的功能；幼茎和叶表面光泽，角质层厚，具有鳞片或绒毛；叶片重叠或与光线平行，减少光能截获。植物对低温的适应方式有：矮化、丛生，在极地的一些植物常贴地面生长以保温；幼枝、叶表保护组织增厚，叶面积减小以及叶面向光生长等。生理适应主要表现在：减少自由水，增大束缚水比例；提高细胞内溶质和胶体物浓度，减缓代谢速率和增加原生质的抗凝结能力，维持代谢过程。休眠是植物抵抗低温和高温的最有效方式。

（三）温度与植物分布

温度对植物分布的影响，一方面取决于环境中的最高和最低温度，另一方面取决于有效积温。冬季低温决定了森林水平分布的北界和垂直分布的上界；沙漠高温缺水限制了阔叶树种在沙漠中的生长；夏季高温限制了高纬度或高海拔植物向低纬度或低海拔扩散；需要低温打破休眠或诱导开花的植物不能向低纬度扩散，苹果只能在温带生长而不能分布到亚热带以南就是这个原因。

积温是指某一时段内逐日平均气温之和，是衡量热量资源的指标。植物的生长发育，特别是开花结实都需要一定的有效积温（高出植物生长发育所需温度下限的温度之和），达不到生理需要的有效积温，植物有性繁殖就会发生障碍，限制植物的分布。

三、植物对水分因子的生态适应

根据对环境中水分状况的适应能力，可将植物分为如下生态类群。

（一）水生植物类型

水生植物（hydrophyte），是指生长在水域环境中的植物。水生植物植株的一部分或全部沉没在水中，从水或水底淤泥中吸收营养物质。由于长期适应水域环境弱光、缺氧、黏性高、温度较恒定以及水体流动等环境特征，形成了与陆生植物不同的形态特征和生态习性。根据植物生长的水层深浅，可分为沉水、浮水和挺水植物，详见第五章第四节。

（二）陆生植物类型

陆生植物（terrestrial plant），是指生长在陆地上的植物。依据对环境中水分的适应性，陆生植物可分为湿生植物、中生植物和旱生植物。

湿生植物（hygrophyte），是指在潮湿环境中生长的陆生植物，这类植物不能忍受较长时间水分不足，是抗旱能力最弱的一类陆生植物。根据环境中光照特点，湿生植物又可分为如下几种。①阴生湿生植物，生长在空气潮湿的林中树上，常由叶片或气生根直接吸入水汽，如亚热带和热带森林中附生蕨类和附生兰科植物。它们的根系发育弱，叶片大而柔弱，海绵组织发达，栅栏组织和机械组织不发达，间隙较大。还有一些植物，如海芋（*Alocasia odora*）和食用观音座莲（*Angiopteris esculenta*）等，它们的根虽着生在土壤中，但仍需要湿度很高的荫蔽环境。②阳生湿生植物，生长在阳光充沛、土壤水分经常饱和的生境中，如水稻和灯心草属植物（*Juncus* L.）等。这类植物根系一般很浅，叶片常有角质层，输导组织较发达。

旱生植物（xerophyte），是指能忍受较长时间干旱并维持体内水分平衡和正常生长发育的植物。这类植物具有典型的旱生结构，如叶片小而厚，栅栏组织发达，茎叶肉质，角质层、蜡质层发达，表皮毛密生，气孔凹陷，叶片向内反卷包藏气孔，根系发达等。有些旱生植物还进化出了强的吸水和储水能力。根据旱生植物的形态和生理特征以及适应干旱的方式，可将其分为如下几种。①多浆植物，体内薄壁组织储存大量水分，肉质化程度高，以减少蒸腾失水，如龙舌兰属（*Agave* L.）、芦荟属（*Aloe* L.）和仙人掌属（*Opuntia* Mill.）植物。这类植物主要分布于热带和亚热带的荒漠生境中，突出特点是具有景天酸代谢（CAM）途径，即夜间固定 CO_2，翌日同化 CO_2。②少浆植物，体内含水极少，即使失水50% 仍不死亡。它们的特点是叶面积极度缩小或退化以减少蒸腾失水；根系发达以增加水分吸收；细胞的渗透势低，从而保证能从含水量很低的土壤中吸取水分。

中生植物（mesophyte），是指生长在水分条件适中的土壤上，形态解剖和生理特性介于旱生植物和湿生植物之间的类型。大多数农作物、蔬菜、果树、林木等都属于此类。

四、植物对土壤因子的生态适应

土壤是岩石圈表面能够生长植物的疏松表层，是陆生植物生活的基质。土壤肥力（soil fertility），是指土壤供给植物生长所需的水分、养分、空气和热量等资源的能力，是土壤的基本属性和本质特征。每种土壤都有特定的生物区系，如土壤微生物、原生动物、软体动物及节肢动物等，它们对土壤中有机物质分解、转化以及元素的生物循环等具有重要作用，并能影响和改变土壤理化性质。

植物长期生活在一定类型的土壤上，产生了与之相适应的特性，形成了不同的生态类型。酸性土植物（oxylophyte），也称嫌钙植物，只能生长在酸性或强酸性土壤上，对 Ca^{2+} 和 HCO_3^- 非常敏感，在碱性土或钙质土上不能生长或生长不良。碱性土植物（alkaliplant），也称为喜钙植物或钙质土植物，适合生长在代换性 Ca^{2+} 和 Mg^{2+} 含量高，而缺乏 H^+ 的钙质土或石灰性土壤上，不能在酸性土壤上生长。中性土植物（neutral plant），是指生长在中性土壤上的植物，这类植物种类多、数量大、分布广，多数维管植物及农作物均属此类。

盐生植物（halophyte），是指生长在盐土中，并在器官内积聚了相当多盐分的植物。盐生植物具有一系列适应盐土环境的形态和生理特性，这些特性往往与适应生理干旱的特性一致。例如，盐生植物质地干而硬，叶不发达或肉质化，叶肉中有储水细胞，蒸腾表面缩小，气孔下陷，表皮具有厚的外壁，常被灰白色绒毛；细胞间隙缩小，栅栏组织发达。

沙生植物（psammophyte），是指生活在沙质生境的植物。在长期适应过程中，沙生植物形成了抗风蚀沙割、耐沙埋、抗日灼、耐干旱贫瘠等一系列生态适应特性。

五、植物对风的生态适应

风的生态效应是多方面的。风能影响水分和 CO_2 进出叶片的速度进而影响光合作用和水分平衡。在盛行一个方向强风的生境，植物常长呈畸形，乔木树干向背风方向弯曲，树冠向背风面倾斜，形成所谓“旗形树”。强风也可使植物旱化和矮化。风对植物也有破坏作用，如打断枝干、拔根等。

植物繁殖器官也能对风做出适应性响应。例如，松科、柏科和杨属植物能靠风传播花粉；兰科、列当科部分植物能靠风传播种子或果实。这类植物的孢子、种子或果实一般小而轻，或具冠毛，如菊科、杨柳科部分植物；或者具翅翼，如榆属（*Ulmus* L.）和槭属（*Acer* L.）植物。在荒漠和草原地区常见到“风滚型植物”，它们在种子成熟后整株折断，并随风传播种子。

第四节 植物的生态适应

一、植物的生活型

植物的生活型（life form），是指植物对生境条件长期适应而在外貌上表现出相似的生长类型，是不同植物对相同生境趋同适应的结果，如乔木、灌木、草本、藤本和垫状植物等。按植物外貌特征区分的生活型也称为生长型（growth form），如木本植物、半木本植物、草本植物和叶状植物。

目前，运用最广泛的是丹麦植物学家 Raunkiaer（1905）创立的植物生活型分类系统。他以温度和湿度作为揭示生活型的基本因素，以植物度过不良季节的适应方式作为分类基础，以休眠芽或复苏芽所处位置的高低以及保护方式为依据，把高等植物分为高位芽植物、地上芽植物、地面芽植物、地下芽植物和一年生植物五大生活型类群。高位芽植物（phanerophyte）的更新芽位于距地表 25cm 以上，如乔木、灌木和一些生长在热带潮湿气候条件下的草本等；地上芽植物（chamaephyte）的更新芽不高出地表 25cm，多为小灌木、半灌木（茎仅下部木质化）或草本；地面芽植物（hemicryptophyte）在生长不利季节，地上部分全部死亡，更新芽位于地面，被土壤或残落物保护；地下芽植物（geophyte）的更新芽埋在地表以下或位于水体中；一年生植物（therophyte）在不良季节，地上、地下器官全部死亡，以种子形式度过不良季节（图 13-1）。

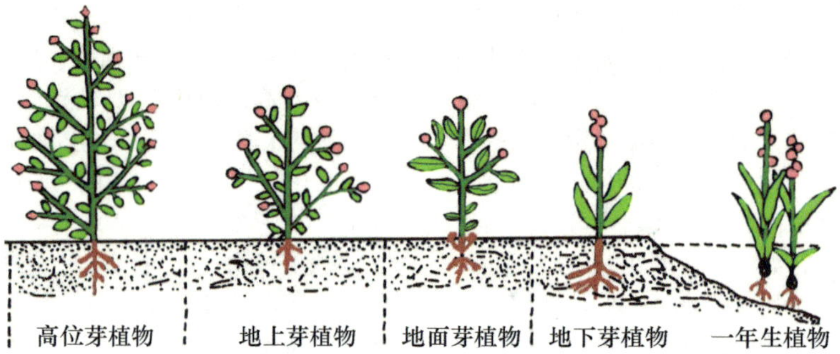

图 13-1　Raunkiaer 生活型图解

二、植物的生态型

生态型（ecotype），是指同种植物不同个体，由于长期生长在不同环境条件下，受不同生态因子的综合影响，发生了变异和分化，且在遗传上被固定下来，这些不同的个体群称为生态型。生态型是同种植物对不同生境条件趋异适应的结果。

生态型的分化程度与物种的地理分布范围有关，分布区广的物种，产生的生态型多，对不同环境的适应能力更强。研究植物生态型分化的过程和机制，不仅有助于了解种内分化定型的过程和原因，为研究物种进化提供资料，而且能为育种和引种工作提供理论依据。

第五节　植物种群与环境

一、种群的基本特征

种群（population）或局域种群（local population），是指一定空间内同种植物个体的集合，它们之间能自由授粉和繁殖。多个局域种群可以通过某种程度的个体迁移而连接在一起形成区域种群，也称为异质种群或集合种群（metapopulation），即一组局域种群构成的种群。种群不仅是物种存在、遗传进化的基本单位，也是群落或生态系统的基本组成单位。

自然种群的基本特征有：①空间特征，即种群具有一定的分布区域；②数量特征，即单位面积或体积中的个体数量是动态变化的；③遗传特征，即种群具有一定的基因组成，种群遗传多样性常与物种适应能力有关。

（一）种群的分布

1. 种群分布

种群分布（population distribution），是指种群在空间中的分布状况，涉及种群传播、分布类型和格局等。物种的分布现状，既受其从分布中心或起源中心向外传播的影响，也受其传播限制因素和生态障碍的影响，包括极端温度、积温和湿度等自然气候因子；海洋、山脉、陆地等自然地理因子；以及生物因子，如传粉昆虫。

2. 种群分布格局

种群分布格局（distribution pattern），是指在一个地理分布区内某一种群不同个体的分布状况，也称为种群内分布型。

（1）随机分布（random dispersion），是指种群个体分布是偶然的，分布机会相等，个体间彼此独立，个体的出现与其他个体是否已经存在或将要出现无关（图 13-2）。引起随机分布的原因有：生境条件比较一致；某一主导因素呈随机分布。

（2）均匀分布（uniform dispersion），是指种群个体分布是等距离的，或个体间保持一定的均匀间距。引起均匀分布的原因有：种内竞争；优势种成均匀分布而使其伴生植物也成均匀分布；地形或土壤物理性

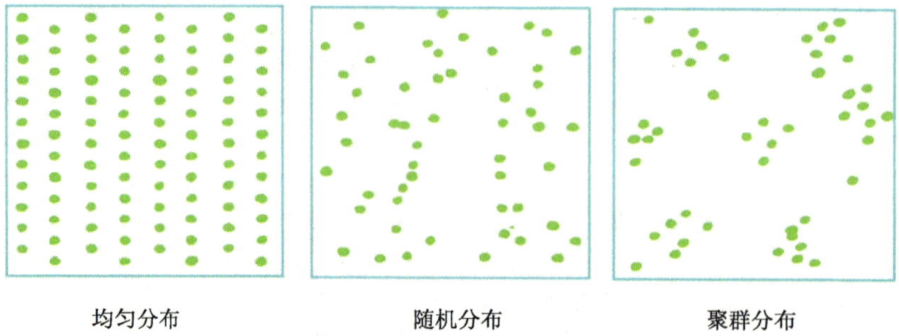

图 13-2　种群的三种分布类型

状的均匀分布；虫害引起；自毒现象等。均匀分布格局在自然条件下极为少见，大多出现在人工群落中。

（3）聚群分布（aggregated dispersion），是指种群内个体的分布极不均匀，常成群、成簇、成块、斑点状密集分布，各群的大小、群间距离、群内个体密度等都不相同，但各群大多随机分布，有时各群间也均匀分布。聚群分布是最常见的种群分布格局。形成聚群分布的原因有：植物从母株上散布种子，落在附近，种子长成植株，形成群状；有些植物果实内含有多粒种子，如松树球果，这些种子形成的植株总是非常靠近，呈簇状；植物的无性繁殖能形成密集聚群，如伐根萌芽和根蘖形成的集群。

有时同一群落内的某一种群可以形成多种分布格局。例如，一种植物侵入某一生境，种子自然撒播可能形成随机分布，随后由于无性繁殖形成聚群分布，最后又因竞争或其他原因呈随机分布或均匀分布。

（二）种群数量及增长

种群数量是指在一定面积或容积中某一物种的个体总数。种群个体数目多少，也称为种群大小（population size）。单位面积或单位容积内种群个体数目称为种群密度（population density）。种群数量取决于出生率和死亡率的对比关系。单位时间内出生率与死亡率之差为增长率（growth rate）。设种群的起始数量为 N_0，单位时间后种群的数量为 N_1，则有限增长率（周期增长率）（finite rate of increase）：

$$\lambda=N_1/N_0$$

1. 指数式增长

如果种群个体之间没有竞争，环境资源是无限的，种群数量将呈指数式增长，增长曲线为J形（图13-3）。图中曲线可以表示为：

$$N_{t+1}=\lambda N_t \text{ 或 } N_{t+1}=N_0\lambda^t$$

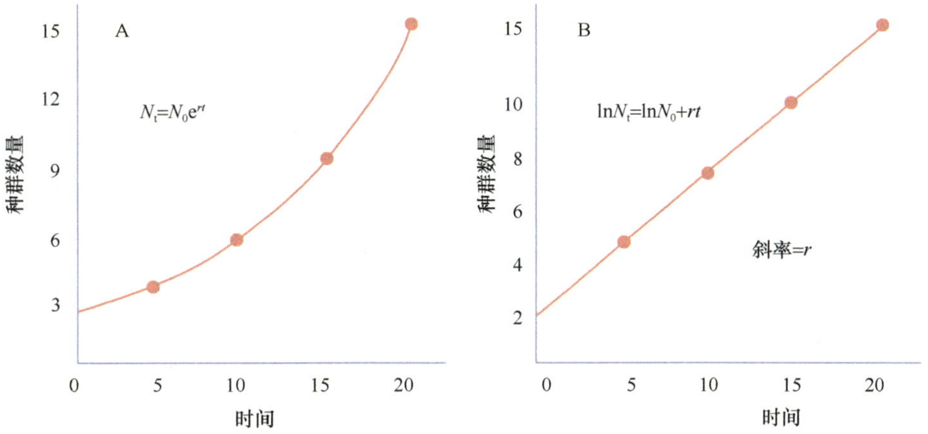

图 13-3　种群的指数式增长

A. 算术标尺；B. 对数标尺

如果所研究的生物在每年生长季都连续不断繁殖，并且种群是世代重叠的，其种群增长可以用Lotka（1922）提出的方程式表示：

$$dN/dt=rN$$

其积分式为：$N_t=N_0e^{rt}$

式中，r 为种群瞬时增长率（instantaneous growth rate），它与周期增长率 λ 的关系为：

$$r=\ln\lambda \text{ 或 } \lambda=e^r$$

参数 r 值因种群大小、状况及其所处环境而异。为了比较不同种群的 r 值，常把理想状态下种群能达到的最大增长率称为内禀增长率（innate capacity of increase），用 r_m 表示，也被称为生物潜能（biotic potential）。

2. 逻辑斯蒂增长

环境资源总是有限的，种群不可能长期呈指数式增长。随着种群个体数量增加，对有限空间和其他生活必需资源的种内竞争加剧，影响到种群的出生率和存活率，从而影响种群的实际增长率。当种群个体数目接近环境所能支持的最大值，即环境负荷量（carrying capacity）K 值时，种群将不再增长而保持在该值附近，这时 $dN/dt=0$。Pearl和Reed（1920）提出了描述这一种群增长过程的方程，即逻辑斯蒂方程（Logistic equation）：

$$dN/dt=rN(K-N)/K$$

逻辑斯蒂曲线是一条向着环境负荷量（K）逼近的“S”形增长曲线（图13-4）。$(K-N)/K$ 表示环境阻力。当 $K-N>0$ 时，种群增长；$K-N<0$ 时，种群个体数目减少；当 $K-N=0$ 时，种群数量保持稳定状态。

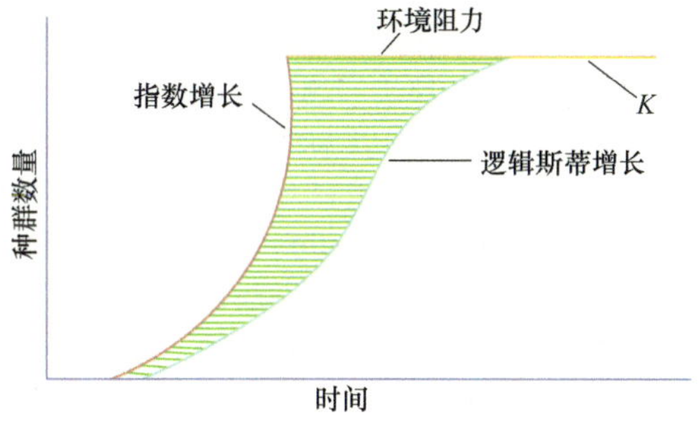

图 13-4　种群逻辑斯蒂增长的理论曲线

（三）种群的年龄结构

种群年龄结构是指种群内个体的年龄分布状况，即不同年龄个体在种群内的比例或配置情况。若按年龄由小到大将其比例绘制成图，其形状类似于金字塔，故又称为年龄金字塔或年龄锥体。按种群的年龄结构，可把种群分为增长型、稳定型和衰退型三种类型。

增长型种群（increasing population），是指幼年个体所占比例最大，老年个体所占比例少，幼年、中年个体除了补充死去的老年个体外还有剩余，这类种群的数量呈上升趋势。

稳定型种群（stable population），是指各个年龄级的个体数分布比较均匀，每个年龄级进入上一级的个体数，与下一个年龄级进入该级的个体数大致相等，种群大小趋于稳定。

衰退型种群（declining population），是指老年个体所占比例大，幼年个体所占比例小，大多数个体已过了生殖年龄，种群数量趋于减少。

值得注意的是，利用年龄结构分析种群发展趋势时，还应考虑环境因子的作用，因为有时幼苗数量并不能完全说明种群的发展趋势。例如，在松 - 栎混交林中，松苗常比栎苗多，但由于栎苗耐阴性比松苗强，在郁闭林下，不利于喜阳的松苗生长，最终被栎所替代。因此，结合种群的生态需求、环境条件及各龄级的死亡率和产生后代能力，能更好地评估种群的未来。

（四）种群的遗传与进化

种群内不同个体的基因型并不完全相同，因而它们的表现型也有差异，能较好适应环境的个体产生更多的后代，结果使种群更适应环境。如果环境条件随时间发生变化，能较好适应新环境的基因型产生的后代数量增加，不能适应新环境的基因型将减少或被淘汰，在自然选择中种群的遗传组成将发生变化，从而产生适应性更强的表现型。物种或种群的遗传组成随时间发生变化的过程就是进化（evolution）。

（五）生态入侵

某种生物被人类有意或无意带入适宜栖息和繁衍的地区，种群不断扩大，分布区逐步扩展，这种过程称为生态入侵（ecological invasion）。生态入侵已成为全球性的社会经济和环境问题，它不仅打破了物种生存的自然平衡，危害生物多样性，使生态系统出现匀质化，而且给社会经济发展和人类健康造成巨大损失。紫茎泽兰（*Ageratina adenophora*）是我国危害最严重的外来入侵植物之一，它能入侵农田、果园、茶园、草地、林地、路边和荒地等多种生境，严重影响农林牧业生产。

外来植物成功入侵的原因是多方面的。增强竞争能力的进化假说（evolution of increased competitive ability hypothesis）认为，在入侵地外来植物由于缺少天敌（天敌逃逸，enemy release）而将在原产地用于防御的资源用于生长与繁殖，提高了竞争能力，促进入侵。我国学者冯玉龙等提出的氮分配进化假设（evolution of nitrogen allocation hypothesis）认为，外来入侵植物对天敌逃逸的进化响应是减少叶氮向天敌防御系统的分配比例，提高向光合机构的分配比例；氮从防御向生长的分配转移，提高了入侵植物的资源利用效率，进而提高竞争能力和入侵性。

二、种间关系

种间关系（interspecific relationship）或种间相互作用（interspecific interaction）是种群生态学的一个重要问题，因为自然界的大多数群落都是多个物种的集合，在靠近生长的两个种之间，必然要发生种间关系。

（一）竞争

种间竞争（interspecific competition），是指两个种因需要相同或相似环境资源所形成的相互关系。绿色植物间的竞争主要是对光、水、矿质养分和生存空间等的竞争。竞争的结果可能有两种：一种是假如两个种是直接竞争者，即在相同空间、相同时间内利用相同资源，那么一个种群增加，另一个种群减少，直到后者消失为止；另一种是如果两个种在要求上或在空间关系上不同，那么就有可能是每个种群消长，维持平衡。种内个体间的竞争要比不同物种间的竞争更为强烈。

每个种群在群落内都占有一定范围的温度、水分、光照以及时间和空间资源，在群落内具有区别于其他种群的地位和作用，我们把种群的这一特征称为生态位（ecological niche）。生态位和生境是两个不同的概念，生境是许多生物共同生活的环境，而生态位是指某一种群可能占据的环境资源总和以及它在群落中的地位和角色。群落中任何两个种群的生态位都不相同，但生态位可以重叠。生态位重叠是引起种群间竞争的原因。

两个种越相似，它们的生态位重叠越多，竞争越激烈。生态位接近的两个种不能永久共存，这一现象被称为竞争排斥原理（competitive exclusion principle）或高斯（Gause）假说。

（二）共生

互惠共生（mutualism），是指对共生双方都有利的共生关系，如菌根、根瘤和地衣等。在植物界，菌根是最常见、最重要的互惠共生类型，如松属、云杉属和杨属等植物都有菌根。菌根（mycorrhiza）包括外生菌根（ectomycorrhiza 或 ectotrophic mycorrhiza）、内生菌根（endomycorrhiza 或 endotrophic mycorrhiza）和内外生菌根（ectendomycorrhiza 或 ectendotrophic mycorrhiza）。

附生（epiphytism），也称偏利共生（commensalism），是指两个种之间的关系只对一方有利，对另一方无利害。在森林中，常能见到一种植物附着在另一种植物上生长的现象，藻类、地衣、苔藓和蕨类，甚至种子植物都有附生现象。附生植物（epiphyte）的产生是长期进化的结果，它避免了生长在土壤上与其他植物的竞争，能获得更合适的生长条件。但附生植物过多的繁殖生长，也可对宿主产生不利影响，甚至导致宿主死亡，使它们的关系转变成拮抗关系（antagonistic relationship）。

（三）寄生

寄生（parasitism），是指某一物种的个体依靠另一物种个体的营养而生活的现象。寄生于其他植物上并从中获得营养的植物称为寄生植物（parasitic plant），如菟丝子（*Cuscuta chinensis*）。有些寄生植物自身含有叶绿素，可以合成一部分营养物质，称为半寄生植物（hemiparasite），如槲寄生（*Viscum coloratum*）；有些寄生植物不含叶绿素，为全寄生植物（haloparasitic plant），如大王花（*Rafflesia arnoldii*）。无论是哪种类型，寄生植物都会使寄主植物生长减弱，轻者引起寄主植物生物量降低，重者引起寄主植物养分耗竭，并使组织破坏而死亡。

寄生植物具有特殊的形态解剖特征和生理特征。主要表现在：①一些“无用”器官和结构退化甚至消失，如菟丝子，种子萌发初期有根，但攀附到寄主上，根便失去作用而死亡，而叶也极度退化；②形成获取寄主养分的结构或器官，如专性固定器官（如吸盘、小钩等）；③很多寄生植物有强大的繁殖力和生命力，如寄生在很多禾本科植物根上的玄参科独脚金属（*Striga* Lour.）植物，一株可产生 50 万粒种子，种子存活 20 年。

（四）化感作用

化感作用（allelopathy），是指植物通过地上部茎叶挥发、淋溶和根系分泌物以及植物残株分解等途径向环境释放化学物质而促进或抑制其他生物生长的效应。化感作用广泛存在于自然界，与植物对光、水、养分和空间的竞争一起构成了植物间的相互作用，在森林更新、植被演替以及农业生产中具有重要意义。

化感作用也是外来植物入侵的一个重要机制。铺散矢车菊（*Centaurea diffusa*）释放的8-羟基喹啉（8-hydroxyquinoline）、斑点矢车菊（*C.maculosa*）释放的儿茶酚［（—）-catechin］和飞机草（*Chromolaena odorata*）释放的飞机草素（odoratin）都具有很强的化感作用，是 3 种植物成功入侵的重要机制。新武器假说（novel weapons hypothesis）认为，由于和外来入侵植物缺乏长期的共同进化历史，入侵地的本地植物对入侵植物释放的化感物质更敏感，生长受到抑制，使入侵植物获得对本地植物的竞争优势。新武器假说和增强竞争能力的进化假说并不矛盾，我国学者冯玉龙等发现，飞机草可以通过提高化感作用、提高资源向生长和繁殖的分配、或降低资源向根系的分配，进而提高竞争能力和入侵性。

第六节　植物群落与环境

植物群落是指在特定空间或特定生境下不同植物种群有规律的组合，植物之间及其与环境之间彼此影响，相互作用，具有一定的植物种类组成、形态结构与营养结构，执行一定的功能。

一、植物群落的种类组成及数量特征

群落中植物的种类组成是构成植物群落的基础，也是研究群落结构的一个重要方面。

（一）群落种类组成的地位分析

优势种（dominant species），是指群落中各个层（如草本层、灌木层和乔木层）占优势，对群落结构和环境影响最大的物种。各层的优势种可以是一个，也可能是多个，即共优种。

建群种（constructive species 或 edificato），是指优势层中的优势种，在群落中其个体数量不一定最多，但能决定群落的结构和环境。随着时间推移和群落演替，建群种可能被其他优势种替代。

亚优势种（subdominant species），是指个体数量与作用都次于优势种，但在决定群落性质和控制群落环境方面，仍起一定作用的物种。它们常居于群落下层。

伴生种（companion species），是指在群落中出现，但对群落的作用和影响不大的非优势种，它们经常相当稳定地与优势种相伴而生。有些生态幅较宽，常见于多种群落内，而有些生态幅较窄并仅限于某一群落或生境中，成为该群落的指示种。

偶见种或罕见种（rare species），是指在群落中出现频率很低的种。它们可能是由于很多偶然因素的改变而入侵的物种，或是由于人类或动物等因素偶然传播的结果，也可能是种群衰退中的残留种。

（二）群落种类组成的数量特征

物种丰度（species richness），是指群落内物种数目的多少，是描述物种多样性的常用指标之一。物种丰度大，群落结构复杂，稳定性大。

多度（abundance），是指群落中某种植物个体数目的多少。

盖度（coverage），包括投影盖度和基部盖度，前者是指植物枝叶所覆盖的土地面积占样地面积的百分比；后者是指植物基部截断面积或覆盖面积占样地面积的百分比。

频度（frequency），是指群落中某种植物出现的频率。实测时，以某种植物出现样方的百分数表示，常用于衡量植物在群落中分布的均匀性。

密度（density），是指单位面积内某物种的个体数。

根据密度、频度和显著度（树木的基部盖度）来确定森林群落中每一树种的相对重要性，以重要值（importance value）来表示：

重要值=［相对密度（%）+相对频度（%）+相对显著度（%）］÷300

相对密度（%）：一种植物的密度占样方中密度最大的植物的密度的百分比；

相对频度（%）：一种植物的频度占样方中频度最大的植物的频度的百分比；

相对显著度（%）：一种植物的基部盖度占样方中基部盖度最大的植物的基部盖度的百分比。

重要值综合了几个性质不同的群落数量特征，是一个比较客观的指标，现已广泛用于森林和草原群落调查。重要值越大，物种作用越大，地位越重要。

二、植物群落的结构特征

植物群落具有一定的种类组成和结构，一般在外貌上表现较为明显，是区别植物群落的基础，也是不同群落类型的主要标志。

（一）群落的垂直结构

群落的垂直结构主要是指群落的分层现象，即每个种群在空间不同层次上分布的现象，也称为成层性。包括地上与地下分层结构。

植物群落的分层主要取决于植物的生活型，也与环境有关，地上部分层与光能利用有关，地下部分层与土壤水分及营养有关，水体中分层则与光和温度有关。森林群落分层最明显和完整，从上向下各层次依次为：乔木层、灌木层、草本层、地被层（主要指苔藓地衣层，一般可将其与草本层合称为活地被层）和层外植物（又称层间植物或填空植物）。

（二）群落的水平结构

植物群落结构特征还表现在水平方向上的镶嵌性。群落中各种植物的水平分布往往是不均匀的，这一方面取决于植物的空间分布和种间关系，另一方面也与群落内小生境的差异有关。在不同小生境中形成不同种类组合，致使群落具有镶嵌性，如林下光照强的地方和弱的地方植物的种类组成有差异。

植物群落交错区，也称为生态交错区或生态过渡带，是两个或多个群落之间的过渡区域。例如，在森林和草原之间有一个森林草原地带，两个不同森林类型之间或两个草本群落之间也存在交错区。

（三）季相

群落的季相（aspect），是指群落随一年中季节（如春季、夏季、秋季、冬季，雨季、旱季）更替而出现的周期性外貌。一个群落的季相，在正常情况下，可年复一年出现。例如，在四季分明的温带地区，落叶阔叶林春季放叶，夏季盛叶，秋季落叶，冬季休眠；草原上也因不同类型植物萌发、生长、开花、结果的时间不同，表现出明显的季相。

三、植物群落的演替

演替（succession），是指一个植物群落类型被另一个群落类型替代的过程。任何一个群落，从形成开始就一直处于不断变化之中。有些演替阶段人们很容易感觉到，如弃耕的农田，先是一年生农田杂草为优势种，而后是多年生杂草侵入并逐渐取代一年生杂草，再后可能出现木本植物，这个过程在几年之内就能看到。但有些演替因某个演替阶段很长，几十年，甚至上百、上千年，不易感觉到，如岩石表面的壳状地衣群落。

演替是群落自身和环境共同作用的结果。一个新植物群落的形成，可以从裸地开始，也可以从已有群落开始，一般都要经过侵入、定居和竞争三个步骤。植物在侵占某生境及其发展过程中，不可避免地会改变生境条件，而这种改变往往不利于该植物长期占据该生境，结果使得这个种群被另一个种群取代。如不耐阴的先锋植物，随群落演替而形成相对荫蔽环境时，其自身繁殖、存活将受到限制，终被淘汰，而耐阴植物则侵入并逐渐繁荣起来。事实上，每个群落都要经历发育初期、发育盛期到发育末期的发展过程，最终又被另一个群落所取代。

裸地一般分为原生裸地和次生裸地两种类型。原生裸地是指从来没有生长过植物的地方，如山体滑坡后裸露的岩石；或是曾经有过植被，但已彻底消失的地方，如火山爆发后熔岩流过的地方，以及受冰川长期作用过的地方。次生裸地是指原来植被虽已不存在，但至少原有植被的土壤（包括土壤中的种子和其他繁殖体）基本保留的地方，如森林砍伐迹地、弃耕农田等。在原生裸地开始的演替称为原生演替（primary succession）；在次生裸地开始的演替称为次生演替（secondary succession）。

一定时期内植物群落相互替代以及环境不断变化的过程称为演替序列。每种演替都有相应的演替序列，如干旱环境中植物演替所形成的序列称为旱生演替序列，沙丘环境中植物演替所形成的序列称为沙生演替序列。从淡水湖泊水深5~7m处开始的原生水生演替序列（primary hydrosere）依次出现：自由漂浮植物阶段、沉水植物阶段、浮叶根生植物阶段、直立水生植物阶段、湿生草本植物阶段、木本植物阶段或其他顶极群落（climax community，是指与当地气候相适应的地带性植被）阶段。从环境条件极端恶劣的岩石表面或砂地开始的原生旱生演替序列（primary xerosere）依次出现：地衣植物阶段、苔藓植物阶段、草本植物阶段、木本植物阶段或其他顶极群落阶段。

关于演替的最终阶段，有两种理论。单元顶极演替理论认为，一个气候区内只有一个气候顶极，只要给予充分长的演替时间，由地形、土壤或人为等因素导致的稳定的前顶极群落都能演替为同一气候顶极。多元顶级演替理论认为，除了气候顶极外，一个气候区内还应该有其他的顶极群落，只要一个群落处于稳定状态，不再向前发展，就可认为是一个顶极，如火顶极（火灾后形成的稳定群落）和土壤顶极（不同土壤类型下的稳定群落）等。

第七节　世界主要植被类型分布与环境

植被（vegetation），是指某一地区内全部植物群落的总和，植物群落是构成植被的基本单位。不同植被类型的分布取决于气候条件，主要是热量和水分以及其他有关的自然要素。

一、热带植被类型

（一）热带雨林

热带雨林（tropical rain forest）（图 13-5），主要分布在赤道南、北纬 5°～10°以内、终年湿润多雨的热带气候区。该区内水热条件充沛，年均气温 25～30℃，年均温差 1～6℃，无明显的冬季和旱季，年降水量 2000～4000mm，多的可达 12 000mm（如夏威夷），空气相对湿度达 90% 以上。土壤为砖红壤，质地为壤质或黏质，几乎都呈酸性，腐殖质含量低，土层内富有铁铝氧化物。植物群落最明显的特点是乔木层种类多，每公顷有 40～100 种之多。树冠参差不齐，色彩不一，树干高大笔直，分枝少，有板状根和气生根。中型叶或大型羽叶常绿，下层植物常具滴水叶尖及花叶现象。茎花现象也是雨林乔木的一个特征。另外，藤本植物、绞杀植物、附生植物等几个层片，构成了热带雨林的特殊景观。

图 13-5　热带植被类型

A. 云南南部热带雨林（朱华摄）；B. 云南元江季雨林（朱华摄）；C. 海南红树林；D. 热带稀树草原

我国雨林是印度 - 马来西亚雨林群系的一部分，主要分布在海南、台湾，以及广东、广西和云南南部和西藏东南部。

（二）季雨林

季雨林（monsoon forest）（图 13-5），是指分布在年均气温 25℃左右，年降水量 800～1500mm，具有明显干湿季节交替地区的森林类型。主要分布于亚洲、非洲和美洲，东南亚季雨林分布面积最大，发育最典型。群落高度较低；有季相变化，主要树种干季落叶、雨季到来时开始长叶并相继开花，由于花期比较集中且某些植物具有大型花，使季雨林外貌显得华丽；下层有常绿树种，具有旱生特征；林内有少量藤本和附生植物。

我国季雨林分布在广东湛江、化州、高州和阳江一线以南，其中以海南岛北部和西南部面积最大；在广西分布于百色、田东、南宁、灵山一线以南全部低海拔地区；在云南主要分布于海拔 1000m 以下的干热河谷两侧山坡和开阔的河谷盆地。季雨林以阳性耐旱的热带落叶树为主，最常见的有木棉（*Bombax malabaricum*）、合欢属（*Albizia* Durazz）和黄檀属（*Dalbergia* L. f.）植物等。

（三）红树林

红树林（mangrove forest）（图 13-5），是指受周期性海水浸淹而生长于海滩淤泥上耐高温盐碱的湿生乔灌木群落，主要分布在南、北回归线之间（可达 32° N 和 44° S）。世界上红树林有两个分布中心：一个是以马来半岛为中心的东方红树林，包括太平洋西岸及印度洋沿岸的热带和亚热带地区，种类可达 20 余种；另一个是西方红树林，包括太平洋东岸及大西洋沿岸的热带和亚热带地区，种类较少。红树林生长环境是风浪小、地势平缓、积有淤泥的海滩，土壤含盐量可达 3.5% 左右。红树林主要由红树科植物组成，故称为红树林，最显著的特征是有密集的支柱根和胎生现象。

我国红树林植物共有 13 科、15 属、24 种，主要分布在广东、海南和福建沿海、广西和台湾沿海。

（四）稀树草原

稀树草原（savanna）（图 13-5），也称萨王纳群落，是指热带的旱生草本群落，在群落内到处都有旱生乔木独株稀疏地分布着。稀树草原主要位于赤道南、北纬 5°～20° 范围内，非洲分布面积最大，占该大陆总面积的 40% 左右，在东部和撒哈拉大沙漠以南特别发达，主要草本植物有禾本科的须芒草属（*Andropogon* L.）、黍属（*Panicum* L.）和龙胆科的绿草属（*Chlora* L.）植物，而乔木中以伞状金合欢（*Acacia farnesiana*）和猴面包树（*Adansonia digitata*）为典型。南美的稀树草原集中在巴西高原上。此外，北美洲西部、澳大利亚中部荒漠四周、亚洲的印度、缅甸中部、斯里兰卡北半部和东南半岛的部分地区也有分布。

我国的稀树草原主要分布在华南和西南地区，通常出现在砖红壤或红棕壤以及砖红壤性红壤地区，大多数是由于森林受到人为破坏后产生的次生植被，但也有些是由于季节性干旱导致的。

二、亚热带植被类型

（一）常绿阔叶林

常绿阔叶林（evergreen broad-leaved forest）（图 13-6），是指分布在亚热带地区大陆东岸的植被。它在南美洲、北美洲、大洋洲、非洲和亚洲均有分布，但我国的常绿阔叶林分布面积最大，发育最典型。该区有明显的亚热带季风气候，夏季炎热潮湿，最热月平均温度 24～27℃，冬季稍干寒，最冷月平均温度 3～8℃，年均温度 16～18℃，年降水量 1000mm 以上。群落中主要树种为樟科、山茶科、壳斗科。树叶革质，有光泽，叶面与光垂直，故称照叶林。上层乔木的芽有芽鳞保护。林下为湿生植物，附生植物不发达，缺少茎花现象和板状根。

图 13-6 亚热带植被类型

A. 云南哀牢山常绿阔叶林（朱华摄）；B. 云南德钦梅里雪山常绿硬叶林（朱华摄）；C. 新疆荒漠；D. 内蒙古荒漠草原（贺学礼摄）

我国亚热带常绿阔叶林主要分布于长江以南至福建、广东、广西、云南北部广阔山地丘陵及西藏南部山地。土壤类型主要为红壤、山地黄壤、山地黄棕壤。

（二）常绿硬叶林

常绿硬叶林（evergreen sclerophyllous forest）（图 13-6），分布在夏季炎热干旱、冬季温和多雨地区，最典型的分布地区是地中海沿岸，大洋洲西部、东部和中部，南非开普敦，北美加利福尼亚以及南美智利中部沿海一带也有分布。群落特征是叶常绿、革质，机械组织发达，叶面方向几乎与光线平行。硬叶林的主要成分是椰子栎（*Quercus coccifera*）、冬青栎（*Q. ilex*）、木犀榄（*Olea europaea*）、欧石楠（*Erica arborea*）和百里香（*Thymus vulgaris*）等。

我国的常绿硬叶林主要分布于四川西部、云南北部以及西藏东南部的分河谷中，其中金沙江峡谷两侧高山是其分布中心。因为我国没有夏干冬雨气候，所以，我国的常绿硬叶林是一个特殊类型，被称为山地常绿硬叶林，主要树种有川滇高山栎（*Q. aquifolioides*）、川西栎（*Q. gilliana*）和黄背栎（*Q. pannosa*）等。

（三）荒漠

荒漠（desert）（图 13-6），主要分布在亚热带和温带干燥地区，从非洲北部的大西洋起，往东经撒哈拉沙漠，阿拉伯半岛大内夫得沙漠、小内夫得沙漠，鲁卜哈利沙漠，伊朗卡维尔沙漠和卢特沙漠，阿富汗赫尔曼德沙漠，印度和巴基斯坦的塔尔沙漠，哈萨克斯坦的中亚荒漠，到我国西北和蒙古的大戈壁形成世界上最为广阔的荒漠区。此外，还有北美洲西部大沙漠，南美西岸的阿塔卡马沙漠，澳大利亚中部沙漠，南非卡拉哈里沙漠等。荒漠气候极干旱，年降水量少于250mm，蒸发量大于降水量数倍或数十倍，夏季炎热，昼夜温差大，土壤缺乏有机质，植被稀疏。

三、温带植被类型

（一）夏绿阔叶林

夏绿阔叶林（summer green broad-leaved forest）（图 13-7），也称为落叶阔叶林（deciduous broad-leaved forest），是由夏季长叶、冬季落叶的乔木树种组成的森林植被类型，是温带气候下的地带性植被类型之一。主要分布在世界三个区域，即北美大西洋沿岸，西欧和中欧海洋性气候的温暖区域，亚洲东部，包括中国、朝鲜和日本。在南半球，只有南美洲的巴塔可尼亚有夏绿阔叶林分布。夏绿阔叶林分布区属于温暖湿润的海洋性气候，夏季炎热多雨，冬季寒冷，全年有 4～6 个月的温暖生长季节，最热月平均气温 13～23℃，最冷月平均气温在 0℃以下，在大陆性强的地区可达－12℃，年降水量 500～700mm，水热同季。常见森林有栎林、山杨林、桦林和椴林等；林下灌木也是冬季落叶种类，冬季草本植物地上部枯死或

图 13-7　温带和寒带植被类型

A. 新疆喀什落叶阔叶林（朱华摄）；B. 云南德钦梅里雪山针叶林（朱华摄）；C. 内蒙古草原；D. 吉林长白山苔原（曲波摄）

以种子越冬。

我国夏绿阔叶林位于北纬32° 30'～42° 30'，东经103° 30'～124° 10'范围内。包括辽宁省南部，河北省，山西省恒山至兴县一线以南，山东省，陕西省黄土高原南部、渭河平原以及秦岭北坡，河南省伏牛山，淮河以北，安徽省淮北平原。林下发育的土壤是褐色土和棕色森林土，黄土高原分布着黑垆土。主要树种为壳斗科栎属（*Quercus* L.）和水青冈属（*Fagus L.*）、桦木科桦木属（*Betula* L.）和鹅耳枥属（*Carpinus* L.）、榆科榆属（*Ulmus* L.）和朴属（*Celtis* L.）等。

（二）针叶林

针叶林（coniferous forest）（图13-7），也称为泰加林（taiga forest），属于寒温带地带性植被类型，几乎全部分布于北半球高纬度地区，在欧亚大陆北部和北美洲分布最普遍。针叶林的北方界限是整个森林带的北方界限。夏季温凉，冬季严寒，最暖月平均气温10～19℃，最冷月平均气温－20～－10℃，在西伯利亚可达－52℃，在雪被不多的地方，有很厚的冻土层。年降水量300～600mm。针叶林树种主要有云杉、冷杉、松和落叶松等，林下植物不发达，层外植物极少。

分布于我国东北大兴安岭北部山地的针叶林主要由落叶松（*Larix gmelinii*）、红皮云杉（*Picea koraiensis*）和臭冷杉（*Abies nephrolepis*）等组成。分布于我国新疆阿尔泰山针叶林主要由西伯利亚云杉（*P.obovata*）和西伯利亚冷杉（*A.sibirica*）组成。

（三）草原

草原（grassland）（图13-7），属夏绿旱生性草本群落类型。世界上有两大分布区。一个是欧亚草原区，在欧亚大陆，从匈牙利和多瑙河下游起，往东经过黑海沿岸进入苏联境内，沿着荒漠以北地域，向东进入蒙古国，一直延伸到我国黄土高原和松辽平原，东西约跨越100个经度；北起56° N，向南延伸到我国西藏高原南部高寒草原，达28° N。另一个是北美洲草原区，从加拿大到美国得克萨斯州，跨越约30个纬度；从东到西跨越约20个经度。此外，在南美洲的阿根廷与乌拉圭、南非南部以及新西兰等地也有分布。由于草原区域介于荒漠和夏绿阔叶林之间，所以草原气候条件比荒漠湿润，比夏绿阔叶林干旱。草原主要由禾本科、豆科、菊科和莎草科植物组成，土壤为黑钙土或栗钙土。

我国草原分布在北纬35°～52°、东经83°～127°的典型大陆性气候区，主要是松辽平原、内蒙古高原和黄土高原等地，连续呈带状分布，也见于青藏高原、新疆阿尔泰山等地；以半湿润丛生禾草草原为主，主要由菊科、禾本科、蔷薇科、豆科、毛茛科和莎草科等植物组成。

四、寒带植被类型

寒带植被类型是指苔原（tundra）（图13-7），也称冻原，分布于北冰洋沿岸，欧亚大陆北部和美洲北部。这里冬季漫长而严寒，夏季短促而凉爽，7月平均温度10～14℃，冬季最低温可达－55℃。植物生长期平均2～3个月，年降水量200～300mm，约60%在夏季降落，由于蒸发量低，所以气候湿润。风很大，雪被不均匀，土壤有深达150～200cm的永冻层及其引起的沼泽化现象。苔原植被无乔木，最多有3层，即灌木层、矮灌木和草本层以及藓类地衣层。常见植物有越橘属（*Vaccinium* L.）、杜香（*Ledum palustre*）和西伯利亚刺柏（*Juniperus sibirica*）等。

我国无平地苔原，但有高山苔原，如在长白山分布有小灌木和藓类高山苔原，在阿尔泰山西北部高山带低湿地段分布有藓类地衣高山苔原。

五、植被分布的规律性

（一）水平地带性

植被分布的水平地带性是指纬度地带性和经度地带性。太阳辐射是地球表面热量的主要来源，地球表面从赤道向南、向北热量逐渐减少，形成了各种热量带，植被也依次更替，称为植被的纬度地带性。北半球自北向南依次分布着苔原、针叶林、夏绿阔叶林、常绿阔叶林和热带雨林。欧亚大陆中部与北美洲中部，自北向南依次出现苔原、针叶林、夏绿林、草原和荒漠。但植被的纬度地带性分布规律是相对的，常受海陆位置、地形、洋流性质以及大气环流等因素的强烈影响。

植被分布的经度地带性主要是由于海陆位置、大气环流、洋流、大地形等因素的综合影响而导致的降水量从沿海到内陆逐渐减少，从而使植被从沿海到内陆呈带状分布。就北美洲而言，它的两侧都是海洋，其东部降雨主要来自大西洋湿润气团，雨量从东南向西北递减，依次出现森林、草原和荒漠。北美洲大陆西部虽受太平洋湿润气团影响，雨量充沛，但经向的落基山阻挡了水汽东移，因而森林仅限于山脉以西。所以，北美洲东西沿岸为森林，中部为草原和荒漠。

我国植被分布的纬度地带性变化可分为东西两部分。在东部湿润森林区，自北向南依次分布着针叶林、落叶阔叶林、常绿阔叶林、季雨林和雨林。西部位于亚洲内陆腹地，属典型大陆性气候，一系列东西走向的巨大山系，打破了植被分布的纬度地带性；自北向南植被依次为温带半荒漠、荒漠、暖温带荒漠、高寒荒漠、高寒草原、高寒山地灌丛草原。在温带地区，我国植被的经向地带性特别明显，从东南至西北受海洋性季风和湿润气流影响逐渐减弱，依次出现湿润、半湿润、半干旱、干旱和极端干旱的气候，相应地出现东部湿润森林，中部半干旱草原和西部干旱荒漠。

（二）垂直地带性

植被分布的地带性规律，除纬向和经向规律外，还有因海拔不同引起的垂直地带性规律，它是山地植被的显著特征。一般来说，从山麓到山顶，气温逐渐下降，而湿度、风力和光照等逐渐增强，土壤条件也发生变化，在这些因子综合作用下，植被随海拔升高依次呈带状分布，植被带间的界限大致与山体等高线平行，并有一定的垂直厚度，这种植被分布规律称为植被分布的垂直地带性。在一个足够高的山体，从山麓到山顶更替着的植被带系列，大体类似于该山体所在的水平地带至极地的植被地带系列。例如，在我国温带长白山，从山麓至山顶依次分布着落叶阔叶林、针阔叶混交林、云冷杉暗针叶林、岳桦（*Betula ermanii*）矮曲林、小灌木苔原。因此，有人认为，植被的垂直分布是水平分布的“缩影”，但两者只是外貌结构相似，并不完全相同。

第八节　植物与生态系统

一、生态系统的概念

生态系统（ecosystem），是指生物与生物之间以及生物与环境之间密切联系、相互作用，通过物质交换、能量转化和信息传递，成为占据一定空间、具有一定结构、执行一定功能的动态平衡体。简言之，生态系统就是在一定时空范围内，生物成分和非生物成分相互作用、相互影响所构成的统一整体。地球上有许多大小不一的生态系统，大至生物圈（biosphere）或生态圈（ecosphere）、海洋、陆地、草原和森林，小至湖泊和池塘。

二、生态系统的结构和功能

（一）生态系统的结构

任何生态系统都是由生物成分和非生物环境两部分组成的，非生物环境包括参与物质循环的矿质元素和 CO_2 及 H_2O 等化合物，联系生物和非生物成分的蛋白质、糖类、脂类和腐殖质等有机物质，以及气候或其他物理条件（如温度和光照等）；生物成分包括生态系统中的各种生物，根据它们在能量流动和物质循环中的作用，可分为生产者（producer）、消费者（consumer）和分解者（decomposer）三个功能类群。

生产者是指能利用无机物制造有机物的自养生物（autotroph），主要是指绿色植物，也包括光合细菌和化能合成细菌。生产者不仅为自身提供物质和能量，它所制造的有机物质也是消费者和分解者的唯一能量来源。

消费者不能利用无机养分制造有机物质，而是直接或间接利用生产者所制造的有机养分，属于异养生物（heterotroph），主要是指各种动物。根据食性不同，可把消费者分为草食动物（herbivore）、肉食动物（carnivore）、寄生动物（zooparasite）、腐食动物（saprotrophs）和杂食动物（omnivore）。

分解者也是异养生物，其作用是把动植物残体内复杂的有机物分解为生产者能够重新利用的简单化合物，并释放出能量。分解者在生态系统中的作用极为重要，如果没有它们，动植物尸体将会堆积成灾，物质循环停止，生态系统将毁灭。

生态系统不仅有各种组成成分，而且各组分之间存在高度有序性。生态系统中生物的种类、种群数量、空间配置（水平和垂直分布）、时间变化（发育和季相）以及生物种群之间的营养关系网构成了生态系统的形态结构和功能结构，而植物群落的时空结构往往对生态系统的形态结构起着决定性作用。

（二）生态系统的功能

在生态系统中，生物与生物、生物与环境之间存在着高度有序的能量流动（energy flow）、物质循环（circulation of materials）和信息传递（transfer of information）过程。

1. *生态系统的能量流动*

生态系统的最初能源来自太阳，辐射到地球表面的太阳能有两种形式：一种是热能，它温暖大地，推动大气和水的循环；另一种是光能，绿色植物在光能作用下，通过光合作用，利用 H_2O 和 CO_2 合成碳水化合物，将光能转化成化学能。消费者则直接或间接地从植物中获得生长、繁殖所需的能量；分解者则从死的生物体中获取能源。生态系统中的能量转化遵循热力学第一定律和第二定律。

食物链（food chain），也称为营养链（trophic chain），是指生态系统中通过能量和物质利用而形成的链状关系。例如，鹰捕蛇，蛇吃小鸟，小鸟捉昆虫，昆虫吃草。每一个环节为一个营养级（trophic level）。最简单的食物链由 3 个营养级构成，如草—兔—狸。在自然界，一种植物可被多种草食动物取食，多种植物也可被一种草食动物取食；类似地，一种草食动物可能有多种捕食者，一种肉食动物可能捕食多种其他动物。因此，营养链相互交错连接成网络结构，称为食物网（food web）或营养网（trophic web）。对一个生态系统而言，食物网营养关系越复杂，系统越稳定；反之，生态系统越容易发生波动和毁灭。

2. 生态系统的物质循环

能量进入生态系统后，最终被转化成热能而从生态系统消失。但生态系统中的化学物质则不同，它们通过生物（主要是植物）的吸收，从非生物环境进入生物体内，在各营养级之间流动，并通过分解者的分解作用归还到非生物环境中，然后又被生物再利用，如此循环往复，这种过程称为物质循环。每种物质都有其循环途径，地球碳循环途径见图 13-8。据统计，整个地球碳的储存量为 2.63×10^{19} kg，但 99.9% 的碳储存于地壳沉积物中，如煤、碳岩和石油等，只有少量碳参与经常性流动和圈层间交换，其中大气圈中 CO_2 约为 7.03×10^{14} kg，水中碳约为 4.23×10^{16} kg，构成现存生物量的有机态碳约为 4.23×10^{14} kg。大气圈、水圈和生物圈是碳循环过程中的活动库。

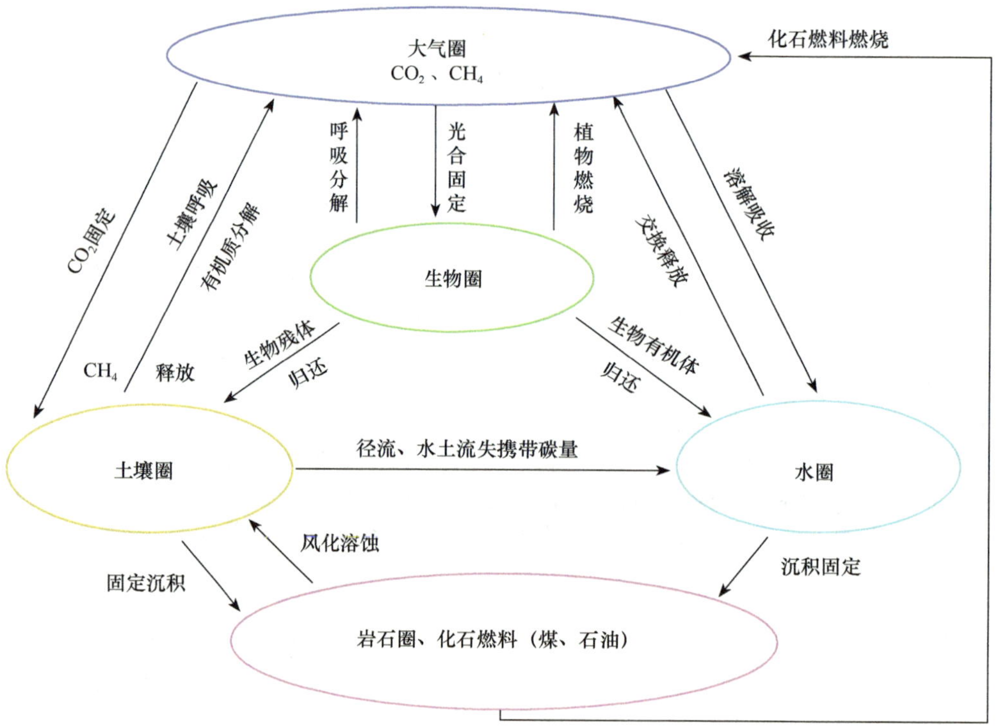

图 13-8 地球的碳循环

3. 生态系统的信息传递

生态系统中，除了物质循环和能量流动外，还有机体之间、环境与机体之间的信息传递，信息流把生态系统各组成部分联系成一个整体。信息可分为 4 种类型：通过食物链传递的营养信息；以物理过程传递的物理信息（光、声和热等）；通过特殊化学物质传递的化学信息（性激素等）；通过行为方式传递的行为信息。

三、生态系统的类型

由于生物种类的多样性和非生物环境的差异，地球表面形成了各种各样的生态系统。按人类对生态系统的影响程度，可将生态系统分为自然生态系统、半自然生态系统和人工生态系统。

自然生态系统（natural ecosystem），是指未受人类干扰和扶持，在一定空间和时间范围内，依靠生物和环境本身的自我调节来维持相对稳定的生态系统，如原始森林、荒漠、冻原和海洋等。

人工生态系统（artificial ecosystem），是指按人类需求，由人类设计建立的、并受人类活动强烈干扰的生态系统，如城市、宇宙飞船、人工气候室和一些用于仿真模拟的生态系统等。

半自然生态系统（seminatural ecosystem），是指通过人类调节管理的自然生态系统，调节的目的是为了更好地服务人类，如农业生态系统等。由于它是人类对自然生态系统的驯化利用，所以又称为人工驯化生态系统（domestic ecosystem）。

按生态系统的环境性质和形态特征，可将生态系统分为水域生态系统和陆地生态系统。根据水体理化性质，水域生态系统又分为淡水生态系统和海洋生态系统。根据植被类型和地貌，陆地生态系统又分为森林、草原、荒漠和冻原等。

海洋生态系统（marine ecosystem），包括海岸带、浅海带和远洋带等亚系统。海洋生物主要有浮游、游泳和底栖三大生态类群，种类十分丰富。海洋生态系统的食物链有两种：一是捕食食物链（predator food chain），是指始于微小的自养生物，结束于大型动物（如鲨鱼和鲸鱼等）的食物链；二是碎屑营养链（detritus trophic chain），是指以碎屑为起点的食物链，在海洋生态系统中碎屑营养链的作用要大于其在陆地生态系统中的作用。

淡水生态系统（fresh-water ecosystem），包括陆地上的江河湖泊及其岸边、河口、淡水沼泽等。与河流相比，湖泊、池塘是相对封闭的生态系统，各种物质多沉积在湖底。在河流上游，植物生产的物质和能量往往不能满足系统中消费者的需求，生物群落能量来源很大程度上依赖于系统外输入，如地表径流所带来的有机物；到河流中段，水生植物数量增多，物种多样性通常达到最大；河流下游，河水常变得混浊，水体透光性下降，导致水生植物光合作用下降。

陆地生态系统（terrestrial ecosystem），按生境和植物群落特点，又可分为荒漠、冻原、草原和森林等生态系统。

四、生态平衡

生态平衡（ecological balance），是指生态系统在一定时间内结构与功能处于相对稳定状态，其物质和能量的输入与输出近于相等，在外来干扰下能通过自我调节（或人为控制）恢复到稳定状态。当外来干扰超出生态系统自身调节能力，而不能恢复到原初状态，导致生态失调或生态平衡的破坏。

自然生态系统需要不断地与外界进行物质和能量交换，都属于动态的开放系统，因此，生态平衡是一个动态过程中的相对平衡。开放系统具有调节其功能的反馈机制（feedback mechanism），即当生态系统中某一成分发生变化时，必然会引起其他成分出现相应变化，这些变化最终又反过来影响最初发生变化的那个成分。反馈分为负反馈（negative feedback）和正反馈（positive feedback）两种类型。

负反馈是常见的一种反馈方式，它的作用是使生态系统达到和保持平衡或稳定，反馈的结果是抑制或减弱最初发生变化的那个成分发生进一步变化。例如，如果草原上食草动物因为迁入而增加，植物就会因为受到过度啃食而减少，植物数量减少反过来就会抑制草食动物数量增加。

正反馈比较少见，它的作用与负反馈相反，即生态系统中某一成分的变化所引起的其他一系列变化，不是抑制而是加速最初发生变化的成分发生进一步变化，即正反馈使系统偏离加剧。例如，如果一个湖泊受到了污染，鱼类数量就会因为死亡而减少，鱼体死亡腐烂后又会进一步加重污染并引起更多鱼类死亡。

本章主要内容和概念

植物在生长和繁殖过程中始终要与周围环境进行物质和能量交换，既受环境制约又影响周围环境。植物生态学就是研究植物与环境相互关系的学科，植物生理活动、形态建成、开花传粉、果实和种子传播等不仅与环境有关，而且植物个体、种群、群落同样与环境息息相关，植物也是生态系统中不可或缺的重要成分。本章主要包括植物个体生态、种群生态、群落生态、植物在生态系统中的作用等内容。

知识要点包括：

环境及其类型，生态因子分类和作用规律，主要生态因子与植物的关系，生态幅，限制因子，生活型，生态型，种群的基本特征，分布格局，种群密度，种群的增长及其模型，生态入侵，种间关系及其类型，植物群落的种类组成及数量特征，植物群落演替及其类型，季相，原生裸地与次生裸地，顶极群落，植物分布的地带性，植被类型，生态系统概念、结构、类型与功能，食物链与食物网，水循环，N 循环，C 循环，生态平衡，反馈及其机制。

复习思考题

1. 简述生态因子的分类及其作用规律。
2. 试述植物的分布与生态因子间的关系。
3. 根据生态因子作用分析在引种栽培植物时应注意什么问题？
4. 试述种间关系的基本类型，并说明研究化感作用的意义。
5. 可从哪些方面分析群落的结构特征？
6. 如何确定物种在群落中的作用和地位？
7. 简述植物群落的结构特征及其演替规律。
8. 生态系统的能量流动和物质循环有何特点？
9. 植物群落在维持生态系统中其他生物多样性方面有何作用？
10. 试述生物多样性与生态平衡的关系。

第十四章 植物资源利用与保护

在自然界中一切直接或间接对人类有利用价值的物资通称为资源。植物资源是指一切对人类有开发利用价值的植物。植物与人类的生存和发展息息相关，世界上只有绿色植物通过光合作用释放大量氧气，并建造了植物体和形成本种所特有的产品及其成分，这是人类和其他生物赖以生存的基础。

第一节 植物资源的基本特征

植物资源除具有植物本身的生物学、生态学、生理学、化学和遗传学特性外，从植物资源开发利用角度看，还具有以下几种基本特性。

1. 植物资源的再生性

在自然或人为条件下，植物具有不断自然更新和繁殖的能力，称为再生性，它是植物资源的基本属性。如果人类利用合理，则植物资源可以永续利用，使有限的植物资源为人类提供无限的财富。

2. 植物资源的可解体性

植物受自然灾害或人为破坏而导致某些植物种类减少甚至绝灭的特性称为可解体性。每种植物资源都有其独特的遗传基因，存在于该种植物种群之中，任何植物个体都不能代表其种的基因库。当该种资源受到自然灾害或人为破坏，或受到不合理开发利用，引起物种世代顺序破裂，从而威胁到种的生存和繁殖，当种群减少到一定数量时其遗传基因库便有丧失的危险，从而导致物种解体。植物资源受到破坏后很难得以自然恢复，所以，植物资源也是有限的。

3. 植物资源近缘种化学成分的相似性

植物间亲缘关系越近，所含化学成分越相似。它是进行植物化学分类的依据，也为寻找具有相似化学成分的新植物资源提供了依据。例如，利血平是20世纪50年代国外研制的一种特效降压药，是从印度蛇根木（*Rauvolfia serpentina*）中提取的，我国没有这种植物；为满足人民群众的需要，我国植物工作者在同属植物中进行化学研究，找到了我国含有利血平的原料植物萝芙木（*R. verticillata*）。

4. 植物资源采收利用的时间性

不同植物种类和不同植物器官在不同时期所积累的代谢产物不同，这就决定了植物资源采收利用的时间性。植物的采收时间直接关系到目的收获物的产量和品质，如“三月茵陈四月蒿，五月砍了当柴烧”，说的是茵陈蒿（*Artemisia capillaries*）只有在早春采收才能药用，晚了就失去了药用价值。利用植物的根、块茎、球茎、鳞茎、根状茎等地下器官的，应在秋季植株地上部分枯萎时或在早春植物返青前进行采挖；利用地上部分营养器官的，一般在植物生长最旺盛时期采收；利用花的，就在开花前花蕾时期采收；利用果实和种子类的，应在果实和种子充分成熟时期采收。

5. 植物资源用途的多样性

植物种类多样性和功能多样性决定了植物资源用途的多样性。它是人们对植物资源进行综合开发、多种经营的重要依据。

从整体上看，大部分植物资源是可供直接利用的各种原料植物，但也有相当一部分是非原料性质的植物资源，它们以防风固沙、保持水土、护堤护坡、消除污染、保护环境、绿化观赏等某种特殊方式为人类服务。

从每个植物种来看，由于各器官的结构和功能不同，各器官具有不同的用途，如松树生产的木材、树脂、松针、松子等分别具有不同的商品价值。

6. 植物资源分布的区域性

每种植物都有自身的环境要求，并非在任何地方都能生长，在不同生态环境中分布着不同的植物。植物资源分布的区域性是开发利用植物资源的重要依据之一，也是资源植物繁殖种群、扩大分布和提高品质的限制因素之一。

7. 植物资源的分散性

植物资源在自然界中的分布具有分散于其他种群的特性，多数种群很少形成单一优势群落，很少见到各种资源植物集中成片生长于一处。这一特性给植物资源开发利用带来不少困难，特别不利于采收和管理。

8. 植物资源的可栽培性

野生植物资源通过引种驯化，可由野生植物转变成栽培植物。现在的栽培植物都是野生植物经过驯化培养起来的。

第二节　植物资源的保护与管理

一、保护植物资源的意义

由于人口激增、土地开垦盲目扩大、大面积森林砍伐火烧、草原过度放牧、城市化和工业化的发展，导致人类赖以生存的植物资源遭到严重破坏。据统计，最近300年全世界大约减少了一半的森林面积，海南省和云南省的森林面积在20世纪中叶的30年间由25.7%和50%分别减少到7.2%和23.2%。北美洲200年前150万km^2的大草原现在只剩下不到1%，我国的沙漠面积已由50年代初期的16亿亩扩大到19亿亩。80年代以来，在巴西、印度尼西亚和扎伊尔，每年毁掉的热带雨林超过200万hm^2，全世界的热带雨林目前正以每分钟20hm^2的速度消失，由此带来的一系列恶果不堪设想，并将造成全球生态灾难。我国稀有濒危植物估计已达4000～5000种，占全国总数的15%～20%，而且正以每天1种的速度走向灭绝。因此，保护植物资源非常重要，也非常紧迫。

二、植物资源保护的目标

人类在利用植物资源过程中遇到的最大问题是利用与保护的矛盾。实质上，保护和利用是矛盾的统一，是长远利益与眼前利益的合理调节，只要协调得好，矛盾完全可以解决。充分利用植物资源是社会生产的需要，而保护是为了保护植物资源的存在、再生能力以及形成的生态环境，满足人类长期利用植物资源的需求，而不是消极地让其自生自灭，永远处于自然状态。因此，保护也是为了利用。

保护植物资源首先要保护植物资源的生存。据初步统计，我国现有高等植物3万多种，其中原产作物237种，现有栽培作物643种；我国尚有11 146种药用植物、1076种野生果树、1000种野生油脂植物、278种野生淀粉植物、600多种野生蔬菜、400余种野生芳香油植物、440余种野生纤维类植物、300余种用材树种，它们都是宝贵的种质资源。任何物种的产生都要经历长期的进化过程，一旦灭绝就不能再生。尽管有些种类目前还未被利用，那只是限于科学发展水平还未发现它的价值，随着时间推移和科学发展，将来很可能成为重要资源。因此，我们必须十分珍惜它们的存在和发展。

其次，要保护植物资源的再生能力。地球上的植物资源虽然是可再生的，但再生需要时间，要给植物资源休养生息的机会，使其得到恢复和发展。不顾植物资源承受能力而对其过度开发利用的做法十分有害，最终将导致资源的破坏与枯竭。

最后，要保护植物的生存环境，也就是生态系统。植物的生长发育与环境密切相关，它们相互影响，相互制约，综合形成特定的生态环境。形形色色的生态系统正是多种多样植物的栖息地，如莲需要腐泥沼泽环境，松树需要酸性土，人参需要木本树种蔽荫，山葡萄、猕猴桃需要乔木攀援缠绕等。没有这些生态环境，就会影响植物的生长发育，甚至引起死亡。因此，在开发利用植物资源时必须注意保护它们的生态环境，促进其恢复和发展。

三、植物资源保护与管理的途径和措施

（一）植物资源的就地保护——建立自然保护区

自然保护区是国家采取重要措施保护的有典型意义或特殊价值的自然区域，保护对象有自然环境、自然资源、自然历史遗产等。美国于1872年建立的黄石国家森林公园是世界上第一个自然保护区，我国于1956年建立了第一个自然保护区——广东鼎湖山自然保护区。经过50年的建设，截至2005年年底，我国已建立各级、各类自然保护区2349个，总面积150万km^2，约占我国领土面积的15%，有效地保护了我国70%以上的自然生态系统类型、80%的野生动物种类、60%的高等植物种类以及绝大多数自然遗迹。截至2006年8月，我国的国家级自然保护区总数已达265个，总面积92万km^2，约占我国领土面积的9.57%。

（二）植物资源的迁地保护——建立植物园或树木园

植物园是植物资源迁地保护和引种驯化的重要基地。建于公元前2800年前后的“神农”药圃被认为是世界上植物园的雏形，1929年在南京建立的中山植物园是我国最早的正规植物园。据调查，目前世界上有1800多个植物园，这些植物园已收集7.5万～8万种高等植物，占世界植物总数的25%。世界知名的植物园收集的植物大多在万种以上，如英国皇家植物园邱园已收集引种了3.1万种植物，占世界高等植物总数的10%，其中有2700种是稀有和濒危植物。我国植物园的总数目前已达140多个，引种各类高等植物约2万种，其中属于中国区系成分的有1.3万种。北京植物园、南京中山植物园、华南植物园、西双版纳热带

植物园、昆明植物园、武汉植物园、庐山植物园、桂林植物园、鼎湖山植物园、吐鲁番沙漠植物园、沈阳树木园和华西亚高山植物园12个植物园隶属于中国科学院，它们除了参与《中国植物红皮书》的编写和研究外，已对300多种珍稀濒危植物实施了迁地保护。1985年建成的中国医学科学院药用植物资源开发研究所植物园是我国目前规模最大的专业性药用植物园。

（三）建立植物种质基因库，长期保存种子、花粉及各种无性繁殖体

植物种质基因库是指用于以保存植物遗传为目的，保存植物种子和各种繁殖体的现代化设施。美国于1958年建立了世界上最早的植物种质基因库——国家种子储藏实验室（NSSL）；我国于1986年在中国农科院作物品种资源研究所建立了国家种质基因库，目前已收集保存了35万份植物种质。现有的种质基因库大都以粮食作物和经济作物遗传资源收集保存为主要任务，地方品种在种质基因库中所占份额最大，其次是野生祖先种和近缘种。近年来，世界各国都十分重视种质基因库的建设，如英国皇家植物园邱园已启动了目前世界上最大的濒危植物保护计划——千年种子库计划，预计投资8000万英镑，目前已投资3000万英镑用于千年种子库建设，其目的除了储藏英国本土1400多种有花植物种子外，另一主要目的是到2010年能保护2.4万种以上的世界植物物种，使全世界濒危植物的10%免于灭绝。我国也已启动了中国西南野生生物种质资源库项目，这是我国启动的最大野生生物遗传资源保护计划，预计投资18亿元人民币，目的是确保我国植物多样性最丰富的西南地区植物的安全，种质库建设立足云南，收集保存云南及周边地区、青藏高原复杂而丰富的植物资源。

（四）立法保护植物资源

我国劳动人民在长期生产实践中逐步认识到人与自然之间有密切的内在联系，产生了“天人合一”的保护生态的朴素思想。新中国成立后，党和政府领导全国人民在大规模经济建设的同时，在合理利用自然资源、改造恶劣生态环境方面也做了大量工作，先后制定了《中华人民共和国环境保护法》、《中华人民共和国森林法》、《中华人民共和国草原法》、《中华人民共和国自然保护区条例》、《中华人民共和国野生药材资源保护管理条例》和《中华人民共和国野生植物保护条例》等法规，并且公布了相关的保护植物名录。1984年10月9日，国务院公布了我国第一批《中国珍稀濒危植物名录》，共收列354种；1987年10月30日，国务院公布了第一批《国家重点保护野生药材物种名录》，收列植物药58种；1992年出版的《中国植物红皮书》收载濒危植物398种；1999年公布的《国家重点保护野生植物名录》收载393种11类。一些省、自治区和直辖市也分别制定、颁布了有关条例、规定、通告和布告等。这些法规条例的制定和实施使我国植物资源的保护与管理有法可依，对保护和合理利用植物资源有着重要意义。

（五）加强宣传教育和科普工作

将植物资源保护的宣传教育工作纳入环境教育之中，编写人们喜闻乐见的宣传材料和科普读物，对群众进行热爱自然、亲近自然、保护自然的教育。也可通过广播、电视、电影等多种形式，向青少年及广大群众宣传自然保护知识和主要保护植物种类，提高当地领导和群众保护植物资源的责任感、环境意识和法制观念，把保护资源的任务建立在广泛的群众基础之上。

第三节　植物资源的合理开发利用

一、合理开发利用植物资源的意义

植物资源是人类日常生活的必需品，农业、林业生产直接以植物资源作为栽种对象，食品、制药、油脂、纺织、造纸、橡胶、油漆、酿造等许多工业行业依赖植物资源提供原料，植物资源还提供了保持水土、改良土壤、绿化城市和庭园、保护环境、减少污染等各种生态效益。因此，开发利用植物资源具有十分重要的意义。

人口快速增长与经济发展压力使植物资源的有限性与社会需求的相对无限性之间的矛盾日益突出，植物资源供求失调已成为全球性难题。植物资源既具有再生性，又具有可解体性，在开发利用植物资源时一定要把握好开发规模和力度，千万不能过度利用。如果开发量没有超过植物自然更新量，则野生植物资源可持续地得到开发利用；若开发量超过了植物资源本身的再生量，而且不进行植物资源人工栽培的话，许多野生植物资源将会枯竭或灭绝。因此，合理开发利用植物资源意义重大。

二、植物资源开发利用的原则

植物资源合理利用就是要达到经济效益、生态效益、社会效益的和谐统一。要实现这一目标，就必须遵循以下八个原则。

（一）综合利用

过去对植物资源的开发利用多为传统的单一生产

经营模式，不仅造成资源浪费，而且其产生的“余料”常成为难以处理的包袱，造成污染，解决这一问题的途径就是综合利用。浙江龙游溪口林场大搞竹子综合利用，一根毛竹从头吃到尾，竹梢做成尺子，边角余料用于造纸，每根毛竹的价值由3.1元变为27.6元，增值9倍。

（二）深加工

山区提供给市场的植物产品常是原料、初级产品，附加值低，经济效益差，而且因其粗、笨、简陋，运输量大，运销成本高，这是山区植物资源优势难以转化为经济优势的致命弱点。在植物资源开发利用中，随着资源—初级产品—初加工产品—精加工产品的转化，产品价格成倍甚至几十倍地增加，而且同样的经济收入所消耗的资源量大幅度下降，有利于减轻资源所承受的压力。提高产品加工深度，改变工业初级化、原料化、档次低的状况，是植物资源开发利用的必由之路。

（三）永续利用

可持续发展是我国的一项基本国策，在开发利用植物资源时一定要重视资源的可持续利用，让有限的植物资源为人类创造无限财富。具体可从以下几方面着手：根据资源储量、生长年限有计划地利用，不要因其在国内外市场抢手就过度收集，也不要因销路一时不畅而毁掉资源，应冷静对待市场价格的波动；轮采轮挖，给植物以休养生息的机会；挖大留小，维持一定的种群大小；尽量避免采挖根部，对于取皮的植物要逐年在不同部位剥取；掌握商品标准。

（四）充分发挥植物资源的生态效益，避免发展污染重的企业

在山区要大力发展木本药材或果药两用树种。与种植草本药材相比，种植木本药材无须翻土，适种于各种坡度，保持水土能力强，还为鸟兽提供了栖息地，既可获得直接经济效益，又可改善环境。例如，沙棘已成为“三北”地区深受人们欢迎的资源植物，得到广泛的保护与种植。在山区不应发展造纸等污染重的工业。

（五）发挥野生植物优势，发展绿色食品

野生植物尤其是边远山区的野生植物对人类健康安全无害，野生果树在其生长过程中未使用化肥和农药，果实不含污染物，多为小浆果或小核果，营养价值高，维生素等营养物质含量比人工栽培的大型水果高出几倍乃至几十倍。用它们制成的食品既安全，又有保健作用，正逐步为消费者所喜爱。

（六）变野生为家植，建立商品基地

野生植物往往分布零星，产量低，将其就地种植，实行集约化生产，植物既易成活，又能保持原有有效成分不变，投资少，见效快。野生植物是自然选择的产物，有些性状，如味道、产量、适应性等可能与人们要求不一致，所以要重视种质资源的收集，利用其自然存在的大量变异选育出优良品种，并建立起商品基地。

（七）不断挖掘新的资源植物种类和用途

产品更新换代快是当今市场激烈竞争的特点之一，在开发新产品的角逐中，谁能率先推出新产品，谁就能迅速占领市场。人无我有，人有我优或人有我转是植物资源开发利用中的一条成功经验。

（八）进行市场研究

畅通的产销渠道是搞活植物资源开发的关键，只有资源与市场密切结合，资源优势才能转化为经济优势。

三、野生植物资源开发利用的步骤

野生植物资源的开发利用可按以下4个步骤进行。

（一）进行野生植物资源的调查

进行野生植物资源的调查，摸清家底，是开发利用野生植物资源的第一步。通过调查应获得以下结果。

（1）野生植物资源名录。名录要按科排列，记载植物学名、中名、俗名、生态环境、分布规律、经济利用部位等。

（2）主要野生植物储量。储量包括经济储量（某种野生植物可利用部位符合有关质量标准的重量）、总储量（调查地区内某种野生植物现存经济储量的总和，也称总蕴藏量）和经营储量（总储量中可能采收利用的部分）。

（3）野生植物资源分布图。应明确标示出主要野生植物的分布位置及规律、分布面积及储量。在编制分布图时还应同时写出“野生植物资源分布图说明书”，对主要野生植物进行详细说明与评价，以供开发利用时参考。

（二）制定开发利用规划

在查清野生植物种类、储量、分布规律的基础上，结合市场需求状况，制定出开发利用规划。规划要有科学性、先进性和可行性，要做到保护与利用并举、生态效益与经济效益统一，既要有近期开发利用目标，又要有长远发展方向。

（1）直接开发利用的野生植物资源。对储量大、分布集中、经济效益大、市场短缺的野生植物种类，应尽快组织开发利用。

（2）近期开发利用的野生植物资源。对经济效益大但储量小的野生植物，要先引种驯化，使野生变家

植，扩大资源量后再大规模开发利用。

（3）远期开发利用的野生植物资源。对于储量大、分布集中、尚未探明利用途径或技术的野生植物资源，不要急于开发利用。要集中力量进行这类植物的开发利用研究，组织攻关，待技术成熟后再推广利用，以免浪费资源。

（三）确定生产工艺流程

生产工艺流程是指对需要深加工的植物资源进行工厂化生产的技术过程，如将原料药制成中药、西药，香料植物芳香油提取，植物胶制取，各种食品饮料加工等。要在确定对某种野生植物实施开发利用的同时，由科技人员制定出开发利用总体设计及其相应的生产工艺流程，以便组织生产。

（四）开展引种驯化与栽培

引种驯化是野生植物开发利用的一个重要环节，尤其对于资源储量少或分布零星不易集中采收的野生植物更有必要进行引种驯化。人工栽培是野生植物开发利用的重要措施之一，通过人工繁殖栽培使野生植物种群迅速增长扩大成为有效资源，对于开发利用非常重要。我国已将人参、罗汉果、砂仁、杜仲、银杏等资源逐渐由野生变家植，成为我国重要的特产种植业。

第四节　重要农作物的野生植物种质资源

一、小麦野生近缘植物

生产上种植的小麦主要是普通小麦（*Triticum aestium*），属于禾本科小麦属。小麦是异源六倍体，基因源很宽，小麦族的全部属、种都被视为小麦的近缘植物。小麦属从形态学上可分为23个种，其中有野生一粒小麦（*T. boeoticum*）、乌拉尔图小麦（*T. urartu*）、野生二粒小麦（*T. dicoccoides*）和阿拉拉特小麦（*T. araraticum*）4个野生种，但均分布在国外。山羊草属（*Aegilops*）有24种，全为一年生野生种，由于普通小麦的三个基因组中有两个（B和D）来自山羊草，另外G基因也来自山羊草，国外许多学者已将山羊草属划入小麦属，我国有节节麦（*A. squarrosa*）1种，已与小麦杂交成功。在我国已与小麦杂交成功并培育出新种质的小麦近缘植物还有：旱麦草属的东方旱麦草（*Eremopyrum orientale*）；冰草属的冰草（*Agropyron criststum*）；鹅冠草属的鹅冠草（*Roegneria kamoji*）；披碱草属的披碱草（*Elymus dahuricus*）；赖草属的羊草（*Leymus chinensis*）、大赖草（*L. racemosus*）、多枝赖草（*L. multicaulis*）和滨麦（*L. mollis*）；新麦草属的华山新麦草（*Psathyrostachys huashanica*）和新麦草（*Ps. juncea*）等。

二、水稻野生植物种质资源

我国农业生产上栽培的水稻属于禾本科稻属（*Oryza*）的亚洲栽培稻（*O.sativa*）。稻属共有22种，其中有亚洲栽培稻和非洲栽培稻（*O.glaberrima*）2个栽培种和20个野生种。野生稻中蕴藏着丰富的抗病虫、抗逆、品质好、蛋白质含量高等优良基因，是水稻育种研究的重要物质基础。早在20世纪30年代，丁颖教授利用普通野生稻（*O.rufipogon*）与亚洲栽培稻进行远缘杂交而培育出抗寒和抗逆性强的水稻品种中山1号；1970年，我国“杂交水稻之父”袁隆平院士利用普通野生稻的“野败”型雄性不育株开创了三系杂交水稻育种新局面，使我国水稻产量提高了15%～20%。1978～1982年中国农科院作物品种资源研究所主持开展了全国野生稻的考察与收集工作，20世纪90年代后广东、广西、海南、云南、江西等省进行了多次野生稻资源考察，共发现了3种野生稻。普通野生稻主要分布在广东、海南、广西、江西、湖南、云南、福建、台湾等地，生于海拔600m以下的江河流域或平原地区的池塘、溪沟、湿地。药用野生稻（*O.officinalis*）分布于广东西部、海南、广西及云南西南部，生于海拔400～1100m的丘陵山地和山坡中下部冲积地和沟边。疣粒野生稻（*O. meyeriana*）分布于广东西南部、海南和云南，生于海岸沙滩或林边。

三、大豆野生植物种质资源

大豆（*Glycine max*）是原产我国的重要油料作物，隶属于蝶形花科大豆属。该属全世界有10种，我国有大豆、野生大豆（*G. soja*）、白花野生大豆（*G. soja* var. *albiflora*）、细茎大豆（*G.gracilis*）、澎湖大豆（*G.clandestina*）、烟豆（*G. tabacina*）、短绒野大豆（*G. tomentella*）6种1变种，其中只有大豆被广为栽培。野生大豆是大豆的近缘种，是我国的三级保护植物，具有耐盐碱、抗寒、抗病等优良性状，是大豆育种的重要种质资源，还可作牧草、绿肥、水土保持植物，药用有补气、强壮利尿功效。野生大豆分布较广，除青海和海南外在各省均有零星分布，其主要分布区在长江、黄河中下游和东北地区，生于海拔150～2650m的田边、沟边、沼泽、草甸，在朝鲜半岛、日本及俄罗斯也有分布。

第五节　重要药用植物资源

我国药用植物资源极为丰富，有 11 146 种，主要分布于被子植物，在蕨类、真菌类和裸子植物中也有大量种类。在被子植物中，以马兜铃科、蓼科、毛茛科、小檗科、罂粟科、十字花科、景天科、蔷薇科、豆科、芸香科、大戟科、五加科、伞形科、龙胆科、夹竹桃科、萝摩科、马鞭草科、唇形科、茄科、玄参科、茜草科、葫芦科、菊科、禾本科、天南星科、百合科、薯蓣科、姜科、兰科等科药用植物种类较多，其中仅菊科就有药用植物 500 多种。根据其主要药理作用，药用植物可分为以下几类。

（一）抗病原微生物类药用植物

主要用于治疗各种细菌性或病毒性疾病，重要的有滇重楼（*Paris polyphylla* var. *yunnanensis*）、黄连（*Coptis chinensis*）、黄芩（*Scutellaria baicalensis*）、菘蓝（*Isatis tinctoria*）、蕺菜（*Houttuynia cordata*）、连翘（*Forsythia suspensa*）、金银花（*Lonicera japonica*）、野菊花（*Chrysanthemum indicum*）、蒲公英（*Taraxacum mongolicum*）、三棵针（*Berberis pruinosa*）、臭灵丹（*Laffera pterodonta*）、黄柏（*Phellodendron amurense*）、穿心莲（*Andrographis paniculata*）等。

（二）抗寄生虫病药用植物

驱肠虫的主要植物有槟榔（*Areca cathecu*）、川楝（*Melia toosendan*）、使君子（*Quisqualis indica*）、竹叶椒（*Zanthoxylum planispinum*）、龙芽草（*Agrimonia pilosa*）、石榴（*Punica granatum*）等；抗疟疾的中草药有黄花蒿（*Artemisia annua*）、常山（*Dichroa febrifuga*）等；抗滴虫的中草药有苦参（*Sophora flavescens*）、蛇床（*Cnidium monnieri*）等；抗阿米巴的中草药有白头翁（*Pulsatilla chinensis*）、鸦胆子（*Brucea javanica*）等。

（三）抗癌药用植物

已证实活性较强的有青黛（菘蓝，*Isatis tinctoria*）、莪术（*Curcuma zedoaria*）、冬凌草（*Rabdosia rubescence*）、兰花猪屎豆（*Crotalaria sessiliflora*）、云南红豆杉（*Taxus yunnanensis*）、丽江山慈姑（*Iphigenia indica*）、喜树（*Campotheca acuminata*）、散血丹（*Poperomia dendigulensis*）、长春花（*Catharanthus roseus*）、鸦胆子（*Brucea javanica*）、三尖杉（*Cephalotaxus fortunei*）、美登木（*Maytenus boaria*）、粉防己（*Stephania tetrandra*）、雷公藤（*Tripterygium wilfordii*）、越南槐（*Sophora tonkiensis*）、乌头（*Aconitum carmichaeli*）、白花蛇舌草（*Hedyotis diffusa*）、石蒜（*Lycoris radiata*）、龙葵（*Solanum nigrum*）、绞股蓝（*Gynostemma pentaphyllum*）等。

（四）治疗神经系统疾病的药用植物

具有全身麻醉作用的中草药植物有白花曼陀罗（*Datura metel*）和毛曼陀罗（*D. inoxia*）；具有局部麻醉作用的有北乌头（*Aconitum kusnezoffii*）、乌头、华乌头（*A. chinense*）、北细辛（*Asarum heterotropoides* var.*mandshuricum*）等；具有镇痛作用的主要有延胡索（*Corydalis ambigus*）、徐长卿（*Cynanchum paniculatum*）；具镇静、催眠作用的主要有酸枣（*Ziziphus jujuba* var. *spinosa*）、何首乌（*Polygonum multiflorum*）；具抗惊厥作用的有天麻（*Gastrodia elata*）；具解毒作用的有北柴胡（*Buplearum chinense*）、狭叶柴胡（*B. scorzonerifolium*）、泸西柴胡（*B.luxiense*）、野葛（*Pueraria lobata*）、甘葛（*P. thomsonii*）；具中枢兴奋作用的有马钱（*Strychnos nuxvomica*）、云南马钱（*S. pierriana*）、五味子（*Schisandra chinensis*）等；治小儿麻痹和瘫痪的药有灯盏花（*Erigeron breviscapus*）等。

（五）治疗心血管疾病的药用植物

目前已从中草药资源中研究开发出了许多治疗此类疾病的药物，主要有三七（*Panax notoginseng*）、川芎（*Ligusticum chuanxiong*）、丹参（*Salvia miltiorrhiza*）、滇丹参（*S. yunnanensis*）、牡丹（*Paeonia suffruticosa*）、芍药（*P. latiflora*）、红花（*Carthamus tinctorius*）、益母草（*Leonurus heterophyllus*）、水烛（*Typha angustifolia*）、决明（*Cassia tora*）、黄花夹竹桃（*Thevetia peruviana*）、铃兰（*Convallaria majalis*）、缬草（*Valeriana officinalis*）、当归（*Angelica sinensis*）、槲寄生（*Viscum coloratum*）、萝芙木（*Rauwolfia verticillata*）、杜仲（*Eucommia ulmoides*）、罗汉果（*Momordica grosvenori*）等。

（六）治疗呼吸系统疾病的药用植物

重要的有甘草（*Glycyrrhica uralensis*）、桔梗（*Platycodon grandiflorus*）、百部（*Stemona tuberosa*）、毛蕊（*Verbascum thapsus*）、川贝母（*Fritillaria cirrhosa*）、白芨（*Bletilla striata*）、杏（*Prunus armeniaca*）、翻白叶（*Potentilla fulgens*）、万丈深（*Crepis lignea*）、紫金牛（*Ardisia japonica*）、岩白菜（*Bergenia purpurascens*）、罗汉果、麻黄（*Ephedra sinica*）等。

（七）治疗消化系统疾病的药用植物

主要种类有阳春砂仁（*Amomum villosum*）、山楂（*Crataegus pinnatifida*）、厚朴（*Magnolia officinalis*）、酸橙（*Citrus aurantium*）、橘（*C. reticulata*）、吴茱萸（*Evodia rutaecarpa*）、乌药（*Lindera aggregata*）、茵陈蒿（*Artemisia capillaris*）、水飞蓟（*Silybum marianum*）、掌叶大黄（*Rheum palmatum*）、大黄（*Rheum officinale*）、云南马兜铃（*Aristolochia yunnanensis*）、石斛（*Dendrobium nobile*）、清香桂（*Sarcococca ruscifolia*）、矮杨梅（*Myrica nana*）、过路黄（*Lysimachia christinae*）、青叶胆（*Swertia mileensis*）、草血竭（*Polygonum paleaceum*）、十大功劳（*Mahonia mairei*）、马尾黄连（*Thalictrum reticulatum*）、马蹄金（*Dichondra repens*）等。

（八）具有强壮作用的药用植物

主要植物种类有人参（*Panax ginseng*）、西洋参（*P. quinquefolius*）、党参（*Codonopsis pilosula*）、蒙古黄芪（*Astragalus mongolicus*）、膜荚黄芪（*A. membranaceus*）、白术（*Atractylodes macrocephala*）、灵芝（*Ganoderma lucidum*）、宁夏枸杞（*Lycium barbarum*）、枸杞（*Lycium chinensis*）、心叶淫羊藿（*Epimedium brevicornum*）、淫羊藿（*E.grandiflorum*）、箭叶淫羊藿（*E. sagittatum*）、冬虫夏草（*Cordyceps sinensis*）、刺五加（*Acanthopanax senticosus*）、女贞（*Ligustrum lucidum*）、巴戟天（*Morinda officinalis*）、补骨脂（*Psoralea corylifolia*）、大枣（*Ziziphus jujuba*）、地黄（*Rehmannia glutinosa*）、麦冬（*Ophiopogon japonicus*）、锁阳（*Cynomorium songaricum*）、何首乌等。

第六节　特有和濒危植物资源

一、特有植物资源

我国是世界上植物多样性最丰富的国家之一，具有众多的特有分类群。

在科级水平上，我国共有银杏科（Ginkgoaceae）、伯乐树科（Bretschneideraceae）、珙桐科（Davidiaceae）、杜仲科（Eucommiaceae）、独叶草科（Kingdoniaceae）、马尾树科（Rhoipteleaceae）、大血藤科（Sargentodoxaceae）和芒苞草科（Acanthochlamydaceae）8个特有科，均为单种科。

在属级水平上，我国有243个特有属，包含527种，占我国全部属数的7.9%。其中：裸子植物8属11种，有6属为单种属；双子叶植物204属442种，有146属为单种属；单子叶植物31属74种，有6属为单种属。这些特有属归于78个科，其中苦苣苔科（Gesneriaceae）有28个特有属，具有10个以上特有属的科还有菊科、禾本科、伞形科、唇形科、十字花科和兰科。在水平分布上，我国特有属主要分布在秦岭—淮河一线以南和横断山脉及其以东地区，由此往北、往西则特有属骤然递减；我国具有川东—鄂西、川西—滇西北、滇东南—桂西共三大特有现象中心，分别拥有82个、101个和56个特有属。在垂直分布上，这些特有属分布在海拔100～5500m，其中分布在海拔3000m以上的有26属；分布在海拔1000～3000m的有174属；分布在海拔1000m以下的有44属。

在种级水平上，我国有特有植物173 00种。其中，桫椤（*Alsophila spinulosa*）、银杏（*Ginkgo biloba*）、银杉（*Cathaya argyrophylla*）、金钱松（*Pseudolarix kaempferi*）、水松（*Glyptostrobus pensilis*）、百山祖冷杉（*Abies beshanzuensis*）、水杉（*Metasequoia glyptostroboides*）、台湾杉（*Taiwania cryptomerioides*）、崖柏（*Thuja sutchuenensis*）、珙桐（*Davidia involucrata*）、杜仲等植物被称为“活化石”；桫椤、银杉、水杉、台湾杉、百山祖冷杉、珙桐、普陀鹅耳枥（*Carpinus putoensis*）、天目铁木（*Ostrya rehderiana*）、伯乐树（*Bretschneidera sinensis*）、华盖木（*Manglietiastrum sinicum*）、单性木兰（*Kmeria septentrionalis*）、独叶草（*Kingdonia uniflora*）、掌叶木（*Handeliodendron bodinieri*）、望天树（*Parashorea chinensis*）、合柱金莲木（*Sinia rhodoleuca*）等植物被列为国家一级保护植物。

二、濒危植物资源

1984年，我国公布了第一批珍稀濒危保护植物名录，共列388种（含变种），其中濒危种类121种，稀有种类109种，渐危种类158种。濒危植物（endangered plant）是指那些在其整个分布区或分布区域的重要部分处于灭绝危险的植物。我国濒危植物主要有：荷叶铁线蕨（*Adiantum reniforme* var. *sinense*）、原始观音座莲（*Anchangiopteris henryi*）、光叶蕨（*Cystoathyrium chinense*）、宽叶水韭（*Isoetes japonica*）、海南粗榧（*Cephalotaxus mannii*）、巨柏（*Cupressus gigantea*）、崖柏（*Thuja sutchuenensis*）、叉叶苏铁（*Cycas micholitzii*）、攀枝花苏铁（*C. panzhihuaensis*）、台湾苏铁（*C. taiwaniana*）、百山祖冷杉、梵净山冷杉（*Abies fanjingshanensis*）、元宝山冷杉（*A. yuanbaoshanensis*）、资源冷杉（*A. ziyuanensis*）、海南油杉（*Keteleeria hainanensis*）、旱地油杉（*K.xerophila*）、四川红杉（*Larix mastersiana*）、白皮云杉（*Picea aurantiaca*）、大果青扦（*P.neoveitchii*）、大别山五针松（*Pinus dabeshanensis*）、云南穗花杉（*Amentotaxus yunnanensis*）、喜马拉雅红豆杉（*Taxus* wallichiana)、德昌杉木（*Cunninghamia unicanaliculata*）、梓叶槭（*Acer catalpifolium*）、蕉木（*Oncodostigma hainanensis*）、姜状三七（*Panax zingiberensis*）、假人参（*P. pseudoginseng*）、盐桦（*Betula halophila*）、天目铁木、榆绿木（*Anogeissus acuminata* var. *lanceolata*）、萼翅藤（*Calycopteris folribunda*）、红榄李（*Lumnitzera littorea*）、狭叶坡垒（*Hopea chinensis*）、坡垒（*H. hainanensis*）、广西青梅（*Vatica guangxiensis*）、大树杜鹃（*Rhododendron protistum* var. *giganteum*）、肥牛树（*Cephalomappa sinensis*）、华南锥（*Castanopsis concinna*）、大果青冈（*Cyclobalanopsis rex*）、银叶桂（*Cinnamomum mairei*）、矮沙冬青（*Ammopiptanthus nanus*）、降香黄檀（*Dalbergia odorifera*）、胡豆莲（*Euchresta japonica*）、绒毛皂荚（*Gleditsia vestita*）、缘毛红豆（*Ormosia howii*）、长蕊木兰（*Alcimandra cathcartii*）、大叶木兰（*Magnolia henryi*）、香木莲（*Manglietia aromatica*）、大果木莲（*M. grandis*）、大叶木莲（*M. megaphylla*）、巴东木莲（*M. patungensis*）、香籽含笑（*Michelia hedyosperma*）、藤枣（*Fleutharrhane macrocarpa*）、兰花蕉（*Orchidantha chinensis*）、滇南风吹楠（*Horsfieldia tetratepala*）、云南肉豆蔻（*Myristica yunnanensis*）、毛叶紫树（*Nyssa yunnanensis*）、无喙兰（*Archinecttia gaudissartii*）、双蕊兰（*Diplandrorchis sinica*）、黑节草（*Dendrobium candidum*）、台湾蝶兰（*Phalaenopsis aphrrodite*）、草苁蓉（*Boschniakia rossica*）、肉苁蓉（*Cistanche desertlcola*）、管肉苁蓉（*C. tubulosa*）、瑞丽山龙眼（*Helicia shweliensis*）、峨眉黄连（*Coptis omeiensis*）、四川牡丹（*Paeonia szechuanica*）、小勾儿茶（*Berchemiella wilsonii*）、山楂海棠（*Malus komarovii*）、峨眉山莓草（*Sibbaldia omeiensis*）、绣球茜（*Dunnia sinensis*）、爪耳木（*Otophora unilocularis*）、海南假韶子（*Paranephelium hainanense*）、胡黄连（*Neopicrorhiza scrophulariiflora*）、海南海桑（*Sonneratia hainanensis*）、海南梧桐（*Firmiana hainanensis*）、景东翅子树（*Pterospermum kingtungense*）、勐仑翅子树（*P. menglunenae*）、云南翅子树（*P. yunnanense*）、粗齿梭罗（*Reevesia rotundifolia*）、秤锤树（*Sinojackia xylocarpa*）、大苞白山茶（*Camellia granthamiana*）、猪血木（*Euryodendron excelsum*）、桂滇桐（*Craigia kwangsiensis*）、滇桐（*C. yunnanensis*）、琅琊榆（*Ulmus chenmoui*）、长序榆（*U. elongata*）等。

第七节　人类未来的发展与植物生产

一、未来的农业生产

2007年1月29日，中共中央、国务院发布了《中共中央、国务院关于积极发展现代农业，扎实推进社会主义新农村建设的若干意见》，明确提出未来我国农业要向现代农业推进。现代农业是一个应用现代科学技术、使用现代工业化生产资料、采取现代组织管理方法经营的高度社会化、商业化和市场化的农产品产业大生产。发展现代农业总的思路和目标是：用现代物质条件装备农业，用现代科学技术改造农业，用现代产业体系提升农业，用现代经营形式推进农业，用现代发展理念引领农业，用培养新型农民发展农业，提高农业水利化、机械化和信息化水平，提高土地产出率、资源利用率和劳动生产率，提高农业素质、效益和竞争力。在发展理念上，国家鼓励发展生态农业，有条件的地方可加快发展有机农业和设施农业。

（一）生态农业

狭义的生态农业是指由卞有生等科学家所倡导的生态农业，即依据生态学、经济学和系统工程原理，运用现代科学技术成果和现代管理手段以及传统农业的有效经验建立起来，以期获得较高的经济效益、生态效益和社会效益的现代化农业发展模式。目前，我国已建设生态农业县300多个，摸索出以下适合不同类型和不同经济技术水平地区的生态农业模式：①以沼气为纽带的能量循环利用型，如北方的“四位一体”生态农业模式和南方的猪—沼—果生态农业模式；②生物共生的立体种养模式，如稻田养鸭等；③农林牧、农牧、农林复合型，如兰考县的桐粮间作和文昌市的胶—茶—鸡林牧生态工程等；④增加农产品附加值，延长产业链型，如辽宁省昌图县的玉米产业化链条式开发；⑤物质、能量多层次分级循环再生利用的生态经济模式，如我国南方的桑基鱼塘、草基鱼塘等；⑥以庭院为主的院落立体经营的生态经济模式，如猪（牛）舍-厕所-沼气池三位一体的生态农业模式。

广义的生态农业是指以维护农业生态环境，确保粮食安全，注重环境、经济、社会协调发展为目的的农业发展模式。例如，大城市郊区依托其重要的区位优势，可以搞以旅游业为龙头的观光生态农业模式；干旱半干旱地区依据当地水资源情况，发展以节水、高产、高效为中心，以提高农业用水效益为目的的节水型农业。

（二）有机农业

有机农业是一种在耕作中完全不施用任何化学合成的肥料、农药、生长调节剂、畜禽饲料添加剂等物质，也不使用基因工程生物及其产物，只使用有机肥料和生物杀虫剂的生产系统，其核心是建立和恢复农业生态系统的生物多样性和良性循环，以有效维持农业的可持续发展。它的耕作方法称为有机耕作法，是一种既不破坏环境、保持和培养地力，又能生产出有益于人们健康而且味道好的食品的方法。目前世界各国发展有机农业，在形态、经营方式和采用的技术措施等方面多种多样，且在不断创新：有的采取不施化肥、不使用农药的自然耕作法；有的实行耕地轮种制度；也有的以化肥作补充，科学地使用有限量的高效、广谱、低毒、少残留的除草剂和少量农药。其共同特点是采用有机肥料和生物防治病虫害，投入堆肥、绿肥等有机物以保持和培养地力，避免和尽量减少现行的过度施用化肥和农药等化学耕作法所产生的各种弊端，尤其是农药危害人畜健康和污染环境的不良后果。

（三）设施农业

设施农业是指具有一定设施，能在局部范围改善或创造环境气象因素，为动植物生长发育提供稳定的良好环境的农业生产模式。设施农业包括设施栽培和设施养殖，前者如各类塑料棚、温室和人工气候室等，后者如畜禽、水产和特种动物的设施养殖和现代集约化养殖小区等。设施农业已经成为农民发家致富的重要渠道，如标准化日光温室亩均收益相当于大田作物的 18 倍，比漫灌式的水浇地节水 38%；规模养殖场和养殖小区的蛋鸡产蛋量可提高 18%，奶牛产奶量可提高 12%。据统计，全国塑料大棚已达 3100 万亩；各类畜牧养殖小区 4 万多个；设施渔业养殖水体近 5000 万 m^3。随着社会主义新农村建设的推进，设施农业必将获得更大发展。

二、未来的森林

在改革开放之前，为满足国家经济建设的迫切需要，木材生产成为经济社会发展对林业的第一需求，从而形成了林业以木材生产为中心的指导思想。到了 20 世纪 90 年代，由于人口、资源与环境问题日益成为全世界关注的焦点，可持续发展理念也日益成熟，尤其是 1998 年的特大洪灾与 21 世纪初北方地区大面积暴发的沙尘暴，使全国人民进一步认识到生态系统在防御自然灾害中的巨大作用，认识到遏制生态灾难与维护生态安全是当今社会对林业的主导需求，当今和未来的林业建设首先要保证生态环境建设。近年来，我国相继实施了生物多样性保护、天然林保护、退耕还林还草、荒漠化防治等一系列重大生态恢复与生态建设工程。可以预见，天然林和人工生态林在未来森林中将处于举足轻重的地位。

同时，培育速生丰产用材林也是未来林业建设的一项重要任务。截至 2004 年年末，我国的人均森林面积只有 0.13hm^2，不到世界平均水平的 1/4，居世界第 134 位；人均森林蓄积量为 9.42m^3，不到世界平均水平的 1/6，居世界第 122 位；纸产品和造纸原料大量依赖进口，每年木材和林产品的缺口达 7000 万 m^3 以上。因此，随着对木材和纸张需求的增加，速生丰产经济林将会得到大力培育和发展，在这一过程中基因工程技术、植物组织和细胞培养技术等现代生物技术将会发挥重要作用。

本章主要内容和概念

植物资源是人类和其他生物赖以生存的物质基础，从开发利用角度看，植物资源具有再生性、可解体性、近缘种化学成分的相似性、采收利用的时间性和用途多样性等，只有合理开发利用各种植物资源，正确处理开发利用与保护的关系，明确植物资源开发利用原则，掌握植物资源开发利用的步骤与方法，才能实现植物资源的永续利用。我国政府已制定了一系列法律和法规，使植物资源的保护有章可循，并加强了自然保护区和植物园的建设。本章主要包括植物资源及其基本特征，植物资源保护途径，植物资源的管理，植物资源开发利用的原则、步骤和方法，人类发展与植物的关系等内容。

复习思考题

1. 植物资源具有哪些特征？
2. 为什么要保护植物资源？
3. 保护植物资源的目标是什么？
4. 保护植物资源有哪些途径和措施？
5. 开发利用植物资源应遵循哪些原则？
6. 简述植物资源开发利用的步骤。
7. 水稻、小麦和大豆分别有哪些野生种质资源？
8. 在你的家乡有哪些名贵中药材资源？
9. 你认为未来的农林业生产会向哪些方向发展？

主要参考文献

包文美，曹建国．2015．植物系统学．北京：高等教育出版社
曹慧娟，樊汝文．2001．植物学．2版．北京：中国林业出版社
曹仪植．2004．拟南芥．北京：高等教育出版社
陈灵芝．1993．中国生物多样性现状及其保护对策．北京：中国标准出版社
陈孝泉．1990．植物化学分类学．北京：高等教育出版社
傅承新，丁炳扬．2002．植物学．杭州：浙江大学出版社
高信曾．1987．植物学（形态解剖部分）．2版．北京：高等教育出版社
贺学礼．2004．植物学学习指南．北京：高等教育出版社
贺学礼．2001. 植物学．西安：陕西科学技术出版社
贺学礼．2010. 植物学．2版．北京：高等教育出版社
洪德元．1990．植物细胞分类学．北京：科学出版社
胡宝忠，胡国宣．2002. 植物学．北京：中国农业出版社
胡鸿钧，魏印心．2006．中国淡水藻类——系统、分类及生态．北京：科学出版社
胡适宜．1983．被子植物胚胎学．北京：人民教育出版社
胡正海．2010．植物解剖学．北京：高等教育出版社
金银根．2006．植物学．北京：科学出版社
李扬汉．1984．植物学．2版．上海：上海科学技术出版社
李正理，张新英．1984．植物解剖学．北京：高等教育出版社
刘胜祥．1992．植物资源学．武汉：武汉出版社
陆时万．1991．植物学．2版．北京：高等教育出版社
马炜梁，王幼芳，李宏庆．2009．植物学．北京：高等教育出版社
强胜．2006．植物学．北京：高等教育出版社
孙儒泳．1993．普通生态学．北京：高等教育出版社
汪劲武．1985．种子植物分类学．北京：高等教育出版社
徐汉卿．1997．植物学．北京：中国农业出版社
许鸿川．2006．植物学．北京：中国林业出版社
杨继．2007．植物生物学．2版．北京：高等教育出版社
杨世杰．2010．植物生物学．2版．北京：高等教育出版社
姚敦义．2002．植物学导论．北京：高等教育出版社
翟中和．1995．细胞生物学．北京：高等教育出版社
詹姆斯·吉·哈里斯，米林达·沃尔．2001．图解植物学词典．王宇飞，等译．北京：科学出版社
张宪省，贺学礼．2003．植物学．北京：中国农业出版社
郑湘如，王丽．2001．植物学．北京：中国农业出版社
中国科学院植物研究所．1997．中国高等植物科属检索表．北京：科学出版社
中国农学会遗传资源学会．1994．中国作物遗传资源．北京：中国农业出版社
中国植物志编辑委员会．1959～2003．中国植物志（共80卷）．北京：科学出版社
周云龙．2011．植物生物学．3版．北京：高等教育出版社
中国植物图像库 http: //www.plantphoto.cn/
中国植物志（电子英文版）http: //foc.eflora.cn/
中国植物志（电子中文版）http: //frps.eflora.cn/
Alberts B, Johnson A, Lewis J, et al. 2008.Molecular Biology of the Cell. 5th. New York: Garland science
Angiosperm Phylogeny Group. 1998. An Ordinal Classification for the Families of Flowering Plants. Annals of the Missouri Botanical Garden, 85: 531-553
Artschwager E F. 1918. Anatomy of the potato plant with special reference to the ontogeny of the vascular system. Journal of Agricultural Research, 14: 221-252
Attenborough D.1995. The Private Life of Plants, a Natural History of Plant Behavior. New Jersey: Princeton University Press
Crawley M J. 1986. Plant Ecology. Oxford; Boston: Blackwell Scientific Publication
Cronquist A. 1981. An Integrated System of Classification of Flowering Plants. New York: Columbia University Press
Dumas C, Knox R B, McConchie C A, et al. 1984.

Emerging physiological concepts in fertilization. What' s New Plant Physiol, 75: 168-174

Eames A J, MacDaniels L H. 2002. An Introduction to Plant Anatomy. New Delhi: Tata-Mac Graw-Hill Publishing Company

Esau K. 1977. Anatomy of Seed Plants. 2nd. New York: John Wiley and Sons, Inc.

Fahn A. 1979. Secretory Tissues in Plants. New York: Academic Press

Greulach V A, Adams J E. 1962.Plants: An Introduction to Modern Botany. 2nd. New York: John Wiley and Sons, Inc.

Jensen W A, Fisher,D B. 1968.Cotton embryogenesis: the entrance and discharge of the pollen tube in the embryo sac. Planta 78: 158-183

Johri B M. 1984.Embryology of Angiosperms. Berlin: Springer-Verlag

Lack A G, Evans D E. 2001. Instant Notes in Plant Biology. London: BIOS Scientific Publishers Limited

Mauseth J D. 2003. Botany: An Introduction to Plant Biology. 3rd. Sudsbury, MA: James and Bartlett Publishers. Inc.

Pearl R, Reed L J. 1920.On the Rate of Growth of the Population of the United States Since 1790 and its Mathematical Representation. Proceedings of the National Academy of Sciences of the United States of America, 6(6): 275-288

Qiu Y L, Lee L, Bernasconi-Quadroni F, et al. 1999. The Earliest Angiosperms; Evidence from Mitochondrial, Plastid and Nuclear Genomes.Nature, 402: 404-407

Raven J A. 2002. Selection pressures on stomatal evolution. New Phytologist, 153: 371-386

Robert W. 1983. Pollinator-plant interactions and the evolution of breeding systems.In:Leslie R. Pollination Biology. London: Academic Press, Inc. (London)Ltd., 51-95

Roth I. 1977. Fruits of Angiosperms. In: K. Linsbauer (ed.). Handbuch der Pflanzenanatomie v. 10. Berlin-Stuttgart, Gebrüder Borntraeger.

Russell S D. 1984. Ultrastructure of the sperms of Plumbago zeylanica. II. Quantitative cytology and three-dimensional organization. Planta, 162: 385-391

Stern K R, Jansky S, Bidlack J E. 2008. Introductory Plant Biology. 11th. New York: McGraw-Hill Companies

Strasburger E H. 1935. Drosophila melanogaster Meig. An introduction to structure and development. Berlin: Springer Heidelberg

Takhtajan A L. 1980.Outline of the Classification of Flowering Plants (Magnoliophyta). The Botanical Review, 46(3):225-239

Walker R I. 1955. Cytological and embryological studies in Solanum, section tuberarium. Bulletin of the Torrey Botanical Club, 82(2):87-101

附录 国内外植物科学主要期刊简介

1. 中国生物学文摘（*Chinese Biological Abstracts*）（月刊）

中科院文献情报中心和中科院上海文献情报中心主办。该刊旨在报道我国生物科学领域的研究成果与进展，沟通国内生物学文献信息。报道的学科范畴包括普通生物学、细胞学、遗传学、生理学、生物化学、生物物理学、分子生物学、生态学、古生物学、病毒学、微生物学、免疫学、植物学、动物学、昆虫学、人类学、生物工程学、药理学以及生物学交叉学科与相关科学技术领域。每年报道文献9000条左右，并有期主题索引和年度著者、主题索引。除书本式外，也发行《中国生物学文献数据库》光盘版。网址：http: //www. xzbu.com/tgqk/52797.html。

2. 中国科学C辑（*Science in China*）（月刊）

中国科学院主办、中国科学杂志社出版的自然科学综合性学术刊物。主要刊载自然科学各学科基础研究和应用研究方面具有创新性、高水平、有重要意义的研究论文。根据学科，《中国科学》（中文版）分为A～E、G辑，其中C辑（月刊）为生命科学，包括生物学、农学和医学等。SCI收录。网址：http: //www. scichina.com。

3. 科学通报（*Chinese Science Bulletin*）（旬刊）

中国科学院和国家自然科学基金委员会共同主办、《中国科学》杂志社出版的自然科学综合性学术刊物，致力于快速报道自然科学各学科基础理论和应用研究的最新研究动态、消息、进展，点评研究动态和学科发展趋势。要求文章短小精悍，可读性强，能在比较宽泛的学术领域产生影响。中文版创刊于1950年。网址：http: //www.scichina.com。

4. 整合植物生物学学报（*Journal of Integrative Plant Biology*）（月刊）

中国科学院植物研究所和中国植物学会主办的植物学综合性学术刊物。1952年创刊，本学报力争全面反映我国植物生物学的最新研究成果，关注国际热点、新的学科生长点、前沿研究课题，重视报道重要的应用基础研究。主要栏目有植物生理生化、植物遗传学和分子生物学、植物生殖生物学、结构植物学、植物化学与资源植物学、植物系统与进化、植物生态学、古植物学的原始研究论文、综述和快讯。SCI收录。网址：http: //www.jipb.net。

5. 植物分类学报（*Journal of Systematics and Evolution*）（双月刊）

我国生物学科历史最悠久的核心期刊，代表了我国植物分类学领域的最高学术水平，在国内外有深远影响。主要刊登具有相当学术价值和创造性的研究论文，简报，新分类群，不同学派、不同观点的讨论，国内外有关本学科的研究进展及综合评述。主要栏目有新分类群、类群分类修订、物种生物学、细胞分类学、化学分类学、分子系统学、分支系统学、数量分类学等。SCI扩展收录。网址：https: //mc.manuscriptcentral.com/josae。

6. 分子植物：英文版（*Molecular Plant*）（双月刊）

中科院上海生命科学研究院植物生理生态研究所与中国植物生理与植物分子生物学学会主办，中科院上海生命科学信息中心生命科学期刊社承办，创刊于2008年，目前已被SCI、Medline、CA、BA和FSTA等10多种数据库收录。SCI收录。网址：http: //www. xzbu.com/tgqk/507536.html。

7. 植物生态学报（*Journal of Plant Ecology*）（月刊）

中国科学院植物研究所和中国植物学会主办，是我国创刊最早的生态学专业性学术刊物。以发表植物生态学领域（包括种群、群落和生态系统生态学、植被与数量生态、生理生态、化学生态、污染生态、景观生态及当前国际生态学研究热点，如生物多样性、全球变化、土地荒漠化、生态系统恢复与重建、可持续发展等）及其与本学科有关的创造性原始论文或有新观点的国际植物生态学研究前沿动态的综述。网址：http: //www.plant-ecology.com。

8. 生态学报（*Acta Ecologica Sinica*）（半月刊）

中国生态学学会主办的综合性学术刊物。主要报道动物生态、植物生态、微生物生态、农业生态、森林生态、草地生态、土壤生态、海洋生态、淡水生态、景观生态、区域生态、化学生态、污染生态、经济生态、系统生态、城市生态、人类生态等生态学各领域的学术论文；特别欢迎能反映现代生态学发展方向的优秀综述性文章；原创性研究报告和研究简报；生态学新理论、新方法、新技术介绍；新书评介和学术、科研动态及开放实验室介绍等。Acta Ecologica Sinica（International Journal），生态学报英文版。网址：http: // www.ecologica.cn。

9. 生物多样性（*Biodiversity Science*）（月刊）

中国科学院生物多样性委员会、中国科学院植物研究所、动物研究所、微生物研究所共同主办的生物多样性研究领域的综合性学术刊物，主要刊登：生物多样性起源、分布、演化及其机制，生物多样性与生态系统功能，保护遗传学，分子生态学，入侵生物学，保护行为学，转基因生物安全，重大建设项目生物多样性影响评估，野生动植物贸易及其对生物多样性的影响，生物多样性与全球气候变化等领域原创性学术论文；网址：http: // www.biodiversity-science.net。

10. 植物学通报（*Chinese Bulletin of Botany*）（双月刊）

中国科学院植物研究所和中国植物学会共同主办，是我国植物学领域综合性专业学术刊物。本刊主要刊登植物学科各领域有创新的原始研究论文和快讯，并发表植物科学重要领域国际最新进展的综述。刊登范围为植物分子与发育生物学，系统与进化植物学，植物生态与环境生物学等相关领域。网址：http: //www.chinbullbotany.com 。

11. 菌物学报（*Mycosystema*）（双月刊）

我国目前真菌学领域唯一的学报级专业学术期刊。主要刊登我国菌物学（包括真菌、黏菌、细菌、地衣等）研究领域在理论上、实践上有创造性、高水平的科研成果及研究论文、研究快报等。网址：http: // journals-myco.im.ac.cn 。

12. 植物生理学报（*Plant Physiology Journal*）（月刊）

中国科学院上海植物生理研究所承办的植物生理学综合性学术刊物。本刊于 2011 年由《植物生理学通讯》更名而来，主要刊登植物生理学及相关学科的研究论文、文献综述、实验技术与方法、国内外学术动态等。网址：http: //www.plant-physiology.com。

13. 应用与环境生物学报（*Chinese Journal of Applied & Environmental Biology*）（双月刊）

有关应用生物学和环境生物学基础研究、应用基础研究和应用研究的全国性学术期刊。主要发表应用生物学和环境生物学及相关科学领域的基础研究、应用基础研究和应用研究，包括研究论文、研究简报和本刊邀约的综述或述评。网址：http: //www. yyyhjswxb.cn。

14. 应用生态学报（*Journal of Applied Ecology*）（月刊）

中国生态学会和中科院沈阳应用生态研究所主办的综合性学术期刊。主要报道包括森林生态学、农业生态学、草地生态学、渔业生态学、海洋与湿地生态学、资源生态学、景观生态学、全球变化生态学、城市生态学、产业生态学、生态规划与生态设计、污染生态学、化学生态学、恢复生态学、生态工程学、生物入侵与生物多样性保护生态学、流行病生态学、旅游生态学和生态系统管理等方面具有创新的研究成果，交流基础研究和应用研究的最新信息。网址：http: // www.cjae.net。

15. 西北植物学报（*Acta Botanica Boreale-Occidentalia Sinica*）（月刊）

本刊立足西北，面向全国，主要刊载有关植物遗传育种学、分子生物学、植物基因工程、植物解剖学、植物分类学、植物生理生化、药用植物成分分析，以及植物群落生态学、生物多样性、植被演替、植物区系等基础理论研究方面具有创新性的原始论文、研究简报以及具有较高学术水平的综述论文和反映最新科技成果的快报。网址：http: //www.xbzwxb.com。

16. 植物分类与资源学报（*Plant Diversity and Resources*）（双月刊）

本刊（原《云南植物研究》）是中国科学院主管的全国性自然科学期刊。本刊主要刊登植物分类学、系统学、命名法、系统发生、植物区系和生物地理学，植物多样性保护及植物资源的可持续性利用，植物资源管理和监测，农业、林业、园艺及药用植物资源利用与保护等方面原创性论文、简报和综述（以约稿为主）。网址：http: //journal.kib.ac.cn。

17. 植物科学学报（*Plant Science Journal*）（双月刊）

本刊（原《武汉植物研究》）为科学出版社出版的植物学综合性学术期刊。本刊主要刊载植物学及各分支学科的原始研究论文，植物学研究的新技术、新方法，综合评述、研究简报、学术讨论、重要书刊评介和学术动态等。网址：http: //www.oalib.com/journal/3178/1 。

18. 广西植物（*Guangxi Flora*）（双月刊）

由广西植物所和广西植物学会合办的植物学综合性学术刊物。主要刊载植物学及相关学科的创新性、具有较高水平的中英文研究论文，以及植物学领域新方法、新技术、具有重大应用价值的新成果快报，酌登反映本学科重要领域的国内外最新研究进展的综述等。网址：http: //journal.gxzw.gxib.cn。

19. 木本植物研究（*Bulletin of Botanical Research*）（季刊）

专业学术性刊物。本刊以传统与现代植物分类学的新物种、新现象、新规律为主，也包括植物群落生态学、生殖生态学、生理生态学、分子生态学基础研究与应用研究的新进展及新内容。

20. 植物学报（*Bulletin of Botany*）（双月刊）

中国科学院植物研究所和中国植物学会主办的中

文版综合性学术期刊。发表涵盖植物科学各领域（包括农学、林学和园艺学等）具有重要学术价值的创造性研究成果。主要刊发研究论文、研究报告、研究快报、技术方法、特邀综述和专题论坛。网址：http: // www. chinbullbotany.com。

21. 生物学通报（*Bulletin of Biology*）（月刊）

中国动物学会和中国植物学会主办的生物学中级综合性学术刊物。主要刊登介绍与生物学有关学科的基础知识、基础理论、国内外生物科学进展及新成就、新技术；生物课教学、实验、课外科技活动等。

22. 热带亚热带植物学报（*Journal of Tropical and Subtropical Botany*）（双月刊）

中国科学院华南植物园和广东省植物学会联合主办的国家级学术性期刊。优先报道热带亚热带地区植物学、生态学、环境科学及其交叉学科领域中的新发现、新理论、新方法和新技术，也欢迎来自不同气候带的植物科学研究论文，重点刊登全球气候变化及生态系统服务功能、系统与进化生物学、环境退化与生态恢复、生物多样性保育及可持续利用、农业及食品质量安全与植物化学资源、植物种质创新与基因发掘利用以及能源植物的开发利用等方面的新成果。网址：http: //jtsb.scib.ac.cn。

23. 植物遗传资源学报（*Journal of Plant Genetic Resources*）（双月刊）

中国农业科学院作物品种资源研究所主办，报道内容：大田作物、园艺作物、观赏植物、药用植物、林木、牧草及其他一切经济植物的有关遗传资源基础理论研究、应用研究方面的研究报告、学术论文和高水平综述或评论。例如，种质资源的考察、收集、保存、评价、利用、创新、信息学、管理学等；以及起源、演化、分类等系统学；基因发掘、鉴定、克隆、基因文库建立、遗传多样性研究等。网址：http: // zwyczy.cn/ch/index.aspx。

24. 植物资源与环境学报（*Journal of Plant Resources and Environment*）（双月刊）

江苏省中科院植物研究所、省植物学会和中国环境科学学会植物园保护分会联合主办，本刊主要刊登植物资源的考察、开发、利用和物种保护，自然保护区与植物园的建设和管理，植物在保护和美化生态环境中的作用，环境对植物的影响以及与植物资源和植物环境有关学科领域的创新研究成果、学科动态等。网址：http: //www.cqvip.com。

25. 林业科学（*Scientia Silvae Sinicae*）（月刊）

中国林学会主办的林业基础性和高科技学术期刊。主要刊登森林培育、森林生态、林木遗传育种、森林保护、森林经理、森林与生态环境、生物多样性保护、野生动植物保护与利用、园林植物与观赏园艺、经济林、水土保持与荒漠化治理、林业可持续发展、森林工程、木材科学与技术、林产化学加工工程、林业经济及林业宏观决策研究等方面的文章，以学术论文、研究报告、综合评述为主，还设有学术问题讨论、研究简报、科技动态、新书评介等栏目。网址：http: // linyekexue.xchen.com.cn。

26. 中国农业科学（*Scientia Agricultura Sinica*）（半月刊）

中国农业科学院与中国农学会共同主办的综合性期刊。主要刊发作物遗传育种、种质资源、分子遗传学，耕作栽培、生理生化、农业信息技术，植物保护，土壤肥料、节水灌溉、农业生态环境，园艺，储藏、保鲜、加工，畜牧、兽医、资源昆虫等领域的研究成果。网址：http: //www. ChinaAgriSci.com。

27. *American Fern Journal*（季刊）（美）

美国蕨类植物学家协会主办，登载有关蕨类植物的研究工作。网址：http: // amerfernsoc. org/。

28. *American Journal of Botany*（月刊）（美）

美国植物学会主办，内容包括植物生态学、植物地理学、生理生化、细胞生物学、生殖生物学、结构和发育生物学。网址：http: //www.amjbot.org/。

29. *Annals of Missousi Botanical Gardie*（季刊）（美）

主要是关于分类的内容，也刊载一些古植物和解剖方面的文章。

30. *Botanical Review*（月刊）（美）

每期都有综合评述。

31. *Cathaya*（不定期）

外文期刊，主要介绍系统与进化、孢粉学及传粉生物学的研究工作。

32. *Economic Botany*（季刊）（美）

美国经济植物学会主办，内容主要是栽培引种，寻找全世界的植物资源，了解全世界的原始经济植物。网址：http: //www. econbot. org/。

33. *International Journal of Plant Science*（季刊）（美）

主要刊发遗传学和基因组学、发育生物学、细胞生理生化、形态、解剖、分类、演化、古植物学、植物与微生物的相互作用，生态等方面的成果。网址：http: // pubs. aic. ca/ journal/ cjps。

34. *Plant Cell*（月刊）（美）

是植物生物学界影响最高的期刊。主要刊登植物生物学界具有创新、特别意义的论文，尤其是刊登细胞生物学、分子生物学、遗传、发育、进化方面的论文，同时也刊登综述类论文、会议报告、特色研究论文回顾等。网址：http: //www.plantcell.org/。

35. *Plant Reproduction*（月刊）（美）

本刊（原《*Sexual Plant Reproduction*》）是关于植物有性过程的研究，包括有性分化、减数分裂和雌、雄配子体发育过程及受精的生化研究，无融合生殖、自交不亲和的分子机理，以及配子识别和花粉研究。

网址：http：//link.springer.com/journal/497。

36. *Science*（周刊）（美）

该杂志连同英国的*Nature*杂志被誉为世界上两大最顶级杂志，代表了人类自然科学研究的最高水平。它的科学新闻报道、综述、分析、书评等部分，都是权威的科普资料，该杂志也适合一般读者阅读。与植物有关的是致编辑信栏目，通常一页左右，虽然比例小，但周转频率快，反映了当今科技发展的新动态。网址：http：//www.sciencemag.org/。

37. *Annals of Botany*（季刊）（英）

最早的植物学杂志之一，经典工作较多。网址：http：//aob.oxfordjournals.org/。

38. *Botanical Journal of the Linnean Society*（月刊）（英）

有关分类、解剖、系统、细胞、电镜、形态发生、古植物学、孢粉学及生理生化方面的内容。网址：http：//onlinelibrary.wiley.com/journal/10.1111/（ISSN）1095-8339。

39. *Current Advances in Plant Science*（月刊）（英）

刊登世界各国有关植物学方面研究的文章摘要。网址：https：//www.elsevier.com/ journals/current-advances-in-plant-science/0306-4484。

40. *Nature*（周刊）（英）

世界著名科学杂志。兼顾学术期刊和科学杂志，即科学论文具较高的新闻性和广泛读者群。论文不仅要求具有“突出的科学贡献”，还必须“令交叉学科的读者感兴趣”。*Nature*系列刊物有三类：综述性期刊，对重要研究工作进行综述评论；研究类期刊，以发表原创性研究报告为主：临床医学类期刊，对医学领域重要的研究进展做出权威性解释，并促进最新研究成果转变为临床实践。网址：http：//www.natureasia.com/。

41. *Plant Cell Reports*（月刊）（德）

内容涉及细胞培养、生化、遗传、细胞、生理、植物病理和核酸研究。网址：http：//link. springer. com/ journal/299。

42. *Planta*（月刊）（德）

内容包括分子和细胞生物学、超微结构、生物化学、代谢、生长发育和形态发生、生态和环境生理学、生物技术以及植物与微生物的相互作用。网址：http：// link. springer. com/ journal/425。

43. *Annales des Sciences Naturelles-Botanique et Biologie*（法）

国际性杂志，法国经典植物学的许多重要文章在此杂志上发表。

44. *Plant Ecology*（荷兰）

国际性杂志，内容涉及植物的种群、生理、群落、生态系统、景观生态和理论生态等方面。网址：http：// link.springer.com/journal/11258。

45. *Journal of Plant Research*（季刊）（日）

日本植物学会发行的机关报，有关植物生理、细胞、遗传、结构和生殖方面的工作。网址：http：//link. springer.com/journal/10265。

46. *Plant Biotechology*（季刊）（日）

有关植物细胞和分子生物学方面的内容。

47. *Botany*（月刊）（加拿大）

（原《Canadian Journal of Botany》）内容涉及植物生理、生化、结构、发育、系统、植物地理、生态以及藻类和植物病理学方面。网址：http：//www.cba-abc. ca/cbahome.html。

48. *Australia Journal of Botany*（双月刊）（澳大利亚）

关于结构和发育、生殖生物学和遗传、生态和保护、藻类和病理、古植物、森林生物学、细胞生物学和组织培养方面的内容。网址：http：//www.publish. csiro.au。

49. *Israel Journal of Plant Science*（季刊）（以色列）

有关植物细胞、生理、形态结构、生态等方面的内容。网址：http：//www. sciencefromisrael.com。

50. *Phytomorphology*（季刊）（印度）

刊登有关经典植物学方面的工作。